普通高等院校水利工程专业系列规划教材

水工建筑物安全检测

主　编　倪福全　邓　玉　曾　赟

副主编　张志亮　漆力健　梁　越
　　　　韩智明　高　柱

参　编　胡　建　唐科明　周　曼　康银红
　　　　杨　敏　王丽峰　郑彩霞　田　奥
　　　　谭燕平　李　清　马　菁　杨　萍
　　　　杨　洋　衡　志　袁于平　徐　航
　　　　常留红　王建有　张礼兵　茆大炜
　　　　冯未俊

U0340121

西南交通大学出版社
·成　都·

图书在版编目（ＣＩＰ）数据

水工建筑物安全检测／倪福全，邓玉主编. —成都：
西南交通大学出版社，2015.1
普通高等院校水利工程专业系列规划教材
ISBN 978-7-5643-3565-6

Ⅰ. ①水… Ⅱ. ①倪… ②邓… Ⅲ. ①水工建筑物 –
安全监测 – 高等学校 – 教材 Ⅳ. ①TV698.2

中国版本图书馆 CIP 数据核字（2014）第 270793 号

普通高等院校水利工程专业系列规划教材

水工建筑物安全检测

主编　倪福全　邓玉

责 任 编 辑	杨　勇	
封 面 设 计	米迦设计工作室	
出 版 发 行	西南交通大学出版社 （四川省成都市金牛区交大路 146 号）	
发行部电话	028-87600564　　028-87600533	
邮 政 编 码	610031	
网　　　址	http://www.xnjdcbs.com	
印　　　刷	四川森林印务有限责任公司	
成 品 尺 寸	185 mm × 260 mm	
印　　　张	26.25	
字　　　数	654 千	
版　　　次	2015 年 1 月第 1 版	
印　　　次	2015 年 1 月第 1 次	
书　　　号	ISBN 978-7-5643-3565-6	
定　　　价	54.00 元	

课件咨询电话：028-87600533
图书如有印装质量问题　本社负责退换
版权所有　盗版必究　举报电话：028-87600562

《水工建筑物安全检测》

编 委 会

主　编　四川农业大学：倪福全　邓　玉　曾　赟

副主编　四川农业大学：张志亮　漆力健

　　　　　重庆交通大学：梁　越

　　　　　长沙理工大学：韩智明

　　　　　三峡大学：高　柱

参　编　四川农业大学：

　　　　　　　胡　建　唐科明　周　曼　康银红

　　　　　　　杨　敏　王丽峰　郑彩霞　田　奥

　　　　　　　谭燕平　李　清　马　菁　杨　萍

　　　　　　　杨　洋　衡　志　袁于平　徐　航

　　　　　　　冯未俊

　　　　　长沙理工大学：常留红

　　　　　郑州大学：王建有

　　　　　合肥工业大学：张礼兵

　　　　　中国电建集团中南勘测设计研究院有限公司：茆大炜

前 * 言

新中国成立以来，我国兴建了大量的水利水电工程，它们在水力发电、防洪减灾、工农业用水、航运、水产和环保旅游等方面，发挥了巨大的社会效益和经济效益。

水利水电枢纽工程一般位于大江大河之上、高山峡谷之中，自然条件极为复杂与恶劣。水工混凝土建筑物如大坝、水闸等均为混凝土表面无装饰保护的裸露工程，素面朝天、经风雨历寒暑，运行环境与一般市政工程、工业及民用建筑相比，要恶劣得多。因此，在荷载及恶劣环境的交变、持续作用下，更容易引起混凝土的衰变与老化，甚至产生众多的病害，严重的将威胁到水工混凝土建筑物的安全运行。同时，技术与认识的局限，规范不完善、设计欠妥、施工材料选择不当、施工质量不佳、结构基础和建筑物本身存在问题以及地震影响等，加之运行条件变化（如"5·12"汶川大地震、"4·20"芦山强烈地震等）、运行年限增加、运行管理存在问题等诸多不利因素的综合作用，致使为数不少的水工混凝土建筑物存在不同程度的病害，有些已严重影响工程安全运行。

水工建筑物安全检测的目的是认真贯彻"预防为主、安全第一"的方针，通过安全检测工作及早发现问题和隐患，及时补强加固，防患于未然，保证水工建筑物持久安全地运行。安全检测是水工建筑物管理工作的耳目，是水工建筑物管理工作中必不可少的重要组成部分。如果不对水工建筑物进行安全检测，不了解其工作情况和状态变化，盲目地进行运用是十分危险的。另一方面，水工建筑物的任何事故和破坏，都不是偶然发生的，均有一个量变至质变的发展过程。对其进行认真系统的检查观测，就能及时掌握其性态变化。发生不正常情况时，及时采取处理和加固措施，把事故消灭在萌芽状态中，就能确保水工建筑物的安全运行。

积极开展水工建筑物安全检测，提高水库防洪能力，发挥水库供水效益，既是水库安全运行，保护下游人民群众生命财产安全的需要，又是提高水库蓄水调节能力，实现水资源可持续开发利用的需要。水电站水工建筑物和金属结构安全检测技术及应用的把关和掌握都是监视安全的重要手段，对充分发挥工程效益、促进社会经济可持续发展、保障社会安定和人民生命财产安全、建立和谐社会具有极其重要的意义。

因此，水工建筑物安全检测，是一门很受欢迎的课程，每年都有很多本科生学习该课程。为帮助本科生学习掌握其一般原理、技术及应用方法，指导毕业生就业后更好地从事水利水电、工民建、铁路公路等行业建筑物安全检测实际工作、解决实际问题，特别编写了本教材。

全书内容主要包括：绪论、水工混凝土结构老化病害机理、水工混凝土结构的安全检测、水闸结构的安全检测、土石坝安全检测、水工建筑物的安全评估、水工混凝土病害防治及土石坝缺陷处理、震后水工建筑物等。

本书由四川农业大学倪福全、邓玉、曾赟担任主编；四川农业大学张志亮、漆力健，重庆交通大学梁越，长沙理工大学韩智明，三峡大学高柱担任副主编；参编人员包括四川农业大学胡建、唐科明、周曼、康银红、杨敏、王丽峰、郑彩霞、田奥、谭燕平、李清、马菁、杨萍、杨洋、衡志、袁于平、徐航、冯未俊，长沙理工大学常留红，郑州大学王建有，合肥工业大学张礼兵，中国电建集团中南勘测设计研究院有限公司茆大炜。2008 年参与本书资料收集整理的人员有四川农业大学 05 级徐彬、吴梁柱、管泉等，2009 年参与修改的人员有四川农业大学 06 级谭尧升、张招成、钟家铃等，2013—2014 年参与修改和图件绘制的人员有四川农业大学 11 级杨洋、衡志、袁于平、徐航等，在此深表谢忱！

在编写过程中引用、参考了很多相关专业教科书、著作、论文等，对列出和未列出的专业教科书、著作、论文等的作者，编者在此谨向他们一并表示衷心的感谢。

由于编者水平有限，加之时间仓促，本书难免会有疏漏和不足之处，我们诚挚地欢迎广大读者予以批评指正，提出改进意见。

编　者

2014 年 12 月

目 * 录

第一章
绪 论

第一节 我国水工建筑物的现状

我国是世界上水电资源最丰富的国家，理论蕴藏量 6.76 亿 kW，可开发的水电资源 3.78 亿 kW，位于世界之首。到 20 世纪末期，已开发的水电资源为 7 680 万 kW，为可开发总量的 20.3%，还有近 80% 的水电资源尚未开发。目前国家已把"西电东送""南水北调"作为一个战略性目标进行实施，国家规划要求 2001—2015 年水电装机容量将达到 1.5 亿 kW，比 20 世纪总发电量要增加 1 倍。因此可以说水利水电事业是一个可持续发展的朝阳产业。

新中国成立以来，我国兴建了众多的大坝工程。在高坝工程中，近 90% 为混凝土坝，其原因是混凝土坝相对于当地材料坝，具有更可靠的安全性。我国混凝土高坝工程的建设发展很快，20 世纪 50 年代兴建了 100 m 级的高坝，如新安江水电站、广东新丰江水电站、湖南拓溪水电站等；60 年代以刘家峡水电站为代表的混凝土高坝已达 147 m（150 m 级）；70 年代乌江渡水电站大坝高 165 m，龙羊峡水电站大坝（黄河第一坝龙头电站）高 178 m，高坝建设进入了 180 m 级；80 年代以二滩水电站为代表，大坝高度已达 240 m（混凝土双曲拱坝），达到了 250 m 级；90 年代开始设计，目前已开始施工的云南小湾水电站拱坝高 292m；正在兴建的溪洛渡大坝高 283 m，向家坝高 300 m，锦屏一级大坝高 300 m。21 世纪初我国已开始兴建 300 m 级的高坝，从而使得我国成为当今世界上的筑坝大国。

大坝工程规模宏大，对我国的国民经济建设、城乡人民用水及防洪度汛等方面，具有巨大的经济效益和社会效益。因此要求大坝工程能有较长的安全运行寿命，即要求有良好的耐久性。一般认为，高坝工程其安全运行寿命（即满足设计功能要求，安全运行而不大修的使用年限）至少要达 80～100 年（不修不足以满足设计功能的修补加固工作为大修）。但是半个世纪来的实践说明，我国 20 世纪 80 年代以前建设的混凝土大坝，由于设计标准偏低、施工质量不良、管理不善等原因，大坝混凝土过早地出现了老化和病害，不少大坝工程运行不到 30 年就需大修，耗资巨大。这降低了水利水电工程的经济效益，有些工程甚至直接威胁到大江大河的防洪度汛安全。因此，积极开展大坝混凝土耐久性的研究和应用，延长混凝土大坝的安全运行寿命，充分发挥巨大的经济和社会效益，已成为我国水利水电事业中迫切需要解决的重大问题。

部属的水电站大坝，迄今虽未发生垮坝事故，但影响大坝安全运行的缺陷和隐患却普遍存在，严重的事故已多次发生。安徽梅山连拱坝曾因坝基问题被迫放空水库进行加固；湖南柘溪大头坝则因支墩裂缝被迫降低水位紧急加固；贵州的修文和窄巷口、安徽的佛子岭和磨子潭、浙江的黄坛口、福建的华安、江西的上犹江水电站大坝皆因一些人为因素和客观原因而发生洪水漫过坝顶或门顶，或突然加大泄量造成下游水灾的情况。可见，我国的大坝安全现状并不理想。根据电力部大坝安全监察中心初期普查统计，问题较少、安全系数较高的大坝仅占部属大坝总数的 20% 左右；大多数大坝虽能正常运行，但尚需进行必要的加固才能确保长期运行安全；还有十余座大坝问题比较严重。但是，经过"七五""八五"（1993 年年底止）期间的加固改造，以及根据大坝安全定检要求进行的补充勘探、设计复核和调查分析研究所作的评价情况，水电站大坝安全状况目前有了很大改观，初步统计至少有 50% 的大坝安全度是比较高的。自 1987 年开展大坝安全定期检查以来，截至 1993 年年底已完成定检的大坝有 41 座。尚在进行的有 29 座。

第二节　水工建筑物安全检测的必要性与重要意义

水工建筑物安全检测就是收集检测、观测数据和解释这些数据，并分析其安全性。随着社会经济的日益发展，水工建筑物在能源贡献方面表现突出，其安全并长时间运行至关重要，所以就目前而言，水工建筑物的安全检测不在仅仅针对其安全性，而更应延伸至水工建筑物的耐久性以及可靠性。也就是将水工建筑物的隐患在没有造成损失前解决，确保不造成较大危害。同时，安全检测与安全监测共同作用，为水工建筑物的安全运行提供保障。

水工建筑物的主要组成部分包括：大坝、水闸、隧洞、溢洪道以及渠系建筑物。而"大坝"一词，在水利界有时也具有"水库""水利枢纽""拦河坝"等综合性含义。所以水工建筑物安全检测也就是所谓的大坝安全检测，实际上可以理解为以大坝为中心的各种水工建筑物的安全检测。

我国目前已建成 8.5 万多座大坝，由于历史原因和当时的经济、技术条件，一些水工建筑物的安全度较低或者设计标准偏低等，以及多年运行，年久失修，约有 33% 存在较多的隐患和老化病害，尤其是中小型水库病害更为严重，影响着这些工程效益的发挥，甚至威胁下游人民的生命财产安全。另外，随着水能资源的深入开发，一些新建或待建的水利枢纽的地质条件越来越复杂，规模也越来越大，增加了大坝出事的风险因素。如近些年来我国已建坝高在 150 m 以上的工程，有二滩、龙羊峡、乌江渡、白山、三峡等，正在建设和准备建设的如小湾、拉西瓦、锦屏一级、溪洛渡等高拱坝均为 300 m 级的超高坝。因此，水工建筑物的安全已引起人们的普遍关注。

水工建筑物的特点，不仅表现在投资大、效益大，设计施工复杂，也表现在其失事后果严重。大坝建成后，随着水工建筑物结构老化以及其他原因（如地震），出现事故也难于完全避免。但是可以采取措施减免事故发生，或将事故发生所造成的损失减至最小，特别是减少人员伤亡还是能够做到的。可以采取的措施包括：① 改进设计方法；② 加强安全检测；③ 重视工程的规划和勘探，特别是水文分析和地质、地基工作；④ 严格运行管理、除险加固。

水工建筑物由于材料老化，混凝土受冷热交替、气候变化影响，地下水浸蚀，泥沙作用，逐步丧失强度和稳定，同时附属设施等也会出现老化现象。

大坝最严重的失事就是垮坝。水库垮坝是一种特殊的灾种，一旦发生，后果十分严重。水库垮坝悲剧，如同阴影，伴随着人类自进入"工业革命"时代以来的水库兴建史，一再重演。

大坝失事的原因虽然多种多样，但在大多数情况下，总与不能及时掌握建筑物及其基础的实际运行状况有关。事实上，绝大多数建筑物的破坏过程都不是突然发生的，一般都有一个缓慢的从量变到质变的发生过程。即使建筑物存在一定的缺陷，或在设计理论和施工技术上有一些未确定因素，运行中也有一定的风险，但只要在建筑物施工和运行中通过认真仔细的检测、监查、分析，就能了解和掌握建筑物及相关岩体的性状变化和出现的异常症状，及时发现事故前兆，防患于未然。

水工建筑物安全检测最初是为验证大坝设计，由设计部门提出的。然而，一系列重大水工事故使人们认识到，水工建筑物检测工作对于其安全稳定运行来说是必不可少的。这是因为人类对客观规律的认识有局限性，水工建设中的地质勘探、设计施工难以做到完美无缺、万无一失。况且近几年在地质条件复杂的条件下兴建的大库高坝越来越多，使水工建设中的各个环节包含着一定的风险因素，虽然可以精心设计、精心施工，提高大坝的安全度，把失事的概率减低到最小限度，但检测水工建筑物安全仍是不可缺少的。

第三节　水工建筑物安全检测的主要任务与要求

一、病害检测的目的

运行中的水工建筑物受到各种荷载和自然因素的作用，工作情况随时都在变化，甚至状态也会发生变化。这种由正常状态转化为病害状态或由病害状态转化为危险状态的变化，是一个建筑物病害发展由量变到质变的过程，随着时间的推移，必然会出现一些异常的现象。所以加强病害检测工作，能及时发现问题，采取有效措施，把隐患消灭在萌芽状态，以确保建筑物的安全。例如我国丰满水库是坝高为 91 m 的混凝土重力坝，为新中国成立前修建，工程质量很差。1950 年观测成果表明，坝体渗漏严重，坝基扬压力和坝身的水平位移都很大，据观测资料分析，在百年一遇洪水到来时，大坝将会有倾覆的危险。据此进行了紧急加固，降低了坝基扬压力和渗流量，提高了大坝的稳定性，保证了大坝的安全。反之，若忽视检测工作，不能及时发现问题，一旦险情发展，措手不及，往往导致事故的发生。

从施工至整个运行阶段对水工建筑物进行全面系统的观测，不仅可以验证其安全状况作为鉴定工程质量的依据，而且可以为提高设计水平提供第一手资料。如刘家峡水库大坝的扬压力分析是按通常的设计假定计算的，但观测资料表明实际的扬压力较小，这不仅对坝身稳定有利，也为同类工程提供了宝贵的经验。

水利工程管理的目标是既能安全可靠地运行，又能发挥最大效益，而这两者常常是矛盾的，片面追求某一个方面必然忽视另一方面。水工建筑物病害检测能了解工程的工作情况和状态变化，掌握工程变化规律，再结合水情预报，可为管理单位负责人分析和制定正确的运行方案提供科学依据。

综上所述，病害检测工作的目的主要在于：

（1）及时发现异常现象，分析原因，指导维修工作，防止事故发生，保证工程安全。

（2）通过原型观测，对建筑物的设计理论、计算方法和计算指标进行验证，有利于设计理论水平的提高。

（3）监视水情和状态、工程状态和工程情况，掌握水情和工程变化规律，为科学管理提供依据。

（4）根据水质变化动态与演变规律，做出水环境质量预测，以便于有关部门及时采取措施，控制和消除对建筑物有侵蚀破坏、对水体有污染的水质，便于早期做好防治工作，以延长建筑物使用寿命和保证安全运用。

（5）通过分析施工期观测资料，控制施工进度，保证工程质量。

二、病害检测的内容

1. 病害检测的项目

（1）水工建筑物的巡视检查。主要检查的内容有外观、变形、渗漏、损坏等。

（2）变形监测。变形监测的内容包括建筑物的垂直位移、水平位移、裂缝、混凝土建筑物的挠度、伸缩缝监测等。

（3）应力应变监测。水工建筑物的应力监测内容包括土压力、孔隙水压力监测。混凝土和砌石建筑物的应力监测内容包括应力、应变、温度应力、钢筋应力等。应力、温度监测通常又称为内部监测，因此，也有将变形监测称为外部监测的。

（4）渗流监测。水工建筑物的渗透监测包括扬压力、浸润线、渗流量、渗透水质、导渗效果及绕坝渗流等监测。

（5）环境量监测。包括水位、气温和水温、降水量、水质和地震监测等。

（6）专项监测。包括结构动力性状、建筑物老化、水力学特性以及爆破影响监测等。

（7）现场检测。包括裂缝、滑坡、渗漏、淤积、冲刷、空蚀以及动物危害等的检测。

检测工作的步骤包括：监测系统的设计、监测设备的安装和埋设、现场监测、成果的分析和研究、资料的整编刊印等。

2. 检查监测工作的基本要求

（1）水库工程必须严格按照规定的测次和时间进行全面、系统和连续的观测。各种相互联系的观测项目，应配合进行。

（2）掌握特征测值和有代表性的测值，研究工程运用情况是否正常，了解工程重要部位和薄弱环节的变化情况。

（3）保证观测成果的真实性和准确性。

（4）对观测成果应及时进行整理分析，绘制图表，并做好观测资料的整编工作。如发现观测对象的变化不符合一般变化规律或有突变现象时，应进行复测，并根据复测结果，分析原因，进行检查，研究处理。

所有检查工作都要认真进行，详细记载。发现问题，应暂时保持现场，迅速研究处理。如情况严重，应采取紧急措施，及时报告上级主管部门。

第四节　本课程的内容和学习方法

本课程的主要内容是介绍水工建筑物的主要组成部分，即水工混凝土结构和水工钢结构的检测方法、技术及检测设备等，并对结构存在的缺陷问题介绍了相关改造与修护措施，还对工程复核及安全评估的方法、程序、原则等做了介绍，也提及了汶川大地震对现有水利水电设施的相关影响等。

本课程是一门理论性和实践性很强的专业选修课。课程涉及的知识面很广，在学习过程中，要注重思考，积极运用所学的理论知识，并通过作业、实验、实习和设计等环节的锻炼，逐步掌握水工建筑物安全检测的理论方法及针对水工建筑物存在的各种缺陷问题所采用的工程技术措施，以及安全评估与工程复核等相关方面的知识。

··········· 课外知识 ···········

水工混凝土建筑物的病害检测与修补技术进展

我国对大坝的安全评价结论，分为正常坝、病坝和险坝。我国目前有水库8.5万多座，由于各种原因，其中约有40%存在事故隐患，部分大坝成为病坝、险坝，有的甚至出现溃坝、决口等安全事故。大坝的安全状况在其运行寿命期内处于动态变化的过程中，为了确保大坝实现其设定的安全经济运行的目标，必须对水工混凝土建筑物的健康状态进行实时监测与评估，提供有效、及时的防护与修补。水工混凝土是人造材料，从拌和制备、浇筑成型、养护到投入服役使用为抗力发育成长期，在成长期内混凝土的各项性能应达到设计指标。在随后服役期内混凝土在环境因素（如冻融、冻胀、温度和湿度变化、水流冲磨等）、化学介质（如水质侵蚀、溶蚀、氯离子侵蚀、碳化、钢筋锈蚀、碱骨料反应等）和交变荷载（周期性荷载作用等）作用下，其性能会逐渐发生变化，抗力随时间而衰减，直到不能满足安全运行要求。混凝土大坝安全运行与寿命的评价，要搞清服役期内在环境因素、化学介质和交变荷载等多因素作用下大坝混凝土的状况，以评价混凝土大坝的安全状况。然后，针对存在的问题，进行及时修补与加固，使建筑物的安全使用期限大大延长。

近几年，我国在水工混凝土建筑物的病害检测、评估与修补、加固方面，做了大量的、卓有成效的工作。现将有关方面的新进展综合介绍如下。

1. 病害检测与评估

水工混凝土建筑物的各种病害、缺陷，大多始发于或显露于结构表面，如裂缝、破损、磨蚀、渗漏、钢筋锈蚀以及结构外观变形等。有些病害的成因比较简单，仅根据现场仔细检查病害的形态、范围和程度就可以分析清楚。实际上，许多严重病害可以目测发现，但目测必须系统化，由经验丰富的技术人员进行。但有一些病害情况却很复杂，病因也很多，需要结合具体工程进行多方面检测试验或调查设计、施工资料，经过综合分析后，才能得出比较清楚的认识和恰当的评估。

对建筑物的病害做出正确评估，一方面应重视原型观测资料的分析，如位移、变形、渗水量、扬压力、裂缝扩展等，主要根据它们的变化趋势来评价建筑物的安全与否，这种方法简单易行，但更需要有经验的专业人员和专家相结合进行现场观察检测，以及对实测资料进行全面综合分析并做出安全评价。对建筑物的安全评价，现在还没有统一规范，也不可能有不变的统一标准，所以主要还是靠有丰富经验的工程技术人员，凭他们的实践经验，对各种资料做出正确的解释，并依靠从类似工程或处理类似工程得来的经验审慎地做出安全评估。

裂缝是混凝土建筑物最常见的病害之一，可以说，所有混凝土建筑物都有裂缝存在，只是裂缝数量的多少及危害程度有所不同而已。裂缝大体上可分为两类：一是施工期出现的裂缝，主要是湿度、干缩引起的；二是运行期出现的裂缝，其原因比较复杂，包括荷载、温度、地震、基础变形及化学反应等。有些裂缝仅从外观形态、工程特征及环境条件上就可找到原因。若从混凝土密实度、保护层厚度、碳化深度等方面进行检测，将有助于深入认识并制定合理处理方案。近年来在采用面波仪、探地雷达进行缺陷检测方面有较大发展。

总之，各种类型的病害缺陷需要有与之相应的检查诊断手段，需要有经验的专业人员进行检测评估。大多数病害检测仍需要检测混凝土现实强度，同时可检查内部缺陷，如渗水路径、裂缝、孔洞、疏松夹层、混凝土与基岩接合情况等。当怀疑有碱骨料反应时，对芯样进行膨胀试验、切面观察、含碱量测定等，有助于综合分析和做出合理评价。

2. 新技术及工艺

（1）水下修补材料及水下修补技术

"九五"期间结合水利部科技重点攻关项目研究，中国水利水电科学研究院及南京水利科学研究院分别研制出适于水下修补施工的嵌缝材料 GBW 遇水膨胀止水条、水下快凝堵漏材料、PU/EP、IPN 水下灌浆材料、水下伸缩缝弹性灌浆材料、水下弹性快速封堵材料等。这些材料大多采用先进的高分子互穿网络技术，根据水下修补施工的特点，材料的固化时间可调。曾在安徽陈村水电站坝上游面水下伸缩缝修补和引滦入津隧洞水下底板裂缝修补工程中进行了现场应用试验，效果良好。水下修补施工的机具设备亦有很大发展，一些大坝水下工程公司具有液压泵、液压潜孔钻、液压梯形开槽机、液压打磨机等一系列先进施工设备，已形成水下裂缝及伸缩缝修补的成套技术。

水下不分散混凝土在众多工程中得到应用，近年来先后研制出 UWB、NNDC、NCD、CP、SCR 等多种水下不分散剂，可以配制出适用于水工薄层修补的水下不分散混凝土，在五强溪、葛洲坝等工程中已成功应用。随着应用领域的不断扩大，对这种材料的需求也会不断增长。此外，一种适于海水中施工的水下不分散混凝土材料，已在天津海堤施工中得到应用。

（2）混凝土裂缝注浆技术

自从环氧树脂类高分子材料被用于混凝土建筑物裂缝修补工程后，至今它已成为仅次于钢材和水泥的第三种建筑材料被广泛应用。传统方法是靠人工控制用泵将树脂浆液注入裂缝内。由日本引入的"壁可"注浆技术，可通过橡胶管的弹性收缩压力自动完成注浆，缓慢均匀的灌浆压力可将缝隙中的空气压入混凝土毛细管中，并通过混凝土的自然呼吸作用排出，有效地避免了气阻现象，从而保证了灌浆质量。在无人看管的情况下，注浆管靠内部压力可以持续很长时间的自动注浆，需要人工操作的只是用泵将浆液压入到注射管内。尽管采用低压、低速注浆，却节省了大量人力和时间。

（3）碳纤维补强加固新技术

碳纤维补强加固技术是利用高强度（强度可达 3 500 MPa）或高弹性模量（弹性模量 $2.35 \times 10^5 \sim 4.30 \times 10^5$ MPa）的连续碳纤维，单向排列成束，用环氧树脂浸渍形成碳纤维增强复合材料片材，将片材用专用环氧树脂胶粘贴在结构外表面受拉或有裂缝部位，固化后与原结构形成整体，碳纤维即可与原结构共同受力。碳纤维分担了部分荷载，降低了钢筋混凝土的结构应力，从而使结构得到补强加固。该材料具有耐久性好，施工简便，不增大截面，不增加重量，不改变外形等优点，日渐受到国内外工程界重视。碳纤维复合材料用于混凝土结构的补强加固技术从 1997 年由日本引进，在我国只有几年的历史，但发展迅速。近几年主要用于钢筋混凝土建筑物的梁、板、柱等构件的补强加固。在水工混凝土建筑物补强加固方面，已在山东和新疆的工程中采用了这项新技术。目前国内虽能少量生产碳纤维片，但在材质均匀及预浸树脂含量等关键技术方面与国外相比，尚有较大差距。黏结用的环氧树脂材料，对不同部位的使用功能和使用条件需选用不同型号，不同的性能指标。

课后思考题

1. 在我国，为什么混凝土坝得到了广泛的应用？
2. 我国水工建筑物的安全现状是什么？
3. 水工建筑物进行安全检测的必要性是什么？
4. 对建筑物的病害做出正确评估，应着力重视哪些方面的内容？
5. 我国在水工建筑物病害修补技术方面有哪些进展？

参考文献

[1] 孙志恒，鲁一晖，岳跃真. 水工混凝土建筑物的检测、评估与缺陷修补工程应用[U]. 北京：中国水利水电出版社，2003.

［2］　吴中如. 水工建筑物安全监控理论及其应用[U]. 北京：高等教育出版社，2003.

［3］　徐国宾. 水工建筑物安全监测与健康诊断.

［4］　张严明. 全国病险水库与水闸除险加固专业技术论文集[C]. 北京：中国水利水电出版社，2001.

［5］　邢林生. 我国水电站大坝安全状况及修补处理综述[J]. 大坝与安全，2001.

［6］　林宝玉. 水工混凝土建筑物老化、病害及修补[A]. 全国第三届大坝安全学术讨论会论文集[C]. 南京：河海大学出版社，1996.

［7］　ICOLD.69th ANNUAL MEETING[R].DRESDEN，2001.

第二章
水工混凝土结构老化病害机理

新中国成立六十多年来，随着我国水利工程的飞速发展，水工混凝土作为水利工程建设中很重要的材料得到了广泛的应用。然而由于混凝土本身为透水性和非均质材料，受到使用年限、自身特性、施工工艺、运行管理和各种各样复杂的外部环境等诸多因素的影响，一系列的老化病害问题已经完全暴露出来。诸多病害的威胁使得工程的耐久性降低，增加了建筑物使用过程中的各种加固和整治费用，影响或限制了结构的正常使用功能并缩短结构的使用年限，影响效益和安全，不仅造成经济损失而且严重浪费资源，引发一系列社会问题。因此对水工混凝土的常见病害进行分析和研究是非常有必要的，这样才能提高水工混凝土的使用性和耐久性，保证水利建设长治久安和可持续发展。

根据水工混凝土建筑物的结构性特点和所处工作环境的不同，常见病害主要有裂缝、冲磨与空蚀破坏、冻融破坏、碳化破坏、化学侵蚀与碱骨料反应破坏五大类，其中前三类属于物理性病害，后两类属于化学性病害。由于工程自身因素和工作条件的差异，这几类病害对混凝土的危害程度也互不相同。本章重点对以上五种水工混凝土结构的病害分类、成因以及工程影响进行详细的阐述。

第一节　水工混凝土结构的裂缝

混凝土的裂缝是水工混凝土病害的表现形式之一。工程人员总是希望混凝土少裂缝甚至没有裂缝，但混凝土建筑物的裂缝总是存在。目前，几乎所有混凝土工程无一例外地存在裂缝，只不过裂缝多少、大小和危害程度不同而已。裂缝加速了混凝土的老化，引起混凝土结构中钢筋的锈蚀。严重的裂缝破坏了混凝土结构的整体性，削弱了结构的承载能力，影响了建筑物的正常使用，甚至使混凝土结构丧失承载能力而受毁破坏。某些裂缝影响了混凝土结构的水密性，影响了混凝土抵抗冻融破坏和环境侵蚀破坏的能力，最终将影响混凝土结构的正常使用，严重时将危及建筑物的安全。

为了减少以至避免危害性的混凝土裂缝，土木建筑工程技术人员通常从材料、结构和施工工艺等方面采取相应的措施。在混凝土材料上针对不同混凝土建筑物对混凝土的不同技术性能要求，配制出相应的混凝土，包括具有特殊性能的混凝土，如高强或超高强混凝土、耐冻混凝土、抗裂混凝土、补偿收缩混凝土等。在结构上，根据混凝土结构物的基础情况、建筑物的结构特点、运行环境条件等，在结构物的适当部位设置不同的结构缝，以适应结构物的变形。在施工上，根据混凝土材料和混凝土结构物的特点，采用相应的施工方法，划分成不同的施工浇筑块，严格按照施工规范施工，以保证混凝土浇筑密实、质量均匀。同时避免在施工过程中混凝土发生裂缝。尽管如此，混凝土结构物中的裂缝仍然不可避免地存在。人们不希望出现的某些危害性裂缝也不时地被发现。这是因为混凝土中的微观裂缝是不可避免的，而混凝土结构上裂缝的出现还与人们对混凝土结构内力以及混凝土结构物环境条件认识的深度和准确程度有关。人们希望混凝土结构上少出现裂缝，不出现危害性裂缝，特别是不出现危害性大的裂缝。一旦裂缝出现，将视其对建筑物正常发挥作用的危害程度确定是否需进行处理。若需进行处理，则需根据具体情况确定处理方案并实施裂缝修补。

本节重点介绍混凝土裂缝形成的原因、裂缝的分类。

一、混凝土的裂缝及裂缝的危害

（一）混凝土裂缝的成因

人们常说的混凝土结构出现裂缝，是指出现了肉眼可见的裂缝，即宏观裂缝。肉眼可见裂缝范围一般以 0.02 mm 为界。大于等于 0.02 mm 的裂缝称为宏观裂缝。宽度小于 0.02 mm 的裂缝称为微观裂缝。实际上，混凝土结构中除了可见的宏观裂缝外，还隐含着大量肉眼看不见的裂缝，包括微观裂缝和部分宏观裂缝。

1. 微观裂缝

微观裂缝是肉眼看不见需借助光学显微镜或其他显微镜才能看见的，缝宽小于 0.02 mm 的裂缝。这些裂缝的一部分是混凝土的原生裂缝，部分是混凝土结构受荷载或因结构变形引发的次生裂缝，见图 2-1。

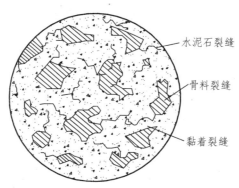

水泥石裂缝

骨料裂缝

黏着裂缝

图 2-1   混凝土中的微观裂缝

浇筑完毕的混凝土在凝结硬化过程中，由于混凝土各组分密度的差异，粗骨料颗粒下沉，水分上升和蒸发而产生体积收缩。这种收缩是混凝土仍处于塑性状态时发生的，因此称为塑性收缩。作为塑性收缩的结果，在均匀下沉受到阻碍的部位，如钢筋或者大的粗骨料附近，就会有裂缝出现。混凝土中水分上升（称为泌水）过程中，若遇到钢筋或粗骨料，便会积聚在其下部形成水囊，混凝土硬化后形成裂隙。即使在不出现明显泌水的混凝土中，贴近粗骨料处也比远离粗骨料处所形成的水灰比高。由于高水灰比，在贴近粗骨料处水泥的水化产物（如氢氧化钙和钙矾石）含有较大的结晶，且板状氢氧化钙往往形成择优取向层。该部位是水泥石与骨料的过渡区。在过渡区内孔隙较多，强度较低。混凝土凝结硬化过程中易在过渡区发生裂缝。混凝土凝结硬化过程中，由于干燥失水，水泥石收缩较大，其收缩受到粗骨料的限制，就会在水泥石中产生微裂缝。混凝土结构的顶面，由于泌水的集中，该处混凝土水灰比较大，若环境干燥，混凝土大量泌水，造成较大的干缩，也会出现微裂缝甚至可见宏观裂缝。此外，混凝土所用粗骨料内部也会含有一定量的微裂缝。随着科学技术的发展，关于混凝土的现代化试验研究设备（如各种实体显微镜、X光照像设备、超声仪器、渗透观测仪等）的不断出现，尚未受荷的混凝土结构中存在着肉眼看不见的微观裂缝得到完全的证实。

对于混凝土结构来说，部分微观裂缝是混凝土凝结硬化以后结构承受荷载或因结构变形引发的，如构件受荷挠曲引起的微细裂缝、混凝土碳化引起的微裂缝、干缩引起的微裂缝等。

2. 宏观裂缝

宏观裂缝是肉眼看得见的裂缝。它属于混凝土的次生裂缝，也就是在混凝土凝结硬化以后，由于混凝土结构发生变形或承受荷载而引发的裂缝。宏观裂缝一般由微观裂缝发展而成。室内荷载试验表明，当混凝土受压，荷载在30%极限强度以下时，混凝土中的微裂缝几乎不发生变化，到30%~70%极限强度时，微裂缝开始扩展并增加，到70%~90%极限强度时，微裂缝显著地扩展并迅速增多，最终微裂缝相互串连起来。根据王铁梦教授对国内外调查与资料统计，工程实际中结构物的裂缝原因，属于变形变化（温度、收缩、不均匀沉陷等）引起的约占80%，其中包括变形变化与荷载共同作用，但以变形变化为主引起的裂缝。属于荷载引起的约占20%，其中包括由荷载和变形变化共同作用，但以荷载作用为主所引起的裂缝。

混凝土的宏观裂缝主要是由于混凝土中拉应力超过了抗拉强度，或者说是由于拉伸应变达到或超过了混凝土的极限拉应变而引起的。混凝土的干缩、降温冷缩及自身体积收缩等收缩变形，受到基础及周围环境的约束时（称此收缩为限制收缩），在混凝土内引起拉应力，并可能引起混凝土的裂缝。例如配筋较多的大尺寸板梁结构，与基础镶嵌牢固的建筑物底板，在老混凝土间浇筑的新混凝土等。混凝土内部温度升高或因膨胀剂作用，使混凝土产生膨胀变形。当膨胀变形受到约束时（称此变形为限制膨胀），在混凝土内引起压应力，混凝土不会产生裂缝。当膨胀变形不受外界约束时（称此变形为自由膨胀），则会引起混凝土裂缝。大体积混凝土发生裂缝的原因主要有干缩和温度应力两方面，其中温度应力是最主要的因素。在混凝土浇筑初期，水泥水化放热，使混凝土内部温度升高，产生内表温差，在混凝土表面产生拉应力，形成表面裂缝，当气温骤降时，这种裂缝更易发生。在混凝土硬化后期，混凝土温度逐渐降低而发生收缩，此时混凝土若受到基础或周围环境的约束，会产生深层裂缝。此外，结构物受荷过大或施工方法欠合理以及结构物基础不均匀沉陷等都可能导致混凝土开裂。由于造成混凝土裂缝应力与变形的来源不同，混凝土宏观裂缝产生的原因也各异，可以分为以下几种类型。

（1）基岩及老混凝土约束引发裂缝。在坚硬岩基及老混凝土上浇筑大体积新混凝土，新浇筑混凝土由于内部水化热不易散失而使混凝土温度升高，当混凝土降温产生收缩时受到基础或老混凝土的约束产生拉应力。混凝土温度应力可近似按式（2-1）计算：

$$\sigma = KE_{cl}\alpha\Delta T /(1+C_{e}) \qquad\qquad (2\text{-}1)$$

式中：K 为约束系数；E_{cl} 为混凝土的抗拉弹性模量；α 为混凝土的温度变形系数；ΔT 为混凝土温升，混凝土最高温度与稳定温度之差；C_{e} 为混凝土的徐弹比（最终徐变变形与瞬时弹性变形的比值）。

由式（2-1）可知，基础对新浇筑混凝土的约束越大，即 K 越大，则产生的温度应力越大；新浇筑混凝土的温升越大，温度应力越大。令 σ 等于混凝土的极限抗拉强度 R_{l}，并假定混凝土受到基础的强烈约束（取 $K=1$），则由式（2-1）可得：

$$\Delta T = (1+C_{e})R_{l} / E_{cl}\alpha \qquad\qquad (2\text{-}2)$$

它表示安全系数为 1.0、100% 的约束、温度应力等于混凝土极限抗拉强度时的温升值。混凝土自身体积变形，干缩变形和偶然的寒潮袭击造成的拉应力与上述温度应力叠加，将使拉应力更加突出，裂缝更加严重。基础对新浇混凝土块的约束仅限于一定高度范围之内，超过一定高度，约束影响较小。约束的大小还与新浇筑混凝土块的长度有关，浇筑块越长，约束引起的拉应力越大。

（2）基础不平整或不均匀沉陷引发裂缝。某些混凝土的裂缝与基础不平整或基础不均匀沉陷有关。将混凝土浇筑在高低相差较大的基岩面上，混凝土从较高的温度降温过程中受到基础的约束产生较大的温度拉应力，由于基岩表面高低相差较大，在突变位置将产生较大的应力集中，加之突变部位左右两部分混凝土变形存在较大的差异，导致混凝土在突变部位开裂形成裂缝。当混凝土浇筑在非均质的基础上时，由于混凝土自身重量的作用，基础发生不均匀的沉陷。基础坚实、强度高的部位沉陷少，基础软弱、强度低的部位沉陷大。较大的沉陷差异使混凝土发生裂缝。基础不均匀沉陷引发的裂缝一般发生在基础内有较大的断层破碎带时。

（3）结构引发裂缝。混凝土结构物外形设计欠合理，造成应力集中引发的裂缝，称为结构引发裂缝。水工混凝土结构物不可避免地设有孔洞、牛腿等，这些部位若设计外形不合理，都容易产生巨大的应力集中而导致开裂。为了避免这一类裂缝，应注意将孔洞的直角形棱角设计成 45° 斜角或圆角。对于较大的混凝土结构旁边伸出的较小断面的结构，由于两者散热条件相差太大，内表温差差别较大，很容易在联结处产生裂缝。此时若对两者有形成整体结构的要求，则应设计成渐变断面，若无整体结构要求，则可设伸缩缝分缝施工。

（4）干缩裂缝。混凝土的干缩是混凝土中水分散失引起的。当混凝土在空气中硬化时，由于水分蒸发，水泥石凝胶体逐渐干燥收缩，使混凝土产生干缩。在干燥环境中，混凝土的干缩持续进行着。有资料报道，甚至 38 年之后仍能观测到一些变化，其中长期收缩中的很小部分可能是由于碳化作用的结果，不过收缩的速率却随时间而急剧减小。如 14 d 内的收缩为 20 年收缩的 14%~34%，3 个月内的收缩为 20 年收缩的 40%~80%，1 年之内的收缩为 20 年收缩的 66%~85%。

干缩变形可使混凝土表面产生拉应力，当拉应力超过混凝土当时的极限抗拉强度时，将引起混凝土表面裂缝。裂缝方向一般与构件长度方向垂直，从构件棱角开始逐渐向两边面发展。

（5）寒潮袭击引发混凝土裂缝。混凝土也像大多数材料一样，受热时膨胀，冷却时收缩。混凝土结构物（特别是浇筑不久，混凝土内部温度较高，混凝土强度不高时）在寒潮到来之前若没有采取防护措施，混凝土表面温度迅速降低，此时混凝土存在较大的内表温差，表面受到较大的温度拉应力，可能引起混凝土开裂。寒潮袭击引发的裂缝，一般在寒潮到来之后较短时间内发生，裂缝方向一般与混凝土构件的长边大致垂直，裂缝一般也不太深，属表面裂缝。

（6）碳化引发混凝土裂缝。混凝土由于碳化作用也会产生收缩。混凝土干燥收缩的许多试验数据实际上包括了碳化作用的影响。然而，干燥收缩和碳化收缩在本质上是完全不同的。

存在于大气中的 CO_2 在湿度适宜的情况下，可与混凝土中水泥水化产物 $Ca(OH)_2$ 发生反应生成 $CaCO_3$，并产生收缩。CO_2 的这种作用，即使在其浓度很低的情况下如在乡村空气中（CO_2 含量按体积计仅约占 0.03%），也能发生。在通风不良的实验室中，CO_2 含量可升高到 0.1%以上。在大城市中 CO_2 平均含量达到 0.3%，个别的达到 1%。碳化速度随 CO_2 浓度增高而加快。完全干燥的混凝土不会发生碳化，因为碳化必须有一定的水分存在，使 CO_2 溶解于水变为碳酸，否则不能发生反应。过于潮湿或浸于水中的混凝土也不会发生碳化，因为空气难于深入混凝土中。碳化作用由混凝土表面向内部深入极其缓慢。碳化速度大致与时间的平方根成正比，也就是 1 年与 4 年之间碳化深度成倍增长。此外，碳化深度还与混凝土的水灰比、水泥品种及用量等因素有关。碳化深度随混凝土水灰比的加大而增加，随混凝土水泥用量的增大而减小。混凝土使用掺有混合材料的水泥比使用纯硅酸盐水泥时碳化深。

碳化收缩使混凝土表面产生不规则的微观裂缝。碳化严重时，将影响钢筋混凝土的使用寿命。在硬化混凝土的孔隙中充满了饱和 $Ca(OH)_2$ 溶液，此碱性介质使钢筋表面产生一层难溶的 Fe_2O_3 和 Fe_3O_4 薄膜，称为钝化膜，它能防止钢筋锈蚀。碳化后，混凝土碱度降低，当碳化深度超过钢筋保护层时，钝化膜遭到破坏，混凝土失去对钢筋的保护作用，钢筋开始生锈。生锈的钢筋体积膨胀，使混凝土保护层顺着钢筋方向出现宏观裂缝，加速了钢筋的锈蚀。

（7）荷载引发的裂缝。由外荷载（静、动荷载和其他荷载）作用引起的裂缝，也称荷载裂缝。荷载引发的裂缝往往是因为结构较复杂，计算应力与实际承受应力存在较大差异或者因为结构设计考虑不周，疏漏了某些荷载及影响荷载的因素造成结构内应力过大而引发。

（8）钢筋锈蚀引起的裂缝。由于混凝土质量较差或保护层厚度不足，混凝土保护层受二氧化碳侵蚀碳化至钢筋表面，使钢筋周围混凝土碱度降低，引起钢筋表面氧化膜破坏，钢筋中铁离子与侵入到混凝土中的氧气和水分发生锈蚀反应，其锈蚀物（氢氧化铁）体积比原来增长 2～4 倍，从而对周围混凝土产生膨胀应力，导致保护层混凝土开裂、剥离，沿钢筋纵向产生裂缝，并有锈迹渗到混凝土表面。由于锈蚀，钢筋有效断面面积减小，钢筋与混凝土黏结力削弱，结构承载力下降，并将诱发其他形式的裂缝，加剧钢筋锈蚀，导致结构破坏。

（9）施工工艺质量引起的裂缝。在混凝土结构浇筑、构件制作、起模、运输、堆放、拼装及吊装过程中，施工工艺不合理、施工质量低劣，容易产生纵向的、横向的、斜向的、竖向的、水平的、表面的、深进的和贯穿的各种裂缝。

（二）混凝土裂缝的类型及裂缝的危害

1. 混凝土裂缝的类型

如上所述，混凝土裂缝成因复杂而繁多，裂缝的形式也多种多样，可从各种角度将混凝土的裂缝划分为不同的类型。

1）按裂缝的活动性质划分

根据裂缝是否随外界因素的改变而变化及变化情况，可将裂缝分为稳定裂缝、准稳定裂缝和不稳定裂缝三类。

（1）稳定裂缝。开度和长度不再变化的裂缝称为稳定裂缝或称死缝。如地下防水工程或其他防水结构上存在的开度较小（0.1～0.2 mm）的裂缝，在一定的水压下，开始有些渗漏，但渗漏水在迁移过程中不断溶解混凝土中的 $Ca(OH)_2$，使渗透液 $Ca(OH)_2$ 的浓度逐渐提高，以致析出结晶沉积于孔隙中，与渗漏水中携带的少量杂质逐渐堵塞渗漏孔隙和裂缝。随着渗漏时间的延长，渗漏量逐渐减少，最终渗漏停止。这种现象称为裂缝的自愈现象。稳定裂缝不影响结构的持久使用。另外，某些结构的初始裂缝，在后期荷载作用下，承受压应力而闭合（或没有完全闭合），尽管裂缝仍然存在，但也是稳定的。

（2）准稳定裂缝。开度随季节或某种因素影响呈周期性变化，长度不变或变化缓慢的裂缝称为准稳定裂缝。许多防水工程冬季渗漏、夏季停止或冬季渗漏较大、夏季渗漏较小，就是这种裂缝的典型表现。

（3）不稳定裂缝。开度和长度随外界因素的变化而增长的裂缝称为不稳定裂缝或动态缝。不少结构的荷载裂缝或沉陷引起的裂缝在初期均属此类。

2）按裂缝的开度划分

混凝土裂缝按其开度（宽度）可分为微观裂缝和宏观裂缝。微观裂缝不仅开度小至肉眼看不见，且分布是不规则的，沿截面是非贯穿的。具有微观裂缝的混凝土是可以承受拉应力的。宏观裂缝是开度大于 0.02 mm、肉眼可看得见的裂缝。宏观裂缝一般由微观裂缝发展而成，属于混凝土中的次生裂缝。宏观裂缝依引发裂缝原因的不同，一般情况下在分布上（如裂缝方向、间距等）有一定规律。

3）按裂缝发生的部位划分

宏观裂缝按发生在混凝土结构上的部位可分为表面裂缝、深层裂缝及贯穿性裂缝。

（1）表面裂缝。这是指在混凝土表面上出现的深度不大的裂缝。表面裂缝可存在于结构的顶面、侧面或底面。侧面上的表面裂缝可以是竖向的，也可以是水平的。表面裂缝占宏观裂缝的大多数。表面裂缝一般来说危害较小，但某些表面裂缝（如处于大坝上游面、基础部位、水闸底板等的表面裂缝）有可能发展成危害性较大的贯穿性或深层裂缝。稳定或准稳定的表面裂缝一般沿裂缝深度方向开度变小而逐渐消失。

（2）深层裂缝。这是指深度较大、延伸至部分结构断面、对结构有一定危害性的混凝土宏观裂缝。此类裂缝一般是在两种或两种以上因素作用下由表面裂缝逐渐发展而成。深层裂缝一般都会影响结构的安全，需进行必要的处理。

（3）贯穿裂缝。这是指延伸到整个结构断面，将结构分离，严重地破坏结构的整体性和防水性的混凝土宏观裂缝。贯穿裂缝一般易发生在基础部位。存在表面裂缝的基础部位混凝土与受到基岩约束形成的裂缝连通发展成贯穿裂缝。此外，较小构件往往由于中心受拉或偏心受拉而出现贯穿裂缝。坝体内外温差过大的部位也容易产生贯穿裂缝。

4）按裂缝成因划分

按裂缝的成因可将混凝土的裂缝分为荷载裂缝和变形裂缝两大类。荷载裂缝是由外荷载（如静、动荷载）作用产生的应力超过混凝土当时的极限抗拉强度而引起的裂缝。变形裂缝是由结构变形超过混凝土当时的极限拉应变引发的裂缝。它主要包括温度变形裂缝、干缩裂缝、不均匀沉陷裂缝等。此外，还有碱骨料反应引发的裂缝，钢筋锈蚀引起的裂缝等。

除上述分类之外，还有按裂缝形状进行划分的。如不规则裂缝、规则裂缝，上宽下窄、下宽上窄的裂缝，龟状裂缝、地图状裂缝、枣核状裂缝等。

2. 混凝土裂缝的危害

如前所述，裂缝有各种类型，不同类型的裂缝引起的危害程度不一。同一类型的裂缝，在不同的结构物上引起的危害可能不一样。这里只能一般地介绍裂缝的危害。

一般情况下，微观裂缝是无害的，但宏观裂缝是微观裂缝扩展的结果。由于混凝土中大量微观裂缝的存在，结构物在荷载作用或变形变化情况下，在微裂缝的尖端往往产生应力集中现象。由于应力集中，裂缝尖端附近的应力超过混凝土极限抗拉强度，微裂缝便顺着裂缝尖端方向开裂扩展，逐渐形成宏观裂缝。

表面裂缝有时会诱发深层裂缝或贯穿裂缝。例如，浇筑不久的混凝土受到寒潮袭击时会产生一些表面裂缝。随着时间的延长，表面温度继续下降，温度梯度增大，裂缝逐渐加深形成深层裂缝。除基础约束引起的贯穿裂缝外，多数贯穿裂缝是由表面裂缝诱发而成。深层裂缝一般都影响结构的安全，如建筑物的整体性和稳定性，而且还会产生大量的漏水，使水工建筑物的安全运行受到严重威胁。贯穿裂缝往往严重地破坏结构的整体性，对结构的安全造成严重危害。不均匀沉陷裂缝不仅破坏了结构的整体性，对结构安全造成严重危害，更严重的是某些不均匀沉陷会给整个建筑物的正常运行带来危害。例如，不均匀沉陷可造成闸门无法开启；在高速水流区的不均匀沉陷裂缝引起混凝土被冲蚀破坏，使混凝土建筑物受到严重的危害。防水结构的裂缝引起建筑物的渗漏，加剧了混凝土的渗透溶蚀破坏和冻融破坏。另外，裂缝的存在往往会引起渗漏溶蚀、钢筋锈蚀和冻融破坏等其他病害的发生和发展，并与它们形成恶性循环，严重降低水工混凝土的耐久性。

第二节　混凝土的冲磨与空蚀破坏

高速水流、含沙水流、推移质水流对水工建筑物的冲刷磨损和空蚀破坏一直是水工泄流建筑物如溢流坝、泄洪洞槽、泄水闸等常见的破坏方式，也一直是水利水电建设中长期关注、有待妥善解决的问题。据调查，我国运行中的大坝泄水建筑物有 70% 存在不同程度的冲磨破坏问题，有的甚至非常严重，不仅自身遭到破坏，而且危及其他建筑物的安全。其中丰满、三门峡、刘家峡、龚嘴等工程，虽经修补，还是屡遭破坏。

我国是一个河流多沙的国家，黄河是典型的多沙河流。根据黄河三门峡排沙底孔的实测资料，汛期河水平均含沙量达 $80 \sim 100 \ kg/m^3$，瞬时最大含沙量达 $911 \ kg/m^3$。长江、海河及其他河流每年也有大量的泥沙带入大海。河水中携带的泥沙介质分为悬移质和推移质（即在水中处于悬浮状态被水流携带而推移的介质和沉于河床表面被水流推动而运移的介质）。一般情况下，粒径较小的泥沙在水流中多呈悬浮状态。但在高流速、紊动的水流中，大卵石实际上也呈悬浮状态间歇地被水流携带运移。相反，低流速的渠道中，粉沙颗粒也可能呈推移质运动。因此，水流中的颗粒属于悬移质还是推移质取决于颗粒大小、形状和密度，也与水流流速和紊流程度有关。水流中的悬移质呈悬浮状态运移，推移质沙石则沿建筑物表面滑动、滚动或跳跃状态运移。水流中的悬移质和推移质对建筑物都有破坏作用。悬移质泥沙颗粒径较小，在高速流动水流的紊动作用下，泥沙颗粒被均匀地混合并与水流一起运动，对过流建筑物表面产生严重的磨损作用，也称冲磨。推移质在水流中以滑动、滚动或跳跃等方式运动，对过流建筑物表面不仅有磨损作用，还有冲击破坏作用，故对过流建筑物的破坏比悬移质更为严重。某些建筑物设计或运行不当，在泄水时将下游河床沙石卷入建筑物（如消力池、消力戽），增加了水流中推移质含量，造成建筑物的冲磨破坏。

过水建筑物的冲磨破坏，有时会与空蚀联合作用，互相交替或促进。有的空蚀是由于冲磨破坏了过流表面，造成凹凸不平而引起。在有空蚀作用同时有冲磨作用的部位，也会因为空蚀加剧冲磨破坏。冲磨与空蚀破坏是水工泄水建筑物常见的病害之一。

我国大量水利水电工程出现过冲磨、空蚀破坏情况。其中，大型水电工程中存在冲磨或空蚀问题的近 70%。灌区水工建筑物也存在冲磨破坏问题，如都江堰水利工程的外江水闸闸室下游护坦及飞沙堰，由于大量的推移质作用，需经常维修。工程运行实践和室内试验研究表明，清水流过混凝土表面，对混凝土基本上没有破坏作用（除消能不良及产生空蚀破坏者外）。产生冲磨破坏的原因是水流中含有固体颗粒。空蚀则是高速水流流经建筑物体型不佳或不平整处时，产生的空泡进入高压力区溃灭时，对混凝土表面的冲击。本节主要介绍混凝土冲磨、空蚀破坏机理以及影响冲磨、空蚀破坏的因素。

一、混凝土冲磨与空蚀破坏的机理

（一）泥沙磨损

如前所述，过水建筑物产生冲磨破坏的原因是水流中含有固体粒子。固体粒子在高速水流的作用下具有一定的动能，当其与过流混凝土表面接触时，会把一部分能量传递给混凝土。当具有足够能量的大量固体颗粒（砂、石）作用于混凝土表面时，就造成混凝土表面的剥落。细粒的悬移质泥沙，在高速水流中与水的质点充分掺混，形成近似均匀的固液两相流。具有紊流结构的高速水流在输水建筑物岸壁附近发生纵向和横向涡旋流体。这些涡旋流体不断地重复着由小到大尔后消失的过程。随着涡旋的形成、扩大和消失，水流中的泥沙颗粒以较小的角度切削和冲击流道表面，从而造成流道表面的磨损。大粒径的推移质沙石，以滑动滚动或跳跃方式摩擦、冲砸建筑物表面，即既有切削作用，也有冲击作用。因此，不管是悬移质还是推移质，对建筑物表面的破坏作用可概括为切削磨损和冲击磨损。当介质以较小的角度接触建筑物表面时，以切削磨损作用为主，冲击磨损作用为辅，而介质以较大的角度接触建筑物表面时，以冲击磨损作用为主，切削磨损作用为辅。介质对建筑物表面的总磨损量由两种磨损量相加而成。

1962 年彼德（J. G. Bitter）建立了磨粒磨损能量理论，随后尼尔森（J. H. Nelson）和基尔兹瑞斯特（A. Gilchrist）给出了简化的磨粒磨损公式

$$I(\alpha) = 1/(2\varepsilon)(V_s \sin\alpha - V_0)^2 + 1/(2\xi)V_s^2 \cos^2 \sin(n\alpha) \quad (\alpha \leqslant \alpha_0) \tag{2-3}$$

$$I(\alpha) = 1/(2\varepsilon)(V_s \sin\alpha - V_0)^2 + 1/(2\xi)V_s^2 \cos^2\alpha \quad (\alpha > \alpha_0) \tag{2-4}$$

式中：$I(\alpha)$ 为磨损失重率，g/kg，$I(\alpha) = W(\alpha)/M_s$，$M_s$ 为磨料沙质量，kg；$W(\alpha)$ 为质量为 M_s 的沙以冲角 α 对材料冲磨所造成的磨损失重，g；V_s 为沙速，m/s；α 为冲角；α_0 为临界冲角，$\alpha_0 = \pi/(2n)$；V_0 为临界沙速，m/s，$V_s \sin\alpha \leqslant V_0$ 时，$I(\alpha) = 0$；ε 为冲击磨损耗能因数，$kg \cdot m^2/(g \cdot s^2)$；$\xi$ 为微切削磨损耗能因数，$kg \cdot m^2/(g \cdot s^2)$；$n$ 为水平弹率因数。

当 V_0、ε、ξ、n 四个材料抗冲磨特性参数确定后，上式可描述材料被磨损情况。试验研究表明，材料性能对磨损量与冲角关系有很大影响。对于塑性材料，冲击磨损分量通常很小。当冲角较小时，磨损量就具有最大值。随着冲角的进一步增大，磨损总量反而下降。对于脆性材料，磨损总量与冲角关系曲线呈单调递增。当 $\alpha = 90°$ 时，磨损总量最大。

（二）空蚀破坏

在高水头泄水建筑物体型不佳或不平整处，高速水流会与边界分离，降低局部动水压强。当流场中压强低于该温度下水的蒸汽压强 P_v 时，水就会沸腾，水中所含的气核急骤膨胀，形成空泡，称为空化。不同温度时水的蒸汽压强见表 2-1。这些空泡聚集在低压区附近，形成空泡组和空泡群。它们随水流流向下游，进入高压区时因高压即行溃灭。因为空泡的溃灭意味着高速水流进入本来为空气占据的空间，所以在很短的时间（一般仅为万分之几秒）之内从空泡中心辐射出极高的冲击压力，作用于泄水建筑物的材料表面。由于空泡不断发生、发展、溃灭，冲击作用不断产生，连续冲击混凝土表面。这种冲击力超过混凝土材料颗粒的内聚力时，混凝土表面产生剥落破坏，这便是空蚀破坏。空蚀破坏的程度随不平整度及水流速度的增加而增大，与水流速度的 5~7 次方成正比。初始的空蚀破坏，增加了混凝土的不平整度，致使空蚀破坏随之加剧。判别某点水流是否会发生空化的参数称为空化数，以 σ 表示：

$$\sigma = \frac{P_0 + P_a - P_v}{0.5\rho V_0^2} \tag{2-5}$$

式中：P_0、V_0 为该处不变边界局部变化影响的相对压强及流速，可以该处的平均压强、平均流速代替；P_a 为蒸汽压强。

表 2-1 不同温度时水的蒸汽强度

温度/°C	60	50	40	30	20	10	5	0
蒸汽压强水头 P_v/γ（m 水柱）	2.03	1.24	0.75	0.43	0.24	0.12	0.09	0.06

当 σ 降至某一数值 σ_c 时开始发生空化，这个空化数称为初生空化数或临界空化数。初生空化数随边界条件而异，对某种形式的边界轮廓可通过试验研究得出其初生空化数 σ_c 值，将实际空化数 σ 与其比较，若 $\sigma \leqslant \sigma_c$，就表明将发生空化。$\sigma_c$ 值可从有关手册中查到。一般认为，流速在 15～30 m/s 时，空蚀问题应引起注意，当流速超过 35 m/s 时，空蚀问题便十分突出。但空蚀现象并非仅发生在流速很高的泄水建筑物上。当气压相当低，存在压力降低的可能性时，在明渠中只要流速超过 12 m/s，而在封闭的管道中甚至更低的流速下，空蚀破坏也会产生。这种压力降低可能由于虹吸作用或由于弯曲面的惯性力，或由于不规则的界面引起，且往往是这几种情况的综合。

二、影响混凝土建筑物冲磨与空蚀破坏的因素

（一）影响混凝土冲磨破坏的因素

室内试验和原型观测结果表明，混凝土表面的磨损率与水流速度、含沙率、沙石颗粒形状、粒径、硬度、建筑物表面形态以及混凝土本身的抗冲磨能力等多种因素有关。现简要介绍如下。

（1）水流速度（或沙石速度）对磨损率的影响。从式（2-3）和式（2-4）可见，当沙速 $V_s \sin\alpha \leqslant V_0$ 时，材料不受磨损；当 $V_s \sin\alpha > V_0$ 时，材料出现磨损。磨损失重率与沙速呈二次方的关系，沙速或水流速度越大，磨损越严重。尽管由于沙石粒径、粒形的不同，水流流速和流态的差异，水流边壁曲率的不同，抗磨材料的不同以及含沙率一定情况下沙速的增大实际上单位时间内的冲磨沙量也增加等原因，各试验研究单位的试验结果中磨损失重率与沙速并非严格地呈二次方关系，但都表明，水流速度或沙速是影响磨损量的决定性因素。

（2）水流含沙率对磨损率的影响。如前所述，清水流过混凝土表面，对混凝土基本上没有破坏作用。产生冲磨破坏的原因是水流中含有固体颗粒。在高速水流作用下的固体颗粒通过摩擦、冲击等方式将一部分能量传递给混凝土。在相同流速情况下，水流含沙率越高，传递给混凝土的能量越多，对混凝土的冲磨破坏就越严重。

（3）沙石粒径对磨损率的影响。水流中所含沙石颗粒的粒径直接影响沙石颗粒受水流的拖曳力、浮力以及水中质量的大小，从而影响颗粒在水中的运动状态。而且，当沙石粒径不同时，即使沙速、冲角等都相同，对材料的磨损失重率仍是不同的。武汉水利电力大学用喷沙法进行的试验结果表明，混凝土磨损率随沙粒的增大而增大。成都勘测设计研究院科学研究所用平均粒径 0.9～5.0 mm 的沙进行试验，结果表明，随着沙石粒径的增大，磨损率显著增大。

工程实践和试验研究表明，当固体颗粒小至某一极限以下时，对材料几乎不产生磨损作用。常将此颗粒粒径极限称为"有效磨损粒径"或"最小临界粒径"。武汉水利电力大学的研究表明，对于水泥混凝土材料，有效磨损粒径与混凝土强度及沙速有关，见表 2-2。

表 2-2　不同沙速时混凝土的有效磨损粒径　　　　　　　　mm

沙速 V_s/（m/s）		5.0	10.0	15.0	20.0	30.0	40.0
混凝土强度等级 /MPa	20	0.41	0.073	0.026	0.013	0.005	0.002
	30	0.79	0.139	0.050	0.025	0.009	0.004
	40	1.28	0.226	0.082	0.040	0.015	0.007

应该指出的是，水流速度与沙速不都是一致的。在某一水流速度情况下，存在某一粒径，小于或等于该粒径的颗粒速度与水流速度一致，大于该粒径的颗粒，在水流中的运移速度小于流速。因此，沙石粒径大小与磨损率的关系是有条件的。

（4）泥沙颗粒形状及硬度对磨损率的影响。泥沙颗粒形状对磨损率有较大的影响。颗粒棱角尖利者，磨损作用较强。一般认为，圆球形、棱角形、尖角形的泥沙磨损能力之比为 1∶2∶3。武汉水利电力大学用喷沙法进行天然河沙（石英颗粒占 80% 以上）与石英岩人工沙比较试验，结果显示，垂直冲击磨损时，使用人工沙的磨损率为天然沙的 1.25 倍，水平微切削磨损时，此比值为 2.0~2.4。泥沙颗粒与受冲磨材料的硬度差异是影响磨损率的因素。中国水利水电第十一工程局科研所曾根据三门峡工程原型观测资料得出，当悬移质泥沙颗粒硬度小于或等于混凝土材料硬度时，不产生明显的磨损作用。悬移质泥沙颗粒硬度越高，混凝土磨损越严重。

（5）混凝土建筑物表面形态以及混凝土本身的抗冲耐磨性能对磨损率的影响。混凝土建筑物表面的平整度、密实性以及混凝土本身的抗冲耐磨性能是影响磨损率的重要因素之一。表面密实、平整光滑的建筑物表面，对切削磨损有明显的改善作用。具有足够高的强度和较好韧性的混凝土，切削磨损和冲击磨损量都较小。

（6）冲磨历时对磨损率的影响。试验研究表明，随着挟沙水流作用时间的延长，混凝土材料的单位磨损率逐渐降低，经过一段时间后，磨损率趋于某一定值。这种现象主要是由于混凝土表面砂浆层抗冲磨性能较低所致。一般情况下，水泥石及砂浆不及骨料坚硬耐磨。在挟沙水流作用的初期，砂浆层首先被磨损。随着水流作用时间的延长，粗骨料逐渐裸露增强了混凝土的抗冲耐磨性能，故混凝土的冲磨失重率逐渐趋于稳定。

（二）影响混凝土空蚀破坏的因素

根据空蚀破坏的机理及工程观测经验，形成空蚀破坏的因素有：① 建筑物体形不当引起空蚀破坏。由于建筑物过水表面与水流流线不相符（如矩形门槽、矩形消力墩等）或由于泄洪流量显著超过设计流量，泄流流线与过水表面不符，泄流脱离建筑物过流表面，实际空化数远小于初始空化值，因而产生空蚀破坏。② 建筑物表面平整度不符合设计要求，引起空蚀破坏。这种情况可以是因为施工不良造成表面不平整、不光滑，或因为过流表面受泥沙磨损而凹凸不平。在这种情况下，高速水流受过流表面不平整所干扰，造成压强降低，达到一定程度即产生空蚀。③ 过水表面材料抗空蚀能力较差。过流表面材料强度较低、均匀性和密实性差。

第三节　混凝土的冻融破坏

混凝土结构的冻融破坏是促使混凝土结构老化的主要因素，也是我国水利水电工程中混凝土结构常见的病害之一。工程调查表明，我国有22%的大坝和21%的中小型水工建筑物存在冻融破坏问题。引起混凝土结构冻融剥蚀的主要原因是混凝土微孔隙中的水在正负温差大幅度变化和交替频繁的作用下，形成结冰膨胀压力和渗透压力联合作用的疲劳应力。在这种综合压力的作用下，混凝土产生由表及里的剥蚀破坏从而降低了结构强度和刚度，并且在其内部产生微裂缝，影响建筑物的安全。一般发生于寒冷地区经常与水接触的混凝土结构物，如水位变动区的海工、水工混凝土结构物，尤其是东北严寒地区的混凝土结构物，几乎100%的工程局部或大面积遭受不同程度的冻融破坏。最常见的是由于水泥石的崩裂、砂浆部分呈粉状脱落而露出粗骨料。对于预应力混凝土结构而言，混凝土材料的劣化除了会引起预应力损失外，还会引起结构承载力下降最终导致结构破坏。也有在平行于水工混凝土构筑物水面线处最初产生线状裂缝，裂缝逐渐增多使混凝土表层剥落等。提高混凝土本身的抗冻融破坏能力是减少混凝土冻融破坏病害的主要途径，对遭受冻融破坏的混凝土结构进行修复是延长混凝土寿命的有效措施。

本节内容重点介绍混凝土冻融破坏机理、冻融破坏造成的危害以及影响混凝土冻融破坏的因素。

含水（或水接触）的混凝土在长期正负温度交替作用下会出现由表及里的逐渐剥蚀破坏，称为冻融破坏。混凝土产生冻融破坏有两个必要条件：一是混凝土必须接触水或混凝土中含有一定的水；另一个是混凝土建筑物所处的自然环境必须存在反复交替的正负温度，且负温必须低至一定程度。只有以上两个条件同时存在，混凝土才有可能出现冻融剥蚀破坏。因此，水利水电工程和港口码头工程发生混凝土冻融破坏较为普遍和严重。

混凝土在大气中遭受冻融破坏的机理还未完全清楚，但一般认为主要是因为在某一冻结温度下存在结冰的和过冷的水，结冰的水产生体积膨胀及过冷的水发生迁移，引起各种压力的结果。混凝土冻融破坏的程度与混凝土本身的抗冻融破坏能力有关，与环境条件因素有关。本节重点介绍混凝土冻融破坏的机理和影响混凝土冻融破坏的因素。

一、混凝土冻融破坏及其危害

如前所述，混凝土的冻融破坏与混凝土中水分结冻膨胀有关。如果混凝土在凝固之前遭受冻结，这种冰冻作用类似于饱和黏土冻胀的情况，即拌和水冻结使混凝土总体积增长，而且，由于水分冻结了，不能参与混凝土中的水泥起化学反应，使混凝土的凝结硬化延迟。当低温一直持续不变，则凝结过程持续中断。若后来开始融化时，对混凝土进行重新振实，则其后的混凝土凝结硬化不会使混凝土的强度降低。然而，若不对混凝土重新振实，则凝结的混凝土会存在大量的孔隙，因而混凝土的强度极低、抗渗性极差。融化之后的重新振实，尽管可以得到令人满意的混凝土，但这是不得已而采取的做法。

如果混凝土在凝结后但未达到要求的强度时遭受冻结，则结冰的膨胀力将引起混凝土破裂，并造成不可恢复的强度破坏。但若混凝土已获得足够的强度，就能抵抗低温冻结而免遭破坏。这不仅是因为混凝土已具有较高的强度能够抵抗结冰的压力，而且还因为大部分拌和水已与水泥化合或处于凝胶孔中，而凝胶孔中的水一般情况下不能冻结。一般说来，混凝土中的水泥水化程度愈高，即强度愈高，则冰冻危害愈小。混凝土的冻融破坏也与其遭受第一次冻融循环时混凝土的龄期有关。冻融循环的暴露条件比延续冻结无融化期的情况更加恶劣。

当饱和的硬化混凝土温度降低到一定程度时，吸附于混凝土毛细孔内的水冻结，使混凝土发生膨胀，这与岩石中毛细孔水的冻结极为相似。若随后的融化紧接着又重新冻结，则将产生进一步的膨胀，可见冻融反复循环具有累积的效果，因此，这与疲劳破坏极为相似。

混凝土的冻融破坏是一个渐进过程，这一方面是因为热量以一定的速率向混凝土外部传递，另一方面是因为混凝土中尚未冻结水的溶液浓度逐渐增高，同时因为孔隙中水的冻结点随孔隙尺寸而异。因此，越进入混凝土内部冻结越难。当冰冻和渗透等压力超过混凝土的抗拉强度时，混凝土发生破坏。破坏的程度随冻融循环次数的增加从表面发生微裂纹到出现宏观裂缝，进而表面剥落直至完全破坏瓦解。这是因为冻结是从裸露的混凝土表面开始逐渐深入到混凝土内部的。

我国水利水电工程受冻融剥蚀破坏极其严重。1985 年水利水电系统曾组织了一次全国性的水工混凝土建筑物病害调查，调查结果表明，有 22% 的大型水工混凝土工程（大坝）存在混凝土的冻融剥蚀破坏，有 21% 的中小型水工钢筋混凝土工程（水闸等）也存在有混凝土的冻融剥蚀破坏。大型水工混凝土建筑物的冻融破坏主要集中在东北、华北和西北地区，中小型水工混凝土建筑物的冻融破坏，不仅东北、华北和西北地区存在，在气候比较温和，但冬季仍然出现冰冻的华东、华中地区以及西南高山地区也普遍存在。位于吉林省鸭绿江中游的云峰水电站，坝高 113.7 m，坝长 828 m，大坝混凝土总量 304.8 万 m³。坝区极限最低气温 −41 ℃，一年内气温正负交替的次数最多时达 74 次左右。大坝建成后运行 10 年即出现了溢流面的大面积冻融剥蚀破坏。至 1981 年运行 15 年，破坏面积达 9 000 m²，占溢流面总面积的 50%。剥蚀深度一般为 50～200 mm，个别部位达 400～500 mm。位于北京门头沟区永定河的下马岭水电站，坝高 33.2 m，坝长 132 m，在 30 余年的运行过程中，大坝上游面的水位变化区、溢流面、闸墩等部位均出现了混凝土的冻融剥蚀破坏，破坏面积 300～500 m²，剥蚀深度 40～60 mm。同一河流上的下苇甸水电站，坝高 19.5 m，坝长 220.7 m，运行 30 年，发生在大坝上游面水位变化区、溢流面和闸墩的冻融剥蚀破坏总面积约达 1 500 m²，最大剥蚀深度 70 mm。位于华东鲁北地区的许多水闸水位变动区都出现了不同程度冻融剥蚀破坏，深度达 5～60 mm，有的已露出钢筋。位于华中地区中部的江苏省万福闸，尽管月平均气温已达 0 ℃ 以上，冬季最低气温仍低至 −10 ℃ 左右，该闸 1960 年建成投入运行，1963 年在闸墩水位变动区就出现冻融剥蚀。至 1985 年，冻融剥蚀面积达 1 500 m²，最大剥蚀深度达 100 mm，部分主筋已露出。

二、混凝土冻融破坏机理

混凝土的冻融破坏机理研究始于 20 世纪 30 年代，1945 年美国混凝土专家 T. C. Powers 等人从混凝土亚微观层次入手，分析了孔隙水对孔壁的作用，提出了静水压理论和渗透压理论。T. C. Powers 等人的研究工作为冻融破坏机理奠定了理论基础。目前提出的混凝土冻融破坏机理有以下几种：水的离析成层理论、静水压理论、渗透压理论、充水系数理论、临界饱水值理论、现象学理论等。目前，关于混凝土冻融破坏机理的研究仍在进行，并且有越来越多的学者对已有的理论提出质疑，但公认程度较高的，仍是静水压理论和渗透压理论。

一般认为主要是因为在某一冻结温度下，存在结冰的水和过冷的水，结冰的水产生体积膨胀，过冷的水产生迁移，混凝土表面存在温度梯度等引起混凝土表面产生拉应力，混凝土内部孔隙承受各种压力。当这些应力超过混凝土的抗拉强度时，使混凝土表面产生裂缝、内部孔隙及微裂缝逐渐增大、扩散、互相连通，混凝土强度逐渐降低，表面剥落，造成混凝土的破坏。如前所述，混凝土产生冻融破坏有两个必要条件：一是混凝土必须接触水或混凝土中含有一定量的水，另一个是混凝土建筑物所处的自然环境必须存在反复交替的正负温度，且负温必须低至一定温度。只有以上两个条件同时存在，混凝土才有可能出现冻融剥蚀破坏。

（一）混凝土孔隙中水的冰点降低

水的冰点是某一压力下，水、冰共存的平衡温度，通常指 1.013×10^5 Pa 下溶有空气的水与冰平衡共存的温度，即 0 ℃。水的冰点根据物理化学条件而变化。由于混凝土的亲水性，混凝土毛细孔中的水呈凹液面，孔径越细，凹液面越弯曲。引起混凝土毛细孔中冰点下降的主要作用是凹液面，它使水面内侧压力减小 Δp，即相当于外部对孔隙内的水增加压力 Δp：

$$\Delta p = \frac{2\sigma}{r} \tag{2-6}$$

式中：σ 为水的表面张力；r 为毛细孔的孔半径。

将 0 ℃时水的表面张力为 7.562×10^{-2} N/m 代入式（2-7），可计算得不同孔径毛细孔中的水所增加的外压力如表 2-3 所列。压力的变化引起相平衡温度的变化。根据克劳修斯-克拉贝龙（Clausius-Clapeymn）方程：

$$\frac{\mathrm{d}T}{\mathrm{d}p} = \frac{T\Delta V}{\Delta H} \tag{2-7}$$

表 2-3　不同孔径下毛细孔中的水所增加的外压力

$r/Å$	∞	10 000	550	31	15	9
$\Delta p/\mathrm{MPa}$	0	0.151	2.75	48.79	100.83	168.04

注：1 Å = 1×10^{-10} m。

应用于水-冰平衡体系中，得：

$$\left(\frac{\mathrm{d}T}{\mathrm{d}p}\right)_{\text{冰点}} = \frac{T(V_{\text{水}} - V_{\text{冰}})}{\Delta H_{\text{融化}}} \tag{2-8}$$

式中：$(dT/dp)_{冰点}$ 表示压力对水的冰点的影响。因为水的体积小于冰的体积，故 $V_水 - V_冰$ 为负值，因此 $(dT/dp)_{冰点}$ 也为负值，即压力增加时，水的冰点降低。若将 $0\,℃$ 冰的融化热 6 008 J/mol，冰和水的体积 19.625 mL/mol 和 18.018 mL/mol 代入式（2-8），则：

$$\Delta H_{融化} = 6\,008\ \text{J/mol} = 6\,008 \times \frac{1}{1.013 \times 10^2}\ \text{atmL/mol}$$

$$V_水 - V_冰 = (18.018 - 19.652)\ \text{mL/mol}$$

$$= (18.018 - 19.652) \times 10^{-3}\ \text{L/mol}$$

因此　　　　　$$\left(\frac{dT}{dp}\right)_{冰点} = \frac{273.15 \times (18.018 - 19.652) \times 10^{-3}}{6\,008 \times \dfrac{1}{1.013 \times 10^2}} = 0.007\,53\ \text{K/atm}$$

即当压力增大 $1.013 \times 10^5\ \text{Pa}$（一个大气压）时，冰的融点降低 $0.007\,53\ ℃$。因此，毛细孔中的水 $0\,℃$ 时不可能结冰，只有当温度低于 $0\,℃$ 时，粗孔中的水才开始结冰。孔径越细，其中的水冰点越低。严格地说，表面张力 σ 和融化热 $\Delta H_{融化}$ 都随温度而变化，温度越低 σ 越大，$\Delta H_{融化}$ 越小。因此，按式（2-8）计算的结果是不可能精确的。当压力增大 $1.013 \times 10^5\ \text{Pa}$ 时，冰的融点降低直接测定值为 $0.007\,6\ ℃$。

另一方面，混凝土孔隙中的水一般都溶有盐类。根据稀溶液的性质，其冰点低于纯水时的冰点，冰点的降低值与溶液的浓度成正比，即：

$$T_0 - T = k_f m \tag{2-9}$$

式中：T_0 为水的冰点；T 为稀溶液的冰点；m 为溶液的质量摩尔浓度；k_f 为水的冰点下降常数，$k_f = 1.86\ ℃$。

尽管混凝土孔隙水中盐溶液浓度不高，但仍对孔隙水的冰点降低产生影响。

由于上述原因，混凝土孔隙中的水必须在 $0\,℃$ 以下才会结冰，孔隙越小冰点越低。混凝土中凝胶水，其冰点为 $-73 \sim -78\ ℃$，实际上是不结冰的。

（二）混凝土冻融破坏的机理

如前所述，一般认为混凝土遭受冻融破坏主要是因为在某一结冰温度下存在结冰的水和过冷的水，结冰的水产生体积膨胀及过冷的水发生迁移，混凝土表面存在温度梯度的结果。

（1）毛细孔水结冰产生的最大膨胀压力。设想混凝土中某一范围水泥石包围着一个半径为 r_b 的球形气孔，气孔周围有一定厚度的水。泥石（相当于一球形壳）中含有可冻结的毛细孔水，如图 2-2 所示。

设水泥石球壳中有一厚度为 $\Delta r'$ 的单元壳，则此单元壳的体积为 $4\pi r'^2 \Delta r'$，其中 r' 为气孔中心至单元壳的距离。在 $0\,℃$ 时，水的密度为 $0.917\ \text{g/cm}^3$，所以水一旦结冰，体积就增大到 1.09 倍，即水结冰时体积膨胀达 9%。由于冻结，从单元壳中排出的水的体积为 ΔV，则：

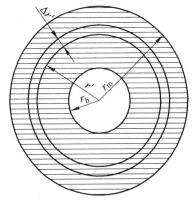

图 2-2　球形气孔

$$\Delta V = \left(1.09 - \frac{1}{S}\right)\Delta\omega_f 4\pi r'^2 \Delta r' \tag{2-10}$$

式中：S 为水泥石毛细孔的体积含水率；ω_f 为单位体积的水泥石平均结冰水量（cm^3/cm^3）。

当 $S = 1$ 时，$1.09 - 1/S = 0.09$，即 $1\ cm^3$ 的水结冰时发生的标准膨胀。

因为冻结水量是温度的函数，因此排出水量也是温度的函数，即：

$$\frac{dV}{d\theta} = \left(1.09 - \frac{1}{S}\right)\frac{d\omega_f}{d\theta}4\pi r'^2 \Delta r' \tag{2-11}$$

式中：θ 为温度，℃。

从单元壳中排出水：

$$\frac{dV}{dt} = \left(1.09 - \frac{1}{S}\right)\frac{d\omega_f}{d\theta}\frac{d\theta}{dt}4\pi r'^2 \Delta r' \tag{2-12}$$

式中：t 为时间，s。

那么，距气孔中心为 r 至 r_m 的水泥石球壳由于冻结，排出体积膨胀后多余的水分，在 r 处的总流量为：

$$\frac{dV}{dt} = \left(1.09 - \frac{1}{S}\right)\frac{d\omega_f}{d\theta}\frac{d\theta}{dt}4\pi\int_r^{r_m} r'^2 dr' \tag{2-13}$$

积分式（2-13）得：

$$\frac{dV}{dt} = \left(1.09 - \frac{1}{S}\right)\frac{d\omega_f}{d\theta}\frac{d\theta}{dt}\frac{4\pi}{3}(r_m^3 - r^3) \tag{2-14}$$

根据达西定律

$$\frac{dV}{dt} = \frac{k}{\eta}\frac{dp}{dr}a$$

即

$$\frac{dp}{dr} = \frac{\eta}{k}\frac{dV}{dt}\frac{1}{a} \tag{2-15}$$

式中：p 为水压力；k 为与水泥石的渗透有关的系数；η 为水的黏度；a 为在 r 处的渗流总面积，$a = 4\pi r^2$。

由式（2-14）和式（2-15）得：

$$\frac{dp}{dr} = \frac{\eta}{k}C\left(\frac{r_m^3}{r^2} - r\right) \tag{2-16}$$

式中：

$$C = \frac{1}{3}\left(1.09 - \frac{1}{S}\right)\frac{d\omega_f}{d\theta}\frac{d\theta}{dt}$$

将式（2-16）从 r_b 到 r 积分，得：

$$p = \frac{\eta}{k} C \int_{r_b}^{r} \left(\frac{r_m^3}{r_2} - r \right) \mathrm{d}r = \frac{\eta}{k} C \left(\frac{r_m^3}{r_b} + \frac{r_b^2}{2} - \frac{r_m^3}{r_b} - \frac{r^2}{2} \right) \tag{2-17}$$

此式即为水泥石球壳任意一点上水压力的表达式。最大压力 p_{max} 发生在 $r = r_m$ 处，因此：

$$p_{max} = \frac{\eta}{k} C \left(\frac{r_m^3}{r_b} + \frac{r_b^2}{2} - r_m^2 - \frac{r_m^2}{2} \right) \tag{2-18}$$

令 $L = r_m - r_b$，则式（2-18）变为：

$$p_{max} = \frac{\eta}{k} C \varphi(L) \tag{2-19}$$

式中

$$\varphi(L) = \frac{L^3}{r_b} + \frac{3}{2} L^2 \tag{2-20}$$

式（2-20）也可写成：

$$p_{max} = \frac{\eta}{3k} \left(1.09 - \frac{1}{S} \right) \frac{\mathrm{d}\omega_f}{\mathrm{d}\theta} \frac{\mathrm{d}\theta}{\mathrm{d}t} \varphi(L)$$

令 $R = \dfrac{\mathrm{d}\theta}{\mathrm{d}t}$，$u = \dfrac{\mathrm{d}\omega_f}{\mathrm{d}\theta}$，则上式变为

$$p_{max} = \frac{\eta}{3} \left(1.09 - \frac{1}{S} \right) \frac{uR}{k} \varphi(L) \quad (10^{-1} \, \mathrm{Pa}) \tag{2-21}$$

式中：η 为水的黏度，在 $-2\,°\mathrm{C}$ 时为 $0.019\,\mathrm{Pa} \cdot \mathrm{s}$；$S$ 为水泥石毛细孔的体积含水率；uR 为水的冻结速度。

$$uR = \frac{\mathrm{d}\omega_f}{\mathrm{d}t} = \frac{\mathrm{d}\omega_f}{\mathrm{d}\theta} \frac{\mathrm{d}\theta}{\mathrm{d}t}$$

式中：ω_f 为单位体积的水泥石平均冻结水量，$\mathrm{cm}^3/\mathrm{cm}^3$；$\theta$ 为温度，$°\mathrm{C}$；t 为时间，s；u 为每降低温度 $1\,°\mathrm{C}$，冻结水的增加率；R 为温度降低速度，$°\mathrm{C}/\mathrm{s}$；k 为与水泥石渗透有关的系数，$k = 3.55\varepsilon^{3.6} \times 10^{-4}$，$\mathrm{cm}^2$，$\varepsilon$ 为水泥石的空隙率，$0.1 \sim 0.35$；$\varphi(L)$ 为与气孔大小、分布有关的函数，$\varphi(L) = L^3/r_b + 3L^2/2$，$\mathrm{cm}^2$；$r_b$ 为气孔半径，cm；L 为气孔的间距系数，cm。

对于毛细孔中完全饱和的水泥石，$S = 1$，则：

$$p_{max} = 0.03\eta \frac{u_p R}{k} \varphi(L) \tag{2-22}$$

式中：u_p 为水泥石饱水时，温度每降低 $1\,°\mathrm{C}$，结冰水的增加率。

（2）过冷水迁移产生的渗透压力。除了水冻结膨胀引起的压力之外，当毛细孔水结冰时，因凝胶孔尺寸极小形成冰核的温度极低，因此胶凝孔中的水实际上不结冰而处于过冷状态。过冷水的蒸汽压比同温度下冰的蒸气压高，将发生凝胶水向毛细孔中冰的界面渗透，直至达到平衡状态。渗透压与蒸气压之间的关系，由热力学得：

$$\Delta p = \frac{RT}{V} \ln \frac{p_w}{p_i}$$

（2-23）

式中：Δp 为渗透压力，Pa；p_w 为凝胶水的蒸汽压，Pa；p_i 为毛细孔内冰的蒸气压，Pa；V 为水的摩尔体积，0.018 L/mol；T 为温度，℃；R 为气体常数[8314Pa·L/(K·mol)]。

例如，温度在 – 5 ℃（268.15 ℃）时，$p_w = 421.70$ Pa，$p_i = 401.70$ Pa，计算得渗透压力约为 6.02 MPa。

由于渗透达到平衡状态需要一定时间，所以水泥石即使保持在一定的冻结温度上，由渗透压力引起的水泥石的膨胀将持续发生一段时间。

（3）混凝土表面因温度梯度产生拉应力。除了上述结冰水产生的膨胀压力和过冷的水发生迁移引起的渗透压力外，由于混凝土是热的不良导体，混凝土表面降温造成表面混凝土收缩，而内部混凝土由于温度较高而不收缩，造成对表面混凝土收缩的抑制。混凝土表面出现拉应力，当拉应力超过混凝土的极限抗拉强度时，混凝土表面产生裂缝。

（三）混凝土冻融破坏过程

混凝土中通常存在不同孔径的孔隙，包括大孔、毛细孔、过渡孔和凝胶孔。大孔的直径大于 10^4 Å，一般以气孔的形式存在。毛细孔是直径在 $10^3 \sim 10^4$ Å 的管状孔，它们主要是泌水和混凝土中多余水分蒸发后形成。凝胶孔是直径小于 100 Å，处于凝胶中的极细小孔隙。过渡孔直径 100 ~ 1 000 Å，介于毛细孔和凝胶孔之间。也有将混凝土中的孔隙分为粗大孔隙（孔径大于 1.0 mm）、细小孔隙（孔径 0.01 ~ 0.1 mm）和极细孔隙（孔径小于 0.01 mm）的。根据孔隙是否与混凝土表面连通，将其分为开口孔隙和闭口孔隙。对于开口孔隙，粗大者水分易于透过，但不易被水充满，孔隙中的水易冻结；极细孔隙，水分易被吸入，但不易在其中流动，既易被水充满，孔隙中的水也相对较易冻结。

当饱和的混凝土周围温度降低时，随着环境温度的下降，混凝土表面温度逐渐降低，而内部混凝土温度降低较慢，形成温度梯度。当温度降低至 0 ℃ 以下时，粗大孔隙中靠近混凝土表面部位的水开始结冰，形成"瓶塞"。随着温度的进一步下降，冻结逐步深入至混凝土内部，细小孔隙中的水也逐步冻结。在结冰水膨胀力及过冷水渗透力的作用下，孔壁出现较大的拉应力，孔壁产生新的微细裂纹。随着温度的降低，结冰水膨胀力和过冷水的渗透力不断增大，裂纹不断扩展。在较大温度梯度情况下，混凝土表面产生温度裂缝。当外界温度升高时，混凝土内孔隙水解冻，细小的孔隙及新产生的微细裂纹因毛细现象而吸水饱满，与其相连的粗大孔隙若有水分供给也得到补充。当重复发生冻融时，将反复发生上述过程，使混凝土内部不断产生新的微细裂缝，原有的裂缝不断延长、扩展，使混凝土破坏不断加剧。

混凝土遭受冻融循环达到一定程度时，混凝土表面开始剥落，破坏也从表面逐渐深入到混凝土内部。

三、影响混凝土冻融破坏的因素

影响混凝土冻融破坏的因素主要包括以下几方面。

（一）混凝土的孔隙率、孔隙构造和饱水程度对混凝土抵抗剥融破坏能力的影响

由式（2-21）和式（2-22）可知，毛细孔水结冰产生的最大膨胀压力与孔隙直径、孔隙的间距系数及混凝土孔隙的体积含水量密切相关。换句话说，该膨胀压力与混凝土的孔隙率、孔隙构造以及孔隙吸水饱和程度密切相关。显然，假如混凝土的孔隙率为零，其内部不可能存在孔隙水，因而不存在结冰膨胀压力和渗透压力，只有混凝土表面温度梯度引起的裂缝及表面结冰膨胀压力积累的破坏，其破坏程度较轻。一般的混凝土，孔隙构造相同时，随混凝土孔隙率的增大，其抗冻融破坏的能力变差。当混凝土的孔隙率相同时，混凝土的抗冻能力随混凝土中孔隙构造的不同而变化。粗大孔隙中水的冰点较高，易冻结，但其中的水易流动，不易充满孔隙，结冰膨胀压力有一定的削弱；极细孔隙中的水冰点极低，一般情况下不结冰，因此冰冻破坏影响较小；细小孔隙易吸满水且其中的水冰点不是很低，较易结冰，故存在较多小孔隙的混凝土抗冻能力相对较差。由于混凝土冻融破坏的主要原因是混凝土孔隙中的水结冰引起的，显然，若混凝土中的孔隙都是封闭的、孔隙中没有水或即使是开口孔隙，但孔隙中充水不饱满，则冻融破坏的程度将会有很大的改善。一般认为，混凝土孔隙充水饱和程度低于91.7%，就不会产生结冰膨胀压力，称为极限饱和度，实际上，极限饱和度比此值低。在完全饱和状态下冻结膨胀压力最大。

（二）混凝土的配合比及混凝土性能对抗冻融破坏能力的影响

影响混凝土抗冻融破坏能力的因素中，很重要的是混凝土自身的特性，包括力学特性（如强度、韧性、变形性能等）和物理特性。混凝土自身的特性与配制混凝土使用的原材料品质及混凝土配合比直接相关，也与混凝土施工质量密切相联。

在原材料品质方面，与混凝土抗冻融破坏能力相联系的包括配制混凝土时使用的水泥品种、掺合料种类及掺量、骨料的品质以及是否掺用引气剂等。目前工程中常用的水泥主要是硅酸盐水泥、普通硅酸盐水泥、矿渣硅酸盐水泥、火山灰质硅酸盐水泥和粉煤灰硅酸盐水泥。不同的水泥品种配制的混凝土抵抗冻融破坏能力大致排列如下：硅酸盐水泥 > 普通硅酸盐水泥 > 矿渣硅酸盐水泥 > 火山灰质硅酸盐水泥 > 粉煤灰硅酸盐水泥。当混凝土掺用引气剂之后，水泥品种对混凝土抗冻融破坏能力的影响减小。对于某些早期强度较高而熟料含量太少的新品种水泥，其抗冻融破坏的能力并不高，不少水利水电工程混凝土中都掺有一定量的掺和材料，随着掺和材料品种、品质及掺量的不同，配制出的混凝土抵抗冻融破坏的能力也不同。研究已经表明，单独掺用粉煤灰时，除了采用硅酸盐水泥和掺入适量（不大于10%）优质粉煤灰的情况，28 d 龄期混凝土抗冻融破坏的能力都随粉煤灰掺量的增加而降低。若以 90 d 龄期抗冻融破坏的能力进行比较，则粉煤灰掺量可有一定增加。如果将粉煤灰和引气剂联合掺用，也可以配制出高抗冻融破坏能力的粉煤灰混凝土。但对于 F300 及以上的高抗冻融破坏能力混凝土，粉煤灰的最高掺量一般也不超过 30% ~ 40%。研究还表明掺用适量（少于10%）硅粉和少量引气剂，混凝土的抗冻融破坏能力有明显的提高。骨料中软弱颗粒含量过多或含泥量太高、使用风化的骨料等，都会导致配制出的混凝土抗冻融破坏能力下降。使用粒径太大或片状颗粒比例大的粗骨料，都对混凝土的抗冻融破坏能力有影响，因为在这种粗骨料的下部，往往可能因为混凝土

的泌水而集聚水囊。掺用引气剂是改善混凝土抵抗冻融破坏能力的最有效的途径。从式（2-21）
和式（2-22）可知，毛细孔水结冰产生的最大膨胀力与气泡大小、气泡的影响范围有关。如果
使气泡的间隔接近到某种程度，则气泡周围的水泥石就全部处于气泡的影响范围。也就是说，
水泥石的抗冻融破坏能力不仅与气泡的数量有关，而且与气泡大小和间隔有密切关系。根据混
凝土中所含气泡的体积百分率近似等于切面气泡面积所占百分率，而切面气泡面积所占百分率
近似等于切面内气泡弦长的总和占导线长度的百分率的原理，可知：

气泡平均弦长 $\qquad\qquad\qquad\qquad \bar{l} = \dfrac{\sum l}{N}$

气泡比表面积 $\qquad\qquad\qquad\qquad \alpha = \dfrac{4}{l} = \dfrac{4n_l}{A}$

气泡平均半径 $\qquad\qquad\qquad\qquad r = \dfrac{3}{4}\bar{l}$

混凝土中的空气含量 $\qquad\qquad\quad A = \dfrac{\sum l}{T}$

每立方米混凝土中的气泡个数 $\qquad n_v = \dfrac{3A}{4\pi r^3}$

气泡间距系数为：

当 $\dfrac{P}{A} > 4.33$ 时 $\qquad\qquad \bar{L} = \dfrac{3A}{4n_l}\left[1.4\left(\dfrac{P}{A}+1\right)^{1/3} - 1\right]$ $\qquad\qquad$（2-24）

当 $\dfrac{P}{A} \leqslant 4.33$ 时 $\qquad\qquad \bar{L} = \dfrac{P}{4n_l} = \dfrac{P}{\alpha A}$ $\qquad\qquad\qquad\qquad$（2-25）

式中：$\bar{l}$ 为气泡平均弦长，cm；$\sum l$ 为全导线切割的气泡弦长总和，cm；N 为全导线切割的
气泡总个数；α 为气泡比表面积，cm^2/cm^3；r 为气泡平均半径，cm；n_v 为 $1cm^3$ 混凝土中
的气泡个数；A 为混凝土的空气含量（体积比）；T 为全导线总长，cm；n_l 为平均每厘米导线
所切割的气泡个数；$\bar{L}$ 为气泡间距系数，cm。

　　一般地说，为获得耐久的混凝土，最好将气泡间距系数低至 $200 \sim 250$ μm 以下。因此，
需在混凝土中掺用引气剂。引气剂气泡 $\alpha = 200 \sim 260$ cm^2/cm^3。

　　由式（2-24）可得：

$$\bar{L} = \dfrac{3}{\alpha}\left[1.4\left(\dfrac{P}{A}+1\right)^{1/3} - 1\right] \qquad\qquad （2-26）$$

　　假如混凝土的单位用水量为 W，kg/m^3，单位水泥用量为 C，kg/m^3，水泥的密度为 ρ_c，
g/cm^3，由此，计算混凝土空气含量的必要值为：

$$\alpha = 200 \sim 260 \ cm^2/cm^3 \qquad\qquad\qquad （2-27）$$

$$\bar{L} = 0.02 \sim 0.05 \ cm \qquad\qquad\qquad\qquad （2-28）$$

$$p = \left(W + \dfrac{C}{\rho_c}\right)/1\,000 \qquad\qquad\qquad （2-29）$$

　　取 $\alpha = 200 \ cm^2/cm^3$，$\bar{L} = 0.024 \ cm$，$W = 150 \ kg/m^3$，$C = 315 \ kg/m^3$，$\rho_c = 3.15 \ g/cm^3$，

则根据式（2-26）计算得 $A=4.6\%$。这就是改善混凝土耐久性所必需的含气量。根据式（2-21），温度下降速度越大，所需的气泡间距系数越小，因而所需的含气量随之增加。

在混凝土配合比方面，影响抗冻融破坏的因素包括水灰比及骨灰比等。在原材料一定的条件下，水灰比是影响混凝土抗冻融破坏能力的主要因素。因为水灰比是决定混凝土孔隙构造参数的最主要因素之一。随着水灰比的增大，不仅可吸水饱和的开口孔隙总体积增加，平均孔径也增大，从而降低混凝土的抗冻融破坏能力。图 2-3 及图 2-4 揭示了混凝土抗冻融破坏能力与初始水灰比的关系。在水灰比相同的条件下，混凝土的抗冻融破坏能力随着骨灰比的增大而降低，如表 2-4 所示。从表 2-4 的试验结果可以看出，对于较高抗冻融破坏能力要求的混凝土，其水泥用量不宜太少，砂石料用量不宜太多。

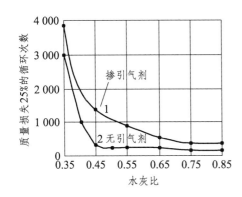

图 2-3　水灰比对中养护 28 d 的混凝土抗冻融破坏能力的影响

1—引气混凝土；2—非引气混凝土

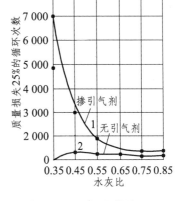

图 2-4　水灰比对湿空气中养护 14 d 后在相对湿度 50% 的空气中养护 76 d 混凝土抗冻融破坏能力的影响

1—引气混凝土；2—非引气混凝土

表 2-4　骨灰比对混凝土抗冻融破坏能力影响的试验结果

编号	水灰比	骨灰比	引气剂掺量/%	混凝土达到的抗冻等级
1	0.50	8.917	0.007	F50
2	0.50	6.667	0.007	F150
3	0.50	4.750	0.007	F300
4	0.50	3.219	0.007	F300

在混凝土本身性能方面，若混凝土的抗拉强度较高、韧性较大、变形性能较好（如弹性模量较低、极限拉伸值较大、徐变较大等），则其抗冻融破坏能力较强。此外，若混凝土的亲水性较差，水分不易吸入或吸水率较小，则混凝土的抗冻融破坏能力较高。

（三）混凝土施工质量及环境条件对其抗冻融破坏能力的影响

根据设计要求，加强施工质量管理，使浇筑完毕的混凝土均匀密实，同时做好养护和防护，使混凝土得到正常的凝结硬化，防止出现裂缝或影响混凝土强度的现象产生，是保证混凝土具有较高抗冻融破坏能力的基础。试验和工程实践证明，在引气剂掺量相同的情况下，人工搅拌时混凝土的含气量将比机械搅拌时的含气量下降一半左右。因此，为了保证引气混凝土能达到规定的抗冻融破坏能力，一般均以机械搅拌为宜。搅拌时间宜保证 2～3 min。对于非引气混凝土，采用真空模板，待混凝土发生泌水后，将其表面及附近的一部分水抽吸排出，降低表层混凝土的水灰比，使混凝土表层形成具有一定厚度、非常致密的保护层，可以明显提高混凝土的抗冻融破坏能力。对于引气混凝土，使用真空模板效果不明显。浇筑完毕的混凝土养护及防护质量也是影响其抗冻融破坏能力的因素。对新浇筑的混凝土进行较长时间的潮湿养护，防止混凝土干燥裂缝的发生，保证其强度不断增长，寒潮到来之前，对混凝土进行防冻结保护是极其必要的。

影响混凝土冻融破坏的环境因素包括：环境温度下降的程度，温度下降的速度以及冻融循环的频繁程度。混凝土孔隙中的水是逐渐冻结的，环境温度越低，孔隙中的水冻结越充分，其冰冻膨胀压力越大。外界温度下降速率越大，混凝土徐变对冰冻膨胀压力破坏的缓解作用越小，破坏力也越大。正负温度交替变化越频繁，混凝土所受的冻融破坏也越严重。

第四节　混凝土的碳化破坏

混凝土碳化是指水泥水化产物与环境中的二氧化碳作用，生成碳酸钙或其他物质的现象，是一个极其复杂的物理和化学作用同时进行的过程。水泥在水化过程中生成大量的氢氧化钙，使混凝土空隙中充满了饱和氢氧化钙溶液，其碱性介质对钢筋有良好的保护作用。水泥混凝土虽属高碱性，但与空气接触的表层混凝土仍随着时间的延长逐渐发生碳化。碳化使混凝土强度略有提高、碱度降低、表面出现微裂缝。尽管碳化进行缓慢，对素混凝土来说并不会带来危害，随着碳化的进行，混凝土的强度还有所提高，但对于钢筋混凝土而言，碳化深度到达钢筋时，将使钢筋失去钝化膜的保护而发生电化学锈蚀，引起混凝土顺钢筋方向的裂缝，加速钢筋的锈蚀。

一、混凝土的碳化

（一）混凝土的碳化机理

拌制混凝土的硅酸盐水泥中含有大量的硅酸钙。硅酸钙的水化会析出大量的氢氧化钙 $[Ca(OH)_2]$，所以，混凝土孔隙液总是氢氧化钙的饱和溶液，加上水泥中所含的可溶性碱（K_2O、Na_2O），使孔隙液的 pH 值高达 12.5～13.5。钢筋在这种高碱性的溶液中，由于初始的电化学腐蚀作用，迅速形成一层非常致密的、厚约 0.02 μm 的 $Fe_3O_4\text{-}Fe_2O_3$ 膜。这层膜牢牢地吸附于钢筋表面上，使其难以继续进行电化学腐蚀反应。这层膜被称为钝化膜。在工程中，实际采用的钢筋往往带有高温氧化膜和铁锈。它们在水泥水化后的数小时内都会被破坏，使钢筋在混凝土中也能迅速钝化，钢筋的锈蚀降低至仅为 0.1 μm，钢筋的锈蚀被抑制。随着钢筋混凝土结构使用时间的延长，混凝土保护层逐渐碳化，深达钢筋时，钝化膜遭受破坏，钢筋的电化学腐蚀重新开始。钢筋的锈蚀使混凝土产生顺筋裂缝，从而加速钢筋的锈蚀，并对钢筋混凝土结构带来危害。

硅酸盐水泥熟料的主要矿物成分是 C_3S、C_2S、C_3A 和 C_4AF。其中 C_3S 占 37% ~ 60%，C_2S 占 15% ~ 37%，C_4AF 占 10% ~ 18%。为了估算方便，暂取 C_3S 为 50%，C_2S 为 25%，C_4AF 为 14%。目前倾向性的认识是熟料矿物与水发生涉及 $Ca(OH)_2$ 的反应有：

$$2(3CaO \cdot SiO_2) + 6H_2O \Longequal 3CaO \cdot 2SiO_2 \cdot 3H_2O + 3Ca(OH)_2$$
$$456.8 \qquad\qquad\qquad 222.3$$

$$2(2CaO \cdot SiO_2) + 4H_2O \Longequal 3CaO \cdot 2SiO_2 \cdot 3H_2O + Ca(OH)_2$$
$$344.6 \qquad\qquad\qquad 74.1$$

$$4CaO \cdot Al_2O_3 \cdot Fe_2O_3 + 2Ca(OH)_2 + 10H_2O$$
$$486 \qquad\qquad 148.2$$
$$\Longequal 3CaO \cdot Al_2O_3 \cdot 6H_2O + 3CaO \cdot Fe_2O_3 \cdot 6H_2O$$

因此，1 000 g 硅酸盐水泥熟料水化后将产生的 $Ca(OH)_2$ 为：243.32 + 53.76 − 42.69 = 254.39（g）。

由上述的估算可得，硅酸盐水泥熟料中 $Ca(OH)_2$ 的含量约占水泥熟料质量的 25%（一般占 15% ~ 30%）。由于 $Ca(OH)_2$ 的极限浓度最大，最容易溶解，所以混凝土孔隙液总是氢氧化钙的饱和溶液，加上水泥中所含可溶性碱（K_2O，Na_2O）使空隙中的 pH 值高达 12.5 ~ 13.5。

二氧化碳（CO_2）溶于水成为碳酸，呈弱酸性。空气中的 CO_2 不断地沿着不饱和的混凝土连通毛细孔进入混凝土中，与混凝土孔隙液中的 $Ca(OH)_2$ 进行中和反应：

$$Ca(OH)_2 + CO_2 + H_2O \Longequal CaCO_3 + 2H_2O$$

这一过程称为混凝土的碳化。碳化过程即使在 CO_2 浓度很低的情况下（如乡村中 CO_2 含量按体积计仅占 0.03%）也能发生。在通风不良的实验室中，CO_2 的含量可升至 0.1% 以上。在大城市中，CO_2 的平均含量达到 0.3%，个别的可达到 1%。碳化作用速度随 CO_2 浓度增高而加快，尤其是水灰比高的混凝土则更是如此。$Ca(OH)_2$ 碳化生成 $CaCO_3$，而水泥的其他水化产物也会发生分解形成水化二氧化硅、水化氧化铝以及水化氧化铁等。但是，碳化作用由裸露的混凝土表面向内部深入极其缓慢。因为碳化作用既需水，又需要有 CO_2。混凝土过分干燥缺少水分，CO_2 不能形成碳酸；混凝土吸水过分饱和，空气中的 CO_2 不易进入混凝土内部。这些都使混凝土碳化变慢。此外，随着碳化深度的增加，CO_2 进入混凝土内部更加困难，碳化进行更加缓慢。

碳化引起混凝土的碱度降低，还会使混凝土的微观结构发生变化，并因此改变混凝土的传质特性，在引起混凝土碱度降低方面，碳化对钢筋混凝土的耐久性是不利的。但在混凝土渗透性及孔隙率方面，碳化使混凝土的抗渗性提高。在 140d 内，随着碳化时间的延长，混凝土的抗渗性提高幅度增大，对低强度的混凝土尤其明显；碳化使混凝土的孔隙率降低，早期降低迅速，后期缓慢，且低强度的混凝土更为显著。

（二）影响混凝土碳化的因素

混凝土碳化是一个极其缓慢的反应过程，碳化速度取决于许多因素的影响，归结起来，影响混凝土碳化速度的因素主要有以下几方面。

1. 水泥品种及用量

由于空气中的 CO_2 含量是相对不变的，若混凝土中的 $Ca(OH)_2$ 含量越多，则碳化速度越缓慢。水泥中含熟料越多，水泥水化生成物 $Ca(OH)_2$ 就越多，抗碳化性能越好。因此，就抗碳化能力而言，硅酸盐水泥 > 普通硅酸盐水泥 > 粉煤灰硅酸盐水泥 > 火山灰质硅酸盐水泥 > 矿渣硅酸盐水泥。混凝土中水泥用量越大，其抗碳化能力越强。

2. 掺和料品种、掺量及掺用方法

硅粉是一种高活性的火山灰质掺和料，颗粒极细，由于硅粉的微集料效应提高了混凝土的密实性，CO_2 难以侵入而延缓了混凝土的碳化。由于硅粉的火山灰效应消耗一部分 $Ca(OH)_2$，一般掺硅粉而减少水泥用量的混凝土，碳化速度只能与基准混凝土相当。外掺硅粉不减少水泥用量的混凝土，相同碳化龄期的碳化深度一般为基准混凝土的 35% ~ 70%。以粉煤灰取代水泥，使混凝土中水泥用量减少，水化生成的 $Ca(OH)_2$ 减少，而粉煤灰的火山灰效应又消耗掉一部分 $Ca(OH)_2$。另外，从透气性角度看，粉煤灰等量取代水泥的混凝土透气性增大，会加速 CO_2 气体向混凝土内扩散。因此，以粉煤灰等量取代水泥的量越多，该种混凝土的碳化速度越快。用粉煤灰超量取代水泥或外掺粉煤灰的混凝土，因水泥用量基本保持不变（或稍有减少），但密实度有较大幅度提高，所以增强了混凝土的抗碳化能力，碳化速度比未掺粉煤灰的小。此时混凝土的透气性比不掺粉煤灰的基准混凝土低，这也是抗碳化性能提高的原因。

3. 外加剂的掺用

在胶凝材料用量不变的情况下，混凝土拌和物中掺入减水剂或引气剂，可降低混凝土的水胶比（或水灰比），使水泥颗粒均匀分散，提高混凝土的密实性或不透气性，从而产生延缓混凝土碳化速度的效果。据日本岸谷孝一在室内和室外进行的碳化试验数据，与基准混凝土碳化速度比较，掺引气剂时混凝土的碳化速度仅为其速度的 60%，掺减水剂时碳化速度仅为其速度的 40%。延缓碳化的效果明显。

4. 水灰比

普通硅酸盐水泥影响碳化的一个内在因素是水灰比，混凝土的碳化速度与它的透气性有很密切的关系，混凝土的透气性越小，碳化进行越慢。水灰比小的混凝土由于水泥浆的组织密实，透气性小，因而碳化速度就慢。同理，单位体积水泥用量多的混凝土碳化较慢。但是在实际施工中，向混凝土中注水的现象屡禁不止，在浇筑剪力墙及一些截面尺寸较小的混凝土构件时，现场的作业人员甚至管理人员，往往意识不到混凝土加水的危害，为了施工方便，擅自向混凝土内加水增加坍落度，从而增大了混凝土的水灰比，无形中加快了混凝土的碳化。在施工中，控制好混凝土的坍落度，对减缓混凝土的碳化也有很重要的作用。

5. 混凝土施工与养护

施工质量差表现为振捣不密实，养护不善，造成混凝土密实度低，蜂窝麻面多，为大气中的二氧化碳和水分的渗入创造了条件，加速了混凝土的碳化速度。调查研究发现，施工时混凝土原材料选用不当、混凝土配合比计量不准、振捣不密实、使混凝土表面掉皮及棱角剥落、拆模后不养护或养护不足等问题，都直接影响混凝土的成品质量，降低混凝土的抗碳化性能。如果将施工质量划分为优、良、一般、差四个等级，则相应的碳化速度分别为 0.5：0.7：1.0：1.4。空气中的 CO_2 是通过混凝土的孔隙扩散至其内部的。若混凝土施工不密实，存在某些缺陷，如蜂窝、狗洞等。这将为 CO_2 的扩散提供了方便，使碳化迅速扩展。

水泥完全水化所需要的用水量仅为水泥用量的 22%~27%，但是由于拆模过早、拆模以后未采取防混凝土表面或孔隙水流失措施，或洒水养护不到位，在高温或强风等条件下，使混凝土水分迅速流失。水分的流失，导致水泥水化不充分，水泥石中 $Ca(OH)_2$ 含量偏低，同时使表层混凝土渗透性增大，碳化速度加快。

6. 环境中 CO_2 的浓度及空气相对湿度

不同环境条件下空气的 CO_2 含量是不同的。空气中 CO_2 含量高且相对湿度为 50%~80% 时，混凝土的碳化速度较快。碳化速度与空气中 CO_2 浓度的平方根成正比。碳化速度与混凝土的含湿量及周围空气的相对湿度密切相关。因为 CO_2 与 $Ca(OH)_2$ 化学反应所释放的水必须向外扩散，以保持试件内部与大气之间的湿度平衡。如果扩散速度过慢，混凝土内部的水蒸气压力升高达到饱和，则 CO_2 向混凝土内的扩散实际上即行终止。混凝土的间断潮湿，使碳化进程大大减缓。国内外学者比较一致的认为，CO_2 在混凝土中的扩散遵循 Fick 第一扩散定律，碳化深度与时间的平方根成正比，即

$$D = k\sqrt{t} \tag{2-30}$$

式中：D 为混凝土的碳化深度，mm；t 为碳化时间，a，1 a = 365 d；k 为试验常数。

20 世纪 80 年代初期，中国建筑科学院与国内一些科研单位联合，通过大量试验提出混凝土碳化方程如下：

$$D = n_1 n_2 n_3 n_4 n_5 n_6 a\sqrt{t} \tag{2-31}$$

式中：n_1 为水泥用量影响系数；n_2 为水灰比影响系数；n_3 为粉煤灰取代量影响系数；n_4 为水泥品种影响系数；n_5 为骨料品种影响系数；n_6 为养护方法影响系数；a 为自然碳化速度系数。其他符号意义同前，各种系数如表 2-5 所示。

表 2-5 混凝土碳化影响系数

系数名称	符 号	条 件	相应指标				
水泥用量 影响系数	n_1	水泥用量/（kg/m³）	250	300	350	400	500
		普通混凝土	1.40	1.00	0.90	0.80	0.70
水灰比 影响系数	n_2	水灰比	0.4	0.5		0.6	0.7
		普通混凝土	0.70	1.00		1.40	4.90

续表 2-5

系数名称	符号	条件	相应指标			
粉煤灰取代量影响系数	n_3	粉煤灰取代量/%	0	10	20	30
		普通混凝土	1.00	1.30	1.50	2.00
水泥品种影响系数	n_4	水泥品种	普硅 32.5 MPa		矿渣 32.5 MPa	
		普通混凝土	1.00		1.35	
骨料品种影响系数	n_5	骨料品种	普通粗骨料		普通砂	
		普通混凝土	1.00		1.00	
养护方法影响系数	n_6	养护方法	标准养护		蒸汽养护	
		普通混凝土	1.00		1.85	
碳化速度系数	a	普通混凝土	4.24			

7. 温度与光照

阳面混凝土的温度较背阳面混凝土的温度高，CO_2 在空气中的扩散系数较大，为其与 $Ca(OH)_2$ 反应提供了有利条件，阳光的直接照射会加速其化学反应和碳化速度。据检测，同一结构的混凝土，背阳面的碳化速度为阳面碳化速度的 60% ~ 80%。

8. 冻融和渗漏

混凝土长期经历冻融循环作用后，内部孔结构劣化，为二氧化碳在其内部扩散提供有利条件，二氧化碳在混凝土内部的扩散加快，使得碳化加速。如果混凝土温度骤降，其表面收缩产生拉力，一旦超过混凝土的抗拉强度便发生开裂，给 CO_2 和水分的渗入提供了条件，会加速混凝土的碳化。在混凝土浸水饱和或水位变化部位，由于温度交替变化，混凝土内部孔隙水交替地冻结膨胀和融解松弛，造成混凝土大面积疏松剥落或产生裂缝，会明显加快混凝土的碳化；渗漏水会使混凝土中的 $Ca(OH)_2$ 流失，在混凝土表面结成碳酸钙结晶，引起混凝土水化产物的分解，其结果是严重降低混凝土强度和碱度，给钢筋锈蚀提供了条件。

二、碳化引起的钢筋锈蚀

铁矿石为铁的氧化物，能长期稳定地存在于自然界，而钢是高温熔炼从铁矿石中除去氧、硫等才形成的。从热力学上看，钢处于不稳定的高能量状态，它在环境介质（氧化剂）作用下，逐渐恢复为原来较稳定的氧化物状态。钢被氧化的过程称为钢的锈蚀。

在钢筋混凝土结构中，钢筋受混凝土保护层的保护，若混凝土不发生碳化，钢筋是不会发生锈蚀的。因为拌制常态混凝土的硅酸盐水泥含有大量的硅酸钙，水化生成大量的氢氧化钙沉积于水泥石中，此时混凝土孔隙液是氢氧化钙的饱和溶液，加上水泥中所含的 K_2O、Na_2O 等可溶性碱，使孔隙液的 pH 值高达 12.5 ~ 13.5。钢筋在这种高碱度溶液中，由于初始的电化学作用会迅速生成一层非常致密的、厚度约 0.02 μm 的 Fe_3O_4 -Fe_2O_3 膜。这层膜牢牢地吸附于钢筋表面上，使其难以进行电化学反应，即由活态变为钝态，故将此层膜称为钝化膜。在工程中，实际采用的钢筋往往带有高温氧化皮和铁锈，它们在混凝土浇筑后数小时内都会破坏，使这种钢筋在混凝土中也能迅速钝化。由于碳化使混凝土保护层中的 $Ca(OH)_2$ 反应生成 $CaCO_3$，从而降低了混凝土孔隙液的 pH 值。钢筋表面的钝化膜在高碱性介质中是稳定的，当 pH 值降至 11.5 时开始不稳定，pH 值降至 10 以下时，钢筋的钝化膜完全失去，故当混凝土碳化深度达到钢筋表面时，钢筋的钝化膜就会破坏。

失去钝化膜保护的钢筋，产生活化点，在含有电解质溶液的环境介质——混凝土中较容易地发生电化学锈蚀，就像阴极和阳极彼此短路的一只原电池一样。只要具备如下四个条件，电化学锈蚀就能够进行。

（1）钢筋表面具有电化学不均匀性，即有电位较负的阳极区和电位校正的阴极区，它们之间具有电位差。

（2）在阳极区与阴极区之间，电解质溶液电阻较小。

（3）在阳极区，钢表面处于活化状态，即易于发生铁的离子化并放出游离电子。

（4）在阴极区，钢表面上电解质溶液具有足够的氧化剂，它们可以与从阳极来的电子反应，即阴极极化率较低。

钢筋的电化学锈蚀反应式可写为：

阳极区：　　　　$2Fe \longrightarrow 2Fe^{2+} + 4e$

阴极区：　　　　$4e + 2H_2O + O_2 \longrightarrow 4OH^-$

　　　　　　　　$2Fe + 2H_2O + O_2 \longrightarrow 2Fe(OH)_2$　　（铁锈）

由于钢筋表面金相组织的不均质性和混凝土的不均质及多孔性，环境介质（水、氧、Cl^- 和 CO_2 等）在钢筋与混凝土界面的浓度不一致，因此上述第（1）个条件总是存在的。一般情况下，钢筋表面总处于混凝土孔隙液中，因此上述的第（2）个条件也总是存在。当钢筋保护层混凝土碳化，钢筋的钝化膜破坏，即钢表面处于活化状态，第（3）个条件自然是满足的。由于混凝土的多孔性和透水透气性，孔隙液中总溶解有氧，故上述第（4）个条件也总是存在的。保护层完全碳化后，钢筋必然发生电化学锈蚀。锈蚀非常严重时，由于铁锈引起钢筋体积的增加，混凝土保护层产生顺钢筋方向的裂缝，进一步加剧钢筋的锈蚀，最终导致混凝土剥落、钢筋外露等病害。

锈蚀后的钢筋有效面积减小，其承载能力降低，而且锈蚀后的钢筋的延伸率降低，对延性不利。钢筋和混凝土之间的黏结力是钢筋混凝土最重要的工作基础，混凝土碳化后引起钢筋锈蚀，体积膨胀达 2～4 倍，使混凝土保护层胀裂甚至脱落，造成黏结力降低，影响钢筋在混凝土中的锚固长度、搭接长度，影响钢筋强度的发挥。同时，铁锈的生成使黏结破坏面从混凝土与钢筋的界面转移到铁锈与母材的界面，使钢筋与混凝土的协同工作能力大幅度降低。

第五节　混凝土化学侵蚀与碱骨料反应的破坏

在一般情况下，混凝土是耐久的材料，可以使用数十年而完好无损。然而，在某些环境条件下，混凝土逐渐受到破坏，其寿命比预期短得多。这主要是因为混凝土属多孔性非均质材料，环境介质中含有的某些物质（如酸、碱、盐及有害气体），会进入混凝土中与混凝土的某些成分起化学反应，使混凝土逐渐被破坏。这种病害被称为化学侵蚀破坏。严格地讲，混凝土碳化造成的破坏也属化学侵蚀破坏。

一、混凝土的化学侵蚀

混凝土是以水泥为主要胶凝材料，砂、石为骨料，经浇捣成型、胶凝材料胶结硬化，将砂、石胶结成为整体而形成的人造石料。由于水泥等胶凝材料的水化是逐渐进行的过程，随着胶凝材料水化程度的逐渐充分，混凝土的强度不断增长，结构日趋密实，其他性能也得到相应的改善。尽管强度的发展有一定的极限，但至少已有研究资料表明"混凝土的强度增长与龄期（长达 50 年之久）的对数成正比，且有代表性的数据是 50a 的强度为 28 d 强度的 2.4 倍"。也就是说，只要提供适当的环境条件，混凝土中的水泥会不断地水化，强度在 50a 之内随时间的延长仍有所增加。然而，在某些实际工程结构中，混凝土的强度和其他性能却随时间的延长而逐渐变劣。究其原因，就是环境中的有害物质对混凝土的作用，即发生化学侵蚀。遭受化学侵蚀破坏的混凝土必须及时进行维修。为了保证维修后的混凝土不再遭受同样的破坏，就必须对引起侵蚀的原因进行分析，对不同的侵蚀破坏采取不同的修补措施。

（一）混凝土的化学侵蚀机理

混凝土的化学侵蚀破坏主要是环境介质对水泥水化产物及其结构的侵蚀破坏。为了对其侵蚀破坏机理有较为清晰的认识，以便有针对性地对破坏进行有效的防治，首先须对水泥水化及水化产物作必要的阐述。

硅酸盐水泥熟料的主要矿物有以下四种：

硅酸三钙	$3CaO \cdot SiO_2$	（简写为 C_3S）
硅酸二钙	$2CaO \cdot SiO_2$	（简写为 C_2S）
铝酸三钙	$3CaO \cdot Al_2O_3$	（简写为 C_3A）
铁铝酸四钙	$4CaO \cdot Al_2O_3 \cdot Fe_2O_3$	（简写为 C_4AF）

硅酸盐水泥是以上四种主要矿物和少量其他成分的混合物。水泥颗粒与水接触，在其表面的熟料矿物立即与水发生水解或水化作用（简称为水化），生成水化产物。水化反应由表及里逐步向水泥颗粒内部进行。硅酸钙的水化产物为微晶体，俗称硅酸钙凝胶，简写成 C—S—H。C—S—H 凝胶随水化过程水化产物生成条件的不同，CaO/SiO_2 比值不断变化。一般认为 C_3S、C_2S 主要发生如下反应：

$$2(3CaO \cdot SiO_2) + 6H_2O \Longrightarrow 3CaO \cdot 2SiO_2 \cdot 3H_2O + 3Ca(OH)_2$$

$$2(2CaO \cdot SiO_2) + 4H_2O \Longrightarrow 3CaO \cdot 2SiO_2 \cdot 3H_2O + Ca(OH)_2$$

C_3S 的水化速度仅次于 C_3A，它是水泥早期强度的主要来源，而 C_2S 是四种矿物中水化最慢的，它是水泥后期强度的主要来源。从以上反应式中可以看到，C_3S 和 C_2S 水化都释放

出 $Ca(OH)_2$，这是混凝土孔隙液碱度较高的原因。

C_3A 水化速度最快，在 C_3S 水化使液相石灰浓度很快达到过饱和时，主要发生如下反应：

$$3CaO \cdot Al_2O_3 + Ca(OH)_2 + 18H_2O === 4CaO \cdot Al_2O_3 \cdot 19H_2O$$

水泥的水化后期，$4CaO \cdot Al_2O_3 \cdot 19H_2O$ 将转化为较稳定的水化产物 $3CaO \cdot Al_2O_3 \cdot 6H_2O$。

C_4AF 水化比 C_3A 慢，在饱和石灰溶液中，主要发生如下反应：

$$4CaO \cdot Al_2O_3 \cdot Fe_2O_3 + 4Ca(OH)_2 + 34H_2O$$
$$=== 4CaO \cdot Al_2O_3 \cdot 19H_2O + 4CaO \cdot Fe_2O_3 \cdot 19H_2O$$

$4CaO \cdot Al_2O_3 \cdot 19H_2O$ 和 $4CaO \cdot Fe_2O_3 \cdot 19H_2O$ 最后将分别转化为 $3CaO \cdot Al_2O_3 \cdot 6H_2O$ 和 $3CaO \cdot Fe_2O_3 \cdot 6H_2O$。由于在水泥生产过程中掺入适量石膏以调节水泥的凝结时间，因此 $4CaO \cdot Al_2O_3 \cdot 19H_2O$ 很快与石膏发生如下的反应生成高硫型水化硫铝酸钙（钙矾石）：

$$4CaO \cdot Al_2O_3 \cdot 19H_2O + 3(CaSO_4 \cdot 2H_2O) + 7H_2O$$
$$=== 3CaO \cdot Al_2O_3 \cdot 3CaSO_4 \cdot 31H_2O + Ca(OH)_2$$

当石膏耗尽以后，高硫型水化硫铝酸钙将逐渐转化为低硫型化硫铝酸钙：

$$3CaO \cdot Al_2O_3 \cdot CaSO_4 \cdot 12H_2O$$

掺有活性混合材料的水泥（如普通硅酸盐水泥、矿渣硅酸盐水泥、火山灰质硅酸盐水泥和粉煤灰硅酸盐水泥），由于活性混合材料中的活性成分（主要是活性 SiO_2 和 Al_2O_3 等）能与硅酸盐水泥熟料水化释放出的 $Ca(OH)_2$ 发生如下反应，生成水化硅酸钙和水化铝酸钙。因此，液相碱度略有下降，水化产物的 CaO/SiO_2 比值相对较低。

$$SiO_2 + xCa(OH)_2 + m_1H_2O === xCaO \cdot SiO_2 \cdot n_1H_2O$$
$$Al_2O_3 + yCa(OH)_2 + m_1H_2O === xCaO \cdot Al_2O_3 \cdot n_2H_2O$$

混凝土水泥的水化产物均属碱性物质，它们都一定程度地溶于水，只有在液相中石灰含量超过水化产物各自的极限浓度的条件下，这些水化产物才稳定，不向水中溶解。相反，当液相石灰含量低于水化产物稳定的极限浓度时，这些水化产物将依次发生分解，释放出石灰，使高钙水化产物向低钙水化产物转化。水泥水化产物的极限浓度如下：

$Ca(OH)_2$	1.3 g/L
$2CaO \cdot SiO_2 \cdot aq$	约为 1.3 g/L
$3CaO \cdot 2SiO_2 \cdot aq$	约为 1.3 g/L
$4CaO \cdot Al_2O_3 \cdot aq$	1.08 g/L
$4CaO \cdot Fe_2O_3 \cdot aq$	1.06 g/L
$3CaO \cdot Al_2O_3 \cdot aq$	0.415 ~ 0.56 g/L
$CaO \cdot SiO_2 \cdot aq$	0.031 ~ 0.052 g/L
$3CaO \cdot Al_2O_3 \cdot 3CaSO_4 \cdot aq$	0.045 g/L
$CaCO_3$	0.013 g/L

从上分析述可见，最易溶解的水化产物是 $Ca(OH)_2$ 和 $2CaO \cdot SiO_2 \cdot aq$ 及 $3CaO \cdot 2SiO_2 \cdot aq$，而 $2CaO \cdot SiO_2 \cdot aq$ 和 $3CaO \cdot 2SiO_2 \cdot aq$ 水解分离出 CaO 后，形成更稳定的低钙硅比水化产物。

若水的暂时硬度过大，则水中的重碳酸根离子 HCO^- 与 $Ca(OH)_2$ 发生如下的反应：

$$Ca(OH)_2 + HCO^- \longrightarrow CaCO_3 + H_2O + OH^-$$

生成的 $CaCO_3$ 溶解度很低，析出并形成保护层，阻止 $Ca(OH)_2$ 进一步被溶出。

若水的暂时硬度很小，呈软水，则不可能产生 $CaCO_3$ 沉淀。混凝土表面已碳化的 $CaCO_3$ 也会被软水溶解。$Ca(OH)_2$ 的水解不断进行，直至溶液中石灰浓度达到其极限石灰浓度时才能停止。若环境水是流动水，则溶解的 $Ca(OH)_2$ 不断被水带走，溶液的石灰浓度总是低于其极限石灰浓度，$Ca(OH)_2$ 将不断被溶解。混凝土中的 $Ca(OH)_2$ 通过两种方式被溶出：析出在连通性毛细孔中或孔壁的 $Ca(OH)_2$ 随水渗漏；覆盖于其他水化产物中的 $Ca(OH)_2$ 通过覆盖层向毛细孔液中扩散。贫水泥混凝土中连通孔隙较多，受压力水作用发生较大渗漏。此时渗透系数大于扩散系数，渗滤出的 $Ca(OH)_2$ 达不到饱和浓度，孔隙中及孔壁的水化产物将部分被分解，使孔径粗化、孔隙率增大，渗透系数和扩散系数进一步加大，渗漏量逐渐增加。水化产物的分解将由局部向周围扩展，混凝土的强度将受到影响。富水泥的密实混凝土，连通的毛细孔道少，不产生渗漏。在混凝土表面水压力作用下，混凝土中的 $Ca(OH)_2$ 通过扩散方式经过混凝土表面向水中迁移。扩散的动力为内外浓度差。

由上可见，混凝土表面出现的"流白浆"现象，标志着混凝土溶出性侵蚀的存在。侵蚀的强弱程度，与水的硬度和混凝土的密实性有关。当环境水的水质较硬、混凝土较密实时，溶出性侵蚀较弱，反之则较强。溶出性侵蚀不严重的混凝土，随着时间的延长，混凝土的渗漏量逐渐降低，孔隙和细小裂缝逐渐"自愈"，相应渗漏侵蚀停止。

（二）混凝土的化学侵蚀类型

混凝土遭受侵蚀性介质的侵害随介质的化学性质而异，但根据所发生的化学反应，混凝土受到的化学侵蚀大致有：水泥石中某些组分被介质溶解；某些化学反应产物被水溶解、流失；化学反应产物发生体积膨胀。下面就混凝土的化学侵蚀作用进行分别介绍。

1. 碳酸性侵蚀

雨水、某些山泉水及地下水中含有一些游离的 CO_2，当含量过多时，将对水泥石起破坏作用。因为游离 CO_2 溶入水中，成为碳酸水，水泥石中的氢氧化钙与其反应，生成碳酸钙，而碳酸钙又与碳酸水反应生成易溶于水的碳酸氢钙。

$Ca(HCO_3)_2$ 的极限浓度达 16.6 g/L。因此，反应的结果使难溶的碳酸钙转变为易溶的重碳酸钙。但随着 $Ca(HCO_3)_2$ 浓度的增加，液相 HCO^- 浓度恢复平衡，上述反应停止。此时的游离碳酸称为平衡碳酸。平衡碳酸对于 $CaCO_3$ 无侵蚀作用，游离碳酸超过平衡碳酸时，对 $CaCO_3$ 又具有侵蚀作用，故将超过部分称为侵蚀碳酸。如果水泥是处在有渗滤的压力水作用下生成重碳酸钙，它将溶于水而被带走，上述反应将永远达不到平衡。$Ca(OH)_2$ 将不断地起反应而流失，使水泥石的石灰浓度逐渐降低，孔隙逐渐加大，水泥石结构逐渐发生破坏。

环境水中含游离 CO_2 越多，其侵蚀性也越强烈。如水温较高，则侵蚀速度加快。

与碳酸性侵蚀相类似的有氢硫酸（H_2S），硫氢酸是硫化氢气体溶于水中而成：

$$H_2S \text{（气态）} \Longrightarrow H^+ + HS^- \Longrightarrow 2H^+ + S^{2-}$$

硫化氢属二元弱酸，其电离度同样受电离平衡限制。氢硫酸也能溶解 $CaCO_3$，其反应式为：

$$2CaCO_3 + H_2S \Longrightarrow Ca(HCO_3)_2 + CaS\downarrow$$

$$CaS + H_2S \Longrightarrow Ca(HS)_2$$

反应结果，难溶的碳酸钙及硫化钙转变为易溶的碳酸氢钙及硫氢酸钙而流失。反应产生的 CaS，仅是侵蚀反应的中间产物，最终仍被氢硫酸溶解成易溶的硫氢酸钙而流失。

氢硫酸在天然环境水中不常见，通常存在于城市下水管道以及食品加工工业的下水管道中。

2. 酸侵蚀

混凝土是碱性材料，在使用过程中常会酸、酸性水的侵蚀。某些地下水或工业废水中含有游离的酸类，这些酸类中的强酸不仅能与水泥石中的 $Ca(OH)_2$ 起中和反应，而且也能直接与其他水化产物的结合石灰起反应，生成相应的钙盐。所生成的钙盐或易溶于水，或在水泥石孔隙内结晶，体积膨胀，产生破坏作用。例如，盐酸 (HCl)、硫酸 (H_2SO_4)、硝酸 (HNO_3) 与 $Ca(OH)_2$ 的反应为：

$$Ca(OH)_2 + 2HCl \Longrightarrow CaCl_2 + 2H_2O$$

$$Ca(OH)_2 + H_2SO_4 \Longrightarrow CaSO_4 \cdot H_2O$$

$$Ca(OH)_2 + 2HNO_3 \Longrightarrow Ca(NO_3)_2 + 2H_2O$$

强酸与水化产物的结合石灰起反应，可用以下反应式作代表：

$$mCaO \cdot nSiO_2 \cdot aq + mH_2SO_4 + H_2O \longrightarrow mCaSO_4 \cdot aq + nSi(OH)_2$$

反应生成的 $CaCl_2$、$Ca(NO_3)_2$ 易溶于水，$CaSO_4 \cdot H_2O$ 则在水泥石孔隙内结晶，体积膨胀，使其结构破坏。同时 $CaSO_4 \cdot H_2O$ 又能与水泥石中的水化产物——水化铝酸钙起反应，生成高硫型水化硫铝酸钙结晶，破坏性更大（见盐类侵蚀中的硫酸盐侵蚀）。$Si(OH)_2$ 和 $Al(OH)_3$ 胶结能力很差。1% 的硫酸或硝酸在数日内对混凝土的侵蚀就能达到很深的程度，是因为它们与水泥石的 $Ca(OH)_2$ 作用，生成水和可溶性钙盐，同时能够直接与硅酸盐、铝酸盐作用使之分解，导致混凝土遭严重破坏。

酸性侵蚀以 pH 值为指标。对于完全电离的强酸，如 HCl、HNO_3、H_2SO_4 等，pH 值恰当地表示强酸的 H^+ 全部浓度；对于弱酸，因电离受平衡浓度限制，仅能电离出部分 H^+，此时的 pH 值不能代表弱酸的全部 H^+ 浓度。随着 H^+ 被消耗，破坏了平衡，将继续电离出 H^+。

3. 苛性碱侵蚀

固体碱对混凝土无明显的作用；碱类溶液如浓度不大（15% 以下），温度不高（低于 50 ℃）时，对混凝土一般是无害的。但铝酸盐含量较高的硅酸盐水泥遇到熔融状态碱或强碱（如 NaOH）溶液作用后会遭到破坏。碱对混凝土的侵蚀作用包括化学侵蚀和结晶侵蚀两个方面。

NaOH 与水泥熟料中未水化的铝酸盐作用，生成胶结力不强，且易为碱液浸析的铝酸钠：

$$3CaO \cdot Al_2O_3 + 6NaOH \Longrightarrow 3Na_2O \cdot Al_2O_3 + H_2O$$

当水泥石被 NaOH 浸透后又在空气中干燥，与空气中的二氧化碳作用生成碳酸钠：

$$2NaOH + CO_2 \Longrightarrow Na_2CO_3 + H_2O$$

碳酸钠在水泥石毛细孔中结晶析出，体积比原有的苛性碱增加 2.5 倍，产生很大的结晶压力而使水泥石胀裂。

当混凝土完全浸泡在碱液中时，其侵蚀主要是由水泥石和骨料中的 SiO_2 和 Al_2O_3 的溶液造成，碱溶液的浓度越高，侵蚀速度越快。

4. 盐类侵蚀

盐类对混凝土的侵蚀一般包括硫酸盐、镁盐和铵盐侵蚀等。

1）硫酸盐侵蚀

混凝土中化学侵蚀最广泛和最普通的形式是硫酸盐侵蚀。在海水、某些地下水和盐碱地区的沼泽水中，特别是当土壤中含黏土比例高时，常含有大量的硫酸盐，如 $MgSO_4$、Na_2SO_4、$CaSO_4$ 等。它们对水泥石均有破坏作用。硫酸盐能与水泥石中的 $Ca(OH)_2$ 起反应，生成石膏。石膏在水泥石孔隙中结晶时体积膨胀，使水泥石破坏；更为严重的是，石膏与水泥石中的水化铝酸钙起反应，生成高硫型水化硫铝酸钙。反应式为：

$$3CaO \cdot Al_2O_3 \cdot 6H_2O + 3(CaSO_4 \cdot 2H_2O) + 19H_2O$$
$$\Longrightarrow 3CaO \cdot Al_2O_3 \cdot 3CaSO_4 \cdot 31H_2O$$

生成的水化硫铝酸钙含有大量的结晶水，其体积增大为原来的 2.5 倍左右，对水泥石产生巨大的破坏作用。由于高硫型水化硫铝酸钙呈针柱状结晶以及其破坏作用，故常称之为"水泥杆菌"。

硫酸盐类的侵蚀以 SO_4^{2-} 的浓度为指标，但侵蚀的强弱还与 Cl^- 的含量有关。Cl^- 能提高水化硫铝酸钙的溶解度，阻止其晶体的生成与长大，从而减轻其破坏作用。

2）镁盐侵蚀

海水、地下水及其他矿物水中，常含有大量的镁盐，主要有 $MgSO_4$、$MgCl_2$ 等。这些镁盐能与水泥石中的 $Ca(OH)_2$ 发生如下反应：

$$MgSO_4 + Ca(OH)_2 + 2H_2O \Longrightarrow CaSO_4 \cdot 2H_2O + Mg(OH)_2$$
$$MgCl_2 + Ca(OH)_2 \Longrightarrow CaCl_2 + Mg(OH)_2$$

生成物中 $CaCl_2$ 易溶于水，$Mg(OH)_2$ 无胶结能力，石膏则进而发生硫酸盐侵蚀，它们都将对水泥石造成破坏。

镁盐的侵蚀以 Mg^{2+} 的浓度为指标，但侵蚀的强弱还与 SO_4^{2-} 含量有关。当环境水中同时含有 SO_4^{2-} 和 Mg^{2+} 时，将产生镁盐硫酸盐双重侵蚀，故显得特别严重。

3）铵盐侵蚀

铵盐侵蚀系指这种盐类中 NH_4^+ 与 $Ca(OH)_2$ 反应产生难溶的氨水 NH_4OH，从而降低混凝土介质碱度，导致水泥水化产物分解。

NH_4^+ 对于石灰的化学作用与 Mg^{2+} 相似，其反应式为：

$$NH_4^+ + OH^- \longleftrightarrow NH_4OH \longleftrightarrow NH_3\uparrow + H_2O$$

反应后生成难电离的氨水，随着氨水浓度增加，释放出气体 NH_3，因此反应能充分进行。在 NH_4^+ 侵蚀作用下，固相的游离石灰不断被溶解，毛细孔粗化，孔隙增加，混凝土渗透系数加大，离子迁移速度随时间而加快。铵盐中以硫酸铵对混凝土的侵蚀最为严重，因为硫酸铵与 $Ca(OH)_2$ 起反应，既发生硫酸盐侵蚀，也发生铵盐侵蚀。

除了以上盐类侵蚀之外，对于钢筋混凝土，氯盐的侵入会加速钢筋的锈蚀。因为 Cl^- 的渗透性最大，它置换了水泥石中的 OH^-，使之向外排出；Cl^- 易渗进钢筋的钝化膜与铁反应生成 $FeCl_2$ 的复合物（绿锈），使钝化膜破坏处成为阳极，不断溶出 Fe^{2+} 离子，而大面积钝化膜未被破坏的钢筋在含水和氧气的混凝土孔隙液中成为阴极，形成 OH^- 离子，与 Fe^{2+} 离子结合生成 $Fe(OH)_2$，Cl^- 在钝化膜破坏处促进阳极反应，使钢筋局部形成较大的断面缺陷，即所谓孔蚀或坑蚀。因此，氯离子的存在是影响钢筋混凝土结构寿命的一个主要因素。

5. 其他有机质侵蚀

混凝土化学侵蚀病害除了上述四种类型之外，还有一些特殊的侵蚀，如油类侵蚀和生物侵蚀。

油类侵蚀是指动植物油所含有的脂肪酸与混凝土中 $Ca(OH)_2$ 反应生成脂肪酸钙而侵蚀混凝土。豆油、杏仁油、花生油、核桃油、亚麻仁油、牛油和猪油等对混凝土有较强的侵蚀性。生物侵蚀是指菌类、细菌、藻类、苔藓等在混凝土表面生长，对混凝土外观及性能的直接或间接影响。菌类和苔藓等在混凝土表面生长，会产生腐殖酸，对混凝土表面产生破坏，既影响混凝土的外观，也逐渐影响混凝土的结构和性能。

二、混凝土建筑物碱–骨料反应的破坏

混凝土的碱骨料反应是混凝土组成材料中所含的可溶性碱与骨料中所含的活性成分在混凝土硬化后发生的一种化学反应。混凝土中的粗细骨料一般是非活性的，也不考虑其与水泥发生反应。但某些含有潜在活性的骨料，能与可溶碱（钾、钠）发生反应。反应物吸水膨胀造成不均匀内应力，导致混凝土结构物开裂或发生有害变形，称为碱骨料反应破坏。

（一）混凝土碱–骨料反应的类型与破坏机理

20 世纪 80 年代中期，中国水利水电科学研究院等单位对全国已建的 32 座混凝土高坝和 40 余座水闸的混凝土耐久性和老化病害状态进行了调查，总结了影响水工混凝土耐久性的六类主要病害，即裂缝、渗漏、冻融破坏、冲磨空蚀、水质侵蚀和碳化以及钢筋锈蚀破坏。调查中没有发现由于碱-活性骨料反应引起工程破坏的实例。分析其原因主要是由于中国对水工混凝土工程的碱-活性骨料反应问题重视较早。20 世纪 50 年代初期，吴仲伟院士在治淮工程

（梅山、佛子岭水库大坝）中吸取了美国派克坝碱-活性骨料破坏的教训，也引进了当时 ASTM 对碱-活性骨料的鉴定方法（化学法和砂浆棒长度法）。

对全碱骨料反应引起混凝土结构的破坏，最早发现于美国。1919—1920 年建于加利福尼亚州的王城桥，于建成后第三年发现桥墩顶部发生裂缝，以后裂缝逐渐向下部发展，至 1924 年所有桥墩顶部都发生裂缝。以后在该州陆续发现一些混凝土工程出现类似的裂缝。经多年的研究，直至 1940 年 2 月，斯坦敦发表了《水泥与骨料对混凝土膨胀的影响》一文，首次提出含碱量高的水泥与页岩和燧石混合骨料反应使混凝土发生过量膨胀，并提出反应产生的白色物质可能是造成膨胀的原因。后经继续研究确认，水泥中的碱与页岩中的硅性物质（蛋白质）发生反应生产白色物质——碱硅凝胶。碱硅凝胶吸水膨胀，产生膨胀力，导致混凝土开裂，定名为碱骨料反应。这就是最早发现的一种碱骨料反应，碱-硅酸反应。1955 年，加拿大的斯文森发现了另一种类型的碱骨料反应，碱-碳酸盐反应。1965 年，在加拿大的诺发斯科提亚发生了混凝土异常开裂。经基洛特等人的研究，又提出了一种新型的碱骨料反应，碱-硅酸盐反应。

1. 碱硅酸反应

在自然界大量存在的二氧化硅结晶矿物为石英。由于结晶完整的 SiO_2 仅表面有一层 O^-，遇水水化后成为硅醇基 $-Si-OH$。硅醇基与碱反应生成碱硅溶胶和凝胶，是导致混凝土工程遭受损失的物质。但由于石英分子粒径很小，即使一小粒石英砂，也包含若干亿兆个石英分子。因此结晶完整的石英比表面积很小，能与碱反应的活性成分极其微小，完全可以忽略不计。因此，可以认为结晶完整的石英是完全没有碱活性的。自然界中还存在有能与碱发生反应的二氧化硅，它们是非晶体二氧化硅（主要是蛋白石及玻璃质二氧化硅）和结晶不完整的二氧化硅（如纤维状晶体结构的隐晶质至微晶质的玉髓、隐晶质微晶质石英以及磷石英、方石英等）。蛋白石是一种含水的无定形二氧化硅，其分子式为 $SiO_2 \cdot nH_2O$，含水量变化为 5% ~ 30%。它是远古时代硅胶溶液在漫长历史年代受压和逐渐失水而成。玻璃质二氧化硅中的大部分和结晶不完整的二氧化硅一样，是火山喷出物来不及结晶完整就已经冷却，形成玻璃质形态。在火山喷出岩中的安山岩、流纹岩、凝灰岩、粗面岩中常可见到这些成分。

此外，自然界中结晶完整的。石英在地壳变动过程中受压、扭曲、错位、变形、断裂等，使结晶体的比表面积增大，也会产生不同程度的碱活性。

水泥混凝土孔隙中的碱性溶液与骨料中的活性二氧化硅发生反应，生成的碱硅凝胶吸水膨胀，产生膨胀力导致混凝土开裂或产生有害变形，称之为碱硅酸反应（Alkali-Sillca Reaction，简称 ASR）。混凝土孔隙液中的碱（R）与骨料中的二氧化硅经过复杂的化学反应过程，最后生成硅酸凝胶，吸水膨胀，导致混凝土的开裂，其代表性反应式如下：

$$ROH + nSiO_2 \longrightarrow R_2O \cdot nSiO_2 \cdot aq$$

关于碱硅酸反应膨胀的详细反应过程，至今尚未完全研究清楚，大致反应过程，首先是碱液与活性二氧化硅表面的硅醇基进行反应：

$$-Si-OH + OH^- \longrightarrow -Si-O^- + H_2O$$

$$-Si-O^- + R^+ \longrightarrow -Si-RO$$

其次，非晶态或结晶不完整的二氧化碳硅矿物长时间浸泡于碱液中，碱液逐渐破坏其硅烷键，使矿物结构解体，其反应式为：

$$-Si-O-Si-+2OH^- \longrightarrow 3-Si-OH+H_2O$$

最后，溶解态的 SiO_2 单体或离子，在 OH^- 的催化下，重新聚合成一定大小的 SiO_2 溶胶粒子。在电解质金属阳离子的作用下，溶胶粒子配位缩聚，形成由 R^+ 或 Ca^{2+} 离子联结的各种结构的碱硅酸凝胶。碱硅酸凝胶吸水膨胀，导致混凝土的开裂、破坏。

2. 碳酸盐反应

碳酸盐岩石主要化学成分为方解石 $(CaCO_3)$ 和白云石 $[CaMg(CO_3)_2]$，这两种成分往往相伴而生，含方解石成分多的称为石灰岩，含白云石成分多的称为白云岩。二者混生且所占比例相差不悬殊者称为白云质灰岩或灰质白云岩。多数碳酸盐岩石没有碱活性，但具有如下结构的泥质细粒白云灰质岩、泥质细粒灰质白云岩或泥质细粒白云岩具有碱反应的活性。它们的结构特征是，白云石呈细小（尺寸小于 50 μm）发育良好的菱面体自形晶，并孤立地分布在由黏土和微晶（直径 1~3 μm）方解石所构成的基岩中。黏土呈连续网络状分布，方解石和白云石则分布在黏土网络的网眼中。

水泥混凝土孔隙中的碱（R）液与活性炭酸盐骨料发生的去白云石化反应，吸水膨胀产生膨胀力造成混凝土开裂或产生有害变形，称之为碱碳酸盐反应（Alkali-Carbonate Reaction，简称 ACR）。其化学反应式为：

$$CaMg(CO_3)_2 + 2ROH \longrightarrow Mg(OH)_2 + CaCO_3 + R_2CO_3$$

在水泥混凝土中，水泥水化过程不断产生 $Ca(OH)_2$，上述反应生成的 R_2CO_3 又与 $Ca(OH)_2$ 反应生成 ROH，使去白云石化反应继续进行：

$$R_2CO_3 + Ca(OH)_2 \longrightarrow 2ROH + CaCO_3$$

这样去白云石化反应将一直进行到 $Ca(OH)_2$ 或碱活性白云石被消耗完为止。因此，碱碳酸盐反应实质上是将白云石成分转变为方解石。

碱碳酸盐反应后的固相体积实际上小于反应前的固相体积。在学者认为其膨胀机理是由去白云石化反应，使岩石中的黏土暴露出来，为水分进入提供了通道，从而使黏土吸水，干燥的黏土吸水膨胀产生膨胀力。该解释还不能令人满意，有待进一步深入研究。

3. 硅酸盐反应

1965 年基洛特、斯文森等人对加拿大诺发斯科提亚的混凝土开裂进行研究后认为，导致混凝土膨胀的骨料是硬砂岩、千枚岩和黏土板岩等。发生的碱骨料反应膨胀速度非常缓慢，混凝土膨胀至开裂时，能渗透出的凝胶也很少。造成混凝土开裂的原因是混凝土中层状硅酸盐岩矿物硅石基面间的层间沉淀物在碱的作用下发生膨胀。由于特征与碱硅酸反应不同，定名为碱硅酸盐反应（Alkali-Silicate Reaction，简称 ASR）。各国学者对碱硅酸盐反应机理有不同的看法。唐明述等认为，所谓的碱硅酸盐反应本质上仍属于碱硅酸反应，只是由于其反应速度太慢，在层状硅酸盐矿物狭小的层间存在的碱活性硅酸质矿物，一般测定碱硅酸反应的岩相法无法检出。ASTMC227 的砂浆棒法也不能判断其碱活性。

（二）碱–骨料反应对混凝土工程破坏的形成条件

不论哪一种类型的碱骨料反应都必须具备如下三个条件，才会对混凝土工程造成危害。

（1）混凝土中必须有相当数量的碱（钾、钠）。碱的来源可以是配制混凝土时带来的，即水泥、外加剂、掺和料及拌和水中所含的可溶性碱。也可以是混凝土工程建成后从周围环境侵入的碱，如冬季喷洒的化冰盐、下水管道中的碱渗入混凝土等。

（2）混凝土中必须有相当数量的碱活性骨料。在碱硅酸反应中，由于每种碱活性骨料都有其与碱反应造成混凝土膨胀压力最大的比例，当混凝土含碱量发生变化时，这一比例也发生变化。因此，造成混凝土碱骨料反应破坏的碱活性骨料的数量必须通过试验确定。

（3）混凝土中必须含有足够的水分，如空气的相对湿度大于 80% 或混凝土与水接触。

（三）混凝土工程碱骨料反应损害的特征

碱骨料反应对混凝土工程的损害，往往从引发裂缝开始，多数情况下有反应产物生成。发生碱骨料损害后，工程混凝土抗压强度下降，抗拉强度和弹性模量降低显著。某些工程由于碱骨料反应，发生较大变形、移位、弯曲扭翘现象。此外，碱骨料反应破坏的条件是否存在等，都成为碱骨料反应破坏的诊断、评估依据。

1. 混凝土工程碱骨料反应损害的外观特征

（1）网状（龟背状）裂缝。多出现在混凝土不受约束（无筋或少筋）的情况下，典型的网状裂缝接近六边形，裂缝从网结点三分岔开，夹角约 120°，在较大的六边形之间还可再发展出小裂缝。混凝土工程由于干缩也可能发生网状裂缝，但两者的成因不同。干缩裂缝是因混凝土干燥失水造成，它出现时间较早，多在施工后若干天至数月内产生，环境愈干燥干缩裂缝愈扩大。碱骨料反应裂缝则出现较晚，多在施工后数年甚至一二十年后产生，并随环境湿度增大而扩展。在受约束的情况下，碱骨料反应膨胀裂缝平行于约束力的方向，而干缩裂缝则垂直于约束力的方向。此外，碱骨料反应裂缝在开裂的同时，有时会出现局部的膨胀，以致裂缝的两个边缘出现不平状态。这是碱骨料反应裂缝特有的现象。碱骨料反应裂缝首先出现在同一工程的潮湿部位，湿度愈大愈严重。在同一工程或同一混凝土构件的干燥部位却没有裂缝，这也是碱骨料反应膨胀裂缝的最明显的外观特征。

（2）缝中渗出物的存在。混凝土工程的多数碱骨料反应裂缝中存在碱骨料反应生成物——碱硅凝胶，有时可顺裂缝流出。凝胶多为半透明的乳白色或黄褐色，在流经裂缝、孔隙的过程中吸收钙、铝等化合物时也可变为茶褐色以至黑色。流出的凝胶多有较湿润的光泽，长时间干燥后变为无定形粉状物，借助放大镜可与含结晶状颗粒的盐析物区别。混凝土工程因渗漏或受雨水冲淋也会析出 Ca(OH)$_2$，经碳化后成为白色，有时还会形成喀斯特滴柱状，可用稀盐酸加以区别。若混凝土受氯盐、硫酸盐、硝酸盐等的侵蚀，有时也会出现渗出物，这些渗出物浇水擦洗可以擦掉，而碱硅凝胶不容易擦掉。

（3）土建工程碱骨料反应引起膨胀变形。碱骨料反应引起的膨胀可使混凝土结构发生不正常的变形、移位、弯曲和扭翘。如：低温季节伸缩缝开度不增大反而缩小；某些长度大的构筑物的伸缩缝被顶实甚至顶坏；有的桥梁支点因膨胀增长而错位；有的大坝因膨胀导致坝体升高；有些结构在两端限制的情况下因膨胀而发生弯曲、扭翘等现象。

2．混凝土芯样特征与性能变化

混凝土碱骨料反应损害，除外观检查评估外，钻取必要数量的有代表性混凝土芯样进行观察和性能检测，也是诊断、评估的重要步骤。

（1）芯样外观检查。由碱骨料反应造成的混凝土工程病害，若在病害严重处钻取混凝土芯样，有时可用肉眼或借助放大镜观察到碱骨料反应的特征。当发生的是碱硅酸反应时，可观察到碱活性骨料周围存在反应环（即沿骨料周围由反应产物形成的环）、反应边（即骨料仅含部分碱活性成分，经反应产生的水化产物）。混凝土或骨料周围存在裂缝，裂缝中填充有反应产物——硅酸钠（钾）。将混凝土芯样存放于 20 ℃、相对湿度 100% 的环境中数小时至数日，可以看到透明的凝胶析出。发生碱硅酸反应时，石子通常显得油润，相对不易变干。反应产物经干燥后失水粉化。当发生的是碱硅酸盐反应时，上述现象相对不明显，但细心观察仍然可以发现。当发生的是碱碳酸盐反应时，混凝土的孔隙和反应骨料的边界等处无凝胶体存在，孔隙中有碳酸钙、氢氧化钙及水化硫铝酸钙存在。

（2）混凝土芯样的膨胀性检验。混凝土芯样取出后，经切割成一定长度的试件，在其端部中心分别设置测试埋钉，用千分尺测其初长后养护于 40 ℃、相对湿度 100% 的环境中，经 3~6 个月，再测其长度，可计算出其膨胀量。它可以说明碱骨料反应继续发展还存在的进一步膨胀潜力。

（3）混凝土芯样强度检验。混凝土受碱骨料反应损害后，抗压强度一般都有所降低，抗拉强度和弹性模量相对降低幅度较大。通过混凝土强度、弹性模量等降低的幅度，可以反映混凝土受损害的程度。

第六节　水工混凝土冻融破坏典型工程实例

丰满水电站位于吉林省第二松花江上的丰满水电站，1937 年开始兴建，于 1943 年蓄水，已经运行 40 余年。坝区气候寒冷，多年平均气温 5.4 ℃，结冰期长达 5 个半月，极限最低气温 – 39 ℃，一年内气温通过 0 ℃ 的正负交替次数为 80 余次，自然条件对混凝土的抗老化运行极为不利。

丰满大坝 89% 的混凝土是日伪时期浇筑的，混凝土质量异常低劣。自建成以来，屡遭冻融破坏。全坝以三条纵缝分为 A、B、C、D 四个坝段，在未续建之前的 1944—1949 年，冬季水位经常变化在 245～248 m 高程之间，上游 A 坝块有严重蜂窝、狗洞的混凝土被冻融成砂石堆积体，可用手掰掉。由于坝体漏水严重，下游面大面积受冻疏松，个别部位疏松深度达 2 m 左右。上游面 245 m 高程以上许多部位出现露石露筋，冻融破坏严重。据 1950 年检测结果，这样的破坏面积已有 460 m²，当时仅运行 5～7 年。245 m 高程以下混凝土冬季出露水面机会少，破坏轻微。下游面冻融破坏比较普遍，1953 年就修补了 3 211 m²。丰满电厂曾分别于 1956 年、1961 年、1962 年、1963 年、1965 年、1967 年进行多次检测，发现混凝土冻融破坏面积逐年发展，破坏范围逐渐扩大，许多坝段的下游面、上游面冻融破坏连片，出现一片一片露砂、露石或者露筋的现象，表层的卵石用手一掰就掉，破坏深度一般为 20～40 cm，个别部位达 60～80 cm，也有深 1～2 m 的疏松坑，目测下游坝面这样的破坏面积约占 50%。为此，丰满电厂也多次进行检修，据不完全统计，1951—1974 年总计修补的破坏面积为，上游面 8 959 m²，下游面 8 097 m²，溢流面和护坦各浇了 7 703 m³ 和 22 382 m³ 的混凝土，1974 年以后小修也未间断。在这次调查中看到，大坝未经检修过的上、下游面部位也已产生相当严重的冻融破坏，几乎在每个重力坝段下游面都存在，破坏深度和露砂露石情况与修补过的部位相同。

近几年来，在坝体顶面以下较深部位，发现较多的裂缝和破碎带，被水浸泡冬季冻结膨胀，致使坝的垂直变位逐年上升，出现了坝顶抬高现象，对大坝有很大威胁。

除此而外，丰满尾水部位冻融也很严重。尾水闸门平台运行 5 年后已普遍掉皮露筋，矩形断面的平台下游梁棱角冻掉近 20 cm，变成椭圆形，30 余年只修过一次。尾水位附近的厂房水泵室，其下游墙面承受尾水涨落的冻融作用，由于反复受力、温度变形、冻融等影响，造成裂缝漏水甚至结冻。经多次修补，在墙内外加钢筋混凝土，但仍未解决问题。尾水挡土墙、闸墩、桥墩等也都存在有混凝土冻融破坏。

丰满大坝混凝土的冻融破坏与混凝土的质量密切相关。浇筑混凝土所使用的水泥，1943 年以前为吉林哈达湾水泥厂（日伪时期的大同洋灰公司，现松江水泥厂）出产的 300 号～500 号普通水泥和本溪水泥厂生产的 300 号～500 号普通水泥，大多为 400 号，标号很不稳定；1949—1952 年则用小屯普通 400 号、本溪普通 400 号、哈尔滨普通 400 号等水泥，牌号较杂，水泥的含碱量在 0.95% 到 1.57% 之间波动，比较偏大。骨料主要采用中岛、大长屯、大屯三料场的天然砂砾石，砾石中含有流纹岩、安山岩、凝灰岩、闪长玢岩等活性颗粒较多。表 2-6 是当时施工期间采用的几个混凝土配合比，从中可以看出，混凝土单位用水量多、水灰比大、强度低，28 d 龄期强度多数不超过 100 kg/cm²。特别是 1942 年以后，日本处于战败前夕，施工质量很差，水泥标号降低，水灰比大，粒径 5～40 mm 的骨料也不分级，控制不严，坍落度增大到十几厘米，造成混凝土泌水离析。不平仓振捣，骨料堆积，混凝土不密实，致使混凝土质量低劣，28 d 龄期抗压强度一般只有 50 kg/cm² 左右。1963 年、1964 年曾采用去掉表面风化层，凿取试件的办法进行坝体混凝土强度检验，其结果列于表 2-7。

表 2-6　丰满大坝施工期间的混凝土配合比

施工年份	水灰比	水泥用量/（kg/m³）	用水量/（kg/m³）	配合比	取样数	抗压强度/（kg/cm²）	
						R₂₈	R₉₀
1941	—	250		1∶3.1∶4.0	—	83.3	—
1942	—	230		1∶1.6∶5.6	—	76.7	—
1943	0.762	269	205	1∶2.3∶5.3	—	87.1	133.2
1948	0.765	279	209	—	22	72.1	95.4
1949	0.689	280	191	—	229	136.5	137.0

表 2-7　表层混凝土凿件抗压强度

检测年份	检测部位	检测深度/m	试件数	抗压强度/（kg/cm²）		
				最高	最低	平均
1963	下游面	0.3～1.2	19	126	70	100
1964	上游面	0.3～0.9	6	140	63	98

　　凿件混凝土抗压强度很低，进一步证明了坝体混凝土质量确实很差。

　　丰满电厂对大坝冻融破坏部位的混凝土，进行了大量修补工作。结合 1951—1953 年的续建，修补了早期破坏的部位，其后长期采用预压粗骨料混凝土、压浆混凝土、真空作业混凝土、喷混凝土等对新出现破坏部位进行修补，粗略统计耗资近千万元，基本维护了大坝的正常运行，没有给发电带来更大的影响。

　　总之，多年来虽然做了大量维修工作，但新的未检修部位的冻融破坏仍不断出现。因冻融破坏呈现老化状态的丰满大坝，其老化趋势尚未完全扭转，有待研究进一步的加固处理方案。

··········· 课外知识 ···········

混凝土抗渗漏、抗溶蚀技术措施在三峡大坝混凝土工程中的应用

　　长江三峡水利枢纽工程，不仅是我国最大最重要的基建工程，也是当今世界上最大的水利枢纽工程。三峡大坝位于湖北宜昌市三斗坪镇，最大坝高 183 m，全长 2 309.5 m，为混凝土重力坝。三峡水库总库容 393 亿 m³，水电站装机 26 台，单机容重 700 MW，总装机容量 18 200 MW，混凝土总工程量为 2 941 万 m³，总工期 17 年（从 1993 年至 2009 年）。三峡大坝工程对混凝土耐久性有非常高的要求，而大坝混凝土的抗渗等级是最基本最主要的设计指标之一，大坝不同部位混凝土的抗渗设计等级见表 1。

表1　三峡大坝不同部位混凝土的抗渗设计等级

部　位	混凝土强度等级	混凝土级配	抗渗等级	最大水胶比
基　础	C20	四	W10	0.55
内　部	C15	四	W8	0.60
外部（水上水下）	C20	三、四	W10	0.50
外部（水位变化区）	C25	三、四	W10	0.45

为了达到三峡大坝混凝土高抗渗、高耐久的要求，采用了抗渗漏、抗溶蚀的技术措施，即在三峡大坝混凝土中掺用了一级粉煤灰和引气剂，同时也掺用了高效减水剂。采用的水泥有石门和荆门的525号中热硅酸盐水泥，同时还有荆门425号低热硅酸盐水泥，共进行了13组粉煤灰引气大坝混凝土的抗渗试验，试验结果列于表2。

表2　三峡粉煤灰引气混凝土抗渗试验结果

部位	设计要求	水泥品种	水胶比 $W/(C+F)$	胶凝材料总量	粉煤灰掺量/%	引气剂 DH9S/‰	抗渗等级	渗水高度/cm
基础	W10	荆525	0.50	166.0	30	0.065	>W10	1.26
		荆425	0.50	178.0	15	0.060	>W10	2.00
		荆525	0.50	164.0	35	0.070	>W10	1.60
		石525	0.50	164.0	30	0.065	>W10	1.60
内部	W8	荆525	0.50	160.0	40	0.070	>W10	1.80
		荆425	0.50	170.0	25	0.070	>W10	3.10
		荆525	0.55	150.9	35	0.068	>W10	1.20
		荆525	0.50	158.0	45	0.070	>W10	1.00
		石525	0.50	160.0	40	0.070	>W10	2.50
水位变化区	W10	荆525	0.50	172.0	20	0.060	>W10	2.50
		荆525	0.45	182.2	30	0.065	>W10	1.40
		荆525	0.45	188.9	20	0.060	>W10	1.10

注：以上各配比中均还掺有ZB-1A高效减水剂0.7%。

由表2的试验结果可以看出：

（1）大坝基础混凝土，当采用525号中热硅酸盐水泥时，无论是荆门或石门水泥，粉煤灰掺量30%～35%、引气剂掺量0.06‰～0.07‰（含气量5%±0.5%）、水胶比0.50、胶凝材料总用量164～166 kg/m³时，混凝土的抗渗等级大于W10，在1 MPa水压下混凝土的渗水高度小于1.6 cm，完全能满足大坝基础混凝土W10的抗渗要求。当采用425号低热水泥、粉煤灰掺量15%、引气剂掺量0.06‰（含气量5.2%）、水胶比0.50、总胶凝材料用量178 kg/m³时，混凝土的抗渗等级也能满足W10的要求，且渗水高度仅2.0 cm，完全能满足大坝基础混凝土的设计抗渗要求。

（2）大坝内部混凝土，无论采用荆门525号或石门525号中热硅酸盐水泥或荆门425号低热水泥，当粉煤灰掺量25%~45%（25%适用于425号低热水泥）、引气剂掺量0.068‰~0.070‰（含气量5%±0.5%）情况下，混凝土抗渗等级均大于W10，渗水高度仅1.0~3.1 cm，完全能满足大坝内部混凝土W8的抗渗要求。

（3）大坝外部水位变化区混凝土，当采用525号中热硅酸盐水泥、水胶比0.45~0.50、粉煤灰掺量20%~30%、引气剂掺量0.06‰~0.065‰（含气量5%~5.5%）时，混凝土的抗渗等级均大于W10，渗水高度仅1.1~2.5 cm，也完全能满足该部位大坝混凝土抗渗的设计要求。

采用混凝土本体材料的改性措施和混凝土表面防护涂层，均可以提高混凝土的抗渗漏、抗溶蚀能力，其中掺用优质粉煤灰和掺用优质引气剂（含气量5%±0.5%），以及采用复合EVA涂层的措施较为有效。抗渗漏溶蚀技术措施的研究成果，为三峡大坝不同部位混凝土的抗渗性配合比设计提供了依据，引气粉煤灰混凝土已经在大坝二期混凝土工程中得到了实施应用，为工程建设创造了良好的效益。

课后思考题

1. 水工混凝土裂缝产生的原因是什么？
2. 混凝土裂缝的危害有哪些？
3. 影响混凝土冲磨破坏及空蚀破坏的因素分别有哪些？
4. 混凝土冻融破坏的概念是什么？混凝土产生冻融破坏需具备哪两个必要条件？
5. 影响混凝土冻融破坏的因素是什么？
6. 混凝土碱骨料反应有哪几种类型？其反应在什么条件下会对混凝土工程造成危害？

参考文献

[1] 冯广志，徐云修，方坤河. 灌区建筑物老化病害检测与评估[U]. 北京：中国水利水电出版社，2004.

[2] 蒋元驷. 混凝土工程病害与修补加固[U]. 北京：海洋出版社，1996.

[3] P·梅泰（美国）. 混凝土的结构、性能与材料[U]. 祝永年，等，译. 上海：同济大学出版社，1991.

[4] A·M·内维尔（英国）. 混凝土的性能[U]. 李国泮，等，译. 北京：中国工业出版社，1983.

[5] 李金玉，曹建国. 水工混凝土耐久性的研究和应用[U]. 北京：中国电力出版社，2004.

[6] 李伟，冯春花，李东旭. 水工混凝土结构裂纹修补加固材料的研究进展[J]. 材料导报，2012，26（7）：136-140.

[7] 李家正，周世华，石妍. 冻融循环过程中混凝土性能的劣化研究[J]. 长江科学院院报，2011，28（10）：171-174.

[8] 杨志昂，王二强，陈会萍. 水工高性能耐磨蚀混凝土的研究及探讨[J]. 陕西水利，2012，3：74.

[9] 曹大富，秦晓川，袁沈峰. 冻融后预应力混凝土梁受力全过程试验研究[J]. 土木工程学报，2013，46（8）：38-44.

[10] 段桂珍，方从启. 混凝土冻融破坏研究进展与新思考[J]. 混凝土，2013，（5）：16-20.

[11] 商怀帅，欧进萍，宋玉普. 混凝土结构冻融损伤理论及冻融可靠度分析[J]. 工程力学，2011，28（1）：70-74.

[12] 汪在芹，李家正，周世华，等. 冻融循环过程中混凝土内部微观结构的演变[J]. 混凝土，2012，1：13-14.

[13] 牛荻涛，肖前慧. 混凝土冻融损伤特性分析及寿命预测[J]. 西安建筑科技大学学报：自然科学版，2010，42（003）：319-322.

[14] 孙志恒，鲁一晖，岳跃真. 水工混凝土建筑物的检测、评估与缺陷修补工程应用[U].北京：中国水利水电出版社，2003.

[15] P·梅泰（美国），J. 蒙特罗. 混凝土的结构、性能与材料[U]. 覃维祖，王栋民，丁建彤，译. 北京：中国电力报版社，2008.

[16] A. M. 内维尔. 混凝土的性能（原著第四版）. 刘数华，冷发光，李新宇，等，译. 北京：中国建筑工业出版社，2011.

[17] 于琦，牛荻涛，元成方，等. 冻融环境下混凝土碳化深度的试验研究[U].硅酸盐通报，2012，4：981-985.

[18] 吴中如. 重大水工混凝土结构病害检测与健康诊断[U].北京：高等教育出版社，2005.

[19] 王晓艳. 地下室混凝土碳化的检测方法与防治措施[J]. 建材技术与应用. 2009，1：32-34.

[20] 于王均，张泽文，金清平. 混凝土碳化影响因素及碳化防治与处理措施探讨[J]. 黑龙江交通科技. 2012，12：24-25.

[21] 孟丽岩，王涛. 碳化反应对钢筋混凝土结构的影响[J]. 煤炭技术. 2004，11：87-88.

[22] 赵铁军，李淑进. 碳化对混凝土渗透性及孔隙率的影响[J]. 工业建筑，2003，1：46-50.

[23] 邸小云，周燕. 旧建筑物的检测加固与维护[U]. 北京：地震出版社，1992.

[24] 李金玉. 中国大坝混凝土中的碱骨料反应[J]. 水力发电，2005，1：34-37.

第三章
水工混凝土结构的安全检测

水工混凝土建筑物的检测内容包括混凝土的强度、内外部缺陷和其他性能。一般是根据外观的缺陷情况，决定混凝土建筑物的重点检测部位。针对不同的水工混凝土建筑物，在重点检测部位进行混凝土强度、混凝土抗冻标号、混凝土的剥蚀程度、冲蚀程度、混凝土碳化深度、钢筋锈蚀、混凝土氯离子含量、混凝土的抗渗系数、混凝土的密实度、混凝土的裂缝、混凝土底板是否脱空、衬砌混凝土的厚度及外水压力等全部或部分项目的检测。

混凝土无损检测技术和方法的研究始于 20 世纪 30 年代初，并获得迅速的发展。1930 年首先出现了表面压痕法。1935 年格里姆（G. Grimet）把共振法用于测量混凝土的弹性模量。1948 年施米特（E. schmid）研制成功回弹仪。1949 年加拿大的莱斯利（Leslie）等运用超声脉冲技术进行混凝土检测获得成功。接着，英国的琼斯又使用放射性同位素进行混凝土密实度和强度的检测。这些研究为混凝土无损检测技术奠定了基础。

20 世纪 80 年代以来，这方面的研究工作方兴未艾，尤其值得注意的是，随着科学技术的发展，无损检测技术也突破了原有的范畴，涌现出一批新的测试方法，包括微波吸收、探地雷达扫描、红外热谱、脉冲回波、面波等新技术。而且，测试内容由强度推定、内部缺陷探测等扩展到更广泛的范畴，其功能由事后质量检测，发展成事前的质量反馈控制。

我国在这一领域的研究工作始于 20 世纪 50 年代中期，通过引进瑞士、英国、波兰等国的回弹仪和超声仪，并结合工程应用开展了许多研究工作。60 年代初即开始批量生产回弹仪，并研制成功了多种型号的超声检测仪；在检测方法方面也取得了许多进展，现已使回弹法、超声回弹综合法、钻芯法、拔出法、超声缺陷检测法等无损检测技术规范化。已制定的规程有 CECS02—88《超声回弹综合法检测混凝土强度技术规程》，CECS69—94《后装拔出法检测混凝土强度技术规程》，CECS21—90《超声法检测混凝土缺陷技术规程》，CECS03—88《钻芯法检测混凝土强度技术规程》，以及最新出版的 DL/T5150—2001《水工混凝土试验规程》和 JGJ/T23—2001《回弹法检测混凝土抗压强度技术规程》等等，在常规的混凝土结构无损检测技术方面的研究和应用水平已达到或接近国际先进水平。

水工混凝土建筑物的各种缺陷，大多始发于或显露于建筑物的外表，现场普查的目的是从外表确定混凝土结构损坏的种类和范围。普查内容主要包括：

（1）观察外观缺陷。通过仔细检查，详细记录缺陷的位置、性质、程度、外貌、尺寸、颜色，画出相应的草图，并对全部检查区域拍照。

（2）描述裂缝的分布、量测裂缝长度、宽度、深度及数量，了解裂缝的变化情况，初步判断裂缝随时间的变化规律。

（3）记录暴露于自然环境中的状态——损伤、冻融、剥蚀、脱落及冲蚀（空蚀和磨蚀）。

（4）记录渗漏情况，点、线或面渗漏的痕迹及描述。

（5）描述伸缩接缝的工作状态及变形情况。

（6）记录高应力区域的情况，有无混凝土压碎的部位。

（7）记录基础和结构的变形或倾斜的情况。

（8）向施工、管理单位有关人员了解施工、运行情况及存在的问题。收集建筑物在设计、施工、运行期间的有关记录和资料。

（9）在普查的基础上，确定下一步工作内容和数量，确定重点检测部位，分析缺陷产生的原因及确定正确的处理方案提供可靠依据。

重点检测一般是由专业技术人员、采用专用设备对重点部位的混凝土进行诸如混凝土强度、裂缝、剥蚀程度、冲蚀程度、碳化深度、钢筋锈蚀、氯离子含量、抗渗系数、密实度、抗冻标号、脱空、位移、厚度等项目的检测，以下介绍检测的具体方法。

第一节　水工混凝土结构的主要问题与缺陷

新中国成立以来，各种水工建筑物遍布全国成为除害兴利、发展国民经济、壮大农业基础的巨大财富，但是由于各种原因，水工混凝土建筑物非正常速度的劣化（以下称病害）现象极为普遍。随着运行时间的推移水工混凝土建筑物的病害问题逐年突出，由病害引发事故的可能性也必然增大。因而调查研究弄清原因认识机理提出防治病害的有效措施提高设计施工运行管理水平是十分必要的。

各类水工建筑物在其运行中长期受到水压力、渗透、冲刷、气蚀、冻融、磨损和腐蚀等外界物理与化学因素的影响，较之工业民用建筑物使用寿命未老先衰的现象突出。这是水工混凝土建筑物本身特点所决定的。由于人们对自然界事物规律认识的局限性等综合因素，在水工建筑物的勘测、规划和设计中，有时未能预见复杂多变的情况；在施工中也常常由于各种主观原因和客观条件的限制，未能完全按照规范规定和设计要求进行施工，所以水工建筑物自建成之日其本身某些部位存在不同程度的缺陷，致使水工混凝土建筑物某一部位发生病变形成病害，降低结构物质量，影响安全运行。

一、裂缝渗水病害及其原因

混凝土裂缝将使水工建筑物产生渗漏，渗漏的结果，一方面在压力水作用下使裂缝逐步扩宽和发展，另一方面当水渗入混凝土内部后将一部分水泥的某些水化产物溶解并流失。由此可能导致混凝土结构物的破坏。根据调查，由裂缝引起的各种不利结果中，渗漏水占60%，这种危害主要出现在水工结构物、地下洞室、防水屋面和建筑物外墙等。

取样分析：凡出现严重裂缝、渗漏部位的混凝土较为疏松，钙质胶结材料大部分随水析出，极个别钢筋有锈蚀现象。原因：除当时由于计算理论不完善，配筋及结构厚度偏小外，从施工质量方面分析可能存在振捣不密实，水灰比不合适，控制温度不严格使混凝土出现冷缝等缺陷，加之运行管理不严格，冬灌结束后积水未能及时排除，致使混凝土表皮产生冻融、剥蚀现象。

混凝土裂缝直接影响混凝土结构物的结构强度和整体稳定性。轻则会影响建筑物的外观、正常使用和耐久性，严重的贯穿性裂缝则可能导致混凝土结构物的完全破坏。

二、水工混凝土构件腐蚀性病害及原因

溶蚀型混凝土腐蚀，即当水通过裂缝渗入混凝土内部或是软水与水泥石作用时，将一部分水泥的水化产物[如 $Ca(OH)_2$]溶解并流失，引起混凝土破坏；酸盐（酸性液体）腐蚀和镁盐腐蚀，这类腐蚀的主要生成物是不具有胶凝性，且易被水溶解的松软物质。这类物质能被通过裂缝或孔隙渗透入混凝土内部的水所溶蚀，使混凝土中的水泥石遭受破坏；结晶膨胀型腐蚀，它是混凝土受硫酸盐的作用，在裂缝和混凝土孔隙中形成低溶解度的新生物，逐步累积后将产生巨大的应力使混凝土遭受破坏。

经现场调查研究，初步分析主要原因在于混凝土建筑物实际混凝土强度低耐久性差，并处于地下水位较高地带，工程上水运行后，灌溉回归水及渠道渗漏水渗入厂后基坑，不但使厂房后地下水位升高，而且使地下水高度矿化，运行管理排水措施不完善，造成排架柱镇墩支墩和基础梁长期浸泡在溶滤了大量侵蚀性 SO_4^{2-} 和 Cl^- 的地下水中。随着地下水位起伏变化，混凝土处于干湿交替的环境中，混凝土被侵蚀介质又向混凝土蒸发表面转移，这种干湿交替过程反复发生，以及温度、湿度的变化影响和混凝土内的液相运行，使积聚在混凝土孔隙和毛细孔内的硫酸盐结晶造成固相体积膨胀加快了。侵蚀过程发展到了一定阶段，混凝土表面脱皮，保护层产生裂缝，钢筋受到侵蚀后生锈膨胀，随着裂缝逐渐增大，混凝土变酥剥落，最严重的受力钢筋裸露即将断裂。同时受冻融因素影响加速了混凝土侵蚀破坏的进程。从同条件、同等级、同结构混凝土仍有 40%～50% 的混凝土构件处于完好状态的事实表明，混凝土的内在质量低劣也是造成混凝土侵蚀破坏的重要原因。实践证明水工建筑物即使采用 300# 抗硫酸混凝土，如果施工工艺不严，部分混凝土骨料级配不良拌和不均匀；水灰比大于 0.4，振捣不密实；使混凝土离析析水或泌水，混凝土强度不完全达到设计等级，从而侵蚀介质更易渗入到混凝土内部，也会使混凝土发生腐蚀性病害，严重影响了混凝土的耐久性。

三、渠道衬砌冻胀变形病害及其原因

渠道衬砌冻胀变形病害较为典型病害形式可归纳如下：

（1）鼓胀及裂缝。灌溉渠道一般在冬灌停水后，便已进入土壤冻结期。渠床基土含水量较高，渠道衬砌板与渠床基土冻结成整体，随着渠床基土的冻胀，混凝土板承受着冻结力与冻胀力以及混凝土板本身收缩产生的拉应力从而产生变形。当这些应力值大于混凝土板在低温下极限应力时，混凝土板结构顺水平勾缝处出现裂缝，其部位多在渠坡脚以上 1/4～1/3 坡

长内和渠底中部，这种裂缝与混凝土板本身的各类裂缝不同，第一是由于地基冻胀使结构产生变形引起的裂缝，第二裂缝的宽度与变形大小关系密切，变形大则裂缝宽度大，变形小则裂缝宽度小，变形大小又取决于地基土冻胀力的大小及分布情况。裂缝一旦出现就难于或不可能在基土融化时完全复原，来年通水后漏水将泥沙带入板下，污染砂砾垫层，冬季加剧了地基土的冻胀。在冻融循环作用下，裂缝宽度冻胀量累积、沿坡面不均匀鼓胀程度逐年增大，导致对混凝土板衬砌结构的破坏愈来愈严重。

（2）隆起架空。位于地下水位较高的建筑，地基土距地下水位近或地基土含水量较高，其冻胀量相当大，并且沿横向衬砌冻胀变形隆起幅度大小很不均匀，沿横断面衬砌板隆起架空。这种现象一般多发生在坡脚或地下水面以上 0.5～1.5 m 坡长处和渠底中部，有时顺坡向形成数个台阶状。

（3）滑塌、滑坡。滑塌、滑坡多发于地基土融化阶段，属冻融滑塌滑坡。一般是在渠道衬砌混凝土板冻胀隆起严重架空后，使坡脚支撑受到破坏，衬砌板失去稳定平衡，因而当基土融化时，上部板块顺坡向下滑移，板缝脱节、错位、互相穿插迭叠，甚至堆积在底部。

除此之外，还有很多典型的水工建筑物的病害，如下所述。

一、混凝土加速碳化

混凝土裂缝的存在，使空气中的二氧化碳极易渗透到混凝土内部与水泥的某些水化产物相互作用形成碳酸钙，这就是常说的混凝土碳化。在潮湿的环境下二氧化碳能与水泥中的氢氧化钙、硅酸三钙、硅酸二钙相互作用并转化成碳酸盐，中和水泥的基本碱性，使混凝土的碱度降低，使钢筋纯化膜遭受破坏，当水和空气同时渗入时，钢筋就产生锈蚀。同时由于混凝土碳化会加剧混凝土收缩开裂，导致混凝土结构物破坏。

二、锈蚀对金属结构的危害

金属结构主要受金属材料本身的质量和环境介质的影响而产生锈蚀。金属材料质量的好坏，与材料的化学成分、物理特性、尺寸公差、伤痕大小等有关。化学成分的偏析、物理特性中的应力集中，尺寸公差中的厚度超差以及材料上存在的裂纹等等缺陷反映了金属材料性能在连续性、纯洁度和均匀性方面的不足。金属结构的材质越差，锈蚀速度越快。同时，环境条件越恶劣，金属结构锈蚀速度也越快。锈蚀对金属结构的危害主要是减小了金属结构锈蚀部位的承载面积，结构产生应力集中而发生破坏。

第二节　水工混凝土结构的强度检测

混凝土强度是结构应力及稳定复合计算的重要参数。强度检测的方法大致可分为无损检测和有损检测两类。无损检测是指在不破坏混凝土结构整体性的情况下通过测定某些与混凝土抗压强度具有一定相关关系的物理参量来推定混凝土的强度，适用于对混凝土结构进行大面积的检测。目前国内外比较成熟、应用较广泛的方法有回弹法、超声回弹综合法、表面波法等。这几种方法的比较见表 3-1。

表 3-1　几种无损检测方法的比较

方　法	中介物理参量	相关方程式	相关性	混凝土含水量影响	精度	简便性	对检测人员要求	适用规范
回弹法	表面硬度（回弹值 N）	$R_c = aN^b$	一般	大	一般	好	一般	有
超声回弹综合法	表面硬度纵波波速	$R_c = aN^b V_p^c$	一般	中	一般	一般	高	无
表面波法	表面波速	$R_c = aV_R^c$	一般	小	一般	一般	高	无

注：a 为常数项系数；b、c 为回归系数；R_c 为抗压强度计算值，MPa；V_p 为纵波波速，km/s；V_R 为表面波速，km/s。

有损检测是指在混凝土被检测部位进行局部破坏以推算混凝土强度的方法，常用的方法有芯样强度法、射钉法和拔出法。下面分别介绍混凝土强度检测常用的几种方法。

一、芯样强度法

芯样强度检测的优点是可以对当前水工建筑物混凝土的强度进行最准确、最直观的判断，当然它的前提是必须要有一定的芯样数量和合理的取芯位置，这是以对原混凝土结构的整体性造成一定破坏为代价的。钻取芯样的直径一般为 10 ~ 15 cm，芯样高度取决于混凝土厚度和岩芯获取率。检测步骤如下：

（1）用专用取芯机在被检测部位钻取混凝土芯样，芯样的直径一般应为骨料最大粒径的 3 倍，至少也不得小于 2 倍。

（2）将混凝土芯样按长直比（长度与直径的比值）不小于 1.0 的尺寸要求截取试件，抗压试验以 3 个试件为一组。

（3）将按长直比为 1.0 制作的试样两端在磨石机上磨平，或用稠水泥浆（砂浆）抹平，端面平整度误差不应大于直径的 1/10，两端面应与中轴线垂直，并作为试件的承压面。试件四周不得有缩颈、鼓肚或其他缺陷（如裂缝等）。

（4）在试件侧面不同位置量测长度两次，准确至 1 mm，取两个测值的平均值作为试件的长度；在试件中部量测直径两次（两次测量方向相垂直），准确至 1 mm，取两个测值的平均值作为试件的直径。

（5）试件在试验前需泡入水中 4 d，使其达到饱和，然后按混凝土立方体抗压强度试验方法进行芯样试件的抗压强度试验。

抗压强度按式（3-1）计算（准确至 0.1 MPa）：

$$f_c = \frac{4P}{\pi D^2} = 1.273 \frac{P}{D^2} \qquad (3-1)$$

式中　　f_c——芯样试件抗压强度（MPa）；

　　　　P——破坏何载（N）；

　　　　D——试件直径（mm）。

关于芯样强度换算成同条件下 15 mm×15 mm×15 mm 立方体试件抗压强度，建设部 CECS03—88《钻芯法检测混凝土强度技术规程》规定 φ10 cm×10 cm 与 φ15 cm×15 cm 芯样强度测试值可直接作为混凝土强度的换算值，并未强调试件的比尺效应。而电力行业标准 DL/T5150—2001《水工混凝土试验规程》第 6.6.4 条规定，长直比为 1.0 的芯样试件抗压强度，换算成 15 mm×15 mm×15 mm 立方体的抗压强度，应乘以一换算系数 A：

$$f_{cc} = A f_c \qquad (3-2)$$

式中　　f_{cc}——15 mm×15 mm×15 mm 立方体试件的抗压强度（MPa）；

　　　　f_c——长直比为 1.0 的芯样试件抗压强度（MPa）；

　　　　A——换算系数，见表 3-2。

表 3-2　芯样和 15 cm×l5 cm×15 cm 立方体试件之间抗压强度换算系数值

芯样尺寸/mm	φ 100×100	φ 150×150	φ 200×200
换算系数 A	1.00	1.04	1.18

二、回弹法

回弹法是应用历史最长、应用范围最广的无损检测方法。由于它是根据表面硬度来推测混凝土的强度，因此，其检测范围应限于内外均质的混凝土。回弹检测推定的是构件测区在相应龄期时的抗压强度，以边长为 15 cm 的立方体试件抗压强度表示。目前水利水电行业尚无此项检测规程，电力行业标准 DL/T5150—2001《水工混凝土试验规程》及建设部 JGJ/T23—2001《回弹法检测混凝土抗压强度技术规程》是最新标准，也是我们目前检测的依据。

DL/T5150—2001《水工混凝土试验规程》规定，采用回弹法检测混凝土抗压强度，适用于强度等级为 C10～C40 的混凝土。

测定回弹值的仪器，可以采用示值系统为指针直读式的混凝土回弹仪，也可以采用数显式混凝土回弹仪。直读式混凝土回弹仪按其标称动能可分为：中型回弹仪，标称动能为 2.2 J；重型回弹仪，标称动能为 29.4 J。

数显式回弹仪用于测试硬化混凝土的抗压强度。能自动计算回弹值和抗压强度，可数字显示和打印输出全部测试结果，能储存测试数据并下载到电脑。图 3-1 所示的是 SCHMIDT 2000 型数显式回弹仪。

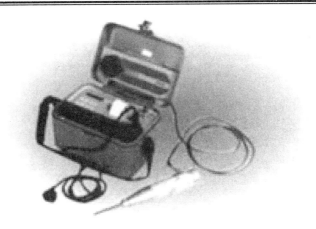

图 3-1　SCHMIDT 2000 型数显式回弹仪

1．检测步骤

（1）在被测混凝土结构或构件上均匀布置测区，测区数不少于 10 个。用中型回弹仪测定的测区面积为 400 cm^2；用重型回弹仪测定的测区面积为 2 500 cm^2。

（2）根据混凝土结构、构件厚度或骨料最大料径，选用回弹仪：

① 混凝土结构或构件厚度小于等于 60 cm，或骨料最大粒径小于等于 40 mm，宜选中型回弹仪。

② 混凝土结构或构件厚度大于 60 cm，或骨料最大粒径大于 40 cm，宜选重型回弹仪。

2．检测结果处理

（1）当回弹仪在水平方向测试时，从测区的 16 个回弹值中，舍弃 3 个最大值和 3 个最小值按式（3-3）计算测区平均回弹值 m_N（准至 0.1）：

$$m_N = \frac{1}{10}\sum_{i=1}^{10} N_i \qquad\qquad (3\text{-}3)$$

式中　　m_N——测区平均回弹值；

　　　　N_i——第 i 个测点回弹值，i = 1，2，3，…，10；

　　　　i——测点数，为 10。

（2）当回弹仪在非水平方向测试时，将测区平均回弹值 $m_{N\alpha}$ 换算成水平方向测试的测区平均回弹值 m_N（准至 0.1）：

$$m_N = m_{N\alpha} + \Delta N_\alpha$$

式中　　m_N——回弹仪与水平方向成 α 角测试时测区的平均回弹值；

　　　　ΔN_α——按表 3-3 查出的不同测试角度 α 的回弹修正值。

（3）推定混凝土强度的回弹值应是水平方向测试的回弹值 m_N。

（4）混凝土强度换算值可采用以下三类测强曲线计算，宜优先采用本地区或本部门的测强曲线和专用混凝土强度公式。

表 3-3　回弹修正值 ΔN_α

$m_{N\alpha}$	测试角度 α							
	$+90°$	$+60°$	$+45°$	$+30°$	$-30°$	$-45°$	$-60°$	$-90°$
20	-6.0	-5.0	-4.0	-3.0	$+2.5$	$+3.0$	$+3.5$	$+4.0$
30	-5.0	-4.0	-3.5	-2.5	$+2.0$	$+2.5$	$+3.0$	$+3.5$
40	-4.0	-3.5	-3.0	-2.0	$+1.5$	$+2.0$	$+2.5$	$+3.0$
50	-3.5	-3.0	-2.5	-1.5	$+1.0$	$+1.5$	$+2.0$	$+2.5$

注：本表取自 DL/TS150—2001《水工混凝土试验规程》。

① 统一测强曲线。由全国有代表性的材料、成型养护工艺配制的混凝土试件，通过试验所建立的曲线。

② 地区测强曲线。由本地区常用的材料、成型养护工艺配制的混凝土试件，通过试验所建立的曲线。

③ 专用测强曲线。由与结构或构件混凝土相同的材料、成型养护工艺配制的混凝土试件，通过试验所建立的曲线。

当无专用混凝土强度公式时，DI/T5150—2001《水工混凝土试验规程》中规定，可根据回弹仪型号，采用下列公式推定混凝土强度。

① 中型回弹仪。

普通混凝土强度：

$$f_{ccN0} = 0.024\,97 m_N^{2.010\,8} \qquad (3\text{-}4)$$

引气混凝土强度：

$$f_{ccN0} = 1.5 m_N - 15.2 \qquad (3\text{-}5)$$

② 重型回弹仪。

$$f_{ccN0} = 7.7 e^{0.04 m_N} \qquad (3\text{-}6)$$

式中　f_{ccN0}——混凝土抗压强度（MPa）；

　　　m_N——测区平均回弹值。

（5）当混凝土结构或构件碳化至一定深度时，须将推定的混凝土抗压强度按式（3-7）修正：

$$f_{ccN} = f_{ccN0} C \qquad (3\text{-}7)$$

式中　f_{ccN}——碳化深度修正后的混凝土抗压强度值（MPa）；

　　　f_{ccN0}——按公式推定的混凝土抗压强度值（MPa）；

　　　C——查表 3-4 的碳化深度修正值。

表 3-4　碳化深度修正值 *C*

测区强度/MPa	碳化深度/mm					
	1.0	2.0	3.0	4.0	5.0	≥6.0
10～19.5	0.95	0.90	0.85	0.80	0.75	0.70
20～29.5	0.94	0.88	0.82	0.75	0.73	0.65
30～39.5	0.93	0.86	0.80	0.73	0.68	0.60
40～50	0.92	0.84	0.78	0.71	0.65	0.58

注：本表取自 DL/TS150—2001《水工混凝土试验规程》。

根据各测点区的混凝土强度 f_{ccN}，计算构件的平均强度 $m_{f_{ccN}}$、标准差 σ 和变异系数 C_V，可评估构件的混凝土强度和均匀性。

3. 注意事项

（1）回弹仪具有下列情况之一时应送检定单位检定。

① 新回弹仪启用前。

② 超过检定有效期限（有效期为半年）。

③ 累计弹击次数超过 6 000 次。

④ 经常规保养后钢砧率定值不合格。

⑤ 遭受严重撞击或其他损害。

（2）回弹仪具有下列情况之一时应进行常规保养。

① 弹击超过 2 000 次。

② 对检测值有怀疑时。

③ 在钢砧上的率定值不合格。

三、超声波法

超声波是机械振动产生的一种弹性波，频率高于 20 kHz。用超声波检测混凝土的原理是：将电能通过发射探头转换成机械能，发出超声波穿透混凝土结构，然后经接收探头拾取而转换成微弱电信号。此信号经放大后的波形显示在示波管上，声波历时（声时）由数码显示器给出，并可打印数值。根据超声波在混凝土中的传播速度（简称波速）来推求结构混凝土强度。超声波不宜单独测强，因为波速与强度之间并不存在密切的关系。在强度较低时（小于等于 30 MPa），声速随混凝土强度改变变化很灵敏，但强度较高时声速变化较迟钝，它只能反映混凝土的内部缺陷。采用超声回弹综合法，从原理上讲基本可以抵消混凝土湿度状态、龄期及内部密实度对其强度推定值造成的影响。超声波法不宜用于强度等级在 C30 以上或在超声传播方向上钢筋布置太密的混凝土。

混凝土超声测定仪是一种先进的超声波脉冲测定仪，被广泛用于混凝土建筑物的质量控制和评估。用这种仪器还可以测出材料的不均匀性，例如混凝土内的空洞、裂缝、蜂窝和受冻害的情况，以检测混凝土裂缝、内部缺陷、抗冻性等。V-METER MARK Ⅱ 超声波仪器（图 3-2）以数字直接显示超声波通过混凝土的时间，配合手持终端，可以将测试数据下载到电脑。使用 S 波换能器，并可计算出泊松比和弹性模量。该仪器符合美国材料试验学会 ASTM C-597 标准。

图 3-2　V-METER MARK Ⅱ 超声波仪器

超声波法测量步骤如下：

1. 超声波检测仪零读数的校正

仪器零读数指的是当发、收换能器之间仅有耦合介质的薄膜时仪器的时间读数，以 t_0 表示。对于具有零校正回路的仪器，应按照仪器使用说明书，用仪器所附的标准棒在测量前校正好零读数，然后测量（此时仪器的读数已扣除零读数）。对于无零校正回路的仪器应事先求得零读数值 t_0，从每次仪器读数中扣除 t_0。

2. 建立强度-波速关系

建立强度-波速关系包括试件制作、试件的测试（超声波测试和抗压强度测试）和结果整理（建立强度与波速之间的关系）。试件的波速按式（3-8）计算：

$$v = \frac{L}{t} \times 1\,000 \tag{3-8}$$

式中　　v——超声波速度（km/s）；

　　　　L——超声波在试件上的平均传播距离（m）；

　　　　t——超声波在试件上的传播时间（μs）。

波速或强度均取一组 3 个试件测值的平均值作为一个数据，以强度为纵坐标，波速为横坐标，绘制强度-波速关系曲线。较精确的方法是根据实测数据，以最小二乘法计算出曲线的回归方程式。对于方程式的函数形式，推荐二次函数式（2-9）、指数函数式（2-10）和幂函数式（3-11）三种，可根据回归线的相关性和精度来选用。

$$f_{cc} = a + bv + cv^2 \tag{3-9}$$

$$f_{cc} = ae^{bv} \tag{3-10}$$

$$f_{cc} = av^b \tag{3-11}$$

式中　　f_{cc}——混凝土抗压强度（MPa）；

v——超声波速（km/s）；

a，b，c——方程式的系数，用最小二乘法统计算得。

3. 现场检测

在建筑物相对的两面均匀地划出网格，网格的交点即为测点。在测点处涂上耦合剂，将换能器压紧在相对的测点上。调整仪器增益，使接收信号第一个半波的幅度至某一幅度（与测试试件时同样大小），读取传播时间 t。按式（3-8）计算该点的波速。

4. 检测结果处理

将现场测得的波速加以必要的修正后，按强度—波速关系式（或曲线）换算出各测点处的混凝土强度。并按数理统计方法计算平均强度（$m_{f_{cc}}$）、标准差（σ）和变异系数（C_V）三个统计特征值，用以比较各部位混凝土的均匀性。

5. 注意事项

（1）被测体与换能器接触处应平整光滑，若混凝土表面粗糙不平而又无法避开时，应将表面铲磨平整，或用适当材料（熟石膏或水泥浆等）填平、抹光。

（2）在测量过程中应注意波形的变化和波速的大小，如发现异常波形和过低的波速时，应反复测量并检查测点的平整度和耦合是否良好。

四、表面波检测法

1. 表面波无损检测法的基本理论

表面波（亦称瑞利波）是沿介质表层传播的一种弹性波，其基本理论可概括为以下几方面。

（1）在半无限弹性介质表面进行垂直激振，可在介质中产生表面波。表面波振动方向垂直于介质表面，沿表面平行传播，波阵面呈圆柱形。

（2）在各向同性弹性介质半空间垂直激振产生的能量，表面波占 67%，横波占 26%，纵波占 7%。表面波占总输入能量的 2/3。

（3）表面波振幅离振源随距离 r 的衰减比横波慢，表面波振幅与 $1/\sqrt{r}$ 成比例衰减，横波振幅与 $1/r$ 成比例衰减。因而对于表面层表面波具有重要意义。

（4）稳态振动产生频率为 f 的表面波在介质中传播的深度范围约等于一个波长 λ，但从能量分布考虑可认为其速度 V_R 代表 $\lambda/2$ 深度范围内介质的平均性质。因此得到关系式：$V_R = 2fD$，$D = \lambda/2$。随着频率的减小，表面波传播深度增加，改变频率，可得到反映不同深度材料的平均力学特性。

（5）表面波与横波具有相似的性质，由于材料中孔隙水不能传递剪力，因而与横波一样受材料中的含水量影响很小。

（6）表面波传播速度在理论上与材料的弹性模量、剪切模量之间具有数学表达式，而通过试验还可以确定表面波速度与材料干密度、抗压强度等具有良好的相关性。因此，用它来检验结构混凝土材料的力学性能及存在的缺陷具有重要意义。

2. 利用面波检测混凝土强度的原理

利用面波传播速度与介质物理力学性质的相关性，可检测混凝土强度。研究表明表面波传播速度 V_R 与材料的动态弹性模量 E_d、动态剪切模量 G_d、动态泊松比 V_d、密度 ρ_d 有如下关系：

$$E_d = \frac{2(1+v_d)^3}{(0.87+1.12v_d)^2} \rho_d V_R^2 \tag{3-12}$$

$$G_d = \left(\frac{1+v_d}{0.87+1.12v_d}\right) \rho_d V_R^2 \tag{3-13}$$

在实际工程中，一般不用 E_d 或 G_d 作为强度指标，通常采用抗压强度，抗压强度与 V_R 具有下列幂函数关系：

$$R_c = a V_R^b \tag{3-14}$$

式中　　R_c——抗压强度换算值（MPa）；

V_R——面波传播速度（km/s）；

a, b——关系系数。

因此，利用一定数量的 R_c 与 V_R 值就可以用数理统计分析方法得出系数 a、b，建立回归方程式，换算出抗压强度。

3. 表面波检测仪

中国水利水电科学研究院工程安全监测中心研制成功的 BZJ-3H 型表面波混凝土质量检测仪是由控制检测装置、激振器、接收传感器和充电器组成。在现场检测混凝土质量时，将激振器和信号接收传感器安装在结构物表面。当检测仪用给定频率 f(Hz) 使激振器向结构物垂直激振时，产生的表面波在材料中按一定深度传播，由接收传感器接收振动信号，经放大器放大，滤波器滤波后，由相关检测器检测出接收信号与参考信号的时间差 Δt(μs)，当激振器与信号接收传感器之间距离为 L(m)，调整参考信号初始相位与激振器信号同步时，则可计算得到表面波在距离为 L 范围内的传播速度 $V_R = L \times 10^6 / \Delta t$(m/s)。利用混凝土强度 R_c 与面波 $R_c = f(V_R)$ 的相关方程式，可计算得到混凝土强度。

BZJ-3H 型表面波混凝土质量检测仪的技术指标如下。

（1）频率范围：500 ~ 4 000 Hz。

（2）检测深度：0.2 ~ 1 m。

（3）检测半径：0.3 ~ 10 m。

（4）采样次数：$N = n^2$（$n = 5$、6、7、8、9 共 5 挡）。

（5）波速测试精度（用标定器检验）：0.4%。

（6）显示器：16×2 行字符液晶显示器。

（7）仪器尺寸：激振器 $\phi110\ mm\times125\ mm$，传感器 $\phi66\ mm\times78\ mm$，控制检测仪尺寸 $270\ mm\times230\ mm\times200\ mm$。

（8）仪器质量：12 kg。

当混凝土建筑物只有一个可测面时，可以考虑采用表面波检测法。由于表面波质点振动介于横波和纵波之间，它与横波具有相似的性质，由于混凝土中孔隙水不能传递剪力，因此，从理论上讲混凝土含水量对表面波影响较小。表面波波速 V_R 可以反映 1/2 波长深度范围内介质的平均性质，因此，要想使探测深度加大，可以减小发射频率、增大发射功率。

五、拔出试验法

预埋拔出法是在混凝土表层以下一定距离处预先埋入一个钢制锚固件，混凝土硬化以后，通过锚固件施加拔出力。当拔出力增至一定限度时，混凝土将沿着一个与轴线呈一定角度的圆锥面破裂，并最终拔出一个类似圆锥体。

有资料表明拔出力与抗压强度之间有良好的相关关系，其相关系数可达 0.95 及以上。丹麦的 LOK 试验技术便是预埋拔出法中有代表性的、得到世界上许多国家广泛公认的一种使用方法，它是丹麦技术大学于 20 世纪 60 年代后期研制成的。我国研制的 TYL 型混凝土拔出试验仪与丹麦的 LOK 试验仪基本相同。

预埋拔出装置包括锚头、拉杆和拔出试验仪的支承环，拔出试验简图及尺寸关系见图 3-3。拔出装置的尺寸为拉杆直径 $d_1 = 7.5\ mm$（LOK 试验）或 $d_1 = 10\ mm$（TYL 试验），锚头直径 $d_2 = 25\ mm$、支承环内径 $d_3 = 55\ mm$、锚固深度 $h = 25\ mm$。

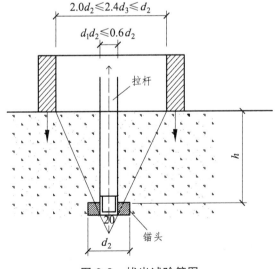

图 3-3　拔出试验简图

预埋拔出试验的操作步骤可分为：安装预埋件，浇筑混凝土，拆除连接件，拉拔锚头。拔出力与抗压强度之间的试验相关关系，可以用具有一般代表性测强曲线来表示：

$$F_P = Af_{cu} + B \qquad (3-15)$$

式中 F_P——拔出力（kN）；

    f_{cu}——立方体试件强度（MPa）；

    A, B——系数。

拔出试验法同其他无损检测一样，属于从一个物理量来推定另一个物理量的方法，必须在建筑物修建时或运行后取芯标定相关方程式。由于拔出试验法拔出深度较浅，一般为 20～40 mm，不能反映内部混凝土的质量。

六、射钉法

射钉法是混凝土强度的又一种无损检测法，又称贯入阻力试验法。这种方法适用于混凝土早期强度发展的测定，也适用于同一结构不同部位混凝土强度的相对比较，但试验结果受骨料影响十分明显。

1. 基本原理

射钉法试验的基本原理是利用发射枪对准混凝土表面发射子弹，弹内火药燃烧释放出来的能量推动钢钉高速进入混凝土中，一部分能量消耗于钢钉与混凝土之间的摩擦，另一部分能量由于混凝土受挤压、破碎而被消耗。子弹发射的初始动能是固定的，钢钉的尺寸形状和机械性能一致性很好，则钢钉贯入混凝土中的深度取决于混凝土的力学性质。因此，测量钢钉外露部分的长度且可确定混凝土的贯入阻力。由于被测试的混凝土在射钉的冲击作用下产生综合压缩、拉伸、剪切和摩擦等复杂的应力状态，要在理论上建立贯入阻力与混凝土强度之间的相关关系很困难。一般是通过试验，建立贯入阻力与混凝土强度的经验关系式，现场检测时，可根据事先建立的关系式推定出混凝土的实际强度。试验证明，混凝土抗压强度与射钉外露长度之间存在着良好的线性关系。

2. 测量设备与操作方法

1）测量设备

射钉法测量的全套设备包括发射枪夺子弹、钢钉和测量卡尺。

便携式混凝土强度枪击探测仪带有一个电子测定仪，能帮助使用者得到准确的测量结果，电子测定仪还有记录功能，可用于事后检查，也可以把记录数据下载到个人电脑，见图 3-4。与仪器配套的有两种贯入探头。一般探头（金探头）用于测量小比重、低密度，骨料颗粒内孔隙率较大的轻骨料混凝土。另一种探头（银探头）则用于测量普通混凝土。这两种贯入探头可用于不同龄期混凝土抗压强度的测量。

（1）发射枪。引发火药实现射击的装置，火药燃烧后产生的气体推动钢钉，将其射入混凝土中。试验用的发射枪分为低速枪和高速枪两种。低速枪火药燃烧的气体不是直接作用于钢钉，而是作用在枪内的活塞上，能量通过活塞传递给钢钉。低速枪发射的能量较低，适用于强度为 40 MPa 以下的混凝土测试，如果强度过高，可能使钢钉嵌入不牢或者发生弯钉现

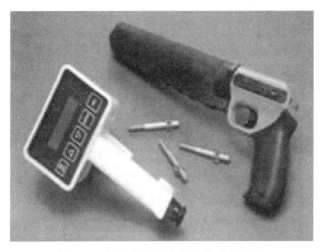

图 3-4 便携式混凝土强度枪击探测仪

象。高速枪则取消了枪管里的活塞，火药燃烧的气体直接推动钢钉，由于发射的能量大，使用的钢钉直径粗，钉身不易弯曲，适用于高强度混凝土的测试。

两种发射枪都配有安全保险装置，对空不能发射，也不会穿透混凝土使射钉飞向远处，可保证操作安全，并可以在各种方位发射。

（2）子弹。弹内装有标准重量的火药，与发射枪配套使用。火药性能和每个子弹的药量必须均匀一致，用一药垫将火药压紧固定在弹壳内以便使发射枪转动时火药保持固定。

（3）钢钉。由硬质合金材料制成，机械性能稳定，外形尺寸要求控制在一定的标准误差内，特别是头部形状必须具有良好的一致性。

（4）测量卡尺。测量深度用的游标卡尺，测量范围 0～100 mm，精度 0.02 mm。为了便于测量，用一标准厚的不锈钢圆板套入射钉，平稳地置于混凝土表面，测量射钉外露长度以此圆板为基础，计算时将圆板厚度计入。

（5）拔钉器。辅助工具，可将射入混凝土中的射钉拔出。

2）操作方法

（1）低速枪的发射。将钢钉自发枪管口装入，用送钉器推至发射管底部，使钢钉顶面与管内活塞杆端面贴紧。拉出送弹器装上子弹，再将其推回原位，然后将发射枪垂直对准标定的射击点，解除保险，扣动扳机，把钢钉射入混凝土中。

（2）高速枪的发射。握紧枪柄，转动枪体，可将枪膛打开，将钢钉放入枪管，然后再把子弹放入，注意要用手指压一下，使之达到固定位置。然后合起枪膛，转动枪体销紧即可发射。钢钉射入混凝土后，应检查嵌入是否牢固，嵌入不牢固的需重新发射。在检查过的钢钉上套入不锈钢圆板，测量钢钉外露部分长度，以"mm"计，并作记录。

每次发射 3 个射钉为 1 组，取 3 个射钉外露长度值的平均值作为本次试验结果，少于 3 个试验值时应进行补充试验。

为了保证试验的精度，应由专人用同一支发射枪和量具进行试验，并应使 1 组内 3 个测值的最大极差不超过表 3-5 中的规定。

表 3-5　测值的容许极差

骨粒最大粒径	3 个测值的容许极差/mm
砂　浆	6
20 mm 骨料混凝土	8
40 mm 骨料混凝土	11
80 mm 骨料混凝土	15
150 mm 骨料混凝土	15

如果 3 个测值的极差超出了表 3-5 给定的范围，则不能用这 3 个测值进行平均。这时应发射第 4 个射钉，去掉与 4 个测值的平均值之差最大的那个数据，用其余 3 个测值的平均值作为测试结果，如果其余 3 个测值仍不能满足规定要求，可再发射第 5 个射钉，并按上述方法进行处理。如果 1 次测试连续发射 5 个射钉试验精度仍不能满足要求时，则应把发射枪移到不同的部位重新发射 3 个射钉。

3. 标定实验方法

标定试验就是建立贯入阻力与混凝土强度之间关系的试验。根据实用要求，通过试验，可以分别建立射钉外露长度与混凝土抗压强度、抗拉强度或抗折强度的经验关系式。在进行标定试验设计时，应使混凝土强度的范围尽量大些，抗压强度宜为 5 ~ 40 MPa，使用高速枪时应达到 60 MPa，抗拉强度宜为 0.5 ~ 3.5 MPa，抗折强度宜为 1.5 ~ 7.5 MPa。试验组数应不少于 30 对。射钉试验的试件尺寸采用边长为 400 mm 立方体，射击点的间距不少于 140 mm，距边缘距离不小于 100 mm。射击点位置如图 3-5 所示。

抗压强度试验和劈裂抗拉强度试验采用边长 50 mm 立方体试件，抗折强度试验采用 150 mm × 150 mm × 150 mm 小梁试件。如需建立射钉外露长度与混凝土芯样强度关系式，可在进行射钉试验的 400 mm 立方体试件上钻孔取芯，芯样直径 100 mm，切割成长度为 100 mm 的圆柱体试件。

射钉试验的试件与强度试验的试件应在相同条件下养护，湿养护和干养护分别建立相关关系式。采用湿养护时，在试验前 24 h 将试件置于大气中养护。

根据试验结果对混凝土强度与射钉外露长度进行

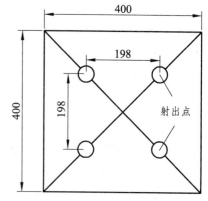

图 3-5　射击点示意图

回归分析，求出相关关系式，同时算出相关系数和剩余标准差以便判断相关关系式的精度。

$$f_t = a + bL \qquad\qquad (3\text{-}16)$$

式中　f_t——混凝土强度（MPa）；

　　　L——射钉外露长度（mm）；

　　　a, b——回归系数。

4. 射钉法的影响因素

（1）火药性能与装药量。子弹中的火药是发射钢钉的能量源，火药的性能与药量直接影响发射的初始动能，要求火药具有良好的均匀性，其性能必须严格控制，药量应精确称量。为保证火药的均匀一致性，应使用同一厂家生产的同一型号的子弹，并须对火药量经常进行抽样检查。火药重量变异系数应控制在 1% 以内。

（2）射钉尺寸。射钉的直径、长度、尖部形状以及钉子本身的机械性质应当有良好的一致性。国产射钉的长度为 75 mm，直径为 4.5 mm（低速枪）和 6.0 mm（高速枪）。根据使用经验，长度误差应控制其变异系数在 0.5% 以内，直径变异系数应控制在 1% 以内。

（3）发射枪。发射枪是由多个零部件组装成的，每个零部件的差异都可能对发射效果产生影响。在相同条件下对两支发射枪的发射效果的考察试验表明，差异是显著的，每支发射枪都必须进行标定，建立专用的标定曲线，即使是同一支发射枪，在更换零件或长时间使用（例如发射超过 2 000 次）之后也需要再次进行标定试验，以检验推定曲线的准确性。

（4）骨料。骨料硬度对混凝土的贯入阻力有显著影响，当混凝土强度相同时，软弱骨料混凝土的贯入深度大于坚硬骨料混凝土的贯入深度。美国材料试验学会按照矿物材料莫氏硬度标准把混凝土骨料的硬度分为 10 级，检测时根据骨料硬度采用相应的标定曲线。碎石或卵石的不同也对贯入深度有一定影响，使用的标定曲线应加以校验。事实上，尽管骨料的种类、硬度不同，其标定曲线的斜率并无显著性差异，对同一支发射枪来说，只要校准曲线的截距，射钉试验便可取得满意的效果。

七、拉剥试验法

拉剥试验的方法是把一圆形钢制拉剥盘，用环氧树脂粘接剂粘到处于试验条件下的混凝土表面上。在进行该操作以前，要用砂纸或砂轮打磨混凝土表面除去粉状物，必要时使用合适的溶剂消除油污。当环氧树脂粘接剂硬化后，慢慢地增加拉剥盘上的拉力。由于粘接部位的抗拉强度比混凝土大，在拉力作用下导致混凝土被剥离，破碎量一般是很小的，可能发生的破损面约等于拉剥圆盘。通过拉剥试验，就能计算出混凝土的抗拉强度。用拉剥试验和相应的立方体试块或圆柱体试块抗压试验的基础上所得到的测强曲线，就能对等效的立方体试块或圆柱体试块的强度做出可靠的估计。这种方法可分为直接粘接法和局部钻芯粘接法，见图3-6。这一方法在广义上也可以认为是一种后装拔出法。用该试验还可以测量新老混凝土之间的粘接强度。

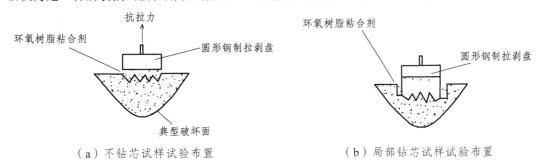

（a）不钻芯试样试验布置　　（b）局部钻芯试样试验布置

图 3-6　拉剥试验

　　该方法的优点是可以很方便地进行现场测量，拉剥试验是混凝土抗拉强度的一个直接度量方法，试验造成的破损轻微，无需考虑因试验造成的损坏。与局部取芯试验一起使用时，能测出不同深度处的混凝土强度。

第三节　混凝土的裂缝与内部缺陷检测

　　水工混凝土结构由于混凝土未捣实、施工中因温度变形和干燥收缩、早期施工过载以及混凝土承载后产生受力损伤等原因普遍存在裂缝或内部缺陷。为了确定混凝土裂缝的状况及制定相应的补救措施，对裂缝的开展深度和走向进行检测非常必要。

　　对于大体积混凝土内的裂缝往往呈空间不规则曲面，一般均连通混凝土表面。对裂缝形状精确的描述应为空间曲面，但在工程应用中侧重于分析其成因、危害及处理方法，空间描述法既难以实现也无必要，故一般采用长度、宽度及深度 3 个参数来进行描述。这 3 个参数基本可以描述混凝土裂缝的空间形态，为裂缝检测必须确定的内容。对于某特定建筑物而言，尚须描述裂缝面的空间位置，一般用其所处的部位、高程等进行描述。

　　裂缝检测大致可分为初查和详查两个步骤。初查一般根据裂缝在混凝土表面的暴露情况，肉眼观察或采用简单工具测量其表面特征，并结合其部位、所处环境和应用条件，初步判断其开裂程度、开裂原因和危害程度，并估计其深度范围和向混凝土内部发展的方向，为下一步详查指明方向，并初步选定详查手段。由于最长和最宽的裂缝一般出现在混凝土表面，初查即可判明，故详查一般指检测裂缝深度。但某些仪器在检测混凝土内部裂缝深度时，也可给出不同位置的开裂宽度，获得的数据更加详细和丰富。

　　水工结构混凝土裂缝的分布、走向、长度、宽度等外观特征容易检查和测量，而裂缝深度以及是否在结构或构件截面上贯穿，无法用简单方法检查，只能采用无破损或局部破损的方法进行检测。传统方法多用注入渗透性较强的颜色液体，再局部凿开观测，也有用跨缝钻取芯样进行裂缝深度观测。这些传统方法既费事又对混凝土造成局部破坏，而且检测的裂缝深度很有限。对混凝土的裂缝和内部缺陷的无损测试方法很多，应用较广泛的有基于弹性波（包括超声波）的方法、基于冲击的方法（如回弹仪等），基于电磁波、电磁诱导的方法（如混凝土雷达、钢筋仪等）。超声法检测水工混凝土裂缝深度作为一种快速、经济的方法，特别是它不破坏混凝土的正常使用，试验结果能较好地反映混凝土裂缝的变异性，在水利工程质量检测中得到广泛的应用。采用超声脉冲法检测混凝土裂缝，较少受裂缝深度的限制，而且可以进行重复检测，以便观察裂缝发展情况。

　　利用超声波检测裂缝深度的方法有：单面平测法、双面斜测法、钻空对测法、负波及首波相位反转法和正波法。应用超声波平测法检测混凝土裂缝深度时，采用跨缝对称布置测点不但可以达到检测裂缝深度的目的，还可以克服现场条件的限制。采用对称法布置测点更灵活，在实际工程中应推广采用便捷的跨缝对称布置测点方法。另外，应用超声波检测裂缝深度时，测试结果都有误差，为了减小测量的误差可以采用多种方法进行测试，取各方法测试结果的平均值作为裂缝的深度，不但可以相互自检还可以提高测试结果的准确性。

混凝土的电阻、阻抗随其龄期的增长是不断变化的。混凝土的电阻、阻抗与混凝土的内部质量密切相关，其内部质量越均匀，电阻、阻抗的变化也就越小。在内部有缺陷的地方，由于其质量的显著变化，因而电阻、阻抗等相关电特性参数也会发生显著改变。基于混凝土材料的这种物理特性与电特性参数之间的密切相关关系，通过测量其主要电特性参数变化，再利用数学手段对所测得数据进行分析，已引入到实际工程技术中。

目前 BP 神经网络、弹性波 CT 成像、音频检测法、冲击反射法、地质雷达、工程地震直达波等新技术也逐渐应用于混凝土裂缝和内部缺陷的无损检测分析中。还有红外热成像法、光纤传感监测系统、射线检测法等，每种方法都有优势和长处，但同时也存在不足和不适用的方面，所以仍需对现有的检测方法进行改进或提出新的方法。

一、混凝土裂缝的常规检查

对于混凝土表面裂缝的检查，根据裂缝成因普遍规律，先从块体边缘或断面突变处检查，发现裂缝，沿缝追踪，采用米尺测记缝长，测记缝宽原来用裂缝对比卡、现在多用读数显微镜，并进行素描登记。

一般应检查裂缝发生的位置、形态、发展长度、宽度及裂缝数量，并观测裂缝的变化发展情况。除了裂缝宽度的检查需借助于检查仪器外，裂缝检查的其他项目一般可目测进行。一般利用带刻度的放大镜、钢尺精确描述裂缝长度、宽度、方向、高度以及数量。

初查阶段，可在混凝土表面直接测量裂缝长度。须注意的是，裂缝多有分支，此时须沿裂缝走向用追索法判断主干和分支，一般以最长路线为主干，裂缝长度应为主干长度。对于裂缝路线上的偶尔短距离间断，统计和测量时一般认为是连续的。某些特殊环境下如水下混凝土裂缝，肉眼无法直接观测，亦无法使用仪器检测，此时只能采用人工摸探的方式，即沿裂缝走向用手触摸判断裂缝长度。一般在表面沿长度方向上直接测量裂缝的宽度，可用裂缝刻度尺、刻度放大镜等。有时为掌握裂缝宽度随时间的变化情况也可采用电测法，如将钳式应变计或电动千分表固定于裂缝处进行连续测量。

检查裂缝宽度的方法如下：

（1）在裂缝的起点及终点，用红铅笔或红油漆与裂缝相垂直画细线；也可以用红铅笔在裂缝附近沿裂缝延伸方向画细线，以标明裂缝的形态、发展长度。

（2）在标明裂缝上，选择目测裂缝宽度较大的位置作为放置放大镜的固定地点，量出裂缝的宽度。

（3）量出主要裂缝的宽度后，将它与量测的裂缝位置、走向、长度、分布情况及特征，用坐标法绘制裂缝展示图，并记录下来。

对初步判断为表面浅层裂缝，可以用风镐、风钻、人工凿槽的方法肉眼检查，此法因损伤结构且检查完毕后需进行修复，一般用于非重要部位表面浅层裂缝的检查。但因检查时已凿除开裂混凝土，且检查直观方便，故检查和修补速度较快，在表面浅层裂缝处理中常用。

二、超声波检测混凝土裂缝深度（平测法）

当混凝土出现裂缝时，裂缝空间充满空气，由于固体与气体界面对声波构成反射面，通过的声能很小，声波要绕裂缝顶端通过，以此可测出裂缝深度（图 3-7）。

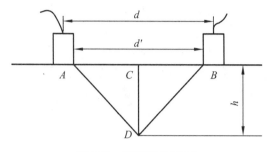

图 3-7　裂缝深度测试

本方法适用于测量混凝土建筑物中深度不大于 50 cm 的裂缝。裂缝内有水或穿过裂缝的钢筋太密时不适用该方法。

1. 基本原理

利用超声波绕过裂缝末端的传播时间（简称声时）来计算裂缝深度。

如图 3-7 所示，若换能器对称地置于裂缝两侧，测得传播时间为 t_1（超声波绕过裂缝末端所需的时间）。设混凝土波速为 v，超声波传播距离为 d，可得：$t_1 v/2 = AD$。则裂缝深度为：

$$h = \sqrt{\left(\frac{vt_1}{2}\right)^2 - \left(\frac{d}{2}\right)^2} = \frac{1}{2}\sqrt{t_1^2 - d^2} \qquad (3\text{-}17)$$

若换能器平置于无缝的混凝土表面上，相距同样为 d'，测得传播时间为 t_0，则 $t_0 v = d$，代入式（3-17），则可得：

$$h = \frac{d}{2}\sqrt{\left(\frac{t_1}{t_0}\right) - 1} \qquad (3\text{-}18)$$

2. 检测步骤

（1）无缝处平测声时和传播距离的计算。将发、收换能器平置于裂缝附近有代表性的、质量均匀的混凝土表面上，两换能器内边缘相距为 d'。在不同的 d' 值（如 5 cm、10 cm、15 cm、20 cm、25 cm、30 cm 等，必要时再适当增加）的情况下，分别测读出相应的传播时间 t_0。以距离 d'，为纵坐标，时间 t_0 为横坐标，将数据点绘在坐标纸上。若被测处的混凝土质量均匀、无缺陷，则各点应大致在一条不通过原点的直线上。根据图形计算出这直线的斜率（用直线回归计算法），即为超声波在该处混凝土中的传播速度。按公式 $d = t_0 v$，计算出发、收换能器在不同 t_0 值下相应的超声波传播距离 d（d 略大于 d'）。

（2）绕缝传播时间的测量。

① 垂直裂缝。将发、收换能器平置于混凝土表面上裂缝的各一侧，并以裂缝为轴相对

称，两换能器中心的连线应垂直于裂缝的走向。沿着同一直线，改变换能器边缘距离 d'。在不同的 d' 值（如 5、10、15、20、25、30 cm 等）情况下，分别读出相应的绕裂缝传播时间 t_0。

② 倾斜裂缝。如图 3-8 所示，先将发、收换能器分别布置在 A、B 位置（对称于裂缝顶），测读出传播时间 t_1；然后 A 换能器固定，将 B 换能器移至 C，测读出另一传播时间 t_2。以上为一组测量数据。改变 AB、AC 距离，即可测得不同的几组数据。裂缝倾斜方向判断法如图 3-9 所示，将一只换能器 B 靠近裂缝，另一只位于 A 处，测传播时间。接着将 B 换能器向外稍许移动，若传播时间减小，则裂缝向换能器移动方向倾斜；若传播时间增加，则进行固定 B 移动 A 的反方向检验。

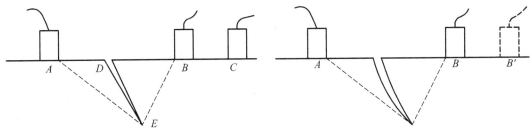

图 3-8　倾斜裂缝的测试　　　　图 3-9　裂缝倾斜方向判断法

3. 检测结果处理

（1）垂直裂缝深度按式（3-19）计算：

$$h = \frac{d}{2}\sqrt{\left(\frac{t_1}{t_0}\right)^2 - 1} \qquad (3-19)$$

式中　　h——垂直裂缝深度（cm）；

　　　　t_1——绕缝的传播时间（μs）；

　　　　t_0——相应的无缝平测传播时间（μs）；

　　　　d——相应的换能器之间声波的传播距离（cm），$d = t_0 v$。

根据换能器在不同距离下测得的 t_1、t_0 和 d 值，可算出一系列的 h 值。把 $d < h$ 和 $d < 2h$ 的数据舍弃，取其余（不少于两个）h 值的算术平均值作为裂缝深度的测试结果。在进行跨缝测量时注意观察接收波首波的相位。当换能器间距从较小距离增大到裂缝深度的 1.5 倍左右时，接收波首波会反相。当观察到这一现象时，可以用反相前、后两次测量结果计算裂缝深度，并以其平均值作为最后结果。

（2）倾斜裂缝深度用作图法求得。

如图 3-10 所示，在坐标纸上按比例标出换能器及裂缝顶的位置（按超声传播距离 d 计）。以第一次测量时两换能器位置 A、B 为焦点，以 $t_1 v$ 为两动径之和作一椭圆；再以第二次测量时两换能器的位置 A、C 为焦点，以 $t_2 v$ 为两动径之和作另一椭圆；两椭圆的交点 E 即为裂缝末端，DE 为裂缝深度 h。

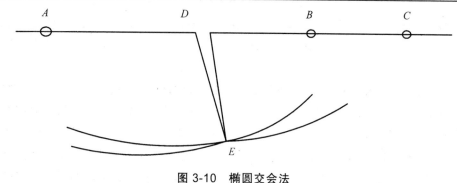

图 3-10 椭圆交会法

4. 注意事项

（1）测试时，换能器必须与混凝土耦合良好。

（2）当有钢筋穿过裂缝时，发、收换能器的布置应使换能器连线离开钢筋线。离开的最短距离宜为裂缝深度的 1.5 倍。

（3）在测量绕缝传播时间时，应读取第一个接收信号。有时因换能器与混凝土耦合不良等原因，使第一个信号微弱，误读了后面的叠加信号，将造成测量错误。一般随着探头相互距离逐级增加，第一个接收信号的幅度应逐渐减小。如果情况反常，应检查测量有无错误。

三、超声波检测混凝土裂缝深度（对、斜测法）

用对、斜测法测量混凝土裂缝深度，适用于有条件两面对测或可钻孔对测的混凝土建筑物。但该方法不适于测量有水的裂缝。

1. 基本原理

如果超声波传播路径被裂缝截断，则超声波能量将部分被反射，接收信号振幅、声时将发生变化。根据接收信号的变化，可判断裂缝的存在，从而测知其深度。

2. 检测步骤

（1）对于有条件两面对测的结构，如梁、墩、墙体，可采用两面斜测法。检测步骤如下。

① 如图 3-11 所示，在结构（如梁）一侧或两侧发现裂缝 A 和 B，可布置换能器进行斜测。其中 1~1′、2~2′、3~3′、4~4′、5~5′ 测线斜穿过裂缝所在平面 AB。作为比较，再布置不穿过裂缝所在平面的测线 6~6′。测试面必须平整，换能器与结构表面声波耦合必须良好。

② 测量各条测线接收信号振幅和声传播时间，以振幅参数作为判断的主要依据。

③ 在穿裂缝所在平面的各条测线中，若某（些）条测线振幅测值明显小于 6~6′ 测线则表明裂缝已深入到这些测线位置，从而确定裂缝的深度。

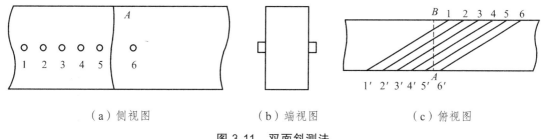

| （a）侧视图 | （b）端视图 | （c）俯视图 |

图 3-11　双面斜测法

（2）对于没有条件两面对测但可钻孔对测的结构，如坝体、底板、廊道等，可采用钻孔对测法。检测步骤如下。

① 在裂缝两侧对称地打两个垂直于混凝土表面的钻孔，两孔口的连线应与裂缝走向垂直。孔径大小以能自由地放入径向换能器为度。两孔的间距、深度，按以下原则选择：a. 超声波穿过两孔之间的无缝混凝土后，接收信号第一个半波的振幅能有 20 mm 以上；b. 当裂缝倾斜时，估计裂缝底部不致超出两孔之间；一般情况下两孔间距为 1～3 m，如图 3-12 所示；c. 钻孔深度应大于裂缝深度 0.5 m 以上。

② 钻孔应冲洗干净，注满清水，将发、收换能器分别置于两钻孔中同样高程上。测量并记录超声传播时间、接收信号振幅等参数。

③ 关于接收信号的振幅，可采用两种方法测读：a. 直接测量示波器荧光屏上接收信号第一个半波（或第二个半波）的振幅毫米数；b. 利用串接在接收回路中的衰减器，将接收信号衰减至某一预定高度（此高度应小于测量过程中最小的振幅），然后读取衰减器上的数值。

④ 使换能器在孔中上下移动进行测量，直至发现当换能器达到某一深度时，振幅出现最大值，再向下则基本稳定在这个数值左右。此时，换能器在孔中的深度即为裂缝的深度（以换能器中部计）。

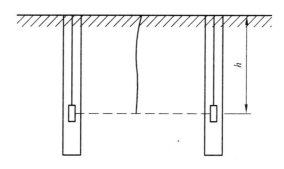

图 3-12　深层裂缝测量法

⑤ 为便于判断，可绘制孔深振幅曲线，如图 3-13 所示。根据振幅沿孔深变化情况来判断裂缝深度。

⑥ 当裂缝倾斜时，可用图 3-14 所示方法进行测量。使换能器在两孔中不同深度以等速移动方式斜测，寻找测量参数突变时两换能器中部的连线，多条（图上只画两条）连线的交点 H 即为裂缝的末端，判别的根据主要是振幅。

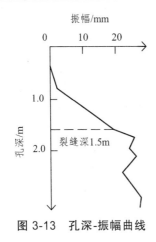

图 3-13 孔深-振幅曲线

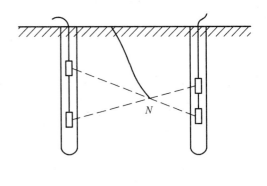

图 3-14 倾斜裂缝测量法

四、超声波检测混凝土内部缺陷

1. 基本原理

利用脉冲波在技术条件相同的混凝土中（指混凝土的原材料、配合比、龄期和测试距离一致）传播的时间、接受波的振幅和频率等的声学参数的相对变化，来判断混凝土的缺陷。超声波脉冲传播速度的快慢，与混凝土的密实程度有直接关系，对技术条件相同的混凝土来说，声速高则混凝土密实，相反则混凝土不密实。当有空洞或裂缝存在时，便破坏了混凝土的整体性，超声脉冲波只能绕过空洞或裂缝传播到接受换能器，传播的路程因而增大，测得的声时相应偏长或声速降低。

由于空气的声阻抗率远小于混凝土的声阻抗率，脉冲波在混凝土中传播时，遇到蜂窝、空洞或裂缝等缺陷，便在缺陷界面发生反射和散射，声能被衰减，其中频率较高的成分衰减更快，因此接受信号的波幅明显降低，频率明显减小或频率谱中高频成分明显减少。再者经缺陷反射或绕过缺陷传播的脉冲波信号与直达波信号之间存在声程和相位差，叠加后互相干扰，致使接受信号的波形发生畸变。

根据上述原理，可以利用混凝土声学参数测量值和相对变化综合分析、判断其缺陷的位置和范围，或者估算缺陷的尺寸。

超声波测量内部缺陷通常有三种方法：直接传递法、半直接传递法和表面传递法。较多采用的是直接传递法，用来测出超声波在混凝土中传递的速度，但这样测出的速度有两个误差来源，平行于脉冲方向设置的钢筋会使速度估计得过高，因为钢中的声速（5 500 m/s）大于混凝土中的声速（3 500～5 000 m/s）。相反地，在脉冲路径中如果有空洞，脉冲的视速度就会降低，这种现象可以用来检测水工建筑物混凝土内部缺陷，如蜂窝、空洞、架空、夹泥层、低强区等。超声波适用于能进行穿透测量以及经钻孔或预埋管可进行穿透测量的建筑物和构件。

2. 仪器设备

（1）非金属超声检测仪。例如：ZBL-U520 非金属超声检测仪（图 3-15）、NM-3 非金属超声检测仪（图 3-16）。

（2）各种声波频率的平面换能器。当测距小于 1 m 时，宜采用 50～100 kHz 换能器；当测距大于 2 m 时，宜采用 50 kHz 以下的换能器。在穿透能力允许情况下，宜用高频率的换能器。

（3）长度测量工具，如钢卷尺等。

图 3-15　ZBL-U520 非金属超声检测仪

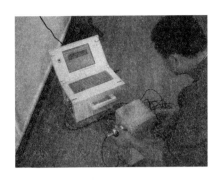

图 3-16　NM-3 型非金属超声检测仪

3．检测步骤

（1）超声波仪器零读数校正。

当采用平面换能器测量时，仪器零读数 t_0 的定义及校正见超声波检测混凝土裂缝深度的方法。对于在钻孔中或预埋声测管中以径向换能器进行检测的场合，仪器零读数 t_0 定义为：孔间混凝土介质厚度为零时仪器的声时读数。可采用以下方法标定计算。

将发、收径向换能器表面相互紧贴，置于水中，读取此时的接收波首波声时 t_1（μs）。则仪器（包括换能器）的零读数 t_0（μs）可按式（3-20）、式（3-21）计算。

在钻孔中测量时：

$$t_0 = t_1 + (d_1 - d_2) \times \frac{10^6}{v_w} \quad （\mu s） \qquad （3\text{-}20）$$

式中　d_1——钻孔直径（m）；

d_2——径向换能器外直径（m）；

v_w——水的声速，取 1 480 m/s。

在预埋管中测量时：

$$t_0 = t_1 + (d_1 - d_2) \times \frac{10^6}{v_w} + 2\alpha \frac{10^6}{v_s} \quad （\mu s） \qquad （3\text{-}21）$$

式中　d_1——预埋管内直径（m）；

d_2——径向换能器外直径（m）；

α——预埋管管壁厚度（m）；

v_s——预埋管材料声速，若用钢管，取 5 900 m/s。

注意，带有零读数调节的仪器，在标定换能器零读数中及以后使用中，调零旋钮应固定在同一位置，不得变更。

（2）测点布置。

① 对于一般结构，如梁、柱、墩、墙等，在其相对的两面对称地画出方格网，方格网交点即为测点。方格网的间距视结构物尺寸和要求的测量精度而定，一般为 0.2 ~ 1.0 m。

② 对于钻孔或埋管法测量，则从孔口开始向下逐点对测。测点间距通常为 0.2 ~ 0.5 m。在测得缺陷附近，测点还应加密。

③ 一个构件或一个统计总体，测点数不得少于 30。

（3）测点处理。

测点处表面应打磨平整，然后涂上耦合剂（黄油或浆糊）。表面凹凸严重难以整平的测点可涂抹石膏或砂浆，硬化后待用。钻孔或预埋管中充满淡水作耦合介质，应注意不能使水浑浊。

（4）测距测量。

相对二测点的间距称为测距，应以不大于 ±1% 的误差准确测量。钻孔或预埋管测量中的测距指的是二孔间混凝土的净距离。要求每对测孔相互平行，在孔口处准确丈量测距。如果不能保证钻孔或预埋管相互平行而导致孔间距离误差大于 ±1% 时，应对各测点测距进行适当修正。

（5）声学参数测量。

调整仪器状态（发射电压、增益、衰减等），使适合于该测量场合，逐点测量各测点全部或部分声学参数。

① 声传播时间（声时）及声传播速度（声速）。以不低于 1% 的精度测读各测点的首波声时读数，则声时：按式（3-22）计算：

$$t_i = t_i' - t_0 \tag{3-22}$$

式中　　t_0——该场合下的仪器零读数。

根据各测点声时按下式计算各测点声速：

$$v_i = \frac{l_i}{t_i} \times 1\,000 \ (\text{km/s}) \tag{3-23}$$

式中　　l_i——测点测距（m）。

② 接收信号首波振幅（振幅 A）。首波振幅指的是接收波第一个波前半周波波谷（或波峰）的幅度（图 3-17）。测试方法与超声波检测混凝土裂缝深度（对、斜测法）中的测试方法相同。

在进行各测点振幅测量过程中，仪器的发射电压、放大器增益均不得变化，各测点的声耦合应良好，并尽量保持一致。

③ 接收信号频率（频率 f_i）。接收信号频率是指接收波第一个周波的主频率，可采用下述两种方法之一进行测量。a. 频谱法：凡具有快速频谱分析功能的超声仪，可将采集的一串接收波中的前一个周波，即图 3-17 中的 a ~ b 段波，以不低于 2 kHz 的分辨力进行频谱（振幅谱）分

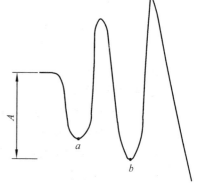

图 3-17　接收波形

析，把分析结果中的主频率（幅度最大者）作为频率值 f_i；b. 周期法：移动仪器时间游标（标刻），先对准波谷，读取相应声时，再移动游标对准波谷 b，读取相应声时如 t_0，则频率 f_i 用下式计算：

$$f_i = \frac{1}{t_b - t_a} \qquad (\text{kHz})\qquad\qquad (3\text{-}24)$$

④ 接收波波形（波形）。观察各测点波形，注意前一个周波是否有畸变。必要时可采集打印或拍摄照片或描绘该波形。

（6）两个方向对测和斜交叉测。

当在一个方向进行两面对测后，发现某些测点声学参数明显偏低，这时首先应复测，确定无疑后，再在可疑点附近加密测点测量。当证实这些部位有可能内部有缺陷时，如果建筑物条件允许，可采用两个方向对测或斜测的方法以确定缺陷的纵深位置。

① 两个方向对测。对于柱、墩一类构件，如图 3-18 所示。

当在 I～I′ 方向对测，发现 3～3′ 测线测值异常，则可再在 II～II′ 方向逐点对测，如果在 II～II′ 方向，$b～b'$ 测线测值异常，则缺陷出现在 3～3′ 测线与 $b～b'$ 测线交点处可能性最大。

② 斜交叉测量。对于墙体一类结构，或在钻孔、预埋管中测量时，如图 3-19 所示，当对测发现以 $a～b$ 测线异常，可将发、收换能器彼此错开一定高度（0.2～2.0 m），在 $a～b$ 测线所在的垂直面内进行斜交叉测量。各斜测线彼此等长度、等斜度。比较各斜线测值，可以确定缺陷的纵深位置及范围。检测灌注桩时，可用斜测法判断是否"夹泥层"或"缩颈"。

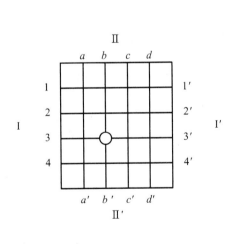

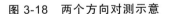

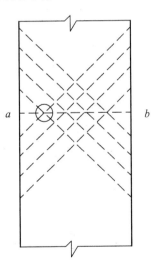

图 3-18　两个方向对测示意　　　　图 3-19　斜交叉测量

如图 3-20 所示，当 $a～b$ 测线测值明显低下，斜测线中除 1～1′、2～2′、9～9′、10～10′ 正常外，其余斜测线均异常，$a～b$ 处多为夹泥层。

如图 3-21 所示，当 $a～b$ 测线测值明显低下，3～3′、4～4′、7～7′、8～8′ 测值也异常，但其余测线正常，a、b 处多为缩颈。必要时可作双向斜测，相互印证。

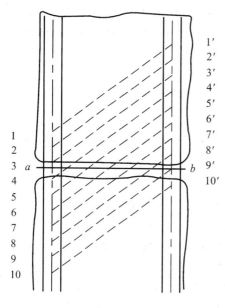

图 3-20　灌注桩中的夹泥层　　　　　　图 3-21　灌注桩中的夹缩颈

4．检测结果处理

（1）概率法进行判断。

由于混凝土系非均质体，内部各处质量有正常的波动与离散，因此，各测点处的测值也必然波动与离散。应当从这些正常的波动与离散中分辨出那些非正常的测值。为此，采用概率法进行判断。其步骤如下。

① 统计总体。以单个构件或同条件、同龄期、一次浇注的结构一部分作为一判断总体。统计总体的测点数不得少于 30。

② 测值的取舍及统计计算。将判断总体各测点测值（波速、振幅或频率）按大小次序排列，即：$X_1 > X_2 > X_3 > \cdots X_{n-2} > X_{n-1} > X_n > X_{n+1} > X_{n+2} > \cdots$。

将排在后面且明显小的某些测值（例如 X_{n+1}，X_{n+2}，$\cdots$）视为可疑值予以舍弃，把 X_n 及其以上各值参加统计，计算这些值的平均值 m_x 及标准差 S_x。

$$m_x = \frac{1}{n}\sum_{i=1}^{n} X_i \tag{3-25}$$

$$S_x = \sqrt{\left(\sum_{i=1}^{n} X_i\right) - nm_x^2 \Big/ (n-1)} \tag{3-26}$$

式中　X_i——某点测值；

　　　n——参加统计的测点数。

③ 计算单点临界值 X_{L1}。

$$X_{L1} = m_x - K_1 S_x \tag{3-27}$$

式中　K_1——单点异常值判定系数，其值根据所有测点总数 n 查表 3-6。

表 3-6　异常值判定系数表

K ＼ n		10	12	14	16	18	20	22	24	26	28
K_1		1.18	1.38	1.47	1.53	1.59	1.64	1.69	1.73	1.77	1.80
K_2	一般结构	1.00	1.06	1.11	1.15	1.19	1.22	1.25	1.27	1.29	1.31
	孔中测量	0.76	0.83	0.88	0.93	0.97	1.00	1.03	1.06	1.09	1.11

K ＼ n		30	32	34	36	38	40	42	44	46	48
K_1		1.83	1.86	1.89	1.92	1.94	1.96	1.98	2.00	2.02	2.04
K_2	一般结构	1.33	1.35	1.37	1.38	1.40	1.41	1.42	1.44	1.45	1.46
	孔中测量	1.13	1.15	1.17	1.19	1.20	1.22	1.23	1.24	1.26	1.27

K ＼ n		50	55	60	65	70	75	80	85	90	95
K_1		2.05	2.09	2.13	2.16	2.19	2.22	2.24	2.27	2.29	2.31
K_2	一般结构	1.47	1.50	1.52	1.54	1.56	1.57	1.59	1.61	1.62	1.63
	孔中测量	1.28	1.31	1.33	1.36	1.38	1.39	1.41	1.43	1.44	1.46

K ＼ n		100	105	110	115	120	130	140	150	160	170
K_1		2.33	2.34	2.36	2.38	2.40	2.42	2.45	2.48	2.50	2.52
K_2	一般结构	1.64	1.66	1.67	1.68	1.69	1.71	1.72	1.74	1.76	1.77
	孔中测量	1.47	1.48	1.49	1.51	1.52	1.54	1.56	1.57	1.59	1.61

K ＼ n		180	190	200	220	240	260	280	300	350
K_1		2.54	2.56	2.58	2.61	2.64	2.66	2.69	2.71	2.76
K_2	一般结构	1.78	1.79	1.81	1.83	1.85	1.87	1.88	1.90	1.93
	孔中测量	1.62	1.63	1.64	1.67	1.69	1.71	1.73	1.74	1.78

注：n 为测点总数；本表取自 DL/T5150—2001《水工混凝土试验规程》。

④　单个异常值的判断。把 X_{L1} 与测值序列中各值相比较，情况如下：

若 $X_{n+1} \leqslant X_{L1}$，$X_n > X_{L1}$，则判 X_{n+1} 及其以下各测值为异常值，计算结束。

若 $X_n \leqslant X_{L1}$，$X_{n-1} > X_{L1}$，则把 X_n 也舍弃，以其余各测值参加统计，按式（3-26）、式（3-27）、式（3-28）重新计算 m'_x、S'_{xx} 及 X'_{L1}，并重新判断：若 $X_n \leqslant X'_{L1}$，$X_{n-1} > X'_{L1}$，则判 X_n 及其以下各测值为异常值，计算结束；若 $X_{n-1} \leqslant X_{L1}$，则再舍弃 X_{n-1} 重新计算与判断，直至舍弃某

值而其上一值大于 X'_{L1} 为止，并判该值及其以下各值为异常值。

有条件时，也可采用以下方法舍弃数据：先从最小测值逐个舍弃，每舍弃一个值，即对剩下的数据作正态检验，直至所余数据符合正态分布，再按②、③、④所述方法进行计算和判断。

⑤ 相邻异常值的判断。当按上述方法进行单个测值异常值判断结束后，宜再进行相邻两测点值的判断。首先计算相邻点临界值 X_{L2}：

$$X_{L2} = m_x - K_2 S_x \qquad (3-28)$$

式中　　m_x，S_x——单点判断中最后一次统计计算的平均值与标准差；

　　　　　K_2——相邻点异常值判定系数，其值根据所有测点总数 n，查表 3-6（分一般结构与孔中测量两种情况）。

若结构或构件中任何相邻的两测点值均同时小于或等于 X_{L2}，则可判该相邻两测点均为异常值。

用以统计判断的测值可以是声速，也可以是振幅或频率，都可按以上方法获得判断结果。考虑到振幅及频率值测试误差较大，在最后确定某测点是否属异常值时，宜以声速的判断结果为主，以振幅或频率的判断结果为辅，并参考波形的观察结果综合确定。当所测结构缺陷范围较大，难以保证有足够数量的正常测点来统计平均值和标准差时，可另在同类型的其他正常结构上测量 30 个以上测点，进行平均值与标准差的统计，再来对该结构进行计算判断。

（2）异常点位置图。

按比例绘制构件侧面轮廓图，将实测的各测点参数值点绘在图上。以阴影线勾画出异常点的位置及范围。若是孔中测量，则绘制出沿孔深变化的测值变化图，并标出 X_{L1}、X_{l2} 两条临界值线。

（3）缺陷的判定。

经上述方法确定的异常值，表明该测点内部混凝土情况异常。最后应结合结构施工过程的实际情况、施工记录、异常点所处部位判定缺陷的类型、范围及严重程度。

（4）缺陷尺寸的估计。

当缺陷形状近于圆球或圆柱体，且缺陷类型为空洞或虽不是空洞，但缺陷介质的声速仅为该结构混凝土声速的 0.7 倍以下时，可按以下方法估算缺陷的半径 r。

设半径为 r 的圆形缺陷的中心位于测距为 l 的结构物一侧，距该侧面距离为 l_1，如图 3-22 所示。声波在缺陷附近正常混凝土处的声时为 t_f，在缺陷中心处的声时（声波绕缺陷传播）为 t_n。

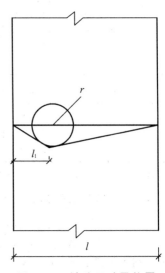

$$\frac{(t_f - t_n)}{t_n} \times 100\% = X \qquad (3-29)$$

$$\frac{l_1}{l} = Y，\quad \frac{r}{l} = Z$$

根据 X、Y 值查表 3-7 可得 Z 值。则缺陷半径 $r = lZ$。

图 3-22　缺陷尺寸及位置

表 3-7　缺陷尺寸估算表

Y	Z												
	0.05	0.08	0.10	0.12	0.14	0.16	0.18	0.20	0.22	0.24	0.26	0.28	0.30
	$X/\%$												
0.10	1.42	3.77	6.26	—	—	—	—	—	—	—	—	—	—
0.15	1.00	2.56	4.06	5.97	8.39	—	—	—	—	—	—	—	—
0.20	0.78	2.02	3.18	4.62	6.36	8.44	109	139	—	—	—	—	—
0.25	0.67	1.72	2.69	3.90	5.34	7.03	8.98	112	138	168	—	—	—
0.30	0.60	1.53	2.40	3.46	4.73	6.21	7.91	9.38	120	144	171	201	236
0.35	0.55	1.41	2.21	3.19	4.35	5.70	7.25	9.00	109	131	155	181	210
0.40	0.52	1.34	2.09	3.02	4.12	5.39	6.84	8.48	103	123	145	169	196
0.45	0.50	1.30	2.03	2.92	3.99	5.22	6.62	8.20	9.95	119	140	163	188
0.50	0.50	1.28	2.00	2.89	3.94	5.16	6.55	8.11	9.84	118	133	161	186

五、混凝土碳化深度的检测

混凝土在空气中的碳化是中性化最常见的一种形式，是空气中二氧化碳与水泥石中的碱性物质相互作用，使其成分、组织和性能发生变化，使用机能下降的一种很复杂的物理化学过程。碳化可使混凝土孔隙溶液 pH 值降低，导致钢筋表面钝化膜破坏而引起钢筋锈蚀，并可使混凝土表面硬度提高，使回弹值偏高。

常用的混凝土碳化评价方法有：酚酞指示剂的呈色方法、热分析法、X 射线物相分析法和电子探针显微分析方法（EPMA）等。酚酞指示剂间接反映了混凝土的碳化程度，使用简便、成本低，但因影响因素多，所以精度不够高。而热分析法、X 射线和 EPMA 能直接反映碳化的程度，精度高，但成本也高。混凝土碳化深度检测方法有 X 射线法和化学试剂法。应根据使用条件、精度要求和环境来正确选择混凝土碳化程度的评价方法。从经济性、科学性考虑，多选用酸碱试剂呈色法，而将 EPMA 等方法用于酸碱试剂呈色界面的检验和标定。

中国建科院硷研究所通过大量的测试研究，根据混凝土性质及使用环境提出了碳化深度的合格性指标，如表 3-8 所示。

表 3-8　混凝土碳化合格性指标

使用条件	允许碳化深度/mm	
	轻骨料	普　　通
正常湿度（室外）	40	35
正常湿度（室外）	35	30
潮湿（室外）	30	25
水位变动	25	20

以上数据，按不同使用条件和材料性质分为四个不同的碳化深度极限等级，可供作为危房鉴定中检测混凝土结构安全性的评判指标。对于钢筋直径较小、保护层较小的预制构件，如多孔板、大型板等构件，则从保护层厚度作为碳化深度的上限较为适宜。

现场常用的检测方法有酚酞试剂法和彩虹试剂法，按照《混凝土结构耐久性评定标准》（CECS220：2007）的有关检测程序的规定，进行构件选择、测区布置、测孔的钻取、测孔的清扫、测孔碳化深度，进行混凝土碳化深度检测。混凝土碳化深度值测量在整体建筑物不少于30%的构件上进行。

1. 检测方法

常用的检测方法是剥离检测点的混凝土以及切割试体的切断面作为碳化深度的测定面，用1%酚酞酒精试剂进行检测。具体步骤如下：

（1）一般可用电动冲击钻在被检测部位钻一个直径20 mm、深度大于混凝土的碳化深度，用干除法除净孔洞中的粉末和碎屑，不得用水冲洗。

（2）记录调查构件的环境条件、构件名称和位置，并记录剥离面的表面状态，如硅的密实状态及感观质量，有条件的要照相。同时记录钢筋的直径、种类及表面锈蚀状态。

（3）清除硅表面的残渣粉末。可用于压吹风器（皮老虎）、空气枪、毛刷等工具。

（4）使用小型喷雾器或滴管向硅剥离面喷洒或涂布酚酞试剂。

（5）使用测针、卡尺或钢尺准确测定从混凝土表面到呈现粉红色界面之间的距离。在一个测区应测3~5个点，每次读数精确至0.5 mm，计算均值作为该处的碳化深度。当出现过大值或过小值时应作好记载。

2. 检测面的显色时间

酚酞试剂的显色pH值为8.3。在pH = 8.3 ~ 9.0为红色，在pH = 9.0 ~ 14为紫红色，在已碳化区表面无呈色反应，在未碳化区出现红色或紫红色。但由于混凝土剥离到喷涂试剂的时间不同或界面处理方法不同，在显色时间上会出现差异，在检测时要十分注意。一般显色时间如下表：

表 3-9　碳化显色时间表

检测面	检测面处理方法	处理后到试剂喷洒时间	显色时间
现场剥离 V形面	用手压风器或毛刷吹扫	立即 3~6小时后 1~7天后	立即 1~10分钟后 1分钟~2天后
取芯切断面	用手压风器或毛刷清扫后用水湿润	立即~1天后 2~4天后 5~7天后	立即 立即~2天后 立即
	水洗后表面干燥	1天后	10分钟~2天后

六、钻孔检查

1. 钻孔取芯检查

通过钻孔取芯所得芯样，可判定缝深及该部位混凝土内部质量。此方法虽具有准确、直观等优点，但费时，费用高，对走向不规则的裂缝，就难以以少量的钻孔获得准确的缝深资料。近年新研制开发的钻石钻孔机，体积小，可快速拆卸、组装，固定于各种平面、立面、曲面，钻孔直径大、钻孔深度深、钻孔角度灵活。解决了传统地质钻机笨重，受施工部位条件限制的难题。

2. 钻孔压风、压水检查

对深度超过 30 cm 的大体积混凝土裂缝可采用打检查孔压水或压风的方法检查裂缝深度。具体做法为：假定裂缝为垂直混凝土表面向内部发展，在裂缝两侧随机布置不同角度、不同深度的穿缝斜孔。钻孔设备推荐使用手电钻，孔径 < 18 ~ 25 mm（图 3-23）。钻孔超出裂缝长度一般为 30 ~ 50 cm。压风检查时，在缝口和相邻钻孔孔口涂抹洗涤剂与水混合液，通过一孔压风时缝口和相邻钻孔孔口混合液变化现象判定缝深及裂缝走向，供风设备选用 0.112 m³/min 微型电动空压机。若压风时缝口和相邻钻孔孔口混合液均无变化，但不能稳压时应结合采用压水检查。同时观察裂缝表面有无涌水或漏气，若有，表明检查钻孔与裂缝连通，裂缝深度大于钻孔深度，需继续向深处钻孔检查，以此由浅向深推进检查。根据进水量或外漏情况检查混凝土内部质量，必要时应采取其他手段进行更深入检查。通常钻孔深度取 1、2、3 m，更深的裂缝需采用超声波检测。

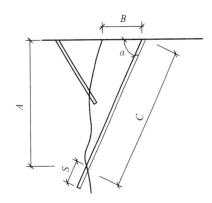

图 3-23　钻孔剖面图

本法仅能给出裂缝的深度范围，但施工简单，速度较快。该方法具有简便、经济、可观、适用范围广泛等优点，但偶尔也存在漏检问题。当气温较高时，某些活动的细微裂缝可能闭合而无法测出，从而造成误判；故一般以低温季节采用为宜。

3. 钻孔录像法

将录像探头放入钻孔中进行匀速移动摄录，通过专门的采集软件来观察并存储钻孔孔壁的图像，最后可得出钻孔的展示图或柱状图。通过对图像的观察和分析来评价钻孔孔壁的完整情况。

为了准确检测混凝土坝体裂缝的深度、宽度及破损程度，在检测某一裂缝某点处的深度时，最优方案是布设 4 个钻孔（图 3-24），其中 3 个钻孔为声波透射孔，利用其做 2 对声波透射；其中，一对孔为垂直裂缝走向，另一对孔为平行裂缝走向，且 2 对孔间距保持一致，以便对存在裂缝时声波透射的波速、

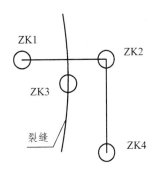

图 3-24　裂缝检测钻孔
布置示意图

波幅、振动频率进行比较；另外 1 个孔布设在裂缝上，宜在裂缝上钻孔，通过钻孔录像以达到对裂缝宽度的评价。

第四节　水工建筑物其他项目的检测技术

一、钢筋锈蚀状态的检测

钢筋锈蚀将使混凝土握裹力和钢筋有效截面积下降，并可能由于因锈蚀产生的膨胀而造成混凝土保护层的崩落，影响整体结构的稳定。混凝土结构中钢筋的锈蚀实际上是钢筋电化学反应的结果。

混凝土中钢筋锈蚀的非破损检测方法有分析法、物理法和电化学方法三大类。分析法根据现场实测的钢筋直径、保护层厚度、混凝土强度、有害离子的侵入深度及其含量、纵向裂缝宽度等数据，综合考虑构件所处的环境情况推断钢筋锈蚀程度；物理方法主要通过测定钢筋锈蚀引起电阻、电磁、热传导、声波传播等物理特性的变化来反映钢筋锈蚀情况；电化学方法通过测定钢筋/混凝土腐蚀体系的电化学特性来确定混凝土中钢筋锈蚀程度或速度。

分析法的应用有赖于建立合理可靠的钢筋锈蚀实用预测模型。为此，国内外学者进行了大量的试验研究、工程调查和理论分析。目前，还没有既有充分的理论依据，又全面考虑各种影响因素的实用数学模型，因此将分析法用于混凝土中钢筋锈蚀评估尚有不少工作要做。混凝土中钢筋锈蚀检测的物理方法有电阻棒法、涡流探测法、射线法、红外热像法及声发射探测法等。混凝土中钢筋锈蚀是一个电化学过程，电化学测量是反映其本质过程的有力手段，与分析法或物理方法相比，电化学方法还有测试速度快、灵敏度高、可连续跟踪和原位测量等优点，因此电化学检测方法得到了很大的重视和发展。混凝土中钢筋锈蚀的电化学检测方法主要有自然电位法、交流阻抗谱技术和极化测量技术等；恒电量法、电化噪声法、混凝土电阻法、谐波法等也在发展中，但用于现场检测尚不多。

自然电位法是 20 世纪 50 年代末以来应用最广泛的钢筋锈蚀检测方法。美、日、德、英、印度等国家制定了相应的标准，我国冶金部也公布了部颁标准。自然电位法，也称半电池电位法。DL/T5150—2001《水工混凝土试验规程》中规定了半电池电位测定方法。它是通过测定混凝土中由于钢筋锈蚀的电化学反应而引起的电位变化来判定钢筋锈蚀状态。

1. 基本原理

钢筋由于含有不同的元素（碳和铁等），或者由于经过加工而引起内部应力，都会使钢筋各部位的电极电位不同而形成局部电池。

在阳极上，铁离子进入溶液：

$$Fe \longrightarrow Fe^{2+} + 2e$$

在阴极上，水的氢离子得到电子而形成氢的分子，再和溶解在水中的氧化合成水：

$$2OH^- + 2H^+ + 2e + \frac{1}{2}O_2 \longrightarrow 2OH^- + H_2O$$

于是溶液中的 Fe^{2+} 和 $2OH^-$ 结合成氢氧化亚铁，它对下面的铁就成为阴极，更进一步形成腐蚀。

半电池法是用来探测钢筋极电位并据此推断钢筋是否锈蚀的一种技术。半电池通常有两种：饱和氯化亚汞和饱和铜或硫酸铜电极，后者较持久，因而更适合工地条件。其探测系统如图 3-25 所示。电路的一端是半电池，另一端连在被测钢筋的任选位置。用高阻抗的电压表测量钢筋和半电池间的电位差，从而得出钢筋的极电位。

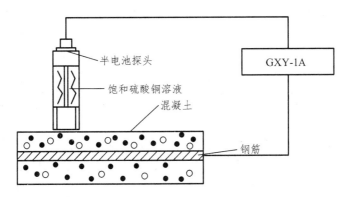

图 3-25　CXY-1A 钢筋锈蚀测量原理图

混凝土中钢筋半电池电位，是测点处钢筋表面微阳极和微阴极的混合电位。当构件中钢筋表面阴极极化性能变化不大时，钢筋半电池电位主要决定于阳极性状：阳极钝化，电位偏正，活化，电位偏负。

2．检测步骤

（1）在构件表面以网格形式布置测点。一般测点纵、横向间距为 30～50 cm。当相邻两测点测值代数值之差超过 150 mV 时，应适当缩小测点间距。

（2）在构筑物表面，与里面钢筋电连接的露头钢筋上，用电瓶夹头引出导线。钢筋与夹头连接处，预先用砂布除锈、擦光。引出的导线接电压表的正极。若无可供连接的露头钢筋时，在构筑物表面某一处凿去混凝土保护层，使钢筋暴露，并引线。

（3）从半电池探头上引出导线，接电压表的负极。

（4）将半电池探头下端依次放置在各测点处，同时电极纵轴线保持与构件表面垂直，读出并记录各测点的钢筋半电池电位，精确至 10 mV，如图 3-25 所示。测量时，半电池电位读数应不随时间变化或摆动，5 min 内电位读数变化应在 ±20 V 以内，否则应用浸透硫酸铜溶液的海绵预先在各测点预湿。在混凝土较干的情况下，可用喷淋等方法预湿整个混凝土表面，使读数稳定。若用以上预湿方法，未能使电位稳定在 ±20 mV 以内，则不能使用本法。在水平向或垂直向上测量时，要确保参比电极中硫酸铜溶液始终与软木塞、紫铜棒接触。

3. 检测评估标准

自然电位法最大的缺点是只能从热力学角度定性判断钢筋发生锈蚀的可能性，不能应用于定量测量。混凝土干燥或表面有非导电性覆盖层时，因不能形成回路而不宜采用自然电位法；钢筋电极电位受环境相对湿度、水泥品种、水灰比、保护层厚度、氯离子含量、碳化深度等因素的影响。因此这种评定方法比较粗糙。

目前国内可用于此项检测的设备有 GXY-1A 型钢筋锈蚀测量仪，它是根据英、美等国标准设计制造的。因为这种方法存在着众多难以克服的影响因素，因此国外的一些规范所给出的判据也只是概率统计的结果，见下表。

表 3-10 用自然电位法检测钢筋锈蚀的评估标准

电位水平/mV	钢筋状态的可能性
$-200\ \text{mV} > E$	不发生锈蚀的概率达 90% 以上
$-350\ \text{mV} > E \geqslant -200\ \text{mV}$	不确定
$E \geqslant -350\ \text{mV}$	锈蚀概率达 90% 以上

注：E 为半电池电位。

在诸多影响电位水平测量值的因素中，其中混凝土的含水率影响最大。在使用自然电位法时，除了要准确地测试电位值之外，还应针对不同的锈蚀电位进行局部破坏性的对比试验，再结合工程技术人员的经验进行综合判断。

二、钢筋锈蚀程度的测定

在混凝土构件中钢筋的锈蚀直接影响结构的使用寿命，钢筋锈蚀程度的量化测量可以计算出结构的承载能力，这对结构的复核计算是非常必要的。锈蚀程度的高低，与阴阳极间电流密度有关。只有测出电流强度，才能估计钢筋的腐蚀程度。因此阴阳极间电位差越大，混凝土的电阻率越低，就可以认定钢筋的锈蚀率越高。根据现场的实际应用情况，钢筋混凝土中钢筋锈蚀速率检测方法主要有混凝土电阻检测法、线性极化法、交流阻抗法和电流跃阶法，前两种较为常用。

GP5000 钢筋锈蚀率检测仪是丹麦 Germann 公司的产品，有两种测试模式：一种是传统的半电池检测模式（HCP），用来快速检测混凝土结构内钢筋是否存在锈蚀；另一种模式是电子脉冲模式（GP），用来测试混凝土结构内部钢筋的锈蚀速度，从而推算钢筋的锈蚀程度。GP 检测模式是用脉冲电流法检测钢筋的锈蚀率，这是检测钢筋锈蚀率的新方法。它与半电位法不同，不仅能检测出钢筋锈蚀的可能性，还能准确测量出目前钢筋的锈蚀率，同时能测试半电位和混凝土电阻。

GECOR8 钢筋锈蚀程度测定仪是目前测量钢筋锈蚀最先进的仪器，它应用极化电阻技术现场测量混凝土中钢筋的锈蚀率。此外，还可以测量钢筋锈蚀的其他参数，如锈蚀电位和电阻率。仪器还能用于估测在水浸或非常潮湿的结构中钢筋的锈蚀率和在不关断电流的情况下检测阴极保护的效率。

1. GECOR8 具有四种技术

（1）绘锈蚀图。通过测量锈蚀电位和电阻率对结构的锈蚀状态做出快速评价，可用两种参数的交叉比较来了解结构的质量。

利用半电池技术来评估锈蚀区域的风险，给出的仅仅是锈蚀的可能性。

电阻率（ρ）是一种辅助测量，应用该技术时，只需用一个很小的探头即可。它可用以证实锈蚀的风险，因为电阻率是与混凝土的含水量有关的。利用公式（3-30）：

$$\rho = 2RD \qquad (3\text{-}30)$$

式中　R——电阻由传感器的对电极和钢筋网之间的脉冲电流形成；

　　　D——对电极的直径。

这两项参数结合在一起就可以得到有关的质量信息，即在结构的每一个测量点上可看出该点周围区域的锈蚀风险状态（高、中、低）。将这些值输入到以测量栅格为坐标的图上，就可以获得具有每一个锈蚀参数或带有锈蚀风险的锈蚀图。

（2）测量空气中的结构（非水浸结构）。GECOR8 通过 R_p，极化电阻按公式（3-31）获得锈蚀率（Icorr）：

$$\mathrm{Icorr} = B / R_\mathrm{p} \qquad (3\text{-}31)$$

式中　B——常数，在 GECOR8 中给定为 26 mV。

GECOR8 采用先进的转换密封技术（MCT），通过极化电阻的方法来测量混凝土中的钢筋锈蚀率。测量时，在钢筋上施加一个很小的电流并测量半电池电位的变化。在 GECOR8 中由于改进了密封用的防护圈，所以它的转换技术快而稳定。

GECOR8 能精确地确定测量区域，而且测量区域的分界线宽度比传感器还窄。其意义在于因为锈蚀率的测量是和确定的区域联系在一起的，这样就能在测量处测出真实的锈蚀率（Icorr）。

（3）测量水浸或非常潮湿的结构。GECOR8 采用新的方法测量浸在水中或非常潮湿的结构。在这类结构中，必须考虑混凝土的龄期小于 28 d 或者结构中有防冻盐的情况。由于这些结构的电阻率很低，调制控制技术（MCT）不是均匀有效。因此，这些测量将采用电位衰减技术（APT）进行。

该方法是用一个稳压的脉冲测量极化电阻，因为极化电阻与电流流经的钢筋区域有关。电位衰减技术是使用一个特殊的带有 4 个参考电极的探头，测量电位随距离的衰减。用这种方法可以计算出真正被极化的区域。

（4）测量采用阴极保护的结构。在不关断电流的情况下，检测阴极保护的效率，是采用被动检验技术（PVT）。该技术是以分析转换密封探头 A 发出交流电流时所测得的阻抗为基础。GECOR8 则以百分比显示出阴极保护的效率。

仪器还采用熟知的瞬时判断技术（IOT）来检测开关关断电流时阴极保护的效率。

2. GECOR8 的组成

GECOR8 有 4 个主要的部件，即锈蚀仪和 3 个不同类型的传感器（探头），见表 3-11。

表 3-11 测量方法汇总

传感器类型	应用领域	采用技术	测量结果
A	测量空气中的结构	转换密封技术（MCT）	锈蚀率 锈蚀电位 混凝土电阻
	测量具有阴极保护的结构	被动检验技术（PVT）	锈蚀电位 防护效率
		瞬时关断技术（IOT）	初始电位 瞬时关断电位 最终电位
B	绘锈蚀图	绘图	锈蚀电位 电阻率 锈蚀风险水平
C	测量水浸或非常潮湿的结构	电位衰减技术	锈蚀率 锈蚀电位 混凝土电阻

A 型传感器：用于测量空气中的结构和测量具有阴极保护的结构。

B 型传感器：用于绘制锈蚀电位和电阻率的锈蚀图。

C 型传感器：用于测量水浸或非常潮湿的结构。

对于 A 型传感器和 B 型传感器都有两种不同的型号，取决于它们安装不同的参考电极。而 C 型传感器只有 $Cu/CuSO_4$ 这一种型号。

铜/硫酸铜（$Cu/CuSO_4$）：电极采用 $Cu/CuSO_4$ 溶液储存器。

银/氯化银（Ag/AgCl）：电极采用胶冻电解质（非液态），该电极是可从传感器上拆下和可更换的。

3. 使 用

进行测量时要将被测钢筋和放在混凝土表面的传感器都与仪器连接起来，传感器带有已被加湿的海绵密封垫，这样可保证传感器与表面有良好的接触。

4. 数据处理

整套仪器是便携式的，易于使用，微处理器控制仪器选择正确的参数，进行测量并将数据储存在 PCMCIA 卡中。

利用仪器提供的下载软件 RX8，经 PCMCIA 卡或通过标准的 RS232 串行接口，可将数据传送到主计算机。

GECOR8 有一个可选用的预设定处理软件（BASEGECOR），用来为预定的任务事先制定测量工作计划和对仪器所测得的数据进行处理。

三、混凝土抗冻试验

混凝土受冻破坏机理有众多学说，如静水压理论、渗透压理论、临界饱水程度理论、双机制理论以及微冰晶透镜模型理论。目前为止，混凝土的受冻破坏机理还不是完全清楚，它可以是由于静水压或者是渗透压，或者是冻融过程中水分迁移的不连续性，混凝土内部的临界饱和度，或者微冰晶透镜的长大，或者上述一个或者几个作用机理的结合。

我国抗冻性的实验方法主要依据《普通混凝土长期性能和耐久性能试验方法》GBJ82—850 的规定分为慢冻法和快冻法，慢冻法简称为"气冻水融"，并以 N 次冻融循环后混凝土强度损失率和重量损失率作为评判标准，混凝土的抗冻标号以同时满足强度损失率不超过 25%，重量损失率不超过 5% 时的最大循环次数来表示。快速法抗冻性能指标可用经受快速冻融循环次数或耐久性系数来表示。混凝土耐快速冻融循环次数应以同时满足相对动弹性量值不小于 60% 和重量损失率不超过 5% 的最大循环次数来表示。

检验混凝土的抗冻性能以及确定混凝土的抗冻等级，可现场取芯样，在室内进行抗冻试验，芯样直径一般为 φ100 mm，高 400 mm。室内进行抗冻试验的方法可按 DL/T5150—2001《水工混凝土试验规程》进行。

1. 一次冻融循环技术参数

（1）循环历时 2.5～4.0 h。
（2）降温历时 1.5～2.5 h。
（3）升温历时 1.0～1.5 h。
（4）降温和升温终了时，试件中心温度应分别控制在（−17±2）℃和（8±2）℃。
（5）试件中心和表面的温差小于 28 ℃。

2. 仪器设备

（1）冷冻设备应满足以下指标：① 试件中心温度（−18±2）℃～（5±2）℃；② 冻融液温度 −25～20 ℃；③ 冻融循环一次历时 2～4 h（融化时间不少于整个冻融历时的 25%）。
（2）测温设备。采用热电偶测量冻融过程中试件中心温度的变化时，精度应能达到 0.3 ℃；当采用其他测温器时，应以热电偶测温法为准，进行率定。
（3）动弹性模量测定仪。频率为 100～10 kHz。
（4）台秤。称量 10 kg，感量 5 g。
（5）试件盒。由 4～5 mm 厚的橡皮板制成 120 mm×120 mm×500 mm 试件盒。

3. 试验步骤

（1）测量芯样以 3 个试件为一组。试验龄期如无特殊要求时一般为 28 d。到达试验龄期的前 4 d，将试件在（20±3）℃的水中浸泡 4 d（对于水中养护的试件，到达试验龄期时即可直接用于试验）。
（2）将已浸水的试件擦去表面水后，称初始质量，并按"混凝土（砂浆）动弹性模量试验"测量初始自振频率，作为评定抗冻性的起始值。同时做必要的外观描述或照相。

（3）随即将试件装入试件盒中，按冻融介质要求，注入淡水，水面应浸没试件顶面 20 mm。

（4）通常每做 25 次冻融循环对试件检测一次，也可根据混凝土抗冻性的高低来确定检测的时间和次数。测试时，小心将试件从盒中取出，冲洗干净，擦去表面水分，称量和测定自振频率，并做必要的外观描述或照相。每次测试完毕后，应将试件调头重新装入试件盒，注入淡水，继续试验。在测试过程中，应防止试件失水，待测试件须用湿布覆盖。

（5）当有试件中止试验取出后，应另用试件填充空位，如无正式试件，可用废试件填充。

（6）试验因故中断，应将试件在受冻状态下保存。

（7）冻融试验出现以下三种情况之一者即可停止：① 冻融至预定的循环次数；② 相对动弹性模量下降至初始值的 60%；③ 质量损失率达 5%。

4．试验结果处理

（1）相对动弹性模量按式（3-32）计算：

$$P_n = f_n^2 / f_0^2 \times 100 \tag{3-32}$$

式中　　P_n——n 次冻融循环后试件相对动弹性模量（%）；

　　　　f_0——试件冻融循环前的自振频率（Hz）；

　　　　f_n——试件冻融 n 次循环后的自振频率（Hz）。

以 3 个试件试验结果的平均值为测定值。当最大值或最小值之一，与中间值之差超过中间值的 20% 时，剔除此值，取其余两值的平均值作为测定值；当最大值或最小值均超过中间值 20% 时，则取中间值作为测定值。

（2）质量损失率按式（3-33）计算：

$$W_n = (G_0 - G_n) / G_0 \times 100 \tag{3-33}$$

式中　　W_n——n 次冻融循环后试件质量损失率（%）；

　　　　G_0——冻融前的试件质量（g）；

　　　　G_n——次冻融循环后的试件质量（g）。

以 3 个试件试验结果的平均值为测定值。但当 3 个试验结果中出现负值时，改负值为 0 值，仍取平均值。当 3 个值中，最大值或最小值超过中间值 1% 时，剔除此值，取其余两值的平均值作为测定值；当最大值和最小值与中间值的差均超过 1% 时，取中间值为测定值。

（3）试验结果评定。相对动弹性模量下降至初始值的 60% 或质量损失率达 5% 时，即可认为试件已达破坏，并以相应的冻融循环次数作为该混凝土的抗冻等级（以 F 表示）。

若冻融至预定的循环次数，而相对动弹性模量或质量损失率均未到达上述指标，可认为试验的混凝土抗冻性已满足设计要求。

由于芯样为圆柱，而标准抗冻试件为四棱柱，检测结果与实际抗冻指标有一定误差。

四、混凝土含氯量测定

氯离子的存在是混凝土中钢筋腐蚀的主要原因，对混凝土结构造成的损害也最严重。建筑材料行业常用的测氯方法有 3 种：电位滴定-二次微商法、硫氰酸氨容量法、蒸馏分离-汞盐滴定法。电位滴定-二次微商法，由于用电位突越来指示滴定终点，减少了人为因素，但一般适用于水溶性较好的样品，对于混凝土样品并不适用。硫氰酸氨容量法是国际上经典的测氯方法，但称样量大，不溶残渣多，过滤速度太慢，操作较繁琐。蒸馏分离-汞盐滴定法，由于设备简单、分析速度快、结果的精密度及准确度较高而在建材行业得到比较广泛的应用；但该方法通常被认为只适于测定无机盐中的氯离子。

混凝土含氯量测定可采用混凝土含氯量测定仪，美国 JAMES 公司生产的混凝土含氯量测定仪，提供了一个快速、准确且能现场测定在混凝土中的总含氯量（或酸溶性含量）的手段。

混凝土含氯量测定仪的工作原理是用冲击钻把取样深度内的混凝土研磨成粉末，再用粉末收集器皿收集，将 3 g 精确的样品溶解在 20 mL 精确计量的酸性萃取液中，使混凝土中的氯离子与萃取液中的酸发生电化学反应。将一个带温度传感器的电极，插入萃取液中测量电化学反应。该仪器能把氯化物反应所产生的电压经温度修整后转换为含氯量的浓度，数值直接在液晶显示屏上显示。该方法可用于测量新鲜的、潮湿的混凝土。使用步骤如下。

1. 校　准

打开电源，仪器将显示主菜单。用（ + ）箭头或（ – ）箭头键将闪烁光标移动到 Cal 的前面，再按下（确认）键。

将探头放入浓度为 0.005% 的电极湿润剂中（蓝色溶液），一直到 mV 值稳定下来，并且显示 OK，再按下（确认）键。

在蒸馏水中漂洗探头，并将它彻底擦干。将探头放入浓度为 0.01% 的电极湿润剂中（紫色溶液）。一直等到 mV 值稳定下来，并且显示 OK，再按下（确认）键。

重复以上步骤分别把探头放入为 0.05% 的电极湿润剂中（红色溶液）、0.1% 的电极湿润剂中（橙/暗红色溶液）、0.3% 的电极湿润剂中（黄色溶液）。

最后按下（撤消）键，现在仪器已经校准好处于工作状态。在测量中，任何时候产生了错误，都可以用（ + 箭头）或（ – 箭头）键来重复测量操作。在任何时候按下（撤消）键，仪器将回到主菜单。

2. 测　量

让仪器显示主菜单。用（ + ）箭头或（ – ）箭头键将闪烁光标移动到 Meas 的前面。再按下（确认）键。用（ + ）箭头或（ – ）箭头键将闪烁光标移动到打算使用的氯离子重量百分浓度单位的前面。

3. 取　样

先用钢筋定位仪寻找钢筋的位置和深度，以防止取样冲击钻钻在钢筋上，在被测地点的上方标定夹钳基座上的螺栓孔位，将 $\phi 100$ mm 钻头装入冲击钻，钻一个至少深 25 mm 的孔，将膨胀螺母放入，用专用的配套工具固定膨胀螺母，再把夹钳放上，将一个拧有螺帽的螺栓旋入膨胀螺母内，用扳手把螺栓全部拧入膨胀螺母，拧紧六角螺帽，将夹钳固定在混凝土表面，然后将粉末收集器放在被测地点，并用夹钳将其固定。用 $\phi 18 \sim 20$ mm 的冲击钻钻出要求深度的孔，钻孔的相对摩擦把过多的水分从混凝土中排除，然后立即将这些粉末用塑料袋保存起来。

为了能获得混凝土厚度中的含氯量数据，可考虑在 3 个层面上钻孔取样：① 在表面附近；② 在钢筋边上；③ 在钢筋下面 12~25 mm 处。每个混凝土样品需钻 6 mm 深的混凝土孔，每一份标准样品的质量约为 20 g。

把样品粉末放在收集器皿内混合，均匀地分成 4 份，然后用天平分别称两个 3 g 重的样品，其中一个样品用塑料袋密封，打上标记保存起来，另一个可用于现场测试。

将 3 g 样品加入 20 mL 的萃取液中，在加入粉末时，分阶段加入，以防粉末中石灰石与溶液过分反应。

在测试时谨防样品污染。

4. 电极校准准备

在运输过程中，电极的"参比室"内是不充满溶液的。在加液时，用一个标有"电极湿润剂"的尖嘴瓶，其具体步骤如下：

（1）提起尖嘴瓶使其成垂直的位置。

（2）把尖嘴瓶插入在电极外套的注入孔，向"参比室"里加一小部分溶液，倾斜电极以便湿润 O 形圈，然后恢复垂直位置。

（3）用手握住电极外套，向电极方向推白色电极帽，使锥面电极头向外伸出 2~3 mm，以便注入的溶液能湿润锥面电极头。此时可将黑色盖帽移动 1 mm 以使电极锥面有足够的行程。

（4）移动白色电极帽，如果它没有立即恢复到原先的位置，检查 O 形圈是否被充分湿润。重复第（2）步至第（4）步直到白色帽已恢复到原先位置。继续加溶液至"参比室"到孔满为止。为防止电极不稳定现象发生，上述加液过程应缓慢进行。这一状态应该一直保持到整个试验结束。

（5）移去黑色盖帽，用蒸馏水充分冲洗电极，然后吸干。

当电极不使用时，应盖上黑色盖帽，如果是二三天以上不用，电极应排尽液体并用蒸馏水充分冲洗、干燥、擦亮后加盖保护，若不进行这些保护措施，那么湿润剂将被蒸发而留在水晶玻璃上，导致电极失效而不得不更换电极。

由于使用弱酸溶液需要一个较长的时间才能完全溶解聚合物中的氯化物，因此，为了测得最精确的结果，任何被测试点所集取的第一个样品，应每隔 15min 检测一次直到最后三个读数的差在 10% 范围内为止。

五、混凝土黏结强度的测试

由于骨料的强度一般均高于水泥石的强度，因而普通混凝土的强度主要取决于水泥石的强度和界面黏结强度（或界面过渡层的强度），而界面黏结强度又取决于骨料的表面状况、凝结硬化条件及混凝土拌和物的泌水性等。研究证明，界面是混凝土结构中最为薄弱的环节。因此，改善界面过渡层的结构或界面黏结强度是提高混凝土强度及其他性质的重要途径。

　　水泥性能、骨料强度、水灰比、振捣密实度、养护好坏对混凝土的黏结力有非常大的影响。使用变形钢筋比使用光圆钢筋对黏结力要有利得多。钢筋的混凝土保护层不能过薄；另外，钢筋的净间距不能过小。

　　横向钢筋对黏结力的影响：横向钢筋可以延缓内部裂缝和劈裂裂缝的发展，提高黏结强度。设置箍筋可将纵向钢筋的抗滑移能力提高 25%，使用焊接骨架或焊接网则提高得更多。

　　采用专用设备进行混凝土的黏结强度测试时，事先必须正确选用拉力显示表的量程。具体操作步骤如下：

　　（1）使用钢筋定位仪，对测量区域进行扫描，确定出没有钢筋的可测区域。检查被测表面，确保有一个适当的光洁表面。

　　（2）用取芯机在被测表面钻一个直径为 50 mm（或 75 mm）的圆圈。不要取出芯样，切口要超过表层深入下层混凝土至少 10 mm，用钢丝刷仔细清理芯样的表面，扫除钻芯时留下的碎屑或薄片。

　　（3）根据产品说明配制好环氧树脂，分别在芯样表面和盘形钢片底下涂上薄薄的一层，将盘形钢片放在芯样的中心，并一面转动一面轻按压盘形钢片，确保钢片与涂有环氧树脂的芯样之间没有空隙。擦去盘形钢片周围多余的环氧树脂。如果天气较冷，可将混凝土和盘形钢片加热，这样可缩短固化时间。

　　（4）在环氧树脂固化后（固化时间取决于气候条件），将黏结强度测试仪的平台即反作用环放到黏结的盘形钢片上。

　　（5）将拉力螺栓拧入盘形钢片，然后将螺栓挂到黏结强度测试仪的拉力头上。来回按压手柄同时观察拉力显示表。随着拉力上升，红色的指针和黑色指针一齐上升到规定的强度处，当拉力下降时红色指针是不会下降的，除非回零。

　　（6）根据断裂部位可以判断断裂的类型。

　　（7）记录最终的加载值，以 kN 为单位。

　　（8）围绕着断裂芯样的四周以均匀的间距测量 4 个直径值。将这 4 个测量值平均，并记录下平均直径，以 mm 为单位，精确到 ±3 mm。

　　（9）计算抗拉（黏结）强度。用式（3-34）计算抗拉（黏结）强度：

$$T = \frac{P}{\pi/4 \times D^2} \tag{3-34}$$

式中　　T——抗拉（黏结）强度（kPa）；

　　　　P——断裂时的载荷（kN）；

　　　　D——直径（mm）。

　　（10）编写测试报告。报告内容包括：

　　① 表层施工完成的日期和进行黏结强度试验的日期。

　　② 每一随机样本测试位置的定位。

　　③ 每一次断裂载荷值、表面断裂样本的平均直径和每一次测试的抗拉强度。

　　④ 断裂的类型。

　　（11）校准。黏结强度测试仪应该每年进行校准，可根据制造商推荐的程序或有关部门提供的程序进行。校准记录应和设备放在一起。

六、混凝土渗透率的测定

P-6050 型渗透率测定仪是一种先进的测量混凝土表面或内部空气和水的渗透率的仪器。测量混凝土表面或内部渗透率的操作基本上是一样的，只是在测量的准备工作上有所不同。

（一）测量内部渗透率

1. 测量准备

用冲击钻钻一组直径 10 mm，深为 40 mm 的测试孔，6 个测试孔为一组（至少要 3 个孔），取它们的测定值的平均值为被测混凝土的空气或水的渗透率。测试孔间的距离至少为 30 mm，同时测试孔离混凝土的边缘至少为 30 mm。用橡胶洗耳球吹净孔内的灰尘。将模压的硅橡胶塞塞入每个测试孔中，应确保胶塞上部的突边紧贴混凝土的表面。将注射针头刺透硅橡胶塞进入测试孔中，让针孔刚刚超过胶塞的底部。用钢丝清洁针孔，确保针孔未被堵塞。最终的结果是要形成一个通过注射针头与大气相通的高 20 mm、直径 10 mm 的空间。

在垂直的表面准备测试孔时，应在垂直的表面上钻一个水平的标准尺寸的测试孔，从该孔的顶部起垂直向上量出一段 172 mm 的距离。在距这一位置水平距离约 75 mm 处再钻一个直径为 6 mm 的膨胀螺钉孔，在孔中放入膨胀螺钉并将其拧紧。将仪器底板上部的固定孔挂在膨胀螺钉上，使仪器挂起。

2. 测试操作

打开仪器电源，按下计时器回零按钮，让计时器回零。按仪器说明书进行操作。在测试水的渗透率之前需要先测空气的渗透率，以便吸出空腔中的灰尘。

3. 成果整理

水在混凝土内部渗透的时间取决于混凝土的含水量，混凝土内含水量越大，渗透同样容量的水所耗的时间就越长，所以在饱和湿度的混凝土中测得的渗透率的时间将会很长，从理论上讲，这个时间将为无限大；同时，测得的空气渗透率的时间则代表空气在标准大气压下在混凝土微孔内液体中的溶解速率。

（1）AER 值（Air Exclusion Ration，空气不相容值）可以按式（3-35）计算出：

$$AER = \frac{t}{\left(\dfrac{55V}{50} - V\right) \times \dfrac{52.5}{100}} = 19.05\frac{t}{V} \qquad (3\text{-}35)$$

式中　t ——测得的时间；

　　　V ——测量装置（包括测试孔）的容积（mL）。

对于标准的测量装置，$V = 77.1 \text{ mL}$，$AER = 0.247 \text{ t}$。

（2）WAR 值（Water Absorpuon Rate，吸水率）可按式（3-36）计算出：

$$WAR = \frac{t}{10} \times (10^3 \ L) \qquad (3-36)$$

式中　t——测得的时间（s）。

表 3-12 给出了不同的混凝土的空气和水的渗透率的时间值和计算得出的 AER 和 WAR 值，以及这些混凝土对埋于其中的钢筋的防护质量水平。

表 3-12　不同类别混凝土的渗透率及防护质量水平

混凝土类别	防护质量	渗透率		
		时间/s	空气	水
			AER（s/mL）	WAR（10^3/mL）
0	劣质	< 30	< 8	< 3
1	不好	30 ~ 100	8 ~ 25	3 ~ 10
2	中等	100 ~ 300	25 ~ 75	10 ~ 30
3	好	300 ~ 1 000	75 ~ 250	30 ~ 100
4	极佳	> 1 000	> 250	> 100

为了避免周围测试孔相互之间发生的泄露，在对所有的测孔完成空气渗透率的测定之后，才能进行水渗透率的测定。

（二）测量表面渗透率

1. 测量的准备

测量表面渗透率时要使用一个不锈钢的专用气室，它和内部渗透率测量的空腔相比具有相同的圆面积，但却有两倍的体积。在与混凝土接触的面上有两个同心圆的 O 形密封圈，用以防止混凝土表面的孔隙或裂缝产生漏气或漏水。

对准备测量的混凝土表面进行彻底的清洁。如果混凝土表面是光滑的，则可在该处夹紧气室。如果混凝土表面是粗糙的，可用杯形砂轮轻轻地在混凝土表面磨出一个环形平面，而杯形砂轮的尺寸与气室的尺寸是一样的。磨好后用配套的螺栓和螺母将夹钳固定，并将夹钳的调节螺母调好。此时，可用夹钳将气室牢牢地压在混凝土表面。

2. 测试操作

首先应进行空气渗透率的测定，然后再进行水的渗透率的测定。按仪器说明书进行操作。

3. 成果整理

计算 AER 值可以按公式（3-35）计算，但是由于体积不同，公式中：$V = 78.7$ mL 和 $AER = 0.242 \ t$。表 3-12 中的值，对于空气渗透的时间需减少 2% 使用，对于水渗透的时间可直接使用。当测试表面采用过密封措施后，那么测量结果在表 3-12 中，应该是处在极佳范围之内。

七、探地雷达快速检测技术及应用

探地雷达是一种新型的地下探测与混凝土构筑物无损检测新设备，它是利用宽频带高频电磁波信号探测介质结构分布的非破坏性的探测仪器，通过雷达天线对隐蔽目标体进行全断面扫描的方式获得断面的扫描图像。工程技术人员通过对雷达图像的判读，判断出混凝土结构的实际状态。

（一）探地雷达检测设备

1970 年美国地球物理仪器公司研制生产出第一台探地雷达，探地雷达检测设备的应用大大提高了混凝土质量无损检测的速度和精度。我国 2000 年引进了美国 GSSI 工业公司生产的 SIR-2000 新型探地雷达，这是一种便携式高速自动无损测试仪，同时购置了频率为 400 MHz、900 MHz、1 500 MHz 的三种测量天线，仪器及天线见图 3-26。该探地雷达的主要特性及优点如下：

（1）后处理简便。采用智能化相互式分析工具。

（2）轻便、易于携带和使用。可进行单人操作，采用自动设备。

（3）实时高分辨率显示。操作者在现场即可识别测绘目标。

（4）灵活。可与所有 GSSI 天线兼容。

（5）可对波形图实时打印或拷贝。

（6）测量方式为连续测量。

图 3-26　SIR-2000 新型探地雷达

（二）工作原理

探地雷达方法是一种用于确定地下介质分布的广谱（MHz ~ GHz）电磁波技术。探地雷达利用一个天线发射高频率宽频带短脉冲电磁波，另一个天线接收来自地下介质界面的反射波。电磁波在介质中传播时，其路径、电磁场强度与波形将随所通过介质的电性质及几何形态而变化。因此，根据接收到波的旅行时间（亦称双程走时）、幅度与波形等资料，可探测介质的结构、构造与埋设物体，探地雷达工作原理如图 3-27 所示。雷达波是一种电磁波脉冲，理论研究与室内试件的模拟试验证明，影响电磁波在介质中传播的两个最主要的物理量为电导率和介电常数。简单的理论推导证明，电导率是决定雷达波在地层中被吸收衰减的主因，而介电常数对雷达波在地层中的传播速度起决定作用，计算速度的简化公式如下：

$$v_e = \frac{c}{\sqrt{\varepsilon_\gamma}} \tag{3-37}$$

式中　　v_e——e 介质中雷达波的传播速度；

　　　　c——真空中的传播速度，$c = 10^8 \text{ m/s}$；

　　　　ε_γ——该介质的相对介电常数。

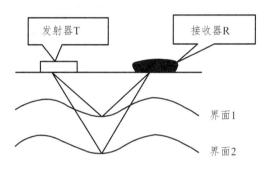

图 3-27　探地雷达工作原理示意图

自然界中几乎所有的物质都有独特的电性，表 3-13 列出了水工混凝土结构检测中常见材料的电性。探地雷达勾绘出不同电性界面，画出反映地下不同物体轮廓的图像，以直观的形态，指示目标位置和深度。

表 3-13　水工混凝土结构检测中常遇见材料电性表

材　料	电导率 $\sigma / (\text{s}\cdot\text{m}^{-1})$	介电常数 ε_γ	材　料	电导率 $\sigma / (\text{s}\cdot\text{m}^{-1})$	介电常数 ε_γ
空　气	0	1	干黏性土	2.7×10^{-4}	2.4
淡　水	$1 \times 10^{-4} \sim 3 \times 10^{-2}$	81	湿黏性土	5.0×10^{-2}	15
咸　水	4	81	混凝土	—	$4 \sim 11$
粉砂（饱和）	$1 \times 10^{-3} \sim 1 \times 10^{-2}$	10	沥青	—	$3 \sim 5$
花岗岩（干）	1×10^{-8}	5	砂（干）	$1 \times 10^{-7} \sim 1 \times 10^{-3}$	$4 \sim 6$
石灰岩（干）	1×10^{-8}	7	砂（饱和）	$1 \times 10^{-4} \sim 1 \times 10^{-2}$	30
花岗岩（湿）	1×10^{-3}	7	玄武岩（湿）	1×10^{-2}	8

从表 3-13 中可以看出，介质的介电常数不仅与介质本身的性质有关，而且与介质中含水率 n 有如下近似关系：

$$\varepsilon_\gamma = (1 - \varPhi)\varepsilon_{m\gamma} + n\varepsilon_{\omega\gamma} + (\varPhi - n)\varepsilon_0 \tag{3-38}$$

式中　$\varepsilon_{m\gamma}$——介质中相对介电常数；

　　　$\varepsilon_{\omega\gamma}$——水的相对介电常数；

　　　ε_0——空气的相对介电常数；

　　　$\varPhi$——介质内的总孔隙度。

由式（3-38）可见，介质中含水率 n 的较小变化会引起介质值的较大变化，介质中含水率增加，值亦会增大，则电磁波在介质中的传播速度下降。

据波动理论中波速 v、波长 λ、频率 f 三者的关系：

$$\lambda = v/f \tag{3-39}$$

当雷达发射电磁波频率一定时，随介质速度的增加，雷达所接收到的反射波波长加大；反之，介质波速降低时，反射波的波长变小。可见，雷达波对水的反映甚为敏感。

采用探地雷达勘探的前提是相邻两种物质的介电常数和要有明显的差别，因为只有如此，才能在这两种物质的边界上形成雷达波的反射，才有足够的反射能量形成雷达图像。下面是反映反射波强度的反射系数计算公式：

$$R = \frac{\sqrt{\varepsilon_2} - \sqrt{\varepsilon_1}}{\sqrt{\varepsilon_2} + \sqrt{\varepsilon_1}} \tag{3-40}$$

由此可知，在使用探地雷达进行探测之前，针对工区探测目标，首先应该了解目标与围岩是否具有足够的介电常数差异，这对使用探地雷达是非常必要的，其后才进一步考虑使用什么样的天线和方法。一般来说，判断工区环境是否有利，主要分析工区土质的电导率大小。电导率大，对雷达波吸收强，如潮湿黏土地区，非常不利于雷达探测；干燥的沙漠地区或岩石裸露地区，电导率小，有利于雷达波穿透，是利用雷达探测的有利地区。另外，环境的介电常数是折算雷达波传播速度和目标埋藏深度的依据。介电常数越大，传播速度越小，同样主频天线的波长也越短，有利于提高分辨率。雷达的水下剖面（淡水）特别清晰就是其中一例。

（三）数据处理及图像解释

数据处理分为两个阶段：一是对记录图像进行传输、查证、确定测量目标及位置；二是使用雷达专用软件进行处理。探地雷达数据资料处理流程图见图 3-28。

探地雷达的图像解释是一项"多学科的专家系统"，它包含了高频电磁波技术、材料、力学、数学、地质、地理、工程和建筑施工等多种学科和行业的知识与经验。判读雷达扫描图像，首先是对图形与图像的正确识别，然后才是相关的计算与解释。

探地雷达所接收的是来自地下不同电性界面的反射波，电性界面包括了地质层界面和有限目的体的界面，探地雷达透视扫描提供的二维彩色图像，是由 16 种色彩组成的，不同色彩反映的是电磁波反射强弱的变化，即反映了不同介质的电导率的差异。

探地雷达扫描图像的正确解释，是建立在探测参数选择合适、数据处理得当、有足够的模拟实验对比，以及阅图经验丰富等基础之上的。

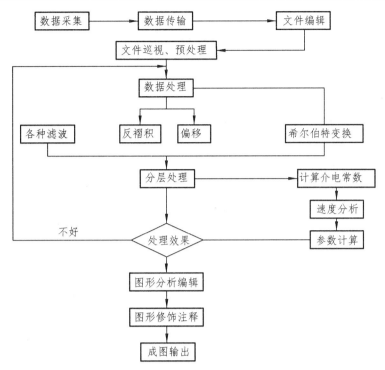

图 3-28　探地雷达数据资料处理流程

八、大坝的水下检测与分析技术

（一）水下检测技术

　　大坝的安全状况不仅与经济效益有关，同时与国家和人民财产、社会主义经济建设和改革开放，乃至社会稳定密切相关。然而水库的病险部位大多数淹没于水中，具有很强的隐蔽性，出于经济上的考虑，不可能放空水库进行检测，这给探测工作带来了一定的困难。随着科学技术水平的日益提高，如今已经有很多的方法用来探测病险水库。比如：潜水勘察、自然电场法、集中电流场法、声波法、探地雷达法、钻孔检测法等。但是原有的一些方法已经难以与发展相适应，如采用潜水员和水下电视相结合的检测方法及水下建筑物检测技术，已经不能满足大坝水下安全管理的要求。

　　大坝检查是一个技术密集型的工程项目，针对这个特点，采用工程实际和技术研究相结合的方式，工程方面紧密结合实际，技术方面采用先进的成熟技术，为大坝水下图像分析检测制定了一套技术方案，并且开发了相应的软件系统用来辅助大坝水下定检和管理。大连赛维资讯有限公司采用水下机器人与海量图像处理技术相结合的方法，开发了"水下观测成像多媒体软件应用系统"，实现了水工建筑物检测和管理的技术路线一体化。这一系统为大坝以及水工建筑物的安全和信息管理提供了可视化的安全管理平台，为数字化大坝的建立奠定了基础。

　　水下检测及图像处理的流程如下：

（1）水下录像。使用水下机器人或者水下观测仪进行水下拍摄。

（2）拼接全景图。将拍摄的影像数据转化成为全景图像。

（3）2.5维重构。对结构体信息进行2.5维重构。

（4）图像浏览。提供对海量的全景图形实时浏览。

（5）异常提取、保存。寻找目标物体上的异常，入库。

（6）异常跟踪管理。根据提取的异常对大坝的维修管理提供支持。

水下机器人电视系统包括ROV载体（遥控潜器）、船载控制平台和便携式遥控板、高分辨率彩色摄像机（5 mm自动变焦镜头）、水下数字式照相机、监视器，自动定深系统，平面定位系统，以及配套软件等。工作水深304 m，在两节流速下前进速度可达0.5节，质量65.8 kg，尺寸90 cm×44 cm×61 cm。该系统由美国Benthos公司生产，可用于水利枢纽建筑物的水下直观检查，如水下裂缝、塌坑、漏洞、淤积和冲刷、金属结构锈蚀状况、水下施工质量控制等，图3-29所示为Benthos Stingray型水下机器人。

图 3-29　　Benthos Stingray 型水下机器人

（二）水下检查及相应规程的制定

水下检查的多数情况下，采取的是潜水员或水下机器人对坝体等目标物进行拍摄，最终获取模拟或数字的影像数据，经常会产生重复拍摄或者漏拍，而且，这种拍摄方式难以满足大批量工程的拍摄任务。因此，有必要对拍摄过程进行规范化管理。采用规范化的管理，可以减少重复拍摄，提高拍摄速度，降低成本，并且拍摄的目标信息全面、规范，方便后期处理。

规范化管理是在全面拍摄之前，根据大坝的结构、水下情况、拍摄内容等因素制定拍摄规范，主要包括拍摄的方向、拍摄距离、摄影机焦距、速度、光照等内容（以上内容依据实际情况制定）。

拍摄过程中将对每一段的拍摄内容都有一条记录，记录内容为此段拍摄的时间和拍摄的起始和终止位置。在此规范的指导下可以进行批量化的拍摄，并且由于最终结果是将影响转化为全景图，没有必要对重点部位进行重复拍摄，只要将整个大坝或者大坝上的重点部位进行一次全面的扫描即可在全景图像反映出全部信息。

（三）视频信号和全景图合成的预处理

由于水下能见度低以及水下检测工况的限制，水下图像检测设备的可视距离有限，可视角度小，致使每一帧所获取的信息量（区域）有限，一般情况下一帧画面的信息面积大约为 $0.15 \times 0.15 = 0.022\ 5\ \text{m}^2$。影像数据首先离散成为图像数据，在截取的时候将根据现场记录的拍摄数据，以及影像数据本身的信息，自动计算出最佳截取间隔，然后根据此间隔自动将完整的影像离散成单帧图像。为得到检测目标物的全景信息，需要利用图像分析、图像匹配技术进行处理，整合为数字化全景图。

由于水下图像采集设备的不稳定性和水下目标物的复杂性，经过图像匹配后的全景图图像不可避免地造成视觉上的差异，因此经过图像平滑的手段要对这类图像在不丢失信息的前提下进行光顺处理，可利用非线性光顺法来处理，初步满足视觉要求。

由于在现场拍摄过程中会遇到许多不可预知或者无法解决的实际困难，所以拍摄出来的实际信号无法达到理想状况，这就需要对离散出来的单帧图像进行匹配前的预处理，其中包括图像的光源、图像清晰处理，图像的扭曲校正、旋转缩放等方面的预处理。在图像的清晰处理过程中，对劣质图像可利用能量法对其提高其亮度值，使其达到优质图像的范围内。水下拍摄当超过一定深度时，必须采用灯光照明。若不对灯光进行处理，对后拼接完的图形将色彩斑斓，对此，专门有灯光干扰的自动查找、自动消除的程序。

（四）图像匹配方法

图像匹配拼接是水下信号处理的重点之一，决定了全景图的整体效果。此部分功能主要采用的是模板匹配的方法。因为拍摄过程中的邻近的图像帧中都存在重复信息，而相邻两帧画面中的重复信息由于前面提到的原因难免有缩放和旋转干扰，因而对重复信息进行信息模板的提取的同时，采用几何特征分析、小波方法以及最小二乘法的方式进行缩放、旋转匹配。同时，根据第一阶段拍摄的速度特征，可以将匹配范围缩小，从而加快匹配的速度。通过研究发现，几何特征分析方法是解决这类图像缩放、旋转匹配的有效方法，其思想是将根据图像的几何特征在缩放、旋转变化中的几何不变量和几何特征的变化特点，研究图像的缩放比和旋转角度等的识别。

整个过程大部分采用程序自动化完成，减少了人员的干预，提高了拼接的稳定性和拼接速度，得到了很好的效果。

（五）海量图像数据的管理、浏览及图像的三维重构

由于大坝的面积很大，最终产生的全景图的数据量也很大，同时，每个隐患都有相应的 AVI 片断，最终系统的数据量是 GB—TB 的级别，因此，系统必须支持对海量数据的管理。

根据用户浏览过程中某一时刻只关心某种比例尺的全景图的一部分区域，系统采用的是分层和分块相结合的索引方式。首先，根据用户的需求，将全景图按照比例尺的形式分成多个层次，一个层次相当于一种比例尺。同时，对每一层次的图像进行等尺寸分割，根据用户浏览需要，只调入用户关心的区域，用户不关心的区域放在磁盘上，这样结合了磁盘数据量

大和内存速度快的共同优点，很好地解决了海量数据的浏览问题。

系统同时采用 2.5 维重建技术结合表面贴图的形式提供大坝检测结果的三维数据结构，采用 SGI 公司的 OPENGL 技术在 Windows 窗体下提供三维建筑物的浏览功能，采用可视化编程语言编制终端用户交互界面，该三维模型按比例地再现了大坝的内外部建筑结构和形态，这使得专业人员可以更迅速快捷，非专业人员可以更形象地检索、浏览大坝的整体风貌和检测结果。同时，系统在三维浏览程序模块中提供了热区拾取功能，方便了用户在整体与局部的三维模型间漫游浏览，并在三维漫游的基础上能进行建筑物属性和二维表面形态的查询（见图 3-30）。

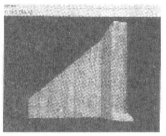

图 3-30　2.5 维重构效果

（六）隐患管理的信息化

大坝的水下检查的主要目的是通过检测的资料获取大坝的安全状况，因此，必须找到大坝上的隐患情况。由于坝体面积很大，如果采用人工识别隐患的方式容易漏掉部分内容，并且工作量比较大。同时，由于隐患的种类和形态比较多，很难全部采用自动化的方式进行查找，现在采用的是自动识别和人工识别相结合的方式。具体步骤如下：

（1）根据全景图上颜色变化的情况，自动查找大坝上的异常情况，这些异常需要经过人工的确认方可作为隐患进行处理。

（2）对寻找到隐患的指定范围内的画面进行轮廓提取。通过比较，开发采用的基于熵的轮廓提取，取得了比较满意的效果。

（3）对提取轮廓的图形进行矢量化处理和拓扑分析操作，从而形成矢量化的图形轮廓。

（4）将隐患数据录入数据库，方便数据的管理，通过此种方式，可以准确、方便、全面地得到坝体上所有关心的隐患。

（5）对隐患进行隐患跟踪管理，可以在软件方面提供了此项功能，大坝隐患的跟踪和管理是大坝检查的重点。对于提取出来的大坝异常经过分类、分析、确定危害级别；后期可以根据异常的危害级别进行有针对性的隐患跟踪，例如定期检查危害性较大的异常，预测其发展趋势。同时，可以对某些重点部位进行维修，从而避免其危害性的进一步扩大。根据已经获取的图像和资料，可以对大坝的隐患进行分析，为大坝维修、加固等工作提供辅助的决策支持工作。其中最主要的一项工作是根据拍摄的大坝的图像对其进行图像的三维重构，从而可计算出隐患的体积，为日后的维修工作提供必要的信息支持。

《水下检查与观测成像多媒体应用系统》的数字化处理部分的误差情况如表 3-14。

表 3-14　数字化处理部分的误差

序号	误差名称	说　明	误差大小
1	拼接过程产生的误差	当前，所以拼接产生的误差都被限制在一次局部拍摄之内。每个局部的外框误差统一决定内部误差	< 0.01 m
2	浏览误差	这种误差当前被限制在屏幕的显示分辨率上	0.001 m
合　计			< 0.012 m

第五节　引滦入津输水隧洞混凝土质量检测实例

一、工程概况

引滦入津输水隧洞位于河北省迁西县和遵化市交界处，是整个引滦入津输水工程的咽喉。总长度 11.38 km，其中隧洞段 9 666 m，埋管段 1 714 m。在当时特殊情况下，为尽量地缩短工期，整个隧洞设计高度规格化，即不论是山洞段还是埋管段均采用一个宽度 5.7 m。山洞断面为圆拱直墙式结构，边墙高 3.8 m，与上部直径 5.7 m 的半圆拱相连。埋管采用宽 5.7 m 的正方形断面。

以横河为界，整个输水隧洞可划分为五段，依次为：① 进口埋管段，270 m；② 横河以东山洞段，2 462 m；③ 横河埋管段，570 m；④ 横河以西山洞段，7 204 m；⑤ 出口埋管段，870 m。

引滦入津输水隧洞于 1983 年 9 月 11 日正式通水，至检测之日已运行 17 年。在这 17 年运行中暴露出隧洞的施工质量很差，表现为隧洞裂缝、麻面、渗点严重，强度分布不均，伸缩缝漏水等，尤以横河以西山洞段情况最为严重。为此，从 1997—1999 年对引滦入津输水隧洞进行了整体补强加固处理。为了了解隧洞目前的工作状态和加固补强后的效果，需对隧洞进行一次全面的检测与安全评估。

受天津市引滦入津隧洞工程管理处的委托，1999 年 7 月 11—12 日中国水利水电科学研究院与天津市水利设计院、引滦隧洞工程管理处等单位联合对引滦入津输水隧洞进行了调查，并在此基础上制定了隧洞安全检测与评估大纲。2000 年 1—2 月对引滦入津输水隧洞混凝土结构进行了现场全面检测。

二、现场检测内容

1. 检测断面的确定

根据引滦入津隧洞工程管理处的要求，需对整个输水隧洞进行全断面及全方位的检测评估，检测长度为 11.38 km（9 666 m 的隧洞段和 1 714 m 的埋管段）。

通过对洞线处地质条件、隧洞设计资料及实际混凝土施工状况的分析研究，并借鉴以往对隧洞已进行过的检测评估和修补加固情况，确定了 20 个检测断面（选定的桩号前后两个混凝土浇筑段为一个检测断面），在这 20 个检测断面中，混凝土施工质量差和受断层影响较大的断面为重点检测断面。

2. 现场检测内容

（1）混凝土强度的检测，包括芯样强度检测和无损全断面检测。

（2）裂缝附近混凝土强度的检测。

（3）围岩外水压力的检测。

（4）混凝土衬砌厚度的检测。

（5）混凝土碳化深度的检测。

（6）钢筋锈蚀状况的检测。

（7）未处理的裂缝统计及检查。

（8）顶拱混凝土衬砌与岩石之间的结合情况的抽查。

三、混凝土强度检测

1. 混凝土芯样强度检测

钻取混凝土芯样实测混凝土的抗压强度是最直观、最准确的检测混凝土强度的方法。由于隧洞衬砌采用的是二级配混凝土（最大骨料粒径为 40 mm），因此，在本次检测中采用 ϕ100 mm 轻型钻机（芯样可加工为 ϕ100 mm×100 mm 标准混凝土圆柱体抗压试件），共在 20 个引水隧洞检测断面的边墙上有代表性的部位钻取芯样 54 个。

取芯时先采用钢筋保护层测量仪测定钢筋位置，以避免切断钢筋和由于芯样中存在钢筋而影响混凝土抗压强度。

在试验室中将芯样沿长度方向尽可能加工成多个标准圆柱体抗压试件，使其能够反映混凝土强度沿衬砌厚度方向的分布情况。本次检测共加工标准圆柱体抗压试件近 300 个。根据 CECS03—88《钻芯法检测混凝土强度技术规程》的规定，ϕ100 mm×100 mm 标准混凝土圆柱体抗压试件的抗压强度可直接换算为标准立方体试件的抗压强度。混凝土芯样抗压强度统计分析结果见表 3-15。

表 3-15　混凝土芯样抗压强度统计分析结果

部　　位	芯样数 /个	最高强度 /MPa	最低强度 /MPa	平均强度 /MPa	均方差 /MPa	离差系数 /%
总　　体	54	63.7	0	36.9	14.8	40.1
横河以东隧洞段	12	57.1	32.1	46.4	8.1	17.5
横河以西隧洞段	30	63.7	0	29.8	14.9	50.0
埋管段	12	56.8	23.4	44.2	8.6	19.5

从混凝土芯样抗压强度统计分析结果来看,隧洞混凝土衬砌的施工质量存在较大的问题:总体平均强度为 36.9 MPa, 样本均方差则达到 14.8 MPa, 离差系数 C_v 为 40.1%; 其中尤以横河以西隧洞段情况最为严重, 芯样平均强度 29.8 MPa, 而样本均方差则达到 14.9 MPa, 离差系数 C_v 竟高达 50%, 最高强度 63.7 MPa, 最低强度为 0, 而且整个隧洞衬砌芯样的最高强度和最低强度均出现在这一段, 这充分说明了该段混凝土施工质量很差, 强度离散性极大; 相比较而言, 横河以东隧洞段和 3 个埋管段要好得多, 样本均方差分别为 8.1 MPa 和 8.6 MPa, 离差系数 C_v 分别为 17.5% 和 19.5%。

在隧洞段钻取的 42 个芯样中, 共有 9 个芯样的抗压强度低于 20 MPa(其中有两个根本就没有任何强度), 占总数的 21.4%。而且, 这 9 个芯样全部集中在横河以西隧洞段(共 30 个芯样)桩号 6 + 790 ~ 8 + 800 的范围内, 占总数的 30.0%。隧洞各段芯样强度合格率及低于 20 MPa 芯样具体分布情况见表 3-16 和表 3-17。隧洞混凝土的设计强度为 C20, 强度保证率为 80%。

表 3-16　隧洞各段芯样强度合格率

部　位	芯样数/个	低于 20 MPa 芯样数/个	强度合格率/%
总　体	54	9	83.3
横河以东隧洞段	12	0	100
横河以西隧洞段	30	9	70
埋管段	12	0	100

从表 3-16 不难看出, 就隧洞整体而言, 芯样的强度合格率 83.3%, 刚好满足原设计强度保证率要求, 但对于横河以西隧洞段芯样强度合格率仅为 70%, 低于强度保证率 80% 要求。横河以东隧洞段和埋管段的芯样强度合格率均达到 100%。

在表 3-17 所列的 4 个检测断面中, 8 + 610 断面混凝土施工质量最差: 4 个芯样抗压强度均小于 20 MPa, 不但如此, 在左墙不同高度钻取的 3 个芯样基本上就没有任何强度, 混凝土骨料间缺少浆体, 呈现松散的黏结状态; 这个断面是整个引水隧洞出现混凝土裂缝最多的地段, 混凝土衬砌渗水严重, 不具备防渗性能, 实测外水压力达 2.96 ~ 4.46 m。另一个混凝土裂缝情况严重的断面为 8 + 804, 在左墙钻取的一个芯样在距浇筑面 30 cm 以下混凝土基本没有强度。

表 3-17　抗压强度低于 20 MPa 芯样分布情况

断面	断面描述	总芯样数/个	低于 20 MPa 芯样数/个	出现位置
6 + 796	李家沟, 地下水严重	3	2	左　墙
7 + 952	一般洞段	2	1	左　墙
8 + 610	地下水严重, 混凝土裂缝多	4	4	左墙 3, 右墙 1
8 + 804	混凝土裂缝多	3	2	左　墙

2. 无损检测专用测强曲线的建立

虽然现场取芯检测能够最直观地反映混凝土的质量, 但它只能做到点的检测, 不能对检测断面混凝土进行面的检测，因此也就不能较全面地反映混凝土质量的分布情况。这时就必须依靠无损检测。

（1）回弹法专用测强曲线。回弹法是通过混凝土的表面硬度来推定混凝土的抗压强度，检测的设备是回弹仪。本次检测采用中重型回弹仪，适用的混凝土检测深度为 50~70 cm，比较适合于引滦入津输水隧洞混凝土衬砌（设计厚度 60 cm）。

制定专用测强曲线的方法是钻取一定数量的混凝土芯样，建立回弹值与混凝土芯样实测抗压强度之间的关系曲线，通过这条曲线来推定整个工程混凝土的抗压强度。

本次检测中共钻取混凝土芯样 54 个，其中有 9 个未做回弹标定（表面有砂浆修补层或芯样没有强度）。考虑到回弹仪的检测深度及衬砌的设计厚度（60 cm），取芯样的前 5 个标准试件强度平均值作为该芯样的强度（标准试件不足 5 个则取全部试件强度平均值），并将其与回弹值建立相关关系。相关关系曲线如下图 3-31。

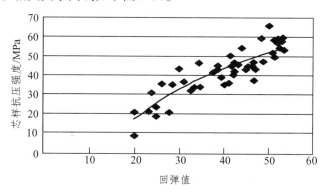

图 3-31　回弹值与芯样强度相关关系曲线

芯样的回弹值 R 与试件抗压强度 f 曲线拟合回归关系式：

$$f = 36.203\ln(R) - 2.143 \tag{3-41}$$

曲线相关系数 $r = 0.874$；

曲线平均相对误差 $\delta = \pm13.7\%$。

根据相关关系式（3-41）并利用隧涌各检测断面混凝土衬砌不同部位的回弹值即可推定出混凝土强度的分布情况。

（2）表面波法。回弹法同其他的无损检测方法如拔出法、射钉法等一样，对于内外均质的混凝土（内部强度和外部强度相差不多）的强度检测比较适合，但不能准确反映混凝土的内部缺陷，尤其是对于内部缺陷严重、强度较低的混凝土（强度小于 20 MPa），回弹推定出的混凝土强度比实际要大得多。在这种情况下就应辅以表面波法进行综合测试。

表面波（surface wave）是一种应力波，由瑞利（Rayleigh，1885 年）首先研究了这种波，所以亦称瑞利波（Rayleigh wave）。国内外研究成果表明，表面波与超声波一样，在混凝土强度超过 30 MPa 后，表面波速变化不敏感，即对这种混凝土的检测存在一定的局限性。它比较适合于有缺陷、低强混凝土的检测。

根据表面波的基本原理，设置表面波的发射频率为 2 000 Hz，则其可能的检测深度为 0.5~0.7 m（表面波在混凝土中传播速度约为 2 000 m/s，则波长 $\lambda = 1$ m）。

本次检测在 6 + 796、8 + 610 和 8 + 804 这三个混凝土施工质量很差的断面上共钻取混凝土芯样 10 个, 其芯样抗压强度和表面波速值之间的关系见表 3-18 第 19 号芯样在曲线拟合过程中出现了明显的偏差, 故剔除这个奇值, 其他 9 个芯样的抗压强度 R（取前 5 个试件的平均值）和表面波速值 V 之间的拟合曲线见图 3-32。

表 3-18　芯样抗压强度、表面波速值和推定抗压强度

编号	抗压强度/MPa	表面波速/（m/s）	推定强度/MPa
8	17.4	1 934	23.6
9	16.1	1 540	16.5
10	34.3	2 612	33.0
15	20.1	1 922.5	23.4
16	0	933.2	0.90
17	4.9	1 217.6	9.2
18	0	824.4	0
20	32.8	1 850	22.2
21	9.3	1 210	9.0

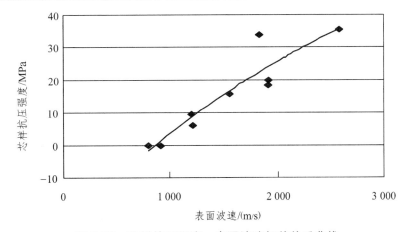

图 3-32　芯样抗压强度—表面波速相关关系曲线

曲线相关关系式:

$$R = 31.183 \ln V - 12.35 \qquad (3-42)$$

式中　　R ——芯样抗压强度（MPa）;

　　　　V ——表面波速（m/s）。

曲线相关系数 $r = 0.924$。

利用关系式（3-42）根据各点的表面波速值对 6 + 796、8 + 610 及 8 + 804 这三个检测断面进行混凝土强度的无损全断面检测。

3. 混凝土强度无损全断面检测

本次检测对 3 个混凝土质量相对较差的检测断面（6 + 796、8 + 610、8 + 804）采用表面

波方法进行全断面测强，而对其他 17 个断面采用回弹法。前述回弹法和表面波法测强专用曲线的建立过程充分说明，这两种测强方法分别适合于不同断面的检测，检测结果具有一定可靠性。

各检测断面混凝土强度的统计特性见表 3-19。

表 3-19 各检测断面混凝土强度的统计特性

检测断面	混凝土强度/MPa			均方差/MPa	离差系数/%
	最高强度	最低强度	平均强度		
0 + 114	53.1	32.9	47.6	5.3	11.1
0 + 654	49.0	22.6	38.0	6.2	16.3
0 + 859	56.0	40.8	47.8	3.4	7.2
1 + 459	56.9	41.4	50.1	4.1	8.3
2 + 346	55.5	45.7	51.8	2.3	4.4
2 + 630	55.4	35.3	48.7	4.7	9.5
3 + 010	54.0	41.9	49.3	2.4	4.9
3 + 445	53.1	32.6	44.2	4.6	10.3
4 + 126	49.0	19.8	41.9	6.4	15.2
4 + 684	52.0	39.0	46.0	3.1	6.7
5 + 348	49.8	24.4	39.0	6.4	16.4
6 + 796	34.9	1.5	18.4	11.0	59.8
7 + 182	44.5	26.4	38.5	4.0	10.4
7 + 952	45.8	21.7	34.4	6.8	19.6
8 + 610	24.7	0	9.2	8.3	90.2
8 + 804	27.6	1.5	16.4	7.7	47.0
9 + 991	52.5	26.4	40.2	7.4	18.4
10 + 312	46.3	31.5	38.1	4.2	11.1
10 + 584	50.5	35.7	43.8	3.4	7.7

在所有的 20 个检测断面中，混凝土平均强度低于 20 MPa 的有 3 个，占总数的 15%。从表 3-19 所列的各检测断面的混凝土平均强度及离差系数两项指标可以看出，混凝土质量存在严重问题的是 6 + 796、8 + 610 和 8 + 804 三个检测断面，混凝土平均强度分别为 18.4 MPa、9.2 MPa 和 16.4 MPa，离差系数分别为 59.8%、90.2% 和 47.0%，其中尤以 8 + 610 断面情况最为严重：最低强度为 0，平均强度仅为 9.2 MPa，离差系数竟达 90.2%。

四、裂缝附近混凝土强度的检测

1. 纵缝（水平缝）

1）分布情况

从总体上看，纵缝（水平缝）主要集中在横河以西隧洞段内，在各个检测断面边墙上的分布情况见表 3-20 所示。

表 3-20　纵缝在横河以西隧洞段各检测断面边墙上的分布情况

检测断面	断面描述	强度指标		纵缝数
		平均强度/MPa	离差系数 C_v/%	
3＋445	一般洞段	44.2	10.3	17
4＋126	混凝土裂缝多	41.9	15.2	17
4＋684	F_{21} 断层，地下水严重	46.0	6.7	0
5＋348	一般洞段	39.0	16.4	9
6＋796	李家沟，地下水严重	18.4	59.8	23
7＋182	F_{11} 断层，地下水严重	38.5	10.4	0
7＋952	一般洞段	34.4	19.6	4
8＋610	施工质量极差，裂缝多	9.2	90.2	＞30
8＋804	施工质量差，裂缝多	16.4	47.0	12
9＋991	F_{10} 大断层影响带，地下水严重	40.2	18.5	10
10＋312	施工中曾发生塌方	38.1	11.1	0

2）混凝土芯样检测及裂缝成因分析

本次检测，在纵缝附近（上或下）15 cm 范围内共计钻取混凝土芯样 7 个，强度检测结果见表 3-21。

表 3-21　纵缝附近混凝土芯样强度检测结果

编号	取芯位置	芯样描述	芯样强度/MPa
35	3＋437 左墙，距底板 1.3 m	芯样不密实	21.9
36	3＋438 左墙，距底板 3.4 m	芯样较密实	37.3
1	4＋123.5 左墙，距底板 1.4 m	芯样密实	32.1
8	6＋794.5 左墙，距底板 1.3 m	芯样不密实	16.1
9	6＋795.5 左墙，距底板 2.4 m	芯样不密实	16.1
16	8＋613 左墙，距底板 2.75 m	骑缝钻芯，没有强度	
20	8＋802 左墙，距底板 1.1 m	芯样密实	32.8

从表 3-21 可以看出，裂缝附近混凝土的强度有高有低，没有规律性。以 20 号芯样为例，

其取芯位置在两条相近裂缝之间，但它却比较密实，平均抗压强度达到 32.8 MPa，而在同一断面上远离裂缝的区域钻取的另外两个芯样却不理想，抗压强度分别只有 18.2 MPa 和 11.6 MPa。

　　在检测过程中，由于所有检测断面边墙上的纵缝都已被修补，为不造成对修补结构的破坏，只在桩号 8 + 613 处骑缝钻取了一根芯样（16 号），见图 3-33。芯样沿缝面断开，断裂面明显缺少水泥浆体，骨料架空。

图 3-33　桩号 8 + 613 处骑缝钻取的 16 号芯样

　　在裂缝修补施工过程中发现，边墙上的水平裂缝部分长度内呈现骨料（石子或砂）松散堆积状态，根本无水泥浆体，无任何强度，约占裂缝总长的 15%，在裂缝的剩余长度内（约 85%）混凝土还是比较密实的。这些水平裂缝有的很长，几乎纵向贯穿整个浇筑段，有的却很短，甚至不到 1 m。由于这些水平裂缝在检测之前大部已被修补，因此本次检测并未骑缝钻取芯样以实测其深度。但根据 1996 年的检测结果，这些水平裂缝基本上是贯穿整个衬砌厚度的。

　　通过分析，认为这些裂缝的产生是由多种因素综合作用的结果。首先是混凝土施工质量控制和施工配合比设计不当：由于混凝土在运输和浇筑过程中因和易性很差而使骨料（特别是粗骨料）分离或由于其他施工因素造成在某一浇筑面上形成骨料集中现象，导致薄弱面的产生；在地下水比较严重的地段也存在这样一种可能性，即地下水不断冲刷浇筑面，带走大量起黏结作用的水泥浆体，使得该处成为上、下两层混凝土之间的薄弱面，最终发展形成水平缝。其次，施工期混凝土的温度应力也可能是裂缝成因之一：在施工过程中，如果上、下两层混凝土的浇筑间隔时间过长，那么就有可能在这两层混凝土之间形成冷缝。再者就是围岩外水压力的作用：边墙混凝土衬砌在围岩外水压力作用下（尤其是在洞内水位骤降的情况下）将会产生拉应力，由于混凝土内部存在很多的薄弱面，因此该部位混凝土极易因受拉而产生水平裂缝；由于隧洞在运行过程中时常会出现停水现象，因此导致这些水平裂缝不断扩展、发展，直到目前的这种状况。通过检测表明，横河以东隧洞段混凝土施工质量较好，而且地下水情况较横河以西段要好（本次检测在横河以东隧洞段的几个检测断面的钻孔内均未测出外水压力），因此这一段基本没有发现水平裂缝；而在横河以西段，混凝土施工质量差，地下水情况又严重，因此水平裂缝的发育比较严重。

2. 横　缝

　　在本次检测中共在 20 个检测断面内的边墙上发现横缝 7 条，具体分布情况见表 3-22。

从表 3-22 可以看出，边墙上出现的横缝基本上都有白色析出物，且裂缝较长。说明横缝多数是贯穿缝。

从性状上分析，这些横缝基本属于典型的温度裂缝。由于横缝内部均已被杂质填满，而且有的缝还存在着渗水现象，因此使得超声波测缝深方法的精度大为降低。在本次检测中，选择两条有代表性的裂缝骑缝钻芯，最直观检测裂缝的深度和裂缝处混凝土的强度，结果见表 3-23。

表 3-22　横缝的分布情况及简要描述

编号	横缝出现位置	裂缝描述
1	0 + 878.5	从两侧边墙向上发育直达顶拱，缝面有白色析出物覆盖，微渗水
2	1 + 462.5	贯穿右边墙，缝宽 0.1 ~ 0.2 mm，缝面有白色析出物覆盖，不渗水
3	2 + 336	贯穿右边墙向上发育直达顶拱，缝面有白色析出物覆盖，微渗水
4	4 + 128	贯穿右边墙，基本自愈，缝面有白色析出物覆盖，不渗水
5	9 + 992	左墙伸缩缝处，长 1.8 m，缝面有白色析出物覆盖，不渗水
6	10 + 579.5	贯穿左墙，不渗水
7	10 + 575	贯穿两个边墙，不渗水

表 3-23　裂缝的深度和裂缝处混凝土的强度

取芯位置	混凝土衬砌厚度 /cm	芯样外观及衬砌和基岩之间接触状况	裂缝深度 /cm	芯样强度 /MPa
1 + 463 右墙，距底板 1.4 m	62	芯样密实，与基岩接触良好	30	41.0
2 + 336 右墙，距底板 1.1 m	66	芯样密实，与基岩接触面断	66	42.7

其中在 2 + 336 处钻取的芯样见图 3-34。从钻取的芯样来看，裂缝已基本闭合，裂缝处也没有出现混凝土的严重缺陷，芯样平均抗压强度（含裂缝）也可达到约 40 MPa。

图 3-34　桩号 2 + 336 处骑缝钻取的芯样

五、围岩外水压力的检测

1. 检测方法

本项检测也是整个检测工作的一个重点，对于评价混凝土衬砌结构的稳定性具有重要的意义。

传统的钻孔埋管引压测试方法有下面的两个不足之处：

（1）钻孔的尺寸较小，对于混凝土衬砌厚度较大的测点不容易判断是否打到基岩面。

（2）在某一个检测断面上，除了要钻取芯样测定混凝土强度外，还要另外钻孔以测定外水压力，两项工作分开进行，钻孔数量多，容易对混凝土结构特别是内部的受力钢筋造成较大的破坏。

针对以上两点不足，采用了改进型的止浆塞进行外水压力的测试，见图3-35。整个压力测试系统（压力传感器和精密数显压力表）的精度可达0.01 m水头。这种方法具有以下几个优点：

（1）可充分利用取芯测强的 ϕ100 mm 钻孔，减少对原混凝土结构的破坏。

（2）可以明确地判定钻孔是否打到基岩面。

（3）可以检查出钻孔中的混凝土缺陷，避免在蓄压过程中由于压力水沿混凝土空洞流走而导致测量压力值偏低的现象出现。

（4）操作方法简单易行，加快了检测进度。

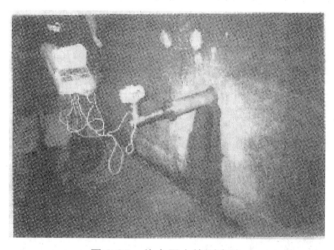

图 3-35　外水压力检测方法

为准确测定外水压力的分布情况，每一检测断面钻孔被布置在不同高程。对各检测断面每一个打入基岩并有水流出的钻孔，先用清水进行清洗，随后将改进型的止浆塞放入孔内，拧紧螺扣使底端橡胶塞膨胀并塞紧孔壁，开始蓄压。蓄压超过 24 h 后在止浆塞顶部安装压力传感器并连接精密数显压力表，打开阀门进行检测。

2. 检测结果

围岩外水压力检测结果表明，隧洞受围岩外水压力影响较大的地段主要处在横河以西，集中在桩号 6 + 796 到桩号 8 + 800 之间。将外水压力折算到底板，则平均值为 4.18 m，最大值为 6.85 m（出现在 7 + 182）。需要指出的是，由于在每一个检测断面上的测孔数一般只有 3 ~ 4 个，而且围岩外水翼有典型的岩石裂隙水性质，因此，有些断面（特别是在横河以西）没有检测到外水压力，并不能说明该段没有受到外水压力的作用，只不过是钻孔没有打到裂隙而已。

六、混凝土衬砌厚度的检测

边墙混凝土衬砌厚度的检测采用钻孔法进行实测。在横河以西隧洞段检测断面的边墙上钻孔 27 个，衬砌厚度不足 60 cm 的有 4 个（包括 8 + 610 处三个混凝土强度极差的钻孔），与总数的 14.8%。在横河以东隧洞段检测断面的边墙上钻孔 10 个，衬砌厚度不足 60 cm 的与 2 个（均出现在 0 + 654），占总数的 20%。埋管段各断面混凝土厚度均超过 60 cm。

七、混凝土碳化深度和钢筋锈蚀状态的检测

1. 混凝土碳化深度的检测

混凝土的碳化是混凝土老化的一个表现。本项检测采用酚酞酒精溶液，分别对引水隧洞的长期处于水面以下和水面以上的部位进行检测。检测结果表明，隧洞长期处于水面以下的混凝土的碳化深度值为 5 ~ 8 mm，相比而言，长期处于水面以下的混凝土的碳化深度值略大一些，基本上在 10 ~ 15 mm 的范围内。通过现场检测发现，钢筋的混凝土保护层厚度一般在 10 ~ 15 cm，远大于现在的碳化深度。因此，目前混凝土的碳化问题不会对钢筋构成危害。

隧洞处于长期通水的状态，因此混凝土处于非常潮湿的空气中，正是由于这个原因阻碍了碳化过程的发展，于是隧洞混凝土的碳化深度较浅。

2. 水中含量的检测

水体中所含的 Cl^- 也有可能造成混凝土中钢筋的锈蚀。在隧洞内分别提取地下水和水库水两种样品，对这两种水样的化学分析结果表明两种水样中 Cl^- 的含量极其微少，均远小于相应规范的限值，因此也不会对钢筋产生负面影响。

3. 钢筋锈蚀状态的检测

本次检测中，对钢筋锈蚀状态的测定采用国产 GXY-1A 钢筋锈蚀测量仪进行。GXY-1A 钢筋锈蚀测量仪是通过半电池电位方法（测量混凝土保护层的电位值）来判断钢筋锈蚀的状态。因为这种方法存在着许多难以克服的影响因素，如混凝土含水率、杂散电场干扰等，所以国外的一些规范也只给出了概率性的判断结果。为提高检测结果的可靠性，采用的方法是先测定所选的每条钢筋的沿程各测点的电位值，然后选择出有代表性的电位值，将这些部位处的混凝土保护层剖开，使钢筋暴露并观察钢筋的实际状态。经此比较后就可以准确地判断出钢筋的实际状态。

在本次检测中，对重点断面检测 4 ~ 5 条主筋，对一般断面检测 2 ~ 3 条主筋。首先确定

钢筋的位置和走向，然后对其进行全长检测。检测结果表明，钢筋所测得的电位值基本均在 – 300 ~ – 400 mV。选择 – 350 mV、– 400 mV 两个具有代表性电位值的区域，凿除混凝土保护层并观察钢筋的实际状态。经过比较可知，隧洞的钢筋目前并未发生大面积锈蚀。

但是有一点值得注意，那就是在裂缝（特别是纵缝）处的钢筋的锈蚀状态。在纵缝的修补过程中发现，穿过裂缝的钢筋有些发生了比较严重的局部锈蚀。本次检测所涉及的检测断面中，基本上所有的纵缝都已被修补（钢筋保护层已被破坏），因此，对于这些部位的钢筋状态目前无法给出一个明确的结论。但可以肯定的是这些部位是比较薄弱的环节，因为由于纵缝的存在，导致环境中的有害物质可以直接作用在钢筋表面，直接引发钢筋的局部锈蚀。由于绝大部分纵缝已被修补，只要修补质量能够得到保证，那就相当于给钢筋增加了一道密实的保护层（聚合物砂浆），可以有效阻止局部锈蚀的进一步发展。

八、顶拱混凝土衬砌与围岩之间结合情况的抽查

1. 顶拱钻孔抽查结果

在本次检测中共在顶拱钻取芯样 21 个，芯样直径 32 mm，取芯位置基本上都在顶拱的正中。

顶拱的设计衬砌厚度为 50 cm。根据这 21 个抽查探孔的情况，在进行顶拱回填之前，未达到设计衬砌厚度要求的探孔占总数的 76.2%，与围岩之间存在脱空现象的占 85.7%。顶拱回填之后，现在未达到设计衬砌厚度要求的探孔有 6 个，只占总数的 28.6%（这 6 个都是由于顶拱欠挖而造成的），脱空率降低到了 10.5%（因有两个探孔未打到围岩，总探孔数计为 19 个）。因此，从这两项指标在回填前后的差别上可以看出，对顶拱进行的回填确实起到了很好的效果。但是，在桩号 8 + 646 处顶拱钻取的芯样混凝土质量极差，内部是松散的砂石骨料，基本上没有任何强度，在这样的地段除应进行顶拱回填外，还必须进行顶拱混凝土的固结灌浆，以提高顶拱原衬砌混凝土的强度，这样才能使回填起到真正的作用。

2. 压水试验结果

为了进一步比较顶拱衬砌与围岩的接触情况，对三个抽检的钻孔分别进行压水试验，并选择了桩号 10 + 000 处的 100 钻孔（此处混凝土与围岩接触较好，取芯时带出一部分围岩）作为比较。压水试验结果见表 3-24。

表 3-24 压水试验结果

钻孔位置	钻孔尺寸/mm	压力/MPa	压水量/L		
			10 min	20 min	30 min
8 + 383	32	0.1 ~ 0.12	11.9	23.2	33.4
8 + 425	32	0.1 ~ 0.12	3.9	7.8	11.2
8 + 646	32	压水量过大，无法量测			
10 + 000 边墙	100	0.06	47.5		

表 3-24 中 10 + 000 处边墙上的钻孔的压水量很大，但压水后发现水主要沿着围岩的裂隙流走，衬砌与围岩的接触面并不是渗漏通道。顶拱钻孔压水试验结果表明：经过有效回填灌浆后顶拱混凝土衬砌和围岩的接触状态得到了较为明显的改善，8 + 425 处钻孔的压水量最小；8 + 383 处钻孔虽未发现衬砌与围岩之间存在脱空现象，但相互之间结合不良，压水量约为 8 + 425 钻孔的 3 倍；8 + 646 处混凝土质量很差，与围岩接触状况极差，因此压水量极大，无法计量。

九、检测断面中未处理的裂缝的普查

本次检测的另一个项目是对 20 个检测断面内未经处理的裂缝进行普查。通过普查发现，横河以东隧洞各检测断面的裂缝主要以边墙上的横缝及顶拱上的裂缝为主，出现在边墙上的横缝基本都属于温度裂缝。在喷锚支护段还存在着边墙和顶拱喷锚混凝土之间的施工冷缝问题。由于钙质不断析出，大部分裂缝均呈现自愈状态，并未严重影响混凝土的抗压强度，但从长远看，易对混凝土的耐久性构成一定的威胁。横河以东隧洞各检测断面未发现纵向裂缝。

横河以西隧洞各检测断面的裂缝主要以边墙上的纵缝为主，主要由三方面的原因造成，即混凝土施工质量差、施工期温度应力和围岩外水压力的作用。混凝土裂缝出现范围大，条数多，是隧洞安全运行的隐患，其中尤以断面 6 + 796、8 + 610 和 8 + 804 情况最为严重。在 4 个埋管段检测断面中有 3 个未出现混凝土裂缝，但在断面 10 + 584（从隧洞到埋管的过渡段）裂缝问题比较严重，特别是底板上出现了 1 条又长又宽的纵向贯穿裂缝，从性状上分析可能是在洞内水位骤降时底板由于排水不畅而导致其承受较高水头压力而造成的。建议应加强对这一断面的监测。

十、检测结论

（1）对引滦入津输水隧洞的检测共在隧洞的 20 个断面内钻取混凝土芯样 54 个，总体平均强度为 36.9 MPa，离差系数 40.1%，说明隧洞混凝土衬砌的施工质量存在非常大的波动性，这种波动性主要是由于横河以西隧洞段混凝土施工质量很差造成的。该段芯样的最高强度（63.7 MPa）和最低强度（0）均出现于此，平均强度为 29.8 MPa，离差系数竟达到 50%。相比较而言，横河以东隧洞段和 3 个埋管段的混凝土施工质量较好，芯样平均强度分别为 46.4 MPa 和 44.2 MPa，离差系数分别为 17.5% 和 19.5%。

（2）54 个混凝土芯样中有 9 个的平均强度低于 20 MPa，总体强度合格率为 83.3%，超过原设计强度保证率 80% 的要求。但这 9 个芯样均出现在横河以西隧洞段内，集中在 6 + 796、8 + 610 和 8 + 804 三个检测断面内，该段的强度合格率仅为 70%，低于原设计强度保证率 80% 的要求。特别是在 8 + 610 断面钻取的 4 个芯样，除了右墙的一个芯样强度稍高以外，其余 3 个左墙上的芯样基本上就没有强度。横河以东隧洞段和埋管段的混凝土强度合格率均达到 100%。

（3）对 20 个检测断面的全断面无损检测采用回弹法（回弹仪标称动能 9.8 J）和表面波

法进行，分别建立它们与衬砌混凝土强度之间相应的测强曲线。通过室内大量的数据整理分析，最终确定采用回弹法对 17 个混凝土施工质量相对较好的断面进行检测（曲线相关系数可达 0.87 以上，平均相对误差 ± 10.3%），而对另外 3 个混凝土质量很差的断面（6 + 796、8 + 610 和 8 + 804）采用表面波法（曲线相关系数达 0.924）。这两种检测方法的精度是能够满足要求的。

（4）无损全断面检测结果表明，6 + 796、8 + 610 和 8 + 804 三个断面的平均强度都低于 20 MPa，分别为 18.4 MPa、9.2 MPa 和 16.4 MPa，离差系数 C_v 值超过 20% 的也是这三个断面，分别达到 59.8%、90.2% 和 47.0%。相比之下，8 + 610 断面混凝土质量最差。其他 17 个检测断面特别是横河以东隧洞段和 3 个埋管段的混凝土质量相对较好，强度都已经超过设计强度（C20）要求。

（5）整个隧洞的混凝土裂缝以纵缝（水平缝）和横缝为主。纵缝（水平缝）主要集中在横河以西隧洞段内，产生的原因有混凝土施工质量控制不当的因素，也有地下水的影响。纵缝处混凝土基本为砂、石的松散堆积体，贯穿整个衬砌厚度，几乎没有强度，但仅局限于较窄的范围内。离开裂缝 15 cm 左右混凝土强度基本与未出现裂缝处的强度相当，没有特别明显的分布规律。

横河以东隧洞各检测断面的裂缝主要以边墙上的横缝及顶拱上的裂缝为多，且以温度裂缝为主，裂缝处混凝土的强度目前看还没有显著降低的迹象，由于钙质不断析出，大部分裂缝均呈现自愈状态。在喷锚支护段还存在着边墙和顶拱喷锚混凝土之间的施工冷缝问题。

（6）存在外水压力的地段主要集中在横河以西隧洞段和 3 个埋管段，在横河以东 5 个检测断面内均未发现外水压力。外水压力比较严重的有 6 + 796、7 + 182、8 + 610 及 8 + 804 这四个断面，折算到底板后外水压力一般在 4 ~ 7 m。最大值出现在 7 + 182（F 断层）处，折算到底板后外水压力可达 6.85 m，但是此断面内混凝土质量较好，强度较高，未发现一条混凝土裂缝。值得注意的是 8 + 610 断面，折算到底板后最大外水压力为 4.46 m，但是由于该段混凝土质量极差，内部"蜂窝"现象严重，有可能在蓄压过程中由于外水沿混凝土缺陷流走而导致实测外水压力降低。四个埋管段均存在着不同程度的外水压力，尤以两个出口埋管段比较严重。在 10 + 584（出口埋管与隧洞过渡段）折算到底板后外水压力最大可达 5.69 m，在 10 + 812 处可达 4.80 m。需要指出的是，本次外水压力检测是在隧洞停水后约 1 个月后进行，而且正值枯水期（1 ~ 2 月份），因此所测得的外水压力比正常情况下可能要小。

（7）隧洞混凝土的衬砌厚度大部都超过设计要求的 60 cm（喷锚支护段除外），只在 6 + 796 断面（李家沟）处的一个检测点的衬砌厚度仅为 50 cm，低于设计要求。但是在 8 + 610 和 8 + 804 断面，混凝土质量极差，有效的衬砌厚度很小（一般不足 20 cm），在这种情况下采用锚杆来抵抗作用在衬砌上的外水压力效果不会很好，因为锚杆和衬砌之间有效的接触面积较小，因此建议对这种断面应先进行固结灌浆以提高衬砌整体的强度和抗渗性能。

（8）边墙衬砌和围岩的接触情况较好。取芯过程中有相当一部分芯样将部分围岩一起带出，还有一部分芯样虽然沿其根部与围岩接触面断开或与围岩之间存在强度较低的砂浆层，但都未发现衬砌与围岩之间有明显的脱空现象。但是在 8 + 610 断面，混凝土质量极差，有效的衬砌厚度很小，是一个例外的情况。

（9）隧洞衬砌混凝土的碳化深度目前还未超过混凝土保护层厚度，而且外水及洞内流水 Cr 含量很小，因此，隧洞混凝土衬砌内钢筋总体上未发生锈蚀。但是由于隧洞存在着很多水平裂缝，使得裂缝处钢筋直接暴露在外部有害介质中，因此存在局部锈蚀现象。由于这些裂缝已经得到修补，能够延缓钢筋的进一步的锈蚀。

（10）顶拱钻芯抽查表明，顶拱进行的回填效果明显。进行顶拱回填之前，未达到设计衬砌厚度要求的探孔占总数的 76.2%，与围岩之间存在脱空现象的占 85.7%。顶拱回填之后，这两项指标分别降低至 28.6% 和 10.5%，而且回填后衬砌厚度仍不满足设计要求主要是由于顶拱欠挖造成的。在地下水丰富、混凝土施工质量差的地段，单单采用回填灌浆对改善顶拱衬砌与围岩的接触状况效果不佳，应考虑采用如超细水泥等材料对顶拱原混凝土衬砌进行固结灌浆，以提高混凝土的整体性、强度和耐久性。

·········· 课外知识 ··········

雷　达

雷达概念形成于 20 世纪初。雷达是英文 radar 的音译，意为无线电检测和测距，是利用微波波段电磁波探测目标的电子设备。

1. 组　成

各种雷达的具体用途和结构不尽相同，但基本形式是一致的，包括五个基本组成部分：发射机、发射天线、接收机、接收天线以及显示器。还有电源设备、数据录取设备、抗干扰设备等辅助设备。

2. 工作原理

雷达所起的作用和眼睛相似，当然，它不再是大自然的杰作，同时，它的信息载体是无线电波。事实上，不论是可见光或是无线电波，在本质上是同一种东西，都是电磁波，传播的速度都是光速 C，差别在于它们各自占据的波段不同。其原理是雷达设备的发射机通过天线把电磁波能量射向空间某一方向，处在此方向上的物体反射碰到的电磁波；雷达天线接收此反射波，送至接收设备进行处理，提取有关该物体的某些信息（目标物体至雷达的距离，距离变化率或径向速度、方位、高度等）。测量距离实际是测量发射脉冲与回波脉冲之间的时间差，因电磁波以光速传播，据此就能换算成目标的精确距离。测量目标方位是利用天线的尖锐方位波束测量。测量仰角靠窄的仰角波束测量。根据仰角和距离就能计算出目标高度。测量速度是雷达根据自身和目标之间有相对运动产生的频率多普勒效应原理。雷达接收到的目标回波频率与雷达发射频率不同，两者的差值称为多普勒频率。从多普勒频率中可提取的主要信息之一是雷达与目标之间的距离变化率。当目标与干扰杂波同时存在于雷达的同一空间分辨单元内时，雷达利用它们之间多普勒频率的不同能从干扰杂波中检测和跟踪目标。

3. 应　用

雷达的优点是白天黑夜均能探测远距离的目标，且不受雾、云和雨的阻挡，具有全天候、全天时的特点，并有一定的穿透能力。因此，它不仅成为军事上必不可少的电子装备，而且广泛应用于社会经济发展（如气象预报、资源探测、环境监测、建筑物检测等）和科学研究

（天体研究、大气物理、电离层结构研究等）。星载和机载合成孔径雷达已经成为当今遥感中十分重要的传感器。以地面为目标的雷达可以探测地面的精确形状。其空间分辨力可达几米到几十米，且与距离无关。雷达在洪水监测、海冰监测、土壤湿度调查、森林资源清查、地质调查等方面显示了很好的应用潜力。

4. 种　类

雷达种类很多，可按多种方法分类：

（1）按定位方法可分为：有源雷达、半有源雷达和无源雷达。

（2）按装设地点可分为：地面雷达、舰载雷达、航空雷达、卫星雷达等。

（3）按辐射种类可分为：脉冲雷达和连续波雷达。

（4）按工作被长波段可分：米波雷达、分米波雷达、厘米波雷达和其他波段雷达。

（5）按用途可分为：目标探测雷达、侦察雷达、武器控制雷达、飞行保障雷达、气象雷达、导航雷达等。相控阵雷达是一种新型的有源电扫阵列多功能雷达。它不但具有传统雷达的功能，而且具有其他射频功能。有源电扫阵列的最重要的特点是能直接向空中辐射和接收射频能量。它与机械扫描天线系统相比，有许多显著的优点。

水下机器人

无人遥控潜水器，也称水下机器人。它的工作方式是，由水面母船上的工作人员，通过连接潜水器的脐带提供动力，操纵或控制潜水器，通过水下电视、声呐等专用设备进行观察，还能通过机械手，进行水下作业。目前，无人遥控潜水器主要有，有缆遥控潜水器和无缆遥控潜水器两种，其中有缆避控潜水器又分为水中自航式、拖航式和能在海底结构物上爬行式三种。

特别是近10年来，无人遥控潜水器的发展是非常快的。从1953年第一艘无人遥控潜水器问世，到1974年的20年里，全世界共研制了20艘。特别是1974年以后，由于海洋油气业的迅速发展，无人遥控潜水器也得到飞速发展。到1981年，无人遥控潜水器发展到了400余艘，其中90%以上是直接或间接为海洋石油开采业服务的。1988年，无人遥控潜水器又得到长足发展，猛增到958艘，比1981年增加了110%。这个时期增加的潜水器多数为有缆遥控潜水器，大约为800艘，其中420余艘是直接为海上池气开采用的。无人无缆潜水器的发展相对慢一些，只研制出26艘，其中工业用的有8艘，其他的均用于军事和科学研究。另外，载人和无人混合理潜水器在这个时期也得到发展，已经研制出32艘，其中28艘用于工业服务。

1. 无人有缆潜水器研制与发展

无人有缆潜水器的研制开始于20世纪70年代，80年代进入了较快的发展时期。

1987年，日本海弹积学技术中心研究成功深海无人遥控潜水器"海鲀 3K"号，可下潜3 300 m。研制"海鲀 3K"号的目的，是为了在载人潜水之前对预定潜水点进行调查而设计的，供专门从事深海研究的，同时，也可利用"海鲀 3K"号进行海底救护。"海鲀 3K"号属于有缆式潜水器，在设计上有前后、上下、左右三个方向各配置两套动力装置，基本能满足深海采集样品的需要。1988年，该技术中心配合"深海6500"号载人潜水器进行深海调查作业的需要，建造了万米级无人遥控潜水器。这种潜水器由工作母船进行控制操作，可以较长时间进行深海调查。这种潜水器可望在1992年内建成，总投资为40亿日元。日本对于无人有缆潜水器的研制比较重视，不仅有近期的研究项目，而且还有较大型的长远计划。目前，日本正在实施一项包括开发先进无人遥控潜水器的大型规划。这种无人有缆潜水器系统在遥控作业、声学影像、水下遥测全向推力器、海水传动系统、陶瓷应用技术水下航行定位和控制等方面都要有新的开拓与突破。这项工作的直接目标是有效地服务于200 m以内水深的油气开采业，完全取代目前由潜水人员去完成的危险水下作业。

在无人有缆潜水技术方面，始终保持了明显的超前发展的优势。根据欧洲尤里卡计划，英国、意大利将联合研制无人遥控潜水器。这种潜水器性能优良，能在6 000 m水深持续工作250 h，比现在正在使用的只能在水下4 000 m深度连续工作只有12 h的潜水器性能优良得多。按照尤里卡EU-191计划还将建造两艘无人遥控潜水器，一艘为有缆式潜水器，主要用于水下检查维修；另一艘为无人无缆潜水器，主要用于水下测量。这项潜水工程计划将由英国、意大利、丹麦等国家的17个机构参加。英国科学家研制的"小贾森"有缆潜水器有其独特的技术特点，它是采用计算机控制，并通过光纤沟通潜水器与母船之间的联系。母船上装有4台专用计算机，分别用于处理海底照相机获得的资料，处理监控海弹环境变化的资料，处理海面环境变化的资料，处理由潜水器传输回来的其他有关技术资料等。母船将所有获得的资料。经过整理，通过微波发送到加利福尼亚太平洋格罗夫研究所的实验室，并储存在资料库里。

无人有缆潜水器的发展趋势有以下几点：一是水深普遍在6 000 m；二是操纵控制系统多采用大容量计算机，实施处理资料和进行数字控制；三是潜水器上的机械手采用多功能，力反馈监控系统；四是增加推进器的数量与功率，以提高其顶流作业的能力和操纵性能。此外，还特别注意潜水器的小型化和提高其观察能力。

2. 无人无线潜水器的研制与发展

1980年法国国家海洋开发中心建造了"逆载鲸"号无人无缆潜水器，最大潜深为6 000 m。"逆载鲸"号潜水器先后进行过130多次深潜作业，完成了太平洋海底锰结核调查海底峡谷调查、太平洋和地中海海底电缆事故调查、洋中脊调查等重大课题任务。1987年，法国国家海弹开发中心又与一家公司合作，共同建造"埃里特"声学遥控潜水器。用于水下钻井机检查、海底油机设备安装、油管铺设、锚缆加固等复杂作业。这种声学遥控潜水器的智能程度要比"逆载鲸"号高许多。1988年，美国国防部的国防高级研究计划局与一家研究机构合作，投资2 360万美元研制两艘无人无缆潜水器。1990年，无人无缆潜水器研制成功，定名为"UUV"号。这种潜水器重量为6.8 t，性能特别好，最大航速10节，能在44 s内由0加速到10节，当航速大于3节时，航行深度控制在±1 m，导航精度约0.2节/小时，潜水器动力采用银锌电池。这些技术条件有助于高水平的深海研究。另外，美国和加拿大合作将研制出能穿过北极冰层的无人无缆潜水器。

目前，无人无缆潜水器尚处于研究、试用阶段，还有一些关键技术问题需要解决。今后，无人无缆潜水器将向远程化、智能化发展，其活动范围在250～5 000 km的半径内。这就要求这种无人无缆潜水器有能保证长时间工作的动力源。在控制和信息处理系统中，采用图像识别、人工智能技术、大容量的知识库系统，以及提高信息处理能力和精密的导航定位的随感能力等。如果这些问题都能解决了，那么无人无缆潜水器就能是名符其实的海洋智能机器人。海洋智能机器人的出现与广泛使用，为人类进入海洋从事各种海洋产业活动提供了技术保证。

课后思考题

1. 水工混凝土建筑物常见病害有哪些？
2. 渠道衬砌冻胀变形病害较为典型的病害形式有哪些？
3. 混凝土强度的无损检测是指什么？混凝土强度的有损检测又指什么？
4. 导致钢筋产生锈蚀的原因是？
5. 混凝土黏结强度的测试具体步骤是什么？
6. 混凝土裂缝将使水工建筑物产生渗漏，那么渗漏将会导致哪些危害？
7. 芯样强度法检测混凝土强度的基本步骤有哪些？
8. 大坝水下检测技术中图像处理的基本流程包括哪些？

参考文献

[1]　胡永桢. 水工混凝土建筑物病害的成因与防治. 水利技术监督. 2002，6：40-42.

[2]　彭天波，夏海云. 水电站水工建筑物和金属结构安全检测技术及应用. 湖北电力，2007.1：51-53.

[3]　孙志恒，鲁一晖，岳跃真. 水工混凝土建筑物的检测、评估与缺陷修补工程应用. 北京：中国水利水电出版社，2003.

[4]　王建国，毛利胜，沈卓洋. 高精度打声法在混凝土内部缺陷检测中的应用. 四川理工学院学报：自然科学版. 2010，1：1-3.

[5]　田明武，李碧雄. 水泥浆体阻抗特性的初步研究. 四川建筑，2009，2：179-181.

[6]　韩锋. 超声波正交对称法在混凝土裂缝检测中的应用. 建筑，2010，9：60-61.

[7]　崔春林. 单面平测法在大体积混凝土裂缝检测中的应用. 科技情报开发与经济，2004，10：344-346.

[8]　陈立云. 裂缝处理施工工艺. 四川水利，2006，6：13-15.

[9]　边广辉，张喜波. 浅谈混凝土裂缝的检测及处理方法. 山西建筑，2010，4：175-176

[10]　窦继民，江泉. 神经网络在水工混凝土结构裂缝检测中的应用. 2005，4：438-441.

[11]　乔生祥. 水工混凝土缺陷检测和处理. 北京：中国水利水电出版社，1997.

第四章
水闸结构的安全检测

水闸是兴利除害的水利基础设施的组成部分，它在防洪、排涝、挡潮、灌排、供水、环保等方面发挥了重要作用，水闸是重要的公共基础设施并在水利工程中得到了广泛的应用。

其中，水闸安全鉴定工作是水闸安全管理最基础的工作，也是水闸除险加固工程前期规划工程十分重要的内容。只有通过安全鉴定才能全面准确地找出水闸存在的问题，确定水闸安全类别，本章重点介绍了安全检查方法。根据 SL214—98《水闸安全鉴定规定》所规定的水闸安全鉴定工作基本程序要求，首先是进行工程现状调查分析工作。接下来则是现场安全检测工作，水闸混凝土结构的安全检测是其工作重点。为此本章也将着重进行介绍。事实上，经过几十年的运行，水闸结构物也会产生不同程度的损伤，或已不能满足当前的使用要求，结构物接近或超过设计寿命的终了期。这些金属结构物一旦失事，将给下游广大地区的人民生命财产和国民经济的发展造成不可估量的损失。对已建水闸金属结构物进行可靠性鉴定，正确评价金属结构的现状，评估其剩余使用寿命，以合理地、科学地利用这些金属结构物，也是十分重要的。

水闸病害检验主要集中于水闸工程的水上结构，而水下部分病害检测比较麻烦，难度也较大，检测分析技术尚待成熟。但水下病害通常和水闸地基的抗渗稳定、地基变形破坏等紧密相连，仍处于水闸技术管理工作巡视检查和经常检查的盲区。

第一节　水闸概述及病险水闸的主要问题

一、水闸概述

水闸是一种利用闸门挡水和泄水的低水头水工建筑物，多建于河道、渠系及水库、湖泊岸边，见图 4-1（a）、（b）。在资源水利中，水闸是重要的公共基础设施，具有很强的公益性，社会效益巨大。关闭闸门，可以拦洪、挡潮、抬高水位以满足上游引水和通航的需要；开启闸门，可以泄洪、排涝、冲沙或根据下游用水需要调节流量。所以其在水利工程中得到了广泛的应用。

我国修建水闸的历史可追溯到公元前 6 世纪的春秋时代，据《水经注》记载，在位于今安徽寿县城南的芍陂灌区中即设有进水和供水用的 5 个水门。至 1991 年，全国已建成水闸 3 万座，其中，大型水闸 300 余座，促进了我国工农业生产的不断发展，给国民经济带来了很大的效益，并积累了丰富的工程经验。1988 年建成的长江葛洲坝水利枢纽，其中的二江泄洪闸，共 27 孔，闸高 33 m，最大泄量达 83 900 m³/s，位居全国之首，运行情况良好。现代的水闸建设，正在向形式多样化、结构轻型化、施工装配化、操作自动化和遥控化方向发展。目前世界上最高和规模最大的荷兰东斯海尔德挡潮闸，共 63 孔，闸高 53 m，闸身净长 3 000 m，连同两端的海堤，全长 4 425 m，被誉为海上长城。

水闸一般由闸室、上游连接段和下游连接段三部分组成，如图 4-1（c）所示。

（a）水闸

（b）水闸

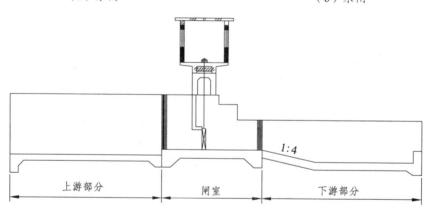

（c）水闸的组成部分

图 4-1　水闸

闸室是水闸的主体，包括：闸门、闸墩、边墩（岸墙）、底板、胸墙、工作桥、交通桥、启闭机等。闸门用来挡水和控制过闸流量。闸墩用以分隔闸孔和支承闸门、胸墙、工作桥、交通桥。底板是闸室的基础，用以将闸室上部结构的重量及荷载传至地基，并兼有防渗和防冲的作用。工作桥和交通桥用来安装启闭设备、操作闸门和联系两岸交通。

上游连接段包括：两岸的翼墙和护坡以及河床部分的铺盖，有时为保护河床免受冲刷加做防冲槽和护底。用以引导水流平顺地进入闸室，保护两岸及河床免遭冲刷，并与闸室等共同构成防渗地下轮廓，确保在渗透水流作用下两岸和闸基的抗渗稳定性。

下游连接段包括：护坦、海漫、防冲槽以及两岸的翼墙和护坡等。用以消除过闸水流的剩余能量，引导出闸水流均匀扩散，调整流速分布和减缓流速，防止水流出闸后对下游的冲刷。

　　水闸按其所承担的任务，可分为 6 种，如图 4-2 所示。

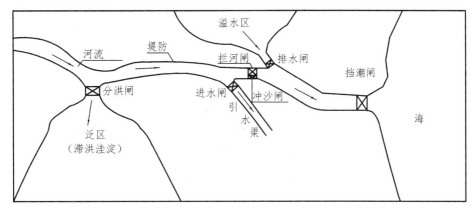

图 4-2　水闸分类示意图

　　（1）节制闸。拦河或在渠道上建造，用于拦洪、调节水位以满足上游引水或航运的需要，控制下泄流量，保证下游河道安全或根据下游用水需要调节放水流量。位于河道上的节制闸也称拦河闸。

　　（2）进水闸。建在河道、水库或湖泊的岸边，用来控制引水流量，以满足灌溉、发电或供水的需要。进水闸也称取水闸或渠首闸。

　　（3）分洪闸。常建于河道的一侧，用来将超过下游河道安全泄量的洪水泄入分洪区（蓄洪区或滞洪区）或分洪道。

　　（4）排水闸。常建于江河沿岸，用来排除内河或低洼地区对农作物有害的渍水。当外河水位上涨时，可以关闸，防止外水倒灌。当洼地有蓄水、灌溉要求时，也可关门蓄水或从江河引水，具有双向挡水，有时还有双向过流的特点。

　　（5）挡潮闸。建在入海河口附近，涨潮时关闸，防止海水倒灌；退潮时开闸泄水，具有双向挡水的特点。

　　（6）冲沙闸（排沙闸）。建在多泥沙河流上，用于排除进水闸、节制闸前或渠系中沉积的泥沙，减少引水水流的含沙量，防止渠道和闸前河道淤积。冲沙闸常建在进水闸一侧的河道上与节制闸并排布置或设在引水渠内的进水闸旁。

　　此外还有为排除冰块、漂浮物等而设置的排冰闸、排污闸等。

　　根据闸室结构型式的不同，水闸也可分为开敞式、胸墙式及涵洞式等。对有泄洪、过木、排冰或其他漂浮物要求的水闸，如：节制闸、分洪闸大都采用开敞式。胸墙式一般用于上游水位变幅较大、水闸净宽又为低水位过闸流量所控制、在高水位时尚需用闸门控制流量的水闸，如：进水闸、排水闸、挡潮闸多用这种形式。涵洞式多用于穿堤取水或排水。

二、病险水闸的主要问题

　　目前我国现有水闸 50 000 余座，其中大型水闸 486 座，中型水闸 3 278 座，小型水闸 4.6

万座，数量之多为世界之冠。水闸在运行过程中，由于受到空气、负荷、冻融、水流、污染等自然和人为因素的长期作用，呈现出老化和局部破损等病害现象，其安全性下降，影响到正常功能的发挥。与水库大坝相比，水闸具有设计和施工水平相对较低，加之管理和维护较差、运行条件改变等后天因素，在运行过程中逐渐产生老化病害，导致建筑物的安全性、适用性和耐久性下降，功能得不到正常发挥，逐步产生安全隐患。根据全国31个省（市、自治区）、4个计划单列市、7个流域机构和新疆生产建设兵团的统计资料，共有大中型病险水闸1 782座，其中大型水闸260座，中型水闸1 522座。而数量较多的小型水闸，由于运行环境相对恶劣、设计标准低以及安全储备较少等原因，出现病险的比例远高于大中型水闸。淮河流域87座大中型水闸中，影响正常应用的就有53座，占60%，其中有14座严重影响防洪安全，被列为病险水闸，占总数的16%；河南省的19座大型水闸，可靠性略低于现行规范要求的9.5座，占总数的50%，可靠性不满足规范要求的9.5座，占总数的50%，19座水闸无一满足设计要求。广西的17座大型水闸中有14座水闸为病险水闸，比例高达80%；78座中型水闸中有51座为病险水闸，比例为65%。而数量占优的小型水闸，由于运行环境相对恶劣、设计标准偏低、安全富裕量较少，其出现病险的比例将远高于大、中型水闸的病险的比例。水闸作为洪水调控和水资源合理利用的重要手段，老化病害的存在不仅严重威胁工程上、下游地区安全，而且影响当地经济和社会的全面进步；老化病害和年久失修大大降低了水闸结构本身的可靠性，垮闸的可能性也逐渐增加；病险水闸作为防洪保障体系的一部分，使工程防洪保障抵御风险能力大大降低，影响了兴利作用的发挥。另外，病险水闸的存在，影响了社会公众的安定心理，对社会发展和稳定有不良的心理暗示。病险水闸的主要问题表现为以下10个方面：

（1）防洪标准低，不满足现行规范要求的，占大中型水闸总数的36.4%。

（2）闸室不稳定，抗滑稳定安全系数不满足要求的占10.0%。

（3）渗流不稳定，闸基或墩墙后填土产生渗流破坏的占22.3%。

（4）抗震不满足要求或震害后没有彻底修复的占7.2%。

（5）闸室结构混凝土老化及损坏严重的占76.4%。

（6）闸下游消能防冲设施严重损坏的占42.3%。

（7）泥沙淤积问题严重的占17.9%。

（8）闸门及机电设备老化失修或严重损坏的占76.7%。

（9）观测设施缺少或损坏失效的水闸相当普遍。

（10）存在其他问题（如枢纽布置不合理，铺盖、翼墙、护坡损坏，管理房屋失修，防汛道路损坏，缺少备用电源、交通车辆和通信设施等）的占51%。

值得注意的是，在上述10种病险类型中，大量水闸都被发现几种病害同时存在。

（一）防洪标准偏低

我国建成的水闸，大多数是新中国成立后兴建的。造成防洪标准偏低的主要原因有三个方面：首先由于当时水文系列较短，加之水闸在长期的运行中，建闸后自然环境改变，如城市防洪工程建设、上游水利工程建设，上游河道淤积导致河床抬高，河道过流能力降低；另一方面，建在软土地基上的水闸不可避免地产生沉降，导致闸顶高程降低；另外部分水闸受当时技术经济和历史条件的限制，防洪标准偏低，在"98.8"长江大洪水后，长江沿线各种堤防均相应地提高了防洪标准；2000年，《中华人民共和国工程建设标准强制性条文》（水利工程部分）批准颁布实施，对水利工程勘测、规划、设计和施工提出了强制性规定。

位于湖北蕲州与八里湖农场交界处的蕲春牛皮坳排水闸原设计标准偏低，达不到防御1954年洪水的标准。又如位于大清河与子牙河汇合处的独流减河进洪闸由于闸室整体沉降。该闸已不能满足闸上正常蓄水位4.64 m的蓄水要求。广东汕头市梅溪水闸位于韩江下游出海支流，原设计分流量为韩江干流总流量的1/20，即823 m³/s。1975年后由于韩江另一出海支流红莲池河分洪闸封堵，改变了各出海支流的分流比，使梅溪水闸的分流量增大到超过1 000 m³/s，较原设计加大21.5%以上，造成下游护坦冲刷损坏。广东高要市新兴江上的泥塘嘴水闸，1951年设计建造，当时设计外江水位为现珠江基面的12.0 m，根据广东省水电厅1995年颁布的防洪（潮）标准，按该水闸防护对象，防洪标准应定为50年一遇，相应外江水位为13.66 m，相差1.66 m。

（二）不均匀沉降引起的损坏普遍

地基不均匀沉降一般是由于地基抗力不均匀及荷载分布不均匀引起的。荷载的不均匀性影响较大，且易为人们忽视。如边墙后填土荷载大于闸室，闸室荷载大于上游铺盖及下游护坦，闸室顺水流方向荷载分布相差悬殊等。荷载大的部位沉降值也大，当沉降差过大时，则会造成闸基及上部结构一系列病害，主要表现为：

（1）闸室倾斜，导致止水破坏而漏水，闸门启动不灵。

（2）闸室缝墩张开，上下游护坦接缝错动，导致止水片断裂失效。

（3）闸室的胸墙、底板、桥梁等由于支座的相对变位（由相邻闸墩沉降差引起）而出现裂缝。

（4）上下游护坦因闸室和翼墙的沉降影响而开裂。

（5）边墙在墙后填土重力作用下，墙后地基沉降大于墙前，致使边墙后仰等。

如安徽安庆枞阳闸由于岸墙与上下游翼墙联结处未设分缝以及地基的不均匀沉降，造成上游左翼墙和右翼墙以及下游右翼墙各有一条竖向裂缝，裂缝最宽达13.0 mm，最长的有6.85 m。位于江苏省大丰县的斗龙港闸，由于地基不均匀沉降，通航孔发生倾斜，各分缝已有设计的20 mm从左到右变成目前的53 mm、139 mm、42 mm、110 mm和45 mm，闸墙与岸墙也有较大错位，8号孔T梁与右端支座的搁置移动达25mm，严重影响水闸安全运行。位于浙江省苍南县龙港镇的朱家站水闸闸室发生不均匀沉降，导致闸门启闭非常困难。位于江苏省如东县的小洋口闸地基不均匀沉降，在胸墙上形成了贯穿性剪切裂缝。如位于浙江省瑞安市的东山下埠水闸同样发生了不均匀沉降，结构缝被严重拉开，止水已经全部失效。

（三）渗漏导致的破坏严重

建在土基上的水闸，由于渗流控制不当，会引起地基及两岸土的渗透变形（管涌及流土）、塌坡、扬压力增加等，直接影响闸室的稳定。造成这种病害的原因及表现形式主要有以下几种：

（1）地下轮廓和两岸边墙后的防渗设施不协调，防渗设施向两岸延伸不足造成绕岸渗流水头损失小于闸下渗流水头损失，形成空间渗流。实际渗流情况与设计（一般按平面渗流计算）结果不符，导致渗流坡降及扬压力的变化。

（2）渗流出逸点（排水孔）布置在消力池斜坡急流低压区内，水闸泄水时，该处水流流速大，压力低，如出口反滤层级配不良或厚度过小，有可能导致反滤料被带出和地基土的渗透变形。

（3）反滤层、排水孔堵塞失效，或地下轮廓线范围内伸缩缝止水不严或开裂失效，防渗设施不可靠，均可导致闸底板扬压力增加，直接危及水闸的稳定安全。

位于益阳市烂泥湖垸内撇洪渠下游的大路坪节制闸属典型的"三边"工程，设计过于追求经济省，施工过于追求速度，施工质量未达到规范要求。在水闸投入运行后上游铺盖和两岸翼墙裂缝，产生严重渗漏。安全鉴定表明水闸闸基抗渗稳定和抗滑稳定不满足规范要求。同处益阳市烂泥湖垸内的新河节制闸，1993年冬枯水位时发现闸前钢筋混凝土铺盖有3条横向贯穿裂缝穿透铺盖，形状比较规则，最大缝宽达45 mm，且原有的两条结构缝的止水橡皮也多处破坏，铺盖渗径减短，防渗性能降低。刘家湾涵闸由于建闸时没有做地质勘探，未进行防渗设计，水平防渗长度仅56.6m，远远不能满足防渗要求，多次发生管涌。

（四）闸室结构混凝土老化导致的破损严重

闸室结构混凝土老化是指其在所处环境（包括时间和空间）的作用下，混凝土的性能开始下降，并随着时间的增长，性能下降逾甚，最终导致破坏的过程。对水闸混凝土最有危害性的外来作用有：环境水和其所含有溶解物质的化学作用；负温和正温的更迭作用；混凝土交替更迭的湿润和干燥作用；由于毛细管吸水以及矿化水蒸发而引起的盐类在混凝土内部的结晶作用。前一种是化学或化学和物理共同作用，而后三者则是归结为物理作用。正是它们的长期作用造成混凝土的老化破坏。通常混凝土的老化破坏常有如下几类：碳化、开裂、钢筋锈蚀破坏、混凝土渗漏、冻融和磨蚀等。

（1）混凝土碳化。混凝土是由水泥与砂、石骨料和水混合后硬化，并随时间延长其强度不断增长的包括有固、液、气相的多相体物质。其中容纳液、气两相物质的空间，是由混凝土内部不同直径的孔隙相互贯通、连接而成的孔隙网络。空气中的 CO_2 进入混凝土的孔隙内，与溶于孔隙液的 $Ca(OH)_2$ 发生化学反应生成 $CaCO_3$ 和水。其反应式为：

$$Ca(OH)_2 + CO_2 \longrightarrow CaCO_3 + H_2O$$

结果使孔隙液的 pH 值由 13.5 下降到 9 以下。这种因 CO_2 进入混凝土而造成混凝土中性化的现象，叫作混凝土的碳化现象。

在碳化的混凝土中，碳酸盐的分散度随 CO_2 浓度的提高而提高。混凝土碳化时，开始形成无定形 $CaCO_3$，然后结晶，在碱性条件下，有生成碱性复合盐的可能性，但最后产物是 $CaCO_3$。研究表明，碳化后固相体积与原 $Ca(OH)_2$ 的体积相比，可增加 12%～17%，同时化学反应生成的水向外排出。因此，碳化会使混凝土产生一系列物理上的、化学上的以及力学上的变化，而这必然会导致混凝土一些性能发生变化。

（2）混凝土开裂。裂缝是水工混凝土建筑物最常见的病害之一。裂缝主要由荷载、温度、干缩、地基变形、钢筋锈蚀、碱骨料反应、地基冻胀、混凝土质量差、水泥水化热温升等原因引起，往往是多种因素联合作用的结果。裂缝对水闸混凝土建筑物的危害程度不一，严重的裂缝不仅会危害建筑物整体性和稳定性，而且还会导致大量漏水，使水闸的安全受到严重威胁。另外，裂缝往往会引发其他病害的发生与发展，如渗漏溶蚀、环境水侵蚀、冻融破坏及钢筋锈蚀等。这些病害与裂缝相互作用，形成恶性循环，会对建筑物耐久性危害极大。裂缝按深度的不同，可分为表层裂缝、深层裂缝和贯穿裂缝；按裂缝开度变化可分为死缝、活缝和增长缝；按成因分，裂缝可分成温度裂缝、干缩裂缝、钢筋锈蚀裂缝、超载裂缝、碱骨料反应裂缝、地基不均匀沉陷裂缝等。

（3）钢筋锈蚀。水工混凝土中钢筋锈蚀的原因主要有两方面：一是由于混凝土在空气中发生碳化而使混凝土内部碱度降低，钢筋钝化膜破坏，从而使钢筋产生电化学腐蚀现象，导致钢筋生锈；二是由于氯离子侵入到混凝土中，也使钢筋的钝化膜破坏，从而形成钢筋的电化学腐蚀。因此，钢筋锈蚀过程实际是大气（CO_2、O_2）、水、侵蚀介质（Cl^- 等）向混凝土内部的渗透、迁移而引起钢筋钝化膜破坏，并产生电化学反应，使铁变成氢氧化铁的过程。钢筋生锈后，其锈蚀产物的体积比原来增长 $2 \sim 4$ 倍，从而在其周围的混凝土中产生膨胀应力，最终导致钢筋保护层混凝土开裂、剥落。而保护层的剥落又会进一步加速钢筋锈蚀。这一恶性循环将使混凝土结构的钢筋保护层大量剥落、钢筋截面积减小，从而降低结构的承载能力和稳定性，影响结构物的安全。

（4）混凝土渗漏。渗漏对水工混凝土建筑物的危害性很大，其一是渗漏会使混凝土产生溶蚀破坏。所谓溶蚀，即渗漏水对混凝土产生溶出性侵蚀。混凝土中水泥的水化产物主要有水化硅酸钙、水化铝酸钙、水化铁铝酸钙及氢氧化钙，而足够的氢氧化钙又是其他水化产物凝聚、结晶稳定的前提。在以上水化产物中，氢氧化钙在水中的溶解度较高。在正常情况下，混凝土毛细孔中均存在饱和氢氧化钙溶液。而一旦产生渗漏，渗漏水就可能把混凝土中的氢氧化钙溶出带走，在混凝土外部形成白色碳酸钙结晶。这样就破坏了水泥其他水化产物稳定存在的平衡条件，从而引起水化产物的分解，导致混凝土性能的下降。当混凝土中总的氢氧化钙含量（以氧化钙量计算）被溶出 25% 时，混凝土抗压强度要下降 50%；而当溶出量超过 33% 时，混凝土将完全失去强度而松散破坏。由此可见，渗漏对混凝土产生溶蚀将造成严重的后果。其二是渗漏会引起并加速其他病害的发生与发展。当环境水对混凝土有侵蚀作用时，由于渗漏会促使环境水侵蚀向混凝土内部发展，从而增加破坏的深度与广度；在寒冷地区，由于渗漏，会使混凝土的含水量增大，促进混凝土的冻融破坏；对水工钢筋混凝土结构物，渗漏还会加速钢筋锈蚀等。

（5）混凝土被冻融。混凝土产生冻融破坏，从宏观上看是混凝土在水和正负温度交替作用下而产生的疲劳破坏。在微观上，其破坏机理有多种解释，有代表性和公认程度较高的是美国学者 T. C. Powers 的冻胀压和渗透压理论。这种理论认为，混凝土在冻融过程中受到的破坏应力主要有两方面来源，一个是混凝土孔隙中充满水时，当温度降低至冰点以下而使孔隙水产生物态变化，即水变成冰，其体积要膨胀 9%，从而产生膨胀应力；与此同时，混凝土在冻结过程中还可能出现过冷水在孔隙中的迁移和重分布，从而在混凝土的微观结构中产生渗透压。这两种应力在混凝土冻融过程中反复出现，并相互促进，最终造成混凝土的疲劳破坏。

（6）冲磨和空蚀。冲磨和空蚀破坏往往发生在水闸过流部位，相对高坝建筑物而言，水闸水头差较小，通常以冲磨和机械（撞击）磨损为主。冲磨破坏是一种单纯的机械作用，它既有水流作用下固体材料间的相互摩擦，又有相互间的冲击碰撞。不同粒径的固体介质，当硬度大于混凝土硬度时，在水流作用下就形成对混凝土表面的磨损与冲击，这种作用是连续的和不规则的，最终对混凝土面造成冲磨破坏。

结构混凝土出现病害在水闸工程中非常常见，1985 年调查全国 40 处中小型钢筋混凝土水闸结构物时发现，因混凝土碳化引起钢筋锈蚀使闸墩、胸墙、大梁产生开裂破坏的，占 47.5%。1985 年对安徽 14 座钢筋混凝土水闸进行的调查发现，所有的建筑物都不同程度地发生因混凝土碳化引起的钢筋锈蚀破坏。1987 年对连云港和南通市的 32 座挡潮闸的调查表明，连云港有 11 座因钢筋锈蚀严重而导致结构破坏，建筑物运行时间最短的仅 3 年，最长的有 29 年；南通市被调查的，有 9 座因钢筋锈蚀严重而导致结构破坏，其中运行时间最短的为 9 年，最长的有 29 年。1986 年以来，对北京 130 余座涵闸的钢筋锈蚀引起的开裂破坏进行调查，结果指出，威胁最大的是碳化引起混凝土内部钢筋锈蚀，导致结构物开裂破坏。1983 年建成的清河闸左岸下游柱裂缝最长达 5 m，宽 13 mm，墩柱、梁、顶板和栏杆等部位钢筋锈蚀导致混凝土破坏的面积达 990.7 m^2；1978 年建成的团城闸，各部位的钢筋锈蚀导致混凝土破坏的面积总计达 872.9 m^2；1966 年建成的南护城河上的龙潭闸，各部位的钢筋锈蚀导致混凝土破坏的面积达 546.36 m^2。湖北洪湖新堤排水闸许多部位已出现大量裂缝，伸缩止水片漏水，混凝土碳化严重，严重影响建筑物安全运行，现已基本弃置不用。又如荆江分洪闸南闸检测结果表明，防渗板每块均有一条垂直水流向且较宽的贯通、贯穿裂缝，其他裂缝呈龟裂状；大部分阻滑板已开裂，裂缝深度平均在 15 cm 以内，裂缝平均宽度在 0.2 mm 内；闸底板在每孔底板加厚部分下游端结束处的断面变化处的区域，有一条横穿底板的贯穿裂缝；在闸门支墩末端和公路桥墩附近区域，有放射状裂缝，长度在 1～2 m 之间，裂缝深度平均约 18.0 cm，裂缝的表面宽度均在 0.2 mm 以内。在消力二板和消力三板约 1/2 板长处均有 1 条垂直水流向的贯通裂缝，将板分为上下两段，消力三板的裂缝缝面有渗出物；消力二板裂缝的平均深度约 18 cm，缝面宽度为 0.1～0.2 mm，消力三板的裂缝已贯穿。挡土墙有多条贯通整个高度的垂直裂缝，缝面有渗水和渗出物，裂缝已贯穿。分洪闸北闸阻滑板出现了类似南闸的贯穿裂缝。据统计，阻滑板裂缝总长已达 4 350.4 m，其中贯穿裂缝为 2 042 m；闸室底板 1954 年即出现裂缝，1960 年检查，发现裂缝增多，有的已经贯穿。54 孔情况大致相似，1979 年采用超声波测试，发现缝宽为 0.4～1.8 mm，深度约 40 cm 的占 40%，其余深度约为 20 cm。护坦和消力坡也出现贯穿性裂缝，并且发现有渗水现象。广西北海青山头挡潮闸发现胸墙、工作桥、交通桥、检修桥、启闭机房和发电机房及牛腿等上部钢筋混凝土结构出现顺筋胀裂，其中胸墙、交通桥、工作桥和牛腿最为严重，开裂宽度达 6 mm 或表面保护层脱落，梁柱出现贯穿横断面裂缝。如江苏省扬州市的万福闸在 1963 年发现闸墩水位变动区出现冻融剥蚀，随着运行年限的增加，剥蚀面积和深度也逐年在增加，到 1985 年调查时，水位变化区混凝土剥蚀面积达 1 500 m^2，最大剥蚀深度达 10 cm，部分主筋已经裸露。1987 年对连云港地区多个水闸调查也发现有冻融破坏现象。吉林省梨树灌区的十二拦河闸，由于地基土的冻胀作用，闸上游右侧混凝土底板上抬达 48 cm，距右岸 3.5 m 处的底板还发生了顺流方向的贯穿性裂缝，一直延伸到闸室。该灌区的六干进水闸，由于地基土冻胀作用，进水口段齿墙上抬，在春季冻土融化后仍难于恢复，齿墙仍有 36 cm 的残余上抬量，严重影响水闸的正常运行；该闸消力池右侧混凝土挡墙也因受到土的冻胀、融沉作用，10.8 m 的墙体断裂为 5 段，缝宽 1 cm，墙体内倾 4 ~ 6 cm。该灌区类似破坏的墙体占被调查数的 70%。

1992 年对东北大庆地区的库里泡老闸、青肯泡旧闸、中内泡老闸、玉花泡闸、污水泡闸、北廿里新闸和中内泡新闸等几座水闸的钢筋锈蚀破坏情况调查表明，该地区钢筋混凝土结构的钢筋锈蚀是由于混凝土在经受冻融循环的作用下，表面酥松剥落，或加速混凝土的碳化速度（老闸），碳化深度达到了钢筋位置，或使钢筋裸露在外（新闸）造成的。此外，闸底板混凝土因泄洪时遭到含泥沙水流的冲刷和磨蚀，钢筋裸露，也是造成钢筋锈蚀的原因。

浙江金清新闸工程发现大闸下游局部混凝土结构老化，病害不断产生，部分结构病害较为严重，其中排架柱、检修平台桥板等结构普遍存在混凝土胀裂、钢筋裸露并严重锈蚀等问题。经检测表明，结构混凝土强度均基本满足设计强度指标要求。混凝土碳化深度被检测 17 个结构中除 8 号孔工作门左右侧立柱碳化深度为 10 ~ 20 mm 外，其余结构碳化深度均小于或等于 10 mm。从目前产生病害的结构中钢筋裸露部位钢筋保护层厚度一般都小于或等于 20 mm，其中不少结构保护层厚度小于或等于 10 mm，局部结构基本无保护层。经采用电磁法检测 29 处结构钢筋保护层厚度，检测结果钢筋保护层厚度均小于或等于 40 mm，其中大部分结构保护层厚度为 20 ~ 30 mm，部分结构保护层厚度仅为 10 ~ 20 mm，所有被检测结构钢筋保护层厚度均不满足设计要求，大多数检测结构钢筋保护层厚度与设计要求相差甚远，有的已接近或小于实测混凝土碳化深度。从目前钢筋已裸露的结构检查，钢筋普遍产生严重锈蚀，部分结构钢筋锈蚀成片状剥落，钢筋有效面积明显减小，截面最大锈蚀率约为 60%。经采用半电池电位法检测 19 处钢筋锈蚀程度，所有被检测结构钢筋都已发生锈蚀，部分结构钢筋已处于严重锈蚀状态。排架柱、胸墙、梁、板、检修平台等混凝土结构存在许多严重裂缝，裂缝宽度值均超过规范规定的 0.20 mm，最大裂缝宽度达到 3.0 mm，对钢筋混凝土结构的安全性产生严重影响。大闸下游海水中 Cl^- 离子含量大于 1 000 mg/L，属强腐蚀等级，极易引起钢筋锈蚀。

安徽安庆枞阳闸公路桥第 10 孔拱顶以及拱顶侧墙上有一裂缝，是由于右侧拱脚与第 11 孔的电站侧拱脚不在同一高程从而使拱脚处的水平推力不平衡使结构产生拉应力造成的，其次由于近年来过桥车辆的数量增加以及过桥车辆大型化、重型化增大了第 10 孔的挠度，促使裂缝的开展。翼墙的排水设施失效，检查上下游翼墙所有的排水孔，仅有 6 个有排水迹象，其余的都没有排水迹象。

（五）闸下游消能防冲设施损坏严重

冲刷、磨损和气蚀是泄水建筑物（水闸、溢流坝、陡坡、跌水等）下游最常见的损坏形式，对水闸下游病害的分析，同样也适用于其他泄水建筑物。下游冲刷是由于流速较高的下泄水流消能不充分造成的。高流速的水流还会对闸室及下游护坦过流部分产生气蚀、磨损等破坏作用，当水流中挟带大量悬移质及推移质泥沙时磨损、气蚀尤为严重。以上三种病害中，以下游冲刷现象最普遍，引起事故的危险性最大。冲刷产生的具体原因及破坏作用如下：

（1）消能设施水位组合不当或尺寸不当，如消力池过浅或过短，池中不能形成淹没式水跃，甚至急流冲击消力池，发生远驱式水跃；或由于消力槛过高，过槛时跌差过大形成二次水跃，从而引起海漫冲刷破坏。

（2）消力池结构单薄，强度不足而被冲毁。

（3）下游翼墙扩散角过大形成回流，主流不能在短距离内扩散，如海漫长度不够，即造成冲刷。

（4）管理运用不当往往是造成下游冲刷的主要原因。如未根据上下游水位大小，按多孔同步、均匀、对称开启闸门的操作规程进行操作；或由于启闭机失灵，不能在上游高水位时及时关闸等，使单宽流量超过设计标准或导致折冲水流出现，造成下游严重冲刷等。

大路坪节制闸由于消力池底板下未设置反滤层，底板裂缝，消力池深度不够；海漫长度不够，且大面积冲毁；上下游河床和堤防冲刷严重。这些问题严重危及水闸及堤防的安全，必须重建消力池和海漫、设置防冲槽，对堤防进行护砌。如上海外高桥泵闸为双向引水，上下游设计水位差较小，虽然按照设计规范在内河侧也设计了消力池，但并没有达到预期效果，部分水流直接冲向内河岸侧，导致内河部分区域冲刷破坏。浙江省温州朱家站水闸设计水位组合不当，运行中未能按照控制运用条件运行，为防汛需要，经常不得不在下游潮位较低、上下游水位差较大的情况开闸泄洪，消力池和护坦冲毁，多次抛石加固仍未得到有效解决。浑河闸在 1994 年和 1995 年大水过后，经检查发现，在拦河闸 7 号、8 号、9 号、10 号孔下游防冲槽反坡段出现 2 ~ 4 m 长的纵向破坏区，经水下测量，破坏区坑深 3 m 左右，宽 40 m。广东省磨碟头水闸按 20 年一遇洪水进行设计，50 年一遇洪水校核，设计和校核闸上水位（泄洪流量）分别为 3.21 m 和 3.51 m（1 200 m³/s 和 1 400 m³/s）。1994 年 6 月特大洪水后，磨碟头水闸紧接防冲槽的下游河床出现"锅"状冲刷坑，最大深度达负 18.0 m（即冲深 10 m），冲刷范围位于河床中间偏左，顺水流向 60 m，垂直水流向 55 m。长利涌水闸位于肇庆市鼎湖区长利涌出口，该闸共设 7 孔，每孔高 3.5 m，宽 3.0 m，闸底高程 6.1 m，可宣泄流量 220 m³/s。1989 年 5 月 22 ~ 26 日受到 3 号强台风雨的袭击，水闸闸门全开泄洪。由于下游西江水位低，水闸自由出流，最大流量 212.7 m³/s。水闸的陡坡、消力池、海漫遭到严重破坏。福建的北溪南港、北溪北港、龙海西溪、龙海南溪、惠安洛阳、角美壶屿港、福清柯屿、连江大官垣、漳铺旧镇、厦门石浔和晋江安平等闸也有类似问题。

（六）泥沙淤积问题突出

河口建闸后，出现了上游径流量减少、落潮历时延长、流速减弱、潮流量变小、潮波变形等现象，使落潮泥沙易于沉淀，涨落潮流的含沙量产生了变化，这是闸下河道淤积的一个重要原因。此外，潮汐水道的变化、闸下引河的地形、围垦不当等对闸下河道的淤积也有重要影响。闸下河口的淤积特征：建闸初期淤积量猛增，之后如来水正常则多年变化量保持微变，缺水年份淤积速度加快，丰水年冲刷量大。

根据海河水利委员会的资料，海河河口建挡潮闸（也包括河道整治的其他措施的综合作用）后，出现了以下情况：一是淤积严重。海河建闸以来闸下淤积量累计已达 2 200 多万 m³，河床淤积高达 4.7 m，河宽由 250 m 缩窄至 100 m，过水断面缩小了 85%，河口泄流能力从 2 100 m³/s 降到 800 m³/s。据太湖流域管理局提供的资料，明代与太湖相通的河道有 320 条，至 20 世纪 60 年代，有的被封堵，有的被淤塞，还剩 240 条；建环湖大堤之前总共还有 225 个口门，环湖大堤建设时封堵了 54 处，建了 126 座闸坝，现在真正敞开的口门只剩下 45 个，水系的连通性受到严重破坏。20 世纪 50—70 年代，盐城市沿海兴建海堤，同时建设了 35

座挡潮闸。这些挡潮闸常年关闭，只在排涝或换水时偶尔开启。根据建闸后的观测，有的河道如竹港，建闸第二年就被淤死；自 1994 年来，射阳河、新洋港、黄沙港、斗龙港合计年均淤积 1 022 万 m³。又如漳州市九龙江南溪下游在建南溪桥闸以后淤积严重。

（七）闸门及启闭设备老损严重

闸门及启闭设备的老化损坏主要有以下几种形式。

（1）闸门老损。各种闸门如钢闸门、钢丝网水泥闸门、钢筋混凝土闸门及小型木闸门，由于运用时间长，会出现不同的破坏。闸门在各种环境因素影响下，变形或腐烂，漏水严重；钢闸门的突出问题是锈蚀，严重者面板可锈穿；钢丝网水泥闸门为薄壳结构，其混凝土碳化、钢丝网和钢筋锈蚀问题比钢筋混凝土闸门严重。材料老化会导致闸门强度降低、变形过大。

（2）止水老化失效。水闸多采用橡胶止水，其寿命较短，运用 5～10 年后则严重老化，甚至失效，安装橡胶止水的螺栓长期受大气、水、气温变化影响，很多已锈死，更新止水困难。

（3）启闭机、工作桥损坏。除锈蚀、卡死等损坏外，管理操作失误也是导致启闭机、工作桥损坏的主要原因之一。如中小型闸多采用螺杆式启闭机，在关闸过程中，由于闸门下面有物体无法关门而过分施加压力，或闸门已关闭仍继续施加闭门力，造成螺杆弯曲者甚多，严重时会将启闭墩、龙门架抬起而导致墩、柱断裂。

（4）人为破坏。闸门上的橡胶止水被割，启闭机或其零件被盗的现象有些地方十分严重；灌水季节为了抢水而撬坏、砸坏闸门的现象也屡见不鲜，给灌区的管理工作和建筑物的安全运行造成很大威胁。

如湖南省资水一级支流扶夷水中游的老虎坝水闸工程钢质弧形门锈蚀厚度及漏水情况检测表明，钢质弧形闸门大多已锈蚀，锈蚀特点是锈坑及表层剥落，一般锈蚀厚度在 0.5～1.0 mm，横梁翼板锈蚀厚度较大，为 0.8～2.5 mm 之间，闸门钢筋混凝土支臂有变形弯曲现象。此外，闸门止水效果较差，11 扇闸门有 7 扇漏水，其中 4 号、6 号闸门漏水量较大。

荆江分洪南闸闸门 28 号孔 2 号支臂屈曲变形，支铰处基脚螺栓普遍锈蚀，止水橡皮已全部老化、变形，边止水脱落严重，侧墙无轨板，导轮锈蚀，脱离闸墙；防腐涂膜厚度、外观质量及附着力均不能满足规范要求；闸门面板平均锈蚀量为 0.28 mm，最大锈蚀量 3.34 mm，其他各部位平均锈蚀量 0.27 mm，最大锈蚀量 0.91 mm；闸门各部件材质硬度普遍偏低；启闭机传动轴普遍存在粗晶缺陷，其中 15 号、16 号传动轴检出面积型超标缺陷；支铰轴座的不同心度及单轴倾斜度均不能满足规范要求。

华阳闸检测表明每扇闸门的表面涂层存在氧化消耗。闸门止水橡皮已老化，变硬变脆，受闸门启闭和温度变化影响，橡皮或被撕裂或出现一段段裂纹。闸门下半部均大面积锈蚀，蚀坑成片，蚀坑面积为 80%～85%，蚀坑深度在 0.8～2.4 mm，闸门边缘、底梁和止水压板面层全部锈蚀，锈蚀深度最大达 4 mm。闸门滚轮全部锈蚀，锈蚀深度在 6.3～11.5 mm，只有极个别滚轮转动。铆钉钉头均出现不同程度的锈蚀，最低两排铆钉有 10% 的钉头已锈蚀掉；闸门涂层平均厚度 0.12 mm，最小值在 0～0.08 mm，远不能满足规范要求；所有钢板实际厚度均小于钢板厚度负偏差的允许值，锈蚀坑深均值为 1.43 mm，最大值 2.8 mm，边纵梁锈蚀坑深均值 3.24 mm，最大值达 4.0 mm，其余各梁锈蚀坑深均值 2.07 mm，最大值 3.2 mm，属严重锈蚀。

三、存在病险问题的主要原因

（一）水文资料

建闸时的气象、水文资料少，系列短，经过几十年的运用实践，现在积累了比较丰富的资料和数据。对于同一的洪水重现期，设计洪水的洪峰和洪量可能发生很大的变化，而且一般涝水比原计划数值增大，采用新的水文资料进行复核计算，过闸流量或防洪水文都会有所改变，造成现有水闸防洪标准不够。

（二）规划改变

随着国民经济和科学技术的发展，水利规划和标准也在不断修订与补充。按最近的流域或者河流防洪规划安排，许多河道已进行了扩挖和深浚，但水闸没有进行相应改建或扩建，成为"卡脖子"工程。有的水闸由单向挡水，改变为双向挡水，引用条件发生了很大变化，上海、浙江、两广一带的许多海堤向海外移了，现在挡潮闸的位置以及挡潮标准、设计标准、潮位等都已无法满足功能要求，许多挡潮闸需要重修。

（三）自然因素

自然因素也造成一定程度的破坏，比如区域性地面沉降、超标准洪水的发生、地震、海风及海水侵蚀等。

（四）历史原因

大量的水闸修建于"大跃进""文化大革命""学大寨"等特殊的历史时代，是大搞群众运动建成的，几乎全是"三边"工程。许多水闸现在连设计文件、图纸、施工及竣工资料都找不到。很多工程根本没有经过验收就投入了运行。这些水闸的修建无疑对当地的防洪保安、生活供水及国民经济的发展起到了巨大的促进和保障作用。但是，限于当时总的社会经济发展和科学技术水平都不高，一些基本建设材料如水泥、钢筋和机电设备质量差，缺乏专业施工队伍，投资少，设计标准低，因陋就简，有的水闸设计采用了一些不成熟的、带有试验性的"新技术"等，致使许多水闸建成初期就存在不少问题，机构耐久性差，未老先衰，达不到现行国家规定、标准、要求。

（五）忽视工程管理

长期以来，轻视工程维护和管理的思想比较普遍。管理设施陈旧，数量不足，手段落后，难以适应管理工作的需要。很多水闸管理单位人员编制臃肿，人浮于事，缺少或者根本没有合格的技术人员，管理人员的素质较差。有的单位人员调动频繁，弄不清楚所管工程的设计、运行要求，工程存在哪些问题，应该如何解决等。规章制度不健全，有的单位虽然制定了各种规章制度，但只是挂在墙上，执行起来大打折扣。不少水闸的外观面貌很差，甚至破烂不堪。

（六）缺乏正常维修和跟新改造资金

水闸具有公益性的水利基础设施，大多由国家投资兴建，管理经费应该由政府财政拨付。但是，目前除各流域机构和省水利厅直管的部分水闸尚有少数事业经费，勉强维持低标准运行外，一些由地方管理的水闸多数管理经费无着落，给正常管理运行造成很大困难。管理单位自身难以维持和发展，更谈不上投资搞维修和对旧设备进行跟新改造，工程和设备的安全状况下，往往使小问题得不到及时处理，逐渐演变成大问题，最终将影响到水闸的安全运行和兴利效应的发挥。

水闸作为江河湖泊防洪体系的骨干工程，在历年的防洪抗旱斗争中，发挥了重要作用。我国大部分地区降水的时空分布很不均匀，即使同一流域内的各条河流，洪水来势也不一样。通过水闸控制和分流，可以错开各条河流的洪峰，避免或减小洪水造成的灾害。除防洪排涝外，水闸还具有其他许多兴利的用途，是保障国民经济持续发展的重要基础设施。随着我国社会经济发展，对水资源需求的增长与水资源普遍严重短缺这一矛盾的日益突出，抗旱显得与防洪同等重要。特别是我国西北地区水资源偏少，农业灌溉及人畜饮水主要依靠水闸拦蓄冰山融雪产生的径流。水闸已成为当地群众赖以生存和发展的命脉设施。因此，水闸对水资源的调配作用越来越重要。

然而，由于病险问题的存在，影响了水闸作用的发挥。运行不可靠的病险水闸，不但对防洪安全起不到积极作用，反而会带来潜在危害。特别是我国中部、东部和南部的广大平原地区，人口密度大，经济发展快，工矿企业多，交通道路、电力、通信等设施星罗棋布，这里河道纵横，湖泊密布，水闸众多，汛期洪涝水滞留时间长，任何一座水闸的失控或失事，都将给上下游广大地区人民的生命财产带来巨大损失，对社会稳定造成不利的影响。有的病险水闸设计标准低，行洪排涝能力不够，容易造成洪水漫顶、倒灌，甚至堤防决口。更多的水闸闸门长期得不到维护和更新，严重变形和漏水，启闭失灵，安全运行得不到保障，汛期不能按防汛调度要求适时拦蓄或排涝，影响防洪除涝效益的发挥。

第二节　水闸的安全鉴定

水闸安全鉴定工作是水闸安全管理最基础的工作，也是水闸除险加固工程前期规划工程十分重要的内容。只有通过安全鉴定才能全面准确地找出水闸存在的问题，确定水闸安全类别，为了水闸安全运行安全，规范地开展水闸安全鉴定工作，水利部颁布了水利行业标准按SL214—98《水闸安全鉴定规定》。该标准自 1998 年 7 月 1 日起实施，包括总则、鉴定程序、现状调查、复核计算、安全检查、安全评价等 6 章 48 条，本章重点介绍了安全检查方法。

按 SL214—98《水闸安全鉴定规定》的要求，水闸安全鉴定范围：闸室，上、下游连接段，闸门，启闭机，电气设备和管理范围内的上、下游河道。鉴定周期：水闸投入运用后每隔 15～20 年，应进行一次全面安全鉴定；单项工程达到折旧年限时，亦应进行一次；对存在安全问题的单项工程和易受腐蚀损坏的结构设备，应根据情况适时进行安全鉴定。因此在水闸管理中首先要进行经常性检查和定期检查，在这基础上由管理单位编写工程现状调查报告，报请上级主管部门组织实施安全鉴定。经常性检查和定期观测的资料是工程现状调查中的重要组成部分，也是评估水闸是否安全的原始资料的重要部分之一。

一、水闸的检查与观测

根据 SL75—94《水闸技术管理规程》，经常性检查和定期检查是水闸技术管理的重要组成部分，为安全鉴定积累资料，因此也是水闸安全鉴定工作的基础。

经常性检查一般由水闸管理单位进行，对建筑物各部位、闸门、启闭机、机电设备、通信设施，管理范围内的河道、堤防、拦河坝和水流形态等进行检查。每月不得少于一次。当水闸遭到不利因素影响时，对容易发生问题的部位应加强检查观察。当水闸处于不正常情况，如下泄较大流量，出现较高水位，冬季冰冻以及暴风雨或地震影响本地区时，都应增加检查次数。

定期检查一般安排在每年汛前，汛后或用水期前后，要对水闸各部位及各项设施进行全面检查。汛前着重检查岁修工程完成情况，度汛存在问题及措施；汛后着重检查工程变化和损坏情况，据以制订岁修工程计划。冰冻期间，还应检查防冻措施落实及其效果等。当水闸遭受特大洪水、风暴潮、强烈地震和发生重大工程事故时，还必须及时对工程进行特别检查。

经常检查和定期检查应包括以下内容：

（1）管理范围内有无违章建筑和危害工程安全的活动，环境应保持整洁、美观。

（2）土工建筑物有无雨淋沟、塌陷、裂缝、渗漏、滑坡和白蚁、害兽等；排水系统、导渗及减压设施有无损坏、堵塞、失效；堤闸连接段有无渗漏等迹象。

（3）石工建筑物块石护坡有无塌陷、松动、隆起、底部淘空、垫层散失；墩、墙有无倾斜、滑动、勾缝脱落；排水设施有无堵塞、损坏等现象。

（4）混凝土建筑物（含钢丝网水泥板）有无裂缝、腐蚀、磨损、剥蚀、露筋（网）及钢筋锈蚀等情况；伸缩缝止水有无损坏、漏水及填充物流失等情况。

（5）水下工程有无冲刷破坏；消力池、门槽内有无砂石堆积；伸缩缝止水有无损坏；门槽、门坎的预埋件有无损坏；上、下游引河有无淤积、冲刷等情况。

（6）闸门有无表面涂层剥落、门体变形、锈蚀、焊缝开裂或螺栓、铆钉松动；支承行走机构是否运转灵活；止水装置是否完好等。

（7）启闭机械是否运转灵活、制动准确，有无腐蚀和异常声响；钢丝绳有无断丝、磨损、锈蚀、接头不牢、变形；零部件有无缺损、裂纹、磨损及螺杆有无弯曲变形；油路是否通畅，油量、油质是否合乎规定要求等。

（8）机电设备及防雷设施的设备、线路是否正常，接头是否牢固，安全保护装置是否动作准确可靠，指示仪表是否指示正确、接地可靠，绝缘电阻值是否合乎规定，防雷设施是否安全可靠，备用电源是否完好可靠。

（9）水流形态，应注意观察水流是否平顺，水跃是否发生在消力池内，有无折冲水流、回流、漩涡等不良流态；引河水质有无污染。

（10）照明、通信、安全防护设施及信号、标志是否完好。

二、水闸安全鉴定的内容与要求

水闸安全鉴定的内容在 SL75—94《水闸技术管理规程》和 SL214—98《水闸安全鉴定规定》均有规定，前者作了原则性的规定，后者规定得更为详尽。在 SL75—94《水闸技术管理规程》中水闸安全鉴定的内容包括：

（1）在历年检测的基础上，通过先进的检测手段，对水闸主体结构、闸门、启闭机等进行专项检测。内容包括：材料、应力、变形、探伤、闸门启闭力检测和启闭机能力考核等，查出工程中存在的隐患，求得有关的技术参数。

（2）根据检测成果，结合运用情况，对水闸的稳定、消能防冲、防渗、构件强度、混凝土耐久性能和启闭能力等进行安全复核。

（3）根据安全复核结果，进行研究分析，作出综合评估，提出改善运用方式、进行技术改造、加固补强、设备更新等方面的意见。

在 SL75—94《水闸技术管理规程》的基础上，SL214—98《水闸安全鉴定规定》详细规定了水闸安全鉴定的内容，包括工程现状调查分析、现场安全检测、复核计算和安全评价等四个方面。

（一）工程现状的调查分析

工程现状调查分析由水闸管理单位负责实施和报告编写。水闸工程现状调查分析的内容，应包括技术资料收集，工程现状全面检查和对工程存在问题进行初步分析。收集的技术资料，应真实、完整，力求满足安全鉴定需要。工程现状全面检查应在原有检查观测成果基础上进行，应特别注意检查工程的薄弱部位和隐蔽部位。对检查中发现的工程存在问题和缺陷，应初步分析其成因和对工程安全运用的影响。

首先，技术资料收集涵盖设计资料、施工资料和技术管理资料的收集：

（1）设计资料。

① 工程地质勘测和水工模型试验。

② 工程（包括新建、改建或加固）的设计文件和图纸。

（2）施工资料。

① 施工技术总结资料。

② 工程质量监督检测或工程建设监理资料。

③ 观测设施的考证资料及施工期观测资料。

④ 工程竣工图和验收交接文件。

（3）技术管理资料。

① 技术管理的规章制度。

② 控制运用技术文件及运行记录。

③ 历年的定期检查、特别检查和安全鉴定报告。

④ 观测资料成果。

⑤ 工程大修和重大工程事故处理措施等技术资料。

在确保资料完整性的前提下，要特别注重水闸技术管理资料的收集。水闸在运行过程的养护修理工作较多，但管理机构变迁，技术管理人员的更换，容易造成技术资料的不全甚至流失。

其次，进行工程现状的调查分析报告编写工作时，一般应包括下列内容：

（1）基本情况。

① 工程概况：包括水闸建成时间，工程规模，主要结构和闸门、启闭机形式，工程设计效益及实际效益等。

② 设计、施工情况：包括建筑物级别，设计的工程特征值，地基情况及处理措施，施工中发生的主要质量问题及处理措施等。

③ 技术管理情况：包括技术管理制度执行情况，控制运用情况和运行期间遭遇洪水、风暴潮、强烈地震及重大工程事故造成的工程损坏情况及处理措施等。

（2）工程安全状态初步分析。对水闸的土石方工程、混凝土结构、闸门等工程设施的安全状态和启闭机、电气设备等的完好程度以及观测设施的有效性等逐项详细描述，并对工程存在问题和缺陷的产生原因，进行初步分析。

（3）建议。根据初步分析结果，提出需进行现场安全检测和工程复核计算项目及对工程大修或加固的建议。

（二）现场安全检测

水闸现场安全检测项目，应根据工程情况、管理运用中存在的问题和具体条件等因素综合研究确定。根据规范，水闸现场安全检测包括混凝土结构检测、金属结构及启闭系统检测、地基与基础工程检测和其他专项测试等。本章后面几节内容重点介绍安全检查方法。现场安全检测由具有资质的检测单位开展。水闸现场安全检测项目，应根据工程情况、管理运用中存在的问题和具体条件等因素综合研究确定。

1. 安全检查项目

按水闸结构类型分，现场安全检测内容包括：

（1）地基土、填料土的基本工程性质。

（2）防渗、导渗和消能防冲设施的有效性和完整性。

（3）混凝土结构的强度、变形和耐久性。

（4）闸门、启闭机的安全性。

（5）电气设备的安全性。

（6）观测设施的有效性。

（7）其他有关专项测试。

2. 在进行水闸现场安全检测时应遵守的规定

（1）现有的检查观测资料已能满足安全鉴定分析要求的不再检测。

（2）检测项目应与工程复核计算内容相协调。

（3）检测工作应选在对检测条件有利和对水闸运行干扰较小的时期进行检测，测点应选择在能较好地反映工程实际安全状态的部位上。

（4）现场检测宜采用无破损检测方法。如必须采用破损检测时，应尽量减少测点。检测结束后，应及时予以修复。

3. 安全检查的抽样数量与比例

多孔闸应在基础上，选取能较全面反映整个工程实际安全状态的闸孔进行检测。抽样比例应综合闸孔数量、运行情况、检测内容和条件等因素确定，一般应符合下列规定：

10 孔以内的水闸为 100%～30%；

11～20 孔的水闸为 30%～15%；

21～70 孔的水闸为 15%～10%；

超过 70 孔的水闸可酌量减少抽样比例。

4. 安全检查的内容

根据 SL214—98《水闸安全鉴定规定》，当闸室或岸墙、翼墙发生异常沉降、倾斜、滑移等情况，除应检测水下部位结构外，还应检测地基土和填料土的基本工程性质指标。

（1）地基土和填料土的检测。

① 检查基础挤压、错动、松动和鼓出情况。

② 结构与基础（或岸坡）结合处错动、开裂、脱离和渗漏水情况。

③ 建筑物两侧岸坡裂缝、滑坡、溶蚀及水土流失情况。

④ 沉降变形检测（基础累积沉降、当前月平均沉降和不均匀沉降）。

⑤ 地基土和填料土的基本工程性质指标检测等。

（2）防渗、导渗和消能防冲设施的有效率和完整性检测。

根据 SL214—98《水闸安全鉴定规定》，水闸地基渗流异常或过闸水流流态异常的，应进行防渗、导渗和消能防冲设施的有效性和完整性检测，重点检测水下部位有无止水失效、结构断裂、基土流失、冲坑和塌陷等异常现象。

（3）钢筋混凝土结构的安全检查。

根据 SL214—98《水闸安全鉴定规定》，还要进行钢筋混凝土结构的安全检测，检测现有状态下，永久性工程（包括主体工程及附属工程）混凝土工程质量现状及用于评估的各项技术指标，其中包括裂缝性态、混凝土强度、混凝土碳化深度、保护层厚度、钢筋锈蚀程度等。具体内容包括以下几个方面：

① 主要结构构件或有防渗要求的结构，出现破坏结构整体性或影响工程安全运用的裂缝，应检测裂缝的分布、宽度、长度和深度。必要时应检测钢筋的锈蚀程度，分析裂缝产生的原因。

② 对承重结构荷载超过原设计荷载标准而产生明显变形的，应检测结构的应力和变形值。

③ 对主要结构构件表面发生锈胀裂缝或剥蚀、磨损、保护层破坏较严重的，应检测钢筋的锈蚀程度。必要时应检测混凝土的碳化深度和钢筋保护层厚度。

④ 结构因受侵蚀性介质作用而发生腐蚀的，应测定侵蚀性介质的成分、含量、检测结构的腐蚀程度。

（4）闸门、启闭机的安全检测。

钢闸门、启闭机的检测应按 SL101—94《水工钢闸门和启闭机安全检测技术规程》的规定执行；混凝土闸门除应检测构件的裂缝和钢筋（或钢丝网）锈蚀程度外，还应检测零部件和埋件的锈损程度和可靠性。

金属结构检测内容包括：

① 锈蚀检测：包括涂层厚度、蚀余厚度、蚀坑深度。

② 外形尺寸与变形检测：包括外形尺寸、损伤变形、磨损、挠度等。

③ 无损检测：包括焊缝或零部件缺陷位置和缺陷大小。

④ 材料材性检测：包括强度、伸长率、硬度、冲击韧性。

⑤ 钢丝绳检测：包括磨损量、断丝数、破断拉力等。

⑥ 巡视检查与外观检查：包括金属结构状况以及运行的保证强度、变形、破损、锈蚀以及传动系统、润滑系统、联接件等运行状态。

启闭设备检查包括：

① 启闭机防护罩、机件、联接件、传动件的外观和完整性检查。

② 闸门开度指示器、滑动轴承、滚动轴承、滚子及其配件检查。

③ 制动装置可靠性检验：包括制动轮的裂缝、砂眼等缺陷，制动带及其连接件（铆钉或螺钉）和主弹簧变形等。

（三）复核计算

复核计算应以最新的规划数据，按照 SL265—2001《水闸设计规范》及其他相关标准进行。计算内容原则上包括水闸防洪标准、整体稳定性、抗渗稳定性、水闸过水能力、消能防冲、结构强度等。具体计算内容因根据水闸结构病害不同而有侧重开展。根据 SL214—98《水闸安全鉴定规定》，下列情况应进行复核计算：

（1）水闸因规划数据的改变而影响安全运行的，应区别不同情况，进行调整，须对闸室、岸墙和翼墙的整体稳定性、抗渗稳定性、水闸过水能力、消能防冲或结构强度等复核计算。

（2）水闸结构因荷载标准的提高而影响工程安全的，应复核其结构强度和变形。

（3）闸室或岸墙和翼墙发生异常沉降、倾斜、滑移，应以新测定的地基土和填料土的基本工程性质指标，核算闸室或岸墙和翼墙的稳定性与地基整体稳定性。

（4）闸室或岸墙、翼墙的地基出现异常渗流，应进行抗渗稳定性验算。

（5）混凝土结构的复核计算应符合下列规定：

① 需要限制裂缝宽度的结构构件，出现超过允许值的裂缝，应复核其结构强度和裂缝宽度。

② 需要控制变形值的结构构件，出现超过允许值的变形，应进行结构强度和变形复核。

③ 对主要结构构件发生锈胀裂缝和表面剥蚀、磨损而导致钢筋混凝土保护层破坏和钢筋锈蚀的，应按实际截面进行结构构件强度复核。

（6）闸门复核计算应遵守下列规定：

① 钢闸门结构发生严重锈蚀而导致截面削弱的，应进行结构强度、刚度和稳定性复核。

② 混凝土闸门的梁、面板等受力构件发生严重腐蚀、剥蚀、裂缝致使钢筋（或钢丝网）锈蚀的，应按实际截面进行结构强度、刚度和稳定性复核。

③ 闸门的零部件和埋件等发生严重锈蚀或磨损的，应按实际截面进行强度复核。

（7）水闸上、下游河道发生严重淤积或冲刷而引起上、下游水位发生变化的，应进行水闸过水能力或消能防冲复核。

（8）地震设防区的水闸、原设计未考虑抗震设防或设计烈度偏低的，应按现行 SL203—97《水工建筑物抗震设计规范》等有关规定进行复核计算。

最后提出的水闸工程复核计算分析报告一般应包括以下内容：

（1）工程概况。

（2）基本资料，包括建筑物级别、设计标准、地基情况、地震设防烈度和安全检测中的有关资料分析。

（3）复核计算成果及其分析评价。

（4）水闸安全状态综合评价和建议。

（四）安全评价

水闸安全鉴定结论由水闸安全鉴定专家组负责评价，水闸安全鉴定专家组应根据工程等别、水闸级别和鉴定内容，由有关设计、施工、管理、科研或高等院校等方面的专家和水闸上级主管部门及管理单位的技术负责人组成。水闸安全鉴定专家组人数一般为 5～11 名，其中高级职称人数比例不少于 2/3。

水闸安全鉴定专家组根据工程现状调查分析报告、现场安全检测报告和工程复核计算分析报告等三项成果，在着重审查报告中所列数据资料的来源和可靠性，检测和复核计算方法是否符合现行有关标准的规定，论证其分析评价是否准确合理。

水闸安全类别评定标准：

一类闸：运用指标能达到设计标准，无影响正常运行的缺陷，按常规维修养护即可保证正常运行。

二类闸：运用指标基本达到设计标准，工程存在一定损坏，经大修后，可达到正常运行。

三类闸：运用指标达不到设计标准，工程存在严重损坏，经除险加固后，才能达到正常运行。

四类闸：运用指标无法达到设计标准，工程存在严重安全问题，需降低标准运用或报废重建。

水闸安全鉴定报告书的各项安全分析评价内容，应根据对调查分析、安全检测和复核计算三项成果的审查结果，按规定内容逐项填列。在综合分析各项安全分析评价内容基础上，提出水闸安全鉴定结论，评定水闸安全类别。对工程存在的主要问题，应提出加固或改善运用的意见。

三、水闸安全鉴定的程序与分工

根据 SL214—98《水闸安全鉴定规定》规定，水闸安全鉴定工作应按下列基本程序进行：

（1）工程现状的调查分析。

（2）现场安全检测。

（3）工程复核计算。

（4）水闸安全评价。

（5）水闸安全鉴定工作总结。

　　水闸管理单位应承担工程现状的调查分析工作，在申报要求安全鉴定时，将工程现状调查分析报告报上级主管部门。在开展安全鉴定工作过程中，管理单位配合安全检测、复核计算单位和安全鉴定专家组的各项工作。水闸上级主管部门组织实施水闸安全鉴定时，应承担下列各项工作：

　　（1）审批水闸管理单位的安全鉴定申请报告，下达安全鉴定任务。

　　（2）聘请有关专家，组建水闸安全鉴定专家组。

　　（3）编制水闸安全鉴定工作计划。

　　（4）委托或组织有关单位进行现场安全检测和工程复核计算。

　　（5）组织编写安全鉴定工作总结。

　　在水闸安全鉴定工作中，水闸管理单位和上级主管部门通常根据 SL214—98《水闸安全鉴定规定》规定和实际情况作适当调整。大部分水闸安全鉴定采用的工作基本程序是（1）→（3）→（4）→（2）→（5）。这两种组织程序各有特点，规范要求实质上是以安全鉴定专家组中心，专家组工作跨度长，承担的工作和责任也相对大得多，因此组织专家组的难度也大得多。而后者把组织安全鉴定专家组作为工作的一个重要环节，虽然专家组承担的工作和责任并没有改变，但工作跨度也相对缩短，这样组织专家组的难度大大降低，但对施工现场安全检测和工作复核计算的单位要求相对较高，需要有较高的技术水平和业务能力，否则容易出现现场安全检测报告和工程复核计算报告不满足安全鉴定需要等问题。

　　水闸上级主管部门在编制安全鉴定工作计划时，应根据工程情况和现状调查分析报告中提出的工程存在问题，征询水闸安全鉴定专家组意见，拟定现场安全检测和工程复核计算项目，提出鉴定工作进度计划、资金安排和组织分工等具体意见和要求。

　　现场安全检测与工程复核计算工作，一般应委托具备相应资质的检测单位和设计单位进行。承担上述任务的单位必须按时提交现场检测报告和工程复核计算分析报告。

　　在鉴定过程中，发现尚需对工程补作检测或核算的，水闸上级主管部门应及时组织实施。

　　水闸安全鉴定专家组应审查工程现状调查分析报告、现场安全检测报告和工程复核计算分析报告；主持召开鉴定会议，进行水闸安全分析评价，评定水闸安全类别，提出水闸安全鉴定结论，编制水闸安全鉴定报告书。

　　技术鉴定工作结束后，水闸上级主管部门应组织编写安全鉴定工作总结。安全鉴定工作总结和水闸安全鉴定报告书应报上一级主管部门备案，1、2 级水闸的鉴定资料还应报水利部和有关流域机构。安全鉴定资料应归档长期保管。

四、水闸安全鉴定的特点

　　（1）涉及面广。从水闸安全鉴定的程序和分工看，水闸安全鉴定涉及面广。参与的单位有：水闸工程的管理部门、上级主管部门、现场安全检测单位、复核计算分析单位和水闸安全鉴定专家组。甚至现场安全检测单位，也根据检测资质和能力，可选择数家单位对不同建筑物进行现场安全检测。因此，安全鉴定的组织和协调尤为重要。

　　（2）技术性强、覆盖的专业面多。水闸安全鉴定工作技术性强、覆盖的专业面多，内容比较复杂。水闸结构物类型包括混凝土结构、金属结构及启闭机、土工建筑物、石工建筑物、电气设备、观测设备等。SL214—98《水闸安全鉴定规定》从原则上规定了水闸安全鉴定的内容，但具体现场安全检测和复核计算等应符合国家现行有关标准的规定。如：水闸的分级应按照 SL252—2000《水利水电工程等级划分及洪水标准》有关规定执行；工程检查观测内容及观测设施有效性的检验等，应符合 SL75—94《水闸技术管理规程》有关要求；地基土和填料土基本工程性质指标的测定，混凝土结构、闸门和启闭机以及电气设备等检测工作，应分别按照 GB/T50123—1999《土工试验方法标准》、SL237—1999《土工试验规程》、DL/T5150—2001《水工混凝土试验规程》、CECS03：88《钻芯法检测混凝土强度技术规程》、JGJ/T23—2003《回弹法检测混凝土抗压强度技术规程》、CECS21：90《超声法检测混凝土缺陷技术规程》、CECS02：88《超声回弹综合法检测混凝土强度技术规程》、SL101—94《水工钢闸门和启闭机安全检测技术规程》等有关规定执行；其他项目的检测工作尚需按照相关标准执行；水闸工程复核计算应符合 SL265—2001《水闸设计规范》及其相关的 SL/T191—96《水工混凝土结构设计规范》、SL74—95《水利水电工程钢闸门设计规范》和 SL203—97《水工建筑物抗震设计规范》等。

五、水闸技术管理与安全鉴定的讨论

水闸安全鉴定与设计有很大不同，它涉及面广，影响因素复杂。为使安全鉴定更具合理性，鉴定结论更符合工程实际情况，须开展安全监测设施的更新和改造，建立标准化体系，加强新技术的推广应用，深入开展安全鉴定理论体系研究，进一步发挥计算机在安全鉴定方面的作用。

（1）加强水闸安全鉴定的行业管理。水闸安全鉴定是确保水闸安全的重要手段和途径。SL214—98《水闸安全鉴定规定》虽然在原则上对现状调查、现场检测和安全评定等均作了原则性的规定，但在具体到工程安全鉴定上，各检测单位和技术人员、安全鉴定专家对规范的理解和掌握程度不同，在内容和深度上把握不一，缺乏可操作性；部分检测报告质量良莠不齐，部分无法反映现状水闸的工程质量，甚至出现部分与实际相反的结论，直接影响了水闸安全等级评定，甚至导致水闸除险加固不彻底的严重后果。因此，提高安全检测与评估的可操作性、客观性尤为重要。因此，加强水闸安全鉴定的行业管理尤为重要。

（2）开展安全监测设施的更新和改造。安全监测资料是分析建筑物工作性态，保障工程安全运行的重要依据。在建筑物出现位移、变形、渗漏、裂缝扩展时，主要依靠原型观测资料来评价建筑物的安全与否，目前多以效应量的变化趋势作为评估依据。然而，由于种种原因，水闸的观测设施普遍比较匮乏，有些甚至没有监测设施。原型观测资料的匮乏，导致目前安全鉴定更多依靠有经验的专业人员和专家相结合进行现场观察检查，对照规范开展复核计算，根据类似工程开展安全评价。然而从安全评价的复杂性看，应采用内、外部观测资料和现场检测相结合的综合分析方法，力争全面、正确地评价建筑物的安全状况。因此，有必要开展安全监测设施的更新和改造，实现观测资料的实时分析。

（3）制订水闸安全鉴定实施细则。目前，我国水利水电行业已经建立了设计规范，施工、验收及质量评定标准和管理标准三大标准体系。近年来，随着评估鉴定和加固工作的深入，我国先后制订了 CJ13—86《危险房屋鉴定标准》、GBJ144—90《工业厂房可靠性鉴定标准》、

CECS25：90《混凝土结构加固技术规程》、YB9257—96《钢结构检测评定及加固技术规程》等一系列标准。水利部也先后制订了 SL214—98《水闸安全鉴定规定》、SL101—94《水工钢闸门和启闭机安全检测技术规程》、SL226—98《水电金属结构报废标准》等行业标准，在一定程度上规范了水闸安全检测，但由于水利工程结构形式的特殊性、复杂性和多样性。因此，有必要结合水闸特点，有必要制订水闸安全鉴定实施细则。

（4）加强新技术的推广应用。混凝土建筑物的病害类型主要有裂缝、渗漏、剥蚀三种。其中影响安全和使用的最大病害是裂缝。在安全检测中，确定裂缝病害的关键是探测。传统的探测方法有超声波法、声波跨孔法等。在混凝土强度检测的主要方法有回弹法、超声回弹综合法和射钉法等，这些方法主要反映了混凝土的表层强度；然而，对于使用多年的混凝土建筑物，混凝土碳化深度较深，采用上述方法检测不能完全反映混凝土强度，因此，在安全检测中，往往采用取芯法来校正其他强度测试方法。混凝土内部缺陷检测主要采用超声波法和射线法，超声波法需要两个被测物有两个相对临空面，且穿透深度有限，同时受到结构物材料中的钢筋和含水量的影响；射线法现场测试难度大，且对测试者有一定伤害。

随着科学技术的发展，最近几年又发展了脉冲应力法、表面波仪、大坝 CT 和地质雷达技术。经工程应用表明，表面波和地质雷达检测混凝土安全检测技术是当前比较省时、省力、快速检测混凝土工程质量的新技术，且检测结果具有一定的可靠性。值得加以推广应用。

（5）加强理论体系研究。水闸安全鉴定是针对现有具体结构当前的安全程度和功能状态，通过适当的方法得到其老化阶段可靠性，给出定量（定性）结论，并最终预测该结构今后可靠性降低情况。耐久性微观机理是对现有建筑物进行诊断、鉴定的基础。目前我国在耐久性方面研究较多，结合耐久性评估的结构安全可靠度、结构风险分析等方面研究较少；仍处于探索阶段，虽初步建立了混凝土冻融破坏预测模型和大气环境下混凝土中钢筋锈蚀预测模型，但在结构耐久性分析中，环境因素与破坏机理、结构性质和外界作用等均存在不确定和不确知因素，在加强基础研究的同时，建议引入模糊数学和随机过程，建立基于多因素和不确定性的推理方法、神经网络模型和专家系统，提高耐久性评估水平。

结构损伤诊断与评估是一个相互关联的问题，实际工程往往可以分为两种情况：一是系统识别问题，即已知结构所受的荷载和整体响应，求出结构参数，从结构参数的变化来推断损伤程度及结构的完整性；另一种是统计推理和模糊评价，即已知结构的基本参数及损伤特征等不完整的信息，要求对结构的耐久性和安全性做出评估。目前，人工神经网络技术能够初步识别简单工程结构及基本构件，但如何实现大体积复杂结构损伤诊断仍需深入研究。

结合水闸在运行过程中的随机性、模糊性和未确知性，开展水闸广义可靠性理论研究，分析建筑物在外部环境和系统本身所包含的任何不确定性因素作用下，在设计使用年限内能正常工作的概率。另外，在运行过程中，其可靠性指标随时间推移而发生变化，如何建立服役期建筑物随时间变化的动态可靠度分析方法急待解决。

（6）建立水闸安全管理系统，加强水闸安全管理的政策法规体系建设。我国开始进入全面建设小康社会，经济飞速发展，区域和区域经济以及人民生命财产安全都迫切需要高保证率的现代化水利工程体系的保障，以促进经济和社会稳定。因此，加强水闸安全管理，确保水闸安全和正常运行，是非常紧迫和必要的工作。但水闸安全管理涉及社会、经济和科学技术等各方面的复杂关系，是一个庞大的系统工程。因此，实现水闸安全管理，一是靠切实可行的法律法规和规章制度，即依法实施水闸安全管理；二是靠先进的科学技术，发挥科技在安全管理中的作用，提高管理人员素质，提高科技贡献率；三是靠协调一致的政策、体制和机制。

水闸安全管理政策法规体系建设从宏观高度，从政策法规层面上总体把握全国水闸安全，实现安全管理制度化、法制化，确保水利部实施有效的水闸动态安全管理的行业指导和技术监督。目前，涉及水闸安全管理的法规、规范和规程偏少，仅有 SL214—98《水闸安全鉴定规定》、SL74—95《水闸技术管理规程》等数部规范，尚未建立水闸安全管理政策法规体系。而我国的水库安全管理政策法规体系，使我国水库的日常管理和维护、安全鉴定和除险加固均逐步走上了良性、健康发展的道路，这对我们开展水闸工程安全管理政策法规体系研究提供了有益的参考和启示。如何结合水闸工程实际，建立行之有效的水闸安全管理政策法规体系，是水闸安全管理之急需。

与此同时，如何在技术层面上有效指导水闸基层管理单位和上级管理单位等相关部门开展水闸日常管理、安全鉴定和除险加固等技术工作也非常迫切。水闸基层管理人员技术业务能力相对较低，工程管理技术手段落后，管理工作中科技含量相对偏低，有时无法及时发现工程病害；部分工程即使发现了病害，也因为信息闭塞，无法及时采用效果好的新材料、新技术解决，出现修了又坏，坏了又修的恶性循环状态，从而加重水闸安全隐患。因此，加强信息流通，提高水闸管理人员的技术管理水平，提高水闸安全管理的科技含量，对于减少病害发生和提高维修加固的可靠性，延长水闸的安全运行年限具有重要意义。"98.8"长江大洪水后，党和政府投入大量建设资金开展了水闸的除险加固工作，积累了各类病险水闸的除险加固技术经验。今后若干年病险水闸加固的工作量也非常大，任务也非常繁重，因此及时总结除险加固的经验，加强和水闸安全从业人员交流，提高水闸除险加固工作的针对性，对于指导其他水闸的除险加固工作和提高基层水闸管理单位的技术管理水平都具有十分重要的意义。

第三节　水闸混凝土部分的检测方法

根据 SL214—98《水闸安全鉴定规定》所规定的水闸安全鉴定工作基本程序要求，首先是进行工程现状调查分析工作。工程现状调查分析工作已在前面内容当中作了简单说明，在此不再细述。接下来则是现场安全检测工作，水闸混凝土结构的安全检测是其工作重点，为此本章着重进行介绍。

混凝土结构检测的目的是评定混凝土结构工程质量现状，为复核计算和安全评价提供基础数据。主要涉及混凝土构件外观质量检查以及混凝土构件强度、缺陷和损伤等检测。

一、水闸结构材料强度的检测

水闸主要由钢筋混凝土及浆砌块石结构组成，了解建筑物结构的材料强度对评估结构的安全性与耐久性非常重要，所以要对水闸结构材料强度进行检测，主要内容包括对混凝土强度的现场检测和对砌石砂浆强度的现场检测。

（一）混凝土强度检测

用于混凝土强度现场检测的方法有：钻芯法、回弹法、超声-回弹综合法、射钉法、拔出法等。用于砌石砂浆强度现场检测的方法有回弹法、射钉法、推出法、筒压法、剪切法、点荷法等。由于回弹法、射钉法在第二章中已作了详细介绍，本节不再赘述。检测依据的规范标准有：

（1）JGJ/T23—2003《回弹法检测混凝土抗压强度技术规程》。

（2）CECS02：88《超声回弹综合法检测混凝土强度技术规程》。

（3）CECS03：88《钻芯法检测混凝土强度技术规程》。

（4）CECS69：94《后装拔出法检测混凝土强度技术规程》。

（5）JTJ270—98《水运工程混凝土试验规程》。

（6）DL/T5150—2001《水工混凝土试验规程》。

（7）GB/T50315—2000《砌体工程现场检测技术标准》。

水闸结构混凝土具有以下特点：① 运行时间长，结构存在风化、剥蚀、破损；② 结构多为大体积混凝土；③ 结构形式多样；④ 分布地域广，材料品种复杂；⑤ 建筑物一般为水下和临水结构等。因此，现场检测应根据结构的特点选择适当的方法。

1. 钻芯法

钻芯法是一种半破损的混凝土强度检测方法，它通过在结构物上钻取芯样并在压力试验机上试压得到被测结构的混凝土强度值。该方法结果准确、直观，但对结构有局部损坏。钻芯法作为对其他无损检测方法的补充，是水闸结构混凝土强度中的一项基本的检测内容。

（1）仪器设备。目前国内、国外生产的取芯机有多种型号，用于水闸结构物上取芯的设备一般采用体积小、重量轻、电动机功率在 1.7 kW 以上、有电器安全保护装置的钻芯机。芯样加工设备包括岩石切割机、磨平机、补平器等。钻取芯样的钻头采用人造金刚石薄壁钻头。

其他辅助设备有：冲击电锤、膨胀螺栓；水冷却管、水桶；用于取出芯样榔头、扁凿、芯样夹（或细铅丝）等。

（2）芯样数量。按单个构件检测时，每个构件的钻芯数量应不少于 3 个；对于较小构件，钻芯数量可取 2 个；对构件局部区域进行检测时，由检测单位提出钻芯位置及芯样数量。

（3）芯样的钻取。

① 钻头直径选择。钻取芯样的钻头直径，不得小于粗骨料最大直径的 2 倍。

② 确定取样点。芯样取样点应选择：结构的非主要受力部位；混凝土强度质量具有代表性的部位；便于钻芯机安放与操作的部位；避开钢筋、预埋件、管线等。用钢筋保护层测定仪探测钢筋，避开钢筋位置布置钻芯孔。

③ 钻芯机安装。根据钻芯孔位置确定固定钻芯机的膨胀螺栓孔位置（一般为两个孔），用冲击电锤钻与膨胀螺栓胀头直径相应的孔，孔深比膨胀管深约 20 mm。插入膨胀螺栓并将取芯机上的固定孔与之相对套入安装上，旋上并拧紧膨胀螺栓的固定螺母。钻芯机安装过程

中应注意：尽量使钻芯钻头与结构的表面垂直；钻芯机底座与结构表面的支撑点不得有松动。接通水源、电源即可开始钻芯。

④ 芯样钻取。调整钻芯机的钻速：大直径钻头采用低速，小直径采用高速。开机后钻头慢慢接触混凝土表面，待钻头刃部入槽稳定后方可加压。进钻过程中的加压力量以电机的转速无明显降低为宜。进钻深度一般大于芯样直径约 70 mm（对于直径小于 100 mm 的芯样，钻入深度可适当减小），以保证取出的芯样有效长度大于芯样的直径。进钻到预定深度后，反向转动操作手柄，将钻头提升到接近混凝土表面然后停电停水、卸下钻机。

将扁凿插入芯样槽中用榔头敲打致使芯样与混凝土断开，再用芯样夹或铅丝套住芯样将其取出。对于水平钻取的芯样用扁螺丝刀插入槽中将芯样向外拨动，使芯样露出混凝土后用手将芯样取出。

从钻孔中取出的芯样在稍微晾干后，标上清晰的标记。若所取芯样的高度及质量不能满足要求，则重新钻取芯样。结构或构件钻芯后所留下的孔洞应及时进行修补，以保证其正常工作。

（4）芯样试件加工。芯样抗压试件的高度和直径之比在 1～2 的范围内。采用锯切机加工芯样试件时，将芯样固定，使锯切平面垂直于芯样轴线。锯切过程中用水冷却人造金刚石圆锯片和芯样。芯样试件内不应含有钢筋，如不能满足则每个试件内最多只允许含有 2 根直径小于 10 mm 的钢筋，且钢筋应与芯样轴线基本垂直并不得露出端面。锯切后的芯样，当不能满足平整度及垂直度要求时，可采用以下方法进行端面加工：① 在磨平机上磨平；② 用水泥砂浆（或水泥净浆）或硫磺胶泥（或硫磺）等材料在专用补平装置上补平，水泥砂浆（或水泥净浆）补平厚度不宜大于 5 mm，硫磺胶泥（或硫磺）补平厚度不宜大于 1.5 mm。补平层应与芯样结合牢固，以使受压时补平层与芯样的结合面不提前破坏。

（5）抗压强度试验。

① 芯样试件几何尺寸测量。

平均直径：用游标卡尺测量芯样中部，在相互垂直的两个位置上，取其二次测量的算术平均值，精确至 0.5 mm。

芯样高度：用钢卷尺或钢板尺进行测量，精确至 1 mm。

垂直度：用游标量角器测量两个端面与母线的夹角，精确至 0.10。

平整度：用钢板（玻璃）或角尺紧靠在芯样端面上，一面转动板尺，一面用塞尺测量与芯样端面之间的缝隙。

② 芯样尺寸偏差及外观质量超过以下数值时，不能作抗压强度试验。

端面补平后的芯样高度小于 0.8d（d 为芯样试件平均直径），或大于 2.0d 时。

沿芯样高度任一直径与平均直径相差达 2 mm 以上时。

端面的不平整度在 100 mm 长度内超过 0.1 mm 时。

端面与轴线的不垂直度超过 2° 时。

芯样有裂缝或有其他较大缺陷时。

③ 芯样抗压试验。芯样试件的抗压试验按现行国家标准《普通混凝土力学性能试验方法》中对立方体试块抗压试验的规定进行。

芯样试件在与被检测结构或构件混凝土湿度基本一致的条件下进行抗压试验。如结构工作条件比较干燥，芯样试件应以自然干燥状态进行试验，如结构工作条件比较潮湿，芯样试件应以潮湿状态进行试验。

按自然干燥状态进行试验时,芯样试件在受压前应在室内自然干燥 3 d;按潮湿状态进行试验时,芯样试件应在(20±5)°C 的清水中浸泡 40~48 h,从水中取出后应立即进行抗压试验。

(6)芯样混凝土强度的计算。混凝土芯样试件抗压强度 $f_{w,r}$ 按式(4-1)计算:

$$f_{w,r} = A\frac{4P}{\pi d^2} \tag{4-1}$$

式中　A——不同高径比的芯样试件混凝土强度换算系数,从表4-1选用;

　　　P——芯样试件抗压试验测得的最大压力(kN);

　　　d——芯样试件的平均直径(mm)。

表 4-1　芯样试件混凝土强度换算系数

高径比	0.8	0.9	1.0	1.1	1.2	1.3	1.4	1.5	1.8	2.0
系数 A	0.9	0.95	1.0	1.04	1.07	1.10	1.13	1.15	1.20	1.24

芯样试件抗压强度 $f_{w,r}$ 换算为相应于测试龄期的、边长为 150 mm 的立方体试块的抗压强度值 $f_{cu,ce}$,按式(4-2)计算:

$$f_{cu,ce} = Kf_{w,r} \tag{4-2}$$

式中　K——换算系数,按表4-2选用。

表 4-2　换算系数 K

芯样直径/mm	150	100	70	55
换算系数 K	1.0		1.12	

(7)芯样混凝土试件强度代表值的确定。在同一构件上钻取的芯样,取芯样试件混凝土强度换算值中的最小值作为其代表值。

2. 超声-回弹综合法

超声-回弹综合法是利用超声法与回弹法各自的优点,弥补单一方法中的不足,以提高检测精度。

(1)仪器设备。该方法的仪器设备主要由超声仪和回弹仪,其仪器的性能、要求与回弹法中介绍的相同。

(2)测区布置。

① 当按单个构件检测时,在构件上均匀布置测区,每个构件上的测区数不应少于 10 个。

② 对同批构件按批抽样检测时,构件抽样数不少于同批构件的 30%,且不少于 10 件,每个构件测区数不应少于 10 个。作为按批检测的构件,其混凝土强度等级、原材料配合比、成型工艺、养护条件及龄期、构件种类、运行环境等须基本相同。

③ 对长度不大于 2 m 的构件,其测区数量可适当减少,但不少于 3 个。

④ 测区布置要使得:测区布置在构件混凝土浇灌方向的侧面;测区均匀分布,相邻两测

区的间距不宜大于 2 m；测区避开钢筋密集区和预埋件；测区尺寸为 $200 \text{ mm} \times 200 \text{ mm}$；测试面应清洁、平整、干燥，不应有接缝、饰面层、浮浆和油垢，并避开蜂窝、麻面部位，必要时可用砂轮片清除杂物和磨平不平整处，并擦净残留粉尘。

⑤ 结构或构件的每一测区，先进行回弹测试，后进行超声测试。非同一测区内的回弹值及超声声速值，在计算混凝土强度换算值时不能混用。

（3）回弹值的测量与计算。回弹测试、计算及角度、测试面的修正方法同回弹法。值得注意的是，该方法的同一回弹测区在结构的两相对测试面对称布置，每一面的测区内布置 8 个回弹测点，两面共 16 个测点。

（4）声速值的测量与计算。超声测点布置在回弹测试的同一测区内。测量超声的声时时，需保证换能器与混凝土耦合良好；测试的声时值精确至 0.1 μs，声速值精确至 0.01 km/s。超声测距的测量误差不大超过 $\pm 1\%$；在每个测区内的相对测试面上，应各布置 3 个测点，且发射和接收换能器的轴线应在同一轴线上。

测区声速应按式（4-3）、式（4-4）计算：

$$C = \frac{l}{t_\text{m}} \tag{4-3}$$

$$t_\text{m} = (t_1 + t_2 + t_3)/3 \tag{4-4}$$

式中　C——测区声速值（km/s）；

　　　l——超声测距（mm）；

　　　t_m——测区平均声时值（μs）；

　　　t_1, t_2, t_3——测区中 3 个测点的声时值。

当在混凝土浇灌的顶面与底面测试时，测区声速值应按式（4-5）修正：

$$C_a = \beta \times C \tag{4-5}$$

式中　C_a——修正后的测区声速值；

　　　β——超声测试面修正系数。

在混凝土浇灌顶面及底面测试时，$\beta = 1.034$。

（5）混凝土强度的推定。

① 程强度计算及修正。结构或构件混凝土测区的混凝土强度换算值 f_i，根据修正后的测区回弹值 R_i 及修正后的测区声速值 C_i，优先采用专用或地区测强曲线推算，当无该类曲线时可参考式（4-6）、（4-7）计算：

当粗骨料为卵石时

$$f_i = 0.003\,8 C_i^{1.23} R_i^{1.95} \tag{4-6}$$

当粗骨料为碎石时

$$f_i = 0.008 C_i^{1.72} R_i^{1.57} \tag{4-7}$$

经过计算得到的测区混凝土强度值，还需要根据钻芯试验对其进行修正，钻芯数量不少于 3 个，钻芯位置应在回弹、超声测区上。修正系数值 K 的确定及修正方法与回弹法所介绍的类似，只要将公式中的回弹强度替换为回弹综合法强度即可。

② 强度推定。结构或构件的混凝土强度推定值 f_{cu}，可按下列条件确定：

a. 当按单个构件检测时，单个构件的混凝土强度推定值 f_{cu}，取该构件各测区中最小的混凝土强度换算值 $f_{cu.min}$。

b. 当按批抽样检测时，该批构件的混凝土强度推定值按式（4-8）计算：

$$f_{cu,e} = m_{f_{cu}} - 1.645 S_{f_{cu}} \tag{4-8}$$

式中　　$f_{cu,e}$——结构或构件的混凝土推定值（MPa）；

　　　　$m_{f_{cu}}$——结构或构件各测区混凝土强度换值的平均值（MPa）；

　　　　$S_{f_{cu}}$——结构或构件各测区混凝土强度换值的标准差（MPa）。

③当同批测区混凝土强度换算值标准差过大时，该批构件的混凝土强度推定值为该批每个构件中最小的测区混凝土强度换算值的平均值，即：

$$f_{cu,e} = \frac{1}{m} \sum_{j=1}^{m} f_{cu,min.j} \tag{4-9}$$

式中　　$f_{cu,min.j}$——第 j 个构件中的最小测区混凝土强度换算值（MPa）。

3. 拔出法

拔出法是一种现场混凝土强度检测的新技术方法。它通过在混凝土一定深度埋入一锚固件，由液压拔出仪向外拉拔锚固头，直至混凝土破坏后锚固件拔出。此时读出拔出仪上的拔出力，由混凝土抗拔力与强度之间的关系换算得到被检测结构的混凝土强度值。

拔出法的主要优点有：由于拔出法试验的混凝土的破坏机理与其力学性能有关，因而拔出力与混凝土抗压强度有着较好的相关性。另由于锚固件埋入混凝土有一定的深度，所以试验受混凝土表面状况的影响较小。笔者认为，拔出法在老建筑物的检测、评估中可以发挥较大的作用。

（1）仪器设备。拔出试验设备由拔出仪、钻孔机、磨槽机及锚固件等组成。

① 拔出仪。拔出仪由加荷装置、测力装置及反力支承三部分组成。拔出仪的反力支撑有圆环式或三点式。拔出力大于测试范围内的最大拔出力；对于圆环式拔出试验装置工作行程不小于 4 mm；对于三点式拔出试验装置工作行程不小于 6 mm；允许示值误差为 ±2%F. S.；测力装置具有峰值保持功能。

圆环式拔出试验装置的反力支承内径为 55 mm，锚固件的锚固深度为 25 mm，钻孔直径为 18 mm。

三点式拔出试验装置的反力支承内径为 120 mm，锚固件的锚固深度为 35 mm，钻孔直径为 22 mm。

圆环式拔出仪适用于粗骨料最大粒径不大于 40 mm 的混凝土，三点式拔出仪适用于粗骨料最大粒径不大于 60 mm 的混凝土，即三点式拔出仪较适合于水闸等老建筑物的检测使用。

② 钻孔机。钻孔机可采用金刚石薄壁空心钻或冲击电锤。金刚石薄壁空心钻带有冷却水装置，钻孔机带有控制垂直度及深度的装置。

③ 磨槽机。磨槽机由电钻、金刚石磨头、定位圆盘及冷却水装置组成。

④ 锚固件。锚固件由胀簧和胀杯组成。胀簧锚固台阶宽度为 3 mm。

拔出试验前，对钻孔机、磨槽机、拔出仪的工作状态是否正常及钻头、磨头、锚固件的规格、尺寸是否满足成孔尺寸要求，均应进行检查。

（2）检测方法。结构或构件的混凝土强度可按单个构件检测或同批构件按批抽样检测。

当混凝土强度等级、原材料、配合比、施工工艺、养护条件、龄期及所处环境基本相同情况下，构件可作为同批构件按批抽样检测。

① 测点布置。按单个构件检测时，应在构件上均匀布置 3 个测点。当 3 个拔出力中的最大拔出力和最小拔出力与中间值之差均小于中间值的 15% 时，仅布置 3 个测点即可；当最大拔出力或最小拔出力与中间值之差大于中间值的 15%（包括两者均大于中间值的 15%）时，应在最小拔出力测点附近再加测 2 个测点。

当同批构件按批抽样检测时，抽检数量不少于同批构件总数的 30%，且不少于 10 件，每个构件不应少于 3 个测点。

测点宜布置在构件混凝土成型的侧面，如不能满足这一要求时，可布置在混凝土成型的表面或底面。

在构件的受力较大及薄弱部位应布置测点，相邻两测点的间距不小于锚固深度的 10 倍，测点距构件边缘不小于锚固深度的 4 倍。

测点应避开接缝、蜂窝、麻面部位和混凝土表层的钢筋、预埋件。

测试面应平整、清洁、干燥，对饰面层、浮浆等应予清除，必要时进行磨平处理。

结构或构件的测点进行编号，并描绘测点布置示意图。

② 钻孔与磨槽。在钻孔过程中，钻头应始终与混凝土表面保持垂直，垂直度偏差不大于 3°。

钻孔直径比规定的尺寸大约 0.1 mm，但不能超过 1.0 mm。钻孔深度应比锚固深度深 20 ~ 30 mm。

在混凝土孔壁磨环形槽时，磨槽机的定位圆盘需始终紧靠混凝土表面回转，使磨出的环形槽形状规整。

锚固深度允许误差为 ± 0.8 mm；环形槽深度为 3.6 ~ 4.5 mm。

③ 拔出试验。将胀簧插入成型孔内，通过胀杆使胀簧锚固台阶完全嵌入环形槽内，保证锚固可靠；拔出仪与锚固件用拉杆连接对中，并与混凝土表面垂直；施加拔出力应连续均匀，其速度控制在 0.5 ~ 1.0 kN/s；施加拔出力至混凝土开裂破坏、测力显示器读数不再增加为止，记录极限拔出力值精确至 0.1 kN；当拔出试验出现异常时，将该测值舍去，在其附近补测一个测点；拔出试验后，对拔出试验造成的混凝土破损部位进行修补。

（3）混凝土强度的换算公式。拔出仪出厂时，由厂家提供仪器测强曲线的参考公式。检测人员也可根据本地区、部门或常见的混凝土材料特点，建立一条曲线公式，方法如下：

① 建立测强曲线试验用混凝土，不少于 6 个强度等级，每一强度等级混凝土不少于 6 组，每组由 1 个至少可布置 3 个测点的拔出试件和相应的 3 个立方体试块组成。

② 每组拔出试件和立方体试块，采用混凝土，在同一振动台上同时振捣成型、同条件自然养护。

③ 拔出试验的测点布置在试件混凝土成型侧面，在每一拔出试件上，进行不少于 3 个测点的拔出试验，取平均值为该试件的拔出力计算值 F（kN），精确至 0.1 kN。3 个立方体试块抗压得到试块强度值。

④ 将每组试件的拔出力计算值及立方体试块的抗压强度代表值汇总,按最小二乘法原理进行回归分析:

测强曲线的方程式采用直线形式。

(4)混凝土强度的换算及推定。

① 混凝土强度换算。混凝土强度换算值按式(4-10)计算:

$$f_{cu}^c = AF + B \qquad (4\text{-}10)$$

式中　　f_{cu}^c——混凝土强度换算值(MPa);

　　　　F——拔出力(kN);

　　　　A,B——测强公式回归系数。

当被测结构所用混凝土的材料与制定测强曲线所用材料有较大差异时,需在被测结构上钻取混凝土芯样,根据芯样强度对混凝土强度换算值进行修正,芯样数量不少于 3 个,在每个钻取芯样附近做 3 个测点的拔出试验。修正系数值 K 的确定及修正方法与回弹法所介绍的类似,只要将公式中的回弹强度替换为拔出强度即可。

② 单个构件的混凝土强度推定。单个构件的拔出力计算值,应按下列规定取值:

当构件 3 个拔出力中的最大和最小拔出力与中间值之差均小于中间值的 15% 时,取最小值作为该构件拔出力计算值。

当有加测点时,加测的 2 个拔出力值和最小拔出力值一起取平均值,再与前一次的拔出力中间值比较,取小值作为该构件拔出力计算值。

将单个构件的拔出力计算值代入式(4-10)计算强度换算值,再以钻芯试验得到的修正系数乘以强度换算值作为单个构件混凝土强度推定值。

③ 按批抽检构件的混凝土强度推定。将同批构件抽样检测的每个拔出力代入式(4-10)计算强度换算值并进行修正(方法同上)。

计算所有测点强度换算值的平均值 $m_{f_{cu}^c}$、标准差 $S_{f_{cu}^c}$。混凝土强度的推定值 $f_{cu,e}$ 按下列公式计算:

$$f_{cu,e1} = m_{f_{cu}^c} - 1.645 S_{f_{cu}^c} \qquad (4\text{-}11)$$

$$f_{cu,e2} = m_{f_{cu,min}^c} = \frac{1}{m} \sum_{i=1}^{m} f_{cu,min.i}^c \qquad (4\text{-}12)$$

式中　　$f_{cu,e1}$——批抽检构件强度推定值的第一条件值(MPa);

　　　　$f_{cu,e2}$——批抽检构件强度推定值的第二条件值(MPa);

　　　　m——批抽检构件总数;

　　　　$m_{f_{cu,min}^c}$——批抽检构件混凝土强度值中最小值的平均值(MPa);

　　　　$f_{cu,min.i}^c$——第 i 个构件混凝土强度值中的最小值(MPa)。

取第一、二条件值中的较大值作为该批构件的混凝土强度推定值。

(二)砌石砂浆强度检测

砌石砂浆强度现场检测的方法有回弹法、射钉法、推出法、简压法、剪切法、点荷法等。

以下主要介绍回弹法，而射钉法与混凝土强度检测中的射钉法基本相似，只是所用射钉仪的能量较小。

回弹法与混凝土强度检测的方法相似，该方法检测测区不受限制、对结构无损伤，回弹仪有定型的产品，性能稳定、操作方便。

（1）仪器设备。主要仪器设备为砂浆回弹仪，其冲击动能为 0.196 J，在钢砧（HRC 为 60 ± 2）上的率定值为 74 ± 2。每一次检测前需对回弹仪进行率定检验。砂浆强度检测同样要进行碳化深度检测，因此，需要酚酞酒精溶液。

（2）检测方法。

① 测区、测点。以 250 m³ 砌体或按同结构、同强度等级、品种为一个取样单位。

每一取样单位的测区数不少于 10 个，每 15～20 m² 范围可布置一个测区，最多两个测区，测区大小为 0.2～0.3 m²。当发现测区中回弹值离散性大时（ C 值大于 30%），可适当加大测区数。

每个测区中均匀布置 12 个测点，相邻两测点间距不小于 20 mm，测点避免在块石边缘、气孔或松动的砂浆上。

测区的饰面层、粉刷层、勾缝砂浆、浮浆、油污等需清理干净并打磨平。

② 测试。砂浆回弹仪的操作方法同混凝土回弹仪。在每一测点上连续弹击 3 次，以第 3 次弹击的回弹值作为该测点有效回弹值；回弹测试完毕后，在每一测区内选择不少于一处测量碳化深度值，以 d 作为测区的碳化深度算术平均值。

③ 砂浆强度计算。从测区 12 个回弹值中剔除一个最大值和一个最小值，将剩余的 10 个回弹值的算术平均值作为该测区的平均回弹值。根据测区的平均回弹值和平均碳化深度值，按式（4-13）～式（4-15）计算砂浆强度值：

$d \leqslant 1.0$ mm 时：

$$f_i = 13.97 \times 10^{-5} R^{3.57} \qquad (4\text{-}13)$$

1.0 mm $\leqslant d \leqslant 3.0$ mm 时：

$$f_i = 4.85 \times 10^{-4} R^{3.04} \qquad (4\text{-}14)$$

$d \geqslant 3.0$ mm 时：

$$f_i = 6.34 \times 10^{-4} R^{3.60} \qquad (4\text{-}15)$$

式中　f_i——第 i 个测区的砂浆强度计算值（MPa）；

　　　R——第 i 个测区的测点平均回弹值。

（3）强度评定。由式（4-16）计算得到抽样单位的强度评定值 f：

$$f = \bar{f} \qquad (4\text{-}16)$$

式中　$\bar{f}$——抽样单位测区强度平均值（MPa）。

通过计算测区强度的标准差、变异系数，可对砂浆的匀质性进行判别。

二、钢筋分布的检测

钢筋分布检测包括钢筋混凝土中钢筋的位置、方向和混凝土保护层厚度。检测钢筋位置和混凝土保护层厚度可用电磁法。电磁法的测量原理是将两个线圈的 U 形磁铁作探头，给一个线圈通交流电，然后用检流计测量另一线圈中的感应电流，若线圈与混凝土中的钢筋靠近时，感应电流将增大，反之，将减少。

用这个原理制造的混凝土保护层厚度测定仪。测量保护层厚度的范围为 40～200 mm，钢筋直径 $\phi10～32$。当探测厚度小于 40 mm 时，可探测的钢筋最小直径为 2 mm。

（1）检测仪器：筋混凝土保护层测定仪、量程 2～3 m 的钢卷尺。

（2）检测步骤：

① 率定。取与被测构件内部相同的钢筋，其长度为 500 mm（如需精确测量或钢筋较密时，应采用与构件实际配筋情况相同的钢筋网进行率定），在空气中使探头与钢筋保持平行并依次靠近钢筋，分别测记探头底面与钢筋表面的距离（即模拟保护层厚度）和仪表读数。以仪表读数为纵坐标，保护层厚度为横坐标，绘出率定曲线。

② 测量。钢筋位置的测定：接通电源开关，手拿探头使其在待测混凝土表面做有规则的移动。当探头靠近钢筋时，表针发生偏移，继续移动探头，直至表针偏移最大，这表明探头探测正前方有钢筋。然后在此位置旋转探头，使表针偏转最大为止。这时被测钢筋的轴向与探头的轴向一致。记下此位置和方向，即为钢筋的位置。

若使探头继续沿钢筋轴向移动，则对应于表针偏转最大的地方即为钢筋交叉点。

③ 钢筋混凝土保护层厚度测定。根据已知的钢筋直径，将选择键置于相应的档极上，接通电源，将探头远离钢筋，测调零点，将探头放在被测钢筋轴线上方，由表头刻度读出的数值，再查对率定曲线即可测出被测钢筋的保护层厚度。

（3）注意事项：

① 仪器与探头的分辨能力是有限的，当相邻钢筋水平间距 α 大于临界值 α_{min} 时，仪器能方便确定每条钢筋的位置，对于不同仪器，其 α_{min} 值有所不同，在测试前必须掌握，以确保其精度。

② 为消除仪器零点飘移的影响，使用过程中应经常注意调整零点。

③ 当被测混凝土保护层厚度小于 10 mm 时，为保证其测读精度，可在探头和混凝土表面之间加一块厚 20 mm 的不含铁磁物质的非金属垫块，再将测量结果扣除 20 mm，便得到实际保护层厚度。

第四节　闸门及启闭机安全检测

一、概　述

由于 20 世纪 50 年代的设计经验和依据欠缺，生产和施工技术水平低，60 年代后又受到

各种干扰，加之结构设计、施工技术和管理都存在不同程度问题，此期间建造的结构物存在缺陷和安全隐患者较多。另外，水利水闸金属结构的现行使用年限和设计基准期虽然尚无明确的规定，若按一般结构的设计基准期30～50年计算，这些水利水闸金属结构物已进入"中年"或"老年"。事实上，经过几十年的运行，结构物也会产生不同程度的损伤，或已不能满足当前的使用要求，结构物接近或超过设计寿命的终了期。这些金属结构物·旦失事，将给下游广大地区的人民生命财产和国民经济的发展造成不可估量的损失。对已建水闸金属结构物进行可靠性鉴定，正确评价金属结构的现状，评估其剩余使用寿命，以合理地、科学地利用这些金属结构物，是十分重要的。

目前存在问题的金属结构物可分三类。第一类是20世纪五六十年代建造，由于使用时间长，金属出现腐蚀造成构件截面的有效尺寸不同程度地减小，及其他的自然损伤或安全等隐患，第二类是在使用中由于意外事故或条件改变或管理问题造成损伤的，第三种乃由于设计、施工缺陷造成先天不足的。

闸门和启闭机的结构形式比较多，除有大量的钢闸门外，还有少数的混凝土闸门，混凝土闸门中又有钢筋混凝土和钢丝网闸门；钢闸门的结构形式也比较复杂，有平板门、弧形门、有垂直提升门、横拉门等。启闭机形式有多种多样，常用的就有液压式启闭机、螺杆式启闭机。采用钢筋混凝土和钢丝网闸门，甚至还存在一些小型的木闸门，这些非钢结构的闸门在不断进行的更新改造过程中逐步被淘汰或停止使用。对于这些小型闸门的安全性仍不可忽视，但相对来说小型闸门所辖的流域面积较小，所造成的后果较轻，重点应放在大中型闸门的安全管理上。对于这些小型的钢筋混凝土和钢丝网闸门的安全检测可参考钢闸门的检测，钢闸门及启闭机的安全检测内容不包含的，可参考有关混凝土检测的内容和方法以及有关的规范和规程。

在对闸门及启闭机进行安全检测与评估时，参照的标准有：

（1）SL41—93《水利水电工程启闭机设计规范》。

（2）SL75—94《水闸技术管理规程》。

（3）SL101—94《水工钢闸门和启闭机安全检测技术规程》。

（4）DL/T5019—94《水利水电工程启闭机制造、安装及验收规范》。

（5）DL/T5018—94《水利水电工程钢闸门制造安装及验收规范》。

（6）SL74—95《水利水电工程钢闸门设计规范》。

（7）SL105—95《水工金属结构防腐蚀规范》。

（8）SL214—98《水闸安全鉴定规定》。

（9）SL226—98《水利水电工程金属结构报废标准》。

（10）SL240—1999《水利水电工程闸门及启闭机、升船机设备管理等级评定标准》。

（11）GB/T11345—1992《钢焊缝手工超声波探伤方法和探伤结果分级》。

另外，对闸门及启闭机的安全检测具有一定的周期性。根据SL101—94《水工钢闸门和启闭机安全检测技术规程》规定，下列情况要进行安全检测与评估：

（1）闸门和启闭机安装完毕蓄水运行，闸门承受水头达到或接近设计水头时，应进行第一次安全检测。如达不到设计水头，则应在运行6年以内，进行第一次安全检测。

（2）第一次安全检测后，应每隔10～15年对闸门和启闭机进行一次定期安全检测。项目可有所侧重。

（3）凡未进行定期安全检测的闸门和启闭机，大型工程运行期满 30 年、中型工程运行期满 20 年，必须进行一次全面的安全检测。

（4）特殊情况的安全检测。如发生烈度为 7°及 7°以上地震、超设计标准洪水、误操作事故、破坏事故等情况时，必须对闸门和启闭机进行一次安全检测。检测时先进行巡视检查和外观检测，必要时，再进行其他项检测。

二、安全检测的内容与方法

影响水闸金属结构安全的因素较多，根据 SLl01—94《水工钢闸门和启闭机安全检测技术规程》，闸门和启闭机安全检测的主要内容为：

（1）锈蚀检测，包括涂层厚度、蚀余厚度、蚀坑深度。

（2）外形尺寸与变形检测，包括外形尺寸、损伤变形、磨损、挠度等。

（3）无损检测，包括焊缝或零部件缺陷位置和缺陷大小。

（4）材料材性检测，包括强度、伸长率、硬度、冲击韧性。

（5）电机检测，包括电压、电流、绝缘电阻、温升、转速。

（6）液压系统检测，包括液压系统泄漏量。

（7）钢丝绳检测，包括磨损量、断丝数、破断拉力等。

巡视检查与外观检查，包括金属结构状况以及运行的保证强度，变形、破损、锈蚀以及传动系统、润滑系统、联接件等运行状态。

（一）巡视检查

巡视检查作为水闸管理单位的技术管理重要组成部分，是水闸经常检查和定期检查的重要内容之一。主要检查与闸门和启闭机相关的水力学条件、水工建筑物是否有异常迹象，附属设施是否完善、有效，并判断对闸门和启闭机的影响。

（1）检查方法和程序。检查时根据水闸管理单位的巡视检查记录进行抽样检查。巡视检查前要详细了解与闸门和启闭机相关水工建筑物的岁修、养护、观测情况，以确定闸门的工作状况。

（2）巡视检查内容。根据 SLl01—94《水工钢闸门和启闭机安全检测技术规程》规定，巡视检查内容包括：

① 泄水时，闸门的进水口、门槽附近及闸门后水流流态是否正常。

② 闸门关闭时的漏水状况。

③ 闸墩、门槽、胸墙、门墩、牛腿等部位是否有裂缝、剥蚀、老化等异常情况。

④ 门槽及孔口附近区域是否有气蚀、冲刷、淘空等破坏现象。

⑤ 闸墩及底板伸缩缝的开合错动情况，是否有不利于闸门和启闭机的不均匀沉陷。

⑥ 通气孔是否有坍塌、堵塞或排气不畅等情况。

⑦ 启闭机室是否有错动、裂缝、漏水、漏雨等异常现象，并判明对启闭机运行的影响。

⑧ 闸门和启闭机的附属设施是否完善。

⑨ 寒冷地区闸门的防冻设施是否有效。

⑩ 电气控制系统及设备和备用电源能否正常工作，自备电源起动时间是否满足要求。

⑪ 巡视检查时，应做好现场检查记录。

（3）巡视检查记录。巡视检查的记录可参考 SLl01—94《水工钢闸门和启闭机安全检测技术规程》中的相关规定。

（二）外观形态检测

外观形态检测由工程管理单位组织检查，是安全检测必须检测项目，是工程管理的经常性工作。检测前要详细了解闸门和启闭机的保养、检修和运行情况。通过外观检查，可以对闸门整体状况有一个直观的了解。外观检查以目测为主，配合使用量测工具，对闸门的外观形态和锈蚀状况等进行检查。外观检测时，要对水闸管理单位的记录进行抽样检查，在此基础上，详细记录检测情况。必要时可配以图片、照片、摄像等加以说明。

外观形态检测以目测为主，配合必要的量具进行，如钢卷尺、游标卡尺和钢尺等。外观形态检测包括以下内容：

（1）闸门门体的明显变形，构件的折断、损伤及局部明显变形。

（2）焊缝及其热影响区表面的裂纹等危险缺陷及其异常变化。

（3）闸门和启闭机零部件，如吊耳、吊钩、吊杆、连接螺栓、侧反向支承装置、充水阀。

（4）止水装置、滑轮组、制动器、锁定等装置的表面裂纹、损伤、变形和脱落。

（5）闸门和移动式启闭机行走支承系统的变形损坏和偏斜、啃轨、卡阻现象，滚轮的变形损坏，转动灵活程度。

（6）平面闸门轨道（弧形闸门轨板、铰座）、门楣（包括钢胸墙）、止水座板、钢衬砌等埋设件的磨蚀和变形。

（7）启闭机机架的损伤、裂纹和局部明显变形。

（8）启闭机传动轴的裂纹、磨损及明显变形。

（9）开式齿轮轮齿啮合状况，轮齿的断齿、崩角、磨损和压陷等。

（10）卷扬式启闭机卷筒表面、卷筒幅板、轮缘的损伤和裂纹等。

（11）螺杆式启闭机螺杆和螺母的裂纹、磨损，螺杆的弯曲。

（12）液压启闭机缸体、端盖、活塞杆等零件的损伤和裂纹，液压缸和油路的泄漏。

外观形态检测记录可参考 SL101—94《水工钢闸门和启闭机安全检测技术规程》中的相关规定。

（三）裂缝检测

这里要检测的裂缝主要指金属结构的受力变形缝及损伤缝。受力变形缝多与结构超载运行、设计缺陷、施工缺陷或材质下降和老化等因素有关；损伤缝则是由于意外事故或碰撞等引起的折损凹陷裂缝。

裂缝检测应弄清其位置和分布、长度、宽度和深度，提供裂缝产生的原因或为原因分析提供必要的判断依据。裂缝检测分为裂缝普查和裂缝形态的定量检测。

裂缝普查的目的是通过对于金属结构的外观检查，并结合必要的工具以查清其存在裂缝显现的形态及位置分布等。常用方法如下：

（1）采用包有橡皮的木锤轻敲构件各部分，如声音不清脆、传音不均，可肯定有裂缝损伤。

（2）用10倍以上放大镜观察构件表面，如发现油漆表面有直线黑褐色锈痕、油漆表面有细直开裂、油漆条形小块起鼓，且里面有锈末，构件就有可能开裂，此时应铲除表层油漆后仔细检查。

（3）在有裂纹症状处用滴油剂方法检查，不存在裂纹时油渍成圆弧状扩散，有裂缝时油渗入裂缝后成线状伸展。

一旦发现裂缝，就应对同类构件进行详细检查。

在普查发现裂缝的基础上应根据实际情况使用常规检测仪器进行定量检测，用以测定裂缝的长度、宽度及深度，判定裂缝是否贯穿，具体方法如下：

（1）在发现裂缝的结构表面划出方格网，用不小于10倍的放大镜逐格寻找裂缝，记录裂缝位置，用读数显微镜测定裂缝宽度。

（2）对重点受力部位和外观检测时怀疑有裂纹但难以确定时，应采用渗透、磁粉探伤或超声波探伤方法来检测金属结构表面、近表面或内部是否存在细微裂缝。

渗透探伤应符合GBl50—1989《钢制压力容器》附录H"钢制压力容器渗透探伤"规定。

磁粉探伤应符合JB3965—85《钢制压力容器磁粉探伤》规定。

超声波探伤应符合GB/T11345—1992《钢焊缝手工超声波探伤方法和探伤结果的分级》规定。

在全面细致地对构件进行检查和检测后，还要对裂缝附近的构件材料、制作条件和受力状态等进行综合分析，找出裂缝产生的原因，才能对裂缝进行处理。

（四）焊缝质量检测

焊缝质量检测分为普通检查和仪器检测两个层次。普通检查可初步确定焊缝施工质量概况，仪器检测则可对金属结构焊缝质量进行较精确的测量。此项检测用以说明金属结构工程施工时的焊接质量及经过多年使用后质量的保持情况。

普通检测包括以下几方面：

（1）外观检查。清除金属结构焊缝上的污垢，用不小于10倍的放大镜检查焊缝质量，观察并记录焊缝的咬边、焊缝表面的波纹、飞溅情况以及缝的弧坑、焊瘤、表面气孔、灰渣和裂纹情况等。

（2）尺寸检查。用测量焊缝的样板或量规测量焊缝尺寸，并记录测量结果。

（3）钻孔检查。通过外观检查和尺寸检测，对金属结构焊缝存在质量问题或有质量怀疑的部位或区域，用钻机在焊缝上钻孔，边钻孔边观察焊缝内是否存在气孔、夹渣、未焊透以及裂缝。钻头直径一般选用 $\phi 8 \sim 12$ mm。钻孔深度根据焊接方式确定如下：对接焊缝钻孔深度为焊件厚度的2/3；角焊缝钻孔深度为焊件厚度的 1.0 ~ 1.5 倍。

对于焊缝的内部缺陷，可以采用射线探伤或超声波探伤进行检测，对于受力复杂、易产生疲劳裂纹的零部件，应首先采用渗透或磁粉探伤方法进行表面裂纹检查；发现裂纹后，应用射线探伤法或超声波探伤法，确定裂纹的走向、长度和深度。

焊缝内部缺陷探伤检查的长度占焊缝全长的百分比应符合 SL101—94《水工钢闸门和启闭机安全检测技术规程》、YB9257—96《钢结构检测评定及加固技术规程》、DL/T709—99《压力钢管安全检测技术规程》的规定：

一类焊缝，超声波探伤应不少于 20%，射线探伤应不少于 10%；

二类焊缝，超声波探伤应不少于 10%，射线探伤应不少于 5%。

使用年限较短的金属结构，抽样比例可以酌减。

发现裂纹时，应根据具体情况在裂纹延伸方向增加探伤长度，直至焊缝全长。

（1）检测焊缝质量的超声波法。采用金属超声波检测仪，仪器的要求及检测方法应符合 GB/T11345—1992《钢焊缝手工超声波探伤方法和探伤结果的分级》规定。

超声波检验是利用超声波能透入金属材料的深处，并由一截面进入另一截面时，在界面边缘发生反射的特点来检查材料缺陷的一种方法。

超声波探伤具有灵敏度高、操作方便、快速、经济、易于实现自动化探伤等优点，得到广泛运用。但对缺陷的性质、不易准确判断，须结合其他情况进行推断。

焊缝质量的超声波法检测有脉冲反射法、穿透法和谐振法三种，用得最多的是脉冲反射法。而脉冲反射法在实际运用中主要有两种方法：

① 接触法。接触法探伤示意见图 4-3。将探头与构件直接接触（接触面上涂油类作耦合剂），探头在构件表面移动时利用探头发出的超声脉冲在构件中传播，一部分遇到缺陷被反射回来，一部分抵达构件底面，经底面反射后回到探头。缺陷的反射波先到达，底面的反射波（底波）后到达。探头接收到的超声脉冲以变换成高频电压，通过接收器进入示波器。

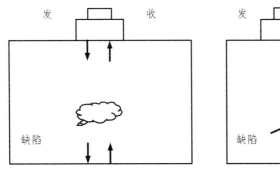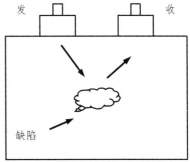

图 4-3　接触法探伤示意图

探头可以用 1 个或 2 个，单探头同时起发射和接收超声波的作用。双探头则分别承担发射、接收超声波的作用。双探头法要优于单探头法。

② 斜探头法。斜探头法探伤示意图如图 4-4 所示。使超声波以一定的入射角进入构件，根据折射定律产生波形变换，选择适当的入射角和第一介质的材料，可以使构件中只有横波传播。利用改变探头的入射角也可以产生表面波和板波。

作超声波探伤前，焊缝必须先经过外观检查合格后才能进行超声波探伤检验。一般沿焊缝方向 300 mm 长为一探测段。当确定和标出探测段后，探测段焊缝两侧表面探头移动和接触的范围均应清除油污、锈斑、熔渣、金属飞溅，并应磨平。

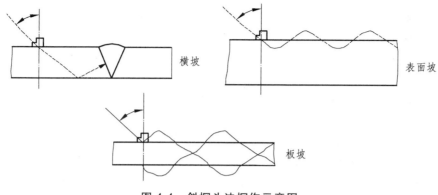

图 4-4　斜探头法探伤示意图

超声波探伤检验焊缝质量，一般按缺陷反射当量（或反射波高在预定的区域范围）和缺陷的指示长度来评定。因此，应在指定的试块上，用规定的探伤灵敏度预先制作距离与波幅曲线。该曲线由测长线、定量线和判废线组成。

（2）检测焊缝质量的射线探伤法。射线探伤法是检测焊缝内部缺陷的一种比较准确和可靠的方法，可以显示出缺陷的平面位置、形状和大小。射线探伤法主要分 X 射线探伤法和 γ 射线探伤法两种，它们在不同程度上都能透过不透明的物体，与照相胶片发生作用。当射线通过被检查的材料时，由于材料内的缺陷对射线的衰减和吸收能力不同，因此通过材料后的射线强度也不一样，作用在胶片上的感光程度也不一样，将感光的胶片冲洗后，用来判断和鉴定材料内部的质量。X 射线探伤法用于厚度不大于 30 mm 的焊缝，γ 射线探伤法用于厚度大于 30 mm 的焊缝。进行透照的焊缝表面要先进行平整度检查，要求表面状况以不妨碍底片缺陷的辨认为原则，否则应事先予以整修。

射线探伤法的实施应符合 GB3323—1987《钢熔化焊对接接头射线照相和质量分级》的规定。

探伤检查中发现的裂纹，必须分析其产生的原因并判断发展趋势。

（五）腐蚀状况检测

腐蚀状况检测可采用各种形式的测厚仪或其他行之有效的方法和量测工具进行。目前采用较多的是超声波测厚仪，如 CTS-300 型超声测厚仪测量构件的蚀余厚度。量测工具一般采用改进的游标卡尺。在检测前，应作好金属结构表面的处理工作，表面处理一般可分两步，首先用水将构件表面的泥垢、杂草及尘土等杂物冲洗掉，然后再用钢丝刷及刮刀除去构件表面的铁锈以及其他附着的水生物，再用软布将构件表面擦干净。

金属结构的腐蚀分类和检测内容如下：

（1）锈蚀形态的划分。金属结构的锈蚀形态可分为全面锈蚀（普遍性锈蚀）和局部锈蚀。全面锈蚀是表面均匀的锈蚀，而孔蚀、沟蚀、间隙锈蚀、接触处锈蚀、漆膜脱落锈蚀属局部锈蚀。

（2）腐蚀程度等级。钢结构的腐蚀程度一般按以下五级划分：

① 轻微腐蚀：涂层基本完好，局部有少量锈斑或不太明显的锈迹，构件表面无麻面现象或只有少量浅而分散的锈坑。

② 一般腐蚀：涂层局部脱落，有明显锈斑或锈坑，但锈坑深度较浅，或虽有较深的锈坑，但少而分散，构件尚无明显削弱。

③ 较重腐蚀：涂层大片脱落，或涂层与金属分离且中间夹有锈皮，密集成片的锈坑或较重麻面连成较大区域，局部有较深的点锈坑（坑深为 1.5～2.5 mm），构件的有效截面已有一定程度的削弱。

④ 严重腐蚀：锈坑较深且密布成片，局部有很深的锈坑（坑深在 2.5 mm 以上），构件的有效截面已严重削弱。

⑤ 锈损：深锈坑密布，面积占构件截面积的 1/4 以上，局部已锈损或出现孔洞。

（3）腐蚀检测的主要内容。金属构件或部件的腐蚀检测一般应给出下述结果或腐蚀特征，按照提供的结果拟定检测内容。根据 SL101—94《水工钢闸门和启闭机安全检测技术规程》的要求，应给出的结果有：

① 腐蚀部位及其分布状况。

② 严重腐蚀面积占结构或构件表面积的百分比。

③ 遭受腐蚀损坏构件的蚀余截面尺寸。

④ 蚀坑（或蚀孔）的深度、大小、发生部位、蚀坑（或蚀孔）的密度。

腐蚀状况检测的主要方法如下：

（1）常规检测法。检测腐蚀状况一般工具有各种形式的测厚仪和精密量具（如特制的游标卡尺、百分表测针等）。常用检测方法有测厚法、橡皮泥充填法、割取试件法等。

对于均匀腐蚀或虽有锈坑但深度较浅的构件，通常采用测厚法测量构件的实际厚度。

构件上锈坑较深（如蚀孔腐蚀）但少而分散时，宜采用特制的量具进行测量，测量各锈坑深度、面积和锈坑的分布，最终给出最大锈坑深度、平均锈坑深度，单个最大锈坑面积，构件截面的最大减小量。

构件上锈坑较深而且密布成片时，宜采用橡皮泥充填法测量，测量最大锈坑深度，单个最大锈坑面积，构件截面的最大减小量和平均减小量。

对于允许切割的构件，可采用割取试样法进行检测。

（2）线性极化法。绝大多数金属腐蚀过程的本质是电化学过程的，因此在腐蚀试验和检测中广泛地应用电化学测试技术。

线性极化法测定金属腐蚀速度是近三十年来迅速发展起来的，具有灵敏、快速、实用等优点，可用于连续自动记录和现场检测。由于外加讯号微弱，不会引起电极表面状态及周围介质的变化，所测的腐蚀电位和腐蚀速度不受测量的影响。

线性极化法的原理是：在腐蚀电位附近线性区，利用腐蚀电流 i_{corr} 与极化曲线在腐蚀电位附近的斜率 R_p 成反比，对于活化极化控制的腐蚀体系腐蚀电流 I_c 与极化电阻之间存在以下关系：

$$i_{corr} = \frac{b_a \times b_c}{2.3(b_a + b_c)} \times \frac{1}{R_p}$$

当局部阳极反应受活化控制，而局部阴极反应受氧化剂的扩散控制（如氧的扩散控制）时，$b_c \to \infty$，则上式又简化为 $i_c = b_a / 2.3R_p$，测量方法与要点如下：

① 塔费尔常数 b_a 与 b_c 的确定。

a. 测定腐蚀体系阴阳极极化曲线，由塔费尔直线段的斜率求出 b_a 与 b_c。

b. 在弱极化区利用三点法求出 b_a 与 b_c。

c. 根据腐蚀体系的电化学特性和规律在有关文献中选取。

② 极化电阻 R_p 的确定。

直接测量腐蚀体系在 ε_{corr} 附近的极化曲线，然后在 $\varepsilon = \varepsilon_{corr}$ 时作曲线的切线，其切线的斜率 $(d\varepsilon/di)\varepsilon_{corr}$ 即为极化电阻 R_p。

对于处于淡水环境的水电站，水的电阻大，测量系统中 I_p 较大，加上试样经过严格表面处理，所测腐蚀率与实际的腐蚀率有一定的误差，该方法较适用于近海电阻较小的水域。

（六）材料试验

由于种种原因，有些水闸的金属结构部分没有材料出厂证明书和工程验收文件，或者材料牌号不清，或者材质性能不明，对于这样的工程，在进行质量鉴定和安全评估时需要作金属材料试验以确定其机械性能和化学成分，鉴别材料牌号。

金属结构材料试验以检测材料强度为主，检测内容包括：其一为现场取样、送试验室做拉伸试验；其二为表面硬度测试，即直接测试钢材上的布氏硬度，通过有关公式计算钢材强度；其三为化学分析，即通过化学分析测量出钢材中有关元素的含量，然后代入相关公式推求出钢材强度。

1. 样品试件的拉伸试验

样品试件的拉伸试验应符合 GB228—76《金属拉力试验法》、JTJ055—83《公路工程金属试验规程》之《焊接接头及焊缝金属的机械性能试验法》的要求。

（1）取样。现场取样应考虑到所取试样须具有代表性，同时又要尽可能地使取样对结构物的损伤达到最小。对于焊接接头和焊缝金属的抗拉试验，试样应不少于 2 个，个别试件的试验结果不符合要求时，应取双倍数量的试件进行复试。

（2）试样的加工。试样分为比例试样和非比例试样两种。设 l_0 为试样标距，F_0 为试样横截面面积，则：比例试样 $l_0 = 5.65\sqrt{F_0}$ 时为短试样；$l_0 = 11.3\sqrt{F_0}$ 时为长试样；非比例试样的实际标距长度与其原横截面间无一定的关系，而是根据构件的尺寸和材质，给以规定的平行长度和标距长度。

试样平行长度 $l = l_0 + b_0/2$，其中 b_0 为试样标距部分的宽度。

钢板试样的宽度 b_0，可根据构件的厚度采用 10 mm、15 mm、20 mm 和 30 mm 四种。构件的厚度应采用实测结果。

板状试样的形状分带头和不带头两种，带头试样两头部轴线与标距部分轴线的偏差不大于 0.5 mm。

测定焊接接头抗拉强度的试件的形状与尺寸，应符合《焊接接头及焊缝金属的机械性能试验法》的要求。

（3）拉伸试验的加载测试和结果计算。试样在万能试验机上加载，试验时缓慢地在试样两端施加荷载，使试样的工作部分轴向受拉，引起试样沿轴向伸长，一般加载到试样拉断为止。荷载分级、加载方法和测读方法应按符合 GB228—76《金属拉力试验法》规范。

通过拉伸试验确定试样的比例极限 σ_p、弹性模量 E、物理屈服极限 σ_s、条件屈服极限 $\sigma_{0.2}$、抗拉强度 σ_b、真实断裂强度 S_k、延伸率 δ、断面收缩率 φ 等材质参数。

① 比例极限 σ_p 的测定。在弹性直线段计算出相当于小等级负荷的平均伸长增量，将此值增大 1.5 倍，在试验记录中查出等于或接近于后者的数值，其对应的负荷即为比例极限负荷 P_p。当所需的伸长增量在记录中出现数次时应取第一次的负荷值。如需精确测定，可用内插法计算 P_p。比例极限按式（4-17）计算：

$$\sigma_p = \frac{P_p}{F_0} \tag{4-17}$$

② 屈服点的确定。对于有明显屈服现象的构件，其屈服点可借助试验机测力度盘的指针或拉伸曲线来确定；对于拉伸曲线无明显屈服现象的构件，试样在拉伸过程中标距部分残余伸长达到原标距长度的 0.2% 时为其屈服点。

屈服强度为

$$\sigma_s = \frac{P_s}{F_0} \quad （有明显屈服现象构件） \tag{4-18}$$

$$\sigma_{0.2} = \frac{P_{0.2}}{F_0} \quad （无明显屈服现象构件） \tag{4-19}$$

抗拉强度为

$$\sigma_b = \frac{P_b}{F_0} \tag{4-20}$$

真实断裂强度

$$S_k = \frac{P_k}{F_k} \tag{4-21}$$

式中　　$\sigma_{0.2}$，σ_s——试样的屈服强度（MPa）；

　　　　σ_b——试样的抗拉强度（MPa）；

　　　　S_k——试样断裂时的真实应力；

　　　　P_s——试样达到屈服平台时最小荷载（N）；

　　　　$P_{0.2}$——试样在拉伸过程中标距部分残余伸长达到原标距长度的 0.2% 时的荷载（N）；

　　　　P_b——试样拉断后的最大荷载值（N）；

　　　　P_k——试样拉断时的荷载值（N）；

　　　　F_0——试样标距部分原始的最小横截面面积（mm^2）；

　　　　F_k——试样断裂后缩颈处横截面面积（mm^2）。

③ 延伸率和断面收缩率的测定。延伸率 δ 是指试样在拉断后其标距部分所增加的部分与原标距长度的百分比，断面收缩率 φ 则为试样拉断后缩颈处横截面积的最大缩减量与原横截面积的百分比，δ 及 φ 按式（4-22）、（4-23）计算：

$$\delta = \frac{l_1 - l_0}{l_0} \times 100\% \tag{4-22}$$

$$\varphi = \frac{F_0 - F_k}{F_0} \times 100\% \qquad (4\text{-}23)$$

式中 l_0——试样原标距长度（mm）；

$\quad\quad l_1$——试样拉断后的标距长度（mm）。

试样拉断后需按以下方法测量标距部分的长度：

a. 将试样拉断后的两段在拉断处紧密对接起来，尽量使其轴线位于一条线上；如拉断由于各种原因形成缝隙，则此缝隙应计入试样拉断后的标距部分长度内。

b. 如拉断处到邻近标距端点的距离大于 $l_0/3$ 时可直接测量两端点间的距离（ l_0 为试样标距）。

c. 如拉断处到邻近标距端点的距离小于或等于 $l_0/3$ 时按图 4-5 方法量测。

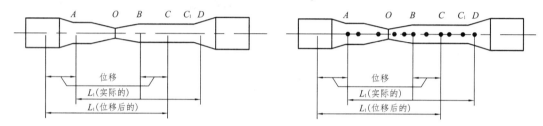

图 4-5　试样拉断长度量测示意图

在长段上，从拉断处 O 点取基本等于短段格数，得 B 点。接着取等于长段所系格数（偶数）之半得 C 点；或者取所余格数（奇数）减 1 与加 1 之半得 C 与 C_1 点。移位后的 l_1 分别为

$$l_1 = AO + OB + 2BC \qquad (4\text{-}24)$$

或

$$l_1 = AO + OB + BC + BC_1 \qquad (4\text{-}25)$$

2. 金属构件表面硬度测试

金属硬度常用布氏硬度计或洛氏硬度计测定，测定方法应符合 GB/T230—2004《金属洛氏硬度试验》和 GB/T231—2002《金属布氏硬度试验》之规定。

（1）布氏硬度试验法。金属的布氏硬度试验方法，是用一定直径的钢球，在规定的负荷作用下压入被试金属表面，保持一定时间后卸除负荷，最后测量试样表面的压痕直径，计算出布氏硬度值。

布氏硬度值（HB）是指在试样上压痕球形面积所承受的平均压力（N/mm），按式（4-26）计算：

$$HB = \frac{2P}{\pi D(D - \sqrt{D^2 - d^2})} \qquad (4\text{-}26)$$

式中 P——通过钢球加在压痕表面上的负荷（N）；

$\quad\quad D$——钢球直径，一般采用 2.5 mm、5.0 mm 或 10.0 mm；

$\quad\quad d$——压痕直径（mm）。

试验时应注意钢材厚度应不小于压痕深度的 10 倍，钢材的平面尺寸和钢球直径公差应符合规范要求。

钢材强度 σ_b 与布氏硬度值 HB 之间存在如下关系：

低碳钢　　　　$\sigma_b = 3.6 \text{HB}$

高碳钢　　　　$\sigma_b = 3.4 \text{HB}$

调质合金钢　　$\sigma_b = 3.25 \text{HB}$

式中　　σ_b ——钢材的极限强度（ N/mm^2 ）；

　　　　HB ——布氏硬度，直接从钢结构上测得。

σ_b 确定以后，可根据同种材料的屈强比计算钢材的屈服强度或条件屈服强度，最后给出检测结果时尚应考虑其保证率。

（2）洛氏硬度试验法。采用洛氏硬度标准压头（120° 金刚石圆锥或 1/16 或 1/8 钢球）先后施加两次负荷，即用初负荷（98 N）和总负荷（初负荷 + 主负荷 588 N、980 N 或 1 470 N）压入试样表面，初负荷作用下的压入深度与在总负荷作用后卸去主负荷而保留初负荷时的压入深度之差 $(h_1 - h_0)$ ，定为金属的洛氏硬度值。

洛氏硬度值用 HR 表示，由 h 来计算，它相当于压头向下轴向移动的距离，一个硬度值等于 0.002 mm 的距离。试验时 h 愈大，表示钢材硬度愈低，反之则硬度愈高。计算公式为：

当用 A 或 C 标尺试验时

$$\text{HRA 或 HRC} = 100 - \frac{h(\text{mm})}{0.002(\text{mm})} \tag{4-27}$$

当用 B 标尺试验时

$$\text{HRB} = 130 - \frac{h(\text{mm})}{0.002(\text{mm})} \tag{4-28}$$

3. 金属的冲击韧性试验

当金属结构由于温度降低、应力集中以及其他因素而具有向脆性状态过渡的倾向时，需进行冲击韧性试验。试验方法应符合 GB/T1817—95《硬质合金常温冲击韧性试验方法》之规定。

（1）试样。现场取样后一般应加工梅氏标准试样，其尺寸及加工光洁度如图 4-6 所示。若采用非标准试样进行试验时，试样类型应在试验记录中注明，各种试样的冲击韧性值不能相互换算，必要时可预先通过试验获得相关系数，将不同试样的冲击韧性值与同一材料标准试样的冲击韧性值进行比较。

对于试样或刻槽圆弧表面有横向加工痕迹的、试样上有淬火或其他裂缝的、棱边上有毛刺以及外形及尺寸公差不符合规范要求的，不得用作试验。

（2）试验设备。试验应在试样可自由地安置于两支座上的摆式冲击试验机上进行，试验机的最大能量一般不大于 300。试验机表盘刻度应保证冲击功读数精确到不低于其最大能量的 0.5%。

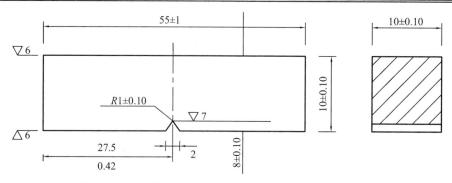

图 4-6 冲击韧性试验标准试样示意图（单位：mm）

试验机应由国家计量部门定期检验合格。

（3）试验结果。试样折断时的冲击功 A_k（J）可由试验机刻度盘上直接读出，也可由摆锤扬起角度计算（A_k 值应精确至 1J）：

$$A_k = Pl(\cos\beta - \cos\alpha) \tag{4-29}$$

式中　P——摆重（N）；

　　　l——摆长（摆轴至摆锤重心距离）（m）；

　　　α, β——试样折断前后摆锤扬起角（°）。

冲击韧性 a_k（J/cm^2）可由式（4-30）计算：

$$a_k = \frac{A_k}{F} \tag{4-30}$$

式中　A_k——冲断试样所消耗的冲击功（J）；

　　　F——试验前试样刻槽处的横截面积（cm^2）。

a_k 的计算精度应达到 1 J/cm^2。如冲击试验机能量不足或金属韧性过大，试验时将冲击能量全部吸收面试样未能折断时，则应在试验记录中注明，并在 a_k 值前加上大于符号。

4. 疲劳试验

金属的疲劳按构件所受应力的大小、应力交变频率高低通常可分为两类：一类是应力较低、应力循环的频率较高，至破断的循环次数在 10^6 以上；另一类应力大、频率低，至破断的循环次数较少（$10^2 \sim 10^6$）。

金属疲劳试验的目的是测定金属在交变荷载作用下的疲劳强度和疲劳寿命。疲劳试验方法较多，主要有拉压疲劳、扭转疲劳、弯曲疲劳和旋转弯曲疲劳等。

5. 化学分析

化学分析的目的是鉴定钢材的化学成分，以判定是否与技术条件中规定的相符合。常用的化学分析方法有：化学分析法、光谱化学分析法、火花鉴别等。

（1）化学分析法。化学分析法的试样采用试屑，可用刨取法或钻取法制备，取样前应先清除表面涂层和腐蚀层，根据钢材中各种化学成分可以粗略地估算碳素钢强度，估算公式如下：

$$\sigma_b = 285 + 7C + 0.06Mn + 7.5P + 2Si \qquad (4\text{-}31)$$

式中 C、Mn、P、Si——钢材中的碳、锰、磷和硅等元素的含量，以 0.01% 为计量单位。碳、锰、磷和硅等元素含量的测定可按现行国家标准规定进行。

① 含碳量的测定（气体容量法）。将试样置于高温炉中加热并通氧燃烧，使碳氧化成二氧化碳。混合气体经除硫后收集于量气管中，然后以氢氧化钾溶液吸收其中的二氧化碳，吸收前后体积之比即为二氧化碳体积，由此计算碳含量。

具体测定方法见 GB223.1—81《钢铁及合金中碳量的测定》。

② 含锰量的测定（亚砷酸钠·亚硝酸钠容量法）。试样经酸溶解，在硫酸磷酸介质中，以硝酸银为催化剂，用过硫酸铵将锰氧化成七价。用亚砷酸钠亚硝酸钠标准溶液滴定。试液中含钴 5 mg 以上影响终点的观测时，可加入镍抵消钴离子色泽的影响。

③ 含磷量的测定。试样以氧化性酸溶解，在约 2.2 mol/L 硝酸浓度下，加钼酸铵生成磷钼酸铵沉淀，过滤后用过量的氢氧化钠标准溶液溶解，过剩的氢氧化钠用硝酸标准溶液返滴定。试液中存在小于 100 μg 砷，500 μg 钽，1 μg 锆、钒或铌，8 μg 钨，10 μg 钛和 20 μg 硅时不影响测定结果，超出上述限量，砷用盐酸、氢溴酸挥发除去；锆、铌和钽、钛、硅用氢氟酸掩蔽，钒用盐酸羟胺还原；钨在氨性溶液中，EDTA 存在下用铍作载体分离除去。

④ 含硅量的测定。试样经酸溶解，用高氯酸蒸发冒烟使硅酸脱水，过滤洗尽后，灼烧成二氧化硅。用硫酸—氢氟酸处理，使硅生成四氟化硅挥发除去。由硅前后的重量差计算硅的百分含量。

（2）光谱分析。被激发的原子或离子的辐射光线经过聚光镜投射到看谱镜的窄缝上后被棱镜色散即成为发射的光谱。每一种元素的原子都具有自己特有的光谱，根据这一原理，在试样的光谱中查找有关元素的特征谱线是否存在，即为光谱定性分析；根据对元素谱线的强度（亮度）来判断该元素的含量，即为光谱的半定量分析。它具有分析速度快，并且可同时分析许多元素，即使含量在 0.01% 以下的微量元素也可以分析。进行光谱分析的仪器种类很多，目前普遍使用手提光谱分析仪。进行光谱分析时应：

① 光谱分析前固定电极的尖端应仔细磨光。

② 不宜在阳光强烈或有风的室外进行，电源的最大电流强度应大于 10 A。

③ 被分析试件的部位应在材料的端头或零件的非工作面，其表面应清除水分、油漆层、被腐蚀层以及所有缺陷痕迹。

④ 试件不带磁性。

⑤ 开始分析时，必须将电弧调整稳定，保证光谱的亮度和光谱线清晰准确；进行分析时，电极与被分析试件之间的间隙保持在 2~4 mm 为宜，每分析一个试件要转动一次电极，防止金属对电极污染。

⑥ 一般先进行定性分析，然后进行定量分析。对于不明牌号的钢材，分析时应采用光谱与火花鉴别相结合的方法。

（3）火花鉴别。火花鉴别是一种最简单鉴别钢材型号的方法，也用于无其他分析手段时对钢材的成分进行大致的定性和半定量分析。火花鉴别主要是通过钢材在砂轮上高速磨削后产生火花的长短、多少、爆裂的规则、颜色的亮度以及火星的形状等特征来进行鉴别的。

（七）结构试验

对于新建造和使用年限较长、结构较重要的金属结构物，为了保证其安全，尽可能地延长使用寿命和防止结构物破坏、倒塌等重大事故的发生，除进行必要的外观调查、材质参数检测外，还需要进行结构静力试验，对于那些在实际工作中主要承受动力作用的结构或构件，应同时进行动力试验。

1. 内容与要求

闸门的主梁、边梁、吊耳、支臂、面板，启闭机的门架结构、塔架结构、吊具等受力构件应进行应力检测。应力检测前，应根据材料、结构参数、荷载条件等，按 SL74—95《水利水电工程钢闸门设计规范》和 SL41—93《水利水电工程启闭机设计规范》，对闸门和启闭机主要结构进行应力计算，布置检测点。对于对称结构，除在一侧布置检测点外，还应在对称侧布置适当数量的比照测点，不得仅在一侧布点代替对称侧。

闸门和启闭机结构静应力检测应在实际水头接近设计水头时进行。必要时应充分利用实际条件获得最大水头进行检测。启闭机结构静应力检测需要外加荷载时，荷载的传力方式和作用点应明确，加载必须安全可靠。

检测结果应对照理论计算结果进行分析比较，并推算设计荷载与校核荷载时的应力。

2. 静力试验

水闸金属结构的静力测试，应根据其受力和变形特征，制定测试方案，测试方案的制订应遵循以下原则。

（1）制定试验方案之前，应详细审查和研究其设计、施工及管理运行中的有关情况和问题，作实际结构的外观调查，考察运用状况，并先完成材质参数检测。

（2）对于工程现场鉴定性试验，试验方案必须以不损伤和不破坏结构本身或减损承载力和使用功能为前提。

（3）应有周到的试验设计。它的内容应对所作的试验工作有全面的规划，从而使设计与试验大纲能对整个试验起着统管全局和具体指导的作用。

（4）应拟定较具体的测试方案，方案包括以下几项内容：

① 按整个试验目的要求，列明测试项目。

② 按确定的测试项目要求，选择测试部位，布置测点位置和数量。

③ 选择测试仪器和测量方法。

④ 仪器安装与埋设，辅助设施安装。

⑤ 加载方法和测试过程的制定。

⑥ 整理计算、提供的测试和分析结果。

（5）确定测试项目时，应充分考虑结构的整体与局部情况，对于控制截面和特殊破损部位应有相应的措施。测试项目的设置必须满足分析和推断结构工作状况的最低需要。

（6）试验设计应充分考虑原结构的设计、施工、管理、使用情况，尤其是对于受损的结构，必须了解受灾的起因、过程与结构的现状。

（7）应选择满足结构试验精度和量程要求的仪器设备，所有仪器设备应进行标定。

（8）测点布置可参考以下原则：

① 在满足测试目的的前提下，测点宜少不宜多。

② 为了保证测量数据的可靠性，宜布置一定数量的校核性测点，重要的测值、测试数据要有可比性，这种测点不应少于 2 个。

③ 测点布置有利于安装、测读。

④ 测点位置必须要有代表性，以便于分析和计算。

（9）仪器选择的要求。

① 应从实际出发选择仪器，所用的仪器需要符合量测精度与量程要求，试验误差不大于 5%。

② 选用的仪器能够适应现场工作环境和条件，对于水闸的金属结构而言主要应考虑温度、防水等。

③ 仪器的最大被测值宜在满量程的 $1/5 \sim 2/3$ 范围内，最大被测值一般不宜大于选用仪器最大量程的 80%。

④ 测试中所有仪器的读数应同时测读或基本上同时测读。

（10）拟定加载方案时，应充分考虑测试工作的方便与可能；反之，确定测点布置和测读程序时，也要根据试验方案所提供的客观条件，密切结合加载程序加以确定。

（11）对重要的试验，所测数据应边记录，边作初步整理，并与理论值或预估值进行比较，若有明显差异，宜进行重复试验。

（12）通过结构试验应能确定结构应力的大小、分布及危险截面的部位。

（13）为使试验结果准确反映结构在设计状态下的受力情况，试验状态应尽可能接近设计状态，否则应设法分级加载进行多级试验，再利用回归分析方法，建立荷载与应力的关系式，推算设计状态下的结构应力。

3. 振动检测

通过结构自身固有特性的变化来识别结构的损伤程度，为结构的可靠度诊断和剩余寿命的估计提供依据。

金属结构的振动检测主要是：测定作用在金属结构上荷载的动力性（数值、方向、频率等），测定结构的动力特性（自振频率、阻尼和振型等），测定结构在动荷载作用下的响应（动位移、动应力等）。

振动检测主要是推求结构动力特性及结构在各荷载工况条件共振的可能性与动力放大系数等。

结构动力特性主要包括结构的自振频率、阻尼系数和振型等一些基本参数。

结构振动检测的记录仪器在有条件时应优先采用以 A/D 转换和计算机结合的数据采集和分析一体化的智能仪器设备，可以进行实时数据采集分析，并能实现数据储存。

根据常用的测振仪器的性能，一般可构成电磁式测试系统、压电式测试系统和电阻应变式测试系统。选配测试系统时，应注意选择测振仪器的技术指标，使传感器、放大器和记录仪器的灵敏度、动态范围、频率响应和幅值范围等技术指标合理配套，以保证测试结果的准确性和可靠性。

结构动力特性可以采用人工激振法和环境随机振动法（脉动法）求得。

检测时传感器应布置在结构可能产生最大振幅的部位。但要避开某些构件可能产生的局部振动。

进行某一固有频率的结构振动型测试时，各测点仪器必须严格同步，量取测值时，必须注意振动曲线的相位，以确定测值的正负。

结构固有频率的测定，可通过频谱分析直接取得，也可通过根据测试系统实测的结构衰减振动波形曲线上计算：

$$f_0 = \frac{Ln}{t_1 S} \qquad\qquad (4\text{-}32)$$

式中　　L ——一个标准时间在图上的距离（mm）；

　　　　t_1 ——标准时间（s）；

　　　　S ——选定的图形长度（mm）；

　　　　n —— S 长度内的波形数量。

结构的阻尼特性一般用对数衰减率 δ（也有用平均衰减率 δ_a）或阻尼比 D 来表示，仍由实测的结构衰减振动波形曲线计算：

$$\delta = \ln \frac{A_i}{A_{i+1}} \qquad\qquad (4\text{-}33)$$

或

$$\delta_a = \frac{1}{n} \ln \frac{A_i}{A_{i+n}} \qquad\qquad (4\text{-}34)$$

式中　　A_i, A_{i-1} ——相邻两波的振幅值；

　　　　n ——波形个数。

根据对数衰减率 δ 与阻尼比 D 之间的关系 $\delta = 2\pi D / \sqrt{1-D^2}$，即可计算阻尼比。

振型的测定一般采用在结构上安装足够数量的传感器，当激发结构共振时，同时记录结构各部位的振幅和相位，比较各测点的振幅和相位后绘出振型曲线。

在动力荷载作用下，结构的动应力和动挠度一般均大于静荷载作用的情况，结构的动力响应测定，主要就是测定振动引起的动力放大系数。尤其是在闸门漏水或闸门提升过程中达到某一开启度引起闸门剧烈振动时的动力放大系数。

（八）闸门启闭力检测和启闭机考核

1. 闸门启闭力

（1）内容和要求。闸门启闭力检测必须在完成巡视检查和外观检测的各项检测工作后进行。检测前，应按 SL74—95《水利水电工程钢闸门设计规范》校核检测条件下的理论启闭力。闸门启闭力检测应在高水头（设计允许范围内）条件下进行。

闸门启闭力检测的目的是测定闸门在实际挡水水头下的启门力、持住力、闭门力及启闭力过程线，并确定在此情况下闸门的最大启门力、最大持住力、最大闭门力。然后根据检测数据反演计算，求得设计情况下的启门力、持住力、闭门力和最大启门力、最大闭门力、最大持住力。反演计算时，应考虑止水装置、支承装置局部损坏对启闭力的影响。

（2）试验准备。检测工作开始前，应满足下列条件：

① 门槽结构情况良好，门槽内无异物卡阻。

② 闸门整体无影响运行的变形。

③ 闸门的支承装置、支铰装置能正常工作。

④ 启闭机吊具与闸门连接可靠，卷扬式启闭机（含门机和台车式启闭机，下同）钢丝绳在卷筒和滑轮上缠绕正确，绳端固定牢固；钢丝绳必须安全可靠。

⑤ 双吊点闸门应满足同步要求。

⑥ 移动式启闭机全行程范围内的轨道两旁无影响运行的杂物，制动器动作正确、可靠。

⑦ 启闭机所有机械部件、连接装置、润滑系统、电气设备及控制系统等都能正常工作。

检测时应做检测记录，闸门启闭力检测记录表见 SL101—94《水工钢闸门和启闭机安全检测技术规程》中的附录 C。

（3）检测仪器。闸门启闭力检测可采用拉、压传感器，也可以采用动态应变仪或其他测力计。当采用动态应变仪时，启闭力检测的测点应布置在启闭机吊具、吊杆、闸门吊耳等构件的受力均匀部位。闸门每个吊点上的应变片不应少于 4 个。闸门启闭力检测应进行 3 次，当各次检测数据相差较大时，应找出原因，重新进行检测。

（4）检测注意事项。检测快速闸门的启闭力时，应做好手动停机的准备，以防闸门过速下降。闸门启闭力检测完毕，应全面检查闸门的支承装置、止水装置、起吊装置及启闭机传动装置的零部件、机架、电气设备等，有无明显的异常现象和残余变形，并作出记录。

2. 启闭机考核

（1）一般规定。启闭机考核必须在完成巡视检查和外观检测的各项检测工作以及进行必要的维修后进行；启闭机的电气装置应接线正确，接地可靠，绝缘符合有关电力规程的要求；启闭机的过负荷保护装置、制动器、限位开关、终点（极限）行程开关、信号装置等零部件完好，动作正确、可靠；启闭机的所有机械部件、连接装置、润滑系统等都必须处于正常工作状态，注油量符合要求；卷扬式启闭机钢丝绳在卷筒和滑轮上缠绕正确，绳端固定牢固；钢丝绳必须安全可靠；移动式启闭机全行程范围内的轨道两旁无影响运行的杂物，制动器动作正确、可靠；液压启闭机泵站系统和管路系统工作正确，液压缸密封和活塞杆密封的泄漏不超过允许值；液压缸的支撑或悬挂装置牢固可靠。

考核时，应做好考核表。启闭机考核记录表式见 SL101—94《水工钢闸门和启闭机安全检测技术规程》中的附录 D。

（2）考核荷载。1999 年 1 月 1 日以前投入运行的工程，启闭机以设计文件或图样中规定的静载或动载试验值作为其考核荷载。若无规定则按下列规定处理：

① 对卷扬式启闭机，以额定启门力 F_Q 或额定持住力 F_T 的 1.10 倍作为静载试验的考核荷载，以额定启门力 F_Q 或额定持住力 F_T 的 1.00 倍作为动载试验的考核荷载。

② 对液压启闭机，液压系统的试验压力应为最高工作压力的 1.50 倍；油缸耐压试验压力应为最高工作压力的 1.25 倍；保压时间应大于 2 min。

1990 年 1 月 1 日以后投入运行的工程，按下列规定处理：

　　① 对卷扬式启闭机，以额定启门力 F_Q 或额定持住力 F_T 的 1.25 倍作为静载试验的考核荷载，以额定启门力 F_Q 或额定持住力 F_T 的 1.10 倍作为动载试验的考核荷载。

　　② 对液压启闭机，液压系统试验压力应为最高工作压力的 1.5 倍；油缸耐压试验压力应为最高工作压力的 1.25 倍；保压时间应大于 2 min。

　　静载试验的荷载可分 2～3 级，动载试验的荷载不分级。

　　（3）静载试验。静载试验的荷载应根据荷载分级逐渐增加上去，荷载起升高度应为 100～200 mm，保持时间不得少于 10 min。双向移动式启闭机试验时，小车应位于设计规定的最不利位置。试验结束，未见到各部件有裂纹、永久变形、油漆剥落，连接处无松动或损坏，则认为试验结果合格。

　　（4）动载试验。动载试验应在全扬程范围内进行 3 次。双向移动式启闭机试验时，小车应位于设计规定的最不利位置。试验时启闭机应按操作规程进行控制，且必须把加速度、减速度和速度限制在启闭机正常工作的范围内。试验结束，各部件能完成其功能试验，未发现零部件或结构构件损坏，连接处无松动或损坏，则认为试验结果合格。

　　（5）行走试验。对移动式启闭机应进行行走试验，试验荷载为 1.10 倍设计行走荷载。试验时应按实际使用情况使启闭机处于最不利运行工况。试验应往返进行 3 次。试验时，应检查下列内容：

　　启闭机运行时门架或台车架的摆动情况，是否有碍正常运行，记录最大摆幅。运行机构的制动装置是否灵活，车轮与轨道的配合是否正常，有无啃轨现象。

　　（6）稳定性试验。对于有悬臂或有回转吊的门式启闭机应进行稳定性试验。移动式启闭机的稳定性试验荷载按式（4-35）、式（4-36）计算：

$$P = \frac{1.25}{9.81} F_Q + 0.1 F_i \qquad\qquad （4\text{-}35）$$

$$F_i = \frac{r}{R} G \qquad\qquad （4\text{-}36）$$

式中　P ——稳定性试验荷载（t）；

　　　　F_i ——换算到起升悬臂（或回转吊）头部的悬臂（或回转吊）的重量（t），F_i 的计算见式（4-35）、式（4-36）；

　　　　F_Q ——启闭机额定启门力（kN）；

　　　　R ——起升悬臂（或回转吊）的重心半径（m）；

　　　　r ——起升悬臂（或回转吊）头部的重心半径（m）；

　　　　G ——起升悬臂（或回转吊）的质量（t）。

　　试验时，在启闭机的吊钩上静止的施加试验荷载而无失稳现象，则认为试验结果合格。

　　（7）考核注意事项。对液压启闭机进行考核时，应记录因活塞杆密封管路系统漏油而使活塞杆产生的沉降量。在启闭机考核过程中和考核结束后，应对结构和零部件及系统的连接情况、变形和损伤情况、振动情况、有无不正常声响等进行仔细的观察，并作出记录。其他型式的启闭机可参照有关规定进行考核。

第五节 水下缺陷的检测技术

一、概 述

水闸病害检验主要集中于水闸工程的水上结构，而水下部分病害检测比较麻烦，难度也较大，检测分析技术尚待成熟。但由于水下病害通常和水闸地基的抗渗稳定、地基变形破坏等紧密相连，处于水闸技术管理工作巡视检查和经常检查的盲区，病害的发生和扩展难以及时发现，具有隐蔽性，而且直接危及结构的安全性。江苏省水利厅 2004 年 8 月颁布的《江苏省水闸技术管理办法》明确提出水闸水下检查应着重检查水下工程的损坏情况，一般每两年进行一次。

水下工程检测技术是在水的特定环境中展开的，每项作业技能都具有较强的专一性和特殊性。20 世纪五六十年代，检测技术进展缓慢，沿袭的作业手段非常有限，且近似"原始"。长期以来，水下检测工作主要凭借潜水员的水下作业经验、判断能力和处理措施。在检测作业水域里，潜水员依靠手的触觉，进行有序探摸，若工况水质能见度较好，潜水员则直接目视检查，辨别结构体上的变异形态，如发现异状，测定位置，然后按部位态势逐一检测，并将测定情况报告水面工作人员做好记录，完成绘制检测现状图表与报告，供有关部门分析研究。这种传统的检测方法，在工程的应用广度和深度上受到极大制约，检测技术显得严重滞后，有些水下的检测项目，因保证不了工程的技术要求而被贻误下来。近年来，各有关系统部门逐步进入了检测技术的更新时期，相继引进了一系列先进的、高效能的金属与非金属的检测手段，特别是一批水下检测设备，如水下摄像监视机、水下超声测厚仪、水下磁粉探伤仪、水下电位测量仪、水下摄影器材、ROV 无人遥控潜水器、水下清刷器、水下无损探伤仪、浅层剖面仪等新颖的技术设备。国内也先后精心研制成功形式多样的作业设备，如彩色图像声纳、水下测量电视等。

（1）水下摄像监视机。手持式摄像设备专供潜水员在水下用于对人、物、景的摄像及建筑结构的检测。该设备主要由摄像头（光圈为自动聚集）、照明灯、控制箱、监视器、电缆等组成。图像有黑白及彩色两种。设备最大特点是，潜水员在水下摄像时的图像实况，随即在水面上的监视器里显示，其过程可以按需予以录制下来，包括潜水员与监控人员的原声对话。该设备一般最大工作深度 100 m。使用时，水的能见度要较好，才能确保摄像效果。

（2）水下超声测厚仪。用于对金属结构或其他金属材料进行无损测厚的仪器设备。由潜水员携带到水下进行操作。设备由水下超声测厚仪（探头）、标准试块（5 mm 钢或铜的试块）、蓄电池弃电器、耦合剂等组成。使用前，仪器需根据所要测试材料的标准厚度试块进行调试校正。潜水员工作时，仪器上数码管显示的稳定读数，即为测定材料的厚度。设备工作深度，一般在 20 m 以下。使用工况的水质，可视度必须良好，以便读数的观察。目前该类型设备，已研发到超声测厚上下同步显示并提高了工作深度的技术阶段。

（3）水下摄影器材。专用于水下的照相设备，具有良好水密性。设备由照相机（各种规格镜头）、闪光灯、取景器、测光表及胶片等组成。潜水员在拍摄前，应根据水中的透视度等摄影条件，对照被摄的物体进行测光，以调定光圈、速度、距离等技术参数。一般在水的能见度良好的情况下，摄距愈接近愈好，摄照层次清晰完好。摄照有黑白及彩照两种。常用的水下相机为135型，工作深度50 m。

（4）ROV无人遥控潜水器。一般针对大深度潜水或大面积范围的搜索，工作强度大等工程项目情况下择用。设备主要由控制台、脐带电缆、水下电缆（摄像头光圈遥控）及推进装置（电动推力器4个、可提供进退、潜浮、回转及侧移运动，螺旋桨转速可调）等组成。设备工作深度60~150 m。该设备使用的水域水质，可见度必须良好。

（5）地质雷达。地质雷达工作时，在雷达主机控制下，脉冲源产生周期性的毫微秒信号，并直接馈给发射天线，经由发射天线耦合到地下的信号在传播路径上遇到介质的非均匀体（面）时，产生反射信号。位于地面上的接收天线在接收到地下回波后，直接传输到接收机，信号在接收机经过整形和放大等处理后，经电缆传输到雷达主机，经处理后，传输到微机。在微机中对信号依照幅度大小进行编码，并以伪彩色电平图/灰色电平图或波形堆积图的方式显示出来，经事后处理，可用来判断地下目标的深度、大小和方位等特性参数。在考古、市政建设、建筑、铁路、公路、水利、电力、采矿、航空等领域都有广泛应用。近年来，国内外铁路公路等地下隧道、公路及城市道路路面、机场跑道、高切坡挡墙等重要工程项目的工程质量检测及病害诊断中，广泛采用雷达技术。主要检测衬砌厚度、破损、裂隙、脱空、空洞、渗漏带、回填欠密实区、围岩扰动等，路面及跑道各层厚度、破损情况，混凝土构件中的空洞、裂隙及钢筋分布等，检测精度可达毫米级。

二、水下成像技术

水下摄影与水下电视摄像，都是最重要的水下目视检测（UWVT）手段。由于潜水员所进行的目力检查不能提供令人信服的记录，而水下摄影又只能提供局部较小范围的检测图像，这就要借助水下电视摄像系统获得连续、实时、真实的图像，可以观察水下结构物的运行情况以及损坏情况，包括水闸底板表面腐蚀、水下混凝土有无破损、钢筋裸露、蜂窝、孔洞等，检查水下门槽、导轨及止水设备等有无破损情况及变形。调查性目力检查时发现较严重的缺陷，如凹陷、剥落、腐蚀坑、过度冲刷、防腐层脱落、裂缝以及水生物情况等，通常可采用水下摄影或水下电视摄像的方法，以获得永久性记录。

我国已经研制成功各类适用于水下成像的设备。1985年以来中科院沈阳自动化研究所先后研制出海人一号（HR-01），无缆水下机器人海人二号（HR-02），金鱼一号（IY-01）、二号（JY-02）、三号（JY-03），海潜一号，瑞康四号（RECON-IV-300-SIA-01）和高速六足步行等水下机器人，可进行水下调查录像；1986年我国从美国引进RCV-225型遥控潜水器和TC-125型手提式水下电视摄像机，用于黄龙滩大坝迎水面裂缝检查，葛洲坝二江泄水闸底板、侧墙的冲刷等检查，以及红枫大坝迎水面水下施工质量监督等。水下电视在我国丹江口、官厅、岳城、丰满等大坝现场检查中已得到应用。

（一）水下摄影和水下电视摄像的器材与设备

水下摄影和水下电视摄像器材大多是"两栖型"的，既可在水下使用，也可在水上使用。这些设备主要有水下照相机、水下电视摄像系统、水下闪光灯、水下测光表等。

（1）潜水员用水下照相机。潜水员用的水下照相机其实与水面照相机相差不多，只是在水面照相机的基础上，经适当改装而成，它们必须具备以下特点：① 在设计深度的范围内，保证水密；② 控制部分简单，容易操作，有些不很关键的控制部分可以省去；③ 光圈、焦距和快门等操作部件分布合理，而且不能过分细巧，应便于操作；④ 胶片容量大，避免经常到水面更换；⑤ 有效口径要大，以适应水下光线不足的特点；⑥ 采用广角镜头，使拍摄距离可以近一些。

（2）水下电视摄像系统。水下电视摄像系统一般由摄像头（或摄录一体机）、显示器、照明灯和辅助设备等组成，可分为水下黑白电视摄像系统和水下彩色电视摄像系统。潜水员使用的摄像器材很多。如 Osprey Elec-tronics 公司生产的 CYCLOPS OEl2ll 水下闭路电视摄像系统。当然，目前也有经改装而成的水下摄像机，它们只是将某一特定型号的袖珍摄录一体机装一特制的水密壳体（如 TR-101）之内改装而成。

（3）RCV-225 遥控深潜器。是从美国引进的水下检测设备，它包括潜水摄像器、收发操纵架、控制台、监视器等设备，具有体积小、使用操作灵便特点。深潜器自带的水下照明和摄像机可以提供清水中 10 m 以内的清晰图像，可以对水下检查的物体进行测量、照相、录像，其水下检测深度范围为几米至数百米。RCV-225 遥控深潜器使用条件也受到一些环境限制，例如：浑水中的检测效果差，检测水域流速要小于 1.25 m/s，被检测物体表面不能覆盖有淤泥等沉淀物，潜水摄像器在动水中入水或水中转向控制欠灵活，该设备在实际检修工程中已不使用。

（二）水下电视摄像工艺

潜水员水下电视摄像一般采用轻装潜水，以适应大范围的水下电视摄像。工况条件一般要求流速小于 0.3 m/s，四级风，三级浪，浪高小于 1 m，对于大面积的水下电视摄像录像，一般要求水下能见度不小于 20 m，而一般小面积局部的水下录像水下能见度不小于 1 m。

（1）制定作业计划。在进行水下摄像之前，必须按业主或检测大纲的要求制定水下电视摄像的作业计划，即：① 检验方案和潜水方案的依据和说明；② 检验程序；③ 设备配置和布置；④ 人员安排计划；⑤ 外部协作配合条件；⑥ 应急方案。

（2）水面准备工作。检查整个系统的设备，建立摄录系统，准备好所有的器材（如磁带等），并预先运行一下整个系统，以确保系统运行工作正常；准备好并检查潜水、通信和供气设备；安排好各个岗位的人员；按检验程序准备好标记或色标并检查通信系统。

（3）水下准备工作。按检验程序找到被检对象，并经业主或业主代表认可；如需要，可安装导向绳或作业平台，为潜水员水下作业创造良好的条件；清洗表面；在被检物上做标记，一般每一个标记间隔 4~5 m。

（4）实施水下电视摄像。实施水下电视摄像检验的要求或原则主要包括以下几个方面：

① 画面稳定，对焦准确。镜头移动时要平稳、柔和。

② 近景、远景相结合，充分反映被检对象的局部与整体。一般是先远后近。

③ 画面构图合理。画面主体即被检物应予以充分反映，并聚焦准确。在潜水作业之前，应充分了解业主所希望了解、看到或监视的对象，最好是有业主或其代表在现场，做到有的放矢。

④ 保证画面的连续性。摄像应先从第一个磁性标记开始，镜头在两个磁性标记之间不得中断。

⑤ 摄像头应与被检物保持垂直。

（5）水下电视摄像记录。水下电视摄像本身也可以作为一种水下作业的记录。但作为独立检验项目的水下电视摄像，也应有相应的记录。在作业过程中，如果具有屏幕编辑机就更为方便，这时可以直接将所需要的信息打印在屏幕上，也就是录制在磁带上。

（6）水下录像的编辑。水下电视摄像完成后，必须对所获得的录像带进行编辑。

（7）水下录像的分析。分析摄制的像带一般由技术人员来完成，他们将通过这些像带所反映的图像，诸如面积、大致的尺寸、轮廓、部位和色彩等，来评价结构的运行和损坏情况及海生物的生长情况等，为业主采取相应的方案提供依据。但是，其评价是否准确，很大程度上依赖于摄像质量。

（三）水下目力观察、水下静物摄影和水下电视摄像的比较

潜水员目力检查、水下静物摄影与水下电视摄像都是 UWVT 不可缺少的重要方法。它们都有各自的优缺点，应用中须善于取长补短、配合使用。

（1）水下目力检查。优点：具有立体现察能力；能分辨色彩；与大脑的逻辑思维相联系；对环境照明条件的适应范围较广；无需外接电源；无需购买、携带或保养仪器设备；工作能力强；对低照明条件适应缓慢。

缺点：人须亲临现场，大深度潜水作业，风险大、成本高；不能产生永久记录；没有放大图像的能力；评价不很客观；水面人员无法了解水下情况。

（2）水下静物摄影。优点：清晰度高；成本较低；图像可以放大，细部更为清晰；有颜色；装片量大；设备的控制可以简化或预先调整；复制照片方便；照片上有日期记录。

缺点：为获得最佳效果，多采用人工照明；没有实时远距离观察，也没有实时的活动记录；要求潜水员具有较好的技术；在每张照片上要求有一个标志；获得结果之前，需要进行化学处理；胶片处理完成之后才能确定摄影是否成功。

（3）水下电视摄像。优点：可获得长时间、连续、实时、真实的图像，并可记录；操作简便；可在低照度条件下拍摄（微光）；若采用广角镜头，视野更为广阔；若电视摄像系统具有微距功能，可以放大（或缩小）图像；电视系统具有"写上"功能，可以写上日期和水深等参数；与摄影相比，无需暗房处理。

缺点：水下电视摄像系统价格昂贵；分辨力较水下摄影为低；因选用镜头不同，会不同程度地造成景物距离估算的偏差。

水下摄影与 CCTV 技术的成功应用，使生活在陆地上的人类又多了一对能在水下观察事物的"眼睛"，特别是 CCTV 系统，能帮我们同步地观察和分析水下发生的一切，建立水下与陆地的动态联系，对 UWNDT 的进一步发展将起积极的推动作用。

（四）水下成像技术发展趋势

由于大多数水闸的水下能见度低，尤其是水质浑浊的情况下，传统的由潜水员完成的水下目视检测一般难以实施，水下成像作为一种重要的水下无损检测和识别手段，越来越受到

人们的重视，近年来，大连赛维资讯有限公司采用水下机器人与海量图像处理技术相结合的方法，开发了"水下观测成像多媒体软件应用系统"，实现了水工建筑物检测和管理的技术路线一体化。在这套系统中，根据水工建筑物的特点，对水下情况、拍摄内容等因素，制定了拍摄规程，主要包括拍摄的方向、拍摄距离、摄影机焦距、速度、光照等内容。采用此种规范化的管理，减少了重复拍摄，提高拍摄速度，降低了成本。并且拍摄的目标信息全面、规范，方便了后期处理。这一系列为水工建筑物的安全和信息管理提供了可视化的安全管理平台，为数字化大坝的建立奠定了基础。由于最终产生的全景图的数据量也很大，同时，每个隐患都有相应的 AVI 片断相对应，因此系统必须支持对海量数据的管理。系统同时采用三维重建技术结合表面贴图的形式提供大坝检测结果的三维数据结构，这使得专业人员可以更迅速快捷，非专业人员可以更形象地检索、浏览大坝的整体风貌和检测结果。水下检查的一个主要的目的是通过检测的资料获取水工建筑物的安全状况，因此，必须找到水工建筑物上的隐患情况。系统采用的是自动识别和人工识别相结合的方式，对存在寻找到隐患的指定范围内的画面进行轮廓提取，从而形成矢量化的图形轮廓。隐患的跟踪和管理是水下检查的重点，软件提供了对隐患进行跟踪管理的功能。总体上来说，国内水下成像检测技术相对比较落后，检测的智能化、自动化程度较低，检测精度相对较低，检测结果难以数字化。

三、水下超声波技术

探测、发现水闸水下结构部分（如闸底板）是否存在混凝土裂缝，对于了解和判断结构的不均匀沉降、整体稳定、渗漏等情况非常重要。由于裂缝位于水下，通过肉眼无法观察，即使采用水下探摸、摄像等手段，但由于水底结构表面的沉淀、附着物的影响等，也很难辨别裂缝的存在。根据声波在传播过程中如遇到不同介质的界面将产生反射和透射的原理，可探测结构物水下裂缝。

水下超声波检测（UWUT），是最重要的 UWNDT 方法之一。水闸结构的水下混凝土结构裂缝、缺陷探测也需要运用 UWUT 方法。由于 UWUT 的复杂性，该技术的研究和应用存在许多特殊的困难，从而对检测人员、设备及工艺等提出了特殊的要求。

（一）UWUT 的基本原理

（1）基本问题。UWUT 并不是简单地将陆上 UT 方法搬至水下的复杂环境。一些在陆上看似较简单的问题，在 UWUT 时都必须妥善解决。例如探头仪器的选择、测试、调节和灵敏度的设置问题，如何进行水下观察、记录与判断等问题。

（2）基本方法原理。UWUT 与陆上常规 UT 方法的基本原理是相同的，以脉冲反射法和共振法为主，脉冲反射法可用于水下混凝土裂缝，也可用于水下混凝土内部缺陷的探测。

（二）水下超声检测仪与探头

（1）超声设备的基本要求。与所有的 UWNDT 设备一样，UWUT 设备必须符合有关规范、标准要求。

① 水密性和耐水压性。尤其是沉浸于水下的主控制显示器，犹如一个压力容器，其耐压壳体和聚丙烯窗口，既要能在一定水深条件下承受外部高压以防在工作深度被挤毁，又能在水面环境下承受内部的超压力。

② 人员安全性。所有的沉浸电器设备和装置，必须使潜水员尽可能地防止触电；一般说，通过潜水员身体的故障电流不得超过 0.5 mA（交流）或 2 mA（直流）的"感受度"。

③ 技术性能。通常，水下超声仪必须能应用脉冲反射技术和双探头技术，覆盖的最小频率范围为 2～6 MHz，在试验条件下，屏幕全幅值 5% 的回波能清晰地被探测。同时，能从正面看到直接描绘基准曲线的平坦屏幕，适用于纵波传感器，T/R 传感器，45°、60°、70° 和 80° 的斜探头。

④ 环境适应性。系统和部件必须适应其工作环境。

⑤ 可操作性。设备通常被设计成具有较少按钮且容易识别，以便于操作和校准。每台 UWUT 设备都应有相应的操作手册（包括装备/仪器、应用范围、限制条件以及影响该装备应用的设计准则的说明）和校准程序。

（2）探头。探头的形式主要有直探头、斜探头和 T/R 探头三种，频率通常为 2～6 MHz。由于探伤时探头与工件直接接触（辐合剂为海水，润滑性能差），工件表面又非常粗糙，因此探伤时对探头的磨损是极其严重的。

（三）水下裂缝的探测方法

如图 4-7 所示，将 1 只发射换能器 F 与 2 只接收换能器 R_1、R_2 成换能器组。换能器组平行于结构表面布置且距表面一定距离。当发射换能器 F 以扩散角 θ 发出超声波时，其中有一束超声波以水与混凝土的第一临界角入射到混凝土表面并沿混凝土表面滑行传播。滑行波传播一定距离后为接收换能器 R_1、R_2 所接收。用超声仪测量接收信号参数（声时 t、振幅 A、频率 f）。这些参数反映了滑行波传播路径上混凝土的情况。将这一组换能器沿结构表面平行移动，当换能器跨过裂缝时，接收信号将产生变化。

通过上述方法探测混凝土裂缝，测读得到的声学参数：声时 t、振幅 A、频率 f 中，其中振幅 A 具有明显的规律性变化，实际测量中一般以振幅 A 的变化作为裂缝判断的主要依据。

在裂缝的判断上值得注意的是：由于发射换能器与接收换能器间有一定距离，当接收换能器一跨过裂缝，接收波振幅即减小，但只要发射换能器还没有跨过裂缝，这种减小就将继续下去；另外由于接收换能器跨缝后，接收信号的振幅除反映裂缝的存在外，也受发射与接收换能器之间混凝土表面状况的影响。如果以单个 R_1 或 R_2 的振幅测值作为判断裂缝的依据而结构表面各处混凝土质量又不一致，甚至有局部破损，那么，不跨裂缝的测值彼此间会有一些波动，这对判断裂缝带来干扰。

为此，选择两只接收换能器接收信号振幅测值之差，即 $A_1 - A_2$ 作为判断的依据（图 4-7（c）中的加粗折线）。采用 $A_1 - A_2$ 值判断具有以下两个优点：① 除裂缝所在测点外，其他测点测值基本不变，曲线接近一条水平线变化。这是由于 $A_1 - A_2$ 值使表面状况的影响相互抵消的原因。② 仅仅在裂缝所在测点 5 处测值发生明显变化，有利于确定裂缝的准确位置。

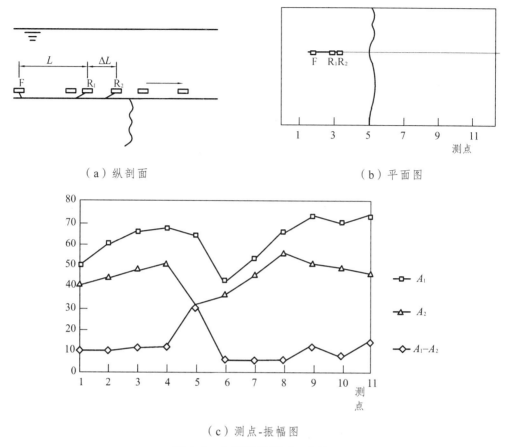

（a）纵剖面　　　　　　　　　　　　（b）平面图

（c）测点-振幅图

图 4-7　水下裂缝探测示意图

四、探地雷达探测水下缺陷

物探技术在水利工程中的大规模应用是从 20 世纪 90 年代开始的，广泛应用于堤防隐患和渗漏探测。主要有电法探测、电磁法探测、弹性波探测及放射性探测等四种方法。其中，在地质雷达探测水闸水下工程隐患方面，广东省水利水电科学研究院和中国科学院广州地球化学研究所进行一些研究探索，并在相关工程中得到成功应用。

（1）探测方法原理（见图 4-8）。探地雷达的工作原理是：主雷达主机控制地面天线向地发射宽频带短脉冲高频电磁波。由于地下不同介质的介电常数和导磁系数不同，电磁波在介质中的传播速度也就不同，当电磁波遇到不同波阻抗的分界面时，产生反射。该高频电磁波经地下地层或目的体反射后返回地面，被地面接收天线接收，通过对接收的反射波场的成像处理来获取地下目的体的图像，经过对该图像的分析解释，得到地下目的体的有关信息。

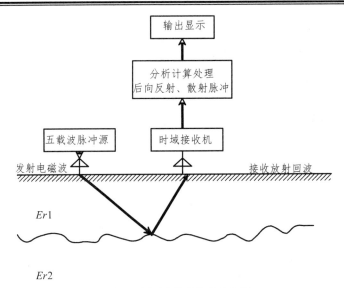

图 4-8　雷达探测原理示意图

探地雷达的数学原理和地震探测类似，其时程关系为：

$$t = \sqrt{4h^2 + x^2 / v} \qquad\qquad (4\text{-}37)$$

式中　t——电磁波的双程旅行时间；

　　　h——目标体深度；

　　　x——接收天线和发射天线之间的距高（在水闸隐患探侧中，x 一般为零）；

　　　v——电磁波在介质中的传播速度。

根据上式，可通过雷达图像上目标反射的时间 f 来求取探测目标深度。

（2）技术特性。一般雷达通常用来探测空中目标，其背景相对来说均匀纯净，没有其他的介质存在，而探地雷达则用来探测地下目标，这远比其在空间的应用复杂、困难得多，主要表现在如下几个方面：

① 地球介质的特性。

介质的非均匀性：由于地质成分复杂，其作为电磁场的传播介质是极不均匀的。

介质损耗及色散性：电磁波在有耗介质中传播将遇到较大衰减。此外电磁波在土壤中传播比在真空中传播速度慢，波长变短，且具有色散特性。

电磁特性的随机性：由于组成大地物质的成分、密度、湿度等因地而异变化很大，因而导致表征大地电磁特性的几个参数（介电常数、导磁率、导电率）也随之而变。

② 杂波背景。地下埋藏的目标包括各种各样的人为的以及天然的杂质，地面上的外部环境，设施的杂乱回波，这些都将对探测回波产生更加复杂的干扰。

③ 界面反射。从空间到地下的探测，由于地面的存在而导致强干扰及天线特性的失配。这些因素说明，采用雷达探地是一项非常艰巨、复杂并涉及一些新理论的技术。

（3）探测介质特性。接收天线所接收的地下探测目标所反射的电磁波能量大小与目标界面的反射系数和所穿透介质的波吸收程度有关，即与介质的相互差异程度有关，当发射天线和接收天线之间的距离很小时，反射系数的模值 R 和吸收衰减因子 β 为：

$$|R| = \sqrt{(a^2 - b^2)^2 + (2ab\sin\varphi)^2} / (a^2 + b^2 + 2ab\cos\varphi) \tag{4-38}$$

$$\beta = \tilde{\omega}\sqrt{\mu\varepsilon}\sqrt{0.5[\sqrt{1 + (\sigma/\tilde{\omega}\varepsilon)^2} - 1]} \tag{4-39}$$

式中：幅角 φ 及 a、b 的大小为：

$$\varphi = \arctan(\sigma^2/\tilde{\omega}\varepsilon_2) - \arctan(-\sigma_1/\tilde{\omega}\varepsilon_1) \tag{4-40}$$

$$a = \mu_2/\mu_1 \tag{4-41}$$

$$b = \sqrt{\mu_2\varepsilon_2\sqrt{1 + (\sigma^2/\tilde{\omega}\varepsilon_2)^2}} \Big/ \sqrt{\mu_1\varepsilon_1\sqrt{1 + (\sigma^2/\tilde{\omega}\varepsilon_1)^2}} \tag{4-42}$$

式中　ε，μ，σ——介质的相对介电常数、导磁系数和电导率；

　　　角标 1 和角标 2——入射介质和透射介质。

在水闸隐患探测中最为密切有关的介质的介电常数及电磁波传播速度如表 4-3。由表可知，所探测目标的介质存在有较大的差异、在水面探测目标时表层介质均一性好、雷达天线与介质耦合好的特点，有利于对所采集的探测数据的分析和处理，使资料解释的多解性减小。

（4）水闸隐患探测的技术要求。在水闸水下工程隐患的实际探测中，必须考虑所探测对象的性质、探测目标的分辨率和探测深度要求之间的关系和矛盾、探测天线型号的选取及天线与介质的耦合、各种干扰的抑制；此外，在数据采集阶段的仪器参数设置时，要考虑采样数据的时间记录长度范围（与探测深度有关）、数据记录位数（与数据的分辨率有关）、增益设置（与异常的识别有关）、滤波档的范围设置等诸多方面的因素影响；另外，最好不要设置水平叠加，水平滤波参数设置不好，可能会滤掉所需要的异常信号，不利于隐患的探测和识别，若水平干扰较大，也应留待后期数据处理时解决。针对水闸隐患探测的具体情况，利用其有利条件，采用适当的数据采集方法和数据处理方法，就能有效地探测出水闸水下工程隐患的具体位置及其分布特点，查明闸底及进水口和消力池的渗水通道、软弱层、淘空区等隐患。

表 4-3　水闸隐患探测介质介电常数表

介质名称	介电常数	速度/（m/ns）
水	81	0.033
湿砂	30	0.06
淤泥	15	0.78
混凝土	64	0.12

第六节　瑞安下埠水闸的安全检测与评估分析实例

瑞安市下埠水闸位于温瑞平原的瑞安市东山下埠，建成于 1962 年 5 月。距瑞安市区 5 km，距温州市 40 km，水闸控制流域面积 645.7 km²，流域多年平均降雨量 1 200～1 500 mm。

原设计排涝标准为十年一遇，排水总面积 277 km²，排涝总面积 10.52 km²，灌溉面积 7.39 km²，并改善该地区 20 多万人民的生产、生活用水条件，同时发挥御潮作用，是温州市沿海重要的挡潮排涝和防洪体系中的关键工程之一。水闸共 5 孔，每孔宽 3.0m，总净宽 15.0 m，设计过闸流量 148.0 m³/s。水闸全长 79.60 m，由闸室、消力池、岸翼墙、上下游护坦、海漫、防冲槽组成。闸底板中间 3 孔一联，钢筋混凝土闸底板宽 12.0 m；两边 1 孔一联，闸底板宽 4.4 m；闸底板长 11.0 m，厚 1.0 m，底板顶高程吴淞 1.5 m。水闸闸基为软黏土，采用黄泥垫层处理。闸门采用电动双螺杆式，配 5.5 kW 电动机，启闭力为 2 × 100 kN。

近年来，瑞安市城市基础设施建设发展很快，原有大片农田转化为建城区，防洪规划对田间蓄水量的减少考虑不足，以及随着城市规划在东山镇设立经济开发区，加上沿海 50 年一遇标准堤塘建设的逐步完成，给排洪防潮留下了极大的安全隐患，严重威胁瑞安人民的生命财产安全。由于水闸原设计标准较低，且闸基出现了不均匀沉降，导致底板开裂等一系列病害。加之水闸使用年限较长，经过 40 年运行，混凝土结构、电气设备等均出现病害，成为了病险水闸。为了确保工程安全及为今后的除险加固提供依据，受瑞安市下埠水闸建设指挥部委托开展安全检测与评估分析。

一、评判标准

1. 混凝土及钢筋混凝土结构

（1）环境条件。水利行业现行标准 SL/T191—96《水工混凝土结构设计规范》，将水工混凝土结构所处的环境分为下列四个类别：

一类：室内正常环境。

二类：露天环境，长期处于地下或水下的环境。

三类：位变动区或有侵蚀性地下水的地下环境。

四类：海水浪溅区及盐雾作用区，潮湿并有严重侵蚀性介质作用的环境。

下埠闸下游为温州湾，上游所属水域的水质污染较严重，下游属海洋环境，根据上述水工混凝土结构所处环境分类方法，水闸混凝土结构的水上部分属二类环境条件，水位变动区和水下部分属四类环境条件。

（2）混凝土强度。根据水利部现行标准 SL265—2001《水闸设计规范》，处于二类环境条件下的混凝土强度等级不宜低于 C15，处于三类环境条件下的混凝土强度等级不宜低于 C20，处于四类环境条件下的以及有抗冲耐磨要求的混凝土等级不宜低于 C25。

（3）混凝土碳化。根据钢筋混凝土结构物耐久性研究成果，将混凝土碳化是否达到主筋表面作为钢筋全面发生腐蚀的分界线。

（4）保护层厚度。根据水利行业现行标准 SL/T191—96《水工混凝土结构设计规范》，处于二类环境条件的梁、柱、墩混凝土保护层最小厚度为 35 mm，处于三类环境条件的梁、柱、墩混凝土保护层最小厚度为 45 mm。有抗冲耐磨要求的结构面层钢筋，保护层厚度应适当加大。

（5）钢筋锈蚀率。主筋直径不大于 10 mm，发生全面腐蚀则影响结构的安全；主筋直径大于 10 mm，钢筋锈蚀率小于或等于 5% 时，应考虑对结构安全的影响，大于 10% 则影响结构的安全。

（6）裂缝宽度。根据水利部现行标准 SL265—2001《水闸设计规范》，处于二类环境条件下的混凝土最大裂缝宽度计算值不应超过 0.2 mm，处于三类环境条件下的混凝土最大裂缝宽度计算值不应超过 0.15 mm。

2. 金属结构及启闭机

（1）金属结构。根据 SL226—98《水利水电工程金属结构报废标准》，金属结构符合下列情况之一，经改造仍不能有效改善，作报废处理：

① 技术落后，耗能高，效率低，运行操作人员劳动强度大，且不便于实现技术改造。

② 由于设计、制造、安装等原因造成设备本身有严重缺陷的。

③ 因工程运行条件改变，不再适用且无法改造的设备，作报废处理。

④ 超过规定折旧年限，经检测不能满足安全运行条件的设备，作报废处理。　.

⑤ 遭遇意外事故破坏而不能修复的设备，作报废处理。

⑥ 若设备经大修、技术改造，其性能可满足运行要求，但不如更新经济，作报废处理。

（2）闸门。根据 SL226—98《水利水电工程金属结构报废标准》闸门符合下列情况之一，作报废处理：

① 闸门轨道严重磨损，或接头错位超过 2 mm 且不能修复，作报废处理。

② 闸门埋件锈损，作报废处理。

③ 闸门埋件的腐蚀、空蚀、泥沙磨损等面积超过 30% 以上，作报废处理。

④ 闸门报废更新时，闸门埋件与之不相适应，作报废处理。

⑤ 闸门漏水严重，启闭困难，作报废处理。

⑥ 闸门钢板连接腐蚀严重，作报废处理。

（3）螺杆式启闭机。根据 SL226—98《水利水电工程金属结构报废标准》，螺杆式启闭机符合下列情况之一，作报废处理：

① 吊点、吊板严重腐蚀，作报废处理。

② 螺杆螺母报废，整体作报废处理。

③ 启闭机电气设备严重老化，启闭机作报废处理。

3. 水闸安全类别评定标准

水闸安全评估标准依据 SL214—98《水闸安全鉴定规定》，评定标准为：

一类闸：运行指标能达到设计标准，无影响正常运行缺陷，按常规维护养护即可保证正常运行。

二类闸：运行指标基本达到设计标准，工程存在一定损坏，经大修后，可达到正常运行。

三类闸：运行指标达不到设计标准，工程存在严重损坏，经除险加固后，才能达到正常运行。

四类闸：运行指标无法达到设计标准，工程存在严重安全问题，需降低标准运用或报废重建。

二、评估分析

1. 闸顶高程

根据 SL265—2001《水闸设计规范》，闸顶高程不应低于设计洪水位（或校核洪水位）与相应安全超高值之和。为了不致使上游来水（特别是洪水）漫过闸顶，危及闸室结构安全，上述挡水和泄水两种情况下的安全保证条件应同时得到满足。现标准内河 50 年洪水标准闸顶高程要求 3.92 m，挡潮 50 年的闸顶高程要求 5.66 m。

现状条件下的水闸设计标准低，胸墙顶高程为 4.62 m，不能满足瑞安市城市要求的内、外河 50 年洪水和潮水设计要求，即闸墩顶高程 5.66 m 要求。因此，水闸的闸顶高程不足，现有条件无法满足现标准的需要。

2. 整体稳定性

分别针对水闸底板止水完好和失效两种情况进行复核计算。原设计和现标准下各种组合工况下的水闸整体抗滑稳定计算成果见表 4-4 ~ 表 345。结果表明，抗滑稳定和地基反力均满足规范要求，但部分不均匀系数超过了规范允许值。底板止水失效与否对水闸地基反力和不均匀系数有较大影响，对水闸稳定性影响相对较小。

表 4-4　闸室稳定计算成果（底板止水完好）

工况组合		原标准			新标准	
水位组合	内河水位/m	无水	3.12	1.32	3.64	1.40
	外河水位/m	无水	−0.38	4.12	−0.88	5.52
地基应力	σ_{max}/kPa	88.1	66.4	73.6	70.1	68.9
	σ_{min}/kPa	70.9	60.1	41.7	62	40.7
	$\sigma_{max}/\sigma_{min}$	1.24	1.1	1.77	1.13	1.69
	规范取值	1.5				
抗滑稳定安全系数		—	4.08	2.73	2.83	1.54
规范取值		1.25				

表 4-5　闸室稳定计算成果（底板止水失效）

工况组合		原标准			新标准	
水位组合	内河水位/m	无水	3.12	1.32	3.64	1.4
	外河水位/m	无水	−0.38	4.12	−0.88	5.52
地基应力	σ_{max}/kPa	88.1	86.9	61.2	95.1	71.1
	σ_{min}/kPa	70.9	46.2	61.2	46.2	71.1
	$\sigma_{max}/\sigma_{min}$	1.24	1.88	1	2.06	1
	规范取值	1.5				
抗滑稳定安全系数		—	3.51	2.56	2.88	1.39
规范取值		1.25				

3. 抗渗稳定性

分别针对水闸底板止水完好和失效两种情况进行复核计算。

在水闸底板止水完好的情况下，水闸抗渗复核分别采用勃莱系数法和改进的阻力系数法，用勃莱系数法计算渗径长度表明，在原设计的工况组合下，其地下渗透轮廓线水平总长度 $l_h = 35.1$ m，$l_v = 1.9$ m；而 $l_{实} = 37.0$ m > 21.0 m，因此渗径长度满足要求。改进的阻力系数法计算渗透坡降表明，实际渗透坡降均在允许范围之内。

若水闸底板止水失效，则导致从伸缩缝处直接渗透到闸基，从而改变了水闸基础渗流状态，致使闸基抗渗稳定性不满足规范要求。

4. 消能防冲

消力池为钢筋混凝土结构，经摸探表明分缝宽度普遍在 20 mm 左右，分缝沥青油毛毡已经失效。2 级消力池和海堤为干砌块石结构，系近年来维修，局部有少量的凹坑，但 2 级消力池的消力坎磨损非常严重。另外，为减轻上游淤积，污水泵将上游淤泥泵送到消力池中，可能会造成消力池排水孔堵塞。

消能防冲复核计算主要包括消力池和海漫计算两部分。消力池计算包括消力池深度、消力池长度及消力池底板厚度计算等，海漫计算主要包括海漫长度及海漫末端河床冲刷深度等计算。根据消能设计水位要求，分别以下面水位组合工况进行，即按设计水位：上游水位 3.12 m，下游水位 – 1.88 m，设计流量 148 m³/s；按历史最大泄流量：上游水位 3.75 m。下游水位较低，对应计算流量为 196 m³/s。

原设计的校核工况下的消能防冲计算表明，消力池深度、长度和底板厚度均满足要求，但是海漫末端防冲槽深目前只有 2.0 m，远小于海漫末端河床冲刷深度。历史最大下泄流量和水位组合表明，消力池深度、长度、厚度和海漫长度可满足规范要求；防冲槽深远小于海漫末端河床冲刷深度，不能满足要求。

5. 过水能力

按四种工况复核。工况一是设计组合，上游原设计水位 3.12 m，下游水深 – 1.88 m，不考虑淤积对过流的影响，得水闸过水流量为 186.7 m³/s，大于设计流量 148 m³/s；工况二为现标准的组合，上游设计水位 3.12 m，下游水深 – 1.88 m，考虑淤积对过流的影响，得水闸过水流量为 161.7 m³/s，大于设计过闸流量 148 m³/s；工况三是历史最大下泄流量工况，即上游水 3.75 m，下游水深较低，不考虑淤积，按孔口流计算，最大孔口过闸流量为 196 m³/s；工况四正常高水位流组合，上游水位 2.92 m，下游水深 – 1.88 m，考虑淤积影响，得水闸过水流量为 172.0 m³/s。水闸过水能力满足设计要求。

6. 混凝土结构

（1）混凝土外观缺陷。通过外观描述和拍照显像相结合，检查人员用粉笔把主要外观缺陷分布情况在构件上标出，对典型的外观缺陷进行拍照和外观描述。发现混凝土建筑物材质劣化，表面外观缺陷严重，混凝土露砂露石、开裂、剥落现象十分普遍，局部十分严重。

（2）混凝土强度。混凝土强度检测采用非破损检测法（回弹法）、破损检测法（钻芯法）

相结合。检测部位包括闸墩、胸墙、工作桥纵梁、公路桥梁等主要钢筋混凝土结构。混凝土强度评定值见表 4-6。可见，公路桥混凝土强度最低，为 24.4 MPa，工作桥大梁和新工作桥闸墩次之；翼墙混凝土强度最高，为 34.4 MPa。从表中可见，混凝土强度满足现行规范要求。

表 4-6　混凝土强度评定值　　　　　　　　　　　　　　　MPa

结构名称	回弹法强度值			取芯法强度值	推定值
	最大	最小	平均		
闸　墩	30.9	15.7	20.4	30.8	30.8
公路桥	19.4	11.4	16.2		24.4
胸　墙	24.9	14.4	19.2		29.0
新工作桥闸墩	34.9	12	18.6	29.7	29.7
老工作桥闸墩	27.9	14.8	20.8		31.4
工作桥大梁			17.1		25.7
翼　墙				34.4	34.4

（3）混凝土碳化深度检测。测试结果见表 4-7。在回弹测区内布置碳化测点进行混凝土碳化深度的检测。需要说明的是，由于碳化深度为抽样检查，实际的碳化深度有可能超过表中所列的实测碳化深度变化范围。据现场检测，混凝土表层碳化深度普遍在 13～52 mm。其中工作桥大梁的碳化最为严重，平均深度 51.9 mm；其次是翼墙，平均深度 49.0 mm，两者的平均深度均达到或超过了混凝土保护层厚度。新工作桥闸墩的碳化深度较浅的原因是该混凝土是后期浇筑的。

表 4-7　混凝土碳化深度　　　　　　　　　　　　　　　mm

结构名称	量测组次	变化范围	平均值	备注
闸　墩	16	30～54	43.6	
公路桥	21	25～56	40.0	
胸　墙	13	12～52	26.5	
新工作桥闸墩	10	9～18	13.2	
老工作桥闸墩	12	30～51	42.4	
工作桥大梁	12	36～58	51.9	
翼　墙	15	32～53	49.0	

（4）混凝土保护层厚度。保护层厚度检测成果见表 4-8。从表中可见，混凝土保护层平均厚度普遍差别很大，部分区域很厚，而部分区域很小，局部区域混凝土保护层厚度严重不足是导致发生钢筋锈蚀的主要因素之一。

表 4-8　保护层厚度检测成果表

mm

结构名称	量测组次	变化范围	平均值	备注
闸　墩	16	30～54	43.6	
公路桥	21	25～56	40.0	
胸　墙	13	12～52	26.5	
新工作桥闸墩	10	9～18	13.2	
老工作桥闸墩	12	30～51	42.4	
工作桥大梁	12	36～58	51.9	
翼　墙	15	32～53	49.0	

保护层厚度是影响钢筋混凝土构件耐久性的主要因素。因为海水中氯离子入侵和混凝土碳化是钢筋锈蚀的前提，保护层越厚，氯离子和碳化达到钢筋表面的时间越长，构件的耐久性越好。对水工建筑物病害调查表明，由于混凝土保护层偏薄，有些闸坝、水电站厂房及渠系建筑物的钢筋混凝土构件，使用不到 20～30 年就出现因钢筋锈蚀而导致顺筋开裂，严重影响结构的耐久性。从抽样检测看，混凝土保护层平均厚度普遍差别很大，部分区域很厚，而部分区域很小。局部区域混凝土保护层厚度严重不足是导致发生钢筋锈蚀的主要因素之一。

（5）钢筋锈蚀率检测。采用裂缝观测法和抽样检测法相结合的方法，检测结果见表 4-9。从表中可见，钢筋锈蚀率普遍在 1%～23%，公路桥的钢筋锈蚀最为严重。局部锈蚀率高达 22%。

表 4-9　钢筋锈蚀情况表

结构名称	设计直径 /mm	实际直径/mm		平均锈蚀率 /%	锈蚀级别	钢筋类型
		组次	平均			
闸　墩	14	6	13.9	1.4	I	主　筋
公路桥	25	16	22.0	22.6	IV	主　筋
胸　墙	12	6	11.3	11.3	III	主　筋
老工作桥闸墩	12	5	11.5	8.2	II	主　筋
工作桥大梁	12	4	11.2	12.9	I	主　筋
翼　墙	12	7	11.8	3.3	III	箍　筋

（6）公路桥、工作桥钢筋混凝土强度。公路桥板混凝土破损严重，其抗弯、抗剪强度均无法确保安全运行，工程存在重大安全隐患。工作桥强度能够满足安全运行需要。

（7）综合评定。下埠水闸混凝土建筑物材质老化，表面外显性缺陷大量显现，混凝土露砂露石、开裂、剥落现象十分普遍，局部十分严重；结构混凝土强度满足规范要求，保护层平均厚度离散较大。

7. 闸门和启闭机

（1）闸门。闸门为钢筋混凝土结构，共五孔，每孔闸门由五块板组成。五块板通过 3×4 片钢板条、螺栓连成一体。钢板条长期浸在水中，尤其下游面长期浸泡于咸水中，加速了钢板的腐蚀过程。腐蚀分级采用上述方法，结果表明，混凝土闸门钢板属严重腐蚀。闸门止水失效，在内河水位高于外河水位时，内河向外河漏水；当外河水位比内河高时，闸门和胸墙交界处往内河翻，从而加剧了内河的淤积。水闸闸门的面板、支臂及其主要构件均发生了严重锈损，根据 SL226—98《水利水电工程金属结构报废标准》规定，应作报废处理。

（2）启闭机。启闭设备系 20 世纪 60 年代初的产品，至今已经使用 41 年，为双螺杆启闭机，设备陈旧，没有原始的技术资料。启闭机机座未采用预埋螺栓固定，采用抱箍在工作桥大梁上固定，目前抱箍锈蚀。2 号启闭机减速箱漏油，齿轮磨损，提升闸门过程中出现打滑。5 号启闭机开机时，机械有颤抖现象；4 号启闭机由于开关损坏，无法开机。闸门未设开度指示器，完全根据运行人员的经验控制。螺杆的螺纹牙磨损严重，变形达到螺距的 5%。启闭机电动机为起重及冶金用感应电动机，鼠笼式，短时工作制，电动机型号为 JZ21-6，功率 5 kW，暂载率为 25%；接线方式为 Y 型或 △ 型，本闸采用 Y 型。电动机绕阻与机壳绝缘电阻值测试结果见表 4-10，满足规范规定的不小于 0.5 MΩ 的要求。在上、下游水位基本持平时，开动启闭机提升闸门。制动器二根电源线并接在电动机接线端。每相电流实测为 2 A，电动机实测三相电流见表 4-11，电动机三相电流不平衡。满足规范 GB50303—2002《建筑电气安装工程施工质量验收规范》第 7.1.2 条。电动机近期进行过大修，更换了绕组线圈，机壳重新喷漆，开机正常，运行正常。

表 4-10　启闭机绝缘电阻测试结果表　　　　　　　　　　　　MΩ

编　号	1	2	3	4	5
绝缘电阻	45	32	22.5	29	6

表 4-11　电动机三相电流测试结果表　　　　　　　　　　　　A

相	1	2	3	4	5
A	5.4	4.2	4.58	—	4.96
B	5.38	4.0	4.44	—	4.86
C	5.2	4.05	4.6	—	4.9

根据 42 年运行管理经验，该启闭机机动性也较差，不利于工程安全运行和管理单位提高技术管理水平的弊端日益突出。且螺杆连接件发生腐蚀损坏，因此，根据 SL226—98《水利水电工程金属结构报废标准》规定，在正常运行条件下，超过了使用折旧年限 20 年，且技术落后，耗能高，效率低，运行劳动强度大，闸门启闭均通过人工目测完成，无闸门开度指示器，且无自动化控制系统，可作报废处理。

8. 电气设备

电气设备的主要问题有：变压器露天安装不合适，易受海风、盐雾侵蚀；配电装置与柴油发电机组、油筒布置在同一个房间存在安全隐患；发电机房间面积小，房子陈旧，室内线布置凌乱；发电机房至启闭机房的一路户外架空线（三相四线）采用：BV 型绝缘电线不合适，该型号电线经风吹日晒绝缘层易老化；启闭机房没有设保护接地干线（PE 线）；配电总箱至启闭机的线路采用塑料线槽沿墙、地明线，在地上敷设线槽不规范；木质配电箱为淘汰产品；检修电源回路没有漏电自动开关，存在安全隐患；2 号启闭机的漏电自动开关在开机时常跳闸，4 号启闭机的漏电自动开关损坏；启闭机房内线路的导线颜色单一，不规范。相线、零线、PE 线应采用不同颜色的导线，三根相线颜色为黄、绿、红色，零线为蓝色，PE线为黄绿色（双色），本工程没有设 PE 线。

目前，该闸电气设备超过了使用折旧年限 20 年，经多次大修后使用，存在技术落后，耗能高，效率低，运行操作人员劳动强度大等问题，由于无备品备件，遭遇意外事故破坏而不可修复，不利于管理单位技术改进和提高，根据 SL 226—98《水利水电工程金属结构报废标准》规定，建议报废。

9. 土工基础

（1）闸室基础。水闸上游闸室水深较深，上游水位常年保持在高程▽2.92 m 左右，下游水位 3.12～1.88 m 高程之间变化，整个闸室基础结构无法直观检测。1984 年 9 月，经过四等水准测量，闸墩标高为 2.618 m，比建成时的标高 2.74 m 累计沉陷 0.122 m。近年来，由于附近区域经济发展迅速和开发区建设，水闸公路桥桥面较窄，水闸两侧发生不均匀沉降，沉降缝被拉开。从构造上看，闸室与岸墙之间的沉降缝无明显的错动、移位；但从闸室启闭机房两个结构段的沉降宽度变化看，沉降缝下窄上宽，说明结构段之间存在差异沉降。通过下游落潮时对消力池的检查发现，消力池底板和翼墙之间的沉降差为 30 mm，翼墙沉降比消力池底板大；闸室与岸墙之间的沉降差为 25 mm，闸室沉降比岸墙大；1 号闸墩和底板之间的沉降差为 80 mm，闸墩沉降比底板大；消力池与闸室之间的沉降差在 50～80 mm，闸室总体沉降比消力池大。

（2）河床断面。由于每年水闸开闸不多，加之闸门止水效果差，含泥量较高的水在闸门前淤积，每年均需投入吸泥泵清淤积。

（3）干砌石护坡基础。水闸下游两侧块石护坡基础未见基础淘空现象，但有局部凹陷现象。

10. 伸缩缝止水

水闸设计止水采用白铁皮，由于受海水腐蚀，现水上部分可见部位和水位变动区的伸缩缝止水不复存在。这种情况直接导致了两个严重后果：① 当外河水位较高时，海水沿伸缩缝向内河倒灌，这也是造成水闸闸前严重淤积的原因；当外河水位低时，内河水沿伸缩缝向外河流动，伸缩缝由此成为水流通道。② 止水失效改变了水闸整体受力条件，破坏了水闸和基础的整体性，影响了水闸整体安全。

三、安全评价

安全等级根据 SL214—98《水闸安全鉴定规定》分四类。将水闸评估指标划分为运用指标类、损伤程度类和可修复类 3 个子项，采用多因素评估法评定水闸安全等级。

下埠水闸的防洪标准不满足防洪标准规划要求；整体稳定性和过水能力满足现行标准；抗渗稳定性和消能防冲不能满足安全运行要求；部分结构的混凝土强度低于规范要求，不满足耐久性设计要求；局部混凝土保护层严重不足，导致部分钢筋锈胀，混凝土开裂；启闭机工作桥纵梁抗剪强度不足等。综合分析表明，水闸的运用指标达不到设计标准，可评定为四级。

下埠水闸钢筋混凝土结构外观缺陷严重，部分构件的钢筋锈蚀严重，表明钢筋混凝土构件存在严重损伤；钢闸门面板及其主要构件均发生了严重锈损，表明钢闸门严重影响水闸的安全运行；启闭机和电气设备技术落后，耗能高，效率低，且超期服役；翼墙、岸墙的座浆与块石开裂分离，表明圬工建筑物存在严重损伤。总之，工程结构存在严重损伤，已经达不到设计要求，可评定为四级。

可修复程度主要考虑以下几点：

（1）因瑞安市城市扩容，该闸现有闸址需要外移，以满足城市发展要求。

（2）因水闸止水腐蚀，形成渗流和水流通道，但维修困难，且闸门基础防渗问题无法彻底解决。

（3）因水闸公路桥成为城市交通桥梁，超载车辆较多，且经常在闸头交汇停车，造成闸室不均匀沉降严重，水闸的不均匀沉降仍在持续发展中。

（4）电气设备启闭机老化，超过设备折旧年限，无更新改造价值。

（5）水闸整体规模较小，除险加固费用高，且不适应城市和防洪发展需要。

综上所述，建议下埠水闸评定为四类闸，即运用指标达不到设计标准，且整个建筑物严重损坏，工程存在严重安全问题，采取正常维修和大修无法从根本上解决工程的老化病害，需报废重建。

········· 课外知识 ··········

水闸结构动力测试的激振方法

水闸结构随着使用年限的增长，逐渐出现老化病害；或者由于勘察、设计、施工、管理等方面的不周而暴露出安全问题。通过现场的动力测试实验，可以了解结构在动力荷载作用下的工作性能，为结构可靠性鉴定提供技术数据。

结构的动力特性如固有频率、阻尼系数及振型等是结构的固有参数，可根据被测结构形式和刚度大小选择易于实施、激振效果好的方法使结构产生振动。目前常用的激振方法有自振法（突加荷载法、突然卸载法）、共振法和脉冲法。

1. 自振法（瞬态激振法）

自振法的特点是使结构产生有阻尼的自由衰减振动，记录到的振动图形是结构的衰减振动曲线。一般常用突加荷载和突卸荷载两种方法。

（1）突加荷载法（冲击法）。在被测结构上急速地施加一个冲击作用力，由于施加冲击作用的时间短促，因此，施加于结构的作用实际上是一个冲击脉冲作用。由振动理论可知，冲击脉冲的动能传递到结构振动系统的时间，要小于振动系统的自振周期，并且冲击脉冲中一般都包含了从零到无限大的所有频率的能量，它的频谱是连续谱，只有被测结构的固有频率与之相同或很接近时，冲击脉冲的频率分量才对结构起作用，从而激起结构以其固有频率作自由振动。

实际工作中常利用试验车辆驶越预先放置的垫块，利用车轮的突然下落产生冲击作用，激起结构的竖向振动。但此时所测得的结构固有频率包括了试验车辆这一附加质量的影响。近年来的动载试验中，还采用了爆炸和发射小型火箭产生脉冲荷载等办法来进行激振，但还不普及。采用突加荷载法时，应注意冲击荷载的大小及其作用位置。

（2）突然卸载法（位移激振法）。采用突然卸载法时，在结构上预先施加一个荷载作用，使结构产生一个初位移，然后突然卸去荷载，利用结构的弹性性质使其产生自由振动。

卸落荷载可通过自动脱钩装置或剪绳索等方法，有时专门设计一种断裂装置，当施加力达到一定数值后断裂装置便突然断离，从而激发结构的振动。突卸荷载的大小要根据所需最大振幅计算求出。

通过实测的有衰减的自由振动曲线，可以根据时间信号直接测量出基本频率，同时为了提高精度，可以取若干个波的总时间除以波数得出平均数作为基本周期，其倒数即为基本频率。

阻尼特性用对数衰减率或临界阻尼比来表示，由于实测的振动记录曲线一般没有零线，所以在测量阻尼时应采用峰到峰的量法，这样不仅方便而且准确度高。对数衰减率为 γ：

$$\gamma = \frac{2}{k} \ln \frac{a_n}{a_{n+k}} \tag{1}$$

临界阻尼比 D_c 为

$$D_c = \frac{\gamma}{2\pi} \tag{2}$$

式中　　a_n——第 n 个波的峰-峰值；

　　　　a_{n+k}——第 $n+k$ 个波的峰-峰值。

用自振法得到的周期和阻尼系数均比较准确，但只能测出基本频率。

2. 共振法（强迫振动法）

共振法是利用激振器，对结构施加激振力，使结构产生强迫振动，改变激振力的频率而使结构产生共振现象并借助共振现象来确定结构的动力特性。

激振器在结构上安装位置和激振方向要根据试验的要求和目的而定。使用时，激振器应牢固地固定于结构上，由底座将激振器产生的交变激振力传给结构。如果将两台激振器安放于结构的适当位置上，反向激振，则可进行扭转振动试验。

连续改变激振器的频率，当激振力的频率与结构的固有频率相等时，结构出现共振现象，此时，所记录到的频率即为结构的固有频率。对于较复杂的结构，有时需要知道基频以后的几个频度。此时可以连续改变激振力的频率，进行"频率扫描"，使结构连续出现第一频率（基频）、第二频率……，同时记录结构的振动图形。由此可得到结构的第一频率（基频）、第二频率……，在此基础上，再在共振频率附近进行稳定的激振试验，则可准确地测定结构的固有频率与振型。在频率扫描试验时，同时记录结构的振幅变化情况，则可作出共振曲线，即频率-振幅关系曲线，从而确定结构的阻尼特性。

3. 脉冲法

对于大型结构或不具备进行自振法和共振法测试的结构，可利用结构由于外界各种因素所引起的微小而不规则的振动来确定结构的动力特性。这种微振动通常称为"脉动"，它是由附近的车辆、机器等振动或风动荷载、波浪荷载所引起的。

结构的脉动有一重要特性，就是它能明显地反映出结构的固有频率。因为结构的脉动是因外界不规则的干扰所引起的，因此它具有各种频率成分，而结构的固有频率的谐量是脉动的主要成分，在脉动图上可直接量出，也可通过频谱分析得出结构的各阶自振频率。

课后思考题

1. 病险水闸的主要问题有哪些？
2. 水闸经常检查和定期检查应包括哪些内容？水闸安全鉴定的内容又有哪些？
3. 在何种情况下要对闸门及启闭机进行安全检测与评估？其安全检测包括哪些内容？
4. 钻芯法是指什么？超声-回弹综合法中测区的布置包括哪几类？
5. 对金属结构物进行结构试验的目的是什么？
6. 钢筋分布检测的内容有哪些？
7. 金属结构的振动检测目的是什么？
8. 水闸病害的水下检测工作是怎样进行的？

参考文献

[1]　SL214—98，水闸安全鉴定规定[S].
[2]　洪晓林，柯敏勇，金初阳，等. 水闸安全检测与评估分析. 北京：中国水利水电出版社，2007.
[3]　胡荣辉，张五禄. 水工建筑物. 北京：中国水利水电出版社，2005.
[4]　和桂玲，贾乃波，张启海. 水闸除险加固工程设计. 北京：中国水利水电出版社，2008.
[5]　刘宁. 对中国水工程安全评价和隐患治理的认识[J]. 中国水利，2005，22：8-12.
[6]　孙琪琦. 水闸安全检测与评价[D]. 河海大学，2006.
[7]　金初阳，柯敏勇，洪晓林，等. 朱家站水闸病险检测与评估分析[J]. 水利水运工程学报，2013，12：32-36.
[8]　袁庚尧，余伦创. 全国病险水闸除险加固专项规划综述.水利水电工程设计[J]，2003，22（3）：6-9.
[9]　于文蓬，张超，兰昊. 大型水闸工程安全监测设计研究[J]. 水利建设与管理，2013，8：50-52.

[10] 刘凤莲，余甫坤. 水闸混凝土病害及检测特性分析[J]. 水科学与工程技术，2012，3：51-52.

[11] 王传岭，周春鹏，赵东亮. 水闸自控可视系统应用[J]. 水科学与工程技术，2008，1：5-57.

[12] 吴卫东，胡国华. 水闸冻害分析与防治[J]. 水利科技，2007：9：26-28.

[13] 刘超英. 金清水闸工程安全检测与分析[J]. 水利与建筑工程学报，2004，9：31-35.

[14] 陈绍松，李红军. 永定新河进洪闸现场安全检测和除险加固工程设计[J]. 水利水电工程设计，2001（20）：7-10.

[15] 任旭华，刘丽. 水闸病害分析及其防治加固措施[J]. 水电自动化与大坝监测，2003，12：49-52.

第五章
土石坝安全检测

　　土石坝是指利用土石料，经过抛填、辗压而形成的一种挡水建筑物，故又称"当地材料坝"。它是历史最为悠久的一种坝型，也是现代世界各国采用最多的一种坝型。随着土力学理论与施工机械、施工技术及计算机技术的发展，土石坝逐渐成为当今世界坝工建设中发展最快的一种坝型。

　　本章将分节介绍土石坝的上述问题，并针对问题提出相应的检测方案及处理修护措施。

第一节　土石坝存在的问题及缺陷

　　土石坝之所以被广泛采用，一是可就地取材，节约大量水泥、钢材、木材及筑坝材料的远途运输费用；二是施工方法灵活、施工技术简单、易于掌握；三是对地质、地形条件要求低，因其特殊的坝体散粒土体结构，适应变形及抗震性能较好，几乎可在任何地基上建造；四是管理方便，加高扩建均较容易。

　　值得注意的是，当今坝工建设中，采用高土石坝日趋明显。据统计，世界上在 20 世纪80 年代建成的 200 m 以上的高坝有 10 座，其中土石坝就有 7 座。而目前世界上高度超过 300 m 的大坝只有两座，苏联的罗贡坝（坝高 325 m）和努列克坝（坝高 317 m），它们均为土石坝。

一、土石坝的设计要求

　　由于土石坝是由散粒体的土石料填筑而成的，所以它具有与其他坝型不同的设计要求：

　　（1）为了维持稳定，散粒体土石料要求较缓的上、下游坝坡。在相同高度的情况下，土石坝的断面比重力坝的断面大得多。如何根据不同的地基、坝型、构造和材料，选择既经济又安全的坝坡，是土石坝设计中需要解决的重要问题之一。

　　（2）土石坝不能从坝顶溢水，否则会直接冲刷坝体，使散粒体土石料流失，从而引起坝体的破坏和溃决。在引起土石坝破坏的各种原因中，上述原因占第一位。所以在设计中要极其重视防止洪水漫溢土石坝的问题，不仅溢洪道应能够安全渲泄设计洪水，而且坝体也要有足够的超高。

另外，土石坝易受雨水、风、波浪等的冲蚀，在北方还有冻害、冰害的问题。所以还需要因地制宜采取工程措施，保护土石坝的上、下游面，免遭破坏。

（3）渗流的影响。土石坝挡水后，在上下游水位差作用下，一般会在坝体和坝基（包括两岸）中产生渗流。渗流不仅使水量损失，影响水库效益，而且当渗透坡降或渗流超过一定限度时，还会引起坝体或坝基土的渗透变形破坏（管涌或流土），严重时导致土坝失事。据统计，在过去失事的土石坝中，由渗流引起破坏的约占40%。因此，分析渗流规律，设计合理可靠的防渗排水设施，做好防渗设施与岸坡、坝基及其他建筑物的连接，这些都是土石坝设计中的重要内容。

（4）沉降的影响。由于土粒之间存在孔隙，所以土体是可以压缩的。据统计，在压缩量很小时，坝顶处的最大沉降量约为坝高的1%。一般情况下，施工期间的量所占比例较大，几乎达总沉降量的80%左右，建成后仍会有20%左右的沉降。在设顶高程时，应把可能的沉降量都考虑进去。对重要的土石坝，应通过沉降计算确定沉降。应该指出，当坝基软弱或有软弱夹层时，沉降或不均匀沉降问题都较大。过大的不均匀沉降会引起坝体的开裂，据水利部工程管理局统计，在1 000起工程事故中，大坝裂缝129起，而90%以上是由于不均匀沉降引起。为防止不均匀沉降，必须加强压实，特别在分段接头处要防止漏夯漏压。

二、土石坝的主要问题及缺陷

根据各地水库的管理经验，土坝最容易产生以下几个方面的问题，即：随时间沉陷和不均匀沉陷大，坝体裂缝，坝坡滑动，坝身、坝基或绕坝渗流，坝体沉陷和风浪、雨水或气温对坝面造成的破坏。因此，土坝的日常检查和养护工作，是对土坝必须进行的一项重要的经常性的工作。通过检查发现问题，及时养护，可以防止或减轻外界不利因素对土坝的损害，及时消除土坝表面的缺陷，保持或提高土坝表面的抗损能力，保证土坝的安全。

第二节　土石坝的位移变形检测

土石坝在荷载作用下坝体表面或内部将产生水平和竖向位移变形，其中水平位移包括垂直坝轴线的横向水平位移和平行坝轴线的纵向水平位移。位移变形测量是通过人工或辅助仪器设备来获得某一时段土坝表面或内部的变形。通过测量位移变形量及其方向，分析位移变形的原因，可以判断土坝运行是否安全，并提出相应的消除安全隐患的措施。

土石坝位移变形测量可采用人工方式或自动采集系统来完成。人工测量采用的仪器设备精度较低，容易受到环境和测量人员个体差异的影响，且劳动强度大，测量周期长。自动采集系统具有一定的规模，故其成本高，但周期短，测量精度高，尤其在强烈地震、特大洪水等危险荷载情况下，可以快速得到变形数据。随着科学技术的发展，自动采集系统在位移测量方面的应用会日益广泛。

一、表面位移变形测量

表面位移变形测量可以根据大坝表面布设的观测点，采用一定的方法或仪器进行固定观测点变形量测量。为了尽可能全面了解表面变形状况，应根据坝的等级、规模、施工及地质情况，选择有代表性的断面布设测点进行测量，并且尽量水平位移测点和垂直位移测点重合。

（一）表面变形的测量设计

1. 测点的选择

纵断面位置选择时，通常在上游坝坡正常水位以上布设 1 个、坝顶布设 1 个，下游坝坡半坝高以上布设 1~3 个，半坝高以下布设 1~2 个，断面的数量不宜少于 4 个。对于软基上的土坝，还应在下游坝址外侧增设 1~2 个。

横断面上的测点应选择在最大坝高处、合龙段、地形突变处、地质条件复杂处、坝内设有埋管等可能发生异常处。横断面间距一般为 50~100 m，数量不宜少于 3 个，两坝端、地基地形突变以及地质情况复杂的坝段，应适当加密，每个横断面上至少布置 4 个测点。

在纵横断面交汇处布设表面变形测点，见图 5-1。

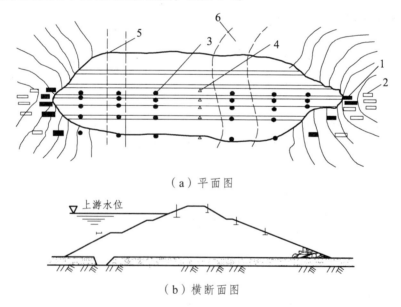

（a）平面图

（b）横断面图

图 5-1　视准线法水位移检测布置

1—工作基点；2—校核基点；3—位移标点；4—增设工作基点；5—合龙段；6—原河床

2. 工作基点和校核基点

起测基点一般布置在大坝两端岸坡上便于测量且受工程影响变形很小的稳定岩体上，每个纵向检测断面的两端应分别设置一个基点，基点高程宜与测点高程相近。当坝轴线为折线或坝长超过 500 m 时，在坝身增设工作基点。为了校核工作基点，在纵断面的工作基点延长线上还需设置 1~2 个校核基点。

（二）表面水平位移的测量

目前，土石坝水平位移测量方法主要有视准线法、小角度法、大气激光法等。

1. 视准线法

用视准线法观察水平位移，是以土坝两端的两个工作基点的连线（视准线）为基准，来测量土坝表面上的观测点的水平位移量。将活动觇牌安置于测量的位移标点上，令觇牌图案的中线与视准线重合，然后利用觇牌上的分划尺及游标读取偏离值。目前，全站仪已具备自动目标识别和数据通讯功能，从而提高了水平位移观测的自动化水平。

视准线的位移标点采用钢筋混凝土设置在结构物上，与视准线的偏离值不应越过 2 cm，距地面高度不小于 1 m 及旁离障碍物不超过 1 m，标点顶部同样埋设强制对中设备，以便安置觇牌。测量时，在工作基点 A（或 B）上架设经纬仪，整平后，后视工作基点 B（或 A），固定上下盘。用望远镜瞄准建筑物上的位移观测点，在位移观测点处，一个随司镜者的指挥，沿垂直于视准线方向移动觇标，直至觇标中心线与视准线重合为止，读出偏移量，记入记录表内。通知司镜者用倒镜再读一次，正倒镜各测一次为一测回。需要几个测回根据距离而定，但至少应有两个测回。符合精度后，方可施测另一观测点，见图 5-2。

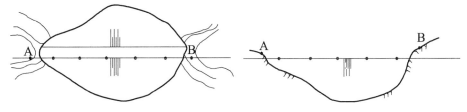

图 5-2 视准线法观测示意图

视准线觇牌的形状、结构、尺寸、颜色对测量精度有重要影响，应当合理设计。一般来说，觇牌应满足图案对称、没有相位差、反差大、便于安装、具有适当参考面积（瞄准时使十字丝在两边有足够比较面积）等条件，实践证明，白底黑标志的平面觇牌为最佳，并要求觇标的旋转轴通过标志的中心。

2. 小角度法

用小角度法观测水平位移，是在基点 A（或 B）上架设经纬仪。测定建筑物上位移观测点与视准线 AB 的方向角 α，然后根据 α 角及基点到观测点的水平距离 s，计算出观测点的偏移量 l，见图 5-3。正倒镜各测一次为一测回。需要几个测回根据距离而定，但至少应有两个测回。符合精度后，方可施测下一观测点。偏移量按式（5-1）计算。

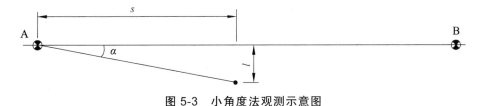

图 5-3 小角度法观测示意图

$$l = \frac{1\,000s}{206\,265''}\alpha \tag{5-1}$$

式中　l——观测点至视准线的偏移量（mm）；

　　　s——基点至观测点的水平距离（m）；

　　　α——观测点与视准线的夹角（"）。

3. 激光准直法

激光准直系统分为大气激光准直系统、真空激光准直系统和微压激光准直系统。目前，使用较多的是真空激光准直系统和微压激光准直系统。激光准直仪由激光器作为光源的发射系统、光电接受系统及附件三大部分组成。将激光束作为定向发射而在空间形成的一条光束作为准直的基准线，用来标定直线进行测量。激光源和光电探测器分别安装在发射端和接收端的固定工作基点上，波带板安装在观测点上，从激光器发射出的激光束照满波带板后在接收端上形成干涉图像，按照三点准直方法，在接收端上测定图像的中心位置，从而求出测点的位移。

真空激光准直系统，是将三点法激光准直和一套适于大坝变形观测特点的动态软连接真空管道结合起来的系统，又称波带板激光准直系统。波带板是一种光栅，当它被激光点光源发出的一束可见的单色相干光照射时，相当于一块聚焦透镜，在光源和波带板中心延长线上的一定距离处，形成一个中心特别明亮的衍射图像——圆形光点。真空激光系统要求用于直线型、可远视环境中，使激光束在真空中传输，利用激光束作为基准线，通过量测激光束经测点波带板在接收屏上所成的像的位置变化而得到两个方向的变形。

在实际应用中，可以在大坝两端稳定处固定点光源 A、激光像点探测仪 C，在要观测位移的各坝段测点上，设置相应的波带板 B。激光准直原理如图 5-4 所示。

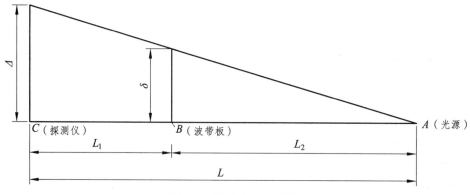

图 5-4　激光准直原理图

当测点（波带板中心）位移了一段距离，在探测仪处的像点也位移了一段距离，用公式（5-2）即可计算出测点的位移。

$$\delta = (L_1/L)\cdot\Delta \tag{5-2}$$

用式（5-2）计算的位移，是测点相对于两端点的位移，加上端点的位移，即为测点的实际位移值。

真空激光准直系统包括激光发射器、接收器、真空管道、测点箱、波带板、软连接管、端点设备、真空泵等，主要设备连接示意图见图 5-5。

接收器 抽真空 真空管 测点箱 波纹管 激光轴线 发射端

图 5-5 激光准直系统设备连接示意图

真空激光准直的观测：（1）观测前应先启动真空泵抽气，使管道内压强降到规定的真空度以下。（2）用激光探测仪观测时，每测次应往返观测一测回，两个"半测回"测得偏离值之差不得大于 0.3 mm。

（三）表面竖向的测量

大坝在外界因素作用下，沿竖直方向产生位移，竖向位移测量法主要有精密水准法、连通管法和三角高程法，下面逐一进行介绍。

1. 精密水准法

在采用精密水准法观测大坝竖向位移时，由于观测精度要求较高，往往采用精密水准仪。竖向位移观测一般分为两大步骤：一是由水准基点校测各起测点是否变动，二是利用起测点测定各竖向位移点的位移值。

（1）起测点的校测。施测前，首先应校核水准基点是否有变动，然后将水准基点与起测点组成的水准环线（或水准网）进行联测。

（2）竖向位移点的观测。竖向位移点的观测是从起测点开始，测定相应的竖向位移点后，复核至另一起测点，构成复核水准路线。

2. 连通管法

连通管法也称为静力水准法。利用连通管液压相等的原理，将起测点（A 点）和各竖向位移标点（B、C、D 点）用连通管连接，灌水后即可获得一条水平的水面线，量出水面线与起测基点的高差（H_A），计算出水面线的高程，然后依次量出各竖向位移标点与水面线的高差（H_B、H_C、H_D），即可求得各标点的高程。该次观测时测点高程值减去初测高程值即为该测点的累计竖向位移。

连通管可以分活动式和固定式两种。根据连通管内液面保持水平的原理，用传感器测量液面高度的变化，从而自动测出两个或多个测点之间的沉陷和倾斜变化，仪器输出为电压信号，可直接进行遥测、数字显示，可与数据采集器连接，自动打印和储存。连通管系统布置示意图，如图 5-6 所示。

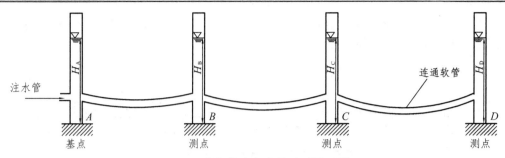

图 5-6 连通管法竖向位移测量系统

3. 三角高程测量法

观测仪器任意置点，同时又在不量取仪器高和棱镜高的情况下，利用三角高程测量原理测出待测点的高程。如图 5-7 所示，设 A、B 为地面上高度不同的两点。图中：L 为 A、B 两点间的水平距离；α 为在 A 点观测 B 点时的垂直角；H_1 为测站点的仪器高，H_2 为棱镜高；H_A 为 A 点高程，H_B 为 B 点高程。

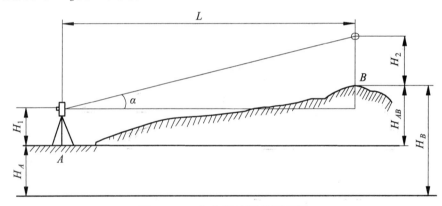

图 5-7 三角高程法测量原理图

首先我们假设 A、B 两点相距不太远，可以将水准面看成水平面，则可得到

$$H_B = H_A + H_1 + L\tan\alpha - H_2 \tag{5-3}$$

故
$$H_A = H_B - (H_1 + L\tan\alpha - H_2) \tag{5-4}$$

上式中除了 $L\tan\alpha$ 值可以用仪器直接测出外，H_1、H_2 都是未知的。但当仪器一旦置好后，H_1 值也将随之固定不变，同时选取跟踪杆作为反射棱镜，假定 H_2 值也固定不变。由式（5-4）知：

$$H_A + H_1 - H_2 = H_B - L\tan\alpha = H_W \tag{5-5}$$

由式（5-5）可知，基于上面的假设，$H_A + H_1 - H_2$ 在任一测站上也是固定不变的，且可以计算出它的值 H_W。

这一新方法的操作过程如下：

（1）仪器任一点放置，但所选点位要求能和已知高程点通视。

（2）用仪器照准已知高程点，测出 $L\tan\alpha$ 的值，并算出 H_W 的值（此时与仪器高程测定有关的常数均为任一值）。

（3）将仪器测站点高程重新设定为 H_w，仪器高和棱镜高设为零即可。

（4）照准待测点测出其高程。

结合式（5-3）和式（5-5）：

$$H'_B = H_w + L' \tan \alpha' \tag{5-6}$$

式中　H'_B——待测点的高程（m）；

　　　　H_w——测站中设定的测站点高程（m）；

　　　　L'——测站点到待测点的水平距离（m）；

　　　　α'——测站点到待测点的观测垂直角（°）。

从式（5-6）可知，不同待测点的高程随着测站点到观测点的水平距离或观测垂直角的变化而改变。

将式（5-5）代入式（5-6）得：

$$H'_B = H_A + H_1 - H_2 + L' \tan \alpha' \tag{5-7}$$

（四）三维位移测量法

1. 地球卫星定位（GPS）监测

随着科学技术的发展，卫星通信和全球卫星定位系统 GPS 已广泛应用于社会的各个行业。全球定位系统已经迅速地从深奥的军事技术转化为贴近我们每一个人生活的民用技术，如汽车上的导航工具。随着 GPS 定位精度的提高，GPS 技术在大坝安全监测中的应用也越来越受到大坝管理单位的关注。常规的大坝表面变形观测方法，是水平位移和垂直位移采用不同仪器设备分别进行。这些方法都受外界气候条件影响，手工或半手工操作，工作量大，作业周期长。与常规方法相比，GPS 自动化系统有以下优点：

（1）不受气候等外界条件影响，可全天候监测。常规方法所用的仪器设备是基于几何光学原理工作，故不能在黑夜、雨、雾、雷、大风等气象条件下正常观测。而 GPS 自动化监测系统则不受外界气候条件的影响，尤其是在大坝安全的关键时刻，即风、雨交加的汛期，都能及时提供大坝变形量，这是常规方法无法实现的。

（2）所有变形监测点的观测时间同步，能客观反映某一时刻大坝各监测点的变形状况。用常规监测方法，在进行大坝外观变形监测时，总是一个点、一个点地观测，即各监测点观测的时间不在同一时刻，监测结果反映不出大坝同一时刻的变形状况。而 GPS 监测系统，就可避免以上的缺陷，可测出同一时刻大坝上各监测点的变形量，即所有监测点观测时间是同步的，能客观地反映出大坝在某一时刻各坝段的变形情况。

（3）监测点的三维位移能同步测出。用常规监测方法进行大坝外观变形监测时，水平位移和垂直位移是采用不同方法和不同仪器，在不同时间内完成的。而 GPS 监测系统可同步测比监测点的水平位移和垂直位移。

（4）可实现全自动监测。常规大坝外观变形监测方法仪，都是手工操作，不仅观测周期长，且无法实现自动化。GPS 表面变形监测系统从采集、传输、计算、显示、打印全自动。

GPS 表面变形监测系统一般由数据采集、传输和处理系统三部分组成。数据采集系统包括 GPS 基站和测站，一般情况下 GPS 基点应至少 2 个。

目前所采用的 GPS 表面变形监测系统均为静态方式，即通过观测基点与测点之间的相对坐标来确定测点的位移。GPS 基准点位于大坝两坝肩的坚固岩石上，每个基站和测站配置一套 GPS 接收机和通信机，监测中心与基站、测站之间的通信可采用无线超短波、光纤等方式。

2. 全站仪监测

全站仪可进行大坝表面变形的三维位移监测，它能够自动整平、自动调焦、自动正倒镜观测、自动进行误差改正、自动记录观测数据，并能进行自动目标识别，操作人员不再需要精确瞄准和调焦，一旦粗略瞄准棱镜后，全站仪就可搜寻到目标，并自动瞄准，大大提高工作效率。

全站仪配以专用软件，就可使整个测量过程在计算机的控制下实现全自动。在大坝表面变形监测中，目前使用极坐标法进行测量。整个系统配置包括：全站仪、棱镜、通信电缆及供电电缆、计算机与专用软件。

影响三维极坐标测量精度的主要因素有仪器的测量精度、观测点的斜距及垂直角。后两者涉及大气的气象改正、水平折光、垂直折光等许多复杂的因素，故很难精确求出，从而降低了点位的测量精度。然而根据变形监测的特点，需要测量的只是相对变化量，若采用建立基准站进行差分的方法，其测量点位的位移精度可达到亚毫米精度甚至更高。

（1）自动极坐标实时差分。自动极坐标实时差分主要采用差分技术，它实际上是在一个测站上对两个观测目标进行观测，将观测值求差；或在两个测站上对同一目标进行观测，将观测值求差；或在一个测站上对一个目标进行两次观测求差，求差的目的在于消除已知的或未知的公共误差，以提高测量结果的精度。在大坝变形监测过程中，受到了许多误差因素的干扰，如大气垂直折光、水平折光、气温、气压变化、仪器的内部误差等等，直接求出这些误差的大小是极其困难的，故可采用差分的方法以减弱或消除这些误差来提高测量的精度。

（2）全站仪变形监测系统。全站仪变形监测系统由全站仪、仪器墩、通信及供电设备、控制计算机、监测点及专门软件组成。在该系统中，控制机房内部的控制计算机通过电缆与监测站上的自动化全站仪相连，全站仪在计算机的控制下，对基岩上的基准点及被监测物上的观测点自动进行测量，观测数据通过通信电缆实时输入计算机，用软件进行实时处理，结果按用户的要求以报表的形式输出，故监测员在控制机房就能实时地了解全站仪的运行情况。

地球卫星定位（GPS）变形监测和全站仪变形自动监测系统均可实现自动化观测，配以自动处理和分析软件，可对观测成果进行自动整编和分析，但其设备造价较高。

二、内部位移变形检测

内部变形包括分层竖向位移、分层水平位移、界面位移及深层应变。这里介绍分层竖向位移、分层水平位移的测量方法。

（一）水平位移的测量

1. 测斜仪

测斜仪在土石坝水平位移的测量中得到了广泛应用，该仪器配合测斜管可反复使用。

（1）侧斜仪结构。测斜仪由倾斜传感器、测杆、导向定位轮、信号传输电缆和读数仪等组成。

（2）测斜仪工作原理。在需要观测的结构物体上埋设测斜管，测斜管内径上有两组互成 90° 的导向槽，将测斜仪顺导槽放入测斜管内，逐段一个基长（500 mm）进行测量。测量得出的数据即可描述出测斜管随结构物变形的曲线，以此可计算出测斜管每 500 mm 基长的轴线与铅垂线所成倾角的水平位移，经算术和即可累加出测斜管全长范围内的水平位移，见图 5-8。

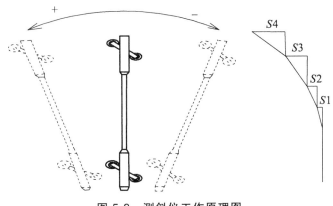

图 5-8 测斜仪工作原理图

（3）埋设与安装。测斜仪为一种可重复使用的测量仪器，测斜仪的测量方法是测量侧斜管轴线的倾斜度。所以测量前必须先埋设测斜管，方可实现测量。

① 测斜管的安装。先将测斜管装上管底盖，用螺丝或胶固定。将测斜管按顺序逐根放入钻孔中，测斜管与测斜管之间由接管连接，测斜管与接管之间必须用螺丝固定。测斜管在安装中应注意导槽的方向，导槽方向必须与设计要求定准的方向一致。将组装好的测斜管按次序逐节放入钻孔中，直至孔口。当确认测斜管安装完好后即可进行回填，回填一般用膨润土球或原土沙。回填时每填至 3 ~ 5 m 时要进行一次注水，注水是为了使膨润土球或原土沙遇水后，与孔壁结合的牢固，以此方法直至孔口。露在地表上的测斜管应注意做好保护，盖上管盖，严禁防止物体落入。测斜管地表管口段应浇注上混凝土，做成混凝土墩台以保护管口和管口转角的稳定性。墩台上应设置位移和沉降观测标点。

安装完成后的测斜管应先用模拟测斜仪试放，试放时测斜管互成 90° 的两个导向槽都应从下到上试放，保证模拟测斜仪顺测斜管能从上到下并从下到上都很平稳顺畅通过，以此测斜管安装为完好。

② 测斜仪组装。首先检查测斜仪的导轮是否转动灵活、扭簧是否有力、密封圈是否损伤。将测杆与电缆连接头连接在一起，为防止测斜仪进水影响测值的稳定，连接一定要牢固可靠，最好用扳手将电缆连接头与测杆拧紧。将电缆从电缆绕盘上放下测孔深度的长度来，再将读

数仪的测量线拧在电缆绕盘的插座上。打开读数仪，将测斜仪在测量平面上转动，检查输出读数是否正常。

③ 测量。将测斜仪置入测斜管内，并使导向轮完全进入导向槽内。方向应为导向轮的正向与被测位移坐标（+X）一致时测值为正，相反为负。之后根据电缆上标明的记号，每 500 mm 单位长度测读一次测斜管轴线相对铅垂线的倾角。测斜仪测量时可先将测斜仪放入管底，自下而上测量，也可从管口开始由上至下的测量。

④ 测值。为实现自动化观测，可在测斜仪两端加装连接杆。连接杆长度一般为 1.5 ~ 3.0 m，然后将测斜仪固定在测斜管中，用电缆线将每支测斜仪连接到集线箱和数据采集装置，可实现自动化测量。

2. 钢丝水平位移计

钢丝水平位移计是了解土坝稳定性的有效设备之一。钢丝水平位移计可单独安装，亦可与水管式沉降仪联合安装进行观测。

（1）结构。钢丝水平位移计由锚固板、铟合金钢丝、保护钢管、伸缩接头、测量架、配重机构、读数游标卡尺等组成，如图 5-9 所示。

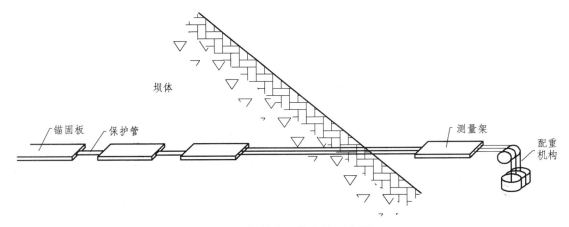

图 5-9　钢丝水平位移计示意图

（2）工作原理。当被测结构物发生水平位移时将会带动锚固板移动，通过固定在锚固板上的钢丝卡头传递给钢丝，钢丝再带动读数游标卡尺上的游标，用目测方式很方便地将位移数据读出。测点的位移量等于实时测量值与初始值之差，再加上观测房内固定标点的相对位移量。观测房内固定标点的位移量由视准线测出。

（3）计算方法。

① 当外界温度恒定、观测房内固定标点没有位移时，位移计与被测结构物的变形具有如下线性关系：

$$L = \Delta d = d - d_0 \tag{5-8}$$

式中　　L——位移计的相对位移量（mm）；

　　　　Δd——位移计的位移相对于基准值的变化量（mm）；

　　　　d——位移计的实时测量值（mm）；

d_0——位移计的基准值（初始测量值，mm）。

② 当被测结构物没有发生变形时，而温度增加 ΔT，将会引起钢丝的变形并产生测值的变化，这个测值仅仅是由温度变化而造成的，因此在计算时应予以扣除。

实验知 $\Delta d'$ 与 ΔT 有如下线性关系：

$$L' = \Delta d' - bh\Delta T = 0 \tag{5-9}$$

$$\Delta T = T - T_0 \tag{5-10}$$

式中 b——位移计铟合金钢丝的线膨胀系数；

ΔT——温度相对于基准值的变化量（°C）；

T——温度的实时测量值（°C）；

T_0——温度的基准值（初始测量值，°C）；

h——位移计钢丝的有效安装长度（mm）。

③ 埋设在坝体内的位移计，受到的是位移和温度的双重作用，同时要累加上观测房内固定标点的相对位移量。因此，位移计的一般计算公式为：

$$L_\mathrm{m} = \Delta d - bh\Delta T + \Delta D = \Delta d - bh\Delta T + D - D_0 \tag{5-11}$$

式中 L_m——被测结构物的位移量（m）；

ΔD——观测房内固定标点相对于基准值的变化量（mm）；

D——观测房内固定标点的实时测量值（mm）；

D_0——观测房内固定标点的基准值（初始测量值）（mm）。

（二）竖向位移监测方法

1. 水管式沉降仪

水管式沉降仪是利用液体在连通管内的两端处于同一水平面的原理而制成，在观测房内所测得的液面高程即为沉降测头内溢流口液面的高程，液面用目测的方式在玻璃管刻度上直接读出。被测点的沉降量等于实时测量高程读数相对于基准高程读数的变化量，再加上观测房内固定标点的沉降量即为被测点的最终沉降量。观测房内固定标点的沉降量由视准线测出。

（1）水管式沉降仪结构。水管式沉降仪内沉降测头、管路、测量柜等组成，如图 5-10 所示。

（2）测量方法。测量时，关闭排水阀，打开进水阀，依次打开各溢流管的阀门，向其充水排气；排尽气泡后，打开各玻璃测管的阀门，使其水位略高于测头的高程，关闭进水阀；待玻璃测管内的水位稳定后，读出玻璃测管上的水位刻度值，即为测量高程值。应定期用视准线测量测量柜所在标点的高程，用式（5-12）计算被测结构物的沉降量。

沉降仪的一般计算公式为：

$$S = (H_0 - H) \times 1\,000 + S_0 \tag{5-12}$$

式中 S——被测结构物的沉降量（mm）；

H_0——沉降测头内溢流管口埋设时高程值（m）；

H——观测时所测得沉降测头内溢流管口高程值（m）；

S_0——观测标点的沉降量（mm）。

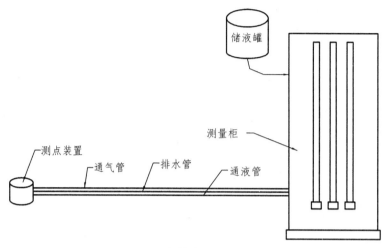

图 5-10　水管式沉降仪结构图

2．振弦式沉降仪

振弦式沉降仪可自动测量不同点之间的沉降，它由储液罐、通液管和传感器组成，如图 5-11 所示，储液罐放置在固定的基准点并用两根充满液体的通液管把它们连接在沉降测点的传感器上，传感器通过通液管感应液体的压力，并换算为液柱的高度，由此可以实现在储液罐和传感器之间测出不同高程的任意测点的高度。

图 5-11 示意了使用的典型装置来测量在坝体内部的沉降，传感器通过电缆连接到数据采集装置。传感器内包含有一个半导体温度计与一个防雷击保护器，使用通气电缆将传感器连接到储液罐上方来使整个系统达到自平衡，以确保传感器不受大气压变化的影响，安装在通气管末端的干燥管用来防止传感器内部受潮。

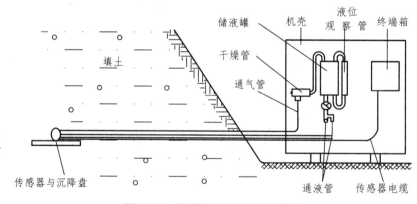

图 5-11　振弦式沉降系统示意图

振弦式沉降仪大多安装在填土和坝体内，传感器和电缆都被埋设在内部。如沉降点在地表面，可将传感器直接安装在结构体上。

储液罐的安装高程应比任何传感器和通液管都要高一些。典型的安装如图 5-12。

（1）传感器的安装。传感器通常固定在沉降盘上。在回填平整的情况下，沉降盘可用螺栓直接固定在结构体上。平底槽应为 300～600 mm 深，将沉降盘放在槽底平面上然后用小颗粒土料回填，用于回填的材料应去除粒径大于 10 mm 的颗粒，用这种材料应当围绕传感器夯实到槽门平面高程为止。

在安装过程中，应当用规范的测量技术来测量沉降盘的高程，同时确认传感器在夯实后没有遭到损坏。

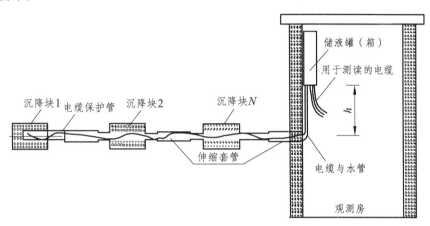

图 5-12　振弦式沉降系统安装示意图

（2）电缆和通液管的安装。电缆和通液管应埋设在 300～600 mm 深的沟槽里，沟槽不能上下起伏。

电线和通液管应各自单独埋设，且不能相互接触和扭在一起，在任何地方导管都不能高出储液罐。

回填沟槽之前应检查有无气泡的迹象，如发现任何气泡都需要在初始读数之前冲洗通液管。

围绕在电缆周围沟槽里的材料，不允许有大的尖角的石块直接靠在电缆上，为了防止水沿着沟槽形成渗流通道，应分段在沟槽的空隙中填入膨润土。

在土坝坝体内的沟槽禁止完全穿透黏土核心部分（加防渗墙），在电缆上的填土，当埋层越过 600 mm 厚时即可正常回填。在电缆外露的地方，电缆应适当地沿着其延长方向加固防止弯曲，电缆也应避免阳光直射，可通过注入聚苯乙烯泡沫或氨基甲脂酸泡沫等来绝热防止温度变化对液体的影响。

（3）储液罐的安装。储液罐应安装在稳定的地面上或观测房的墙面上，储液罐的高程应在安装过程中进行测量和记录。松开储液罐顶部螺丝给储液罐注入去气防冻液直到观测管显示半满状态。储液罐不能直接暴露安装在阳光直射处。

当连接从传感器到储液罐的通气管时不允许空气驻留在通管内，同时应确保连到传感器上的通气管无堵塞。这可以用真空泵来将通气管里抽取成真空，同时观测传感器在读数仪上的读数来校核，连接通气管到通气管的汇集处，并在干燥管中添加新的干燥剂。

建议在储液罐液面上加少许轻油（推荐用挥发性较弱的硅油），它能够阻止液体表层的挥发，同时应注意干燥管与储液罐之间的连接管确无堵塞。

将传感器电缆与需要加长的电缆对应芯线连接，各电缆分别接至终端集线箱。

（4）初始数据。初始读数的读取应格外小心，它是以后所有数据的基准数据。通液管必须在恒定的温度下，若通液管非全埋式，数据应在温度相对恒定的时候读取。确定读数时通液管必须没有暴露在阳光直射下。同时在通液管里应无气泡的存在，管中如有气泡往往会造成读数的不稳定。若观测到气泡，在进行初始读数之前应冲洗通液管。若有任何怀疑，则反复冲洗通液管和重复读数，直到读数稳定为止，同时记录环境温度。

注意测量储液罐的液面高度，并做一个标记或记录测尺读数，以用于迅速观测液面出现的任何波动，用其改变量来修正后面沉降位移的计算。

储液罐液面的波动可能是温度或气压的变化或液体渗漏引起的。

第三节　土石坝的裂缝检测

土石坝坝体裂缝是一种较为常见的病害现象。各种裂缝对土石坝都有不利影响，有些裂缝对坝体危害不严重，但也有些裂缝存在着潜在的危险，例如细小的横向裂缝有可能发展成为坝体的集中渗漏通道，而有的纵向裂缝可能是坝体滑坡的预兆。因此，对土石坝的裂缝现象，应给予应有的重视。

一、土石坝裂缝的类型和产生的原因

土石坝的裂缝，按其产生的原因可分为干缩裂缝、沉陷裂缝和滑坡裂缝；按其方向可分为龟状裂缝、横向裂缝和纵向裂缝；按其部位可分为表面裂缝和内部裂缝。以下主要就干缩裂缝、横向裂缝、纵向裂缝和内部裂缝分别叙述其产生的原因。

（一）干缩裂缝

干缩裂缝多是由于坝体受大气和植物影响，土料中水分大量蒸发，在土体干缩过程中产生的。

细粒土（黏性土）中水分被蒸发，而由湿变干的过程中，首先是自由水跑掉，继而是土粒周围的水膜减薄，使土粒与土粒在薄膜水分子吸引力作用下互相移近，引起土体收缩。当收缩引起的拉应力超过一定限度时，土体即会出现干缩裂缝。相反，当细粒吸水时，水膜增厚，土粒间互相挤胀，则土体将会产生膨胀。

对于粗粒土，薄膜水的总量很少，厚度也较薄，故薄膜水对粗粒土的性质没有显著影响。

由此可见，当筑坝土料黏性愈大，含水量愈高时，则产生干缩裂缝的可能性愈大。壤土中干缩裂缝比较少见，而在砂土中就不可能出现干缩裂缝。

干缩裂缝的特点是：密集交错，没有特定方向；缝的间距比较均匀，无上下错动；多与坝体表面垂直。干缩裂缝均上宽下窄，缝宽通常小于 1 cm，缝深一般不超过 1 m，个别情况也可能较宽较深。干缩裂缝一般不致影响坝体安全，但如不及时维修处理，雨水沿缝渗入，将增大土体含水量，降低裂缝区域土体的抗剪力强度，促使其他病害情况发展。必须注意的是，斜墙和铺盖的干缩裂缝可能会引起严重的渗透破坏，因此需要及早地进行维修处理。

（二）横向裂缝

1. 横向裂缝的特征与成因

与坝轴线垂直或斜交的裂缝称横向裂缝。横向裂缝一般接近铅直或稍有倾斜地伸入坝体内。缝深几米到十几米，上宽下窄，缝口宽几毫米到十几厘米，偶尔也能见到更深、更宽的，裂缝两侧可能错开几厘米甚至几十厘米。横向裂缝对坝体具有极大的危害性，特别是贯穿心墙或斜墙造成集中渗流通道的横向裂缝是最危险的裂缝。

横向裂缝产生的根本原因是沿坝轴线纵剖面方向相邻坝段或坝基产生的不均匀沉陷。从应力条件看，横向裂缝是由于土体中的拉应变超过了土体的允许拉应变造成的。根据坝体应力条件的分析，在土坝的两端最容易产生垂直于坝轴线的横向裂缝，在坝的中段则多发生平行坝轴线的纵向裂缝，而在坝端和坝中段之间，沉陷裂缝的方向往往与坝轴线斜交，如图5-13所示。

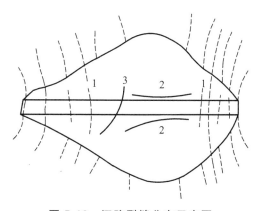

图 5-13　沉陷裂缝分布示意图

1—横向裂缝；2—纵向裂缝；3—斜向裂缝

2. 出现横向裂缝的常见部位

（1）土石坝与岸坡接头坝段及河床与台地的交接处。在土坝与岸坡的接头处，如岸坡过陡（如岩石岸坡陡于 1：0.75，土质岸坡陡于 1：1.5），或岸坡上有局部峭壁或者有突出的变坡点，就容易产生横向裂缝。在河床与台地的交接处，由于坝体高度变化较大，不均匀沉陷也较大，故也常易产生横向裂缝。

（2）坝基压缩性大的坝段。例如广东省鹤地水库 17 号副坝，坝高 18 m。靠近左岸坝基有一片厚约 2 m 的软黏土层没有清除。由于软黏土的压缩性很大，该处坝体于 1964 年汛前出现了 36 条横向裂缝。裂缝平均长度约 5 m，深约 1 m，平均宽度为 53 mm。经处理后，又出现了 46 条横向裂缝，缝宽减少为 15 mm。这说明软黏土层的固结渐趋稳定，同时，也说明由于黏土层的固结有一个过程，所以这种裂缝的处理不能一劳永逸。

如果坝基是未经处理的湿陷性黄土，水库蓄水后，由于不均匀的地基沉陷，也将引起横向裂缝。

（3）土石坝与刚性建筑物接合的坝段。土坝与刚性建筑物接合的坝段，往往由于不均匀沉陷而引起横向裂缝（如坝体与溢洪道导墙相接的坝段就是属于这种情况）。

（4）分段施工的接合部位。如：土坝合拢的龙口坝段；或施工时土料上坝路线；或坝体填筑高差过大；或由于各段坝体碾压密实度不同，甚至接头坝段漏压，引起不均匀沉陷而产生横向裂缝。

对坝体横向裂缝除了加强平时检查，注意发现以外，坝顶防浪墙或路缘石开裂也往往反映出坝体内有横向裂缝的存在。此外，当坝顶相邻的垂直位移标点之间出现较大的不均匀沉陷时，也预示着可能产生了横向裂缝。必要时，应开挖与坝轴线平行的深槽，挖开保护层探明情况。

（三）纵向裂缝

1. 纵向裂缝的特征与成因

与坝轴线平行的裂缝称为纵向裂缝。纵向裂缝多发生在心墙坝、斜墙坝和混合坝的坝顶，并位于坝轴线或内外坝肩附近。均质坝也可能发生纵向裂缝，裂缝位置除坝顶部分以外，在坝坡上也可能发生。各种纵向裂缝如图 5-14 所示，图中箭头为坝体变形观测的水平位移和垂直位移方向。

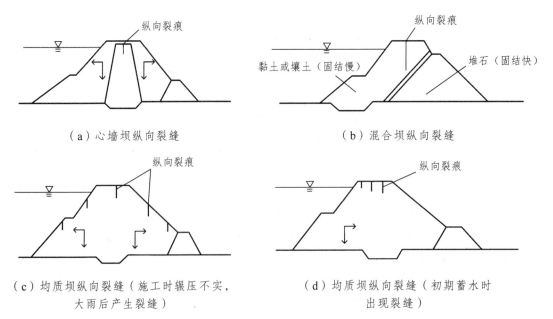

（a）心墙坝纵向裂缝　　　　　　（b）混合坝纵向裂缝

（c）均质坝纵向裂缝（施工时辗压不实，　　（d）均质坝纵向裂缝（初期蓄水时
　　大雨后产生裂缝）　　　　　　　　出现裂缝）

图 5-14　土坝的纵向裂缝

产生纵向裂缝的主要原因是坝体横断面上不同土料的固结速度不同，在横断面上发生较

大的不均匀沉陷所致。如坝壳与心墙或斜墙之间，由于一般坝壳压实程度较差，蓄水后发生较大的沉陷变形，因而造成心墙或斜墙纵向裂缝。此外，均质坝碾压不密实，或坝基内有局部软弱夹层未彻底清除，或坝基处理不当，从而引起横断面上产生较大的不均匀沉陷，也是产生纵向裂缝的原因。

纵向裂缝如未与贯穿性横向裂缝连通，则不会直接危及坝体安全。但也要及时处理，以免库水进入缝内，降水时造成滑坡，或雨水灌入缝内引起滑坡。防渗斜墙上的纵向裂缝，很易发展成渗漏通道，直接危及坝体安全，应特别注意。

2. 纵向沉陷裂缝与滑坡裂缝的区别

除由于坝体横断面上的不均匀沉陷将引起纵向裂缝以外，当土坝滑坡时，其初期亦表现为纵向裂缝。裂缝的成因不同，处理方法也就不同。因此，当坝体发生纵向裂缝后，首先应分析判断是纵向裂缝还是滑坡裂缝，然后才能正确地决定维修处理方法。这两种裂缝一般可参考以下特征进行判断：

（1）纵向沉陷裂缝一般近于直线，而且基本上是垂直向下延伸；而滑坡裂缝一般呈弧形，上游坝坡的滑坡裂缝两端弯向上游，下游坝坡的滑坡裂缝两端则弯向下游。

（2）纵向沉陷裂缝缝宽一般为几毫米到几十厘米，错距一般不超过 30 cm；而滑坡裂缝的缝宽可达 1 m 以上，错距可达数米。

（3）纵向沉陷裂缝的发展随着土体的固结而逐步减缓；而滑坡裂缝往往开始时发展较慢，当滑坡体失稳后，则突然加快。

（4）滑坡裂缝发展到后期，在相应部位的坝面或坝基上有带状或椭圆状隆起。

3. 纵向沉陷裂缝发生的部位

（1）坝基压缩性大的坝段。压缩性大的坝基，主要指的是软土和黄土的地基。对于未经处理的深厚黄土地基，当水库蓄水后，其上游部分先湿陷，因此，在蓄水初期，沿横断面方向，地基就产生不均匀沉陷，使坝体出现纵向裂缝。对于软土地基，如果其厚度沿横断面方向变化较大，则在土坝荷重作用下，地基也会发生较大不均匀沉陷，引起坝体纵向裂缝。

（2）坝身透水料部分沉陷量大，使心墙或斜墙与坝身结合处裂缝。

（3）坝体横向分区结合面裂缝。有些水库施工时分别从上、下游取土填筑，土料性质不同；或坝身上、下游碾压不一致，甚至在分区结合部有漏压现象，密实性更差。因此，蓄水后容易在横向分区结合面产生纵向裂缝。

（4）与截水槽对应的坝顶处。因截水槽系黏土分层碾压筑成，比其两侧地基的压缩性小，故坝顶沉陷比两侧坝坡沉陷小而产生纵向裂缝。

（5）跨骑在山脊上的土坝坝顶。当土坝两端靠岸坡处坐落在山脊上，或有的副坝布置在较为单薄的条形山脊上时，山脊被包在土坝内，由于坝体填土向山脊的两侧沉陷，坝顶很容易出现纵向裂缝。尚应指出，当岸坡较陡时，还有造成坝体滑坡的可能。

（四）内部裂缝

土坝坝体不仅可能发生坝面上可观察到的裂缝，坝体内部也可能在以下情况发生内部裂缝：

（1）窄心墙土坝内部水平裂缝。这种裂缝可能产生在用可压缩的黏性土料筑成的边坡陡、断面窄的心墙部位。因心墙的压缩性比两侧坝壳大，心墙下部沉降，而心墙上部挤在上、下游坝壳之间，其重量由剪应力和拱的作用，被传递到坝壳，以致将心墙拉裂，形成内部的水平裂缝。

（2）在狭窄山谷中高压缩性地基上修建的土坝。在坝基沉陷过程中，上部坝体的重量通过拱作用传递到两岸，如果拱下部坝体沉陷较大，就有可能使坝体因拉力而形成内部裂缝或空穴。

（3）建于局部高压缩性地基上的土坝底部。因坝基局部沉陷量大，使坝底部发生拉应变而破坏，产生横向或纵向的内部裂缝。

（4）坝体和混凝土（或浆砌石）建筑物相邻部位。因为混凝土建筑物比它周围河床的冲积层或坝体填土的压缩性小得多，从而使坝体和混凝土建筑物相邻部位因不均匀沉陷而产生内部裂缝。类似的情况，也往往发生在坝体和混凝土（或浆砌石）放水涵管相接处。

二、土石坝裂缝检测

（一）裂缝的巡视检查

土石坝裂缝的巡视检查一般均依靠肉眼观察。对于观察到的裂缝，应设置标志并编号，保护好缝口。对于缝宽大于 5 mm 的裂缝，或缝宽小于 5 mm 但长度较长、深度较深或穿过坝轴线的横向裂缝、弧形裂缝（可能是滑坡迹象的裂缝）、明显的垂直错缝以及与混凝土建筑物连接处的裂缝，还必须进行定期观测，观测内容包括裂缝的位置、走向、长度、宽度和深度等。

观测裂缝位置时，可在裂缝地段按土坝桩号和距离，用石灰或小木桩画出大小适宜的方格网进行测量，并绘制裂缝平面图。裂缝长度可用皮尺沿缝迹测量，缝宽可在整条缝上选择几个有代表性的测点，在测点处裂缝两侧各打一排小木桩，木桩间距以 50 cm 为宜，木桩顶部各打一小铁钉。用钢尺量测两铁钉距离，其距离的变化量即为缝宽变化量。也可再测点处撒石灰水，直接用尺量测缝宽。必要时可对裂缝深度进行观测，在裂缝中灌入石灰水，然后挖坑探测，深度以挖至裂缝尽头为准，如此即可量测缝深及走向。

（二）内部裂缝的检查

内部裂缝一般很难从坝面上发现，因此其危害性很大。裂缝往往已经发展成集中渗漏通道，造成了险情，才为管理人员所发觉，使维修工作被动，甚至无法补救。关于内部裂缝的检查方法，可参考以下几种。

（1）当土石坝实测的坝体沉陷量远小于计算沉陷量时，应结合地形、地质、坝型和施工质量等条件进行分析，判断内部裂缝产生的可能性。

（2）加强渗透观测。当初步判断有发生内部裂缝可能时，应加强渗透观测。特别是渗流量和渗水透明度的观测。如渗流量突然增加或渗水由清变浑，则应进一步分析坝体内部裂缝的可能性。

（3）必要时根据分析，在可能产生内部裂缝的部位钻孔或开挖探井进行检查。

钻孔检查时，对深度不大的内部裂缝，可用锥探法造孔。对深度较大的内部裂缝，宜用钻机造孔。钻孔后，注清水入孔内，使水面保持在孔口，同时记录时间和注入水量。当注水量接近某一常值后，算出稳定入渗量，再按水文地质方法算出土体的渗透系数，与土体的原始渗透系数相比。如前者大于后者，则钻孔处坝体内可能存在内部裂缝。也可采用对比的方法，即选择没有裂缝和可能有裂缝的坝段进行注水试验，算出稳定入渗量后，并按式（5-13）计算单位吸水量，再互相对比，以判断内部裂缝存在的可能性。

$$\omega = \frac{Q}{LH} \tag{5-13}$$

式中　　ω——单位吸水量[L/(min·m^2)]，为每米水头作用下，每米试验段长度每分钟的吸水量，也常称为吸水率；

　　　　Q——稳定入渗量（L/min）；

　　　　L——注水试验段长度（m）；

　　　　H——作用水头，即注水试验时管内水位与注水前管内水位之差（m）。

当达到稳定入渗后，即停止注水，并随即进行孔内水位下降速度试验，了解下降速度 V 与作用水头 H 的关系，从而判断内部裂缝存在的可能性。在黏性土中，孔水位的下降速度 V 是很缓慢的，且 V 与 H 应成线性关系。如果 V 与 H 成非线性关系，或有转折，则表明存在内部裂缝的可能。如坝体内已埋有测压管，也可利用测压管进行上述注水试验。

井探检查是从坝顶垂直向下开挖直径 1.2 m 左右的圆井，直接检查坝体内部裂缝情况。这种方法简单、经济，进度较快，检查结果也准确可靠。我国安徽省花凉亭水库，浙江省金兰水库，湖北省漳河水库等均曾采用。这种方法在施工时应边开挖边支撑，注意防止井筒的变形和坍塌。

当坝体内埋设有土压力计以观测垂直压力和侧压力时，也可根据坝体内压力分布的规律，分析判断内部裂缝存在的可能性。

对于已发现或存在较大可能有内部裂缝的土坝，不应冒险蓄水，应查明情况，进行妥善的维修处理后，方能使用。

三、非滑动性裂缝的处理方法

处理坝体裂缝时，应首先根据观测资料、裂缝特征和部位，结合现场检查坑开挖结果，参考前述内容，分析裂缝产生的原因，然后根据裂缝不同情况，采用适当的方法进行处理。

裂缝的处理方法主要有三种，即：开挖回填、灌浆和开挖回填与灌浆相结合。开挖回填是裂缝处理方法中最彻底的方法，适用于深度不大的表层裂缝及防渗部位的裂缝；灌浆法适用于坝体裂缝过多或存在内部裂缝的情况；开挖回填与灌浆相结合的方法适用于自表层延伸至坝体深处的裂缝。现仅将开挖回填法和灌浆法介绍如下。

（一）开挖回填法

采用开挖回填方法处理裂缝时，应符合下列规定：

（1）裂缝的开挖长度应超过裂缝两端 1 m，深度超过裂缝尽头 0.5 m；开挖坑槽底部的宽度至少 0.5 m，边坡应满足稳定及新旧填土结合的要求。

（2）坑槽开挖应做好安全防护工作；防止坑槽进水、土壤干裂或冻裂；挖出的土料要远离坑口堆放。

（3）回填的土料要符合坝体土料的设计要求；对沉陷裂缝要选择塑性较大的土料，并控制含水量大于最优含水量的 1% ~ 2%。

（4）回填时要分层夯实，要特别注意坑槽边角处的夯实质量，要求压实厚度为填土厚度的 2/3。

（5）对贯穿坝体的横向裂缝，应沿裂缝方向，每隔 5 m 挖十字形结合槽一个，开挖的宽度、深度与裂缝开挖的要求一致。

1. 干缩裂缝

对黏土斜墙上的干缩裂缝，为了保证有足够的防渗层，应将裂缝表层全部清除，然后按原设计土料干容重分层填筑压实。对均质坝坝面产生的较深、较宽的干缩裂缝也应开挖回填，同时在坝顶或坝坡上填筑 30 ~ 50 cm 的砂性土料保护层，以免继续干缩开裂。对均质坝坝面产生的缝深小于 0.5 m，缝宽小于 5 mm 的干缩裂缝，也可不加处理，这种裂缝在坝体浸水后一般均可自行闭合。

开挖时应先沿缝灌入少量石灰水，显出裂缝，再沿石灰痕迹开挖。挖槽的长度和深度都应超过裂缝 0.3 ~ 0.5 m。开挖边坡以不致坍塌并便于施工为原则，槽底宽约 0.3 m，沟槽挖好后，把槽周洒湿，然后用与坝体相同的土料回填，分层夯实，每层填土厚度以 0.1 ~ 0.2 m 为宜。

2. 横向裂缝

横向裂缝因有顺缝漏水、坝体穿孔的危险，因此，为了安全起见，对大小横缝均用开挖回填法进行彻底的处理。开挖时顺缝抽槽，阶梯高度以 1.5 m 为宜。回填时再逐级削去台阶，保持梯形断面，如图 5-15 所示。

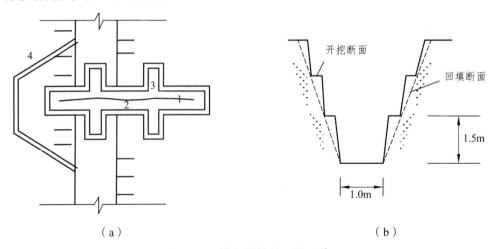

（a）   （b）

图 5-15　横向裂缝的开挖回填

1—裂缝；2—坑槽；3—结合槽；4—挡水围堰

对于贯穿性横缝，还应沿裂缝方向每隔 5~6 m，与裂缝相交成十字形，挖 1.5~2.0 m 宽的结合槽，如图 5-15（a）所示。

3. 纵向裂缝

如纵缝宽度和深度较小，对坝的整体性影响不大，可不必开挖回填，只需封闭缝口，防止雨水渗入即可。当纵缝宽度大于 1 cm，深度大于 2 m 时，则应采用开挖回填处理，其方式如图 5-16 所示。

图 5-16（a），为心墙坝或均质坝坝内裂缝较深、分布较广、透水性强时的处理情况；图 5-16（b）为裂缝不深的防渗部位处理情况；图 5-16（c）为裂缝不深的非防渗部位处理情况。

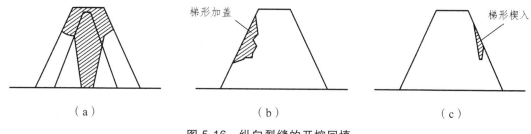

（a）　　　　　　　　　　（b）　　　　　　　　　　（c）

图 5-16　纵向裂缝的开挖回填

不均匀沉陷引起的纵向裂缝，如对坝的安全无严重威胁时，可先暂时封闭缝口，待沉陷趋于稳定后再进行处理。对于因管涌通道而引起的裂缝，应首先处理管涌，再处理裂缝。

（二）充填式黏土灌浆法

当裂缝较深或裂缝很多，开挖困难或开挖将危及坝坡稳定时，宜采用充填式黏土灌浆法处理。对于坝体内部裂缝，则只宜采用灌浆法处理。

采用充填式黏土灌浆处理裂缝时，应符合下列规定：

（1）应根据隐患探测和分析成果做好灌浆设计。对孔位布置，每条裂缝都应布孔；较长裂缝应在两端和转弯处及缝宽突变处布孔；灌浆孔与导渗或观测设施的距离不应小于 3 m。

（2）造孔时，必须采用干钻、套管跟进的方式进行。

（3）浆液配制。配制浆液的土料应选择具有失水性快、体积收缩小的中等黏性土料，一般黏粒含量在 20%~45% 为宜；浆液的浓度，应在保持浆液对裂缝具有足够的充填能力条件下，稠度愈大愈好，泥浆的比重一般控制在 1.45~1.7；为使大小缝隙都能良好地充填密实，可在浆液中掺入干料重的 1%~3% 的硅酸钠（水玻璃）或采用先稀后浓的浆液；浸润线以下可在浆液中掺入干料重的 10%~30% 的水泥，以便加速凝固。

（4）灌浆压力，应在保证坝体安全的前提下，通过试验确定，一般灌浆管上端孔口压力采用 0.05~0.3 MPa；施灌时灌浆压力应逐步由小到大，不得突然增加；灌浆过程中，应维持压力稳定，波动范围不得超过 5%。

（5）施灌时，应采用"由外到里、分序灌浆"和"由稀到稠、少灌多复"的方式进行，在设计压力下，灌浆孔段经连续 3 次复灌，不再吸浆时，灌浆即可结束；施灌时要密切注意坝坡的稳定及其他异常现象，发现突然变化应立即停止灌浆。

（6）封孔，应在浆液初凝后（一般为 12 h）进行封孔。先应扫孔到底，分层填入直径 2～3 cm 的干黏土泥球，每层厚度一般为 0.5～1.0 m，然后捣实；均质土坝可向孔内灌注浓泥浆或灌注最优含水量的制浆土料捣实。

（7）重要的部位和坝段进行裂缝灌浆处理后，应按 SD266--88《土坝坝体灌浆技术规范》的要求，进行灌浆质量的检查或验收。

（8）在雨季及库水位较高时，不宜进行灌浆。

1. 裂缝灌浆的效果

由实践和试验结果表明，浆液在灌浆压力作用下，灌入坝体内能产生以下效果：

（1）浆液对裂缝具有很高的充填能力，不仅能充填较大裂隙，而且对缝宽仅 1～2 mm 的较小裂隙，浆液也能在压力作用下，挤开裂缝，充填密实。

（2）不论裂缝大小，浆液与缝壁土粒均能紧密地结合。同时依靠较高灌浆压力，还能使邻近的、互不相通的裂缝亦因土壤的压力传递而闭合。

（3）灌入的浆液凝固后，无论浆液本身，还是浆液与缝壁的结合面以及裂缝两侧的土体中，均不致产生新的裂缝。

由此可见，采用灌浆法处理裂缝，特别是处理内部裂缝，是一种效果良好的方法。当然，要取得预期的效果，还必须布孔合理，压力适当和选用优良浆液。

2. 灌浆孔的布置

灌浆前应首先对裂缝的分布、深度和范围进行调查和探测，调查了解施工时坝体填筑质量以及蓄水后坝体的渗漏和裂缝情况，并通过钻孔和探井来探测裂缝分布位置和深度。

对表层裂缝，一般每条主要裂缝均应布孔。孔位布置在长裂缝的两端、转弯处、缝宽突变处及裂缝密集和错综复杂的交汇处。但应注意，灌浆孔与防渗斜墙、反滤排水设施和观测设备应保持足够的安全距离（一般不应小于 3 m），以免串浆而破坏各设备的正常工作。

对于内部裂缝，布孔时应根据内部裂缝的分布范围、裂缝的大小和灌浆压力的高低而定。一般宜在坝顶上游侧布置 1～2 排，孔距由疏到密，最终孔距以 1～3 m 为宜，孔深应超过缝深 1～2 m。

3. 灌浆压力

灌浆压力选择的适当是保证灌浆效果的关键。灌浆压力越大，浆液扩散半径也越大，可减少灌浆孔数，并将细小裂缝也充填密实，同时浆液易析水，灌浆质量也越好。但是，如果压力过大，也往往引起冒浆、串浆、裂缝扩展或产生新的裂缝，造成滑坡或击穿坝壳、堵塞反滤层和排水设施，甚至人为地造成贯穿上、下游的集中漏水通道，威胁土坝安全。因此，灌浆压力的选择应该十分慎重。通常灌浆时的灌浆压力都必须由小到大，逐步增加，不得突然增大；同时采用的最大灌浆压力不得超过灌浆孔段以上的土体重量。允许最大灌浆压力可估算为

$$P = \frac{\gamma}{10} KH \qquad\qquad (5\text{-}14)$$

式中　P ——允许最大灌浆压力（kN/m^2）；

γ——灌浆孔段以上土层的容重，可采用 $14 \sim 16 \ kN/m^3$；

K——系数，对砂质土取 1.0，壤土取 1.5，黏土取 2.0；

H——灌浆孔段埋藏深度（m）。

在实际操作中，灌浆压力要逐步增加。每次增加压力以前，必须争取在该压力下达到吃浆量在 0.5 L/min 左右，并持续 10 min。

灌浆压力可用灌浆机（泥浆泵）或重力法获得。

4. 灌浆的浆液

浆液要求具有三种性质，即：流动性、析水性和收缩性。流动性好，可保证进浆效果；析水性好，可满足在灌浆后能迅速析水固结的要求；收缩性好，可达到浆液与坝体结合密实的效果。实践证明，一般用粉粒含量 50% ~ 70% 的粉土拌制的浆液，具有以上特点。对于土料中黏粒的含量，希望不超过 30%，因为采用黏粒含量过高的土料拌制的浆液，灌浆后体积收缩大，析水慢，凝固时间长，影响灌浆效果。

灌浆的浆液有纯泥浆和水泥黏土混合浆两种，前者多用于浸润线以上坝体的灌浆，后者多用于浸润线以下坝体的灌浆。若在浸润线以下坝体采用纯泥浆灌浆，因泥浆不易析水，将长期不能凝固。若采用混合浆，则可促使浆液及早凝固，发挥灌浆效果。水泥黏土混合浆中一般水泥掺量为干料重的 10% ~ 30%。水泥掺和量不宜过大，若掺和量过大，则混合浆凝固后将因不能适应土坝变形而产生裂缝。

5. 泥浆的拌制

泥浆可用干法或湿法拌制。干法系将黏土烘干或晒干后磨细，如水泥一样装袋，运至工地使用。其优点是使用方便、加工可在料场进行、工地布置简单；缺点是加工费用高。故干法适用于浆液需要量不大的情况。湿法系将黏土运至工地，经浸泡、搅拌、过筛和沉淀后流入蓄浆池储存备用。湿法拌制泥浆的优点是成本低，不受降雨限制。缺点是需要有适合的场地进行布置。一般当浆液需用量较大时多用湿法拌制。

使用浆液时，将蓄浆池内浆液搅匀，测定比重，放入配浆桶，再加入水泥和水，制成所需浆液，然后经灌浆泵压入灌浆孔。

6. 灌浆过程中应注意的问题

（1）灌浆时应首先灌入比重较小的稀浆，达到疏通管路和坝体通道的目的，同时使细小裂缝能为稀浆充填，不致使裂缝通道过早堵塞。然后在不长的时间内，使浆液逐渐由稀到浓，达到设计浓度。

（2）在灌浆过程中应对灌浆孔附近的坝坡、坡脚及邻孔作仔细的检查。每天进行渗流量观测，并每隔 3 ~ 5 d 进行水平位移、垂直位移和浸润线的观测，了解坝体在灌浆过程中的内在变化规律。

（3）灌浆孔口和回浆管上部都应安装压力表，以核对和消除仪表可能发生的读数偏差，正确掌握灌浆压力。

（4）灌浆工作必须连续进行，若中途必须停灌时，应及时清洗灌孔，并尽可能在 12 h 内恢复灌浆。恢复灌浆时，如果吃浆量与中断前接近，则保持浆液土水比不变；如果吃浆量减少很多或不吃浆时，应在旁边重新钻孔灌浆。

（5）在灌浆过程中若发现坝面冒浆或开裂情况，可采取以下措施处理：降低压力，缓慢灌注；改用较浓浆液；若降压加浓后，冒浆、裂缝继续发展，则应暂时停灌或间歇灌浆；用黏土填压堵塞冒浆孔或沿缝开挖回填黏土。

（6）当坝体渗透压力较大，或因裂缝跑浆，浆液流失过多，可采用以下措施处理：灌注掺砂浆液，掺砂量为干料重的30%左右；灌注掺锯末浆液，锯末直径不大于5 mm，掺量以不堵塞管路为原则；灌注掺矿渣浆液，掺量不超过干料重的40%，矿渣应用ϕ2～3 mm孔目过筛。

这三种方法，都能达到终止冒浆的目的，实践证明掺矿渣效果最好。因矿渣比重小（约1.1 t/m³），在浆液中呈悬浮状态，分散性好，不易沉淀。掺加锯末日后会腐烂、留下隐患，尽量不采用为宜。

（7）灌注黏土水泥混合浆液时，水泥浆应随灌随拌，并与黏土浆充分拌匀方可使用。如外加促凝剂时应制成液态在临灌时加入。施灌过程中，浆液应不断搅拌，防止沉淀离析。黏土水泥混合浆从搅拌起算，凡超过8 h未用者，禁止使用。并随时测量浆液浓度、吸浆量等。做好各有关施工记录（如浆液土水比、容重、掺和料比例、灌浆起止时间和压力等）。

（8）日平均气温低于5 ℃或平均气温在5°以上，而日最低温度低于－3 ℃时，应按冬季要求施工，对灌浆材料、设备等采取保温措施。对浆液应进行覆盖，以防日晒雨淋，影响质量。

（9）对水下跑浆，可采用水下取样法和柴油检查法进行检查。

水下取样法，是把带塞的空瓶，用特殊工具使其沉到预计的水下跑浆部位，然后打开瓶塞让水进入，如有跑浆，浆液也随之进入，取出即可观察到。

柴油（或颜料）检查法，是在拌和桶内加入5～10 kg废柴油，使其随浆液一并灌入坝体内，如有水下跑浆，柴油会很快浮至水面。

（10）灌浆结束的标准，要求残余吸浆量（即灌浆到最后的允许吸浆量）越小越好；要求闭浆时间（即在残余吸浆量情况下，保持允许最大灌浆压力的持续时间）越长越好。一般要求在允许最大灌浆压力下，吸浆量小于0.2～0.4 L/min，并持续30～60 min以后，灌浆即可结束。

（11）灌浆结束后，应对灌浆机、管路等用压力水冲洗干净。

（12）第一次灌注结束后10～15 d，应对吃浆量较大的孔进行一次复灌，以弥补上层浆液在凝固过程中，因收缩而脱离其上的岩体所产生的空隙缺陷。

（13）待浆液凝固后，视缝隙的深浅，采用钻孔或坑探法进行质量检查。当发现缝隙尚有空隙时，应加密钻孔再行灌浆。

第四节　土石坝的渗漏检测

一、土石坝渗漏的途径及其危害性

由于土石坝的坝身填土和坝基上一般都具有一定的透水性，因此，当水库蓄水后，在水压力作用下，水流除将沿着地基中的断层破碎带或岩溶地层向下渗漏外，渗水还会沿着坝身土料、坝基土体和坝端两岸的集中的孔隙渗向下游，造成坝身渗漏、坝基渗漏或绕坝渗漏。坝身渗漏、坝基渗漏和绕坝渗漏是通常会发生的现象，在坝下游出现少量的稳定的渗流也是正常的。但是，过大的渗流则将对土坝枢纽造成以下危害：

1. 损失蓄水量

一般正常的稳定渗流，所损失水量较之水库蓄量所占比例是极小的。只有极少数在强透水地基上修建的土坝，由于渗流量较大而可能影响水库蓄水的效益，而严重的问题多出现在岩溶地区。有的水库往往由于对坝基的工程地质和水文地质条件重视不够，未作必要的调查研究，没有进行妥善的防渗处理，以至蓄水后造成大量渗漏损失，有时甚至无法蓄水。

2. 抬高浸润线

抬高坝身浸润线后，会造成下游坝坡出现散浸现象，甚至造成坝体滑坡。

3. 产生渗透变形

在渗流通过坝身或地基时，由于渗流出逸部位的渗透坡降大于临界坡降，使土体发生了管涌或流土等渗透变形破坏。这种渗透变形对土坝的安全影响极大，许多土坝破坏事故，都是由于渗透变形的发展所引起的。

当渗流的渗透坡降过大，使坝体或地基发生管涌、流土破坏时，为危险性渗水；对坝体或地基不致造成渗透破坏的渗水，则为正常渗水。一般正常渗水的渗流量较小，水质清澈见底，不含土壤颗粒。危险性渗水则往往渗流量较大，水质浑浊，透明度低，渗水中含有大量的土壤颗粒。当坝基下有砂层时，如在下游地基渗流出口处出现翻砂冒水现象，也说明发生了危险性渗水。危险性渗水往往造成大坝滑坡甚至垮坝事故，所以当发现危险性渗水时，必须立即设法判明原因，采取妥善的维修处理措施，防止危害扩大。

防止渗流危害的主要措施是"上堵下排"。"上堵"就是在坝身或地基的上游采取措施提高防渗能力，尽量减少渗透水流渗入坝身或地基；"下排"就是在下游做好反滤导渗设施，使渗入坝身或地基的渗水，安全通畅地排走。

二、坝身渗漏的原因及其处理方法

（一）坝身渗漏的常见形式

1. 坝身管涌及管涌塌坑

当坝体有贯穿上下游的裂缝或渗漏通道时，渗流将沿裂缝或通道集中渗漏带走坝体中土粒，形成管涌。管涌初期，在没有反滤层保护（或反滤层设计不当）的渗流出口处，渗流把土粒带走并且淘成孔穴，逐渐形成塌坑（称出口塌坑）；随着土粒的不断流失，孔穴将沿渗流向上游发展；由于渗流途径逐渐缩短，渗流量逐渐增大，孔穴发展的速度越来越快，直至形成一条贯穿上、下游的渗漏通道,并在通道进口形成塌坑。在渗漏通道的形成和扩大过程中,在填土质量较差的地方,通道的顶壁将不断坍塌,每坍塌一次,渗漏量表现为突然减少,渗水变清;但当渗流把虚土冲开后,水色变得特别浑浊,渗漏量也较前更大。顶壁坍塌不断垂直向上发展,最后常在渗漏通道上的坝坡上出现直立的陷阱塌坑,呈漏斗或倒漏斗状。这时,管涌塌坑已发展到很危险的阶段,必须迅速维修处理,否则极易造成垮坝事故。

2. 斜墙或心墙被击穿

塑性斜墙或心墙是坝体重要的防渗设施。坝体的稳定和渗流稳定都要在斜墙或心墙正常工作的前提下方能得到保证。由于斜墙和心墙的厚度较薄,渗透坡降较大,当在坝体沉陷不均,填筑质量差或者反滤不符合要求等情况下,往往可使斜墙或心墙发生裂缝或土料流失,最后使斜墙或心墙被击穿形成渗漏通道。如浙江省福溪水库,大坝为堆石斜墙坝,坝高 50 m,1960 年建成,1962 年当蓄水深至 30~40 m 时,斜墙两次被渗流击穿,分别在坝高 14 m 和21~24 m 处出现漏洞,造成严重的坝身渗漏事故,见图 5-17。

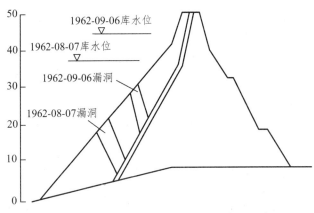

图 5-17　浙江福溪水库斜墙被击穿渗漏示意图

3. 渗流出逸点太高

水库蓄水后,经过坝体的渗流在坝下游的出口处叫作出逸点。当渗流出逸点太高,超过下游排水设备顶部而在下游坝坡上逸出时,则将在下游坝面造成大片散浸区,使坝体填土湿软,或引起坝坡丧失稳定。如广西壮族自治区小江水库为均质土坝,坝高 38.6 m。由于施工时铺土层过厚,碾压不实,整个坝身水平向透水性远大于垂直向的透水性,因而坝身实际浸润线高于计算浸润线,渗流出逸点在下游坝面较高位置,造成大片散浸区。

4. 坝体集中渗漏

由于各种原因,在土坝坝体内形成水平薄弱层,水库蓄水后,在土坝下游坝面出现成股水流涌出的情况,叫作集中渗漏。集中渗漏对坝体的安全威胁极大,特别是在涵管等埋于坝内的建筑物与坝体接触面的集中渗漏,是一种既普遍又严重的现象。如湖北省鹅公包水库,为黏土心墙坝,坝高 31 m,坝下埋有浆砌石涵管。由于坝身填土质量差,涵管又无截流环,自水库 1960 年建成蓄水后到 1964 年,在涵管内出现 37 处漏水。虽经局部堵漏,但在 1973

年 7 月，当库水位 26.1 m 时，下游坝坡在涵管顶部 1 m 多高的地方又发现集中渗漏，水流直径约 1 cm，两天后，扩大到 10 cm，渗流量约 3 L/s，并不时出现浑水。当水位降至 20.3 m 时，漏水停止。汛后开挖发现在 20.3 m 高程心墙与上游坝壳交界处，有一个 1.5 m×2 m 的大空洞，沿心墙向下延伸，然后沿涵管壁穿过心墙直到下游坡，直径达 10 ～ 40 cm。

（二）造成坝身渗漏的原因

（1）坝身尺寸单薄，特别是塑性斜墙或心墙由于厚度不够，使渗流水力坡降过大，容易造成斜墙或心墙被渗流击穿。

（2）坝体施工质量控制不严，如：碾压不实或土料含砂砾太多，透水性过大；或者施工过程中在坝身内形成了薄弱夹层和漏水通道等，从而造成管涌塌坑；或逸出点和浸润线抬高；或者造成集中渗漏。

（3）坝体不均匀沉陷引起横向裂缝；或坝体与两岸接头不好而形成渗漏途径；或坝下压力涵管断裂造成的渗漏，在渗流作用下，发展成管涌或集中渗漏的通道。

（4）下游排水设施尺寸过小不起作用，或因施工质量不良，或由于下游水位过高，洪水期泥水倒灌，使反滤层被淤塞失效，造成逸出点和浸润线抬高。

（5）反滤层质量差，未按反滤原理铺设，或未设反滤层，常成为管涌塌坑和斜墙与心墙遭到破坏的重要原因。

（6）管理工作中，对白蚁、獾、鼠等动物在坝体内的孔穴未能及时发现并进行处理，以致发展成为集中渗漏通道。

（三）坝身渗漏的处理方法

1. 斜墙法

适于原坝体施工质量不好，造成了严重管涌、管涌塌坑、斜墙被击穿、浸润线和逸出点抬高、坝身普遍漏水等情况。具体做法是在上游坝坡补做或修理原有防渗斜墙，截堵渗流，防止坝身继续渗漏。修建防渗斜墙时，一般应降低库水位，揭开块石护坡，铲去表土，然后选用黏性土料（黏土或黏壤土），分层夯实。对防渗斜墙的要求有以下几方面：

（1）斜墙所用土料，其渗透系数应为坝身土料渗透系数的百分之一以下，即

$$k_s \leqslant \frac{1}{100} k_d \tag{5-15}$$

式中　k_s——斜墙土料的渗透系数；

　　　　k_d——坝身土料的渗透系数。

（2）斜墙顶部厚度（垂直于斜墙上游面）应不小于 0.5 ～ 1.0 m。

（3）斜墙底部厚度应根据土料容许水力坡降而定。根据经验，黏性土一般容许水力坡降为 4 ～ 6，黄土应适当减小。斜墙最小厚度不得小于作用水头的 1/5，但最近，有些工程采用斜墙厚度较小，只有作用水头的 1/10。

（4）斜墙顶部应高出水库最高洪水位，并保持 0.6 ～ 0.8 m 超高。

（5）斜墙顶部和上游面应铺设保护层，用砂砾或非黏性土壤自坝底铺到坝顶。保护层的厚度应大于冰冻层和干燥层深度，一般为 1.5 ~ 2.0 m。

（6）斜墙下游面通常应按反滤要求铺设反滤层。

（7）如坝身土料渗透系数较小，渗透不稳定现象不太严重，而且主要是由于施工质量较差引起的，则可不必另筑斜墙，只需将原坝上游坡土料翻筑夯实即可。

（8）斜墙底部应修建截水槽，插入坝基的相对不透水层。

当水库不能放空，无法补作斜墙时，可采用水中抛土法处理坝身渗漏。即用船载运黏土至漏水处，从水面均匀倒下，使黏土自由沉落在上游坝坡上，堵塞渗漏孔道，但效果没有斜墙法好。

2．采用土工膜截渗法

采用土工膜截渗时，应符合以下规定：

（1）适用于均质坝和斜墙坝。

（2）土工膜厚度选择应根据承受水压大小而定。承受 30 m 以下水头的，可选用非加筋聚合物土工膜，铺膜总厚度 0.3 ~ 0.6 mm；承受 30 m 以上水头的，宜选用复合土工膜，膜厚度不小于 0.5 mm。

（3）土工膜铺设范围，应超过渗漏范围上下左右各 2 ~ 5 m。

（4）土工膜的连接，一般采用焊接，热合宽度不小于 0.1 m；采用胶合剂粘接时，粘接宽度不小于 0.15 m；粘接可用胶合剂也可用双面胶布粘贴，要求粘接均匀、牢固、可靠。

（5）铺设前应进行坡面处理，先将铺设范围内的护坡拆除，再将坝面表层土挖除 30 ~ 50 cm，要求彻底清除树杂草，坡面修整平顺、密实，然后沿坝坡每隔 5 ~ 10 m 挖滑沟一道，沟深 1.0 m，底沟宽 0.5 m。

（6）土工膜铺设，将卷成捆的土工膜沿坝坡由下而上纵向铺放，同时周边用 V 形槽形式埋固好；铺膜时不能拉得太紧，以免受压破坏；施工人员不允许带钉鞋进入现场。

（7）回填保护层要与土工层铺设同时进行；保护层可采用沙壤土或沙，厚度不小于 0.5 m；先回填防滑槽，再填坡面，边回填边压实；保护层上面再按设计恢复原有护坡。

3．灌浆法

对于均质土坝，特别是对心墙坝，当要求进行防渗处理的深度很大，而采用斜墙法或水中抛土法处理有实际困难时，可采用灌浆法处理坝身渗漏问题。这种方法不要求放空水库，可在水库照常运用情况下进行施工，具体方法与裂缝处理时的灌浆法相同。

由于纯黏土浆强度低，凝固时间长，不能抵御较大的渗透流速冲刷，因此，当坝身存在严重的集中渗漏时，灌注纯泥浆的效果较差，而应采用水泥黏土混合浆。

4．防渗墙法

这种方法是用冲击钻或振动钻在坝身上打成直径 0.5 ~ 1.0 m 的圆孔，再将若干圆孔形成一槽形孔（为了防止孔壁坍塌，一般采用泥浆固壁），然后在造好的槽孔内浇筑混凝土，将许多槽孔连接起来，形成一道防渗墙，以解决坝身渗漏问题。防渗墙法比压力灌浆可靠，是处理坝身渗漏较为彻底的方法，目前国内已有多处工程使用。

例如，广西壮族自治区澄碧河水库，坝高 70 m，是由风化砾料填筑的黏土心墙坝，如图 5-18 所示。施工过程中，由于第二期施工截流后库水位逐日上升，所以只好加快坝体填筑速度，从而放松了对质量的要求，填土质量差，心墙土料含石率大（平均含量达 34%，最大含量达 70% 左右）。心墙原设计采用渗透系数为 3×10^{-7} cm/s，实际注水试验所得渗透系数最大值为 1.05×10^{-3} cm/s，平均值为 1×10^{-5} cm/s。因此，坝身上部渗漏严重，直接威胁到大坝的安全和正常蓄水。经研究比较，采用混凝土防渗墙法处理。在心墙中线略偏下游处，以冲击钻造孔，浇筑 0.8 m 厚的混凝土防渗墙，插入黏土心墙密实部位 3~5 m，形成连续的防渗结构，效果良好。在水库正常运用条件下进行坝内混凝土防渗墙施工时，坝体除受水压力作用以外，还受到额外的槽孔内的泥浆压力、钻具造孔时的振动和浇筑时流态混凝土压力等作用，对坝坡的稳定极为不利，若不采用适当措施加以控制，就可能造成坝体裂缝或滑坡。根据实践垂经验，降低槽孔浆面，减小泥浆比重，减慢混凝土浇筑上升速度，缩短槽孔长度（一般以 5~9 m 为宜），钻机分散布置和分区施工等方法，都是增加坝坡稳定行之有效的措施。

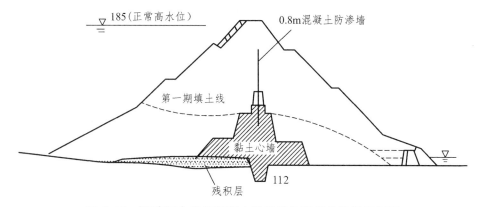

图 5-18 澄碧河水库用混凝土防渗墙处理坝身渗漏示意图

5. 导渗法

这种方法是加强坝体排水能力，使渗水顺利排向下游，不致停留在坝体内。根据具体情况，可分别采用以下几种措施。

（1）导渗沟法。

当坝体散浸不严重，不至于引起坝坡失稳时，可在下游坝坡采用导渗沟法处理。导渗沟在平面上可布置成垂直坝轴线的沟或人字形沟（一般是 45° 角），也可布置成两者结合的"Y"形沟。

导渗沟的顶部高程应高于渗水出逸点，沟的间距一般为 3~5 m，而以能使两沟之间的坝面保持干燥为原则。沟内分层填筑反滤料，每层厚一般为 0.2~0.4 m。如导渗沟做成暗沟形式，而上部仍用黏性土回填时，则在黏土的底部也应加反滤层，防止雨水下渗所挟土粒堵死导渗沟。

（2）导渗培厚法。

当坝体散浸严重，渗水在排水设施以上逸出，且坝身单薄，坝坡较陡，要求在处理坝面渗水的同时还要求增加下游坝坡的稳定性，此时可采用导渗培厚法，在下游坡加筑透水后戗，或在原坝面上填筑排水砂层后再补强下游坡，如图 5-19 所示。应特别注意使新老排水设施相连接，否则非但没有作用，反而会引起不良后果。

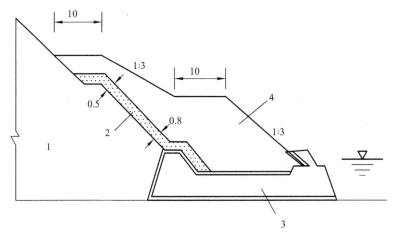

图 5-19　导渗培厚法示意图

1—原坝坡；2—砂壳；3—排水设施；4—培厚坝体

（3）导渗砂槽法。

当散浸严重，但坝坡较缓，采用导渗沟不能解决问题时可用此法。

具体做法是：在渗漏严重的坝坡上，用钻机钻成并列的排孔。孔与孔之间要求相隔 1/3 孔径。一般孔径越大越好，根据设备条件而定。孔深按要求排渗的高程而定，排孔的下端应与排水设备相接，以达到导渗目的，如图 5-20 所示。

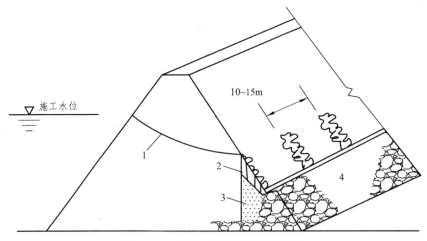

图 5-20　导渗砂槽修筑法示意图

1—浸润线；2—填土；3—砂；4—滤水体

为了使坝身土料有良好的透水性，钻孔时不应使用泥浆固壁，而应采用静水压力固壁。为确保工程安全，在每钻好两组孔后（每组 4 个孔位），用木板和导管把两组隔离，在第一组投放级配较好的干净砂料，如此类推，直至坝趾滤水体为止，形成一条导渗砂槽。

导渗砂槽能深达坝基，把坝体内渗水迅速排走，有效地降低坝体浸润线；施工安全，可在适当降低库水位的条件下进行施工；但需要一定的机械设备，且造价较高。

6. 毒杀动物堵塞孔洞

若因鼠蚁或其他动物钻成洞穴而造成漏水时，应先找到洞穴，用石灰和药物等塞入洞内，然后用黏土补塞洞穴。或从坝顶开挖到洞穴，再填土夯实。白蚁对土坝的危害性很大，应重视白蚁的防治工作，要贯彻"以防为主，防治并重"的方针，发现白蚁要及时处理，防止蔓延。

三、坝基渗漏的原因及其处理方法

（一）坝基渗漏的原因

水库蓄水后，在水压力作用下，坝基也是主要的渗透途径之一。如果坝基没有适当的防渗、导渗措施，或原有的防渗、导渗设施失效，均会造成库水经坝基大量流失，或使坝基发生管涌、流土等渗透破坏现象。

造成坝基渗漏的根本原因是坝址处的工程地质条件不良，而设计施工中又没有很好处理所引起。调查研究清楚地区和坝址处工程地质情况，是处理好坝基渗漏的先决条件。透水坝基的工程地质情况可归纳为三种主要类型：

（1）单层结构坝基。坝基为渗透性大致相同的砂土或砂砾石层所构成。

（2）双层结构坝基。坝基上层为不透水层或弱透水层，下层为强透水层或透水性递增的透水层。

（3）多层结构坝基。坝基的透水层中间有连续的或不连续的黏性土夹层。

进行设计、施工或处理工作时，均应对坝基属于何种类型及其工程地质特点有全面的了解。

产生坝基渗漏的直接原因常见的有：缺少必要的防渗措施；截水槽未与不透水层相连接；截水槽填筑质量不好或尺寸不够而破坏；铺盖长度不够；铺盖厚度较薄被渗水击穿；水库运用不当，库水位降落太低，以致河滩台地上部分黏土铺盖暴晒裂缝而失去防渗作用；因导渗沟、减压井养护不良，淤塞失效，致使覆盖层被渗流顶穿形成管涌或使下游逐渐沼泽化等。

在各种不同类型坝基中，渗漏造成的破坏现象也略有不同。

1. 在单层结构坝基

由渗水性较大的均质砂土构成的单层结构坝基，由于缺少防渗措施，或原有防渗失效，使渗流出口的出逸坡降超过地基土的允许水力坡降而产生管涌破坏。此时，多表现为坝脚下游地基表面翻水带砂。在开始阶段，水流带出的砂粒沉积在附近，堆成砂环，时间越长，砂环越大，当砂环发展到一定程度后即不再增大，因为此时渗流量加大，渗流带出的砂子被水流带走而不再沉积下来，这种现象若不立即采取措施制止，就将在坝基中很快发展成集中渗漏通道，危及大坝安全。

由均质砂砾层构成的单层结构坝基一般问题较少。但是，如果坝基内存在大孔层而截水槽又未与不透水层紧密连接，仍将引起严重的渗漏问题。

2. 在双层结构坝基

在双层结构坝基中，由于地基表层较薄，当防渗设施较差，例如铺盖长度不够，或铺盖裂缝，或铺盖较薄为渗流击穿时，均易造成下游坝基表层为渗流顶穿、涌水翻砂、渗流量不断增大的事故。如图 5-21 所示。

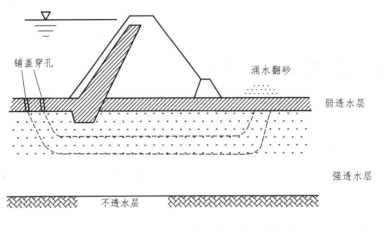

图 5-21   双层结构坝基下游涌水翻砂现象

这种破坏的发展过程随水头的变化而分为三个阶段：

（1）下游出现泉眼。当水头较低时，在下游局部地方出现泉眼，渗出清水，不加处理也不继续发展。

（2）下游产生隆起或松动现象。当水头增大到一定程度，对于表层为黏性土的坝基，渗透压力将把表土抬高，产生明显的隆起现象；对表层为砂土的地基，在渗透压力作用下，将有明显的砂土松动现象，此时，有些泉眼自行堵塞，有些则变为涌沙。

（3）顶穿表层。当水头继续增大，则表层将为渗流所顶穿，从而引起大量冒水翻砂现象。

3. 在多层结构坝基

由于利用了不连续的黏土层作为隔水层，或截水槽未与连续的黏土层相连，均可能造成坝基严重渗漏。如果此时地基表层为均质砂层，则危险性渗漏的表现也为坝后地基表面翻水带砂，发展过程与单层结构坝基相同，如图 5-22 所示。

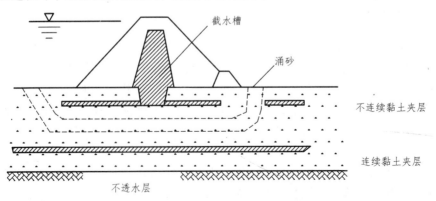

图 5-22   多层结构坝基渗漏破坏现象

（二）坝基渗漏的处理措施

坝基的渗漏处理措施，仍可归纳为"上堵下排"。堵就是用防渗措施不让或少让渗流经过坝基；排就是用导渗措施使已进入坝基的渗流安全排走。

防渗措施有垂直防渗和水平防渗两种。垂直防渗措施有：明挖回填黏土截水槽；混凝土防渗墙；砂浆板桩以及灌浆帷幕等。当地基透水层较浅，坝比较高，又要求严格控制渗漏水量损失时，宜用垂直防渗措施。当地基透水层较深，而渗透稳定性较好，如砂砾石地基，且水库水头不高，允许一定的水量损失时，用铺盖即水平防渗措施减少渗透量，保证坝基渗流稳定，往往是比较经济的。

导渗措施有排水沟和减压井等。前者适用于表层为较薄的弱透水层的双层结构坝基；后者适用于表层为较厚的弱透水层的双层结构坝基或多层结构坝基。此外，为了防止下游坝基发生流土破坏，也可采用透水盖重方法进行保护。

现将处理坝基渗漏常用的防渗、导渗措施介绍如下：

1. 黏土截水槽

通过大量工程实践表明，黏土截水槽是很可靠的防渗措施之一，国内外的高土坝多采用这种防渗措施。因此，在条件适合（不透水层较浅，土坝质量较好，主要是由于基础未挖到不透水层而造成的坝基渗漏）时，应优先采用黏土截水槽处理坝基渗漏。

根据河南省的经验，采用截水槽防渗的土坝，其覆盖层厚度一般在 12 m 以下。根据国外资料，当采用机械化施工时，覆盖层在 15～23 m 以下仍可采用截水槽防渗。但是，当覆盖层超过以上界限时，则施工排水困难，投资增长很快，用截水槽防渗将不太经济。

修筑黏土截水槽的设计、施工要求如下：

（1）截水槽的底宽应根据回填土料的允许渗透坡降和施工要求确定，当回填土料为黏土及重壤土时，允许渗透坡降可采用 5～10，故截水槽底宽为（1/5～1/10）h（h 为作用水头）；当回填土料为壤土时，允许渗透坡降可采用 3～5，故截水槽底宽为 1/5h～1/3h。截水槽底宽过大是没有必要的，过大反而增加了施工困难和工程投资。表 5-1 所列我国部分土坝的截水槽底宽尺寸，可作参考。

（2）截水槽的边坡主要根据覆盖层的开挖稳定坡度而定，一般采用 1∶1～1∶1.5。

（3）截水槽内的回填土应分层填筑，碾压密实。当坝体为黏土斜墙坝时，截水槽回填土料应与斜墙土料相同。

（4）均质土坝或黏土斜墙坝采用截水槽处理坝基渗漏时，截水槽只能布置在上游的适当位置，此时，应注意使坝身或斜墙与截水槽可靠地连接起来，如图 5-23 所示。

（5）截水槽底部与基岩（或不透水层）结合良好，是保证截水槽质量的关键。所以必须在开挖基坑后，认真进行渗水处理，清理岩面，并经验收合格后方能回填。

许多工程为了防止截水槽与基岩接合面发生集中渗流，往往在结合面设置混凝土滞水墙，见表 5-1。但是，也有些工程单位对这种方式提出了不同看法，理由是：黏土同混凝土滞水墙的结合，不一定比黏土直接和岩面结合更好；滞水墙缩小了基坑填土的工作面，影响填土的碾压；墙顶有造成应力集中及内部裂缝的可能。此外，坝基渗漏处理时，往往时间受到限制，建造滞水墙将加长处理时间，因此，不如严格控制结合面的填土质量而不要滞水墙。

表 5-1　我国部分土石坝的截水槽底宽尺寸

坝名	坝型	坝高 H/m	透水覆盖层		截水槽		有无滞水墙
			情况	厚度/m	底宽 B/m	B/H	
白　沙	均质土坝	47.9	砂卵石层	0~10	10	0.21	有
薄　山	黏土心墙坝	40.8	砂卵石层夹有淤土层	12	10	0.25	有
南　湾	黏土心墙坝	34.5	砂层 5 m，砂卵石层 3 m	8	10	0.29	有
小南湾	土石混合坝	49.0	砂卵石层	3~5	10	0.18	无
陆　浑	黏土心墙坝	52.0	砂卵石层	10~12	6	0.12	无
泼　河	黏土心墙坝	26.6	中细砂层及砂层	4~12	5	0.19	有
鲇鱼山	黏土心墙坝	37.5	上部中粗砂，下部砂卵石	7~12	6	0.16	有
岗　南	黏土斜墙坝	39.0	砂砾石层	10~12	约 12	0.31	有
横山岭	黏土斜墙坝	41.0	砂卵石层	约 9	10	0.24	无
口　头	黏土心墙坝	30.0	—	17	8	0.27	无
安格庄	黏土斜墙坝	49.0	砂砾石层	8~13	14	0.29	无
陡　河	均质土坝	22.0	细砂层或砂砾石层	约 4	3	0.14	无
洋　河	黏土斜墙坝	31.8	砂卵石层	3~9	8	0.25	无

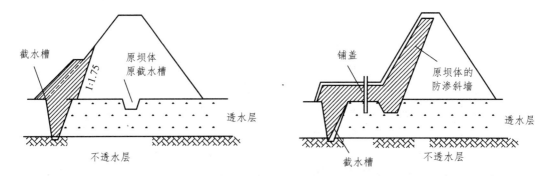

图 5-23　新挖截水槽与坝身和斜墙的连接

当坝基为较厚的多层结构地基，利用其中的黏土层作为隔水层而与截水槽相接时，应注意黏土隔水层的完整性。

当坝基透水层较薄，虽然截水槽能与基岩连接，但尚应仔细研究基岩的透水性。如基岩中裂隙发育或岩溶发育，蓄水后在基岩中仍将产生渗漏，并引起截水槽下游冲积层的渗透变形。此时，应对基岩进行帷幕灌浆。

2. 混凝土防渗墙

如地基透水层较深，修建黏土截水槽开挖断面过大很不经济时，可考虑采用混凝土防渗墙处理坝基渗漏，这也是一种很可靠的方法。

混凝土防渗墙一般是用冲击钻造孔，然后在孔内浇筑混凝土，形成一道封闭的防渗墙防止坝基渗漏。目前多采用槽形防渗墙，即将防渗墙分段，每段槽孔长 5~12 m，先打第一期槽孔，浇筑混凝土一周后，再打第二期槽孔。第二期槽造孔时将第一期槽孔两端各削掉 80 cm左右，以保证搭接处有足够的墙厚。造孔时常用劈打法，先隔一定距离打主孔，然后劈打二孔之间的部位，如图 5-24 所示，这样可提高造孔效率。

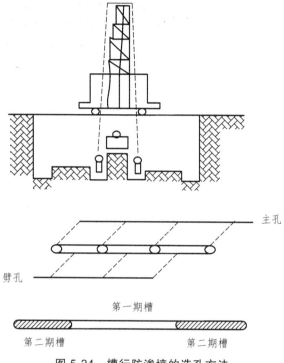

图 5-24　槽行防渗墙的造孔方法

用冲击钻造孔时一般用泥浆固壁，即随着钻进注入槽孔内胶体状黏土浆。借比重较大（1.2~1.4）的泥浆静压力作用，维持孔壁不至坍塌。这种泥浆的特点是：当处在静止状态时呈胶滞体；而在重新搅动时，又很快变为液体。随着钻孔的加深，不断注入泥浆，泥浆不断地把钻孔底部的岩屑搅和在胶滞体内，通过泥浆泵压上地面，然后流经振动筛，筛出岩屑，而泥浆则循环使用。

当槽孔达到所需深度后，用水冲稀孔中浆液，然后在稀浆下用导管法进行水下浇筑混凝土。

对混凝土防渗墙的主要要求如下：

（1）防渗墙的厚度应根据坑渗要求、抗溶蚀要求和应力条件决定。但是，目前计算方法尚不够完善。从抗渗要求看，我国已建的混凝土防渗墙所承受的水力坡降约为 60~90，例如，河南省玉马水库的混凝土防渗墙承受的水力坡降为 60.8。密云白河主坝混凝土防渗墙承受的水力坡降为 80，而河南省南谷洞水库混凝土防渗墙承受的水力坡降则达到 91。当混凝土的抗渗标号为 S_6~S_8 时，混凝土防渗渗的厚度根据抗渗要求可按下式估算：

$$\frac{H}{t} \leqslant 60 \sim 90 \tag{5-16}$$

式中　H——防渗墙上下游水头差（m）；

　　　t——防渗墙厚度（m）。

我国实际工程中采用的厚度一般为 0.6～1.3 m，其中多数工程是结合施工设备的造孔能力采用 0.8 m。

（2）防渗墙的顶端应插入土坝防渗体部1/6H（H 为防渗墙上下游水头差），以增加接触渗径。因为墙顶有很高的应力集中，易产生拉力和内部裂缝，因此，应在墙顶一定范围内用高塑性土料填筑。如白龙江碧口水库的黏土心墙坝，高 101.5 m，坝基用混凝土防渗墙，深 68.5 m，在墙顶 5 m×5 m 范围内即采用高塑性土填筑。

防渗墙底部和两侧，应嵌入基岩 0.5～1 m，以加强连接。

（3）防渗墙的混凝土浇筑多用导管法在泥浆下进行导管插入泥浆底部，最初用木球将混凝土与泥浆隔开，以后导管就埋入混凝土下 1～6 m，随着混凝土不断浇筑，导管也逐渐提升，因槽孔中泥浆的比重较混凝土小，故泥浆始终浮在表面，直到混凝土浇筑到地面为止，最后形成混凝土防渗墙。河南省玉马水库防渗墙检查结果说明，混凝土防渗墙的质量与槽孔之间的衔接情况和墙身混凝土浇筑质量有很大关系。槽孔与槽孔之间必须有足够的搭接长度；混凝土的配合比和水灰比，必须按设计要求严格掌握。

当水头较低时，在用料上，近年来已逐渐发展采用泥结卵砾石防渗墙。这种非刚性的防渗墙更能适应变形要求，在方法上，不用钻机而用索铲挖槽，成本较低。这种防渗墙受所用挖槽施工设备限制，一般深度为 24～30 m，再深则须借灌浆帷幕延伸。根据试验，泥结卵砾石防渗墙的渗透系数约为 10^{-5}～10^{-6} cm/s，管涌破坏坡降达 34.6。如美国瓦纳帕坝，坝基用泥结卵砾石防渗墙防渗，墙厚 3.28 m，深 29 m，墙下接灌浆帷幕直到基岩，全深 58 m，最大水头 27.8 m，井泉坝墙厚 2.5 m，深 24 m，最大水头 21.3 m，也用泥结卵砾石防渗墙。此外，近年来还有试用灰土（即水泥和壤土混合物）代替混凝土作防渗墙的，其允许水力坡降达到 9～17。

用防渗墙处理坝基渗漏时，可直接将防渗墙与原坝体的防渗设备连接在一起，也可将防渗墙布置在上游，利用一小段黏土铺盖与原坝体防渗设备连接起来。

3. 砂浆板桩

砂浆板桩，就是用人力或机械把 20～40 号的工字钢打入坝基内，一组在前面打，一组在后面拔。工字钢腹板上焊一条直径 32 mm 的灌浆管，管底装一木栓塞。在拔桩的同时开动泥浆泵，把水泥砂浆经灌浆管注入地基内，以充填工字钢拔出后所留下的孔隙。待工字钢全部拔出并灌浆后，整个坝基防渗砂浆板桩就完成了。

砂浆板桩防渗，具有简单易行、造价低廉的特点。适用于粉砂、淤泥等软基渗漏处理。由于机械所限，板桩深度目前不超过 10 m。

灌注的浆液采用 1:2 的水泥砂浆，为使砂浆有良好的和易性和密实度，砂浆内宜掺少量（约 1/10）石灰膏，砂浆并应过滤。

此法主要优点有：

（1）省工省料施工迅速。每一根桩包括打、拔、灌浆仅需 20 min。

（2）造价低廉。如以某材料基价计算比较，砂浆板桩每单位阻渗面积的材料费 5 元/m²，钢筋混凝土板桩为 26 元/m²。

（3）质量好。经过多次施工和试验的结果，一般都能达到工程质量要求（接缝好，不透水，基本成形）。当工字钢拔起时，腹板两侧往往带有泥土，故砂浆板桩不成工字形而近似成长方形，且比原工字钢腹板厚 1.2～1.5 倍。

水泥砂浆板桩防水性能的好坏，关键在于打下的工字钢是否正直，两工字钢之间是否紧贴无隙，以及灌浆时的压力是否正常。因此，施工操作要特别注意。

国外也有使用这种方法作堤身和地基防渗设施的。如伊拉克拉扎扎大堤，1969 年加高时，即采用这种方法。具体做法是将打桩机安装在轨道上，配备有一台重为 2 t 的打桩锤和一台油压拔桩器，另外配备一台灌浆泵。施工时打桩机将一断面为 0.6 m×0.3 m、长为 15 m 的工字钢板桩以每分钟约 1 m 的速度打入。当桩底达到设计深度后，一面用拔桩器将工字钢拔出，一面用灌浆泵，通过腹板上的灌浆管，将水泥膨润土浆压入。这样水泥膨润土浆不仅将工字钢拔出后留下的空间注满，而且还能充填四周土层的孔隙，形成厚度不小于 0.3 m 的防渗墙，一次作业完毕，打桩机前移 0.5 m，使两个相邻体有 0.1 m 的搭接。所用的水泥膨润土浆的配合比为：水 1 000 L，膨润土 65 kg，抗硫酸盐水泥 100 kg。

4．高压喷射灌浆

采用高压喷射灌浆处理坝基渗漏时，应符合下列规定：

（1）适用于最大工作深度不超过 40 m 的软弱土层、砂层、砂砾石层地基渗漏的处理，也可用于含量不多的大粒径卵石层和漂石层地基的渗漏处理，在卵石、漂石层过厚、含量过多的地层不宜采用。

（2）灌浆处理前，应详细了解地基的工程地质和水文地质资料，选择相似的地基做灌浆围井试验，取得可靠技术参数后，进行灌浆设计。

（3）灌浆孔的布置。灌浆孔轴线一般沿坝轴线偏上游布置；有条件放空的水库，灌浆孔位也要可以布置在上游坝脚部位；凝结的防渗板墙应与坝体防渗体连成整体，伸入坝体防渗体内的长度不小于 1/10 的水头；防渗板墙的下端应落到相对不透水层的岩面。

（4）孔距的喷射形式。根据山东省和各地高喷灌浆经验，单排孔孔距一般为 1.6 ~ 1.8 m，双排孔孔距可适当加大，但不超过 2.5 m；喷射形式一般采用摆喷、交叉折线连接形式；喷射角度一般为 20°~ 30°。

（5）喷射设备应选用带有质量控制自动检测台的三管喷射装置。主要技术参数：水压力 25 ~ 30 MPa，水量 60 ~ 80 L/min，气压 0.6 ~ 0.8 MPa，气量 3 ~ 6 m³/min，灌浆压力 0.3 MPa 以上，浆量 70 ~ 80 m³/min，喷射管提升速度 6 ~ 10 cm/min，摆角 20°~ 30°，喷嘴直径 1.9 ~ 2.2 mm，气嘴直径 9 mm，水泥浆比重 1.6 左右。

（6）坝体钻孔应采用干钻套管跟进方法进行，管口应安设浆液回收设施，防止灌浆时浆液破坏坝体；地基灌浆结束后，坝体钻孔应按有关规定进行封孔。

（7）高喷灌浆的施工。应按照布孔→钻孔→安设喷射装置→制浆→喷射→定向→摆动→提升→成板墙→冲洗→静压灌浆→拔套管→封孔的工艺流程进行。

（8）检查验收。质量检查一般采用与墙体形成三角形的围井，布置在施工质量较差的孔位处，做压水试验，测定 ω 值或 k 值；验收工作可参照有关规定进行。

5．灌浆帷幕

灌浆帷幕是在一定压力作用下，把浆液压入坝基透水层中，使浆液充填地基土体中孔隙，使之胶结而成防渗帷幕。

采用灌浆帷幕防渗时，除应进行灌浆帷幕设计外，还应符合以下规定：

（1）非岩性的砂砾石坝基和基岩破碎的坝基可采用此法。

（2）灌浆帷幕的位置应与坝身防渗体接合在一起。

（3）帷幕深度应根据地质条件和防渗要求而定，一般应落到相对不透水层。

（4）浆液材料应通过试验确定。一般可灌比 $M \geq 10$、地基渗透系数超过每昼夜 $40 \sim 50$ m 时，可灌注黏土水泥浆，浆液中水泥用量占干料的 $20\% \sim 40\%$；可灌比 $M \geq 15$、渗透系数超过每昼夜 $60 \sim 80$ m 时，可灌注水泥浆。

（5）造孔时，要求坝体部分干钻、套管跟进方式进行；在坝体与坝基接触面没有混凝土盖板时，要求坝体与基岩接触面先用水泥砂浆封固套管管脚后，再进行坝基部分的钻孔灌浆工序。施灌时，严格按钻灌工程施工规范和操作规程进行。

6. 黏土铺盖

黏土铺盖是一种水平防渗措施，是利用黏性土在坝上游地面分层填筑碾压而成。铺盖的作用是覆盖渗漏部位，加长渗径，减小坝基渗透比降，保证坝基渗透稳定，如图 5-25 所示。

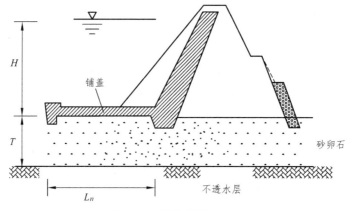

图 5-25 黏土铺盖示意图

黏土铺盖主要优点是施工简单，不需要降低地下水位，可以抢修，造价低廉，所以与黏土截水槽一样，也是在坝基渗漏处理中被广泛采用的措施之一。当土坝质量较好，不透水层很深，开挖截水槽困难时，采用铺盖防渗是特别适合的，在多沙河道上，铺盖防渗的效果将随着土坝使用年数的增长，由于库区淤积的增多而增大，因此，在多沙河道上采用铺盖将更加有利。如河南省鸭河口黏土心墙坝，坝高 32 m，采用铺盖防渗。1961 年，当库水位为 169.59 m 高程时，实测坝基渗流量为 645 L/s，11 年后，在 1972 年相似库水位为 169.49 m 高程时，实测坝基渗流量为 283 L/s，渗流量减少了 56%。但是，也应指出，采用铺盖防渗虽然可以防止坝基土壤的渗透变形并减少渗透流量，但却不能完全杜绝渗漏。

（1）铺盖的长度应满足以下要求，即地基中的实际平均水力坡降和坝基下游未经保护的出口处水力坡降均小于或等于地基土体的允许平均水力坡降 J_a。对于心墙坝和斜墙坝，能保证地基渗透稳定的或系完全用不透水材料做成的铺盖长度 L_r 为：

$$L_r \geq \frac{H}{J_a}$$

（5-17）

式中　H ——坝上下游水位差（m）；

　　　J_a ——地基的允许平均水力坡降，可由表5-2查得。

表 5-2　坝基土的允许平均水力坡降

坝基土名称	黏性土	粗　砂	中　砂	细　砂
容许平均水力坡降 J_a	0.55	0.44	0.36	0.27

按上式确定的铺盖长度为理论铺盖长度，即铺盖是由完全不透水的材料做成时所需长度。但实际采用的黏土铺盖都有一定的透水性，因此，必须将上述理论铺盖长度适当加长，使能起到同样作用。加长时，首先按下列公式计算系数 α_0，然后根据 $\alpha_0 L_r$ 查表5-3即可得铺盖长度应加长的百分数 β，从而可算得相应的实际铺盖长度 L_n。

表 5-3　铺盖加长百分数

$\alpha_0 L_r$	0.20	0.30	0.40	0.50	0.60	0.70	0.75	0.80	0.85	0.90
$\beta / \%$	1.4	1.5	6.0	10.0	16.0	24.0	29.8	37.4	48.0	63.0

计算 α_0 系数的公式为：

$$\alpha_0 = \sqrt{\frac{k_n}{k_0 T t}} \qquad (5\text{-}18)$$

式中　k_n ——铺盖土的渗透系数；

　　　k_0 ——坝基土的渗透系数；

　　　T ——透水地基厚度（m）；

　　　t ——铺盖厚度（m）。

实际需要的铺盖长度 L_n 为：

$$L_n = L_r(1 + \beta) \qquad (5\text{-}19)$$

式（5-19）中各符号意义如前所述。

当铺盖长度达到一定限度时，再增加长度，其效果便不显著了，这个长度叫铺盖的有效长度。因此，实际铺盖长度 L_n 不应超过有效长度。而有效长度除与水头有关外，还与铺盖土料的渗透系数大小、坝基情况等有关。一般在水头较小，透水层较浅的工程中，有效铺盖长度可采用 5~8 倍水头；对水头较大，透水层较深的坝基，可采用 8~10 倍水头。

对于均质土坝，由于坝体本身往往已具有保证地基渗透稳定的渗径长度，故其铺盖长度可不再从平均水力坡降方面提出要求，而应由容许的水库渗漏损失来决定。

（2）铺盖厚度应保证各处通过铺盖的渗透坡降不大于容许值（对黏土采用 4~6 倍，对壤土减少 20%~30%）、故铺盖厚度应自上游向下游逐渐加厚。一般用碾压施工时，前端厚度约 0.5~1.0 m，末端厚度约（1/6~1/10）H（H 为水头）。铺盖与心墙或斜墙连接处应适当加厚。

（3）铺盖的渗透系数 k_n 一般不应大于 1×10^{-5} cm/s。坝基土体的渗透系数 k_0 与铺盖渗透系数 k_n 之比（即 k_0/k_n）最好能大于 1 000。

（4）如果在透水性较强的砾卵石层（渗透系数大于 50 m/d）上设置铺盖，应按反滤要求在铺盖下设反滤层。在渗透系数大于 1 ~ 5 m/d 的含砾粗砂地基上修建铺盖时，一定要用碾压法施工，并要达到一定密实度，以防铺盖土料被渗流带入地基而失掉防渗作用。为防止铺盖干裂，铺盖表面可铺 1.0 ~ 1.5 m 厚保护料。

（5）在水库运用期间，如不允许放空水库后设置铺盖时，也可采用水中抛土法形成铺盖。

7. 排渗沟

在坝下游修建排渗沟的目的有二：一方面是有计划地收集坝身和坝基的渗水，排向下游，以免下游坡脚积水；另一方面当下游有不厚的弱透水层时，尚可利用排水沟作为排水减压措施，如图 5-26 所示。

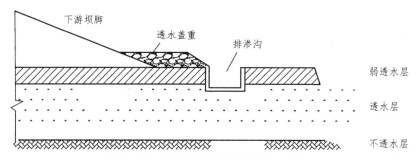

图 5-26　坝下游的排渗沟和透水盖重

排渗沟应设在下游坝脚附近。对一般均质透水层，排渗沟只须深入坝基 1 ~ 1.5 m。对双层结构地基，如表层弱透水层较薄，则应挖穿弱透水层，将排渗沟放在透水层内，以引走渗流并降低剩余水头。但是当透水层较深时，这种排渗沟仅能引走一小部分渗流，剩余的渗流将绕过排渗沟，故其作用只是局部的，作为导渗减压的控制渗流措施就不适宜了。

排渗沟若仅为排引渗透水，其底宽及断面可根据渗流量设计。如需起排水减压作用，则要通过专门的计算确定。排渗沟还要有一定的纵坡和排水出路，使渗透水能顺利排除。排渗沟内应设反滤保护，以防止渗流破坏。

排渗沟一般采用明式以利检查；有时为了防止地表水流入沟内造成淤塞，也可采用暗式。由于暗式排渗沟工程较大，一般只宜用于排水量较小的情况。

8. 减压井

减压井是利用钻机在地基内每隔一定的距离钻孔形成的。钻孔穿过弱透水层直达强透水地基的一定深度，孔的下部埋设滤水管，中段接不透水引水管，将渗水由上部出水口排出。这样，可以把地基深层的承压水导出地面，以降低浸润线和防止坝基土渗透变形，并可防止下游地区沼泽化。所以，减压井是解决砂砾石地基渗流稳定的重要措施之一。

减压井虽然有良好的排渗降压效果，但施工较复杂，对管理和养护的要求也高，有的工程在运用多年以后，容易出现淤积堵塞使减压井失效的现象，因此，一般仅用于下列情况：

（1）上游黏土铺盖或天然铺盖，由于长度不够或被破坏，渗透逸出坡降升高，同时坝基为复式透水地基，用一般导渗措施不易施工，例如强透水层埋藏较深而不易挖穿，或其他措施处理无效。

（2）由于不能放空水库，采用"上截"的措施有困难，而在运用上允许在安全控制地基渗流条件下，损失部分水量。

（3）在施工、管理运用上和技术经济方面都比其他处理措施优越。

减压井的设计，主要是合理地确定井系轴线位置，井的直径、间距、深度与计算出流量。井系轴线的布置越靠近坝脚，降压效果越好。但是应考虑井的控制范围和施工方便，并不影响以后坝的加高培厚。

井径决定于打孔机具，不宜太小，太小沿程磨擦水头损失较大；但也不宜过大，过大则不经济，一般约为 15 ~ 30 cm 或稍大。

井距可初步采用 15 ~ 30 m。坝头部位因绕坝渗流影响可适当加密。河床段间距较大，以后再根据实际减压效果决定是否加密。

减压井的深度一般要求滤水管长度 $s = (0.65 \sim 10)T$（T 为主要透水层厚度），减压井最好为完整井，即井底插入基岩，特别是多层地基土壤分层复杂时更应这样。s/t 称为减压井的相对贯入度。据研究，当相对贯入度 s/t 小于 0.5 时，减压效果即将显著降低。

减压井的滤水管可采用无砂混凝土管或金属管及陶瓷管。滤水管的开孔率（孔眼的面积占滤水管内壁面积的百分数）一般为 10% ~ 20%，孔底应先填约 1 m 反滤料，管底必须堵以木托盘以防止管底进砂。管周围的反滤料应严格选择，要求不均匀系数不大于 5，且最大粒径不大于反滤层厚度的 1/5。反滤料填至距地面 1 m 即停止，随后填以黏土或混凝土。

9. 透水盖重

透水盖重是在坝体下游的地面上，根据反滤原则铺设的透水盖重层，利用其自重以平衡渗透压力，防止地基渗透破坏，如图 5-27 所示。由于这种方法简单易行，也是在处理坝基渗漏中较常采用的一种手段，特别是双层结构地基应用更多。

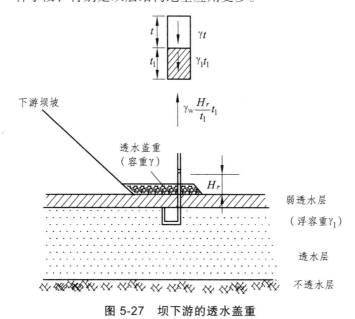

图 5-27　坝下游的透水盖重

现取一个单位面积上的土柱进行分析，根据平衡条件得

$$\gamma t + \gamma_1 t_1 = K \gamma_w \frac{H_r}{t_1} t_1 \tag{5-20}$$

$$t = \frac{K \gamma_w H_r - \gamma_1 t_1}{\gamma} \tag{5-21}$$

式中　t——透水盖重厚度；

　　　γ——透水盖重的容重；

　　　H_r——坝下游弱透水层底面上测压管水位与下游水位差；

　　　γ_w——水的容重；

　　　t_1——弱透水层厚度；

　　　γ_1——弱透水层土体的浮容重；

　　　K——安全系数，采用 1.5～2.0。

一般弱透水层的实用阶段容重 $\gamma_1 \approx 1\,t/m^3$，水的容重 $\gamma_w = 1\,t/m^3$，透水盖重的容重 $\gamma = 2\,t/m^3$，于是式（5-21）可变为

$$t = 0.5 K H_r - 0.5 t_1 \tag{5-22}$$

由式（5-22）可见，当已知弱透水层厚度 t_1，并利用埋设的测压管测出弱透水层底面水位与下游水位差 H_r 后，即可定出透水盖重的厚度。

用作透水盖重的土料必须比地基土层透水性大，但也不能过粗，因为还要求起反滤作用。透水盖重应铺设到弱透水地基中实际水力坡降小于坝基土的允许水力坡降处。

（三）坝基渗漏处理实例

1. 甘肃省黄羊河水库

黄羊河水库为厚心墙土坝，最大坝高 52 m，坝顶长 126 m，其心墙系用黄土状粉质壤土筑成，顶宽 4 m，底宽 101 m，上下游边坡比 1∶1。坝基为 10 m 厚的含孤石的砂砾石层，采用截水槽防渗。但施工中右端长 61 m 的坝段的截水槽只修了 4 m 深，下部仍留有 6 m 的透水层，如图 5-28 所示，大坝于 1960 年建成蓄水，1962 年当上下游水位差达 27 m 时，坝后渗出浑水。此后，库水位升高就渗流浑水，前后共计 15 次，最大渗流量达 0.15 m/s。1970年，在下游坝坡上产生大塌坑，漏斗直径约 20 m，深 2 m，并继续发展，严重危及大坝安全。由于漏水处主要位于心墙底部，其他方案处理困难，只好于 1973—1974 年采用由坝顶造孔浇筑混凝土防渗墙的方法进行处理。

防渗墙总长 75.8 m，厚 0.8 m，钻孔最深 64 m，穿过心墙和坝基透水层，嵌入基岩 0.5 m以上，施工中采用乌卡斯—30 型冲击钻造孔，黏土泥浆固壁，回填黏土混凝土形成防渗墙，其黏土掺量为水泥重量的 25%，28 d 强度达 1 080 N/cm²，抗渗标号大于 S_8，均达到设计要求。

防渗墙完成后，墙后下游观测孔水位一般降低 2.3～5.3 m，渗流量较 1972 年时减少41%～90%，且未渗出浑水。

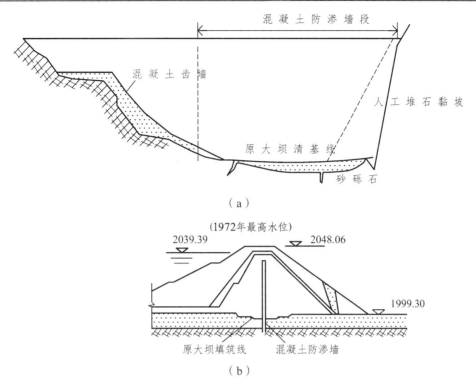

（a）

（b）

图 5-28　黄羊河水库坝基渗漏处理示意图

2. 湖南省官亭水库

官亭水库为 27.5 m 高的均质土坝。坝基为砂卵石和黏土互层，每层厚约 2 m，最大总深度达 15 m，一般 8 m 左右。砂卵石上面部分有淤泥覆盖，施工时对淤泥未作彻底处理，也未作截水槽。运转后不久，大坝下游坡基础有集中冒水和散浸现象，经在下游及时地增设了导渗设施和 9 条排渗沟，集中导渗排水，才防止了坝基产生渗透变形，如图 5-29 所示。

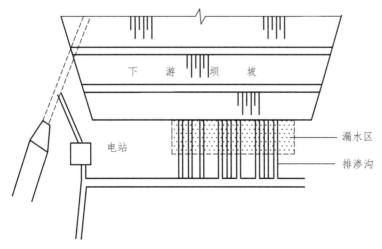

图 5-29　官亭水库坝基渗漏处理示意图

四、绕坝渗漏的原因及处理方法

（一）绕坝渗漏的原因

水库的蓄水，不仅可能通过土坝坝身和坝基渗漏，而且也可能绕过土坝两端的岸坡渗往下游，这种渗漏现象称为绕坝渗漏。绕坝渗漏可能沿着坝岸结合面（引起集中渗流）、也可能沿着坝端山坡土体的内部渗往下游。绕坝渗漏将使坝端部分坝体内的浸润线抬高，岸坡背后出现潮湿、软化和集中渗漏，甚至引起滑坡。产生绕坝渗漏的主要原因如下：

1. 两岸地质条件过差

造成绕坝渗漏的内因是由于坝端两岸地质条件过差，如：覆盖层单薄，且有砂砾和卵石透水层，风化岩层透水性过大；坡积层太厚且为含石块泥土；岩层破碎严重，节理裂隙发育以及有断层、岩溶、井泉等不利地质条件，而施工中未能妥善处理，均可能成为渗漏通道。

2. 坝岸接头防渗处理措施不完善

部分水库由于客观条件的限制，对两岸地质条件缺乏了解，因此未能提出合理的防渗措施，如岸坡接头截水槽方案，有时不但没有切入不透水层，反而挖掉了透水性较小的天然覆盖，暴露出内部强透水层，加剧了绕坝渗漏。也有的甚至没有进行防渗处理，以至形成渗漏通道。

3. 施工质量不符合要求

施工中由于开挖困难或工期紧迫等原因，没有根据设计要求进行施工，例如岸坡坡度开挖过陡，截水槽回填质量较差等，造成坝岸接合质量不好，形成渗漏通道。

（二）绕坝渗漏的处理措施

处理前首先应观测渗漏现象，摸清渗漏原因，对渗漏与库水位的关系，渗漏与降雨量的关系，渗漏的部位，水文地质条件，施工接头处理和质量控制等方面均应进行了解分析，然后提出处理措施。处理措施仍可归纳为上堵下排两方面，常用的具体措施如下：

1. 截水墙

当岸坡中存在强透水层引起绕坝渗漏时，可开挖深槽切断强透水层，回填黏土形成截水墙防止绕渗。

2. 防渗斜墙

当坝端岸坡岩石异常破碎从而造成大面积渗漏时，如岸坡地形平缓，又有大量黏性土可供使用，则可沿岸坡做黏土防渗斜墙防止绕坝渗漏，斜墙下端应作截水槽嵌入不透水层，或以铺盖向上游延伸。如水库放空困难，水下部分也可采用水中抛土或浑水放淤方法处理。

在斜墙顶部以上应沿山腰开挖排水沟，把雨水排向他处，以免冲刷斜墙。由较粗的砂砾料堆积成的岸坡，也可采用黏土防渗斜墙处理绕坝渗漏，此时在斜墙下应铺设反滤层。对于斜墙坝和均质坝，特别适宜采用黏土防渗斜墙防止绕坝渗漏。

3．黏土铺盖

在坝肩上游的岸坡上设置铺盖以延长破碎岩层中的渗径，也是防止绕渗的有效措施。尤其对于坝肩岩石节理裂隙细小，风化轻微，但山坡单薄，黏性差，透水性大者，用此法效果较好。当山坡较缓时，可贴山坡作黏土铺盖防渗；当山坡较陡时，在水位变化较少的部位，可采用砂浆抹面；在水位变化较频繁的部位，或者裂缝较大地段，可用混凝土、钢筋混凝土或浆砌石材料，结合护坡，做衬砌防渗。这种衬砌可以根据绕坝渗漏情况，只在渗漏岩层段的上游面进行，不必沿整个岸坡全做。

4．灌浆帷幕

当坝端岩石裂隙发育，绕渗严重时，也可采用灌浆帷幕处理。具体方法与坝基的灌浆帷幕处理相同。坝肩两岸的灌浆帷幕应与坝基的灌浆帷幕形成一完整的防渗帷幕。

5．堵塞回填

如绕渗主要是由于岸坡岩石中的裂缝造成，则可先将岸坡进行清理，用砂浆勾缝，再用黏土回填夯实。如岸坡内存在洞穴且与库水相通时，应按反滤原理堵塞洞身，上游面再用黏土回填夯实。如洞穴并未与库水相连通，则可用排水沟或排水管把泉水引导到坝体下游。

6．下游导渗排水

在下游岸坡绕坝渗流的出逸段，可铺设排水反滤层，保护土料不致流失，以防管涌、流土的产生。对岩石岸坡，如果下游岸坡岩石渗水较小，可沿渗水坡面以及下游坝坡与山坡接触处铺设反滤层，导出渗水；当下游岸坡岩石地下水位较高，渗水严重时，可沿岸边山坡或坡脚处，打基岩排水孔，引出渗水；当下游岸坡岩石裂隙发育密集，可在坝脚下山坡岩石中打排水平洞，切穿裂隙，集中排出渗水。

五、石灰岩地区渗漏的处理方法

我国南方，石灰岩分布较广，如湖南、广西、云南、贵州等省、区不少地方，均为石灰岩地区，岩溶发育。这些地区，通常也是较为严重的缺水区。在溶岩地区修建水库时，防渗处理措施尤其重要。

（一）石灰岩地区渗漏的处理方法

在石灰岩地区修建水库的主要问题是地下溶洞、泉水、暗河、陷阱等引起的库区和坝基渗漏的问题。总结各地区在这类地区筑坝的经验，对库区的坝基防渗的方法有：铺盖法、堵塞法、截水墙或帷幕灌浆法、导泄法、围井法和隔离法等 6 种方法。

1. 铺盖法

对库内均匀岩溶裂隙漏水地带，可用黏土（或混凝土）作铺盖防渗。这种溶岩地区铺盖设计，与砂砾石透水层防渗铺盖的设计略有不同。应视地质情况重点放在溶洞或渗透集中的个别地段，将漏水岩石地段铺盖起来，与其周围非岩溶地层相连接，使库底形成一个封闭的防渗层。因此，对铺盖除要求分层压实紧密，铺至一定厚度以外，并要与四周不透水层接合良好，才能发挥有效的作用。

这种方法能就地取材，工作可靠，缺点是所需土方量大。因此，当库区可能产生溶洞漏水的面积较大或原有土层很薄的水库，采用此法时，应事先周密考虑，并与其他方案比较。此外，当库区内有上升泉或反复泉之处，不能采用铺盖。因为当泉井涌水时将把铺盖顶破，而地下水位下降时，则又成为漏水途径。在库内泉井、陷阱、漏水洞等处作铺盖时，应先用大块石塞好井孔，然后填入块石、碎石和粗砂，最后再作黏土铺盖。应该注意，在岩溶地区进行维修水库时，必须保护库内天然覆盖层，不能在库内取土，以免破坏天然铺盖，造成或加重库区漏水。有些水库大面积均匀溶隙漏水，每年引含砂量大的洪水蓄水，利用洪水淤积，形成天然铺盖防渗，也有一定的效果。

2. 堵塞法

此法是经查明溶洞通道或漏水洞穴系统之后，在其中段或上口加以堵塞，切断地下水通道，起到防渗的作用。对溶洞系统较为简单或个别孤立的落水洞或坝基出水的小泉眼此法效果较好。

堵塞法有全部堵塞和局部堵塞两种。全部堵塞是将洞身全部充填，按照反滤级配原理，将溶洞填筑大块石、碎石、砂子与黏土。此法用材多，耗劳力大，防渗效果也不如混凝土堵塞，支承洞身的防塌作用力也不够强，当溶洞或暗河裂隙已穿，水很深，排水困难，不可能用混凝土堵塞时，用此法较为有利。

局部堵塞仅需将溶洞、暗河切断，阻隔地下水通路即可。这种堵塞方法要求先查明溶洞与溶洞或暗河之间相互连接的关系，查明通路的咽喉加以堵塞，方能见效。否则仅仅堵住一支一汊，就不能起到隔水防渗作用。堵塞时可在洞内堵塞或在洞口堵塞，可用水下混凝土堵塞，也可用砂卵石填筑后再灌水泥浆胶结。当溶洞埋藏不深，地下水较浅时，可采用竖井法。浅井施工和排水都较方便，易于保证质量。云南富源县硐上水库，坝高 39 m，蓄水 3 250 万 m³，有一高 20 m、宽 10 m 的大溶洞，经用浆砌石重力坝堵塞，并安装一套放水闸门，利用溶洞作为放水涵洞，效果甚好。

泉井堵塞是一项必须重视的坝基处理工程，因为泉井能造成水库漏水和坝基管涌。堵塞泉井时，应先清除井口范围的松动土石至基岩为止，以大块石堵塞井口，再依次填以小石、碎石和粗细砂后，用混凝土或浆砌石封堵。当泉井涌水量很大，上述方法都会造成施工困难，此时可先埋一根管子或中间留一圆井导流，四周用混凝土填塞，待混凝土凝固后再堵塞管子或圆井，加厚混凝土盖板，封住泉水。

当坝基有多股小泉眼或分散出露的无压裂隙水时，一般在坝体回填时把它堵塞在坝基下。堵塞时应先小后大，先高后低，先山边后河床，先堵坝轴线上游、后堵坝轴线下游。

水库在蓄水期间发生溶洞集中漏水时，也可借助水力冲填砂石加以堵塞。先将碎石冲入漏水溶洞，然后再冲填粗砂和细砂，最后沉下黏土，截断渗水。广东省连县曾经用过这种方法，效果尚好。

3. 截水墙或帷幕灌浆法

采用开挖截水墙或帷幕灌浆法截断强透水层也是一种有效的防渗措施。当坝基岩溶不很发育，没有大的溶洞，只有小的溶洞（小于1m）和溶蚀裂隙漏水时，宜于采用这种方法。

当相对漏水层埋藏较浅时，可用开挖法筑截水墙切断漏水通道。截水墙应挖至相对隔水层，并以采用混凝土或圬工砌体作截水墙材料最佳。

当岩溶透水层埋藏较深时，可采用帷幕灌浆法。用钻机打孔，灌注水泥浆或水泥黏土混合浆等形成防渗帷幕。这种方法对于裂隙性岩溶的充填与胶结有其独特作用，并能使用于深层溶洞和地下水很深地段。

4. 导泄法

在坝基开挖中出现泉水或漏水点而堵塞困难时，可用导泄法把泉水引出坝外。一般在泉水的出口处，砌以石块和粗细砂，作成反滤形式导泄。通常对坝轴线上游的泉水以堵塞为佳，对坝轴线下游的泉水以导泄处坝体为佳。但是，当坝轴线上游泉水流量大，水头高，堵塞困难，且泉水的下游有隔水层并与库外地下水无关联时，可在坝的内坡作导管，坝泉水导入库内。若泉水与库外地下水有关联时，导入库内反会变成库内漏水通道，则应导出坝外，并应在导管顶端作一截水墙，尽量截断库水与地下水的联系，截水墙不能离上游坝坡脚太近，并应在上游做铺盖减少漏水量。

5. 围井法

在库区回水范围内有反复泉，雨季出水，旱季落水或周期性的反复出水落水，堵塞困难，不堵塞又是漏水通道；或者在库区内有直径较大的落水洞竖井，深度、宽度较大，大小溶洞连通，要把溶洞逐个加以堵塞，工程量很大且不保险，此时可采用围井法处理。具体做法是在反复泉或落水洞口四周，筑黏土围井（如水头较高而洞口又不太大时，则可用混凝土或圬工作围井）。围井高度应高出水库最高洪水位。作围井时应注意围井的基础一定要放在不透水层或完整的基岩上。云南蒙自县长桥海水库即采用围井法处理库区内落水洞，收到良好效果。

6. 隔离法

当库内个别地段落水洞竖井集中，溶洞很多，采用铺、堵、截、围的方法处理均极困难时，可采用隔离法，把落水洞集中的漏水地段作隔堤与水库隔开，以保证蓄水。如云南曲靖县胡家坟水库库区漏水即用隔离法处理。

上述各种处理方法，根据具体情况，可单独使用，也可综合使用。对一般坝址区的渗漏多用铺、堵、截、导的方法。对水库区的渗漏则多采用铺、堵、围、隔的方法。

（二）石灰岩地区坝基渗漏处理实例

云南省宣威县偏桥水库，大坝建成后漏水严重，后来采取如下的铺、堵、截综合防渗处理措施：

（1）在上游坝坡前做厚 1 m、长 50 m、宽 50 m 的黏土铺盖加长渗漏途径。

（2）用混凝土填塞显露地表的溶洞。

（3）在左岸迎水坡高涵管基础透水大的地带做混凝土截水墙，长 12 m，宽 0.8 m，深至相对不透水层。

（4）沿坝轴线做水泥帷幕灌浆，长 150 m，单排，孔距 2 ~ 4 m。通过综合处理，封闭了漏水带，蓄水后，原出水处干涸，效果显著。

六、反滤层的应用

（一）对反滤层的要求

设置反滤层是防止土体发生管涌的有效措施。在渗流的出逸处，或渗流从细粒土流向粗粒土时，为防止渗水将土粒带走，往往在出逸面或接触面用透水料铺设一定厚度的透水层，使渗流自由通过，而不允许被保护土粒穿过透水层，这种透水层即称反滤层。在透水性较小的塑性斜墙或心墙与透水性较大的坝身土料相接处，以及排水设施与坝身和坝基相接处，应设置反滤层，以防止产生管涌，引起坝身或坝基严重渗漏或塌陷。为使渗水能自由通过而又不带走土粒，反滤层必须符合下列条件：

（1）反滤层材料的孔隙大小应不允许被保护土的土粒穿过。但是少量的特别小的颗粒例外，它们允许被带走。因为只要土壤中的骨架颗粒不被带走，就不会产生危险的变形。

（2）反滤层中粒径较小的一层土粒，不允许穿过粒径较大的一层。

（3）反滤层的透水性应远较被保护土体为大，并应保证反滤层不被淤塞。

（4）反滤层应有足够的厚度以保证其均匀性。

（5）反滤层透水料应采用坚硬的砂砾或碎石，并具有耐风化、耐溶蚀的特性。

（二）反滤层的设计

设计反滤层的任务主要是：选择宜于作反滤层的天然土料（取土场土料）和人工土料（碎石）；计算反滤层的层数和厚度；规定反滤层各层的最大偏差等。下面分别介绍非黏性土和黏性土反滤层的设计。

1. 非黏性土反滤层的设计

根据渗透水流流向、反滤层的方向、土料布置特点和渗流在反滤层中的运动情况，反滤层可分为以下三种形式：

Ⅰ型反滤：水流流向反滤层的方向为自上而下，细粒料位于粗粒料之上。土坝堆石排水和褥垫式排水处的反滤层属于这种类型。

Ⅱ型反滤：水流流向反滤层的方向为自下而上，粗粒料位于细粒料之上。坝基排水及管式排水处反滤层属于这种类型。

Ⅲ型反滤：水流流向反滤层的方向为顺着两相邻的接触面，粗粒料位于细粒料之上。土坝的贴坡式排水处反滤层属于这种类型。

非黏性土壤Ⅰ型与Ⅱ型反滤层的设计中，对反滤料级配的选定，可采用以下方法：

（1）当非黏性土和反滤料都比较均匀时，选择反滤料的标准为：

$$\frac{D}{d} \leqslant 4 \sim 6 \tag{5-23}$$

式中　　D——均匀反滤料的粒径；

　　　　d——均匀砂土的粒径。

D/d 称为层间系数。

根据几何特性，三个直径为 D 而且相互相切的大圆球，中间孔隙通过一直径为 d 的小圆球，如小圆球与三个大圆球相切，则可求得 $D/d \approx 6.5$。因此，如果大圆球孔隙不允许小圆球穿过，就必须要求 $D/d < 6.5$。

显然，实际反滤料的颗粒不是球体，式中较小的数值适合于Ⅰ型反滤，而较大数值适合于Ⅱ型。因为对于Ⅰ型反滤，渗流方向向下，反滤层置于被保护土层的下部，此时若反滤料粒径过粗，土粒就更容易进入反滤层。因此，反滤料不能过粗，层间系数 D/d 应取较小的数值。对于Ⅱ型反滤，因为此时反滤层位于被它保护的土层上部，土粒必须在渗流带动下，克服自重作用后，才可能进入反滤层，因此，反滤料可以粗一点，即层间系数可取较大的数值。

（2）在实际工作中，总是用颗粒大小不均一的土料作反滤料，以节省费用，此时，如果被保护土料的 $d_{50} > 0.15$ mm，不均匀系数 $\eta < 10$ 时，可利用由试验方法得出的图 5-30 曲线来确定反滤料。根据层间系数 D_{50}/d_{50} 及反滤料的不均匀系数 D_{60}/d_{10} 查得的对应点如落在曲线的右下方允许区域内，则表明细颗粒土料不会穿越粗颗粒土料。

（3）当被保护土料的不均匀系数 $\eta > 10$ 时，用图 5-30 选得的反滤料的粒径往往过大，被保护土料中的细颗粒会被渗流带走。此时，可将被保护土料中大于 2 mm 的粒径从颗粒级配曲线中去掉，重新作出颗粒级配曲线，其不均匀系数一般均小于 10，然后再利用图 5-30 来选取反滤料。

对非黏性土Ⅲ型反滤层的设计：

与非黏性土壤接触的Ⅲ型反滤层，应根据被保护土不发生接触冲刷的要求，按图 5-31 确定。图中横坐标为两种土料不均匀系数的比值 H/η，纵坐标为其平均粒径的比值。该图是在沿反滤层表面坡降 $J \leqslant 1.3$ 情况下制定的。

2. 黏性土反滤层的设计

黏粒含量大于 10% 的土称为黏性土。有黏性土填筑的心墙、斜墙和截水槽，与砂砾石坝体或地基砂卵石的接触面之间，均应设置反滤层。由于黏性土料具有黏性，故不会产生小颗粒被带走的管涌现象。但是，在黏性土与第一层反滤材料接触区域中，黏性土却可能发生被剥落的情况。图 5-32 为可以采用的第一层反滤材料的 D_{50}^I 和不均匀系数 $\eta = D_{60}^I / D_{10}^I$ 之间的关系曲线，可以按该图选择第一层反滤材料。图中不同的曲线是按不同的许可剥落深度 δ 而绘制的。反滤层的其余层次，仍按前述无黏性土方法确定反滤材料。

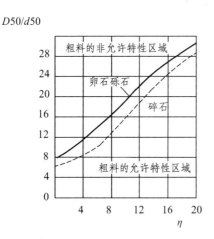

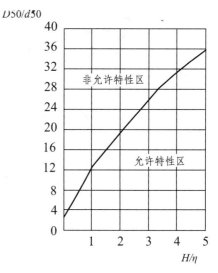

图 5-30 非黏性土反滤材料选择曲线图   图 5-31 选择Ⅲ型反滤第一层的曲线图

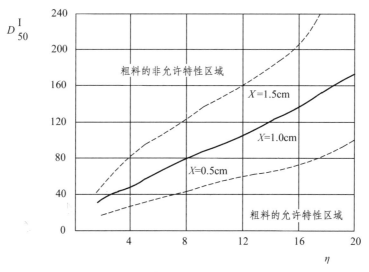

图 5-32 黏性土第一层反虑材料选择曲线图

我国有些工程对黏性土防渗设备的反滤层采取以下做法，就是控制砂砾料坝体的砾石含量（粒径大于 5 mm 的）不超过 70%，且不许有砾石集中现象，然后在防渗体与坝体之间做砂砾垫层，要求含砾量小于 30%，最大粒径不超过 50 mm，厚度约 30 cm，这种做法效果甚好。

对于未认真碾压，或者用水中倒土方法施工的黏性土，一般干容重较小，土的黏性低，反滤料应按非黏性土要求选择。

3. 反滤层的厚度 t_F 及层数

每层反滤料所需的厚度 t_F 一般按其平均粒径 D_{50} 而定。

当 $D_{50} > 25$ mm 时，反滤料厚度 t_F 按下式计算

$$t_F \geqslant 8D_{50} \qquad\qquad (5\text{-}24)$$

当 $D_{50} > 35$ mm 时，则

$$t_F \geqslant 6D_{50} \tag{5-25}$$

实际采用的反滤层厚度常较上式计算结果为大。为使反滤料分布均匀及施工方便，反滤层的最小厚度，对于较细颗粒应不小于 15 cm，对较粗颗粒（砾石、碎石），应不小于 20 cm。

从坝体土料（平均粒径 d_{50}）过渡到最粗的排水材料（平均粒径 D_{50}^{m+1}），需要反滤层的层数 m 可按下列方法确定：

当 $\dfrac{D_{50}^{m+1}}{d_{50}} = 0 \sim 50$ 时，$m = 1$ $\qquad\qquad$ （5-26）

当 $\dfrac{D_{50}^{m+1}}{d_{50}} = 50 \sim 100$ 时，$m = 2$ $\qquad\qquad$ （5-27）

当 $\dfrac{D_{50}^{m+1}}{d_{50}} = 500$ 时，$m = 3$ $\qquad\qquad$ （5-28）

反滤层应尽量作成单层的或双层的，至多不超过三层。

对于 I 型反滤，往往需用两层或三层反滤料才能满足反滤要求。对于多层反滤的相邻两层间，仍应按图 5-30 选取。

铺设反滤层时，各层厚度的偏差不应超过下列数值：当厚度为 10 ~ 20 cm 时，偏差不大于 3 cm；当厚度为 20 ~ 50 cm 时，偏差不大于 5 cm；当厚度超过 50 cm 时，偏差不大于反滤层厚度的 10%。

七、土石坝渗漏检测

（一）土石坝坝体渗漏检测

坝体渗漏检测主要是指坝体的渗漏压力检测，其目的是确定监测断面上渗漏压力的分布和浸润线的位置，以便对坝体的防渗效果作出判断。

1. 测点布置

观测的测点应选择有代表性、能反映主要渗漏情况以及预计有可能出现异常渗流的横断面，断面宜布置在最大坝高处、合龙段、地形或地质条件复杂或突变处，一般不应少于 3 个。横断面间距一般为 100 ~ 200 m，如果坝体较长、断面情况大体相同，也可以适当增大间距。

每个横断面内测点的数量和位置，要根据坝型结构、断面大小和渗流场特征而定。布置前先初步计算在最高、最低库水位条件下浸润线的波动范围。一般要求在均质坝横断面中部、心、斜墙坝的强透水料区，每条铅直线上可只设一个监测点，高程应在预计最低浸润线以下。在渗流进、出口段，渗流各相异性明显的土层中，以及浸润线变幅较大处，应根据预计浸润线的最大变幅沿不同高程布设测点，每条铅直线上的测点不少于 2 ~ 3 个。

常见的几种情况如下：

（1）均质坝的上游坝肩、下游排水体前缘各 1 条，其间部位至少 1 条，见图 5-33。

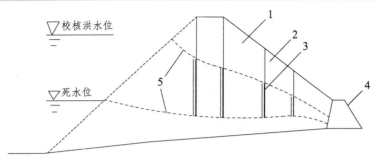

图 5-33   均质坝测压管布置示意图

1—土坝；2—测压管；3—进水管段；4—堆石棱体；5—浸润线

（2）斜墙（或面板）坝的斜墙下游彻底部、排水体前缘和其间部位各 1 条，见图 5-34。

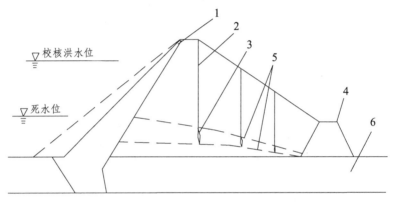

图 5-34   斜墙坝测压管布置示意图

1—土坝；2—测压管；3—进水管段；4—堆石棱体；5—浸润线；6—透水坝基

（3）宽塑性心墙坝，坝体内可设 1~2 条，心墙下游侧和排水体前缘各 1 条，窄塑性或刚性心墙坝，墙体外上下游侧各 1 条，排水体前缘 1 条，有时在墙体坝轴线上设 1 条。

2. 观测设备

渗流压力一般均采用测压管进行监测。测压管主要由进水管段和保护设备两部分组成，由于其长期埋设在土石坝内，其埋设经常采用钻孔埋入法，在大坝填筑完成后钻孔埋入。其步骤如下：

（1）测压管的钻孔及安装。

在坝高和埋深小于 10 m 的壤土层中埋设测压管时，可采用人工取土器钻孔。深度大于 10 m 时应采用钻机造孔。为了使孔壁和测压管之间有足够的空隙进行封孔，装单根测压管的钻孔直径应大于 100 m。埋深多管时，应根据孔径扩大一级，安装时自下而上逐管埋设。不论何种土质，造孔均宜采用岩芯管冲击法干钻，如果采用水钻，如果孔较深，孔下部土体会受到很大的水压力，对坝体造成损害。同时应对岩芯作编录描述，最好取样进行土工试验，以使将来对测压管的进水条件、坝体的防渗性能进行分析。

埋设前，应对钻孔深度、孔底高程、孔内水位、有无塌孔以及测压管质量、各管段长度、接头、管帽情况等进行全面检查并做好记录。下管前应先在孔底填约 10 cm 厚的反滤料。下管过程中，必须连接严密，吊系牢固，保持管身顺直。就位后，应立即测量管底高程和管水位，并在管外回填反滤料，逐层夯实，直至本测点的设计进水段高度。

凡不需要监视渗透的孔段，应严格封闭，否则会受到其他高程渗透水的影响，或受到降雨的影响，使测压管实测水位无法分析。封孔材料，宜采用膨润土球或高崩解性黏土球。要求在钻孔中潮解后的渗透系数小于周围土体的渗透系数。土球应由 5~10 mm 的不同粒径组成，应风干，不宜日晒、烘烤，封孔时需逐粒投入孔内，必要时可掺入 10%~20% 的同质土料，并逐层捣实。切忌大批量倒入，以防架空。

（2）测压管的灵敏度检验及水位监测。

一般采用注水法进行检验，可选择在库水位稳定期定期进行，试验前先测定管内水位，然后向管内注清水。注入后不断监测水位，直至恢复到或接近注水前的水位。黏壤土一昼夜内降至原水位为灵敏度合格，砂砾土 1~2 h 降至原水位为合格。

测压管水位监测的方法比较简单，常采用的仪器有电测水位计和测深钟等。有些地方也采用压气 U 形管，示数水位器以及研制遥测测压管水位计。

（二）土石坝坝基渗水压力检测

坝基渗流压力监测的目的是监测坝基天然岩土层、人工防渗和排水设施等关键部位的渗流压力。监测断面布置主要取决于地层结构、地质构造情况，断面数一般不少于 3 个，可以与坝体渗流压力监测断面相重合。布置简介如下：

（1）坝基为比较均匀的砂砾石层，没有明显的成层情况，一般布置 2~3 个断面，每个断面 3~5 个测点。

（2）对于上层为相对弱透水层，下层为强透水层的双层地基，应垂直坝轴线至少布置 2~3 排测压管。多层地基可再各层中分别埋设测压管，每层不少于 3 根。

（3）当基岩有局部破碎带、断层、裂隙和溶洞等情况时，为了解其集中渗流变化及检查垂直防渗设施的防渗性能，需布置适当的测压管。通常是沿破碎带、断层、裂隙等透水方向布设至少 3 根测压管，其进水管应深入断层、裂隙中。为检查基岩垂直防渗的效果，可沿垂直防渗设施轴线布置 3 排基岩测压管，每排至少在轴线上下游各 1 根。

（三）土石坝绕坝渗流压力检测

绕坝渗流一般通过埋设测压管进行观测，测压管的布置以能使观测成果绘出绕流等水位线为原则。一般应根据土石坝与岸坡和混凝土建筑物连接的轮廓线，以及两岸地质情况、防渗和排水设施的形式等确定。

对于均质坝，若两岸山体本身的透水性差别不大，则测点可沿着绕渗的流线方向布置。若要绘制出两岸的等水位图，则需要设置较多的测点。对于心墙或斜墙坝，由于下游坝壳多为强透水材料，故它成为绕坝渗流的排水通道，主要的渗流出口。因此，除在坝外山体内布置一定数量的钻孔外，还应通过坝体钻孔，在岸坡内设置一定数量的测点。若有断面通过坝头，则应沿断面方向布置测点，测点就设在断面内。

（四）土石坝渗流量检测

渗流量监测是渗流监测的重要内容，它直观反映了坝体或其他防渗系统的防渗效果。正常的情况下，渗流量与水头的大小保持稳定的对应变化。如果渗流量显著增加，则有可能在坝体或坝基发生管涌或集中渗流通道；渗流量显著减少，则有可能是排水体堵塞。

土石坝渗流量设施的布置，可根据坝型和坝基地质条件、渗流水的出流和汇集条件等因素确定。对坝体、坝基、绕渗的渗流量尽可能进行分区、分段进行测量。同时，还必须与上、下游水位以及其他渗透观测项目配合进行，土石坝渗流量观测要与浸润线观测、坝基渗水压力观测同时进行。

观测总渗流量通常应在坝下游能汇集渗流水的地方，设置集水沟，在集水沟出口处观测。当渗流水可以分区拦截时，可在坝下游分区设置集水沟进行观测，并将分区集水沟汇集至总集水沟，同时观测其总渗流量。观测渗流量的方法，根据渗流量的大小和汇集条件，可选用不同的监测方法。

（1）容积法，适用渗流量小于 1 L/s 的渗流监测。具体监测时，可采用容器对一定时间内的渗水总量进行计量，然后除以时间就能得到单位时间的渗流量。如渗流量较大时，也可采用过磅称重的方法，对渗流量进行计量，同样可求出单位时间的渗流量。

（2）流量大于 300 L/s 时，可将渗流水引入排水沟，只要测量排水沟内的平均流速就能得到渗流量。

（3）对于流量在 1～300 L/s 时，一般采用量水堰法。量水堰又可根据渗流量的大小，分别采用直角三角形堰、梯形堰、矩形堰三种。

第五节　土石坝滑坡检测

土石坝坝坡的一部分土体，由于各种原因失去平衡，发生显著的相对位移，脱离原来的位置向下滑移，这种现象叫作滑坡。土石坝滑坡是土坝常见病害之一。对土石坝滑坡，如不及时采取适当的处理措施，将造成垮坝事故，并对大坝安全造成严重的威胁。因此，必须严格注意。

一、滑坡的种类

土石坝滑坡可按其滑动性质分为以下三种类型。

（一）剪切破坏型

当坝体与坝基土层是高塑性以外的黏性土，或粉砂以外的非黏性土时，土坝滑坡多属剪切破坏。破坏的原因是由于滑动体的滑动力超过了滑动面上的抗滑力所致，这种滑坡称为剪切破坏型滑坡。

这类滑坡的特点，首先是在坝顶出现一条平行于坝轴线的纵向裂缝，然后，随着裂缝的不断延长和加宽，两端逐渐向下弯曲延伸，形成曲线形。滑坡体开始滑动时，主裂缝向两侧便上下错开，错距逐渐加大。与此同时，滑坡体下部逐渐出现带状或椭圆形隆起，末端向坝趾方向滑动。滑坡在初期发展较缓，到后期有时会突然加快。滑坡体移动的距离可由数米到数十米不等，直到滑动力和抗滑力经过调整达到新的平衡以后，滑动才告终止。

（二）塑流破坏型

如坝体或坝基土层为高塑性的黏性土，这种土的特点是当承受固定的剪应力时，由于塑性流动（蠕动）的作用，土体将不断产生剪切变形。即使剪应力低于土的抗剪强度，也会出现这一现象。当坝坡产生显著塑性流动现象时，称为塑流破坏型滑坡，或称塑性流动。土体的蠕动一般进行十分缓慢，发展过程较长，较易觉察，并能及时防护或补救。但是，当高塑性土的含水量高于塑限而接近流限时，或土体几乎达到饱和状态又不能很快排水固结时，塑性流动便会出现较快的速度，危害性也较大。水中填土坝在施工期由于自由水不能很快排泄，坝坡也会出现连续的位移和变形，以致发展成滑坡，这种情况就多属于塑性流动的性质。

塑流破坏型滑坡通常表现为坡面的水平位移和垂直位移连续增长，滑坡体的下部也有隆起现象，但是，滑坡前在滑坡体顶端则不一定首先出现明显的纵向裂缝。若坝体中间有含水量较大的近乎水平的软弱夹层，而坝体沿该层发生塑流破坏时，则滑坡体顶端在滑动前也会出现纵向裂缝。

（三）液化破坏型

如坝体或坝基土层是均匀中细砂或粉砂，当水库蓄水之后，坝体在饱和状态下突然经受强烈的振动时（例如强烈地震、大爆破、机器与车辆的振动，或地基土层剪切破坏等），砂的体积有急剧收缩的趋势，坝体中的水分无法析出，使砂粒处于悬浮状态，从而向坝趾方向急速流泻，这种滑坡称为液化破坏型滑坡，或称振动液化。特别是级配均匀的中细砂或粉砂，有效粒径与不均匀系数都很小，填筑时又没有充分压实，处于密度较低的疏松状态，这种砂土产生液化破坏的可能性最大。

液化破坏型滑坡往往发生的时间很短促。大体积坝体顷刻之间便液化流散，所以难以观测、预报或进行紧急抢护。例如美国的福特帕克水力冲填坝，坝壳砂料的有效粒径为 0.13 mm，控制粒径为 0.38 mm，由于坝基中发生黏土层的剪切，引起部分坝体液化，10 min 之内坍方就达 380 万 m^3。

上述三种类型的滑坡以剪切破坏最常见。所以本节主要分析这种类型滑坡的产生原因和处理措施。塑流破坏型滑坡的处理方法与剪切破坏型滑坡基本相同。至于液化破坏的问题则应在建坝前加以周密地研究，并在设计与施工中采取防范措施。

二、坝坡稳定的分析

工程实践证明，土坝坝坡滑动面的形状与坝体土料性质有关。用黏性土壤填筑的均质土坝、多种土质坝或厚心墙土坝，其滑动面都近似圆弧面，在横断面上呈圆弧形，通称滑动圆弧，如图 5-35 所示。

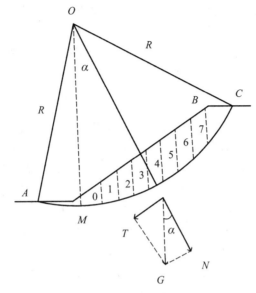

图 5-35　土坝边坡所受的作用力

　　滑动土体在其自重作用下，将绕滑动圆心 O 产生一滑动力矩，使滑动土体产生下滑趋势。但是，沿滑动面上土粒间的摩擦力和黏结力，又将绕滑动圆心 O 产生一阻滑力矩，阻止滑动土体下滑。阻滑力矩与滑动力矩之比即为土坝坝坡的稳定安全系数 K_c。

　　为了便于计算，将圆弧与坝坡间的土体划分为若干土条，当坝体断面无渗透水流影响时，作用于每一土条上的力有：土条重量 G，滑动面上土粒间的摩擦力和黏结力。向下滑动的力等于各土条自重 G 沿滑动圆弧面的切向分力 T 的总和，由图 5-35 可知

$$\sum T = \sum G \sin \alpha \tag{5-29}$$

　　阻止土体滑动的土粒间的摩擦力为 $\sum N \tan \varphi$，而阻止土体滑动的 AC 面上的土粒黏结力 CL。由图 5-35 可知

$$\sum N \tan \varphi = \sum G \cos \alpha \tan \varphi \tag{5-30}$$

　　故大坝坝坡的稳定安全系数 K_c 为：

$$K_c = \frac{阻滑力矩}{滑动力矩} = \frac{\sum N \tan \varphi R + cLR}{\sum TR} = \frac{\sum GR \cos \alpha \tan \varphi + cLR}{\sum GR \sin \alpha} \tag{5-31}$$

式中　　G ——土条自重；

　　　　α ——各土条圆弧边的弦与水平线的夹角；

　　　　N ——土条重量的法向分力；

　　　　φ ——土壤内摩擦角；

　　　　c ——土壤黏结力；

　　　　L ——滑弧 AC 的长度；

R——滑动圆弧半径。

显然，当安全系数 K_c 等于 1 时，说明坝坡处于极限平衡状态；当 K_c 大于 1 时，坝坡是稳定的；当 K_c 小于 1 时，则坝坡将产生滑动。一般根据坝的重要性不同，要求 $K_c \geqslant 1.1 \sim 1.4$。

非黏性土坝坡的滑动面为一平面，如果坝坡的一部分浸于水中，则滑动面为折线面，折点就在水面与滑动面的交点处，如图 5-36 所示。当坝基内存在软弱夹层时，滑动面往往通过这一软弱层，形成一个由两段圆弧和中间一段直线构成的复式滑动面，如图 5-37 所示。

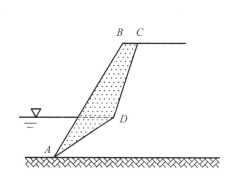

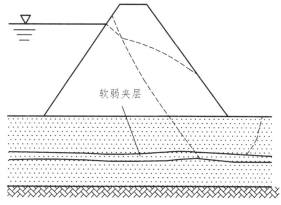

图 5-36　非黏性土坝坡的滑裂面　　　　图 5-37　坝基内有软弱夹层的滑裂面

三、造成滑坡的原因

（一）勘测设计方面的原因

（1）坝基有含水量较高的成层淤泥，筑坝前未作适当处理；或清基不彻底，坝基下存在软弱夹层、树根、乱石；或坝脚有水塘、深潭等，因坝基抗剪强度极差而造成滑坡。

（2）设计中坝坡稳定分析时选择的计算指标偏高，以致设计坝坡陡于土体的稳定边坡。

（二）施工方面的原因

（1）筑坝土料黏粒含量较多含水量大，加之坝体填筑上升速度太快，上部填土荷重不断增加，而土料渗透系数小，孔隙压力不易消散，降低了土壤颗粒间的有效压力而造成滑坡。这种滑坡多发生于土坝施工的后期。

如果坝身土料在固结过程中，土壤孔隙间的水和空气不能很快地排出，孔隙间的水和空气就得承受很大一部分压力，这种压力称为孔隙压力。随着孔隙中水和空气的排出，孔隙压力逐渐减少，荷重才逐渐转到土壤颗粒上。因此，土坝刚建成时，也是坝坡具有不稳定因素的情况之一。以后随着孔隙压力的逐渐减少，坝坡的稳定条件才将获得改善。

（2）施工质量不好，上坝土料含水量过高，碾压不密实，土料未达到设计干容重，坝体抗剪强度降低，蓄水后即可能产生滑坡。

（3）雨后、雪后坝面处理不好，土料含水量过高，形成塑流区。当坝体填土荷重不断增大时，坝体顺塑流区向下滑动，产生塑流型滑坡。这种滑坡在剖面上裂缝倾角很小，缝宽上下趋于一致，虽有错距，但无显著擦痕。

（4）冬季施工时没有采取适当的保温措施，没有及时清理冰雪，以致填方中产生冻土层。解冻后或蓄水后库水入渗形成软弱夹层。没有清理的冻土层在用水中填土方法施工的土坝中便成为隔水层，上部填土的水分陆续下渗，不易排水固结，从而使冻土层上面形成了集中的软弱带，这样也常易引起滑坡。

（三）运用管理方面的因素

（1）放水时库水位降落速度太快，或因放水闸门开关失灵等原因，引起库水位骤降而无法控制，此时，往往在迎水坡引起滑坡。

当均质土坝或厚斜墙土坝在长期蓄水，浸润线已形成后，库水骤降更为危险。因为此时在浸润线至库水位之间的土体由浮容重增加为饱和容重，增大了滑动力矩；同时，上游坝体的孔隙水向迎水坡排泄，造成很大的渗透压力，也增加了滑动力矩，极易造成上游滑坡。

（2）由于坝面排水不畅，坝体填筑质量较差，在长期持续降雨时，下游坝坡土料饱和，大大增加了滑动力矩，减少了阻滑力矩，从而引起滑坡。这类滑坡主要发生在用中等透水性的砂或砂砾料（如中、粗砂、含泥的砂砾石等）填筑的坝壳中。对于透水性很大或很小的填土，雨水都不易使土体饱和，因此很少发生这种滑坡。

此外，强烈地震、坝体防渗设备和排水设备失效以及绕坝渗漏也常易造成坝坡滑坡事故。

实际上滑坡往往是多种原因综合产生的，所以当发现滑坡象征后（如滑坡裂缝或坝体变形观测中坝坡顶部标点沉陷而下部标点上升等），都应认真调查研究，分析滑坡原因，并根据不同的情况，采用有效的方法及时处理，避免滑坡情况发展恶化，甚至发生重大的滑坡事故。

四、滑坡的检测

（一）滑坡巡视检查及其他监测项目

在水库运用的关键时刻，如初蓄、汛期高水位、特大暴雨、库水位骤降、连续放水、有感地震或坝区附近大爆破时，应巡视检查坝体是否发生滑坡。在北方地区，春季解冻后，坝体冻土因体积膨胀，干容重减小。溶化后土体软化，抗剪强度降低，坝坡的稳定性变差，也可能发生滑坡。坝体滑坡之前往往在坝体上部先出现裂缝，因此应加强对坝体裂缝的巡视检查。

据统计，我国 65% 以上的滑坡是由于降雨引起的。因此，除了日常的巡视检查之外，也应监测降雨强度、累计降雨量等影响降雨的重要因素。这些监测能够有效预测滑坡的发生，其监测项目主要包括表面、内部变形、地下水位、水质等项目。同时还应结合建筑物的具体结构情况，布置监测项目，如应力应变、渗流量等。

（二）测点布置

一般来说，滑坡体空间分布广，施工难度大，测点布置应以全面掌握、突出重点为原则，综合考虑各个因素后进行监测布置，并以表面和内部布置相结合，这样才能代表整个或大部分滑坡体空间位移状态的特征点。表面设置一般纵横结合布置，在滑动面上按照预计滑动方向布置重点监测断面，以了解滑坡体的整体情况；垂直布置上应该深入相对稳定处，同一孔内不同高程布置测斜仪。监测布置时应对表面和内部变形、地下水位水温、降雨等各个监测项目综合设置，同时还应根据滑坡体形态和变形特征、动力因素及监测预报等具体要素确定。

测点布置时，一般布置在最大坝高处、合龙段、地形突变处、地质条件差的部位，形成监测横断面，还要考虑沿坝轴线方向的纵断面监测布置，此外针对特定坝体结构还需设置一些专门的监测仪器。

（三）监测技术和方法

1. 表面和内部监测

主要利用 GPS 进行滑坡的表面变形监测。GPS 具有全天候、测站间无需通试、可同时测定三维位移等优点，这是常规监测手段无法实现的。GPS 卫星信号质量决定了工程所在地能否使用 GPS。GPS 监测点分二级布设，即基准网点和滑坡体监测网点。基准网点一般选在距崩滑体 50～1 000 m 的稳定岩体上，每个滑坡体应有 2 个基准点，且最好位于其两侧。每一滑坡体监测点数一般为 3～8 个，且能构成 1～2 条监测剖面。GPS 的观测精度为厘米级，其精度与测量设备、天气情况、单次测量持续时间、配套软件等有关。

此外，还可利用钻孔测斜仪监测。滑坡体的测斜仪安装可以利用地质钻孔，在地质钻孔完成后即进行测斜仪保护管的安装，否则，在滑坡体内部变形或塌孔后就无法将测斜保护管埋入孔中，只能重新钻孔。

2. 地下水位监测

滑坡体的失稳，很大程度上是因为地下水位的抬高造成土体含水率升高而诱发的。因此，可通过长期测量地下水位，掌握其变化规律，间接了解滑坡体内部情况。一些滑坡体的治理就是通过排水沟、排水平洞降低地下水位，防止滑坡事故发生。测量地下水位，可以利用现有的地质钻孔埋设渗压计实现。

3. 综合的实时监测

综合上诉各类方法，并采用模型技术和 GIS 技术进行数据分析处理，及时进行滑坡的监测和预测。随着计算机技术及空间及遥感技术 GPS、GIS、RS 的发展，这种方法将越来越多的运用在各种大中小型土石坝滑坡的监测工作当中，同时取得非常好的成效。

五、滑坡的处理方法

（一）堆石（或抛石）固脚

在滑坡坡脚增设堆石体加固坡脚，是防止滑动的有效方法。如图 5-38 中滑坡堆石（或抛石）的部位应在滑弧中心垂线 OM 左边，靠近滑弧下端部分，而不应将堆石放在滑弧的腰部，即垂线 OM 与 NP 之间，更不能放在垂线 NP 以右的坝顶部分。因为放在垂线 OM 左边对增加抗滑力最为有效；放在腰部，虽然增加了抗滑力，但也加大了滑动力，堆石的效果较微；而放在顶部，则主要增加了滑动力，对坝坡的稳定反而不利。如果忽略黏结力 C 的影响，根据土条沿弧面的切向分力 $T = G\sin\alpha$ 等于土条产生的阻止滑动的力 $N\tan\varphi = G\cos\alpha\tan\varphi$ 的条件，很容易求得 $\angle NOM = \alpha = \varphi$，这样就可以定出 N 点的位置。

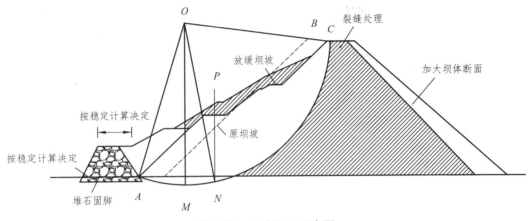

图 5-38　滑坡处理示意图

当水库有条件放空时，最好在放水后采取堆石的办法，而在坝脚处堆成石埂，效果更好。堆石部分的具体尺寸，应根据稳定计算确定。当水库不能放空时，可在库岸上用经纬仪定位，用船向水中抛石固脚。堆石固脚的石料应具有足够的强度，并具有耐水、耐风化的特性，石料的抗压强度一般不宜低于 $4\ kN/cm^3$。

上游坝坡滑坡时，原护坡的石块常大量散堆在滑坡体上，可结合清理工作，把这部分石料作为堆石固脚的一部分。

当滑坡是由于坝基有软弱层或淤泥层引起时，可在坝脚将淤泥部分清除，作水平或垂直排水，降低淤泥层含水量，加速淤泥层固结，增加其抗剪强度，然后在坝脚用石料作平衡台，以保持坝体稳定，如图 5-39 所示。

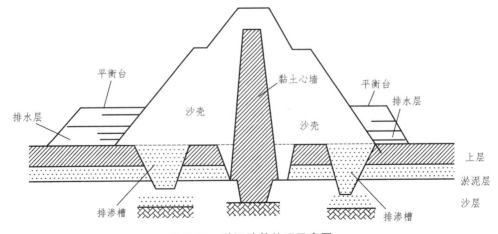

图 5-39　淤泥地基处理示意图

（二）放缓坝坡

当滑坡是由于边坡过陡所造成时，放缓坝坡方为彻底处理的措施。

由图 5-35 可以看出，在坝顶部分的土条，其弧边的弦与水平线的夹角较大，因此这部分土条沿弧面的切向分力 $T = G\sin\alpha$ 也较大，而阻止滑动的力 $N\tan\varphi = G\cos\alpha\tan\varphi$ 却较小。因此，放缓坝坡时，除应将坝坡滑动土体下部被挤出的隆起部分挖除放缓外，并应同时削掉坝顶陡峻部分坝坡，借以减少滑动力矩，稳定滑动土体。显然，如图 5-38 所示，在垂线 NP 以上部分放缓坝坡、削坡减载，效果将最好。放缓坝坡后，如果要求维持坝顶原有宽度，则应适当加厚下游坝体断面。因放缓坝坡而加大坝体断面时，应先将原坡面挖成阶梯，回填时再削成斜面，用与原坝体相同的土料分层夯实。

（三）裂缝处理

对土坝伴随滑坡而产生的滑坡裂缝必须进行认真处理。因为土体产生滑动以后，土体结构业已破坏，抗剪强度减小，加以各裂缝易为雨水或渗透水流浸入使土体软化，将使与滑动体接触面处的抗剪强度迅速减小而降低稳定性。

处理滑坡裂缝时，应将裂缝挖开，特别要将其中的稀泥挖除，再以与原坝体相同土料回填，并分层夯实，达到原设计要求的干容重。对滑坡裂缝一般不宜采用灌浆法处理。但是，当裂缝的宽度和深度较大，全部开挖回填比较困难，工程量太大时，可采用开挖回填与灌浆相结合的方法，即在坝体表层沿裂缝开挖深槽，回填黏土形成阻浆盖，如图 5-40 所示，然后以黏土浆或水泥黏土混合浆灌入。此时必须注意，在灌浆前应先做好堆石固脚或压坡工作，并经核算坝坡确属稳定后才能灌浆。灌浆过程中，应严格控制灌浆压力，并有专人经常检查滑坡体及其邻近部位有无漏浆、冒浆、开裂或隆起等现象；在处理的滑坡段内要经常进行变形观测。当发现不利情况时应及时研究处理，必要时要停灌观测，切不可因灌浆而使裂缝宽度加大，破坏坝体稳度，加速坝坡滑动。

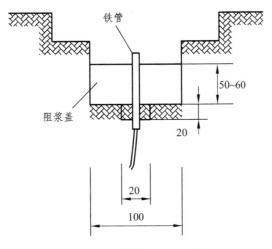

图 5-40 裂缝处理示意图

在滑坡处理时，下列三种做法是错误的：

（1）沿滑坡体表面均匀抛石阻止滑坡。如前所述，这样抛石的结果，在坝腰部位效果很小，而在坝顶部位，反而有不利影响，将加速滑坡滑动。所以只能堆石（或抛石）固脚，而不应沿滑坡体表面均匀抛石。

（2）对滑坡裂缝未进行稳定分析和加固措施即采用灌浆处理方法。这种做法是不安全的。滑坡裂缝最好采用开挖回填处理，如必须采用灌浆法处理时，应在加固以后并经核算坝坡确属安全时方能进行。

（3）在滑坡体上打桩阻止滑动也是错误的。因为打桩不但不能抵抗巨大推力，反而会将土体震松，加速滑坡滑动。如果桩本身就落在松动滑坡土体之内，则桩随滑动土体向下移动，丝毫也起不了作用。

············ 课外知识 ···········

土坝白蚁漏洞抢护及灌浆止漏

土栖白蚁危害、穿坝的现象长期以来困扰着水利工程的安全，是威胁人民生命财产安全及防汛抢险的心腹大患。以往采用埋药诱杀、挖巢、"复合土工膜"防治等办法根治白蚁隐患效果都不十分明显。湖北省随州市毛儿冲水库大坝采用劈裂式帷幕灌浆法堵洞、杀死白蚁的实践证明该项技术是一种有效措施，较好地解决了堤坝白蚁治理难题。

一、白蚁危害与漏水过程

毛儿冲水库位于随州市曾都区东北部岩子河乡，集雨面积 8.95 km^2，总库容 117.52 m^3，大坝为黏土心墙坝，坝长 198 m，坝高 22.40 m，坝顶高程 199.80 m，正常蓄水位 195.00 m。水库建于 1975 年，是一座具有防洪、灌溉兼农村饮水、渔业养殖等综合效益的小型水库。

1. 白蚁危害及其前期处理

1989 年，白蚁防治技术人员在该库挖土栖白蚁巢 7 窝。1990 年夏季普查发现大坝背水坡左侧及坝中部有 3 处明流渗浸，渗漏流量随着库水位抬高而增大，当时坝体采取了埋药、诱杀等措施。1992 年在大坝背水坡桩号 0＋105 m、高程 189.0 m 处发现蚁洞跌窝深约 1 m，直径 0.7 m。鉴于该库渗漏严重，在当年除险加固工程中应用"复合土工膜"防渗试验，将迎水坡基面整平，采取大面积铺膜止漏措施，当时取得了较好的止漏效果。

2. 水库发生管涌及抢护过程

该水库用"复合土工膜"在迎水坡切断了白蚁取水通道，破坏了白蚁活动正常规律。天气越是干旱，白蚁越是顺着塑膜层四处掏洞寻找水源，年久祸成，将塑膜层底部泥土掏空形成空洞。

1998 年 3 月 10 日雨后，该库管理员发现迎水坡桩号 0＋083 m、高程 193.60 m 处塌陷。当时库水位较低，在修复中发现坑内有较多白蚁活动，翻起浮土，用竹棍锥探"复合土工膜"底部，泥土已被白蚁掏空，出现跌窝现象。当时在该处采用农药拌和毒土筑层夯实。同年 6

月 11 日 8 时，当库水位上升至 194.80 m 时、桩号 0+083 m、高程 193.60 m 处发生浑水管涌。在紧急关头，岩子河乡迅速调集 150 余人投入抢险，通过降低水位，抢筑月堤，控制了险情。但是，管涌洞仍发展到直径 1.50 m。

3. 险情遗留后患

一是桩号 0+103 m、高程 190.70 m 处，迎水坡下陷 12 m²、深 0.25 m，向下游漏水。二是在桩号 0+100 m、高程 190.28 m 处，发现坝基山体漏孔，顺漏水洞追挖已挖出 3 个副巢空腔，直径 10~25 cm，用潜水泵向该洞灌白灰水，20 min 后发现从坝外 50 m 自然山坡漏水洞溢出。25 min 后又有从原管涌洞溢出，上述情况说明，自然山体漏洞与管涌洞属蚁洞串连。三是外坝肩桩号 0+094 m，高程 195.50 m，雨后发生坍塌，直径 2 m，深 2.50 m。四是勘探发现桩号 0+083 m~0+113 m、高程 193.60~185.00 m 坝体出现纵向溶洞，长 30 m。

二、灌浆止漏工程措施

针对上述情况，拟对险情处理实行帷幕灌浆。帷幕灌浆是不开挖处理土坝渗浸和内部隐患的一种措施，利用压力浆液，通过管道注入洞孔及缝隙中，浆液在压力作用下析水后密实，以达到恢复坝体整体性和防渗的目的。

1. 药　　物

灌浆杀蚁药物选择农用虫百杀，该产品是一种大环内酯抗生素类，性状为淡黄色或棕褐色液体，易溶于水，可配制成任意倍数的均匀乳液。

2. 工程措施

（1）孔位布置

坝体采用劈裂灌浆技术，沿坝轴线设两道劈裂灌浆帷幕，孔位呈梅花形错位布置，孔距 1.50 m，孔深 13.50 m，坝体 9 m、基础 4.50 m，终孔高程 184.00 m。

（2）浆液配比

选择水泥、黏土混合液，控制帷幕体渗透系数在 $10^{-4} \sim 10^{-5}$ cm/s 以下。拌液土料选取粉质黏土或粉质壤土，黏粒含量为 20%~40%，粉粒含量为 30%~70%，遇水后可迅速崩解分散，吸水膨胀，具有一定的稳定性和黏结力。浆液稠度：土与水泥重量比为 30%~40% 水和干料重量比为 1:1~4:1，浆液比药为 10:1，拌制好的泥浆其容重为 1.4~1.69 g/cm³。浆液用铁纱网布过滤干净，以免渣物进入压浆机内发生故障影响出浆效果。

（3）灌浆压力与灌浆稠度的控制

灌浆压力与浆液稠度的操作控制是保证工程施工质量的关键环节。采用 HBW50/1.5 型水泥砂浆泵，出浆管直径 20 mm，由灌浆塔经高压输送管注入灌浆点。

一是中小型水库大坝碾压不密实，其容重较小，浆液压力不宜过高，正常灌浆压力需均匀，首先不要过猛，应保持在每秒 0.2 MPa，随后逐渐加大，最大灌浆压力不宜超过每秒 0.5 MPa。二是对桩号 0+083 坝基孔洞采取自下而上分段灌法，先栓塞定喷基础，次灌坝体，先用稀泥浆冲刷孔洞、缝壁后，不加压灌注，然后逐步加大浓度，加压至稠度 1:1 全压力灌注为止。三是对桩号 0+094 透水途径较长的空洞先用 4:1 浆液低压灌注，按单位吸浆量 40~60 L/min 控制操作，根据吃浆进展，逐步变换浆液稠度 1:1 全压力灌注为止。四是对桩号 0

+098 透水性强的孔段，吃浆量大，低压浓灌，适时调整浆液稠度。待原管涌洞及山坡漏水洞均有泥浆溢出，河岸溢浆最远点离坝外 90 m 处采用棉絮填塞冒浆孔或用黏土料回填夯实后，再进行外堵慢灌。浆液由低往高处依次慢灌，使坝体大小缝隙既能灌饱，又不浪费。五是对桩号 0+108 m 串浆洞，即一孔灌浆、异孔冒浆的现象，可将串浆孔堵塞后继续灌浆，若灌浆孔与串浆孔之间劈开裂缝，可夯实裂缝后多次少量重复灌浆。

三、效果分析

1999 年 7 月，在灌浆后的漏水洞挖开检验，发现洞内泥浆凝固体饱满固结，而且随洞形走样粗大凝固体与洞壁土层胶凝形成整体，不张开，无空隙，无渗浸。据近几年观察，该水库经受高水位运行检验再未发现渗漏现象，有效地解决了大坝安全问题。

根据该库止漏效果分析，该方法具有以下几个优点：

① 用虫百杀乳剂拌水泥浆液渗透土层，对白蚁杀伤率高，坝体未发现白蚁活动迹象，是灌浆杀蚁的理想药物。

② 土坝防渗采取帷幕灌浆施工简便、安全可靠，可节约投资，提高防渗性能。

③ 劈裂灌浆技术只要能做到科学地设计和施工，可以解决坝后出现的散浸、渗漏、管洞流土等隐患，满足抗渗稳定的要求。

四、灌浆中应注意的事项

1. 对于开裂现象的处理

由于泥浆的压力作用，会使裂缝延伸。如坝面看不见的裂缝，在灌浆过程中往往会开裂，可组织人力沿裂缝做阻浆盖，使泥浆不会冒出来。

2. 对冒浆的处理

① 无论在什么部位发现冒浆，都要暂时停止灌浆。

② 如果在坝顶或坝坡冒浆，用乱棉絮阻塞，出现臃肿状可在冒浆处开挖回填夯实后再灌。

③ 在涵洞内发现冒浆时，如果可以进入，用乱棉絮堵塞再灌。假若不能进入可采取高浓缩浆堵塞，待凝固后再继续灌浆。

④ 如果在深水中出现冒浆，因为不能堵塞，应待已灌泥浆初凝后改灌浓度大的泥浆。

3. 对坝坡隆起和塌陷的处理

① 如发现坝坡有隆起现象，很可能是因为灌浆而引起的坝坡滑动，应立即停止灌浆，由有关技术人员研究隆起的原因，在确认坝坡稳定时，才可继续灌浆。

② 灌浆中发现有塌陷现象时，也应停止灌浆，待查明原因，填土夯实后再进行灌浆。

课后思考题

1. 土石坝的工作特点及设计要求是什么？土石坝有哪些缺陷？

2. 观测大坝水平位移的方法有哪些？垂直位移的方法有哪些？

3. 介绍测斜仪工作的原理。

4. 土坝裂缝产生的原因是什么？按其成因，可将土坝裂缝分为哪几种？

5. 土石坝滑坡类型有哪些？什么情况下会导致土石坝滑坡？

6. 土石坝渗漏途径及其危害性？

7. 土石坝坝身渗漏原因是什么？常见坝身渗漏有哪些形式？

8. 土石坝坝基渗漏原因及其处理措施有哪些？

9. 土石坝护坡破坏的加固修理方法是什么？

参考文献

[1]　赵朝云. 水工建筑物的运行与维护[M]. 北京：中国水利水电出版社，2005.

[2]　胡荣辉，张五禄. 水工建筑物[M]. 北京：中国水利水电出版社，2005.

[3]　颜宏亮，闫滨. 水工建筑物[M]. 北京：中国水利水电出版社，2012.

[4]　朱俊高，王俊杰，张辉. 土石坝心墙水力劈裂机制研究[J]. 岩土力学，2007，3（28）.

[5]　赵志仁. 大坝安全监测设计[M]. 河南：黄河水利出版社，2003.

[6]　何勇军，刘成栋，向衍，等. 大坝安全监测与自动化[M]. 北京：中国水利水电出版社，2007.

[7]　杨华舒，闫毅志，魏海，等. 工程检测与大坝安全[M]. 北京：中国水利水电出版社，2013.

第六章
水工建筑物的安全评估

随着运行年限的增长，水工建筑物的老化病害等现象也将日趋严重，威胁工程的安全运行，水工建筑物的安全评估成为必然。根据已经掌握的在设计、施工、运行的全过程所积累起来的历史资料，运用各种理论的、经验的、试验的和统计的方法，对水工建筑物进行全面的普测和检查，综合地评定建筑物的实际工况是否满足现行规程、规范、标准和设计文件的要求，对水工建筑物的安全状况进行评估。水工建筑物的安全评估对水工建筑物的真实运行现状有重要意义，同时为修补加固提供了可靠的依据。

本章结合实例详细介绍各类水工建筑物的安全评估方法。

第一节　大坝坝体的安全评估

大坝安全评估，其实质就是根据已经掌握的在设计、施工、运行的全过程所积累起来的历史资料，运用各种理论的、经验的、试验的和统计的方法，综合地评定大坝的实际工况是否满足现行规程、规范、标准和设计文件的要求。大坝安全评估应复核建筑物的级别，根据国家有关现行规范，按大坝目前的工作条件、荷载条件及运行工况进行复核与评估。大坝安全评估涉及复核防洪标准、结构安全、渗流安全、抗震安全、金属结构安全及工程质量等。其中：防洪标准复核时应充分考虑运行期延长的水文资料及梯级开发等对防洪标准的影响等；结构安全复核采用的计算参数应能反映大坝目前的性状，对有安全监测资料的水库大坝，应充分利用大坝安全监测的资料了解大坝性状；安全评估中对混凝土质量的评估，除应根据混凝土的设计资料、施工配合比、施工记录外，还要考虑混凝土的老化病害对大坝混凝土质量和工作性态的影响。因此，在进行大坝的安全评估时，必须进行现场的检测和普查，确定大坝的裂缝状况、渗漏状况、剥蚀状况及其对整体安全的影响。如果发现大坝的实际工况和功能不能完全满足现行规程、规范、标准和设计的要求，或者某些监测项目的监测资料及其变化规律存在异常，可能影响大坝的正常使用，则可以认为该坝是有病的，并应限期采取有效的补强加固措施。如果大坝出现危及安全的严重缺陷，或环境中某些危及安全的因素正在加剧，或主要监测项目的监测资料及其变化规律出现较大异常，按现行规程、规范、标准和设计要求运行将出现重大险情，则认为该坝是危险的，应立即采取紧急抢救措施除险加固。目前这种"正常""病"和"险"的评价标准还不十分健全，明确的识别指标，特别是量化的指标还有待进一步完善。

一、大坝安全评估一般应依照的程序

（1）现场调查。首先对工程的现状开展调查，收集与工程有关的技术资料，包括工程的概况、设计和施工情况。施工中的质量控制资料及施工中出现的质量问题和处理措施，地震及重大工程事故等引起的破坏和处理措施等等，编写工程现状调查报告，并对存在的问题和缺陷进行初步的分析。

（2）现场检测。通过安全监测资料分析或者现场仪器检测确定大坝的安全状况与问题。

（3）复核计算。以新复核后的洪水设计标准、坝体复核后的实际荷载包括可能的地震荷载、坝基的真实工作状况、坝体混凝土的性能状况及其老化，按照现行的 DL5018—1999《混凝土重力坝设计规范》及其他相关规范进行稳定和强度的复核计算。

（4）安全评定。由大坝安全鉴定或安全评估专家组根据大坝现场调查的情况、现场检测和安全监测的分析结果及安全复核计算的结果，对大坝的安全状况进行评估并给出评估的结果。

大坝始终处于不断的运动和变化之中。正常情况下，其运动和变化是有序且有规律的。能引起大坝的这种运动和变化规律改变的因素，就是与大坝安全评估有关的因素。大坝的这种运动和变化，与其自身结构特点和外部环境的改变，关系十分密切。因而，对大坝安全的评估涉及较多的内、外部因素和潜在危险，难于直观简便地对大坝的安全作出结论，必须经过详细的分析和论证，才能得出相对可靠的结论。

二、影响大坝安全的因素

1. 外部因素

大坝安全评估所涉及的主要外部因素包括：

（1）地震强度；

（2）近坝库岸的滑坍危险；

（3）超设计洪水的危险；

（4）水库特性及其调度运用方式；

（5）大坝附属建筑物的质量及其运行状态；

（6）气候特征；

（7）水质的侵蚀性；

（8）大坝下游的泄洪能力；

（9）大坝本身的重要程度，下游城镇及其经济发展状况，以及下游居民状况；

（10）泄洪设施及其使用状况；

（11）施工遗留隐患或未完尾工情况；

（12）运行期的维护、修理、补强情况，等等。

2．内部因素

大坝安全评估所涉及的内部因素主要包括：

（1）大坝结构配置的可靠性和合理性；

（2）建设大坝的材料特性及其老化、变异、浸蚀、流失等情况；

（3）大坝基础及其处理和帷幕的质量，以及它们在运行中的变化情况；

（4）大坝左、右岸及坝肩的处理和防渗帷幕的工况；

（5）大坝内部连接和各工作缝的状态；

（6）坝身、坝肩和坝基的排水特性；

（7）大坝安全监测系统及其监测状况；

（8）坝体裂缝及其发展情况；

（9）溢洪道、泄流孔洞、排沙孔洞和取水口等的冲蚀破坏情况；

（10）大坝基础析出物及其对坝基的危害状况，等等。

三、大坝坝体安全评估的内容

1．防洪标准复核

防洪标准复核是根据大坝设计阶段洪水计算的水文资料和运行期延长的水文资料，考虑建坝后上游地区人类活动的影响和大坝工程现状，进行设计洪水的复核和调洪演算，评价大坝现在的防洪能力是否满足有关规范的要求，以确定大坝的安全状态。

对大中型水库，设计洪水应根据入库洪水进行推求；对中小型水库，可采用雨量资料或采用经验公式推求。设计洪水确定后，根据水库目前允许的汛期限制水位和泄洪要求，进行调洪计算，确定水库安全度汛的设计洪水位和校核洪水位及其相应的最大下泄流量。

当大坝上游流域内还有其他水库时，应研究各种洪水组合按梯级水库调洪方式进行防洪标准的复核。考虑上游水库拦洪作用对下游水库的有利因素时要留有足够余地，并应考虑上游水库超标准泄洪时，大坝的安全性。

水库防洪能力的复核包括复核水库在设计洪水和校核洪水时的泄洪安全性，和泄洪建筑物能否安全下泄最大流量，以及下泄洪水对大坝和下游的影响。

2．结构安全评估

水利工程混凝土建筑物结构安全评估是按国家现行规范复核计算结构在目前荷载作用下的变形、强度及稳定是否满足要求，分为静力条件下的混凝土建筑物结构安全评估和地震荷载作用下的混凝土建筑物结构安全评估。

3．渗流安全评估

渗流安全评估是复核按原设计施工的渗流控制措施和当前的实际渗流状态能否保证大坝按设计条件安全运行。因此，渗流安全评估主要检查防渗措施和排水设施是否完善，其设计和施工是否满足现行规范的要求，检查坝基扬压力是否异常，检查防渗帷幕和排水的工作性态，对存在问题的大坝进行安全复核。渗流安全评估的方法有现场检查法、安全监测资料分析法、计算分析（模型试验）与经验类比法及专题研究论证法。

坝基渗流安全评估应通过监测资料分析或各种模型计算、复核在规定水位组合下坝基渗透压力分布和扬压力图形，与相应的设计允许值（不同坝型、不同坝段）相比较，综合判断坝基和建筑物的渗流安全。坝基接触面有未经处理的断层破碎带、软弱夹层和裂隙充填物时，应复核这些物质的抗渗稳定性，其允许抗渗比降宜由专项试验确定，当软弱岩层中设有排水孔时，应复核其是否设有合格的反滤料保护。

第二节　溢洪道的安全评估

溢洪道是用于宣泄规划库容所不能容纳的洪水，保证坝体安全的开敞式或带有胸墙进水口的溢流泄水建筑物。溢洪道是洪水期间保证水库安全的重要设施，一般不经常工作但却是水库枢纽中的重要建筑物。溢洪道按泄洪标准和运用情况，分为正常溢洪道和非常溢洪道。前者用以宣泄设计洪水，后者用于宣泄非常洪水。按其所在位置，分为河床式溢洪道和岸边溢洪道。河床式溢洪道经由坝身溢洪。

岸边溢洪道通常由进水渠、控制段、泄水段、消能段组成。进水渠起进水与调整水流的作用。控制段常用实用堰或宽顶堰，堰顶可设或不设闸门。泄水段有泄槽和隧洞两种形式。为保护泄槽免遭冲刷和岩石不被风化，一般都用混凝土衬砌。消能段多用挑流消能或水跃消能。当下泄水流不能直接归入原河道时，还需另设尾水渠，以便与下游河道妥善衔接。岸边溢洪道按结构形式可分为：

（1）正槽溢洪道。泄槽与溢流堰正交，过堰水流与泄槽轴线方向一致。

（2）侧槽溢洪道。溢流堰大致沿等高线布置，水流从溢流堰泄入与堰轴线大致平行的侧槽后，流向作近90°转弯，再经泄槽或隧洞流向下游。

（3）井式溢洪道。洪水流过环形溢流堰，经竖井和隧洞泄入下游。

（4）虹吸溢洪道。利用虹吸作用泄水，水流出虹吸管后，经泄槽流向下游，可建在岸边，也可建在坝内。

一、溢洪道的安全检查内容

（一）进水段（引渠）

（1）检查溢洪道有无坍塌、崩岸、淤堵或其他阻水现象，流态是否正常。

（2）溢洪道轴线方向应使进水顺畅，校核渠道需转弯时，轴线的转弯半径是否大于4倍渠底宽度，弯道至控制堰（闸）之间宜有长度不小于2倍堰上水头的直线段。

（3）进水渠底宽顺水流方向收缩时，进水渠首、末端底宽之比应该在1.5～3，在与控制段连接处应与溢流前缘等宽。底板宜为平底或不大的反坡。

（4）进水渠的直立式导墙的平面弧线曲率半径不宜小于2倍渠道底宽。导墙顺水流方向的长度宜大于堰前水深的2倍，导墙墙顶高程应高于泄洪时最高库水位。

（5）紧靠土石坝坝体的进水渠，其导墙长度以挡住大坝坡脚为下限。距控制段2倍堰前水深距离以内的导墙，其墙顶应高出泄洪时最高库水位。

（二）溢洪道控制段

检查溢洪道对地基的强度、稳定性、抗渗性及耐久性等是否满足要求。

（1）有砌护的溢洪道，其表面应平整，砌护厚度不应出现误差。浆砌块石护面不得有薄片片石铺于表面，缝间砂浆应饱满。混凝土护面应无蜂窝麻面，表面无裂缝。

（2）溢洪道断面尺寸允许偏差为±3%；纵向坡度允许偏差为设计坡度的±10%。

（3）校核溢洪道安全超高下限值。

（4）堰（闸）与两岸（或大坝）的止水，防渗排水系统应形成整体。

（5）堰顶或闸室、闸墩、胸墙、边墙、溢流面、底板有无裂缝、渗水、剥落、冲刷、磨损、空蚀等现象；检查伸缩缝、排水孔是否完好。

（三）泄槽（陡槽）

（1）校核泄槽纵坡是否大于水流的临界坡。

（2）泄槽横断面是否规则，当结合岩石开挖采用梯形断面时，边坡不宜缓于1∶1.5，并应注意由此引起的流速不均匀问题。

（3）横断面内流速分布均匀。

（4）冲击波对水流扰动影响小。

（5）陡槽末端若与坝脚紧贴，如发生横流冲刷，易危及坝脚安全，对大坝的运行安全十分不利。

（四）消能池及工作桥（或交通桥）

（1）消能池结构、强度满足消能防冲要求。

（2）工作桥（或交通桥）满足安全通行需要。

二、溢洪道安全复核计算

（一）水力安全复核计算

为使水力计算与工程特性相一致，正确选用计算公式十分重要。

（1）引流段的水力计算：应采取自下游控制断面向上游反推求水面曲线的方法进行，引流段进口处端须先计算水位壅高，再求得泄洪时的正确库水位。

（2）控制段的汇流计算：应根据《溢流堰水力计算设计规范》建议的方法计算，同时正确选用流量系数时并使其与该堰型相一致。

（3）泄流段陡槽水力计算：推求陡槽段水面曲线的方法，当陡槽底宽固定不变时，可采用 BⅡ型降水曲线或用查尔诺门斯基方法计算；对底宽渐变的陡槽段则可用查氏方法分段详算。

（4）消能设施的水力计算：底流式消能可以采用 A－C 巴什基洛娃图表计算。由于巴氏对各种消能设备的计算方法与步骤均较明确、具体，计算省时又能保证精度；但是在选定消能设施的尺寸时应该留有余地。

（二）结构安全复核计算

检查溢洪道衬砌用的水泥、块石、混凝土和钢筋是否符合设计规定的强度要求。为保证建筑物安全稳定的结构计算，混凝土应满足抗渗、抗冻、抗侵蚀性的要求。除一些护坡及挡土墙的稳定可按一般方法计算外，必须进行陡坡面砌护厚度与消力池底板的稳定分析，而对挑射消能则应进行鼻坎的稳定与基础应力计算。

（1）陡坡的护砌厚度应满足滑动安全，设置伸缩缝沉陷缝以后，坡面砌护类似大面积薄板，故对基础应力以及倾覆稳定一般可不需计算，其主要控制条件是滑动稳定，作用在护面上的滑动力主要有水流拖泄力、砌体自重顺坡方向的分力及护面凸体产生的阻力；抗滑力则包括砌体自重垂直坡面的分力和水流静压力、护面上的上举力和渗透压力，计算结果如其抗滑安全系数应≥1.3～1.5 即为安全。

（2）消力池底板厚度应满足抗浮稳定要求，由于底板四面边界的约束作用，一般没有滑动问题，因此仅需对其抗浮要求进行稳定计算。作用在底板上的上浮力包括渗透压力、脉动压力、底板上凸出体产生的上举力，以及下游消力池水深与水跃段内压力差。抗浮力包括底板的浮重和底板上的水重产生的力，其抗浮安全系数≥1.3～1.5 即可判断为安全。

（3）挑流鼻坎的尺寸应满足滑动稳定、倾覆稳定和允许的基础应力。作用于鼻坎上的向下的垂直力包括鼻坎自重、鼻坎上的水重，挑流曲面离心力的垂直分力；向上的垂直力包括脉动力、渗透压力、鼻坎下游尾部形成的上浮力，以及鼻坎上凸出体产生的上举力。作用于鼻坎的水平推力包括水流的拖泄力，挑流时其鼻坝曲面离心力的水平分力，以及鼻坎上凸出体产生的水平分力。按一般力学方法计算鼻坎的滑动与倾覆稳定时其要求抗滑安全系数≥1.3～1.5，抗倾安全系数≥1.5，同时计算上述各力的合力，其作用点应位于基础面中三分点之内，且基础最大与最小应力比值≤3～5，以避免发生不均匀沉陷。

三、常见问题

（1）很多早年建设的中小型水库，由于受工程造价的限制，其设计采用的洪水标准往往偏低、选用洪水数据偏小，因而必然带来溢洪道设计尺寸偏小，再加上周边岩体风化坍落，往往造成泄流能力不足，因而不能保证安全泄洪。

（2）在布置上，如果溢洪道其进出口段离坝身太近，坝肩与溢洪道之间仅有单薄的山脊相隔，进口段如护砌失效，泄洪时易发生冲蚀现象，将危及坝肩安全。

（3）溢洪道设计的平面弯道半径过大和收缩过剧，对泄流十分不利。一旦在溢洪道陡坡段布置有弯道时，由于弯道流态、流势剧烈变化，导致两岸产生了水面差，这时凹岸水面壅高，并在下游衔接的平直段内产生折冲水流，大大影响了泄流能力和消能效果。另外陡坡段或缓流段的过剧收缩，也会发生显著的壅水和流态变化，并对溢洪道衬砌造成冲击。

（4）若溢洪道布置在非岩性山坡上，陡坡设计比降过陡时，其底部未做有效的反滤衬砌或反滤衬砌失效，易使渗水后产生滑坡；结构上也不稳定。在横断面上，若对两侧山坡开挖坡度注重不够，有的过陡，加上衬砌厚度偏薄，不能满足抗滑抗倾稳定，也易造成坍方和滑坡；平面布置上，存在着上下游断面连接不配套，形成"瓶颈"现象，从而影响了泄洪能力；此外溢洪道末端与河道衔接部分注重不够，导致有的末端高出河床很多，有的末端未做砌护处理，常造成严重冲刷，并向上延伸，直至整个建筑物破坏。

（5）有些工程在结构设计及施工中对泄洪的特点和基础特性考虑不周，溢洪道下泄的高速水流具有很强的冲击力，由于急流的掺气和脉动现象十分显著，常会产生剧烈的震动；有些溢洪道采用低标号的浆砌石或砼砌护，且砌护厚度与边坡砌护高度都不能适应结构稳定要求，因而经过多年运行不能抵御高流速水流的冲刷；有些非岩基上的溢洪道设计时，底部几乎没有反滤排水设备，极易发生塌滑；有些大面积坞工砼衬砌由于未设伸缩沉陷缝，致使溢洪道衬砌发生一些裂缝，总之这些都会使工程安全受到影响。

第三节　水闸及钢结构的安全评估

一、水闸安全评估的一般原则

水闸安全评估的一般原则与混凝土坝安全评估的一般原则相似。水闸安全评估应以最新的规划数据、原型观测资料和安全检测成果为基础，根据国家现行的 SL265—2001《水闸设计规范》，按水闸目前的工作状况、荷载条件及运行工况进行复核与评估。水闸安全评估涉及复核水闸的抗滑和抗浮稳定性、抗渗稳定性、混凝土结构的强度和变形、金属结构安全及某些工程的抗震性能等。结构安全复核采用的计算参数应能反映水闸目前的性状，对有安全观测资料的水闸，应充分利用安全观测的资料以确定水闸的性状。

对水闸的安全评估包括对混凝土质量的评估。在对水闸混凝土质量评估时，除应根据混凝土的设计资料、施工配合比、施工记录外，还要考虑混凝土的老化病害对水闸混凝土质量和工作性态的影响。因此，在进行水闸的安全评估时，必须进行现场的检测和普查，确定水闸混凝土的真实状况，检测的内容包括水闸的裂缝、钢结构状况、渗流状况、剥蚀等及其对整体安全的影响。为检测混凝土强度、弹性模量等力学性能参数、混凝土施工质量的均匀性等，需要在典型部位进行现场的钻孔取芯。

二、水闸安全评估的内容

水闸安全鉴定的内容在 SL75—94《水闸技术管理规程》和 SL214—98《水闸安全鉴定规定》均有规定，前者作了原则性的规定，后者规定得更为详尽。在 SL75—94《水闸技术管理规程》中水闸安全鉴定的内容包括：

（1）在历年检测的基础上，通过先进的检测手段，对水闸主体结构、闸门、启闭机等进行专项检测。内容包括：材料、应力、变形、探伤、闸门启闭力检测和启闭机能力考核等，查出工程中存在的隐患，求得有关的技术参数。

（2）根据检测成果，结合运用情况，对水闸的稳定、消能防冲、防渗、构件强度、混凝土耐久性能和启闭能力等进行安全复核。

（3）根据安全复核结果，进行研究分析，作出综合评估，提出改善运用方式、进行技术改造、加固补强、设备更新等方面的意见。

在 SL75—94《水闸技术管理规程》的基础上，SL214—98《水闸安全鉴定规定》详细规定了水闸安全鉴定的内容，包括工程现状调查分析、现场安全检测、复核计算和安全评价等四个方面。

（一）工程现状的调查分析

工程现状调查分析由水闸管理单位负责实施和编写报告。水闸工程现状调查分析的内容，应包括技术资料收集、工程现状全面检查和对工程存在问题进行初步分析。收集的技术资料，应真实、完整，力求满足安全鉴定需要。工程现状全面检查应在原有检查观测成果基础上进行，应特别注意检查工程的薄弱部位和隐蔽部位。对检查中发现的工程存在问题和缺陷，应初步分析其成因和对工程安全运用的影响。

技术资料收集涵盖设计资料、施工资料和技术管理资料的收集：

（1）设计资料。

① 工程地质勘测和水工模型试验。

② 工程（包括新建、改建或加固）的设计文件和图纸。

（2）施工资料。

① 施工技术总结资料。

② 工程质量监督检测或工程建设监理资料。

③ 观测设施的考证资料及施工期观测资料。

④ 工程竣工图和验收交接文件。

（3）技术管理资料。

① 技术管理的规章制度。

② 控制运用技术文件及运行记录。

③ 历年的定期检查、特别检查和安全鉴定报告。

④ 观测资料成果。

⑤ 工程大修和重大工程事故处理措施等技术资料。

在确保资料完整性的前提下，要特别注重水闸技术管理资料的收集。水闸在运行过程的养护修理工作较多，但管理机构变迁，技术管理人员的更换，容易造成技术资料的不全甚至流失。

工程现状的调查分析报告一般应包括下列内容：

（1）基本情况。

① 工程概况：包括水闸建成时间，工程规模，主要结构和闸门、启闭机形式，工程设计效益及实际效益等。

② 设计、施工情况：包括建筑物级别，设计的工程特征值，地基情况及处理措施，施工中发生的主要质量问题及处理措施等。

③ 技术管理情况：包括技术管理制度执行情况，控制运用情况和运行期间遭遇洪水、风暴潮、强烈地震及重大工程事故造成的工程损坏情况及处理措施等。

（2）工程安全状态初步分析。对水闸的土石方工程、混凝土结构、闸门等工程设施的安全状态和启闭机、电气设备等的完好程度以及观测设施的有效性等逐项详细描述，并对工程存在问题和缺陷的产生原因，进行初步分析。

（3）建议，根据初步分析结果，提出需进行现场安全检测和工程复核计算项目及对工程大修或加固的建议。

（二）现场安全检测

现场安全检测由具有资质的检测单位开展。水闸现场安全检测项目，应根据工程情况、管理运用中存在的问题和具体条件等因素综合研究确定。

（1）水闸现场安全检测应遵守下列规定：

① 现有的检查观测资料已能满足安全鉴定分析要求的不再检测。

② 检测项目应与工程复核计算内容相协调。

③ 检测工作应选在对检测条件有利和对水闸运行干扰较小的时期进行检测，测点应选择在能较好地反映工程实际安全状态的部位上。

④ 现场检测宜采用无破损检测方法。如必须采用破损检测时，应尽量减少测点。检测结束后，应及时予以修复。

⑤ 安全检测的抽样数量与比例

多孔闸应在普查基础上，选取能较全面反映整个工程实际安全状态的闸孔进行抽样检测。抽样比例应综合闸孔数量、运行情况、检测内容和条件等因素确定，一般应符合下列规定：

10孔以内的水闸为100%～30%；

11～20孔的水闸为30%～15%；

21～70孔的水闸为15%～10%；

超过70孔的水闸可酌量减少抽样比例。

（2）安全检测项目。

按水闸结构类型分，现场安全检测内容包括：

① 地基土、填料土的基本工程性质。根据SL214—98《水闸安全鉴定规定》，当闸室或岸墙、翼墙发生异常沉降、倾斜、滑移等情况，除应检测水下部位结构外，还应检测地基土

和填料土的基本工程性质指标。

因此，检查和检测内容包括：检查基础挤压、错动、松动和鼓出情况；结构与基础（或岸坡）结合处错动、开裂、脱离和渗漏水情况；建筑物两侧岸坡裂缝、滑坡、溶蚀及水土流失情况；沉降变形检测（基础累积沉降、当前月平均沉降和不均匀沉降）；地基土和填料土的基本工程性质指标检测等。

② 防渗、导渗和消能防冲设施的有效性和完整性。根据 SL214—98《水闸安全鉴定规定》，水闸地基渗流异常或过闸水流流态异常的，应重点检测水下部位有无止水失效、结构断裂、基土流失、冲坑和塌陷等异常现象。

③ 混凝土结构的强度、变形和耐久性。检测现有状态下，永久性工程（包括主体工程及附属工程）混凝土工程质量现状及用于评估的各项技术指标，其中包括裂缝性态、混凝土强度、混凝土碳化深度、保护层厚度、钢筋锈蚀程度等。根据 SL214—98《水闸安全鉴定规定》，混凝土结构的检测应包括以下内容：主要结构构件或有防渗要求的结构，出现破坏结构整体性或影响工程安全运用的裂缝，应检测裂缝的分布、宽度、长度和深度。必要时应检测钢筋的锈蚀程度，分析裂缝产生的原因；对承重结构荷载超过原设计荷载标准而产生明显变形的，应检测结构的应力和变形值；对主要结构构件表面发生锈胀裂缝或剥蚀、磨损、保护层破坏较严重的，应检测钢筋的锈蚀程度，必要时应检测混凝土的碳化深度和钢筋保护层厚度；结构因受侵蚀性介质作用而发生腐蚀的，应测定侵蚀性介质的成分、含量，检测结构的腐蚀程度。

④ 闸门、启闭机的安全性。钢闸门、启闭机的检测应按 SL101—94《水工钢闸门和启闭机安全检测技术规程》的规定执行；混凝土闸门除应检测构件的裂缝和钢筋（或钢丝网）锈蚀程度外，还应检测零部件和埋件的锈损程度和可靠性。金属结构检测内容包括：锈蚀检测，包括涂层厚度、蚀余厚度、蚀坑深度；外形尺寸与变形检测，包括外形尺寸、损伤变形、磨损、挠度等；无损检测，包括焊缝或零部件缺陷位置和缺陷大小；材料材性检测，包括强度、伸长率、硬度、冲击韧性；钢丝绳检测，包括磨损量、断丝数、破断拉力等；巡视检查与外观检查，包括金属结构状况以及运行的保证强度，变形、破损、锈蚀以及传动系统、润滑系统、联接件等运行状态；启闭机防护罩、机件、联接件、传动件的外观和完整性检查；闸门开度指示器、滑动轴承、滚动轴承、滚子及其配件检查；制动装置可靠性检验，包括制动轮的裂缝、砂眼等缺陷，制动带及其连接件（铆钉或螺钉）和主弹簧变形等。

⑤ 电气设备的安全性。电气设备安全检测可参照 GB50150—91《电气装置安装工程电气设备交接试验标准》等有关规定执行。检测内容包括变电设备、电动机、操作设备和输电线路检查。变电设备检查，包括外观、安装位置、接地装置、润滑装置检查；电机检测，包括电压、电流、绝缘电阻、温升、转速；操作设备检查，包括外观和可靠性检查；输电线路检查，包括线路漏电、短路、断路、虚连等检查，线路接头检查，线路畅通性检查以及导线绝缘电阻值检测。

⑥ 观测设施的有效性。观测设施有效性检测，应按 SL75—94《水闸技术管理规程》及其他相应的现行标准中有关规定执行。内容包括：位移观测设施和仪器的考证；位移（水平位移和沉降）观测设施完好性检查；测压管外观检查；测压管的有效性检查。

⑦ 其他有关专项测试。专项测试根据不同工程的需要，以满足水闸安全鉴定工作为目的。涉及的内容比较广泛。目前，比较常见的有结构现场荷载试验、启闭机启闭力检测、闸门应力测试、水质检测以及水下摄影等内容。结构现场荷载试验，包括现场静载试验和动力

试验。现场静载试验测定混凝土结构在荷载作用下的变形、应力分布、裂缝变化情况，分析其承载能力。动力试验测定结构整体自振特性、金属结构（如钢闸门）在高速水流和冲击荷载作用下的振动特性、应力疲劳等；启闭机启闭力检测是启闭机考核的重要内容，目的是测定不同上下游水位条件下的启闭力大小，推定在设计水位和校核水位条件下的启闭机启闭力，以判定启闭机的启闭能力；水质和底质分析，应按照 DL/T1552—2001《水工混凝土水质分析技术规程》进行，内容包括：pH 值、总碱度、总酸度、Cl^-、S^- 和 CO_2 含量等指标；针对建筑物水下部分，如水闸闸墩、底板、消力池、水下收缩缝、沉降缝等水下部分的隐患进行水下成像分析。

（3）现场安全检测报告。

根据安全检测结果，提出安全检测报告。检测报告一般包括以下内容：

① 基本情况。

② 原有检查观测资料的成果摘要。

③ 检测内容和方法。

④ 检测资料成果分析。

⑤ 对检测结构安全状态的评价和建议。

（三）复核计算

复核计算应以最新的规划数据，按照 SL265—2001《水闸设计规范》及其他相关标准进行。计算内容原则上包括水闸防洪标准、整体稳定性、抗渗稳定性、水闸过水能力、消能防冲、结构强度等。具体计算内容因根据水闸结构病害不同而有侧重开展。根据 SL214—98《水闸安全鉴定规定》，下列情况应进行复核计算：

（1）水闸因规划数据的改变而影响安全运行的，应区别不同情况，进行调整，须对闸室、岸墙和翼墙的整体稳定性、抗渗稳定性、水闸过水能力、消能防冲或结构强度等复核计算。

（2）水闸结构因荷载标准的提高而影响工程安全的，应复核其结构强度和变形。

（3）闸室或岸墙和翼墙发生异常沉降、倾斜、滑移，应以新测定的地基土和填料土的基本工程性质指标，核算闸室或岸墙和翼墙的稳定性与地基整体稳定性。

（4）闸室或岸墙、翼墙的地基出现异常渗流，应进行抗渗稳定性验算。

（5）混凝土结构的复核计算应符合下列规定：

① 需要限制裂缝宽度的结构构件，出现超过允许值的裂缝，应复核其结构强度和裂缝宽度。

② 需要控制变形值的结构构件，出现超过允许值的变形，应进行结构强度和变形复核。

③ 对主要结构构件发生锈胀裂缝和表面剥蚀、磨损而导致钢筋混凝土保护层破坏和钢筋锈蚀的，应按实际截面进行结构构件强度复核。

（6）闸门复核计算应遵守下列规定：

① 钢闸门结构发生严重锈蚀而导致截面削弱的，应进行结构强度、刚度和稳定性复核。

② 混凝土闸门的梁、面板等受力构件发生严重腐蚀、剥蚀、裂缝致使钢筋（或钢丝网）锈蚀的，应按实际截面进行结构强度、刚度和稳定性复核。

③ 闸门的零部件和埋件等发生严重锈蚀或磨损的，应按实际截面进行强度复核。

（7）水闸上、下游河道发生严重淤积或冲刷而引起上、下游水位发生变化的，应进行水闸过水能力或消能防冲复核。

（8）地震设防区的水闸、原设计未考虑抗震设防或设计烈度偏低的，应按现行 SL203—97《水工建筑物抗震设计规范》等有关规定进行复核计算。

最后提出的水闸工程复核计算分析报告一般应包括以下内容：工程概况；基本资料包括建筑物级别、设计标准、地基情况、地震设防烈度和安全检测中的有关资料分析；复核计算成果及其分析评价；水闸安全状态综合评价和建议。

（四）安全评价

水闸安全鉴定结论由水闸安全鉴定专家组负责评价，水闸安全鉴定专家组应根据工程等别、水闸级别和鉴定内容，由有关设计、施工、管理、科研或高等院校等方面的专家和水闸上级主管部门及管理单位的技术负责人组成。水闸安全鉴定专家组人数一般为 5～11 名，其中高级职称人数比例不少于 2/3。

水闸安全鉴定专家组根据工程现状调查分析报告、现场安全检测报告和工程复核计算分析报告三项成果，着重审查报告中所列数据资料的来源和可靠性，检测和复核计算方法是否符合现行有关标准的规定，论证其分析评价是否准确合理。水闸安全类别评定标准：

一类闸：运用指标能达到设计标准，无影响正常运行的缺陷，按常规维修养护即可保证正常运行。

二类闸：运用指标基本达到设计标准，工程存在一定损坏，经大修后，可达到正常运行状态。

三类闸：运用指标达不到设计标准，工程存在严重损坏，经除险加固后，才能达到正常运行状态。

四类闸：运用指标无法达到设计标准，工程存在严重安全问题，需降低标准运行或报废重建。

水闸安全鉴定报告书的各项安全分析评价内容，应根据对调查分析、安全检测和复核计算三项成果的审查结果，按规定内容逐项填列。在综合分析各项安全分析评价内容基础上，提出水闸安全鉴定结论，评定水闸安全类别。对工程存在的主要问题，应提出加固或改善运用的意见。

三、水闸安全鉴定的程序与分工

根据 SL214—98《水闸安全鉴定规定》规定，水闸安全鉴定工作应按下列基本程序进行：

（1）工程现状的调查分析。

（2）现场安全检测。

（3）工程复核计算。

（4）水闸安全评价。

（5）水闸安全鉴定工作总结。

　　水闸管理单位应承担工程现状的调查分析工作，在申报要求安全鉴定时，将工程现状调查分析报告报上级主管部门。在开展安全鉴定工作过程中，管理单位配合安全检测、复核计算单位和安全鉴定专家组的各项工作。水闸上级主管部门组织实施水闸安全鉴定时，应承担下列各项工作：

　　（1）审批水闸管理单位的安全鉴定申请报告，下达安全鉴定任务。

　　（2）聘请有关专家，组建水闸安全鉴定专家组。

　　（3）编制水闸安全鉴定工作计划。

　　（4）委托或组织有关单位进行现场安全检测和工程复核计算。

　　（5）组织编写安全鉴定工作总结。

　　在水闸安全鉴定工作中，水闸管理单位和上级主管部门通常根据 SL214—98《水闸安全鉴定规定》规定和实际情况作适当调整。大部分水闸安全鉴定采用的工作基本程序为（1）→（3）→（4）→（2）→（5）。这两种组织程序各有特点，规范要求实质上是以安全鉴定专家组中心，专家组工作跨度长，承担的工作和责任也相对大得多，因此组织专家组的难度和压力也大得多。而后者把组织安全鉴定专家组作为工作的一个重要环节，虽然专家组承担的工作和责任并没有改变，但工作跨度也相对缩短，这样组织专家组的难度大大降低，但对施工现场安全检测和工作复核计算的单位要求相对较高，需要有较高的技术水平，否则容易出现现场安全检测报告和工程复核计算报告不满足安全鉴定需要等问题。

　　水闸上级主管部门在编制安全鉴定工作计划时，应根据工程情况和现状调查分析报告中提出的工程存在问题，征询水闸安全鉴定专家组意见，拟定现场安全检测和工程复核计算项目方案，提出鉴定工作进度计划、资金安排和组织分工等具体意见和要求。

　　现场安全检测与工程复核计算工作，一般应委托具备相应资质的检测单位和设计单位进行。承担上述任务的单位必须按时提交现场检测报告和工程复核计算分析报告。

　　在鉴定过程中，发现尚需对工程方针检测或核算的，水闸上级主管部门应及时组织实施。

　　水闸安全鉴定专家组应审查工程现状调查分析报告、现场安全检测报告和工程复核计算分析报告；主持召开鉴定会议，进行水闸安全分析评价，评定水闸安全类别，提出水闸安全鉴定方案，编制水闸安全鉴定报告书。

　　技术鉴定工作结束后，水闸上级主管部门应组织编写安全鉴定工作总结。安全鉴定工作总结和水闸安全鉴定报告书应报上一级主管部门备案，1、2级水闸的鉴定资料还应报水利部和有关流域机构。安全鉴定资料应归档长期保管。

第四节　其他典型水工建筑物的安全评估

一、涵　洞

　　对涵洞的安全可靠性评估，主要涉及涵洞的强度复核计算。而涵洞的强度复核一般情况下可归纳为对顶板和边墙的强度复核，根据涵洞结构的不同，可分别简化为刚架结构或简支结构。当对钢筋混凝土板进行强度复核时，可采用钢筋混凝土理论。

钢筋混凝土构件的安全复核主要包括三方面的内容：极限承载能力的复核、正常使用极限状态复核以及受压稳定复核。考虑到涵洞顶板的实际工作状况和功能需求，只需对其进行极限承载能力的复核计算。

（1）荷载分项系数。在进行极限承载能力复核计算时，为了充分考虑荷载的离散性及计算内力时进行简化所带来的不利影响，还必须对 DL5077—1997《水工建筑物荷载设计规范》中规定的荷载标准值乘以一个大于1的荷载分项系数。考虑到可变荷载比永久荷载的离散性要大一些，因而对可变荷载的分项系数取得大一些。一般情况下可采用：永久荷载的分项系数 $\gamma_G = 1.2$；可变荷载的分项系数 $\gamma_Q = 1.4$。

（2）材料分项系数。在进行极限承载能力复核计算时，为了充分考虑材料的离散性和施工中不可避免的偏差带来的不利影响，将 DL5077—1977《水工建筑物荷载设计规范》中规定的混凝土强度标准值除以一个大于1的材料分项系数。强度标准值除以分项系数后的强度值称为强度设计值。混凝土的离散性比钢筋的离散性大些，因此分项系数也取得大些，材料分项系数可分别取值如下：混凝土的材料分项系数 $\gamma_c = 1.35$；钢筋材料的分项系数 $\gamma_s = 1.1$（热扎Ⅱ、Ⅲ、Ⅳ级，冷拉Ⅰ级钢筋）；$\gamma_s = 1.15$（热扎Ⅰ级钢筋）；$\gamma_s = 1.2$（冷拉Ⅱ、Ⅲ、Ⅳ级钢筋）。

（3）极限承载能力复核基本表达式。对于一般排架、框架结构，可采用如下简化的极限状态设计表达式：

$$\gamma_0 \left(\gamma_G C_G G_k + \varphi \sum_{i=1}^{n} \gamma_{Qi} C_{Qi} Q_{ik} \right) \leqslant R(\gamma_R, \ f_k, \ \alpha_k)$$

式中　　γ_0——结构重要性系数，对结构安全级别为Ⅰ、Ⅱ、Ⅲ级的结构及构件，可分别取为 1.1，1.0，0.9；

γ_G, γ_{Qi}——永久荷载和可变荷载的分项系数；

φ——荷载组合系数，一般取值为1；

C_G, C_{Qi}——永久荷载和可变荷载的荷载效应系数，也就是荷载与内力之间的转换系数；

G_k, Q_{ik}——永久荷载和可变荷载的标准值；

γ_R——材料的分项系数；

f_k——材料强度的标准值；

α_k——结构构件几何参数的标准值。

不等式左边部分为作用在结构上的外荷载表达式，右边部分为结构的抗力函数。

（4）单向板的极限承载能力复核表达式。单向板的正截面强度复核可按宽度 $b = 1\,\mathrm{m}$ 的单筋矩形截面进行。

该情况下的表达式为：

$$M \leqslant M_u = f_{cm} b x (h_0 - x/2) = f_y A_s (h_0 - x/2)$$
$$f_{cm} b x = f_y A_s$$

式中　　M ——外荷载在板的正截面产生的设计弯矩；

　　　　M_u ——板正截面的钢筋发生屈服，受压区混凝土达到极限抗压强度时的极限弯矩；

　　　　f_{cm} ——混凝土的极限弯曲抗压强度设计值；

　　　　f_y ——钢筋的极限抗拉强度设计值；

　　　　b ——板正截面的宽度；

　　　　h ——板的厚度；

　　　　x ——混凝土等效受压区高度；

　　　　h_0 ——板正截面的有效高度，$h_0 = h - a$；

　　　　a ——钢筋保护层厚度，一般 $a = 2\,\text{cm}$；

　　　　A_s ——钢筋的截面面积。

在进行涵洞等结构的安全复核时，应充分考虑结构的现状，包括混凝土的强度、裂缝的状况及钢筋锈蚀的情况。

二、消能防冲设施

1. 挖深式底流消能评估计算

挖深式消能是将闸后护坦降低而形成消力池，水流在消力池中形成淹没式水跃，以达到消除大量多余动能之目的。

挖深式消力池又分为矩形断面消力池和梯形断面消力池两种。

1）矩形挖深式消力池

横断面为矩形的挖深式消力池称为矩形挖深式消力池，其深度 $d(\text{m})$ 的复核应按以下 4 个算式逐步计算。

$$T_0 = h_c + \frac{q_c^2}{2g\varphi^2 h_c^2} \tag{6-1}$$

$$h_c'' = \frac{h_c}{2}\left(\sqrt{1 + \frac{8\alpha q_c^2}{g h_c^2}} - 1\right)\left(\frac{b_1}{b_2}\right)^{0.25}$$

$$= \frac{h_c}{2}\left(\sqrt{1 + 8F_{rc}^2} - 1\right)\left(\frac{b_1}{b_2}\right)^{0.25} \tag{6-2}$$

$$\Delta z = \frac{\alpha q_c^2}{2g\varphi^2 h_t^2} - \frac{\alpha q_c^2}{2g h_T^2} \tag{6-3}$$

$$d \geqslant \sigma h_c'' - (h_c + \Delta z) \tag{6-4}$$

式中：T_0 为上游总水头，m；h_c 为收缩断面水深，m；q_c 为断面的单宽流量，$\text{m}^3/(\text{s}\cdot\text{m})$；$\varphi$ 为流速系数，一般取 $0.95 h_c''$ 为跃后水深，m；F_{rc}^2 为跃前断面水流的佛如德数，$F_{rc}^2 = v/\sqrt{g h_c}$；$b_1$ 为消力池首端宽度，m；b_2 为消力池末端宽度，m；Δz 为消力池出口处的水面落差，m；α

为水流动能修正系数，可采用 $1.0 \sim 1.05$；h 为下游水深，m；h_c'' 为消力池末端（池坎前）水深，m；d 为消力池深度，m；σ 为坎顶水深的淹没安全系数，采用 $1.05 \sim 1.10$。

用式（6-1）计算 h_c 时须试算，也可以借助有关图表。

在上述的计算中，当式（6-4）成立时，说明消力池深度满足要求。否则，不满足要求，可假定新的池深，按上述四式计算，求得所需要的消力池深度。

2）梯形挖深式消力池

由于地质条件或其他原因，消力池两侧翼墙不宜修建成直立面，或为节约工程量的渠系中小型水闸，闸后两侧为斜坡翼墙或倾斜的护坡，形成梯形断面的消力池。梯形断面的共轭水深不易由水跃方程求得，一般是借助于特制图表。梯形消力池深度复核的步骤如下。

（1）先计算 h_c[可按式（6-1）近似计算]。

（2）再计算 $\sigma = Q / m\sqrt{2gh_c^{2.5}}$ 和 $\beta = b / mh_c$（m 为边坡系数，b 为渠底宽度）。

（3）由相关方法计算跃后水深 $h_c'' = \eta h_c$。

（4）按下式 $d = \sigma_a h_c'' - h_t$，计算池深，式中 h_t 为下游水深。计算池深 d 小于或等于实际池深时，即满足要求。

2. 尾坎式消力池评估计算

由于地质条件不宜深挖、开挖不经济或基坑排水困难时，在护坦末端修建尾坎，壅高坎前水深，形成淹没式水跃。尾坎的高度应满足下式要求

$$c = \sigma h_c'' - H_1 = \sigma h_c'' + \frac{q_c^2}{2g(\sigma h_c'')^2} - H_{10} \qquad (6-5)$$

$$H_{10} = \left(\frac{q_c}{\sigma_s m\sqrt{2g}} \right)^{2/3} \qquad (6-6)$$

式中：H_1 为坎上壅高的水头，m；H_{10} 为坎上壅高的总水头，m；m 为尾坎溢流时的流量系数，上游面直立的梯形尾坎，取 $m = 0.42$，上游面倾斜的梯形尾坎，$m = 0.41$；σ_s 为坎后水深的淹没系数。

若式（6-5）的计算值小于实际坎高，即为满足要求。

还必须注意，当消力坎为自由出流时，一定要校核其下游的水流衔接形式。若为淹没式水跃衔接，则无须建二级消力池。否则，必须修建二级消力池。

3. 消力池长度复核

消力池除应有一定的深度外，还应有一定的长度，以保证稍有淹没的水跃发生在池内，而不冲出池外。

消力池的长度主要与水跃的长度有关。一般自由水跃的长度较大，但在消力池坎的作用下，强迫水跃在池内产生，此时的水跃比自由水跃的长度有所缩短，也比较稳定。消力池长度 L_k 可按下式计算：

$$L_k = (0.7 \sim 0.8)L_j \tag{6-7}$$

式中：L_j 为自由水跃长度，对于矩形断面的二元水跃，当 $4.5 \leqslant F_{rc} \leqslant 9.0$ 时

$$L_j = 6.9(h_c'' - h_c) \tag{6-8a}$$

或 $\qquad\qquad L_j = 6.13 h_c'' \tag{6-8b}$

当收缩断面佛如德数 $F_{rc} \leqslant 4.5 \sim 6.0$ 时，建议采用河北省水利勘测设计院推荐的公式计算：

$$L_j = 11.1 h_c (F_{rc} - 1)^{0.93} \tag{6-9a}$$

对于梯形断面非扩散式水跃，自由水跃长度可按下式估算

$$L_j = 5 h_c'' \left(1 + 4\sqrt{\frac{b}{b_1} - 1} \right) \tag{6-9b}$$

对于矩形断面扩散式水跃，当 $F_{rc} \leqslant 4$ 时，可用下式计算

$$L_j = 3 h_c'' \left[\sqrt{1 + F_{rc}\left(\frac{1 - F_{rc}^2}{23}\right)} - 1 \right] \tag{6-9c}$$

当 $F_{rc} > 4$ 时，按下式计算

$$L_j = 5.0 h_c'' \tag{6-9d}$$

以上式（6-8）和式（6-9）中各符号的意义同前。

应注意，上述计算的池长 L_k 不包括池前的斜坡段长度，这是因为跃前水深断面一般位于斜坡段后测的坡角处。斜坡段的坡度一般不陡于 1：4。

4. 海漫长度复核

消能后的出池水流，不仅紊动剧烈，而且底部流速较大，对下游河渠有很强的冲刷能力。在许多工程中，往往为节约工程量，仅设很短的海漫，所以有大量水闸工程的下游都有不同程度的冲刷，有的还十分严重。

目前工程中常采用南京水利科学研究院提出经验公式计算海漫的长度 L_p，如下：

$$L_p = k \sqrt{q\sqrt{\Delta H}} \tag{6-10}$$

式中：q 为消力池出口处的单宽流量；ΔH 为上下游水位差；k 是为反映土质抗冲能力的系数，粉砂、细砂河渠床可用 14 ~ 13，粗砂、中砂及粉质土壤 12 ~ 11，粉质黏土 10 ~ 9，坚硬黏土可用 8 ~ 7。

上式的适用范围为 $\sqrt{q\sqrt{\Delta H}} = 1 \sim 9$。

第五节　安全评估实例

一、宝珠寺大坝的安全评估

宝珠寺水电站位于四川省广元市内，本工程以发电为主，兼有防洪、灌溉等综合效益。正常蓄水位 588.0 m，水库总库容为 25.5 亿 m^3。调节库容为 13.4 亿 m^3，电站装机容量为 70.0 万 kW。宝珠寺水电站工程为一等工程，主要建筑物为 1 级建筑物，大坝防洪标准为千年一遇洪水设计，万年一遇洪水校核，上游碧口水库溃坝洪水与相应区间洪水组合作为非常洪水复核大坝安全。

宝珠寺水电站枢纽布置为河床中间坝后式厂房布置，主要水工建筑物为混凝土重力坝，最大坝高为 132.00 m，拦河坝轴线长 524.48 m。坝址区的地震烈度为 6 度。宝珠寺水电站大坝 1996 年下闸蓄水，1997 年最高挡水位达 567.00 m，1999 年 10 月蓄水至正常高水位。

（一）设计洪水的复核

宝珠寺水电站为一等工程，主要建筑物为 1 级建筑物，按现行规范进行洪水的复核。将水文资料从 1977 年延长至 1999 年，并考虑 1998 年发生的大洪水，经水文计算多个环节的复核分析，安全复核后的成果表明原设计洪水成果是合理的、可靠的。

（二）工程地质及高边坡稳定的复核

宝珠寺水电站大坝主要建于钙质粉砂岩层，岩石强度高，适宜修建混凝土高坝。岩体层面斜交坝轴线，大坝虽不存在沿中、缓倾角结构面整体滑动的可能，但存在沿部分软弱岩带组合构成的楔形岩体滑动以及强渗透带问题。这些问题经加固处理后得到明显改善。

工程位于地震相对不活动区域，基本地震烈度为 6 度，原设计没有考虑地震荷载，但按照现行的抗震规范规定，对 1 级建筑物，应提高 1 度作为设防烈度，因此，应补充这方面的复核。

左岸高边坡总高度达 160 m，边坡面倾向与岩层层面倾向基本一致，边坡失稳的主要模式为顺层滑动。边坡开挖过程中对薄弱的地质结构面作了详细的勘探和分析工作，采用预应力锚索、混凝土洞塞、锚筋桩等措施对已查明的不稳定楔体进行了加固，不仅防止了边坡局部失稳的可能性，也在一定程度上提高了边坡整体稳定性。从左岸几个灌浆廊道比较干燥的实际情况可知，右岸绕坝渗流获得了较好的控制，对边坡的稳定性提供了有利条件。从目前的情况看，边坡处于稳定状态。但由于边坡为一顺层坡，仍应高度重视其长期稳定性，加强监测。

（三）大坝抗滑稳定和强度的复核

1. 稳定和应力分析的计算条件

（1）稳定和应力分析计算时以最大断面进行，控制断面为挡水坝段。

（2）厂房挡水坝段采用厂坝联合作用，共同承受外荷载。

（3）坝体横缝在550.00 m高程以下灌浆并缝，但在坝体的稳定和应力复核中仅作为安全裕度，不计其有利作用。

（4）采用抗剪断公式计算大坝的抗滑稳定安全系数，用材料力学法复核坝体的应力。

（5）地震荷载烈度按6度考虑。

2. 计算参数

（1）计算水位。计算水位见表6-1。

（2）坝基面抗剪强度及岩层允许应力。坝基面混凝土与基岩（抗剪断）的摩擦系数 $f = 1.0$，黏结力 $c = 0.6 \sim 1.0$ MPa，基岩的允许压应力为 $6 \sim 10$ MPa。

（3）坝基扬压力。根据宝珠寺工程的具体条件及基础处理工程措施确定如下：上游全水头，下游水深 H，主排水帷幕处的渗透压力折减系数为0.2。

表 6-1　计算水位

运行情况	水位/m	
	库水位	尾水位
正常高水位（$P = 0.1\%$）	588.0	487.40
设计洪水位（$P = 0.01\%$）	588.30	497.90
校核洪水位	591.80	502.50
非常洪水位	594.7	503.70

3. 荷载及其组合

作用于坝体上的荷载为坝体自重，相应于每个特征水位时的上下游静水压力及相应于每个特征水位时的坝基扬压力、泥沙压力。

（1）基本组合。包括的荷载为：坝体及其永久设备的自重；正常高水位时上下游的静水压力；正常高水位时的坝基内水的扬压力；泥沙压力。

（2）特殊组合Ⅰ。荷载组合包括：坝体及其永久设备的自重；校核洪水位时上下游的静水压力；校核洪水位时的坝基扬压力；泥沙压力。

（3）特殊组合Ⅱ。上游碧口水库遇可能最大洪水发生溃坝流量与碧口、宝珠寺区间相应产生的洪水叠加，定为非常洪水，作为特殊组合Ⅱ，其荷载组成为：坝体自重及其上永久设备的自重；非常洪水位时的上下游的静水压力；泄非常洪水位时的坝基扬压力；泥沙压力。

4. 应力控制标准和抗滑稳定的控制标准

坝体上游面的主压应力（不计坝体内部扬压力） $\sigma \geq 0.25 pH$；坝踵垂直正应力，除在特殊荷载组合Ⅱ时允许有0.2 MPa的压应力外，其余组合均不允许出现拉应力。

沿坝基面的抗滑稳定允许安全系数如下：① 基本组合： $K \geq 3.0$；② 特殊组合Ⅰ： $K \geq 2.5$；③ 特殊组合Ⅱ： $K \geq 2.3$。

5. 主要控制坝段的稳定和应力计算结果（表 6-2）

表 6-2　主要控制坝段的稳定和应力的计算结果

坝段名称		河床 17 号坝段		
计算项目		抗滑稳定	基础面应力	
荷载组合		K	+	−
基本组合	正常高水位	3.03	1.028	1.304
特殊组合 Ⅰ	校核水位（$P = 0.01\%$）	2.96	0.914	1.342
特殊组合 Ⅱ	非常洪水位	2.84	0.82	1.373

注：压应力（ + ），拉应力（ − ），应力单位：MPa。

6. 表孔坝段坝基深层抗滑稳定复核

表孔坝段坐落于 20 号、21 号坝段上，其中 21 号坝段顺河流方向长 164.9 m，其中泄槽段长 72.9 m，表孔坝段坝基内的地质构造主要有：F4、F60、f7 断层和 D5、D7、L113、D1、D3 泥质夹层，泥质夹层均倾向下游。由于坝基多层地质构造的相互切割，使坝基可能产生深层滑动问题，可构成的滑动面有：坝基面、D5、D7—F4—坝基面；D5—f7—坝基面。

针对 21 号坝段坝基深层抗滑稳定问题，首先应确定构造面的几何状态、力学性能等指标。在计算参数确定后，用刚体极限平衡法和三维整体非线性有限元法进行计算，结果如表6-3 和表 6-4 所示。

表 6-3　刚体极限平衡法计算结果

NMM 组裂缝连通率/%	第二破裂面抗力平角	正常高水位/m	校核洪水位/m
60	0	3.159	3.019
	25	4.441	4.153

表 6-4　三维整体非线性有限元法计算结果

工　况	降强度法	超载法
正常高水位/m	3.40	3.30
校核洪水位/m	3.35	3.28

计算结果表明坝基内软弱夹层穿过防渗帷幕的相对变位值均较小，不会对防渗帷幕造成大的影响，表孔坝段下的楔形体不会对坝体整体稳定造成威胁，坝体是稳定安全的。

（四）泄水建筑物泄流能力的复核

本枢纽采用厂房布置在河床中央，泄水建筑物表中底孔兼备并位于厂房两侧，布置合理，泄水建筑物分层布置且底孔为首选泄洪孔是合理的，各泄洪建筑物的泄流能力均满足设计要求并有一定的裕度。

通过对宝珠寺工程的安全复核，认为该工程总体上是比较安全的。但在以后的运行中应加强对大坝安全的监测，并及时分析监测资料，监控大坝的运行状况。

二、黄河三盛公水利枢纽工程拦河闸的安全评估

（一）工程概况

三盛公水利枢纽位于内蒙古磴口县境内的黄河干流上，目前仍然是黄河干流上唯一的一座大型闸坝工程。主要挡水建筑物拦河闸为 1 级建筑物，上游正常挡水位为 1 055.0 m，设计允许水位差 9 m。该工程的主要效益是灌溉。工程投入运行后，发挥了巨大的社会经济效益。但是，随着工程运行年限的延长，工程老化现象日益严重，受资金等方面的制约，对存在隐患的工程一直未做彻底的维修和改造，险情不断出现，直接威胁枢纽工程的防凌、防汛和安全运行，也限制了工程效益的发挥。拦河闸隐患主要表现在：拦河闸下游混凝土海漫上的排水井大部分失效或排水不良，永久性止水设施多处失效，接缝多处冒水，运用水头达不到设计指标；库区围堤及左岸导流堤标准过低，上游右岸及下游左岸为险工段，上下游铅丝石笼存在锈蚀、冲刷等隐患；混凝土结构存在碳化和钢筋锈蚀现象；地基为砂基，在 8 度地震情况下可能存在地基液化失稳的威胁。其他建筑物也存在不同程度的隐患。鉴于上述原因，三盛公水利枢纽控制在较低水位（小于 6 m 水头）下运行，一直未达到设计标准（9 m 水头）。应业主的委托，中国水利水电科学研究院对黄河三盛公水利枢纽工程拦河闸的安全状况进行了评估。

（二）拦河闸的稳定和强度安全复核

1. 闸室稳定复核计算

闸室稳定复核计算是按照现行 SD—2652001《水闸设计规范》、SI203—97《水工建物抗震设计规范》及其他有关标准进行。计算包括两方面：一是验算闸室在不同计算工况下，沿闸基面水平抗滑稳定性；二是验算闸室地基在荷载作用下所产生的底板上下游边缘最大压力，并且计算最大最小压力之比值是否超过允许范围，以便判断闸室是否会发生倾斜或不均匀沉陷。

（1）沿闸基底面的抗滑稳定计算。闸室采用浮筏式结构，两孔一联，系钢筋混凝土结构。闸底板厚 2.5 m，堰顶高程为 1 049.5 m，在弧形闸门之后以 1∶3 的斜坡自高程 1 049.5 m 降至 1 045.5 m，与消力池底板齐平。每个计算块底板共 2 孔，顺水方向长 23 m，垂直水流方向为 36.48 m。底板上游端设有齿墙，墙底高程为 1 043.0 m，以增加防渗和抗滑稳定性。

水闸闸室的稳定，在一般情况下，多受表层滑动控制，因此须核算沿闸室基底面的抗滑稳定安全系数。作用在闸室上的主要荷载有：自重、静水压力、扬压力、地震荷载等。根据实际情况和可能出现的不利情况，复核以下两种荷载组合：基本荷载组合，包括上游正常挡

水位（不同水位差情况）和设计洪水位；特殊荷载组合，包括校核洪水位及地震情况。

（2）闸室基底压力复核计算。闸室基底压力大小及分布，一般与闸室结构布置形式、作用荷载、闸底板的形状、埋置深度以及地基土质等因素有关，是一个十分复杂的计算问题。地基压力不大于地基容许压力 130 kN/m，而且最大压力与最小压力之比值满足规范的要求。实践经验表明，多数情况下，满足这一规定后，可以防止闸室基底压力分布不均匀状态而引起过大的沉陷值，可以避免闸室结构发生倾斜甚至断裂的事故。

（3）消力池底板抗浮稳定计算。消力池是底流式消能的主要部位，其作用是增加下游水深，以保证产生淹没式水跃。所以设计除了降低底板高程外，尚在消力池末端设置了消力尾槛，构成综合式消力池。

从消力池抗浮稳定出发，作用在底板上的荷载有向下的重力（包括底板自重及池内水重）和向上的扬压力（包括渗透压力和浮托力）两类，当向下的重力大于向上的扬压力时，消力池底板保持稳定；反之，底板将被扬压力抬起而遭受破坏。

土基上消力池底板的抗浮稳定安全系数规范规定按下式计算，计算结果如表 6-5。

$$K = \frac{t\gamma_c}{\rho_u - \gamma h} \qquad (6-11)$$

式中　　K ——抗浮稳定安全系数，$K = 1.1 \sim 1.3$；

　　　　t ——消力池底板厚度（m）；

　　　　γ_c ——消力池底板混凝土的容重（kN/m³）；

　　　　h ——消力池内水深（m）；

　　　　γ ——水容重（kN/m³）；

　　　　ρ_u ——扬压力（kN/m²）。

表 6-5　底板抗浮稳定安全系数

上游水位		1 055.0			
下游水位		1 049.0	1 048.0	1 047.0	1 046.0
水位差		6	7	8	9
安全系数	消力池前段 14 m	1.36	1.25	1.16	1.08
	消力池后段 14 m	1.77	1.66	1.56	1.47
	整个长度 28 m	1.50	1.39	1.30	1.22

由表 6-5 可以看出，消力池整个长度的抗浮稳定可以满足规范 $K = 1.1 \sim 1.3$ 的要求。从消力池前后段来看，后段底板虽较薄，但抗浮稳定安全系数反而较大，这主要是前段扬压力值较大的缘故。另外，还可以看出，随着消力池内水深的不断增加，水深由 0.5 m 增加到 3.5 m，抗浮稳定安全系数亦逐渐增大，由 1.22 增大到 1.50，增大 20% 以上。消力池内水深的增加对底板抗浮稳定是有好处的。

（4）消力池安全状态综合评价和建议。当排水情况良好时，扬压力采用计算值或试验结果，在 6 m、7 m、8 m 和 9 m 水位差的情况下，消力池底板的抗浮稳定安全系数均可满足规范规定的 $K = 1.1 \sim 1.3$ 的要求。但是，近 40 年的实际运用情况表明，排水井经常被淤积堵塞，如果考虑排水失效一半的情况，则应严格控制上下游水位的变化，水位差不超过 6 m，而且下游水位在 1 048.5 m（近年来平均值）以上；如果考虑排水完全失效（经常发生的情况），即使下游水位在 1 049.0 m，水位差 6 m 时，其安全系数只有 0.97 ~ 1.00，这是一种危险的信号，应引起足够的重视。

2. 拦河闸底板强度复核

（1）闸底板结构。拦河闸闸室为两孔一联，用钢筋混凝土建成，混凝土采用 140 号，闸底板厚 2.5 m，每块底板的大小有两种，即中间闸底板为 22.5 m × 36.4 m，边闸底板为 22.5 m × 37.2 m。闸底板钢筋分上、下两层，其保护层均定为 10 cm。钢筋间距 4 ~ 9 根/m。上层钢筋主要是承受负弯矩作用，在每孔的跨中处弯矩最大，钢筋布置最密。下层钢筋主要是承受正弯矩的作用，在闸墩处弯矩最大钢筋最密。

闸底板的内力采用弹性地基梁法计算。将地基视为一半无限弹性体，按郭氏法进行计算。取排水有效情况下的荷载组合进行内力及配筋计算，分别考虑完建工况、运行工况（9 m 运行水头）、设计洪水工况和校核洪水工况。

（2）基本计算参数。地基：$E_0 = 17.5$ MPa，柔性指数取 $t = 3$。混凝土原设计标号为 140 号，考虑到混凝土强度随龄期增长，按 C15 计算。相应于 C15 混凝土的计算参数可由规范查取，设计弯曲抗压强度 $R_w = 10.5$ MPa，设计抗拉强度 $R_t = 1.05$ MPa，混凝土弹性模量 $E_h = 23\,000$ MPa。

钢筋：受拉钢筋设计强度 $R_g = 240$ MPa，钢筋弹性模量 $E_g = 210\,000$ MPa，钢筋保护层厚 10 cm。

强度安全系数：基本组合 1.65，特殊组合 1.45。

（3）计算结果。按现行规范计算，结果表明：拦河闸底板闸门上游段上层配筋偏少 4.8% 及下游下层配筋偏少 8.6%；在提高运行水头时，对底板采取相应的加固工程措施，以免使闸底板裂缝开展，危及闸室安全。

3. 渗流复核计算

（1）防渗排水存在的问题。拦河闸坐落在河流冲积砂及砾质砂层上，防渗和排水是保证水闸稳定的重要措施，拦河闸防渗排水存在的主要问题有：

① 排水井淤堵严重。受黄河泥沙淤积的影响，绝大部分排水井经常被淤堵，处于不排水或排水不畅的状态。

② 止水破坏情况严重。多年的潜水探摸资料表明，在闸底板与静水池底板以及静水池与海漫的接缝处有多处冒水；闸底板与静水池底板的分缝止水也多处失效冒水，12 号和 13 号孔的静水池池底板接缝曾形成冲沟；缝墩止水也发现有止水失效现象，破坏了上游封闭式防渗体系。另外，潜水观察发现，在止水失效处，有的地方冒清水，但有地方冒浑水，表明有渗透破坏发生。止水失效将使闸基的有效渗径缩短，出逸处比降增大，加之冒水处未设反滤

保护或反滤保护失效，将导致闸基的渗透破坏，闸基地层颗粒被出逸水流带出，久而久之，闸基地层将形成孔洞或疏松带，如不能及时发现或及时处理，将导致闸基渗流冲刷和不均匀沉陷而失事。

③ 拦河闸设有 5 列 4 排共 20 个测压管，5 列自左至右布设在单号底板（两孔一块底板，共 9 块）的中线上，4 排测压管沿水流自上而下，分别设在上游铺盖首端、闸室底板首尾及静水池末端。经过近 40 年的运行，测压管设施失修老化较严重。

（2）渗流复核计算。通过渗流计算得到闸基扬压力的分布和出逸处比降，为闸室稳定、闸基稳定、静水池抗浮稳定和闸底板混凝土结构的稳定提供定量依据。渗流复核计算有水力学方法、电模拟方法和数值计算方法，本次计算采用适用性强、精度高的有限元数值计算方法。计算方法如前所述。

（3）计算模型。根据排水井的布置情况，左右边界分别取在相应排水井的中心线，除排水井出口按下游水位进行控制外，其余按流面考虑。上游边界距上游铺盖前端 100 m，并按闸前水位进行控制。下游边界距海漫末端 100 m，按下游水位控制；底部边界取在 1 024.5 m，按不透水边界考虑。

（4）计算结果分析。复核计算中排水井考虑两种工作状态：一种是设计的理想情况，即排水井完全排水的情况；另一种是排水井被淤堵而完全失效的情况。

（5）渗透稳定复核。在无反滤保护的情况下，拦河闸地基的试验结果表明，闸基粉细砂的允许比降为 0.11。

渗透破坏首先发生于渗流出口，对水闸底板止水结构完好的情况，当海漫下面的反滤排水垫层有效时，最可能发生渗透破坏的部位应是海漫末端。当排水井失效时，该处在 9 m 水头情况下的出逸比降为 0.13，而海漫末端粉细砂层在无反滤保护的情况下其允许比降的试验值仅为 0.11，因此，当高水头运行时，其渗透稳定性不满足要求。

对止水失效的情况，由于止水失效缩短了渗径，加上止水失效发生在局部，因此，止水失效处的渗流出逸比降将更大。

（6）渗流和渗透稳定计算结论。

① 排水井失效将使闸基扬压力大幅升高，尤其是静水池的扬压力约升高 54%，对静水池的抗浮稳定非常不利。同时，对设计水头（9 m）情况，海漫末端地基的出逸比降（0.13）稍大于粉细砂在无反滤保护情况下的允许比降（0.11）。

② 止水失效缩短了渗径长度，对没有反滤的情况，当止水局部失效时闸基砂层将发生渗透破坏，久而久之将威胁到水闸安全。因此，应对地基渗透破坏情况进行检查，提出地基除险措施并进行除险加固，同时对止水进行全面修复。

③ 由于现有结构排水井的淤堵问题难以解决，为达到原设计对渗流控制的要求，有两种方法可供选择，一种是研究采用新型结构的防淤排水井，另一种是进行垂直防渗，当采用垂直防渗时应将防渗墙布置在铺盖末端。

4. 地基深层滑动和沉降复核

（1）深层滑动稳定分析。根据三盛公水闸管理局提供的地质资料，闸室地基各土层抗剪强度指标见表 6-6。

表 6-6　拦河闸基础各土层材料参数表

土　层	黏聚力 c/kPa	摩擦角/（°）	容重/（t/m）
砾质中砂	0.0	25	1.5
黏壤土	23.5	12	1.62
粉细砂	5.6	25	1.56
细砂、粉细砂	5.6	25	1.56

　　拦河闸深层滑动稳定计算中采用圆弧滑动和任意形状滑动两种滑动模式。共计算五种运行工况，当上游水位为 1 055.0 m 高程时，下游水位高程分别为 1 046.0 m、1 047.0 m、1 048.0 m 和 1 049.0 m。上游水位为 1 052.0 m 高程时，下游水位高程为 1 046.0 m。把各工况排水井完全失效情况下渗流计算扬压力曲线当作浸润线加在水闸之上，以此计算基础底部滑裂面孔隙水压力。拦河闸深层滑动稳定计算成果如表 6-7 所示。

表 6-7　拦河闸深层滑动稳定分析成果表

工　况		圆弧滑动安全系数	沿黏壤土层滑动安全系数
上游水位/m	下游水位/m		
1 055.0	1 046.0	2.066	2.219
	1 047.0	2.162	2.301
	1 048.0	2.289	2.492
	1 049.0	2.474	2.677
1 052.0	1 046.0	2.810	2.974

　　（2）拦河闸深层滑动稳定分析结论。从表 6-7 计算成果可知，在五种运行工况条件下，两种滑动模式安全系数均大于 2.0。沿黏土层滑动安全系数大于圆弧滑动 0.2 左右，说明由于黏土层埋藏较深，沿黏壤土层滑动不是水闸深层滑动的控制滑动模式。因此，根据现有地质参数，可以认为拦河闸闸室基础能满足水闸设计规范的安全要求。

三、大官塘水库大坝溢洪道安全评估

　　大石塘水库位于安徽省定远县程桥乡境内，距定远至炉桥公路约 2 km，地处淮河流域池河上游，是一座以农田灌溉为主，结合防洪养鱼综合利用的中型水库。

（一）溢洪道现状调查

　　水库泄水建筑物为开敞式溢洪道，位于水库大坝右端。溢洪道进口段右侧进口边墙没有护砌，边坡泥土冲刷严重。

水库溢洪道现有堰身净宽 25 m，堰顶高程 86.44 m，堰坎厚度 $\delta = 1$ m，上游堰高 $P_1 = 1.6$ m，堰体为浆砌石结构，堰体砂浆普遍脱落，砌石破损，渗漏严重，右侧翼墙距消力池底板向上 1.0 m 左右出现渗漏，左侧翼墙背侧填土被掏空。堰前的交通桥建于 2005 年，工作状态良好。

溢流堰下游一级消能的消力池的底板被冲毁，两边的翼墙局部倒塌严重，墙体砂浆脱落，消力坎破损。溢流堰出口为土渠，渠和边坡冲刷严重，原设计底宽 25 m 的过水断面被冲刷至目前底宽 37 m。渠底已形成冲坑，最大深度约 0.3 m。

溢洪道的二级消能为开敞式无坎宽顶堰（二级陡坡），溢流堰为浆砌块石结构。砂浆抹面，抹面砂浆空鼓、龟裂、脱落，整个溢流陡坡冲刷严重，消力池底板冲毁、露石，池后回流冲刷严重，已形成冲坑，整个右翼墙墙体下部砌筑砂浆被掏空形成空洞，砌筑砂浆风化，位于护坡末端的左岸河道岸坡有 50 m 长已被冲成陡坎。再往下游有一作为附近输水干渠的截流堰，此截流堰出口河底及其岸坡均为按标准开挖到位，造成阻水严重，行洪不畅。

（二）溢洪道消能防冲安全校核

水库现有泄洪设施为正常溢洪道。由于现有的堰体尺寸不规则，在设计洪水位下，溢洪道为开敞式折线型实用堰，在校核洪水位下，溢洪道为开敞式薄壁堰，故流态不稳。2005 年建成的四跨交通桥，三个桥墩紧靠堰体前，从而影响下泄流量。依据设计规范、设计手册及教科书，均无法确定该堰的流量系数。此外溢洪道溢流堰堰体渗漏，砂浆砌筑不密实，其后接土渠，边坡无衬砌，两岸冲刷后现状渠宽已达 37 m，渠道两边边坡因水流冲刷已不规则，且一级消能渠底存在大小不一的冲坑。

1. 溢洪道进口段

溢洪道进口段右侧进口边坡没有护砌，边坡泥土冲刷严重。为保证水库泄洪顺畅，现对该段进行部分护砌。该段渠道边坡护砌用厚 30 cm 浆砌块石护坡，边坡坡比为 1：0.5，墙顶高程同堰身控制段墙顶 88.70 m；压填两侧将其两侧处渗漏。现将陡坡段两侧边坡用护底采用浆砌石砌筑，厚 40 cm，护底顶高程为 84.84 m（ = 86.44 - 1.6，因无实测资料，按现场考察量侧的堰前水深 1.6 m 反算）。进口段护砌长 30 m，与溢洪道控制段连接。

2. 溢洪道控制段及交通桥

水库溢洪道现有堰身净宽 25 m，堰顶高程 86.44 m，堰坎厚度 $\delta = 1$ m，上游堰高 $P_1 = 1.6$ m，堰体为浆砌石结构，堰体砂浆普遍脱落，砌石破损，渗漏严重，右侧翼墙距消力池底板向上 1.0 m 左右出现渗漏，左侧翼墙背侧填土被掏空。由于现有的堰体尺寸不规则，在设计洪水位下，溢洪道为开敞式折线型实用堰，在校核洪水位下，溢洪道为开敞式薄壁堰，故流态不稳。2005 年建成的四跨交通桥，三个桥墩紧靠堰体前，也影响下泄流量。现将堰体及控制段左右岸翼墙拆除重建。按开敞式宽顶堰设计，维持堰体下游位置不变，将堰体向上游加厚（与新建的交通桥桥墩迎水端齐平），使堰坎厚度 $\delta = 5.0$ m，堰身宽度为 25 m，堰顶高程为 86.44 m，上游堰高 $P_1 = 1.6$ m，下游堰高 $P_2 = 3.24$ m，堰体下游坡度 1：0.5，堰身净宽 $B = 25 - 3 \times 0.5 = 23.5$ m。堰体及控制段左右岸翼墙为浆砌石结构，砌筑砂浆强度等级为

M10，堰面用厚 10 cm 的 C25 砼护面，控制段左右岸翼墙墙顶用 5 cm 厚 C20 砼压顶。

根据 SL253—2000《溢洪道设计规范》第 2.3.7 条，控制段岸墙墙顶高计算如下：

（1）宣泄校核洪水时为：不应低于 1000 年一遇校核洪水位 88.08 + 安全超高 0.30 = 88.38 m。

（2）挡水时为：不应低于 50 年一遇设计洪水位 87.23 m。

（3）溢洪道紧靠坝肩时，控制段的顶部高程应与大坝坝顶高程（89.9 m）协调一致。

综上所述控制段岸墙墙顶高程取为 88.7 m，大于宣泄、挡水时的计算高度，能满足规范及运行使用要求。

3. 堰体下游陡坡抗冲能力核算

（1）临界水深基本公式：

$$h_k = \sqrt[3]{\frac{\alpha Q^2}{gb^2}} \qquad (6\text{-}12)$$

式中　α——动能校正系数，$\alpha = 1.0$；

　　　Q——过水流量，设计情况 $Q = 22.36 \text{ m}^3/\text{s}$；

　　　b——陡坡宽度，$b = 25 \text{ m}$。

（2）收缩断面水深计算基本公式：

$$E_0 = h_1 + \frac{q^2}{2g\phi h_1^2} \qquad (6\text{-}13)$$

式中　E_0——以下游消力池底板为基准面的上游总能头；

　　　h_1——收缩断面水深；

　　　ϕ——流速系数，取 0.85。

（3）计算成果：

上游段泄槽陡坡水平向长 1.37 m，坡度为 1：0.5，为浆砌石结构。陡坡始点 K，收缩断面 C 在指定频率设计洪水泄流时流速分布情况见表 6-8。

表 6-8　泄槽陡坡设计洪水各参数关系表

重现期/年	库水位 H/m	泄量 q/（m^3/s）	h_k/m	h_c/m	V_k/（m/s）	V_c/（m/s）
20 年一遇	86.86	22.36	0.434	0.126	2.063	7.099
50 年一遇	87.23	40.50	0.644	0.220	2.514	7.364
1 000 年一遇	88.08	91.56	1.110	0.461	3.300	7.945

根据以上表中计算结果，在 1 000 年一遇洪水条件下泄水流速为 7.945 m/s，所以能够满足安全要求。

4. 堰体下游陡坡泄槽段边墙高度计算

根据 SL253—2000《溢洪道设计规范》第 3.4.8 条规定计算如下：

泄槽段边墙高度应根据计入波动及掺气后的水面线，再加 0.5～1.5 m 的超高。由泄槽起始断面水深计算知：1 000 年一遇洪水为 $0.73h_k = 0.81$ m，50 年一遇洪水为 $0.73h_k = 0.47$ m，20 年一遇洪水为 $0.73h_k = 0.32$ m。根据规范，当断面平均流速大于 6～7 m/s 时，应考虑水流掺气对水面线的影响，陡坡段水流的掺气水深按下式计算：

$$h_b = \left(1 + \frac{\zeta v}{100}\right)h \tag{6-14}$$

式中　h，h_b——陡坡计算水深及掺气后的水深（m）；

　　　　v——不掺气情况下泄槽计算段面的流速（m/s）；

　　　　ζ——修正系数，取 1.0 s/m。

20 年一遇洪水掺气后最大水深为 0.32 m；50 年一遇洪水掺气后最大水深为 0.48 m；1000 年一遇洪水掺气后最大水深为 0.84 m。设计边墙高度应按下式计算：

$$H_{墙} = h_{掺气} + h_{超高} \tag{6-15}$$

式中　$h_{掺气}$——掺气后的水深（m）；

　　　　$h_{超高}$——边墙的安全超高（m）。

由于陡坡段边墙为浆砌石结构，其安全超高取为 0.50 m，所以 20 年一遇洪水陡坡边墙高度应为 $H_{墙} = 0.82$ m；1 000 年一遇洪水陡坡边墙高度应为 $H_{墙} = 1.34$ m，均在陡坡段末断面处。故陡坡段末断面处边墙高度取为 2～3 m。

5. 消能防冲设施

因溢流堰出口为土渠，渠和边坡冲刷严重，原设计底宽 25 m 的过水断面被冲刷至目前底宽 37 m。渠底已形成冲坑，最大深度约 0.3 m。一级消能的消力池的底板被冲毁，两边的挡土墙局部倒塌严重，墙体砂浆脱落。现将溢流堰消力池及出口渠改建为底宽为 25 m 的矩形断面，消力池的边墙及出口渠底板和边墙均为浆砌块石，砌筑砂浆强度等级为 M10，勾缝用 M15 水泥砂浆，墙顶用 5 cm 厚 C20 砼压顶。消力池的底板及消力坎采用 C25 钢筋砼现场浇筑。坎高 0.6 m，池长 6.0 m，池底高程 83.2 m。

（1）一级消力坎边墙高度设计。边墙高程按式计算：

$$\Delta H = h_2 + a + \Delta H_{池}$$

式中　h_2——消力坎跃后水深，$h_2 = 2.22$ m；

　　　　a——超高，取 $a = 0.5$ m；

　　　　$\Delta H_{池}$——消力坎池底高程，$\Delta H_{池} = 83.2$ m。

故设计一级消力坎边墙高程 $\Delta H = 85.92$ m。

（2）一级消力池长度及坎高设计。

20 年一遇洪水对应上游水库水位为 86.86 m，消力池底高程为 83.20 m，则 $T_0 = 86.86 - 83.20 = 3.66$ m，$Q = 22.36$ m³/s。

自由水跃共轭水深 h_2 按下列公式计算：

$$h_2 = \frac{h_1}{2}(\sqrt{1+8F_{r1}^2} -1) \tag{6-16}$$

$$F_{r_1} = v_1 / \sqrt{gh_1} \tag{6-17}$$

式中 F_{r_1}——收缩断面弗老德数；

        h_1——收缩断面水深（m）。

        v_1——收缩断面流速（m/s）。

经计算得：

收缩断面水深 $h_1 = 0.126 \text{ m}$；

共轭水深 $h_2 = 1.076 \text{ m}$；

$$F_{r_1} = v_1 / \sqrt{gh_1} = 6.385 \tag{6-18}$$

自由水跃长度 $L_j = 5.525 \text{ m}$，跌水中心点距离 $L_0 = 1.868 \text{ m}$，则消力池长度为 $L_k = L_0 + (0.6 \sim 0.7)L_j = 5.74 \sim 6.29 \text{ m}$，现取 $L_k = 6.0 \text{ m}$。

消力坎高度 c：

$$c = \sigma_j h_c'' - H_1 \tag{6-19}$$

式中 σ_j——水跃淹没度，取 1.05；

       m——消力坎的流量系数，取 0.42；

       σ_s——坎的淹没系数，取 1.0；

       H_1——坎顶水头，为 0.58 m。

计算得：$c = 0.549 \text{ m}$，故取坎高为 0.60 m。

消力坎下游防冲复核：经计算，20 年一遇坎下游水深 $h_t = 0.81 \text{ m}$，坎脚跃前水深 $h_c = 0.225 \text{ m}$，临界水深 $h_k = 0.434 \text{ m}$，则坎下游自由水跃水深 $h_c'' = 0.746 \text{ mm}$，$h_c'' < h_t$，即消力坎下游为淹没水跃，满足消能防冲要求。

6. 海漫及防冲槽设计

1）海漫的设计

溢洪道三级消能下游冲刷厉害，现在消力池后新建宽 18 m，总长 16 m 的海漫。海漫分成两段，前段用浆砌石砌筑，护坡厚 30 cm，坡比为 1：2，长为 6 m；后段用干砌石砌筑而成，护坡厚 30 cm，坡比为 1：2，长为 10 m；护底厚均为 40 cm。海漫前段护坡及护底用 M10 水泥砂浆砌筑而成，粉顶及勾缝用 M15 水泥砂浆，护坡顶高同消力池。海漫末端设防冲槽，槽底净宽 1 m，顶宽 3.7 m，深 1.1 m，护面坡厚 40 cm，坡比为 1：2，干砌石堆砌而成。海漫长度设计计算如下：

由《水闸设计规范》（SL265—2001），$\sqrt{q_s\sqrt{\Delta H'}} = 1.46 \in [1, 9]$，故海漫长度按下列公式计算：

$$L_p = K_s\sqrt{q_s\sqrt{\Delta H'}} \tag{6-20}$$

式中，L_p 为海漫长度，K_s 为海漫计算系数，查表取 11，q_s 为消力池末端单宽流量，$\Delta H'$ 为上下游水位差，经计算 $L_p = 11\sqrt{1.24\sqrt{2.98}} = 16.107\ \text{m}$，这里取海漫长度 $L_p = 16.0\ \text{m}$。

2）防冲槽设计

（1）冲刷深度 $h_{冲}$。

冲刷深度计算参阅李炜编著的《水力计算手册》经验公式：

$$h_{冲} = 1.1\frac{q_m}{[v_0]} - h_m \qquad (6\text{-}21)$$

式中，q_m 为海漫末端单宽流量，$[v_0]$ 为渠床土质允许不冲流速，因缺乏实际勘察资料，海漫末端（即泄洪渠渠首）水深 h_m 按渠道的正常水深计算。

$$\frac{Q}{\sqrt{i}} = \frac{[(b+mh_0)h_0]^{\frac{5}{3}}}{(b+2h_0\sqrt{1+m^2})^{\frac{2}{3}}} \qquad (6\text{-}22)$$

式中，泄洪渠坡度 $i = 0.000\,6$，断面底宽 $b = 25\ \text{m}$，h_0 为正常水深，m 为边坡系数，$m = 2$，n 为糙率，$n = 0.025$；计算得 $h_0 = 0.94\ \text{m}$，则 h_m 为海漫末端断面的水深，$h_m = 0.93\ \text{m}$。v_c 为渠床黏性土的不冲流速，根据大石塘水库工程地质报告可知，海漫末端为黏性土，$v_c = v_c'R^{0.25} = 0.95 \times 0.865\ 2^{0.25} = 0.916\ \text{m/s}$。则渠洪渠 20 年一遇流速 $v_{尾5\%} = 0.885\ \text{m/s} < v_c$，满足不冲要求。

经计算得，冲刷深度 $h_{冲} = 0.562\ \text{m}$，现取 $h_{冲} = 1.0\ \text{m}$。

（2）断面面积 ω。

防冲槽的断面按不小于下式求得的 ω 值设计：

$$\omega = \delta h_{冲}(1+m^2)^{0.5} \qquad (6\text{-}23)$$

式中　ω——需要的防冲槽断面面积（m^2）；

　　　$h_{冲}$——冲刷前后渠底高程差，取 0.562 m；

　　　δ——护面的厚度，取 0.3 m；

　　　m——坍落的堆石形成的护面坡率，取 $m = 2$。

经计算可得：$\omega = 0.38\ \text{m}^2$。

现设计防冲槽冲刷深度 $h_{冲} = 1.0\ \text{m}$，干砌堆石护面厚度 $\delta = 0.3\ \text{m}$，护面坡率 $m = 2$，该断面面积是满足防冲使用要求的。

·········· 课外知识 ··········

板桥、石漫滩水库垮坝事件

1975 年 8 月，在一场由台风引发的特大暴雨中，淮河上游发生特大洪水，使河南省驻马店地区板桥、石漫滩两座大型水库，竹沟、田岗两座中型水库，58 座小型水库在短短数小时间相继垮坝溃决。由原水利部长钱正英作序的《中国历史大洪水》（当代中国出版社，1999）一书中披露，在这次被称为"75·8"大水的灾难中，河南省有29个县市、1700万亩农田被淹，其中1100万亩农田受到毁灭性的灾害，1100万人受灾，超过2.6万人死难，倒塌房屋596万间，冲走耕畜30.23万头，猪72万头，纵贯中国南北的京广线被冲毁102公里，中断行车18天，影响运输48天，直接经济损失近百亿元。由一场特大暴雨而引发一个水库群的大规模溃决，这无论是在垮坝水库的数目，还是蒙难者的人数，都远在全球同类事件之上。

1975年8月4日，该年度中国内地第3号台风（"7503号"台风），穿越台湾岛后在福建晋江登陆。此时，恰遇澳大利亚附近南半球空气向北半球爆发，西太平洋热带幅合线发生北跃，致使这个登陆台风没有像通常那样在陆地上迅速消失，却以罕见的强力，越江西，穿湖南，在常德附近突然转向，北渡长江直入中原腹地。8月5日，行径诡秘的"7503号"台风突然从北京中央气象台的雷达监视屏上消失——由于北半球西风带大形势的调整，"7503号"台风在北上途中不能转向东行，于是"在河南境内停滞少动"，灾祸由此引发。"停滞少动"的具体区域是在伏牛山脉与桐柏山脉之间的大弧形地带，这里有大量三面环山的马蹄形山谷和两山夹峙的峡谷。南来气流在这里发生剧烈的垂直运动，并在其他天气尺度系统的参与下，造成历史罕见的特大暴雨。

从8月4日至8月8日，暴雨中心最大过程雨量达1631毫米，3天（8月5日至7日）最大降雨量为1605毫米。最强大的雨带，位于伏牛山脉的迎风面，4日至8日，超过400毫米的降雨面积达19410平方公里。大于1000毫米的降水区集中在京广铁路以西板桥水库、石漫滩水库到方城一带。暴雨的降水强度，在暴雨中心kk位于板桥水库的林庄，最大6小时雨量为830毫米，超过了当时世界最高纪录（美国宾州密士港）的782毫米；最大24小时雨量为1060毫米，也创造了我国同类指标的最高纪录。

目击者称：暴雨到来的数日内，白天如同黑夜；雨水像从消防水龙中射出；从屋内端出脸盆，眨眼间水满；暴雨如矢，雨后山间遍地死雀。

暴雨区形成特大洪水，量大、峰高、势猛。洪汝河在班台以上的产水量为57.3亿立方米，沙颍河在周口以上的产水量为49.4亿立方米。滚滚而至的洪水，对暴雨区内的水库群造成严重的威胁。

板桥水库设计最大库容为4.92亿立方米，设计最大泄量为1720立方米每秒。而它在这次洪水中承受的洪水总量为7.012亿立方米，洪峰流量1.7万立方米每秒。8月5日晨，板桥水库水位开始上涨，到8日1时涨至最高水位117.94米、防浪墙顶过水深0.3米时，大坝在主河槽段溃决，6亿立方米库水骤然倾下，最大出库瞬间流量为7.9万立方米每秒，在6小时内向下游倾泄7.01亿立方米洪水。溃坝洪水进入河道后，又以平均每秒6米的速度冲向下游，在大坝至京广铁路直线距离45公里之间形成一股水头高达5~9米、水流宽为12~15公里的洪流。

石漫滩水库5日20时水位开始上涨，至8日0时30分涨至最高水位111.40米、防浪墙顶过水深0.4米时，大坝漫决。库内1.2亿立方米的水量以2.5万到3万立方米每秒的流量，在5个半小时内全部泄完。下游田岗水库随之漫决。洪河下游泥河洼、老王坡两座滞洪区，最大蓄水量为8.3亿立方米，此时超蓄4.04亿立方米，蓄洪堤多处漫溢决口，失去控制作用。驻马店地区的主要河流全部溃堤漫溢。全区东西300公里，南北150公里，60亿立方米洪水疯狂漫流，汪洋一片。因老王坡滞洪区干河河堤在 8 月 8 日漫决，约有 10 亿立方米洪水蹿入汾泉河流域。9 日晚，洪水进入安徽阜阳地区境内，泉河多处溃堤，临泉县城被淹。

水库的复建

1. 板桥水库

1986 年板桥水库复建工程被列入国家"七五"期间重点工程项目。工程于 1986 年年底开工，1993 年 6 月 5 日通过国家验收。

板桥水库复建工程按百年一遇防洪标准设计，可能最大洪水校核。主要由挡水建筑物、输水建筑物及电站、灌溉工程及城市供水取水口等组成。水库总库容比原来增加了 34%。

板桥水库工程是一座以防洪为主，具有灌溉、发电、水产、城市供水及旅游等综合效益的大型水利工程。水库防洪库容 4.57 亿立方米，设计灌溉引水流量 34.5 立方米每秒，设计灌溉面积 45 万亩；供水流量 1.5 立方米每秒，年发电量 381 万千瓦时。工程概算 1.74 亿元，1993 年 6 月通过水利部组织的竣工验收。

2. 石漫滩水库

1991 年淮河大水后，在国务院治淮治太会议上决定将石漫滩水库复建工程列入"八五"治淮骨干工程计划。1992 年开工实施。

水库按百年一遇设计、千年一遇校核。复建后的石漫滩水库是具有工业供水、防洪除涝、灌溉等效益的综合利用工程。水库总库容 1.2 亿立方米，防洪库容 0.52 亿立方米，年供水 0.33 亿立方米，灌溉农田 5.5 万亩。石漫滩水库复建工程总投资 25 641 万元。到 1996 年年底，主体工程已基本完成。1998 年 1 月通过水利部组织的竣工验收。

3. 竹沟水库

1995 年 10 月复建，总投资 1 830 万元。经过两年紧张施工，水库 1997 年 12 月 26 日竣工。灌区配套工程完成后，可浇灌农田 2 万亩。加上原来的水利设施，竹沟镇 70% 的农田可成为旱涝保收田。

4. 田岗水库

1999 年 12 月，河南省计委批准舞钢市田岗水库复建工程初步设计，工程主要建设内容为主坝、副坝、溢洪道和渠首闸等工程，建设工期二年，总库容 3 176 万立方米。舞钢市田岗水库复建工程自 2000 年 12 月 27 日正式开工建设，至 2002 年 12 月 30 日完成，工程总投资 4 665 万元。自 2003 年 5 月下闸蓄水投入试运行以来，经历了两个汛期的试运行，未发现安全隐患，效益明显。

世界水坝事故一览

水库垮坝悲剧，如同阴影，伴随着人类自进入"工业革命"时代以来的水库兴建史，一再重演：

1864 年，英国戴尔戴克水库在蓄水中发生裂缝垮坝，死亡 250 人，800 所房屋被毁。

1889 年，美国约翰斯敦水库洪水漫顶垮坝，死亡 4 000 ～ 10 000 人。

1959 年，西班牙佛台特拉水库发生沉陷垮坝，死亡 144 人。

1959 年，法国玛尔帕塞水库因地质问题发生垮坝，死亡 421 人。

1960 年，巴西奥罗斯水库在施工期间被洪水冲垮，死亡 1 000 人。

1961 年，苏联巴比亚水库洪水漫顶垮坝，死亡 145 人。

1963 年，意大利瓦伊昂拱坝水库失事，死亡 2 600 人。

1963 年，中国河北刘家台土坝水库失事，死亡 943 人。

1967 年，印度柯依那水库诱发地震，坝体震裂，死亡 180 人。

1979 年，印度曼朱二号水库垮坝，死亡 5 000 ～ 10 000 人。

课后思考题

1. 大坝安全评估的实质是什么？

2. 大坝安全评估应遵循的一般程序是什么？大坝安全评估所涉及的主要外部因素及内部因素分别是什么？

3. 大坝安全评估的内容有哪些？

4. 水闸现场安全鉴定的内容包括哪些？

5. 水闸安全类别评定标准有哪些？

6. 钢筋混凝土构件的安全复核主要包括哪几个方面的内容？

参考文献

[1] 孙志恒，鲁一晖，岳跃真. 水工混凝土建筑物的检测、评估与缺陷修补工程应用. 北京：中国水利水电出版社，2003.

[2] 冯广志，徐云修，方坤河. 灌区建筑物老化病害检测与评估. 北京：中国水利水电出版社，2004.

第七章
水工混凝土病害防治及土石坝缺陷处理

　　水工混凝土病害和土石坝缺陷对水工建筑物的耐久性有着严重的影响，合理地防治各种水工混凝土病害和处理土石坝缺陷问题对水利工程的安全运行有着深远的影响。各类水工混凝土建筑物在长期运行过程中将会受到水压力、渗漏、冲刷磨损、空蚀、冻融、碳化和水质侵蚀等外界因素的综合作用，出现不同程度的病害，缩短工程使用寿命。根据水工混凝土建筑物的结构特点和所处环境不同，常见病害主要有裂缝、冲磨空蚀、冻融冻胀、碳化、碱骨料反应、溶蚀和侵蚀七大类，其中前三类属于物理性病害，后四类属于化学性病害。土石坝缺陷主要是坝体裂缝和坝体渗漏。严重的坝体裂缝和坝体渗漏将会导致土石坝出现不同程度的失稳甚至垮塌，这将严重威胁人民的生命财产安全。本章内容主要就水工混凝土各种病变、土石坝裂缝、渗漏等问题的防治方法和水工建筑物应急处理技术做一个详细的阐述。

第一节　水工混凝土病害防治

一、水工混凝土裂缝防治

　　水工混凝土结构裂缝的产生不可避免，其防治重点在于"防"，而不在于"治"。首先要通过合理设计混凝土配合比、正确选用原材料、合理设计建筑结构、加强施工监控、严格遵守施工技术规程、提高施工技术水平，这样才有可能最大程度减少混凝土结构裂缝的产生，把裂缝宽度控制在设计范围内，尽量减少裂缝造成的危害。在采取了预防控制措施后，由于各种原因仍可能有少量的混凝土裂缝发生。当这些裂缝发生后，必须先查明裂缝产生的原因，辨明裂缝的类型，才能正确地选择处理方法。

（一）水工混凝土裂缝预防

　　预防混凝土裂缝的发生应从材料、结构和施工等方面分别采取措施。材料上，应结合原材料情况和结构设计对混凝土提出的技术要求，经过配合比优选，配制出具有高抗裂能力的混凝土；结构设计上，应正确取用设计参数，采取合理的结构措施，避免在混凝土结构的某些部位出现过大的拉应力；施工上，应加强管理、合理组织，保证混凝土浇筑均匀密实，同时确保混凝土不受外界因素严重的影响而在施工期发生裂缝。

1. 高抗裂能力混凝土的配制

为了防止混凝土发生裂缝，应采用抗裂性能较好的混凝土。混凝土的极限拉伸值大，抗拉弹性模量低，抗裂能力就强。因此，这种混凝土应具有较高的极限抗拉强度、较大的极限拉伸值、较低的弹性模量、较小的干缩率、较低的绝热温升值以及较小的温度变形系数等。

（1）研究表明，当混凝土的养护龄期和抗拉强度相同时，极限拉伸值主要受每立方米混凝土中胶凝材料用量的影响，或者说受灰浆用量所占比例的影响。随着胶凝材料用量的增加，混凝土极限拉伸值相应增大。

（2）混凝土的弹性模量主要受骨料的弹性模量、混凝土的配合比、混凝土的抗压强度以及龄期的影响。通常可以把混凝土视为二相复合材料，即由匀质的各向同性的基体相（砂浆）和分散在其中的颗粒相（粗骨料）所构成。若混凝土的弹性模量为 E_C，颗粒相的弹性模量为 E_G，基体相的弹性模量为 E_m，颗粒相的体积率为 V_G，基体相的体积率为 V_m，则 $V_m + V_G = 1$。对于普通水泥混凝土，$E_m < E_G$，称为软基复合材料，此时假定基体相和颗粒相在混凝土中承受相同的应力是合理的。U·J·康托（Counto）把混凝土设想为颗粒相周围由基体相所包围的复合体，并取边长为单位长度的基体相立方体的中心埋放一边长为 d 的颗粒相作为研究单元，如图 7.1 所示。

经研究推导出混凝土弹性模量 E_C、颗粒相弹性模量 E_G、基体相弹性模量 E_m 及颗粒相体积率 V_G 之间的关系：

$$E_C = E_m \frac{E_m + (E_G - E_m)\ V_G^{2/3}}{E_m + (E_G - E_m)\ V_G^{2/3}(1 - V_G^{1/3})} \tag{7-1}$$

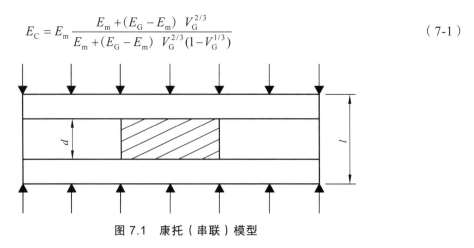

图 7.1　康托（串联）模型

式（7-1）可变换为：

$$E_C = \frac{E_m}{1 - \dfrac{(E_G - E_m)V_G}{E_m + (E_G - E_m)V_G^{2/3}}} \tag{7-2}$$

而

$$\frac{E_{\mathrm{m}}+(E_{\mathrm{G}}-E_{\mathrm{m}})\ V_{\mathrm{G}}^{2/3}}{(E_{\mathrm{G}}-E_{\mathrm{m}})V_{\mathrm{G}}}=V_{\mathrm{G}}^{-1/3}+\frac{E_{\mathrm{m}}}{(E_{\mathrm{G}}-E_{\mathrm{m}})V_{\mathrm{G}}} \tag{7-3}$$

当 E_{G} 增大时，式（7-3）两边的值变小，而其倒数增大，从而 E_{C} 值增大。相反，当降低 E_{G} 时，E_{C} 值也随之减小。同样，从式（7-3）可见，增大 V_{G}，式（7-3）两边的值都变小，而其倒数增大，从而 E_{C} 值增大。相反，降低 V_{G} 即增大砂浆含量，E_{C} 值也减小。可见，混凝土弹性模量 E_{C} 与颗粒相弹性模量 E_{G}、颗粒相体积率 V_{G} 成正比，即当其他条件不变时，混凝土所用骨料的弹性模量越高、混凝土配合比中所含骨料（特别是粗骨料）比例越大，则混凝土的弹性模量越大。因此，为了降低混凝土的弹性模量，可以选用弹性模量低的骨料，并适当降低混凝土中的骨料（特别是粗骨科）的体积率，增大混凝土中胶凝材料浆的体积率。

（3）混凝土的绝热温升受水泥品种及用量、掺和料种类及其占胶凝材料的比例等的影响。一般认为，石灰岩骨料拌制的混凝土具有较小的温度变形系数，灰骨比大的混凝土温度变形系数较大。混凝土掺入粉煤灰，可降低混凝土的早期弹性模量、降低混凝土的干缩率，提高混凝土的后期强度，因而提高混凝土的抗裂性能。另有资料指出，水泥的脆性系数（水泥胶砂抗压强度与抗折强度的比值）越大，配制出的混凝土抗裂性越差。

为了提高混凝土的抗裂性，根据已有的经验，应该提高混凝土的极限拉伸值和抗拉强度、降低混凝土的弹性模量及干燥收缩变形、减少混凝土的温度变形值。但在一般情况下，提高混凝土的强度会导致其弹性模量的增大。为了提高混凝土的极限拉伸值而增加混凝土的单位用浆量，可能导致混凝土干燥收缩变形增大，而且混凝土的热变形值也可能增加。因此，提高混凝土抗裂性可以通过以下途径实现：保证混凝土的强度基本不变的情况下，尽可能降低混凝土的弹性模量和干燥收缩变形值，提高混凝土的极限拉伸变形能力并保持混凝土的温度变形值基本不变或略有降低。

应该指出的是，混凝土的抗裂性能是有时间效应的，亦即不同龄期混凝土的抗裂能力是不一致的。因为混凝土的极限抗拉强度、极限拉伸值、抗拉弹性模量、温差变形、干缩变形和自生体积变形等都随混凝土的龄期而变化。

此外，混凝土中外加剂的合理选用，也可调节和改善混凝土的结构性能，有效地减少或避免混凝土裂缝。常用的外加剂有缓凝剂、引气剂、减水剂等，以及有助提高混凝土抗裂性能的外加剂——抗裂剂。掺用引气剂能缓冲冰冻而产生的膨胀压力，也能消除或减少其他因素（膨胀、结晶）引起的应力，显著提高混凝土的抗渗、抗裂性等；掺入减水剂可减少水泥用量，推迟水化热峰值的出现并降低峰值，对抗裂有利；复合掺用膨胀剂，可使混凝土在硬化过程中体积产生微膨胀，补偿了体积收缩，减小干缩应力，达到防裂的目的；养护剂的使用，可以预防脱膜后混凝土的干缩裂缝；抗裂剂可解决普通水泥砂浆干缩变形大，抗渗性、抗裂性、抗冻性差等问题，直接掺入水泥中可以有效地控制砂浆混凝土的塑性收缩及离析产生的裂纹问题，大大改善砂浆混凝土的抗裂性能、抗冻抗冲击性能及耐磨抗震能力。

另外，在水工建筑物抗裂要求高的部位可考虑采用混凝土抗裂合成纤维。使用合成纤维可以有效地防止混凝土的早期裂纹，并能显著提高混凝土的后期强度和断裂性能。适量掺入聚丙烯腈纤维，也可以大幅度提高水工混凝土的抗裂性能和抗碳化耐久性。

四川省沙牌碾压混凝土拱坝坝体采用高掺粉煤灰 C22 碾压混凝土。胶凝材料用量为 $180\sim192\ \mathrm{kg/m^3}$，掺入 40%（二级配）和 50%（三级配）的二级粉煤灰。垫座还掺入（在水泥厂内掺）3.6%~4% 的 MgO。通过调整砂率（38%、34%），提高石粉含量（18%~20%，其中小于 0.8 mm 的约占 10%），优化配合比，使坝体碾压混凝土具有低弹模、高极限拉伸值的特征。原材料选用 425 号中热硅酸盐水泥，并按"高铁低铝"原则和外掺 6%~9% 低碱度、高含 MgO 的平炉钢渣混合材，定型化专门生产，并就近采用弹强比低的花岗岩人工骨料，使该碾压混凝土具有高抗裂能力。

三峡工程二阶段混凝土采用缓凝高效减水剂、引气剂、国标 I 级粉煤灰三者联掺的技术取得了明显的技术、经济效益，大坝混凝土浇筑每万方的温度裂缝数量不到以往大坝混凝土浇筑的一半，并且三峡二阶段工程中，仅混凝土原材料就节约费用 2 亿元以上。

中国水利水电科学研究院与中国建筑材料科学研究院和中国长江三峡开发总公司协作，承担了高贝利特（HBC）水泥低热高抗裂大坝混凝土的开发研究，并已取得阶段性成果。初步论证了 HBC 大坝混凝土具有良好的工作性、力学性能和耐久性能；抗裂性分析表明，HBC 大坝混凝土具有良好的抗裂能力，是一种可以在水工大体积混凝土工程中推广应用的新型低热高抗裂大坝混凝土。

2. 预防混凝土裂缝的结构措施

（1）预留结构缝。

考虑到混凝土的干缩和温度变形特性，对于较长的混凝土浇筑块，用预留伸缩缝的结构措施。在基础高差较大或可能产生较大沉陷差异的部位，设置沉陷缝，以避免因为结构的不均匀沉陷造成结构物裂缝。防水结构在结构缝中相应设置止水。某些结构物（如拱坝）上预留了诱导缝，诱导缝中设置止裂装置和止水，以便裂缝一旦发生就能得到有效的控制，不致对于结构物造成危害。

诱导缝作为结构措施，可以防止大坝在无防裂结构措施部位的开裂，起到稳定结构和防止裂缝的双重作用。但设结构诱导缝又势必削弱拱坝的整体性和刚度，降低拱坝的超载能力。

在我国，普定拱坝设置了 3 条可以重复灌浆的诱导缝，分别将坝体分成 4 段，成缝方式是在埋设层碾压混凝土施工完成后，挖沟掏槽埋设多孔混凝土成缝板。温泉堡拱坝在坝体设置 5 条横缝（4、5 号为常规缝，1、2 号为诱导缝，3 号为常规、诱导混合缝），不设纵缝。诱导缝由成对的混凝土诱导板连接而成，诱导板及成缝方式与普定拱坝类似。拱坝建成后，除 5 条设计缝开裂之外，未发现有其他裂缝。沙牌碾压混凝土拱坝结构分缝方案采用"2 条诱导缝 +2 条横缝"的组合方案，实践证明沙牌碾压混凝土拱坝的结构分缝布置是合理的，裂缝产生的部位与设缝位置完全吻合，达到了人工控制开裂的目的。

（2）避免应力危害。

混凝土结构物应力突变处易产生裂缝。水工混凝土结构物中不可避免要设孔洞、牛腿等，这些部位易产生巨大的应力集中而导致拉裂。设计时应注意避免避免结构断面突变或直角形的棱角，孔洞棱角处设 45° 斜角能较大改善结构应力，避免孔洞直角处产生裂缝，用圆角更好，但施工较麻烦。对于较大体积结构处旁边伸出的较小结构，由于两者之间散热条件相差较大、温差大，很容易在连接处产生裂缝。设计时，有整体要求的应改为渐变断面，无整体要求的可设伸缩缝分缝施工，按要求设置止水。应根据水工建筑物的抗裂要求选用适宜的结构型式。例如，水闸胸墙抗裂要求高，在结构选型时可优先考虑选用简支式胸墙，这样的结构型式胸墙迎水面不易产生裂缝。

（3）限制裂缝宽度。

混凝土结构不发生裂缝几乎是不可能的，但不能出现危害性裂缝。对钢筋混凝土结构，少量微裂缝不会影响其结构。我国水工混凝土结构设计规范对不同环境下结构构件的最大裂缝宽度限制都有明确规定。钢筋混凝土结构构件的不同环境类别下最大裂缝宽度值见表 7.1 ~ 7.2。

表 7.1　钢筋混凝土结构构件的最大裂缝宽度值　　　　　　　　　mm

环境类别	最大裂缝宽度值
一	0.40
二	0.30
三	0.25
四	0.20
五	0.15

注 1：当结构构件承受水压且水力梯度 $i > 20$ 时，表列数值宜减小 0.05。
注 2：当结构构件的混凝土保护层厚度大于 50 mm 时，表列数值可增加 0.05。
注 3：结构构件表面设有专门的防渗面层等防护措施时，最大裂缝宽度限值可适当加大。

表 7.2　环境条件类别

环境类别	环境条件
一	室内正常环境
二	露天环境；室内潮湿环境；长期处于地下或淡水水下的环境
三	淡水水位变动区，弱腐蚀环境；海水水下环境
四	海上大气区；海水水位变动区；轻度盐雾作用区；中等腐蚀环境
五	海水浪溅区及重度盐雾作用区；使用除冰盐的环境；强腐蚀环境

注 1：大气区与浪溅区的分界线为设计最高水位加 1.5 m；浪溅区与水位变动区的分界线为设计最高水位减 1.0 m；水位变动区与水下区的分界线为设计最低水位减 1.0 m。
注 2：重度盐雾作用区为离涨潮岸线 50 m 内的陆上室外环境；轻度盐雾作用区为离涨潮岸线 50 ~ 500 m 内的陆上室外环境。
注 3：冻融比较严重的三、四类环境条件的建筑物，可将其环境类别提高一类。

3．预防混凝土裂缝的施工措施

预防混凝土裂缝的施工措施，首先应该保证混凝土质量均匀、浇筑密实。其次，应该按规范和设计要求做好混凝土的温控和养护工作。

（1）保证混凝土质量均匀、浇筑密实。

为了保证混凝土质量均匀，应通过施工质量检查与控制使混凝土原材料符合技术要求且质量稳定。通过加强管理、提高施工技术水平，减少混凝土质量的波动幅度。这里包括：

① 严格控制混凝土原材料的质量，严格按照设计的配合比施工。

② 运输过程质量控制。所用的运输设备，应使水工混凝土在运输过程中不致发生分离、漏浆、严重泌水及温度回升过多和降低坍落度等现象。混凝土运输工具及浇筑地点，必要时应有遮盖或保温设施，以避免因日晒、雨淋、受冻而影响混凝土的质量。

③ 浇筑方法。大体积混凝土可采用斜面分层浇筑法。斜层浇筑法是在浇筑仓面,从一端向另一端推进,推进中及时覆盖,以免发生冷缝,如图 7.2 所示。斜层坡度不超过 10°,否则在平仓振捣时易使砂浆流动,骨料分离,下层已捣实的混凝土也可能产生错动。浇筑块高度一般限制在 1.5 m 左右。当浇筑块较薄,且对混凝土采取预冷措施时,斜层浇筑法是较常见的方法,因浇筑过程中混凝土冷量损失较小。

④ 混凝土振捣。采用二次振捣技术,改善混凝土强度,提高抗裂性。当混凝土浇筑后即将凝固时,在适当的时间内再振捣,可以增加混凝土的密实度,减少内部微裂缝。加强施工管理。提高混凝土的质量,以保证混凝土强度的均匀性,加强混凝土养护。

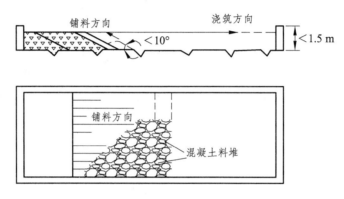

图 7.2　混凝土斜层浇筑法铺料

（2）做好大体积混凝土的温控和养护。

大体积混凝土是指一次浇筑量大于 1 000 m^3 或混凝土结构实体最小尺寸等于或大于 2 m,且混凝土浇筑需研究温度控制措施的混凝土。由于混凝土的抗压强度远高于抗拉强度,当受到温度拉应力作用时,常因抗拉强度不足而产生裂缝。大体积混凝土温度裂缝有细微裂缝、表面裂缝、深层裂缝和贯穿裂缝。

① 细微裂缝:表面缝宽 $\delta \leqslant 0.1 \sim 0.2$ mm,缝深 $h \leqslant 0.3$ m。

② 表面裂缝:表面缝宽 $\delta \leqslant 0.2$ mm,缝深 $h \leqslant 1$ m;表面裂缝可能成为深层裂缝的诱发因素。

③ 深层裂缝:表面缝宽 $\delta \leqslant 0.2 \sim 0.4$ mm;缝深 $h = 1 \sim 5$ m,且 $h < 1/3$ 坝块宽度;缝长 $L > 2$ m。

④ 贯穿裂缝指从基向上开裂且平面贯通全仓。大体积混凝土紧靠基础产生的贯穿裂缝,无论对坝的整体受力还是防渗效果的影响比之浅层表面裂缝的危害都大得多。

大体积混凝土温控措施主要有减少混凝土的发热量、降低混凝土的入仓温度、加速混凝土散热。

a. 减少混凝土的发热量,即减少每立方米混凝土的水泥用量和采用低发热量的水泥。其中,减少每立方米混凝土的水泥用量的主要措施有:

不同分区采用不同强度等级的混凝土;

采用低流态或无坍落度干硬性贫混凝土;

改善骨料级配,增大骨料粒径,对少筋混凝土坝可埋设大块石;

大量掺粉煤灰,掺合料的用量可达水泥用量的 25% ~ 60%;

采用高效外加减水剂（木质素、糖蜜、F 复合剂、JG3）。作用是节约水泥，减少发热量，提高混凝土早期强度和极限拉伸值。

b. 降低混凝土的入仓温度。

合理安排浇筑时间。如春秋多浇，夏季早晚浇，正午不浇。重要部位安排在低温季节、低温时段浇。

采用加冰或加冰水拌和。

对骨料进行预冷。骨料预冷方法有水冷、风冷、真空气化冷却等。

c. 加速混凝土散热，即自然散热或在混凝土内预埋水管通水冷却。

采用自然散热冷却降温。采用薄层浇筑以增加散热面，并适当延长间歇时间。在高温季节，已采用预冷措施时，则可采用厚块浇筑，防止因气温过高而热量倒流，以保持预冷效果。

在混凝土内预埋水管通水冷却。主要是在混凝土内预埋蛇形冷却水管，通循环冷水进行降温冷却。

混凝土浇筑完毕后，应及时洒水养护，以保持混凝土表面经常湿润。混凝土养护时间，根据水泥品种、气候以及建筑物的重要性等情况确定，一般应达到 14 ~ 28 d，以免混凝土因水分逸失，表面干燥而裂缝。

（二）水工混凝土裂缝处理

混凝土裂缝修补前应对裂缝进行全面检查，仔细研究产生裂缝的原因，正确判断裂缝的稳定性，对仍处于发展延伸过程的裂缝，应估计该裂缝发展的最终状态；再根据每条裂缝的情况（宽度、长度、深度）、所处的部位、其可能对建筑物结构产生的危害性，确定修补方案、选择合适的修补材料和修补工艺；最后认真组织修补施工。

不同的部位处理的措施可能会有所不同，如对影响结构受力和大坝整体性的裂缝，应根据计算分析，采用凿除后再回填高强度混凝土、加设预应力锚杆、锚索等措施；坝体迎水面裂缝的防渗处理，可采用表面嵌缝、缝面灌浆、覆盖柔性表面防渗材料等措施。

水工混凝土裂缝的修补方法大致分为表面修补（封闭防渗）、内部处理（灌浆）和锚固法。表面处理的目的是进行缝口封闭，以防止渗漏和钢筋锈蚀。位于混凝土表面且其表面有防渗漏、抗冲磨等要求的裂缝，应进行表面处理；对削弱结构整体性、强度、抗渗能力的裂缝要进行内部处理；对危及建筑物安全运用和正常功能发挥的裂缝，除进行表面或内部处理外，还需要锚固或预应力锚固等。

1. 表面喷涂法

表面喷涂法是将表面涂料涂抹在裂缝部位的表面。适用于宽度小于 0.3 mm 的表层裂缝修补。

喷涂法施工工艺：① 首先用钢丝刷或风砂枪清除混凝土表面附着物和污垢，再将裂缝附近的混凝土凿毛并清洗干净；② 混凝土表面气孔可用树脂类材料充填，对凹处先涂刷一层树脂基液，然后用树脂砂浆找平；③ 把修补材料喷涂或涂刷于混凝土表面（2 ~ 3 遍），第一遍喷涂采用经稀释的涂料，涂抹总厚度应大于 1 mm。

涂抹材料一般要求具有水密性和耐久性,其变形性能应与被修补的混凝土变形性能相近,常用的有环氧树脂类、聚酯树脂类、聚氨酯类、改性沥青类等,较大的裂缝也可以用水泥砂浆、防水快凝砂浆等。环氧树脂类主要是指环氧树脂浆液,在里面加入一定比例的固化剂、稀释剂、增韧剂等混合而成,硬化后,黏结力强,收缩性小,强度高,稳定性好,有利于发挥抗渗、抗冲、抗气蚀等能力。环氧树脂因有毒性,故在配方浆液和施工中应注意防护。

2. 粘贴法

粘贴法分为表面粘贴法和开槽粘贴法,前者适用于裂缝宽度小于 0.3 mm 的表层裂缝修补,后者适用于裂缝宽度大于 0.3 mm 的表层活缝修补。表面粘贴法是用胶粘剂把橡皮、塑料带及其他材料粘贴在裂缝部位的混凝土面上,达到封闭裂缝、防渗堵漏的目的,如图 7.3 所示。常用的粘贴材料有橡皮、橡胶片材、聚氯乙烯片材、紫铜片、高分子土工防水材料等。

表面粘贴法施工工艺:① 粘贴基面处理与喷涂法相同;② 在粘贴片材前应使基面干燥,并涂刷一层胶粘剂,再加压粘贴刷有胶粘剂的片材。

开槽粘贴法施工工艺:① 沿裂缝凿槽,槽宽 18~20 cm、槽深 2~4 cm、槽长超过缝端 15 cm,并清洗干净;② 在槽面先涂刷一层树脂基液,再用树脂基砂浆找平;③ 沿缝铺宽为 5~6 cm 的隔离膜,再在隔离膜两侧干燥基面上涂刷胶粘剂,粘贴刷有胶粘剂的片材,并用力压实;④ 在槽两侧面涂刷一层胶粘剂后,回填弹性树脂砂浆,并压实抹光,其表面应与原混凝土面齐平,结构示意图见 7.4。

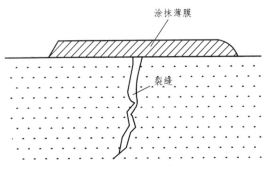

图 7.3　混凝土裂缝表面粘贴示意图

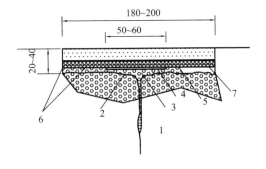

图 7.4　活缝粘贴修补图(单位:mm)

1—裂缝;2—树脂基液;3—树脂砂浆;4—隔离膜;
5—橡胶片材;6—胶粘剂;7—弹性树脂砂浆

3. 凿槽填充修补法(充填法)

充填法适用于缝宽大于 0.3mm 的表层裂缝修补。修补前沿裂缝凿成 V 形或 U 形的槽口(图 7.5),然后冲洗掉浮灰,涂抹一层界面黏结剂或低黏度基液,以增加填充料与混凝土的黏结力,再向槽内嵌填各种防水材料,以堵塞裂缝和防止渗水。充填材料应根据裂缝的类型进行选择,对死缝可选用水泥砂浆、聚合物水泥砂浆、树脂砂浆等;对活缝应选用弹性树脂砂浆和弹性嵌缝材料等。

死缝充填法施工工艺:① 沿裂缝凿 V 形槽,槽宽、深 5~6 cm,并清洗干净;② 槽面应涂刷基液,涂刷树脂基液时使槽面处于干燥状态,涂刷聚合物水泥浆时使槽面处于潮湿状态;

③ 向槽内充填修补材料，并压实抹光。活缝充填法施工工艺：① 沿裂缝凿 U 形槽，槽宽、深 5～6 cm，并清洗干净；② 槽底面用砂浆找平并铺设隔离膜；③ 槽侧面涂刷胶粘剂，再嵌填弹性嵌缝材料，并用力压实；④ 回填砂浆与原混凝土面齐平，结构示意图见图 7.6。

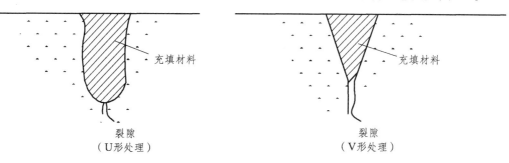

图 7.5 混凝土裂缝的凿槽填充修补图

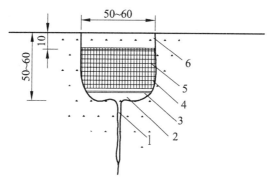

图 7.6 活缝充填修补图（单位：mm）

1—裂缝；2—水泥基砂浆；3—隔离膜；4—胶粘剂；
5—弹性嵌缝材料；6—水泥基砂浆

如果钢筋混凝土结构中钢筋已经锈蚀，则将混凝土凿开到能够处理已经生锈的钢筋部分，将钢筋除锈，再在槽中充填水泥砂浆或环氧树脂砂浆等材料。

环氧树脂砂浆嵌补法：先把干砂、水泥按比例（砂 28%，水泥 12.5%）配好搅拌均匀，再将环氧树脂聚硫橡胶按比例（环氧树脂 10%，聚硫橡胶 3%）拌匀后掺入已拌好的砂、水泥中，最后用少量的丙酮（约 0.4 g 丙酮）稀释到适中稠度。及时将已拌好的改性环氧树脂砂浆用橡胶桶装到已凿好洗净吹干后的混凝土凿槽内进行嵌入。从砂浆开始拌和到嵌入砼缝内，整个施工过程需要 30 min 左右。

4. 灌 浆

灌浆法适用于深层裂缝和贯穿裂缝的修补，分为水泥灌浆和化学灌浆两种。

1）水泥灌浆

由于水泥是一种颗粒性材料，较细的裂缝，水泥颗粒无法灌入，故水泥浆仅用于灌注宽度≥2 mm 的裂缝。水泥浆的起始水灰比一般采用 1∶1～3∶1，不宜过稀，因浆液越稀其干缩后产生的缝隙越大。水泥灌浆之所以用得比较普遍，主要是因这种材料比较易取且价廉，适用于大面积处理工作。由于水泥系脆性材料，故水泥灌浆更适用于死缝。

2）化学灌浆

化学灌浆布孔方式分为骑缝孔和穿缝斜孔。前者适用于缝深 1 ~ 2 cm 以内的浅层裂缝，后者适用于深层裂缝。目前，国内外比较成熟的裂缝化学灌浆的主要工艺流程是：钻孔→清缝→埋管（或贴灌浆嘴、灌浆盒）→嵌缝→试漏（用风、水或浆）→灌浆→拔管封孔→效果检查。

混凝土裂缝灌浆的目的，一是补强加固，二是防渗堵漏。补强加固要求浆液固化后有较高的强度，能恢复混凝土结构的整体性，一般选用环氧树脂、甲基丙烯酸酯、聚酯树脂、聚氨酯等化学浆材。环氧树脂是使用最多的化学灌浆材料。防渗堵漏要求浆液固化后抗渗性能好并具有一定的强度。可选用水溶性聚氨酯、丙烯酰胺、丙烯酸盐、水玻璃和水泥浆等灌浆材料。大体积混凝土裂缝或较宽裂缝的灌浆常采用水泥灌浆，一般混凝土结构裂缝多采用化学灌浆。

裂缝灌浆修补应考虑灌浆材料的可灌性，根据裂缝开度情况选择灌浆材料，以保证浆材能灌入裂缝、允填饱满，灌入后能凝结硬化，以达到补强和防渗加固的目的。如，死缝可选用水泥浆材、环氧浆材、高强水溶性聚氨酯浆材等，活缝可选用弹性聚氨酯浆材等。

此外，应考虑灌浆材料的耐久性，即在使用环境条件下性能稳定，不易起化学变化，不易被侵蚀或溶蚀破坏，同时灌浆材料固化后与混凝土裂缝有足够的黏结强度，不易脱开。

裂缝灌浆修补可与表面修补、凿槽填充修补、锚固等其他修补方法同时使用，以便获得裂缝修补的最佳效果。

灌浆宜在低温季节或裂缝开度大时进行。灌浆法施工工艺如下：① 按设计要求布置灌浆孔；② 钻孔、洗孔、埋设灌浆管；③ 沿裂缝凿宽、深 5 ~ 6 cm 的 V 形槽，并清洗干净，在槽内涂刷基波，用砂浆嵌填封堵；④ 压水检查，孔口压力为 50% ~ 80% 设计灌浆压力，宜为 0.2 ~ 0.4 MPa；⑤ 垂直裂缝和倾斜裂缝灌浆应从深到浅、自下而上进行；接近水平状裂缝灌浆可从低端或吸浆量大的孔开始；灌浆压力限制为 0.2 ~ 0.5 MPa，当进浆顺利时应降低灌浆压力；⑥ 灌浆结束封孔时的吸浆量应小于 0.02 L/5 min；⑦ 在浆材固化强度达到设计要求后钻检查孔进行压水试验，检查孔单孔吸水量应小于 0.01 L/min，不合格必须补灌。

水泥灌浆施工可参照《水工建筑物水泥灌浆施工技术规范》（SL62—94）的规定执行。

溪洛渡水电站左岸 1 ~ 3 号导流洞衬砌混凝土裂缝情况，主要采用化学灌浆法进行裂缝处理，其化学灌浆材料分别选用 PSI-CW 改性环氧和 Denepox40 环氧树脂。左岸导流洞衬砌混凝土共处理了 1 267 m 裂缝。裂缝处理后，混凝土表面干燥，裂缝处未见渗水现象发生，裂缝处理取得了良好的效果。

贵州省大花水电站，拦河大坝为抛物线双曲拱坝 + 左岸重力墩，均为碾压混凝土。2006年 12 月，双曲拱坝和重力墩出现裂缝，随后对其进行了全面检查，发现大坝共出现裂缝近30 条，长达 500 余米。其中宽度大于 1mm 的裂缝有 7 条，2 条贯穿性裂缝对称分布在拱坝的 2 个坝肩。考虑到拱坝对结构完整性和工期的要求，经分析决定对拱坝部位所有裂缝采用化学灌浆方案（PSI-CW 环氧浆材）。裂缝处理所需的钻孔分 3 类，分别是探缝孔、灌浆孔、骑缝孔，如图 7.7 所示。探缝孔就是在裂缝处理之前用于确定裂缝深度的孔，其作用是根据不同的缝深确定不同处理方案；灌浆孔就是在探明裂缝深度后用于裂缝灌浆的孔，分深灌浆孔和浅灌浆孔 2 种；骑缝孔是沿裂缝表面布置的孔，其作用是在灌浆过程中排除缝内的气体，使灌浆后的裂隙不存在空腔，兼有屏浆作用。经过现场试验结果对比分析，每条裂缝的探缝孔不超过 3 组，一般布置原则是裂缝的两端和中间各布置 1 组；灌浆孔孔距在 4 m 左右效果较好；骑缝孔孔距取 0.8 ~ 1.2 m 效果好且经济。灌浆施工步骤：搭设施工平台→探缝深→钻灌浆孔→清缝及通气试验→凿槽→PSI-130 封缝、固定灌浆嘴→压力水清洗→高压风驱水→环氧灌浆→表面处理→质量检查→现场清理。通过对处理后的裂缝进行钻芯取样试验和压水试验均得到较好效果，后期水库蓄水，大坝也没有出现明显漏水现象，说明浆液在缝内已灌满，并且固结良好，达到了预期的补强加固、防渗的目的。

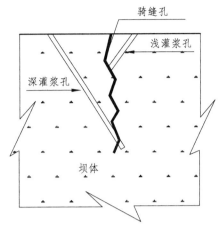

图 7.7 裂缝处理示意图

5. 锚 固

锚固修补分缝合锚固和预应力锚固。它们多用于混凝土及钢筋混凝土的补强加固，以恢复混凝土结构承载力为目的的修补。尤其是严重影响结构整体受力的深层裂缝、贯穿裂缝、除采取灌浆等措施，还要用预应力锚索加固。

缝合锚固是以钢锚栓沿混凝土裂缝隔一定距离将裂缝锚紧。锚栓孔常用机械事先钻好，待锚栓锚固后再用水泥浆或快凝砂浆固结（图 7.8）。经修补后能限制裂缝进一步扩展，改善结构的承载力。

预应力锚固是沿与裂缝相垂直的方向预先用机械钻孔、配制锚杆或锚索等，然后拉紧（图 7.9），使其产生预应力，最后锚紧，此时预应力锚杆和锚索可将混凝土的裂缝压紧。对坝体裂缝等缺陷采用预应力锚索加固时，应选择适合于原建筑物强度要求的锚固力。预应力锚固的主要材料是锚杆或锚索，一般有高强钢丝、钢绞线和调质钢筋三种类型，其适用范围和使用方法各不相同。高强钢丝的强度最高，多用于大吨位的锚索；钢绞线的价格较高，锚具也较贵，多用于中、小型锚索；调质钢筋适用于预应力锚杆及短锚索。

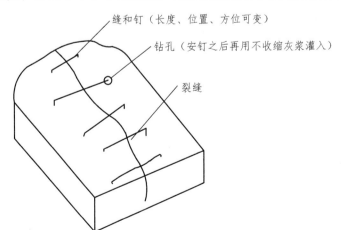

图 7.8 裂缝的缝合锚固示意图

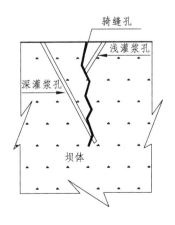

图 7.9 预应力锚固示意图

裂缝锚固修补施工工艺：① 锚固修补应按设计要求的孔位、孔距、孔径、孔深及孔斜规定钻好锚固孔。缝合锚固孔钻好后，吹孔清除浮尘，待锚栓锚固后用水泥浆或快凝水泥砂浆固结。预应力锚固孔钻好后，测定孔径、孔深和孔斜，并做好压水试验。为了提高锚根质量，应根据需要对锚固段进行加糙或扩孔，吹（或冲洗）净浮尘，必要时应先进行锚固段处理（如水泥浆封底压渗、锚固段基础固结等）后再进行扩孔或加糙，以保证锚固效果。② 锚体安装之前用高压风水枪冲洗锚固孔，做到吹干吹净。锚体按设计要求制作，并做好安装前的临时防护。③ 安装就位经检查合格后进行锚根段固结。可根据需要使用水泥浆、快凝水泥砂浆或其他固结材料进行固结。应保证固结段长度并填充密实，待固结段水泥浆或快凝水泥砂浆凝结达到要求强度后进行加荷张拉及补偿张拉和锁定。④ 最后用水泥浆或其他材料对整个锚孔进行固结，以达到永久防护和减少预应力损失的目的。

（三）裂缝防治工程实例

1. 三峡泄洪坝段预防裂缝的措施

（1）减少水泥用量降低混凝土水化热。

① 优先使用低中热水泥，选用需水量比小的 I 级优质粉煤灰，可以减少混凝土单位水泥用量 3 ~ 5 kg。

② 优化混凝土配合比，调整砂率增大粉煤灰的掺量，基础混凝土掺量为 31%，内部混凝土为 40%，水位变化区为 25%，每立方米混凝土少用水泥 8 ~ 10 kg。

③ 使用高效减水剂，在节约水泥的条件下，既可以改善混凝土的和易性、提高混凝土早期强度，又可以推迟温峰出现的时间。

④ 使用四级配混凝土，减少水泥用量。

（2）严格控制混凝土浇筑温度。

① 骨料堆高大于 9 m，减少阳光直射的影响，使骨料温度保持在 28 ℃ 以下，且骨料贮量能满足 3 ~ 4 d 的混凝土连续浇筑量。

② 砂含水率控制在 6% 以下，以保证拌和时有足够的加冰量。

③ 控制水泥入楼温度不大于 60 ℃，否则推迟装罐时间。预冷骨料和加冰拌和。

④ 对楼前混凝土运输车辆喷雾降温，并在车厢上设置遮阳篷，楼前有专人负责检查出楼车辆。

⑤ 在高温时段还采取对返回空车厢载水、行至楼前再倒空车厢的降温办法。

⑥ 仓内设置喷雾降温，可使仓内温度降低 5 ~ 10 ℃。

⑦ 在喷雾降温同时，仓内还安排辅助工进行保温被覆盖工作。采取"边浇筑边覆盖，浇哪揭哪"的办法。一般对混凝土接头及接头上部已收仓面 5 m 范围进行保温覆盖，在高温或停料时则满仓覆盖，并保证保温被之间搭接 5 ~ 10 cm。

（3）合理安排施工。

① 尽量避开高温时段浇筑。基础约束区混凝土浇筑时间尽量限制在 18 时至次日 10 时。

② 保证浇筑强度和入仓连续性。根据路途远近安排车辆数量、开仓前做好浇筑仓面设计、禁止入仓手段打杂等。

（4）通水冷却。

加强初期和中期通水。加密冷却水管间距或层次。根据不同温控要求提前或延长通水时间。

（5）表面保温与养护。

① 表面保温：保温材料采用 1 cm 和 1.5 cm 厚的高发泡聚乙烯卷材，外包编织彩条布。1 cm 厚材料用于仓面、纵横缝面以及寒潮时的保温，1.5 cm 厚材料用于永久外露面和过流面的保湿。经覆盖后混凝土表面等效放热系数分别为 2.8 W/（m²·℃）和 1.75 W/（m²·℃），能够满足设计要求。孔洞、廊道部位，采用 2 层 1.0 cm 厚材料封堵，周边用木条固定，并留有交通活动空隙。永久外露面和过流面，则利用外露钢筋头或定位锥孔加木条进行悬挂固定。纵、横缝面一般利用多卡模板下支腿进行悬挂保温，而水平仓面保温采取满铺方式即可。当气温在 0 ℃ 以下时，对浇筑中混凝土采取边浇边覆盖的办法，并适当推迟拆模时间。

② 表面养护：夏季混凝土收仓 8 h 后及时进行洒水养护。永久暴露面和过流面采用水帘形式长期流水养护；坝块纵、横缝采取洒水养护，水平面采用自动洒水器洒水为主、人工洒水为辅的养护，至混凝土被覆盖为止。安排专人专班负责养护，并坚持每天检查和维护。

（6）长间歇控制，使混凝土充分散热。

通过仓位信息统计，借助软件对间歇 10 d 以上的仓位进行长间歇信息预警。可每日自动更新信息，每周自动生成长间歇仓位预警信息表，作为指导施工周计划安排的主要依据。对由于客观原因间歇时间超过 10 d 的仓位，由复检、终检和监理在结构验收前联合进行裂缝普查，并填写裂缝检查记录表存档。若发现裂缝及时与设计联系，迅速处理。

根据对已统计的资料分析，泄洪坝段浇筑混凝土 175 万 m³ 发现 Ⅱ 类以上裂缝仅 54 条，Ⅲ、Ⅳ 类裂缝所占比率仅为 0.04 条/万 m³，说明温度裂缝的预防很有成效。

2. 云峰大坝混凝土坝体上游面裂缝处理

云峰大坝为混凝土宽缝重力坝，由挡水坝段和溢流坝段组成。主体工程于 1959 年 10 月开工，1967 年 4 月工程竣工。根据现场表面调查，云峰大坝上游面混凝土破坏范围大，剥蚀深度大，尤其是溢流坝的所有闸墩破坏更为严重，混凝土脱落、钢筋外露、锈蚀。大坝上游面的混凝土破损非常严重，而且在水位变动区混凝土的破坏尤为突出。大坝混凝土表面粗骨料集堆，水泥浆较少，局部孔洞深达 70 cm，部分模板随时都有脱落的危险。从声波测试结果看，死水位以上到设计洪水位之间的混凝土质量较差。从现场检查成果，大坝上游面在水位变化区和暴露在空气中的部分坝面，由于大坝混凝土在施工期的抗冻指标不足及恶劣的环境条件，造成凝土受冻破坏。其抗冻性能远不能满足现行规范的要求。死水位以下的坝体表面混凝土，表面的强度、弹性模量等指标尚可满足要求。

（1）坝体上游面裂缝处理。

开挖面缺陷处理：在坝面的开挖过程中，对局部混凝土破损严重，进行局部挖深处理；坝体明显开裂，或缝内有泥化物充填，则须进行缝隙清理与修补。对于大坝上游面开挖后出露的裂缝，考虑如下几种措施。

① 表面覆盖法。此方法又可分为涂刷防水涂膜、涂抹防渗层、粘贴高分子防水片材、钢筋混凝土护面四种。而表面覆盖材料和混凝土间的黏着及覆盖材料的耐久性是此方法成败的关键。根据类似工程经验，大多采用粘贴高分子防水片材方法，即在坝面上做氯丁橡胶片隔

离层再浇筑混凝土。橡胶片厚度 2～3 mm，宽 15 mm，用胶结剂黏结。桓仁大坝部分坝面及东江混凝土双曲拱坝上游面采用此种方法，效果较好。

② 凿槽充填法，以环氧砂浆进行修补。其具体做法是：沿裂缝（以裂缝为中心）凿一条宽 15～20 cm、深 10 cm 的"V"槽，用压缩空气吹净槽内残渣或用高压水冲洗干净，除去松动颗粒，涂刷基液，回填环氧砂浆，最后涂界面剂。弹性环氧砂浆采用柔性固化剂（室温下固化），既能保持环氧树脂的优良黏结力，又表现出类似橡胶的弹性性能。固化过程中放热量低而平缓，固脂后产物弹性模量低、伸长率大。弹性环氧砂浆已在新安江水电站厂房顶溢流面修补工程中得到应用，效果良好。太平湾水电站 21 孔溢洪道混凝土贯穿裂缝全部用环氧砂浆处理，效果不错。

③ 灌浆法：化学灌浆。在坝体表面布置骑缝孔或斜孔，根据实际情况和需要加以选择，必要时两者兼用。对不深的表面裂缝采用骑缝孔；当裂缝较深时，由于缝的走向不规则，采用骑或斜孔。孔距与排距应视缝的宽度和通畅情况、浆液黏度及允许灌浆压力而定，一般孔距和排距为 0.5～0.3 m。

④ KT1 处理方案。选择刚性防水材料——水泥基渗透结晶型防水材料 KT1 和快速封堵材料 KB 进行裂缝修补。首先涂刷 KT1 做底层，起渗透结晶作用，解决渗漏问题，之后涂KB 做面层，起快硬、高强、保护 KT1（KT1 的强度不高）的作用，使 KT1 涂层更好地发挥作用。施工步骤：先在裂缝处凿一条宽约 2.5cm，深约 3.8cm 的"U"形槽；再把表面清干净，打毛，并用水把它浸透，使混凝土表面处理做到"毛、潮、净"。然后在此范围涂刷 KT1；再用 KB 封闭孔缝，并抹平；最后可根据实际情况再涂刷一层 KT1。养护以喷洒为主，当涂层固化后，养护就可以开始，第一天至少 3 次。当天气炎热干燥时洒水的次数相应增加，并采取遮阴或用潮湿的麻布覆盖等保护措施，养护时间不少于 72 h。

以上四种裂缝处理方法各有利弊。表面覆盖法若是在建筑物的表面进行施工应该是最佳选择，但在新老混凝土之间使用该方法，因开挖面凹凸不平，很难保证橡胶片与开挖面的良好结合；由于裂缝在坝体内部的走向很难确定，裂缝是否与坝体横缝或纵缝及坝身排水孔相互联通，这些情况都不是凭简单方法能测定的，因此化学灌浆法不妥；而水泥基渗透结晶型防水材料 KT1 在水利工程中多用于建筑物表面混凝土的裂缝修补，在大坝加固设计中还没有可供参考的成功案例；凿槽填充法却是水工建筑物裂缝处理中最常采用和非常成功的处理方法之一。

因此选用凿槽填充法对上游坝面缺陷进行处理。同时，为防止新浇筑混凝土在原有裂缝处开裂，在新浇筑混凝土内向老混凝土裂缝处增设 1～2 排Φ20，长度 2.5 m 的并缝钢筋，间距为 20 cm；架立筋直径Φ16，间距 20 cm。

（2）坝顶平面裂缝及伸缩缝处理。

坝体上部廊道、坝腔、溢流坝闸墩及胸墙在库水位以上部位均有不同程度的渗水现象，说明坝顶存在大面积的裂缝或纵缝、伸缩缝等渗水通道，致使坝顶水进入缝内。为避免水压力及冬季结冰形成冰胀力使裂缝继续扩展，坝顶加固时进行防渗处理。采用渗透结晶型防水材料 KT1 涂刷于混凝土表面，然后铺设大理石面防护。

3. 丹江口混凝土坝迎水面水平渗水裂缝水下加固处理

丹江口水利枢纽 2007 年年底对大坝水下裂缝进行检查，主要是指上游面高程 142.5～

100.0 区域，下游面也有部分迎水面要求进行检查。共完成检查工程量 5 035.87 m²，其中垂直条带 1 841.8 m²，水平条带 3 194.07 m²。已检查部位在老坝体上游迎水面共发现裂缝 17 条，其中水平裂缝 7 条，竖向裂缝 10 条；老坝体下游面水下部位共发现裂缝 12 条，其中水平裂缝 1 条，竖向裂缝 11 条。裂缝缝宽一般为 0.2 ~ 0.3 mm（检查出的裂缝约有一半为析钙缝，因裂缝被钙质充填，无法进行缝宽检查），缝长不等，介于 0.7 ~ 23 m。

根据水下裂缝检查情况，设计有针对性地提出了水下裂缝处理方案。根据裂缝宽度、深度、长度，把裂缝划分为 4 类：

Ⅰ类：一般缝宽 $\delta < 0.2$ mm，缝深 $h \leqslant 30$ cm，性状表现为龟裂或呈细微规则特性。

Ⅱ类：表面（浅层）裂缝，一般缝宽 0.2 mm $\leqslant \delta \leqslant 0.3$ mm，缝深 30 cm $\leqslant h < 100$ cm，平面缝长 3 m $\leqslant L < 5$ m，呈规则状。

Ⅲ类：表面深层裂缝，缝宽 0.3 mm $\leqslant \delta < 0.5$ mm，缝深 $1\,000$ cm $\leqslant h < 500$ cm，缝长大于 500 cm，或平面大于、等于 1/3 坝块宽度，侧面大于 1 ~ 2 个浇筑层厚，呈规则状。

Ⅳ类：缝宽 $\delta \geqslant 0.5$ mm，缝深 > 500 cm，侧（立）面长度 $h > 500$ cm，平面上贯穿全坝段的贯穿裂缝。

对Ⅰ类裂缝现阶段一般不作特殊处理。Ⅱ类裂缝处理构造见图 7.10，具体要求为：

（1）骑缝凿 "V" 形槽，顺缝端延伸 30 cm，槽口宽 5 cm，深 3 cm，裂缝两侧各 50 cm 打磨平整并清洗干净。

（2）"V" 形槽内嵌填塑性止水材料 SR2，骑缝粘贴 SR 防渗盖片（宽 80 cm），局部采用 SR2 找平。

（3）在盖片外采用 80 cm 宽 PVC 板保护，板厚 6 cm，两侧采用不锈钢螺栓固定。

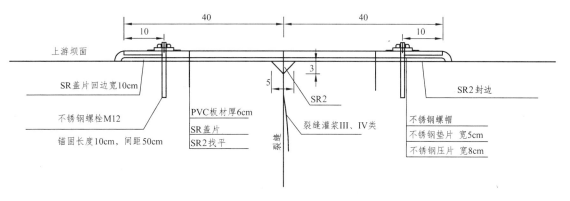

图 7.10　丹江口混凝土坝Ⅱ类裂缝处理构造图

对于Ⅲ、Ⅳ类裂缝处理要求如下：先对裂缝进行贴嘴灌浆处理，再骑缝凿 "V" 形槽，顺缝端延伸 50 cm，其他方式按上面的水下Ⅱ类裂缝处理要求进行。

针对初期工程施工及运行期间已经修补处理过的裂缝，另外制定了专门的方案进行处理。对于修补材料已损坏的应进行清除，再按照水下裂缝处理要求进行处理。对于修补材料完好的裂缝应在不破坏修补材料前提下对表面进行清理。采用多层氯丁橡胶片将修补区填平补平，并将两边各加宽 5 cm，两端及氯丁橡胶接缝处采用 SR2 进行封缝处理，处理构造见图 7.11。

具体要求为：

（1）在补平区及两侧总宽 1.0 m 范围表面涂刷水下专用底胶，粘贴 SR 防渗盖片。

（2）防渗盖片外部采用成型 PVC 保护板进行保护，板厚 6 mm，采用不锈钢螺栓固定。成型 PVC 保护板应根据现场情况统一定型制作。

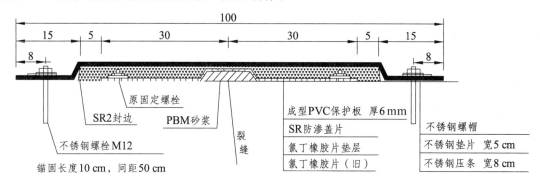

图 7.11　已修补过的水下裂缝处理示意图

二、水工混凝土冲磨与空蚀破坏的防治

（一）水工混凝土冲磨与空蚀破坏预防

造成泄水建筑物混凝土冲磨、空蚀破坏的主要原因大致归结为：建筑物体型或表面形状不合适、不平整；水流速度过大；水流中含有泥沙；材料的抗冲磨、抗空蚀能力不强等。因此，预防混凝土冲磨、空蚀破坏可从以下方面入手。

1. 合理选择泄水构筑物体形，改善建筑物的表面形状及平整度

建筑物体型、尺寸设计合理，可避免水流脱离建筑物表面或水流扩散，提高水流空化数 σ，降低初生空化数 σ_i，使 $\sigma \geqslant \sigma_i$，从而减少以致避免空蚀。在水流流速和泥沙含量相对较低的情况下，合理的泄水构筑物体形对抵抗水流冲蚀破坏的效果很明显，有时，甚至可以不考虑专门的磨蚀材料设计。对于矩形门槽、消能工等局部流态复杂的部位，合理的体型对减缓空蚀、冲磨破坏至关重要。

发生空蚀破坏常见的部位有：溢流坝坝面及反弧段、闸墩表面、消能工及护坦底板、孔口的进出口、底孔或隧洞的深孔闸门槽及其后的泄水段等。这些部位建筑物过水表面应与水流流线相符，表面平整光滑。1、2 级泄水建筑物或流速大于 25 m/s 时的泄水建筑物，其体形、结构尺寸及消能工，应通过水工模型试验确定不产生负压及漩涡。为了避免闸门门槽发生空蚀，应选择初生空化数较小的门槽体型，如选择下游侧为带斜坡型或圆角型的门槽以替代矩形门槽。泄水建筑物泄槽（或洞身、孔身）段宜采用直线，如必须设置弯道段，应设在流速小、水流平缓、缓坡的部位。平面布置弯道应采用大半径、小转角的弯道，弯道前后应设直线段，直线段长度及转弯半径宜大于 5 倍泄槽宽度（洞泾、洞宽）。控制建筑物过流表面的平整度也是避免空蚀冲磨破坏的重要措施。应根据水流空化数的大小确定过流表面的不平整度处理标准，见表 7.3。

表 7.4 显示一些流速大于 25 m/s 的泄水建筑物，因体形不佳导致磨蚀破坏的实例。

表 7.3 表面不平整度处理标准

水流空化数 σ		>0.60	0.60~0.35	<0.35~0.30	<0.30~0.20		<0.20~0.15		<0.15~0.10		<0.10
掺气设施		—	—	—	不设	设	不设	设	不设	设	
突变高度控制 /mm		≤25	≤12	≤8	<6	<15	<3	<10	修改设计	<6	修改设计
处理坡度	上游坡		1/10	1/30	1/40	1/8	1/50	1/10		1/10	
	下游坡		1/5	1/10	1/10	1/4	1/20	1/5		1/8	
	侧向坡		1/2	1/3	1/5	1/3	1/10	1/3		1/4	

表 7.4 泄水建筑物冲磨空蚀破坏实例

序号	工程名称	泄水建筑物及尺寸 孔数-宽×高或洞径/m	流速/(m/s)	运行情况	主要原因	修复状况
1	柘溪	坝顶溢洪道 9-12×9	31	鼻坎侧面空蚀破坏	体形不佳，坎和槽挑角差不合理	鼻坎改为差动式，增设鱼尾坎后，运行良好
2	安砂	坝顶溢洪道 3-16×14.5	—	鼻坎反弧末端有冲蚀坑	鼻坎体形差	增设通气孔，磨圆鼻坎棱角，效果良好
3	龙羊峡	底孔 1-15×7	36	严重冲蚀，深2.5 m，面积441.6 m²，混凝土260 m³	通气量不足，表面不平整	严格控制施工不平整度
4	柘林	岸边陡槽式溢洪道 1-15×7	28	消力池多处冲坑	消能设施体形欠佳	多次修补，破坏屡有发生
5		放空洞 Φ8.0	24	消力池边墙、底板、梳齿消力墩多处破坏	体形不佳	修复后反复发生破坏

2. 降低水流速度，减少水流的含沙量

建筑物的磨损量与流速（沙速）有关，流速越大，磨损量越大。此外，空蚀破坏的程度随不平整度及水流速度的增加而增加。因此，在可能的情况下，降低水流的流速可以减少以致避免冲磨、空蚀破坏。

建筑物的冲磨破坏是水流中挟沙造成。在相同流速情况下，水流中含沙率越高，挟沙水流对混凝土的冲磨破坏就越严重。因此，在泄水建筑物进口附近设置拦沙或沉沙设施可以避免过流建筑物表面的冲磨破坏。

研究表明，不同的水流流速、含沙水流中悬移质与推移质的质量比例、推移质颗粒大小

等对泄水构筑物的磨蚀影响不同。黄河上一些水利枢纽经若干年运行后检查发现，在流速降15 m/s以下时，含沙水流对混凝土的冲磨作用较小。国内几个遭受空蚀破坏的泄洪洞典型实例表明，泄洪洞发生空蚀破坏具有如下特点：水头高（94～155 m）；流速大（38～49 m/s）；水流空化数很低，均小于0.15。高速水流的动水压力和脉动压力可能造成结构和混凝土破坏，其表现有时与磨蚀破坏相似，不容易被发现和重视。

当含推移质水流速度大于10 m/s或悬移质含量大于20 kg/m³（主汛期平均）且水流速度大于20 m/s时，应进行混凝土抗冲磨试验，比选抗冲磨材料。水流空化数小于0.30或流速大于30 m/s时，宜设置掺气减蚀措施。

3. 提高材料的抗冲磨与抗空蚀能力

水工抗磨蚀护面材料系指抗水流泥沙磨损及抗高速水流空蚀破坏的材料。抗磨蚀护面材料应采用抗磨蚀性、体积稳定性（低热、低收缩）、工作性均优的高性能混凝土与砂浆。在我国先后研究和使用的护面材料有多种，分为无机抗磨蚀材料、有机抗磨蚀材料以及其他材料包括钢板、钢轨、条石、铸石板等。

有机材料有环氧树脂砂浆及混凝土，丙烯酸环氧树脂砂浆及混凝土，聚氨酯砂浆（混凝土）等。其中环氧砂浆是应用较多的有机材料。一般来说有机材料的抗磨性能和抗空蚀性能表现优良，但由于有机材料价格高，有毒性，施工复杂，对基面要求高，固化受气温及环境的影响大，不易保证质量，尽管其抗冲磨性能优良，但其共有的缺点阻碍了其大面积的推广应用。因此，有机材料包括环氧砂浆在内主要用于水工泄水建筑物小范围破坏的修补和对严重裂缝混凝土护面的补强防护上。

多年来，在工程中应用数量大的主要是无机类材料，一般认为，无机抗磨蚀护面材料主要是水泥基类砂浆和混凝土，包括普通高强混凝土及砂浆、高强硅粉砂浆及混凝土、高强硅粉铁矿石混凝土及砂浆、高强硅粉铸石混凝土及砂浆、高强硅粉钢纤维混凝土。一些工程还使用了掺膨胀剂的硅粉混凝土、钢纤维硅粉混凝土、聚丙烯纤维硅粉混凝土，个别工程使用了铁钢砂（铁矿石）混凝土、普通高强度混凝土或掺聚羧酸类高效减水剂高强度混凝土。

由于无机材料造价低，施工操作方便，许多情况下可与建筑物一次浇筑成型，可就近取材并可进行大规模快速施工，这些优点，使无机材料被大量而广泛地应用于新建工程和冲坑较大的维修工程中。如洛渡水电站导流洞在施工中使用了硅粉混凝土，在泄洪洞设计使用C50钢纤维硅粉混凝土。糯扎渡水电站施工采用了聚丙烯纤维混凝土。构皮滩水电站使用了C50聚丙烯纤维混凝土。三峡水电站分别使用了特种钢板、硅粉混凝土、钢纤维硅粉混凝土（叠梁门槽）及羧酸类高效减水剂混凝土。2006年完成的紫坪铺水利枢纽工程，采用了硅粉料浆掺拌、掺适量钢纤维、添加高效减水剂混凝土。小浪底水电站使用C50和C70硅粉混凝土。可以看出，国内大型水电站对硅粉混凝土、硅粉纤混凝土、纤维混凝土、铁矿石混凝土、HF混凝土均有采用。其共同的特点是强度在C50～C70以上，掺合料为硅粉、磨细矿渣、粉煤灰单掺或复掺，一些工程掺用了纤维。也有使用钢板作护面和用铁矿石作骨料的。

根据挟沙水流冲磨介质的不同，选用适当的抗冲磨材料是预防发生冲磨破坏的重要措施。

对于悬移质沙粒的磨损，采用高强度等级的硅酸盐水泥，用较小的水灰比，以提高混凝土的强度；使用坚硬耐磨的岩石作为混凝土的骨料；采用低流态或干硬性混凝土拌和物；采用真空作业等施工工艺，提高混凝土的密实性等，都可以显著提高混凝土的抗冲磨性能。

在普通混凝土的基础上，掺入适量硅粉及高效减水剂，可配制出强度等级为 C60~C80 的硅粉高强混凝土。在混凝土中采用铸石或铁钢石等硬质高强耐磨骨料，可配制出铸石混凝土或铁钢石混凝土。其抗冲磨能力均远高于普通混凝土。当同时掺入适量硅粉、高效减水剂和采用硬质高强骨料时，可配制出强度等级 C80~C100 的高抗冲耐磨混凝土，其抗冲磨能力可达普通混凝土的 2~4 倍。

对于大颗粒推移质介质的磨损，金属材料等柔性材料的抗冲磨性能远高于脆性材料。钢材具有良好的抗冲击韧性，因而其抗推移质冲磨破坏的能力较好，这已被四川省石棉水电站、渔子溪水电站等受推移质冲磨破坏较严重的工程应用结果所证实。

试验研究表明，铸石板镶面材料抵抗高速悬移质泥沙冲磨和抗高速水流空蚀的能力是现有材料中最好的。但铸石板材料性脆、抗冲击强度低，如遇水流中挟有粒径较大的石块，则极易被破坏。同时，铸石板较难粘贴牢固，高速水流易进入板底空隙，在动水压力作用下，铸石板易被掀掉。为了克服上述缺点，将铸石制成粗、细骨料，配制出铸石砂浆及铸石混凝土，则是一种良好的抗冲耐磨材料。如 1986 年长江葛洲坝二江泄水闸维修中大量使用的铸石砂浆及铸石混凝土，到 1991 年，铸石砂浆累计磨损深度 3~12 mm，年平均磨损仅 0.6~2.4 mm。同时发现铸石砂浆与基底老混凝土粘结牢固，五年间剥落面积不足 2 m²，较同时铺筑的环氧砂浆少得多。

安徽省无为县出产的天然铁矿石（铁钢石）具有良好的抗冲击韧性，也有较好的抗磨损硬度。用铁钢石作为骨料，可配制出抗悬移质和抗推移质泥沙冲磨性能都很好的砂浆或混凝土。试验结果显示，使用铁钢石骨料混凝土比铸石骨料混凝土效果好。

4. 设置通气减蚀措施

实践表明，流速超过 35~40 m/s 的高水头泄水构筑物，仅靠改进过流边界体型、提高施工水平及提高材料强度等来减蚀抗磨是很困难的，同时费用上也是不合理的，而水流边界掺气的措施是有效和积极的措施。向水中掺气能改变水的物理性质，它对空泡溃灭产生的冲击力起到水垫缓冲和削弱的作用，从而减免空蚀破坏。

水流掺气是混凝土表面减免空蚀的重要措施，1960 年美国首先在大古力坝泄水孔应用通气槽取得成功。我国 70 年代初开始该项技术的研究，并不断用于工程实践，如石头河泄洪洞在反弧前后均设坎槽组合式，运行 2 000 h 以上无空蚀；乌江渡溢流坝采用坎槽组合式通气槽，左岸泄洪洞斜坡段末端设坎槽，效果良好；东江二级放空洞门后设一道突扩突跌通气设施，运行过程中无空蚀。

关于掺气浓度以及减蚀保护长度，目前只能依赖原型观测积累的经验确定。林炳南教授指出，只要有不到 6% 的掺气浓度，即可防止 40 m/s 流速下，不平整度 2 cm 的混凝土空蚀问题。

5. 提高施工质量

为了避免建筑物表面出现冲磨、空蚀破坏，除建筑物设计成合理的体型外，施工质量的好坏往往成为建筑物表面不平整、内部不密实、材料表面层质量差的关键。因此，提高施工质量也是预防产生冲磨、空蚀破坏的重要措施。

大体积或大面积抗磨蚀混凝土施工应进行温控防裂设计，制定温控标准。二滩、小浪底、紫坪铺等工程泄洪洞衬砌采用硅粉混凝土，产生裂缝较多，经分析，系水泥用量过多又未采取温度控制措施导致。所以，大面积和大体积的抗磨蚀混凝土当采用硅粉类混凝土，需要进行配合比优化试验和温控分析，采用温控防裂措施，如埋设冷却水管、加强表面保温保湿。

6. 泄水建筑物的合理运行

某些混凝土建筑物的冲磨、空蚀破坏是由于泄水建筑物的运行不合理。如闸门不对称开启，造成水流偏移或闸门全开启造成单宽流量过大、水流过急。总之，凡因泄水建筑物运行不合理造成水流偏移、单宽流量过大、水流速度过大、流态复杂以及产生立轴漩涡的，都可能造成水流冲刷或出现较大的负压和脉动压力，产生建筑物的冲磨或空蚀破坏。为了避免发生此种情况，应根据泄水建筑物运行的实际情况，选择最合适的运行程序和措施。

水工泄水结构的抗磨蚀设计中，需要根据泄流构筑物的运行方式不同，来选择不同的抗冲磨设计方案和设计标准。对于间歇性运行的工程，结构壁面抗磨蚀材料厚度可以减小，同时，因为有足够的检修时间，设计标准可以适当降低，以减少工程费用。

（二）水工混凝土冲磨与空蚀破坏修复

磨损和气蚀破坏是水工泄水建筑物常见病害之一。尤其当水流速度较高，水流中挟带沙石等磨损介质时，这种破坏现象更为严重。因此，水工建筑物中，对冲磨蚀破坏的修复是建筑物加固工程中涉及面最广、修复频率最高的一项。

受冲磨、空蚀破坏的混凝土建筑物进行修复之前，必须确认破坏的类型及造成破坏的原因：是含沙水流冲磨引起的破坏，还是空蚀引起的破坏或两种破坏作用共同的结果。对于泥沙冲磨破坏，还应进一步分清：是悬移质冲磨破坏，推移质冲磨破坏，还是悬移质与推移质共同作用引起的破坏。当破坏类型确定之后，还应进一步研究引起混凝土建筑物破坏的具体原因和主要因素：如建筑物的体型是否理想，过流表面是否平整光滑，过流流速是否过大，是否产生局部负压或过大的脉动压力，所用混凝土材料是否具有足够的抗破坏能力，施工质量是否达到规范要求，运行管理是否合理等。在详细掌握上述资料的基础上，有针对性地制定出受破坏建筑物的修复方案和工艺措施。

掺气抗磨防蚀技术在实际应用中效果较好，费用较省，根据具体情况，单独或配合使用。

目前水工建筑物过流面保护和修补的材料按胶凝材料大致可分为：① 有机材料类。如环氧砂浆、NE-Ⅱ型环氧砂浆等。② 高强度水泥混凝土（砂浆）类。如二次振捣水泥混凝土和预缩砂浆、高强硅粉混凝土（砂浆）、钢纤维混凝土、聚丙烯纤维混凝土（砂浆）等。③ 聚合物改性水泥混凝土（砂浆）类。如聚合物水泥混凝土（砂浆）。一些常用水工混凝土抗冲耐磨修补材料的特点和工艺见表 7.5。

表 7.5 水工混凝土抗冲耐磨修补材料

材 料	技术特点	适用范围	工 艺
预缩砂浆	采用普通砂料和硬质石英砂,干缩小,耐久性好,强度较低,均匀磨损、经济,粘结强度一般	以悬移质磨损为主、修补面积较小的工程	砂浆拌和后,控制预缩时间 30 min 左右
铸石砂浆和混凝土	采用铸石砂或铸石骨料增加混凝土的抗磨强度,耐久性较好,均匀磨损,但粘结力较差	以悬移质磨损为主、修补面积较大的工程	常规施工
高强硅粉砂浆和混凝土	掺一定量硅粉,强度 40~80 MPa,抗磨强度较高,耐久性好,均匀磨损,较经济。但易产生裂缝造成剥蚀,粘结力较差	以悬移质磨损为主、修补面积较大的工程	常规施工
铁钢砂硅粉砂浆和混凝土	掺一定量的硅粉和铁钢砂,强度 40~100 MPa,抗磨性能好,耐久性好,易产生裂缝,但粘结力较差	推移质含量大,抗冲磨要求高的工程	常规施工
纤维混凝土	掺一定量的纤维,提高材料的抗冲击和抗裂性能,粘结力较差	推移质含量大、冲击破坏力强的修补工程	常规施工
聚合物砂浆	掺一定量的丙烯酸等共聚液,提高水泥沙浆的粘结力和变形能力,耐久性较好,粘结强度较好	抗冲磨要求不太高的工程小面积修补	与普通水泥砂浆类似
钢 板	抗冲击强度高,但抗磨损性能差	推移质含量大、冲击破坏严重的修补	铺设施工
铸石板	抗磨蚀性能好,但抗冲击性能差	悬移质含量大、磨蚀破坏严重的修补	铺设施工
普通环氧砂浆	抗压强度和粘结强度高,抗冲磨性能好。但与混凝土变形性能差异较大,有毒,不环保	抗冲磨性能要求高的工程小面积修补	加热施工,干燥面适用
NE-Ⅱ型环氧砂浆	抗冲磨性能优异,粘结强度高,线胀系数与混凝土基本一致,无毒,环保	抗冲磨性能要求高的工程修复和防护,大面积施工	常温施工,潮湿面、干燥面、低温环境均可使用

　　研究者曾在黄河三门峡工程排沙底孔进行了以悬移质为主的抗磨蚀性能试验研究。试验结果表明,各种材料的抗磨蚀性能从优到劣依次为:辉绿岩铸石板、环氧砂浆、高强混凝土、高强砂浆、普通钢板。而在四川石棉二级水电站冲砂闸进行了以推移质为主的抗冲蚀性能试验研究。试验结果表明,各种材料的抗冲蚀性能从优到劣依次为:普通钢板、环氧砂浆、高强砂浆、高强混凝土、辉绿岩铸石板。

　　因此,在工程选用抗冲磨材料时,应根据实际工程特点和水流介质等情况选取。以悬移质磨蚀破坏为主的修复，应选择硬度较高的辉绿岩铸石板、环氧砂浆等材料，不宜选用钢材等抗磨蚀性能较差的材料；以推移质冲蚀破坏为主的修复，应选择钢材、环氧砂浆等材料，不宜选用铸石板等抗冲蚀性能较差的材料。

室内试验和工程实践证明，环氧砂浆既具有良好的抗磨蚀性能，又具有良好的抗冲蚀能力，比钢铁及混凝土材料抗悬移质泥沙冲磨能力提高 5 ~ 20 倍，是比较理想的抗冲耐磨材料。如，湖北南河大坝采用了喷锚与环氧砂浆组合来处理大坝底孔空蚀破坏。但是，普通环氧砂浆存在材料有毒，危害人员身体健康，并污染环境，收缩率大，容易产生开裂破坏，线性热膨胀系数较大、脆性大，与混凝土的相容性差，使用耐久性差，加热施工、工序繁杂，且施工质量不易保证等诸多弊端和不足，严重地制约了环氧砂浆材料在水电工程上的应用。

中水十一局研究开发出了性能优良、施工方便的水工抗冲耐磨新型材料 NE-Ⅱ型环氧砂浆，并应用于小浪底工程，使用面积 17 000 多平方米，开创了国内环氧砂浆超大面积应用的先河。龚嘴、铜街子水电站底孔冲刷破坏修补工程采用了以 NE-Ⅱ型环氧砂浆为主材料，并通过优化施工工艺，较好地解决了原底孔修补中存在的一系列问题。

一种抗冲、耐磨防空蚀性能好的 HF 高强耐磨粉煤灰混凝土成功应用到了包括洪家渡水电站（坝高 178 m）、刘家峡水电站（147 m）、碧口水电站（102 m）、光照（200 m）、瀑布沟（186 m）、大岗山导流洞（210 m）等大型工程，其中包含 40 m/s 以上的工程和泥沙磨损特别严重的工程，取得了良好的使用效果。

柔性抗冲磨喷涂技术为减小抗冲磨混凝土厚度、加快施工进度、降低工程费用等提供了条件。如中国水利水电科学研究院研制的双组分无气高压喷涂技术，喷涂速度 10 m²/min，能适应 40 m/s 的高流速冲磨。喷涂聚脲弹性体技术是国内近年来开发的一种新型无溶剂、无污染的绿色施工技术。抗冲磨强度达到 C60 硅粉混凝土的 10 倍以上，适用于混凝土表面抗磨损、防渗和防腐等领域。

（三）冲磨与空蚀破坏防治工程实例

1. 葛洲坝工程二江泄水闸破坏及修复

葛洲坝工程二江泄水闸于 1980 年年底基本建成，1981 年大江截流，二江泄水闸作为长江的主河道。1981 年 12 月至 1982 年 3 月对泄水闸进行了首次检修。现场发现，混凝土闸左区磨损较轻，一般是混凝土表面的粗砂或局部小石外露，磨深不超过 10 mm；中区较重，大部分闸孔底板露出小石，局部露出中石，磨深约 10 ~ 20 mm；右区相对较严重，大部分闸孔底板中石外露，磨深约 20 mm 以上，并有明显的小冲沟擦痕。就一个闸孔的磨损情况看，底板两侧较轻，中部偏右较重，底板磨损比侧墙严重。经研究分析，二江泄水闸混凝土破坏系长江水流挟沙、石冲磨破坏，既有悬移质泥沙冲磨，也有推移质沙石冲磨。经计算及分析，不存在空蚀破坏。据此制定破坏修复措施：主要采用铸石砂浆和铸石混凝土作为修补材料。二江泄水闸 27 个闸室中的 26 个闸室及闸室下游的护坦冲磨破坏较严重部位都采用该材料。修复面积达 10 000 m²。另外，第 18 闸孔进行不饱和聚酯砂浆试验，弧形门坎钢板两侧及 049 缝两侧，用环氧砂浆进行修补。对冲磨深度 20 ~ 50 mm 的部位，采用铸石砂浆修补。深度大于 50 mm 的部位采用铸石混凝土修补。为减少铸石砂浆及铸石混凝土的早期收缩，砂浆及混凝土拌制后堆放 30 ~ 40 min 再使用。为了增强铸石砂浆和铸石混凝土与基础原混凝土的粘结，设置锚固钢筋。被修补混凝土的表面须冲洗干净，保持潮湿状态，并在铺筑铸石砂浆或铸石混凝土之前涂刷一薄层与砂浆或混凝土同水灰比的水泥净浆，随即填铺铸石砂浆或铸石混凝土。施工过程中注意振捣密实，使表面平整光滑，并按规定加强养护。1987 年再次检查，闸室内大部分混凝土面良好，磨损轻微。铸石砂浆表面磨损仅 1 ~ 3 mm，主要表现为表面水泥浆冲失。这说明修复是成功的。

2. 二滩水电站泄洪洞改造修补工程

二滩水电站泄洪洞包括进口闸室、出口挑流消能设施和泄洪附属工程补气洞构成，两条泄洪洞呈直线平行布置于雅砻江右岸，均采用浅水式短进水口龙抬头明流泄洪洞，隧洞断面形式为圆拱直墙式，两条泄洪洞在设计水位和校核水位时的单洞泄洪流量分别为 3 610 m³/s 和 3 864 m³/s，设计最大流速 45 m/s，是二滩水电枢纽三套泄洪设施的组成部分，此次改造的 1 号泄洪洞位于右岸山体外侧，断面尺寸为 13 m × 13.5 m，隧洞全长 924.24 m。

2001 年汛后检查发现，1 号泄洪洞 2 号掺气坎以下底板、边墙遭遇大面积损坏。2002 年—2003 年 6 月进行了修复。修复后发现在 2 号掺气坎下游约 40 m 范围内两侧边墙存在局部空蚀现象。公司决定在 2005 年主汛前实施 1 号泄洪洞 2 号掺气设施改造工程。

掺气坎改造工程首先优化掺气坎和边墙的结构。原边墙由直立面，改变为从上游 7.5 m 到掺气坎位置渐变增加 20 cm 厚的贴角，在原结构混凝土上凿除 20 ~ 30 cm，掺气坎形状由原来的两侧挑起，中间成 U 形，改变为两侧坡度不变，中间突出的体形，如图 7.12 所示。由于此次改造工程工期短，施工任务重，为不影响二滩水电站的安全运行和运行效益，在此次改造工程中必须采用新技术和新材料进行施工。在本次工程中采用了无声破碎剂、自锁锚杆、界面胶和环氧树脂等新材料和新技术。

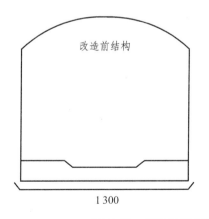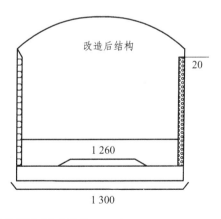

图 7.12　泄洪洞改造前后结构对比图（单位：cm）

在界面粘结剂的应用上，为使新老混凝土之间的界面连接的更好，在老混凝土上涂刷一层 WSI 界面粘结剂。我局在 2003 年进行二滩水电站 1 号泄洪洞修复工程时也使用了同样产品，经过 2 年的使用运行，说明 WSI 界面粘结剂有效地解决了新老混凝土之间的连接问题。二滩水电站泄洪漏经过多次修补，效果都不理想，但在 2003 年在边墙面涂抹了一层 NE-I 型环氧砂浆后，经过两年的运行检验，抗冲耐磨效果比较明显。这次改造工程中，设计图纸仍然要求底板和边墙新浇筑的混凝土表面都要施工 0.5 cm 厚的环氧砂浆，并且要求平整度在 3 mm/2 m 以内。这次环氧砂浆施工仍然采用 NE-Ⅱ型环氧砂浆。

二滩水电站为有效的解决高速水流空蚀对泄洪洞的危害，在对 1 号泄洪洞 2 号掺气坎设施的改造修补工程中，采用了环氧树脂、界面粘合剂、无声破碎剂、自锁锚杆等新材料、新技术和新工艺。工程竣工验收后，于 2005 年 8 月 15 日—2005 年 8 月 19 日进行泄水试验。裂缝无增加，无延长。工程实施效果良好。

3. 柘林水电站泄空洞趾墩及护坦修复

柘林水电站泄空洞及护坦每年都有不同程度的空蚀破坏。经研究认为是消能工布置不当造成。其后在泄空洞出口陡坡上设置消能掺气墩、水平跌坎及侧墙突扩的综合掺气，并将趾墩改为波状齿坎等措施。改建后的消能设施可缩短水跃长度 5～10 m，降低涌水位 1 m，入池总能量减少 70%～80%。建筑物不再出现空蚀破坏。

4. 刘家峡水电站泄水道维修工程

刘家峡泄水道为水电站泄洪、排沙、排污和向下游供水的主要泄水建筑物。最大泄水流速 38.6 m/s，水流最大含沙量达 961 kg/m³。由于泥沙磨损与空蚀破坏，泄水道护面屡遭破坏，自 1975 年以来曾先后进行过 10 多次维修，总花费了大量的人力、物力和财力。所使用的修补材料也有多种，包括 3200 环氧砂浆、81022 组份环氧砂浆、干硬水泥沙浆等抗磨材料。近年来使用的胶乳硅粉水泥沙浆修补，比较经济，效果也比较好。

1993 年 4 月，在泄水道维修工程中，在使用胶乳硅粉水泥沙浆的同时，也使用了 HF 高强耐磨粉煤灰沙浆。使用部位于泄水道出口附近及左导墙冲刷破坏比较严重的地方。总修补面积 23 m²，其中立墙 2 m²。在泄水道多处出现破坏的情况下，使用高强耐磨粉煤灰沙浆无一处发现有脱落掉块现象，表面平整光滑，磨损甚微，使用效果良好。

5. 三门峡水利枢纽泄流排砂底孔边墙的修补

三门峡水利枢纽于 1960 年建成蓄水，由于库区泥砂淤积严重，为解决淤积（排砂）问题，需重新打开已封堵的导流底孔作为永久的泄流排砂设施。20 世纪 70 年代开始先后打开了共计 12 个底孔并投入运用。底孔投入运用后，由于高速挟砂水流的冲蚀，至 20 世纪 80 年代末期进行检查发现底孔的边境和底板均有严重的磨损，急需修补。因底孔为 3 m×8 m 的矩形断面（较小），为了保持一定的泄洪能力，水利部天津勘测设计院设计的修补方案采用了喷射高强水泥砂浆。

高强砂浆的技术要求为：砂浆 28 天抗压强度不低于 50 MPa，喷射层厚 5 cm，具有较高的抗冲磨性能，新老混凝土结合牢固，表面要平整。施工原材料选用普通硅酸盐 525 水泥，细度模数为 2.6～3.1 的中砂，掺用硅粉和高效减水剂 FDN。施工配合比为水胶比 0.35，水泥 437 kg/m³，硅粉 49 kg/m³，FDN 3.4 kg/m³，砂 1 549 kg/m³。

施工工艺采用改双管并列为单管的"水泥裹砂潮喷法"。其流程如图 7.13 所示。具体投料顺序为：砂 + W_1 拌和 3 min，再加入（C + FDN）拌和 3 min，混合料进入喷射机。上述配合比和施工工艺，改双管并列为单管，使砂子全部参与了造壳，具有喷射时空气中粉尘含量少、污染环境小、回弹量小、喷射砂浆的强度高等特点，且工艺流程简单、施工方便。

　　修补后的底孔，经 10 多个汛期 1 000 个小时以上运行后的检查情况表明，过流面磨蚀甚微，无空蚀和剥落现象。实践证明：采用喷射 28 天抗压强度不低于 50 MPa 的高强砂浆对三门峡水利枢纽底孔边墙出于冲、磨、蚀引起破坏的修补，设计方案是正确的，施工是成功的。

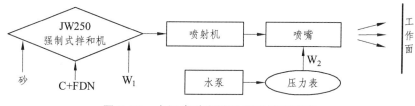

图 7.13　水泥裹砂潮喷法施工工艺流程

三、水工混凝土冻融破坏的防治

　　冻融是指土层由于温度降到零度以下和升至零度以上而产生冻结和融化的一种物理地质作用和现象。混凝土冻融破坏在我国北方地区非常普遍，许多大中小型水工建筑物在冬季运行过程中都发生了不同程度的混凝土冻融剥蚀破坏。尤其是一些中小型建筑物如涵、闸、渡槽、渠道、桥梁和挡土墙等因受冻胀、融沉破坏严重而报废。大量调查资料表明，在我国南方温和地区的水工建筑物同样也存在一定程度的冻融破坏问题。

（一）水工混凝土冻融破坏的预防

　　提高混凝土抗冻融破坏耐久性的措施，首先应从提高混凝土本身抗冻融破坏能力着手，其次是对混凝土作必要的防护，避免或减少混凝土受冻结，主要措施如下：

1. 正确选择混凝土抗冻等级

　　影响混凝土冻融破坏的因素包括混凝土的抗冻融破坏能力、环境条件、混凝土的饱水程度等。因此，选择混凝土抗冻融破坏耐久性指标（即抗冻等级），应根据混凝土工程所在地区的气候，每年冻融循环次数、混凝土的种类及使用部位，混凝土饱水条件、混凝土构件的重要性和检修条件等进行确定。具体参照《水工建筑物抗冰冻设计规范》（GB/T50662—2011）规定的指标进行。在不利因素较多时，可选用提高一级的抗冻等级。对于严寒地区特殊工程（如抽水蓄能电站）的水位变化区混凝土，抗冻级别可根据实际情况才用比 F400 更高抗等级的混凝土。

2. 使用质量优良的原材料

　　选用质量优良的原材料是配制高抗冻融破坏能力混凝土的基本条件，也是提高混凝土耐久性的重要措施。在原材料方面需选用抗冻融破坏能力高的水泥，如硅酸盐水泥或普通硅酸盐水泥；选用质地坚实、吸水率低、软弱颗粒含量少、含泥量低、粒径适当且片状颗粒含量少的骨料；有抗冻要求的混凝土应掺用引气剂。

3. 选择优良的混凝土配合比

优良的配合比是混凝土具有良好抗冻融循环耐久性的基础。水灰比的大小是影响混凝土密实性的主要因素，为了保证混凝土具有很好的抗冻融破坏能力，应严格控制水灰比。《水工建筑物抗冻设计规范》规定，1～3级建筑物的抗冻混凝土的材料和配比应通过试验确定。4～5级建筑物抗冻混凝土的配比可根据抗冻等级按表7.6选用水灰比，并使用引气剂，在施工现场控制水灰比和含气量可以得到较高抗冻性的混凝土。

表 7.6　4～5 级建筑物抗冻混凝土的适宜水灰比

抗冻等级	F300	F200	F150	F100	F50
水灰比	< 0.45	< 0.50	< 0.52	< 0.55	< 0.58

骨料的合理级配，可使混凝土在保证和易性要求的条件下，减少水泥用量，并有较好的密实性，这样不仅有利于混凝土耐性，而且也较经济。掺用适量的减水剂及引气剂。可减少混凝土用水量和水泥用量，改善混凝土的孔隙构造。这是提高混凝土冻融破坏耐久性的有力措施。

4. 精心浇筑均匀密实的混凝土

有了优良的原材料和好的配合比，仍须通过加强施工管理，严格控制施工质量，才能获得均匀密实的高抗冻融破坏的混凝土。施工过程中可采用二次振捣、真空模板等施工技术措施提高混凝土的质量。冬季施工应避免新拌混凝土冰冻的不良影响。可以采用加热水拌和方法以提高混凝土拌和物的入模温度，但水温不宜高于 60～80 ℃。过高的温度会使水泥产生假凝。此外，还应预防混凝土在运输过程中产生冻结现象，更不应将混凝土浇筑在结冰的基面上。应保证浇筑后混凝土的正常凝结硬化。

5. 做好混凝土的养护、防护及维护

抗冻混凝土应防止早期受冻。冬季施工时，应根据具体情况采取保温措施或掺入适量的混凝土防冻剂。

高温季节，混凝土浇筑完毕后，表面宜遮盖并及时洒水养护，以保持混凝土表面经常湿润，防止混凝土干燥出现表面裂缝。低温季节，浇筑完毕的混凝土外露表面应及时保温，以防新浇筑的混凝土受冻破坏。水工建筑物的保温宜选择当地易得材料，可采用水、土石料对水工建筑物进行保温。采用各种保温材料时，首先应符合现行的国家标准和行业标准，如膨胀珍珠岩绝热制品应满足《膨胀珍珠岩绝热制品》GB/T10303 的要求。同时，由于不同建筑物具有不同的特点，因此所用材料的技术指标还应能满足设计的技术要求。目前工程中聚苯乙烯泡沫塑料（XPS）应用较多。水工建筑物处于长期浸水或潮湿环境中，保温材料的防水性能不良或吸水率高势必影响其导热率，从而降低保温效果，因此保温材料应具有长期防水功能。

6. 分缝和止水

分缝是防止不均匀冻胀开裂的一个重要结构措施。为防止地基土不均匀冻胀对结构的破坏，土基上的水工建筑物应根据地基沉陷和冻胀变形条件设置变形缝，并应划分为几个独立

的结构。平面尺寸不大时宜作成整体结构。土基上的水工建筑物的变形缝应能适应温度伸缩、沉陷和冻胀三种三向变形，并应具有相应的缝宽。渗水结冰会妨碍接缝自由变形，缝端混凝土容易冻胀或挤压破坏，严重渗漏可导致缝后土壤流失，甚至结构倒塌，因此，缝的构造能防止渗水、冻融破坏和缝后反滤料或基土的流失。

防渗要求高的接缝止水材料应采用止水片，防渗要求低的接缝止水可采用嵌缝材料。缝内应由填充材料，必要时应采取排水措施。接缝构造应便于施工和质量检查，容易损坏的止水宜采取保护措施。橡胶和合成橡胶类材料的止水片具有较好的适应冻胀和温度伸缩变形能力，因此常采用。

严寒地区的大中型工程，包括施工期易受冻胀开裂部位，无构造钢筋时，在外露侧面应设置钢筋网，也可在外露侧面的水平施工缝设置竖向插筋，以防止水平施工缝胀裂。钢筋具有限制混凝土裂缝的发展，即限制冻胀发展，从而防止结构破坏的作用，因此，为防止冻胀开裂宜设置钢筋，配筋量不应少于 $500 \text{ mm}^2/\text{m}$。丰满大坝坝顶冻胀抬升现象左岸比右岸轻，其原因就是右岸坝顶廊道下游侧无钢筋，而左岸廊道有竖向钢筋。此外，右岸上游面配有钢筋网，钢筋网内的混凝土比无筋混凝土冻害轻得多。

7. 加强混凝土结构运行管理和防护

加强混凝土结构运行管理和维护也是防止混凝土冻融破坏的一项重要措施。在可能的情况下，消除或减少混凝土中的水分是有效的途径。结构物的排水设施要保证畅通；除了蓄水建筑物外，冬季可以不积水的建筑物则在冰冻期到来之前设法排空积水；对提供混凝土吸水饱和条件的渗水通道（如裂缝、孔洞）应进行修补、堵塞。严寒、冻结期较长地区，某些结构物冬季在其混凝土表面浇水形成冰覆盖层，起到一定的保温、减小冻结深度的作用。

易受冰压损坏的部位，可采用人工、机械破冰或安装风、水管吹风、喷水扰动等防护措施。

冻拔、冻胀损坏防护措施：① 冰冻期注意排干积水、降低地下水位，减压排水孔应清淤、保持畅通；② 采用草、土料、泡沫塑料板、现浇或预制泡沫混凝土板等物料覆盖保温；③ 在结构承载力允许时可采用加重法减小冻拔损坏。

冻融损坏防护措施：① 冰冻期注意排干积水，溢流面、迎水面水位变化区出现的剥蚀或裂缝应及时修补；② 易受冻融损坏的部位可采用物料覆盖保温或采取涂料涂层防护；③ 防止闸门漏水，避免发生冰坝和冻融损坏。

（二）水工混凝土冻融破坏的修复

对被冻融破坏的混凝土进行修复之前，应确定混凝土受冻融破坏的程度和范围。一般应钻取混凝土芯样进行强度和抗冻试验，以了解混凝土强度和抗冻融破坏性能降低的程度。根据破坏的范围及深度确定修复方案、方法。

水工蓄水建筑物上游做好防渗层，修补渗漏水的裂缝、孔洞，切断水源并保证排水系统畅通，使负温区混凝土内的水减少到最低限度，争取做到只冻不胀。对无法设置上游防渗层或设置有困难者，可在靠近上游的混凝土内钻孔灌浆设置止水帷幕，在其后加强排水，排走透过帷幕渗进混凝土结构内部的水。

对多数结构物的混凝土冻融破坏，均可采用凿旧补新的方法进行修补加固处理，即把已遭冻融破坏的混凝土凿除，再浇筑新的高抗冻融破坏能力的混凝土。修补材料有高抗冻性混凝土、聚合物水泥砂浆（混凝土）、预缩水泥砂装等。修补工艺要点为：清除损伤的老混凝土→修补体与老混凝土结合面的处理→修补材料的浇筑回填→养护。在修复遭受冻融破坏的混凝土结构物过程中，如何保证新老混凝土的结合良好是个关键。一般均需在清除已破坏的混凝土之后，在坚固的老混凝土表面钻孔并埋设锚筋。当锚筋与老混凝土间产生一定的锚固强度后，清洗混凝土表面，保持表面润湿不积水，涂刷一定厚度的无机界面粘结胶（使用有机界面粘结胶时，一般须使混凝土表面干燥），再浇筑新的混凝土抗冻层。

（三）冻融破坏防治工程实例

1. 吉林丰满大坝混凝土冻融和冻胀破坏及其修补

丰满水电站大坝为混凝土重力坝，坝顶全长 1 080 m，最大坝高 91.7 m，坝顶高程原为 266.5 m，加高 1.2 m 后现为 267.7 m；共 60 个坝段，坝段长 18 m。坝顶宽 9～13.5 m，上游面坡度 0.048～0.05，下游面坡度 0.75～0.78。丰满大坝地处寒冷山区，一般 10 月中下旬即开始结冰，翌年 4 月份才逐渐化冻，整个冰冻期长达 5～6 个月之久。在冰冻期间因水位的升降、坝体渗漏和温度的正负反复变化，使大坝混凝土表层冻融破损和内部冻胀破坏。丰满大坝冻融破坏和冻胀破坏都比较严重，从 1954 年开始不断进行修补。1986 年大坝泄洪时溢流面被严重冲毁，已威胁大坝的安全运行，不得不进行大规模的补强加固。

冻融与冻胀破坏调查情况：

1）冻融破坏

1950 年调查得知，上游坝面高程 246 m 以上冻融破坏面积 460 m²。1963 年调查结果，上游坝面高程 238 m 以上破损面积 8 838 m²，占调查面积 30%；混凝土剥落深度 10 cm 以上的面积为 3 300 m²，最大深度达 80～100 cm；水位变动区 248～260 m 破损最为严重；下游坝面破损为 6 600 m²，占调查面积的一半，一般破损深度 20～40 cm；有一部分生长出植物。1970 年在库水位为 231.2～230.12 m 时调查，上游坝面破损面积为 4 071.72 m²，其中混凝土蜂窝面积 965.57 m²，深洞 27 处，深度 30～60 cm。1984 年调查发现，在 18 号坝段 200 m 高程有钢筋外露，冲坑深 17 cm，在 14 号坝段 204～206 m 高程处，钢筋被冲掉，冲坑深 30 cm。1986 年调查，下游坝面破损面积 13 000 m²。多次调查发现，坝顶混凝土、拦杆混凝土、上部检查廊道混凝土也普遍存在表层疏松和剥落现象。

2）冻胀破坏

丰满大坝混凝土深层冻胀破坏也比较突出，因混凝土有水渗入其孔隙或裂缝，在负温水结冰时的膨胀变形使混凝土的组成物分离或将裂缝撑开，形成冻胀鼓包、破裂以至大块混凝土破损脱开。丰满大坝存在三种冻胀破坏形式。一是溢流面的深层混凝土冻胀破坏，二是坝顶混凝土冻胀上抬，三是水平施工缝冻胀裂开。

（1）溢流面混凝土深层冻胀破坏。

在大坝运行时发现，溢流面有明显的鼓包，并多处开裂。1981 年泄洪时，冲掉混凝土约 40 m^3，最大冲深 50 cm。因及早关闭闸门而未出现大面积的冲毁。溢流面有的部位出现严重开裂现象。1986 年大坝泄洪时，12 ~ 13 号坝段溢流面被冲毁面积 1 091 m^2，冲走混凝土有 1 917 m^3，冲坑宽 22 m，长 19 m，深 2 ~ 3 m。破坏是先将大块掀起冲走，再进行局部淘深。冲坑四周有约 1 m 多厚的硬壳混凝土，硬壳下面是一层疏松破坏的混凝土，并有很宽的平行坝面的裂缝，冲坑两侧的里层疏松混凝土被淘走，混凝土外壳呈倒悬状，其下空腔可容人进入，硬壳下面有钢筋根部外露。混凝土深层冻胀破坏是这次溢流面被冲毁的内在原因。

（2）坝顶混凝土冻胀上抬。

从 1959 年 4 月—1994 年 4 月的观测资料得知，各坝段的垂直位移为 12.01 ~ 45.72 mm，年变幅一般为 3 ~ 12 mm。近右岸坝段垂直位移变幅较大，48 号坝段 1986 年 2 月相对于 1959 年 3 月始测（基准）值，垂直位移上升最大达 38.67 mm。因坝基垂直位移多年变幅很小，故坝顶的垂直位移绝大部分发生坝体。各坝段的垂直位移变化的年周期明显，影响因素主要是温度变化。除混凝土的热胀冷缩使坝顶夏季上抬，冬季下沉外，还因上部混凝土中众多的水平缝含水结冰冻胀而使坝顶每年上抬和下沉，垂直位移过程线出现双峰双谷型现象。对右岸坝段坝顶的逐年上抬，经多年观测和分析最后发现其原因是水平缝群的冻胀所致。

（3）水平施工缝冻胀张开。

水平施工缝冻胀张开主要发生在 1944—1949 年浇筑的混凝土上。大坝于 1942 年即采用临时断面开始蓄水，其大坝为台阶形状。夏季水流从浇筑仓面顶部下泄，冬天也有水从施工断面流出，往往在下游侧结成台阶状的冰堆，一些坝块受到长期的冰冻侵蚀，混凝土受到严重的冻害。A 坝块在水压力和冻胀张力作用下使水平施工缝部分或全部被拉裂，B、C 和 D 坝块也同样遭到不同程度的冻融和冻胀破坏。

3）丰满大坝修补与加固

（1）1953—1984 年坝面补修。1953 年对上游坝面 245 ~ 250 m 高程采用真空作业加气剂压浆混凝土进行补修，施工水灰比 0.4 ~ 0.5，采用真空作业后降为 0.33 左右，水泥为 325# 普通硅酸盐，用量 400 kg/m^3，掺 1.25/10 000 加气剂，混凝土强度 18.0 MPa，抗冻融能力达 400 次。运行至今，完整无损，表面平整内部坚实。1986 年钻孔取样检查，其强度大于原设计强度，密不透水。详见表 7.7 ~ 7.8。

表 7.7　丰满大坝上游坝面补修情况表

施工年份	高程/m	面积/m^2	施工方法
1954—1956	244 ~ 264	1423	真空作业预压骨料混凝土
1956—1959	242 ~ 260	3 300	挂钢筋网喷水泥砂浆
1959	247 ~ 252	40	普通混凝土
1963—1974	249 ~ 265	4 335.6	预制钢筋混凝土板压浆混凝土
1975—1976	248 ~ 265	2 952	真空作业浇制混凝土
1977—1980	36.5 ~ 266.7	6 283	喷射混凝土

表 7.8 丰满大坝下游坝面补修情况表

施工年份	高程/m	面积/m²	施工方法
1953—1956	204~238	3 849	普通混凝土
1963—1965	204~251	2 010	预制钢筋混凝土板压浆混凝土
1966	236~260	2 328	真空作业浇制混凝土
	193~225	90.0	浇制混凝土抹环氧砂浆
1972	193~223	46.6	浇制混凝土砂浆抹面
1976	249~258	409.6	喷混凝土
	235~246	142.3	真空作业浇制混凝土
1978	199~264	1634	喷混凝土
1982	200~230	305	加气真空浇制混凝土
1984	194~230	106	普通高强砂浆、环氧砂浆、普通混凝土

1953—1984 年期间的补修质量，各种混凝土的抗压强度基本达到设计要求，抗渗指标除 1967 年的普通加气混凝土和 1968 年的压浆混凝土不合格外，其余均达到设计要求。预制钢筋混凝土护面板的抗渗性最好，达到 S8 以上。补修的混凝土取芯试验结果表明，新补修的混凝土取芯率均大于 60%。从补修的几种方法比较来看，钢筋混凝土护面板内浇普通加气混凝土和真空混凝土比较优越。因不仅各种取样试验指标好，现已运行 20~30 年，从外观检查没有破损现象。喷射混凝土虽然施工速度快，抗压等指标也好，但表面不仅粗糙，还有裂缝，同时也不美观。

（2）1986—1997 年大坝全面加固。1986—1997 年，对大坝进行系统的补强加固。1987 年对溢流面进行补修，范围为 12~14 号坝段 194~221 m 高程，开挖深度 1.2~3.0 m，插筋 Φ22 的螺纹钢筋，长度 4 m，插入老混凝土至少 1.5 m，间距 0.5 m。构造筋为 Φ20 的钢筋，纵横间距均为 0.25 m。根据抗冻、耐磨和抗冲的要求，混凝土选用 R₂₈300D300。1988 年开始在大坝上下游面作一层高标号的钢筋混凝土护面。其范围：下游坝面全包，溢流坝段包到反弧底部，上游面由坝顶包到 245 m 高程，往下与沥青混凝土防渗层相连。外包混凝土总厚度为 1.0 m，其中挖除老混凝土 0.4 m。混凝土标号：R₂₈300D300。钢筋网纵横均为螺纹钢筋，Φ16 间距 0.25 m，Φ22 螺纹筋插入老混凝土中约 2.5 m。外包混凝土平均强度达 36.51 MPa，抗冻抗渗指标也满足设计要求，同时坝顶加高 1.2 m，其中坝面有 0.2 m 厚的防渗混凝土。补修位置见图 7.14~7.15。

1986—1997 年大坝全面补修加固工程于 1997 年 8 月通过验收，各单项工程满足设计要求，大坝经这次全面补修加固后在防渗、抗冻融和抗冻胀等方面取得的效果是明显的，基本消除了大坝的主要病害，保证了大坝稳定安全运行。

4）治理研究后的思考

（1）寒冷地区大坝混凝土的抗冻性不可忽视。在寒冷地区修建的大坝冻融和冻胀破坏是非常普遍的，对重力坝而言，冻融破坏起初影响观瞻，其加深也比较缓慢，似乎对大坝稳定不构成威胁，当与冻胀破坏及溶蚀结合时，则后果非常严重，丰满大坝溢流面的冲毁破坏就说明了这一点。

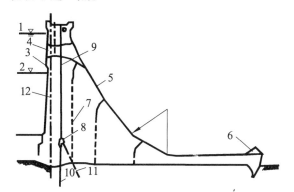 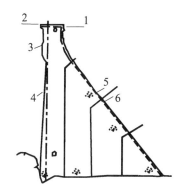

图 7.14　丰满大坝溢流坝段横剖面图　　　　图 7.15　挡水坝段坝面加固示意图

1—正常蓄水位 263.5 m；2—死水位 242.0 m；3—上游坝；　1—原坝顶高程 266.5 m；2—加高后坝顶高程 267.7 m；
4—溢流口；5—溢流面；6—挑流鼻坎；7—纵缝；　　3—外包 60 cm 厚混凝土；4—沥青混凝土防渗；
8—检查廊；9—坝体排水孔；10—基防渗帷幕；　　　5—原下游坝面；6—新浇下游坝面
11—坝基排水孔；12—坝轴线层

（2）冻融和冻胀破坏是可以防止或减缓。丰满大坝在溢流面和上下游面用保护层来防止、缓解混凝土冻融是成功的。1953 年对上游坝面 245～250 m 高程采用真空作业加气剂压浆混凝土进行补修，现已运行 40 多年尚完整无损。1954—1984 年的补修也已运行 15～35 年，其效果也很明显，1986—1997 年的全面补修加固虽运行时间较短，但经 1995 年超百年一遇洪水的考验也未发生问题。

（3）提高混凝土的抗冻性要采取综合措施。提高混凝土的抗冻性要注意每一个环节，抗冻指标的选择、使用优良的原材料（如优先使用硅酸盐水泥、普通硅酸盐水泥和掺适当的外加剂等）、设计合理的配合比（如最优的水灰比、最佳砂率和合适的含气量等）和现场混凝土的精心浇制（如对材料的称量，混凝土的搅拌、浇捣、养护等各项配制工艺都必须注意。尤其是对潮湿养护，防止混凝土早期受冻必须给予足够的重视等）。要获得抵抗冻融破坏能力高的混凝土，必须加强各个环节的质量控制，保证所拟定的各项措施，在施工全过程中完全得以实现。

（4）要选择合适的补修方法。钢筋混凝土护面板内浇普通加气混凝土和真空混凝土比较优越。因不仅各种取样试验指标好，现已运行几十年，从外观检查没有破损现象，在丰满大坝的补修中已取得一定的效果。

（5）加强大坝的防渗和排水。造成冻融破坏的一个很重要的因素是混凝土湿润和饱和，加强防渗和排水就显得非常重要。如丰满大坝溢流坝面的破坏，是因冻融和冻胀所引起的，在溢流坝段前有施工时的导流孔，由于封堵不利而有水渗出，通过裂缝等渗入下游面，日久的冻融和冻胀使混凝土形成鼓包，在大坝泄洪时造成大面积破坏。

（6）对破坏部分要及时补修。丰满大坝从 1953 年完工后，1954 年就开始对大坝冻融和冻胀破坏进行不断的补修，虽然大坝存在严重的先天不足，由于这些补修的工作，使大坝能够安全运行 50 多年，并经受了高水位的考验。

2. 黑龙江省库尔滨水电站尾水闸墩冻融破坏的防治

库尔滨水电站位于黑龙江省逊克县东南山区，地处寒温带大陆季风气候区，冬季严寒漫长，月平均气温有 5 个月在 0 ℃ 以下。由于梯级电站小网运行启、停机频繁，尾水水位变化大而频繁，这样可造成每日冻融破坏 2~3 次。经过 20 多年的冻融破坏，现尾水闸墩混凝土脱落最深达 42 cm，高度达到 153 cm，这个高度区域正好是停机与发电状态下的尾水水位变化区。

1）现状分析

干燥条件的混凝土不存在冻融破坏问题，因此，饱水状态下是混凝土发生冻融破坏的必要条件之一；另一必要条件是外界气温正负变化，使混凝土孔隙的水反复发生冻融循环。这两个必要条件，决定了混凝土冻融破坏是从混凝土表面开始的层层剥蚀破坏。库尔滨水电站尾水闸墩常年处于尾水的浸泡中，而且小网运行启、停机频繁尾水水位反复变化，也就是说其尾水闸墩的混凝土常年处于饱和状态。并且库尔滨水电站的气候特点是每年有 5 个月温度在 0 ℃ 以下，这样就有 5 个月的时间每天 2~3 次的频率反复发生冻融，混凝土层层剥蚀脱落，形成了现在的局面。总之该水电站尾水闸墩混凝土具备了冻融破坏的两个必要条件，并且冻融时间长，次数频繁，造成了极大的破坏力，威胁着水工建筑物的安全。

2）防治措施

针对这些实际问题能采取的防治措施有两点：减少启、停机次数，从而减少冻融次数；减少混凝土中的含水量。要采取第一种措施显然不现实，启、停机频繁是梯级小水电站小网运行的最大特点。我们只有从第二种措施下功夫，尽可能地使混凝土不处于饱和状态。为此采取了 5 个具体措施进行防治：① 2007 年将库水位降至死水位过冬，留出库容迎接 2008 年春季桃花水，谓称发生弃水事件。② 2008 年 5 月份，在尾水做围堰，将尾水渠积水抽干。③ 将冻融区域内的混凝土凿致新体，并凿致冻融区以上，尽可能将欲浇混凝土区域凿成楔形以便浇注。④ 用 8 cm 厚的钢板制出尾水闸墩的形状，将尾水闸墩围起焊接在尾水门门槽的槽钢上制成永久外模，焊接要密实细致，不能有空隙以防跑浆进水。然后用 C25W6F300 混凝土浇注并振捣密实。⑤ 在钢板上刷防锈漆。以上的防治措施用钢板充分地使混凝土与尾水分离开来，从而使混凝土没有了达到饱和的条件，这样冻融的条件也没有满足，有效地避免了冻融破坏的发生，延长了修缮周期。

因此，建议北方地区的梯级小水电站建设时，在浇注尾水闸墩时直接用 8 mm 厚的钢板制成永久性外模，以防止冻融破坏的发生。有条件的建设单位最好采用 8 mm 不锈钢板制作成的永久性外模，不但能防治冻融破坏，还能防止钢板锈蚀。

四、水工混凝土碳化破坏的防治

混凝土的碳化是指水泥中的水化产物与周围环境中的二氧化碳作用，生成碳酸盐或其他物质的现象。混凝土碳化引起的破坏，主要表现在碳化引起钢筋的锈蚀。碳化引起钢筋锈蚀是指碳化深度达到或超过钢筋保护层厚度，导致钢筋锈蚀，如图 7.16 所示。因此，同时采取防止混凝土碳化与预防钢筋锈蚀的措施就能保证混凝土中的钢筋长期不被锈蚀破坏。对已经发生碳化或碳化破坏的钢筋混凝土结构进行修复处理，必须先对碳化及钢筋锈蚀程度进行检测和评估，才能有的放矢地制定既切合实际的又能有效的处理方案并实施修补。

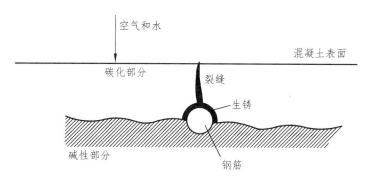

图 7.16　混凝土碳化和钢筋锈蚀

（一）水工混凝土碳化破坏的预防

混凝土碳化引起钢筋锈蚀的预防措施包括提高混凝土的抗碳化能力、减缓乃至防止混凝土碳化和对钢筋进行保护、提高钢筋的抗锈蚀能力两方面。

1. 提高混凝土的抗碳化能力、减缓乃至防止混凝土碳化

结构设计上应保证钢筋有足够的保护层厚度。原材料上，可选择抗碳化能力较强的水泥品种，如硅酸盐水泥和普通硅酸盐水泥。混凝土配合比设计上，尽量采用低水灰比，用超量取代法掺用适量优质活性掺和材料（如硅粉、优质粉煤灰等）和高效减水剂，使拌和物具有适当和易性、便于浇筑、捣实，形成低渗透性混凝土。施工过程中，保证钢筋保护层厚度符合设计要求，按施工规范规定进行混凝土浇筑、捣实、抹面、养护，使混凝土施工质量均匀、密实且不出现裂缝，必要时可采用真空模板，以提高混凝土表面层的密实度；在混凝土表面喷涂保护层或保护膜层，防止空气和水分的渗透，减缓或防止混凝土的碳化。

2. 对钢筋进行保护以提高钢筋的抗锈蚀能力

在钢筋表面喷涂保护层，对钢筋进行保护，使钢筋免于或减轻锈蚀。由于锌比钢更活泼，具有较负的腐蚀电位，将钢筋进行镀锌处理，当锌层局部损伤时，可以其自身的腐蚀为钢筋基材提供阴极保护作用，延缓钢筋的锈蚀和混凝土顺筋胀裂。对钢筋除锈处理后进行静电喷涂粉末环氧树脂，当除锈彻底、环氧树脂涂覆均匀时，可使钢筋与环境介质完全隔离，具有极高的耐蚀性能。

尽管钢筋处理成本有所提高，但由于钢筋寿命的较大延长，与传统修补方案的耗费相比，无疑具有较大的经济效益。对钢筋进行保护的简易有效办法是在混凝土中掺入适量的阻锈剂。作为钢筋阻锈剂，用得最多和最有效的是亚硝酸盐。国内使用最多的是亚硝酸钠。它使钢筋表面生成氧化膜而与锈蚀性介质隔离，因而具有较好的阻锈效果，但它使混凝土的强度有所

降低。20世纪80年代末90年代初,南京水利科学研究院研制出NS-1型和NS-2型非硝酸盐钢筋阻锈剂,阻锈效果优于亚硝酸盐。阴极保护技术有时也被用于防止钢筋的锈蚀。如前所述,钢筋上的阴极区不会锈蚀。若将钢筋上的所有阳极区变为阴极区,则钢筋不再会发生锈蚀。通过施加阴极电流,使钢筋电位降低至比原阳极区电位更负的程度,则钢筋只吸收电子而不再排除电子,也就不再向钢筋与混凝土界面孔隙液释放出铁离子.用这种电化学方式实现钢筋的保护,称为钢筋混凝土的阴极保护。它既适用于因混凝土碳化引起的钢筋锈蚀场合,也适用于因氯化物污染引起的钢筋锈蚀场合。

(二)水工混凝土碳化破坏的修复

混凝土碳化造成钢筋的锈蚀已成为钢筋混凝土建筑物正常使用中的一大问题。若混凝土保护层已碳化,而不能及时处理,将随着时间的推移,钢筋逐渐锈蚀。当钢筋锈蚀达到一定程度,将使混凝土保护层出现顺筋裂缝以致脱落、钢筋外露,钢筋有效截面积不断减小,最终导致危及建筑物安全。

在水工建筑物混凝土碳化处理中,应根据混凝土碳化程度的不同,部位不同,选择不同的处理方法:

① 对碳化深度较大,钢筋锈蚀明显,危及结构安全的构件应拆除重建。

② 对碳化深度较小并小于钢筋保护层厚度,碳化层比较坚硬的,可采取凿除碳化层后涂抹丙乳砂浆、环氧砂浆、硅粉砂浆、氟碳材料等进行封闭。

③ 对碳化深度大于钢筋保护层厚度或碳化深度虽然较小但碳化层疏松剥落的,均应凿除碳化层,粉刷高强砂浆或浇筑高强混凝土,然后全面封闭防护。

④ 对钢筋锈蚀严重的,应在修补前除锈,并应根据锈蚀情况和结构需要加补钢筋。

对碳化深度较小并小于钢筋保护层厚度,碳化层比较坚硬的,防碳化处理一般均采用优质涂料对表面进行封闭。封闭材料主要分为有机材料、无机材料以及结合两者特点的聚合物水泥基材料3类:

① 有机修补材料是选用不饱和聚酯树脂、固化剂、增韧剂、稀释剂和填料等组成修补材料,亦称树脂基修补材料。

② 无机修补材料是以硅酸盐水泥为基料并掺有硅砂等多种特殊活性化学物质的粉末状材料,又称水泥基修补材料。

③ 聚合物水泥基修补材料是通过向水泥砂浆中掺加聚合物乳胶改性而制成的一类有机无机复合修补材料。无机修补材料虽与基底混凝土物理性能基本一致,但其黏结力及力学特性不如有机修补材料,修补效果不佳。有机修补材料更难以达到从根本上对混凝土碳化破坏进行修补的目的,而且在环境温度变化范围较大时易开裂脱落,且有机材料修补施工工艺要求高,价格昂贵,耐久性差。目前应用较多的是聚合物水泥基修补材料。具体方法有:涂抹丙乳砂浆、涂刷环氧砂浆涂料、涂刷SBR砂浆、喷涂SK柔性防碳化涂料、涂刷HYN弹性高分子水泥防水涂料、喷涂氟碳涂层材料。

1. 涂抹丙乳砂浆技术

(1)特点:丙乳砂浆具有强度高、抗裂抗渗性能好、成本低、施工方便、与基础混凝土温度适应较好、耐老化等特点。目前，已广泛应用于混凝土碳化的处理。丙乳砂浆原材料为水泥、砂、丙乳及水等。

（2）施工工艺：① 基面处理。如果建筑物表面平整度较差，先人工凿除，然后用高标号水泥砂浆找平，用磨光机磨掉表层碳化层及附着物，再用高压喷砂彻底清除表面碳化层，露出混凝土新鲜面。碳化层清理完毕后用高压水枪将建筑物表面完全冲洗干净。② 砂浆拌制。丙乳砂浆施工配合比应根据工程需要在施工现场经试拌确定。配制好的砂浆需在 30~45 min（视气候而定）内用完。③ 涂抹。涂抹砂浆前基底表面必须潮湿不积水，并先用丙乳净浆打底，涂刷时力求薄而均匀，15 min 左右可摊铺丙乳砂浆。在丙乳砂浆摊铺完毕后要立即压抹，操作速度要快，要求一次用力抹平，严禁进行反复抹面，如遇气泡要刺破压紧，保证表面密实。④ 养护。在表层净浆表面略干后，用薄膜覆盖一昼夜再洒水养护，7 d 内要保持建筑物表面湿润，然后可自然风干。在阳光直射或风口部位应遮阳、保湿。

2. 涂刷环氧砂浆技术

（1）特点：环氧砂浆涂料是由环氧基料、增韧剂、防锈剂、防锈防渗填料及固化剂等多种成分组成，适用于混凝土表层封闭。该材料具有稳定性好、密封型能好、优异的耐冲击性能、耐磨损性能、耐化学性能和防腐性能、对潮湿表面有良好的附着力、施工方便（刷涂、喷涂）、使用寿命长（10~20 年）、适用范围广及造价适中等优点。

（2）施工工艺：① 表面清理。首先清除混凝土松动层，对表面上的麻坑、蜂窝、裂隙等缺陷用腻子修补，暴露钢筋要除锈，对缺陷面积较大、较深的混凝土脱落部分用高标号混凝土修补；其次用高压水枪进行清污并用钢丝刷刷糙，用砂纸打磨，去除表面浮物及浮尘；最后用棉纱擦净，使混凝土表面保持干净、干燥。② 涂料配制。环氧砂浆涂料由主剂和固化剂配制，温度高时固化剂可适当减少，温度低时，固化剂可适当增多。③ 涂刷。混凝土表面要求干净、干燥、平整、密实无杂物，分 3 遍涂刷，每遍都要求在表面完全干燥的情况下进行，力求涂料均匀，防止流挂、皱褶现象发生。

3. 涂刷 SBR 砂浆技术

（1）特点：SBR 砂浆为丁苯胶乳（SBR）加入水泥砂浆后形成的改性聚合物水泥砂浆。该材料修补无毒副作用、对环境无污染、和易性好、施工操作简便、成品涂层与混凝土基面黏结强度高、抗老化和耐久性能都较好。

（2）施工工艺：① 表面处理。首先使用手锤等工具剔除基层表面上的蜂窝、麻面、突起、疙瘩及起壳等，清理至完好基面；其次采用砂磨机对老混凝土面进行打磨，去除混凝土表面浮灰、污垢等；最后将表面用高压水枪冲洗干净，让表面保持干燥状态或者湿润无明水状态。② 涂刷。首先涂刷厚约 1 mm 的 SBR 净浆 1 遍。待净浆微干后用拌制好的 SBR 水泥砂浆刷涂第 1 遍，待表面稍干后再刷涂第 2 遍，这样刷涂 3~4 遍至涂层厚度不小于 4 mm 为止。③ 养护。常温下养护一般在涂层完工后的 72 h 以后进行。养护期不应少于 14 d，每天不应少于 3 次，前 2 d 最好采用喷雾养护，后期可采用洒水或喷水枪喷水养护。

（三）碳化破坏防治工程实例

1. 河北省黄土梁水库溢洪道及放水洞混凝土碳化处理

黄土梁水库位于河北省承德市丰宁县，主要由大坝、溢洪道、放水兼发龟洞、水电站等建筑物组成。经多年运用，工程老化，溢洪道和放水洞混凝土冻融、碳化、剥蚀，产生龟裂及坑洞。剥蚀状况如下：溢洪道堰面及侧墙产生大面积坑洞及剥蚀碎渣，局部有龟裂，个别地点钢筋外露。放水洞内、外衬砌混凝土漏水严重，0.1～1 mm 宽裂缝有 20 多处，剥蚀坑洞约占总面积的 1/2。2002 年 5 月经检测和核查，认为造成该工程混凝土碳化侵蚀的主要原因是：在北方高寒地区混凝土经常受到不稳定水位渗透及不均匀温差系数侵袭、冻融所致，放水洞内的混凝土碳化剥蚀是由于混凝土衬砌后未进行固结灌浆和经常受到高水流冲刷，产生负压气蚀、共振、机械磨损有关。

2005 年在对水库进行除险加固过程中，其中溢洪道闸室及放水洞衬砌混凝土表面防冻融、防碳化剥蚀处理采用了新型的丙乳砂浆及丙乳水泥素浆护面施工技术。

黄土梁水库溢洪道及放水洞的丙乳浆护面施工过程：自 2005 年 9 月开始，放水洞在部分旧混凝土面采取基面凿毛，做彻底清垢处理，对新做的混凝土工程待拆模后，既可进行丙乳施工，首先在基面上涂一层丙乳水泥净浆做界面处理，再做丙乳砂浆抹面。然后涂 2～3 层丙乳水泥净浆，溢洪道闸室在新浇筑的混凝土基面上，直接喷涂丙乳水泥净浆 4 层，至 10 月 30 日结束。共做丙乳水泥砂浆抹面 2 300 m²，丙乳水泥净浆涂面 3 193 m²，耗用 425 号普通水泥 18.78 t，丙乳液 5 700 kg。

2. 内蒙古自治区三盛公水利枢纽除险加固工程混凝土碳化处理

黄河三盛公水利枢纽工程是目前黄河干流上唯一的一座以灌溉为主，发电、防洪等综合利用的大型平原闸坝工程。工程于 1961 年 5 月竣工并投入运行。运行至今，老化病害现象严重，混凝土结构的冻融、剥蚀、碳化程度严重，深度大、范围广，进一步发展将引起钢筋锈蚀，危及水利枢纽工程安全。1999 年经专家的检测和鉴定，发现枢纽工程的混凝土主要存在两种形式的破坏：碳化和冻融剥蚀，即水上混凝土结构包括闸墩、公路桥、机架桥主次梁、牛腿等部位普遍存在碳化破坏，破坏面积达 15 000 m²；水下部分、上下游水位变化区的混凝土普遍存在冻融、剥蚀破坏，破坏面积达 4 800 m²。造成该工程混凝土碳化侵蚀的主要原因是：在北方高寒地区混凝土经常受到不稳定水位渗透、地下渗流、天然降水饱和及不均匀温差侵袭、冻融所致，钢筋混凝土结构碳化剥蚀是由于钢筋混凝土在施工过程中对混凝土碳化的重视程度不够，而且受资金方面的制约，对干缩裂缝等存在的易碳化区没有及时处理等有关。

因此，2002 年对水库进行了除险加固。在除险加固过程中，确定本次加固修补原则是凿旧补新，将遭受破坏的混凝土全部凿除，回填能满足耐久性要求的修补材料，并提出以下处理方案：① 进水闸碳化采用传统的环氧材料处理：闸室水面以下部分混凝土采用环氧砂浆涂抹，水面以上部分闸墩、机架桥、公路桥涂抹环氧胶泥。② 拦河闸碳化采用聚合物材料处理：水下部分采用 SPC 聚合物水泥砂浆，水面以上部分喷涂改性的 AEV 聚合物乳液。

监测结果：2003 年 2 月 6 日，进水闸发现已施工完的环氧砂浆部分开裂，随着时间推移，裂缝增大以至于脱落。根据观察开裂部位均在闸墩头部，即受太阳日光直射部位，其他部位未产生开裂现象。根据初步分析，环氧砂浆有抗压强度高与黏结力大、施工简单等优点。但其线膨胀系数为$(25 \sim 30) \times 10^{-6}/{}^{\circ}C$，而混凝土线膨胀系数为$(5 \sim 10) \times 10^{-6}/{}^{\circ}C$。磴口地区昼夜温差达 15 ℃ 左右，受太阳直射部位夜间负温、白天正温，两种材料膨胀、收缩不同产生应力，这种剪切力引起了破坏。破坏面发生在紧靠黏结面的母体混凝土中，所以环氧材料不适用于温差大的部位。

聚合物砂浆是普通水泥砂浆中加入聚合物乳液的复合材料，提高了砂浆（混凝土）的极限拉伸、抗拉强度、黏结强度、减小干缩率，提高混凝土的密实度、抗渗性、抗冻性，而且线膨胀系数与混凝土基本相同。能够与混凝土结合为一个整体。根据以后的观察，情况良好。

工程在 2003 年进行了除险加固，运行效果良好，经过现场锤敲、外观检查，没有出现空鼓、裂缝、脱落等现象。

3. HYN 弹性高分子水泥在河北沧州北陈屯枢纽节制闸防碳化处理中的应用

北陈屯枢纽位于沧州市北郊药王庙与北陈屯两村之间，属中型建筑物，1973 年 6 月竣工，具有防洪、蓄水、航运和美化沧州市环境等综合效益。工程建成后由于没有进行过大的维修改造，经多年运用闸体出现不同程度的混凝土碳化、剥落现象，而且范围很广。剥落深度轻微的有 2～3 mm，一般深度 5～30 mm，最严重的是上游的导流墙柱体，出现很多根迎水面石子、钢筋裸露，混凝土疏松，剥落深达 150 mm。

2004 年 5 月对北陈屯枢纽节制闸进行了除险加固改造，改造完成后对闸体混凝土进行防碳化处理，处理所采用主要材料为 HYN 弹性高分子水泥防水涂料。HYN 弹性高分子水泥防水涂料是一种绿色环保型防水材料，产品既有水泥类无机材料良好的耐水性，又有橡胶类材料的弹性和可塑性，可在潮湿基面上施工，硬化后即形成高弹性整体防水、防碳化层，没有接缝，具有"即时复原"的弹性和长期的柔韧性；无毒无味，可冷作业施工，不污染环境。与之配套使用的是 HYF 多功能胶粉，此胶粉是一种混凝土防渗、补强加固材料，适用于混凝土蜂窝麻面、缺损露筋和碳化剥蚀的修复。HYN 弹性高分子水泥防水涂料的配比为：液料：粉料 = 1：1.5，HYF 多功能胶粉的配比为：液料：粉料 = 1：6.0。HYN 弹性高分子水泥防水材料在工程中的运用，起到了隔水、隔气的保护效果，使闸体混凝土的碳化程度大大减缓，提高了工程运行的可靠性。

五、水工混凝土建筑物碱骨料反应的预防

碱骨料反应（AAR）是指混凝土中的碱与具有碱活性的骨料发生的化学反应。碱骨料反应会引起混凝土的体积膨胀和开裂，使混凝土耐久性快速下降，最终失去使用寿命。混凝土碱骨料反应包括了碱-硅酸反应和碱-碳酸盐反应，这两种反应都会导致混凝土膨胀开裂等现象。在我国，工程中发生的混凝土碱骨料反应普遍是碱-硅酸反应，发生碱-碳酸盐反应破坏的情况很少，也不易确认。碱骨料反应一旦发生就很难阻止，被称为混凝土的"癌症"。自1940 年美国 T.E.Stanton 首次发现碱骨料反应问题以来，碱骨料反应已成为全球性混凝土工程毁坏的重要原因之一。

水工混凝土与普通混凝土在骨料粒径、混凝土强度、胶凝材料用量、混凝土所处的环境以及建筑物使用寿命要求等方面有相当大的差异。由于水工混凝土中的骨料粒径较大，而且数量较多，一旦发生碱骨料反应，水工混凝土将比普通混凝土更容易破坏，因为较大的骨料粒径虽会使碱骨料反应变慢，但若发生碱骨料反应，则易产生应力集中；较低的混凝土强度和较少的胶凝材料用量使得水工混凝土具有较弱的抵抗碱骨料膨胀反应的能力；水工混凝土所处的潮湿环境为碱骨料反应创造了优良的环境条件；水电工程较长的寿命要求为碱骨料反应提供了时间保证。这些都表明，在碱骨料反应方面，水工混凝土比普通混凝土具有更大的危险性。世界上碱-活性骨料反应的发现和工程破坏实例也多来自于水工混凝土工程，如大坝、水闸、水电站等。其原因就是水工混凝土直接与水接触，混凝土中往往含有较多的水或直接处于水饱和状态，因此一旦混凝土中水泥的含碱量（Na_2O、K_2O）较高，而骨料又具有潜在的活性，那么碱-活性骨料反应就不可避免。越来越多的水利工程在开工前对骨料进行碱活性检验，并采取积极措施预防碱骨料反应的发生。

（一）水工混凝土建筑物碱骨料反应的预防

混凝土大坝与建筑物一旦发生碱骨料反应破坏，往往没有很好的方法进行治理，直接危害混凝土工程耐久性和安全性。解决混凝土碱骨料反应问题的最好办法就是采取预防措施。

不论哪一种类型的碱骨料反应都必须具备如下三个条件，才会对混凝土工程造成危害。

① 混凝土中必须有相当数量的碱（钾、钠）。碱的来源可以是配制混凝土时带来的，即水泥、外加剂、掺和料及拌和水中所含的可溶性碱。也可以是混凝土工程建成后从周围环境侵入的碱，如冬季喷洒的化冰盐、下水管道中的碱渗入混凝土等。

② 混凝土中必须有相当数量的碱活性骨料。在碱硅酸反应中，由于每种碱活性骨料都有其与碱反应造成混凝土膨胀压力最大的比例，当混凝土含碱量发生变化时，这一比例也发生变化。因此，造成混凝土碱骨料反应破坏的碱活性骨料的数量必须通过试验确定。

③ 混凝土必须含有足够的水分，如空气的相对湿度大于 80% 或混凝土与水接触。

基于上述碱骨料反应对混凝土工程破坏的形成条件，预防混凝土出现碱骨料反应破坏的重点应放在混凝土配制时消除碱骨料反应形成的条件上，其次才是预防环境因素造成混凝土产生碱骨料反应的危害。

1. 避免或控制使用碱活性骨料

混凝土工程宜采用非碱活性骨料。对处于潮湿条件或直接与水接触的混凝土工程使用的混凝土骨料必须进行碱活性检验，确认是否具有碱活性和碱活性程度。

骨料的碱-硅酸反应活性检验采用《水工混凝土砂石骨料试验规程》（DL/T5151—2001）规定的"岩相法""砂浆棒快速法"或"混凝土棱柱体试验法"；在砂浆棒快速法检验结果膨胀率小于 0.10% 的骨料应进行抑制骨料碱-硅酸反应活性有效性试验。因为对砂浆棒快速法检验结果膨胀率小于 0.10% 的骨料，采取预防碱骨料反应措施的关键技术之一就是验证抑制抑制骨料碱-硅酸反应活性有效。

碱-硅酸反应活性抑制试验方法采用《水工混凝土砂石骨料试验规程》（DL/T5151—2001）规定的"抑制骨料碱活性效能实验"和"砂浆棒快速法"。骨料碱-碳酸反应活性采用《水工混凝土砂石骨料试验规程》（DL/T5151—2001）规定的"碳酸盐骨料的碱活性检验"或"混凝土棱柱体试验法"。具有碱-碳酸反应活性的骨料不得用于配制混凝土。

2. 水泥和混凝土含碱量

控制混凝土碱含量是预防混凝土碱骨料反应的关键环节之一。根据世界各国和我国的工程经验，为了防止混凝土工程发生碱骨料反应破坏，应控制混凝土所用水泥的含碱当量（$Na_2O + 0.658K_2O$）低于 0.6%。当配制混凝土时还有其他碱的来源（如，外加剂、掺和料等带来的碱），则应控制每立方米混凝土中的总含碱量，即混凝土中总碱量不大于 3.0 kg/m^3。

3. 抑制碱活性反应

当不得不使用含碱活性的岩石作混凝土的骨料，且混凝土的总含碱量难以满足含量限值要求时，根据国内外大量混凝土工程试验研究和应用实践经验，可以在混凝土中掺用粒化高炉矿渣、火山灰质材料、粉煤灰和硅灰等粉状矿物质材料，以抑制碱骨料反应的破坏作用。我国在一些大型水利水电工程中，采用掺粉煤灰来控制其碱活性反应都取得了良好的技术经济效果。例如葛洲坝水利枢纽、大黑河水库工程、安康水电站、宝珠寺水电站等工程。

当采用硅酸盐水泥和普通硅酸盐水泥时，混凝土中矿物掺合料掺量宜符合下列规定：① 对于快速砂浆棒法检验结果膨胀率大于 0.20% 的骨料，混凝土中粉煤灰掺量不宜小于 30%；当复合掺用粉煤灰和粒化高炉矿渣粉时，粉煤灰掺量不宜小于 15%，粒化高炉矿渣粉掺量不宜小于 10%。② 对于快速砂浆棒法检验结果膨胀率为 0.10%~0.20% 范围的骨料，宜采用不小于 25% 的粉煤灰掺量。③ 当以上均不能满足抑制碱-硅酸反应活性有效性要求时，可再增加掺用硅灰或用硅灰取代相应掺量的粉煤灰和粒化高炉矿渣粉，硅灰掺量不宜小于 5%。

4. 使混凝土与环境的水、空气来源隔绝

根据前述，碱骨料反应对混凝土破坏的形成条件，混凝土中必须有足够的水分或混凝土直接与水接触。因此，隔绝水和空气的来源是消除混凝土发生碱骨料反应破坏的措施之一。然而，当具有碱骨料反应因素的混凝土工程长期处于潮湿环境中或直接与水接触，在发现碱骨料反应破坏后再进行防水处理，此后混凝土内所含的水分仍能使碱骨料反应膨胀继续发展，防水处理起不到消除膨胀破坏的效果。也就是说，为了防止碱骨料反应对混凝土工程的破坏，良好的防水处理措施应安排在碱骨料反应造成混凝土破坏之前进行施工。

（二）碱骨料反应的预防工程实例

新疆"635"引水工程混凝土碱骨料反应及预防措施

新疆"635"引水工程系以明渠为主，西干渠全长 210 km，最大设计流量 73 m^3/s。渠道采用土工膜防渗，混凝土板（预制与现浇）防冲的双防结构。该引水工程由于渠线长，砂石料场分散，主要料场有顶山、乌尔禾和 184 团三个料场。经中国水利水电科学研究院检验，判定乌尔禾和 184 团两个料场的骨料存在碱骨料（或碱集料）反应的问题。

引水工程对顶山、乌尔禾与 184 团的粗、细骨料分别采用砂浆长度法，压蒸法、岩相法和显微镜观察碱骨料反应等多种方法进行了检验。检验结果排除了顶山料场骨料的碱活性，

同时排除了三个料场的碱碳酸盐（ACR）反应的可能性，判定乌尔禾与184团两个料场的骨料属硅酸盐活性骨料。预防碱骨料反应的措施如下：

（1）采用低碱水泥。

该段引水工程所选用的水泥有新疆屯河32.5R（425号R），卡子湾32.5R（425号R），和丰县32.5R（425号R），新疆32.5R（425号R）四种水泥，除新疆32.5R水泥的碱含量>1%外，其余三个厂的水泥均属低碱水泥，碱含量均低于0.6%。

（2）掺粉煤灰。

在混凝土中掺入新疆独山子热电厂生产的Ⅰ级粉煤灰，等量取代水泥，实测粉煤灰的碱含量为2.93%。如按有害碱1/6计，则粉煤灰的碱含量为0.49%，低于低碱水泥的标准。该段引水工程所采用的10组混凝土配合比中，每立方米混凝土最大胶凝材料（水泥＋粉煤灰）用量为295 kg。碱含量按0.6%计（因外加剂掺量少，引入的碱量甚微，所以混凝土中外加剂碱含量忽略未计）则每立方米混凝土中胶材碱含量为1.77 kg，小于2.5 kg/m³的要求。所以本工程不会发生碱骨料反应问题。

（3）掺引气减水剂。

在混凝土中掺入占胶凝材料（水泥＋粉煤灰）质量0.3%的RH-2高效减水剂与0.5/万的AE引气剂，混凝土含气量控制在5%左右。经200次冻融循环，动弹模下降不到10%，动弹模多在95%以上。说明混凝土抗冻的潜力还相当大。这对因碱骨料反应使混凝土内部产生的膨胀压力有一定的缓解作用。

（4）混凝土配合比。

通过大量试验，最后推荐渠道衬砌与渠系建筑物混凝土配合比与混凝土各项性能见下表。

表 7.9　渠道衬砌塑性混凝土配合比

编号	强度等级	水泥品种与强度等级	料场名称	级配	水灰比	砂率/%	含气量/%	坍落度/mm	混凝土材料用量/（kg/m³）						混凝土各项指标		
									水	水泥	粉煤灰	砂子	小石	中石	抗压强度（28d）/MPa	抗渗	抗冻
8F-1	C20	屯河425R	184料场	二	0.46	34	5.35	70	125	227	57	665	780	520	27.8	> W8	> F200
WK-14	C20	卡子湾425R	乌尔禾	二	0.46	34	5.35	65	125	227	57	662	780	520	29.5	> W8	> F200
8H-19	C20	和丰425R	184料场	二	0.46	34	5.35	70	126	229	57	664	779	519	30.5	> W8	> F200
WH-23	C20	和丰425R	乌尔禾	二	0.46	33	5.05	70	126	229	57	642	791	527	26.6	> W8	> F200
WX-66	C20	新疆425R	乌尔禾	二	0.46	32	4.80	75	130	236	59	636	783	522	28.6	> W8	> F200

注：（1）RH-2高效减水剂掺量为胶材（水泥＋粉煤灰）总量的0.3%；AE引气剂为0.6%/万；粉煤灰为25%。

（2）抗冻均采用快冻法进行，经200次冻融循环后，上述混凝土配合比的动弹模为92%～97%，说明抗冻性能良好。

表 7.10 渠系建筑物混凝土配合比

编号	强度等级	水泥品种与强度等级	料场名称	级配	水灰比	砂率/%	含气量/%	坍落度/mm	混凝土材料用量/（kg/m³）							混凝土各项指标		
									水	水泥	粉煤灰	砂子	小石	中石	大石	抗压强度（28d）/MPa	抗渗	抗冻
8K-16	C30	卡子湾 425R	184料场	二	0.38	33	5.35	70	135	300	75	611	750	500	—	41.5	＞W8	＞F200
8K-55	C25	卡子湾 425R	184料场	三	0.40	37	4.80	70	110	229	57	545	445	297	742	33.6	＞W8	＞F200
WK-46	C25	卡子湾 425R	乌尔禾	三	0.40	26	4.80	80	108	225	56	525	454	302	756	34.8	＞W8	＞F200
8K-58	C15	卡子湾 425R	184料场	三	0.48	30	5.35	80	105	184	46	624	440	294	734	24.6	＞W8	＞F200
WH-72	C15	和丰 425R	乌尔禾	三	0.47	29	4.50	60	102	180	45	605	449	299	749	26.5	＞W8	＞F200

注：（1）RH-2 高效减水剂掺量为胶材（水泥＋粉煤灰）总量的 0.3%；AE 引气剂为 0.6/万；粉煤灰为 25%。

（2）抗冻均采用快冻法进行，经 200 次冻融循环后，上述混凝土配合比的动弹模为 92%～97%，说明抗冻性能良好。

采用上述混凝土配合比修建的进水闸等渠系建筑物及渠道衬砌混凝土工程，经过 4 年来的运行，其质量良好，未发现混凝土因碱骨料反应产生裂缝问题，说明该引水工程所采用的抑制碱骨料反应的措施是成功的。当然还要经过更长时间的检验才能进一步证实这个问题。

第二节 土石坝缺陷处理与加固技术

一、土石坝裂缝处理

土石坝产生裂缝，将破坏坝身的整体性和抗渗性，严重裂缝会造成坝体滑坡渗水。土坝裂缝，按其走向分为龟状裂缝（分布不规则）、横向裂缝（垂直坝轴线）和纵向裂缝（平行坝轴线）；按其成因分为干缩裂缝、冻融裂缝、沉陷裂缝和滑坡裂缝；按其部位分为表面裂缝和内部裂缝。

土坝裂缝处理一般按以下步骤进行：裂缝检查、裂缝类型判别、裂缝处理方法设计或选用、裂缝处理施工。

首先，应对坝体及周边进行全面检查，找出所有裂缝。例如，均质土坝干缩裂缝易在坝顶、坝坡、坝肩与岸坡接触带、放水设施及溢洪道与坝体接触带等部位发生；当塘、堰干枯时，上游坝脚附近也会出现裂缝。检查坝体的裂缝、内部洞穴和坝体质量时，可采用井探法。如隐患部位较浅又较长时，也可采用槽探法。土坝坝体隐患勘探不得采用钻孔注水试验的方法。

其次，根据裂缝特征和部位，结合现场检查坑开挖结果，分析裂缝产生的原因，然后根据裂缝不同类型与成因，结合土石坝的设计和施工情况，采用适当的方法进行处理。

土石坝裂缝的处理，一般规定：纵向裂缝宽度小于 1 cm，深度小于 1 m 的较短纵缝，只要不与横缝联通，在防渗上无问题，同时，对坝体整体性和横断面传力影响也不大，可以不必翻修，但要进行封闭，防止雨水浸入。对裂缝宽度大于 1 cm，缝深大于 1 m 的纵向裂缝，破坏了坝体横断面的整体稳定性和增加局部断面内部应力，且缝内浸入雨水，降低土体抗剪强度，对坝坡稳定不利，应进行处理。横向和内部裂缝在渗漏上危害性很大，对坝体整体性也有较大影响，因此，无论裂缝大小均应进行处理。

（一）裂缝处理方法

裂缝处理的方法主要有缝口封堵法、开挖回填、裂缝灌浆、开挖回填与灌浆相结合等。坝体发生裂缝时，应根据裂缝的特征，按以下原则进行修理：① 对表面干缩、冰冻裂缝以及深度小于 1 m 的裂缝，可只进行缝口封闭处理。② 对深度不大于 3 m 的沉陷裂缝，待裂缝发展稳定后，可采用开挖回填方法修理。③ 对非滑动性质的深层裂缝，可采用充填式黏土灌浆或采用上部开挖回填与下部灌浆相结合的方法处理。

1. 缝口封堵法

此法适用于缝深和缝宽均不大的不规则的龟纹裂缝。方法是先用干而细的沙壤土由缝口灌入，用扦插捣塞密实，再沿缝口翻挖，将土洒水湿润后压实。当缝口较小，不易灌入沙壤土时，也可直接沿缝口翻挖，将土洒水湿润后压实。

一般情况下，坝顶和坝坡部位的细小裂缝（3 mm 以下）和表层裂缝（300 mm 以下）可不作处理，但要注意观察其发展情况；也可采用缝口封堵法处理，以免雨水侵入，引起裂缝扩展。

2. 开挖回填法

开挖回填是在裂缝部位先开挖、后分层回填土料的一种处理方法，多适用于深度不大的表层纵横向裂缝及防渗部位的裂缝。为准确掌握裂缝的长度和深度，开挖前应向缝中灌白灰水，对于较深的缝开挖过程中要随时注意边坡稳定与安全。

3. 灌浆法

灌浆法是指将黏土浆或黏土水泥浆液用机械压力或靠浆液自重灌入裂缝的一种处理方法。灌浆法适用于坝体裂缝过多过深或存在内部裂缝的情况，可分为充填式灌浆和劈裂式灌浆两种。

充填式灌浆法是指利用泥浆的自重压力，将泥浆注入土坝坝体内充填已有的裂缝、洞穴等坝体隐患，以达到加固堤坝目的的一种施工方法。为了提高灌浆效率和效果，也可以在注浆孔口施加一定的泵压力。当坝体存在局部裂缝、洞穴等隐患时，可按充填式灌浆设计。

采用充填式黏土灌浆处理裂缝时，应符合下列规定：

（1）孔位布置。每条裂缝都应布孔，较长裂缝应在两端和转弯处及缝宽突变处布孔。钻孔深度应超过隐患深度不小于 1 m。灌浆孔与导渗或观测设施的距离不应小于 3 m。

（2）钻孔。必须采用干钻、套管跟进的方式进行。

（3）浆液配制。配制浆液的土料应选择具有失水性快、体积收缩小的中等黏性土料；浆液的浓度，应在保持浆液对裂缝具有足够的充填能力条件下，稠度愈大愈好；当需要提高泥浆的流动性，使大小缝隙都能良好地充填密实，可在浆液中掺入水玻璃；当需要加速浆液固结和提高浆液固结体强度时，可掺入水泥；当需要提高泥浆的稳定性时，可掺入适量膨润土；如需结合灌浆防治生物危害，可在浆液中掺入适量药物。如掺五氯酚钠灭蚁药经江苏省镇江市使用，效果较好。

（4）灌浆压力。灌浆压力应小于 50 kPa；施灌时灌浆压力应逐步由小到大，不得突然增加；灌浆过程中，应维持压力稳定，波动范围不得超过 5%。

（5）施灌时，宜一次灌注至饱满，如隐患规模较大也可分多次灌注，应采用"由外到里、分序灌浆"和"由稀到稠、少灌多复"的方式进行。经过分段多次灌浆，浆液已灌注至孔口，且连续复灌 3 次不再吸浆，灌浆即可结束；或者该灌浆孔的灌注浆量或灌浆压力已达到设计要求也可结束灌浆。灌浆过程中应随时检查进浆情况，有无冒浆、串浆和坝面抬动现象。如有上述情况，应立即停灌，处理妥善后再继续进行。

（6）灌浆孔灌浆结束后，应及时进行封孔。方法为将灌浆管拔出，向孔内注满密度大于 1.5 t/m³ 的稠浆；如果孔内浆液面下降，则应继续灌注稠浆，直至浆液面升至孔口不再下降为止。

（7）土坝灌浆宜在春、秋少雨旱季和水库低水位时进行。因为，在多雨季节或库水位较高的土坝上灌缝，浆液不易固结。

（8）在裂缝灌浆中，为防止雨水浸入，应在裂缝周围挖好排水沟，同时还应有防雨设备，如搭设防雨棚或根据气象预报及时盖好苫布或土工膜等，以确保裂缝灌浆的质量。

（9）对黏土心墙和斜墙坝体的裂缝灌浆，要防止浆液大量流入心墙和斜墙以外的透水料中，否则不但起不到填堵裂缝的作用，反而使透水料丧失透水作用。对均质坝体的裂缝灌浆，要防止浆液流入反滤排水设施中，堵塞渗水出路，造成浸润线抬高，影响坝坡稳定。

实践和试验结果表明，浆液在灌浆压力作用下，灌入坝体内能产生以下效果：浆液对裂缝具有很高的充填能力，不仅能充填较大裂隙，而且对缝宽仅 1 ~ 2 mm 的较小裂隙，浆液也能在压力作用下，挤开裂缝，充填密实。不论裂缝大小，浆液与缝壁土粒均能紧密地结合，同时依靠较高灌浆压力，还能使邻近的、互不相通的裂缝亦因土壤的压力传递而闭合。灌入的浆液凝固后，无论浆液本身，还是浆液与缝壁的结合面以及裂缝两侧的土体中，均不致产生新的裂缝。

由此可见，采用灌浆法处理裂缝，特别是处理内部裂缝，是一种效果良好的方法。当然，要取得预期的效果，还必须布孔合理，压力适当和选用优良浆液。

4. 开挖回填与灌浆处理相结合

在很深开挖回填与灌浆相结合的方法适用于自表层延伸至坝体深处的非滑坡裂缝。是将上述两种方法结合起来使用的一种方法，主要用于不易全部开挖或开挖困难的裂缝。先对上部裂缝开挖回填，再通过预埋灌浆管对下部裂缝进行灌浆。

在对自表层延伸至坝体深处的非滑坡表面裂缝进行加固处理时，可采用表层开挖回填与深层灌浆相结合的方法。当库水位较高，不易全部采用开挖回填法处理时，开挖有困难部位，对裂缝的上部采用开挖回填法，对裂缝的下部采用灌浆法进行处理。在回填时预埋灌浆管，然后采用重力或压力灌浆，将下部裂缝进行灌浆处理。

（二）裂缝处理工程实例：鸭子荡水库均质土坝裂缝修补加固

1. 工程概况

宁东供水工程是宁东能源化工基地非常重要的基础设施项目，为宁东能源化工基地提供生产和生活用水及生态用水。该工程位于银川市东部、黄河右岸，涉及陶乐县和灵武市，鸭子荡水库作为宁东供水工程的调蓄水库，是整个工程的控制性工程。

鸭子荡水库由挡水坝、放水建筑物、水库管理中心、进场公路、环库道路等构筑物组成。大坝设计为碾压式均质土坝，最大坝高 25.5 m，坝顶轴线长度 2 330 m，坝顶高程 1 252.5 m，坝顶宽度 7.0 m。迎水面坝坡马道以上坡度 1:2.5，下部 1:3.0，坝坡采用 120 mm 厚预制正六边形混凝土板砌护；背水面马道上部坡度 1:2.0，下部 1:2.5，背水面坝坡采用菱形预制混凝土网格条砌护和草皮护坡。一期总库容 2 053 万 m^3，其中淤积库容 750 万 m^3，防洪库容 103 万 m^3，调节库容 1 200 万 m^3。正常蓄水位 1 249.5 m，设计洪水位 1 249.5 m，校核洪水位 1 249.9 m，死水位 1 243.5 m。放水建筑物布置在大坝 0 + 426 m 处，采用输水塔和坝下涵洞形式，设计流量 15 m^3/s，输水塔设计为矩形结构，塔身结构尺寸 9.8 m × 11.15 m，壁厚 1.0 m，塔内底高程 1 236.90 m，塔高 26.1 m。坝下涵洞为 2 孔直径 2.2 m 的现浇钢筋混凝土管，每节涵洞长 10 m，涵洞总长 425 m，涵洞进口高程 1 237.5 m。工作桥基础为重力墩形式，桥面设计为钢网架结构，总长 221 m。

2. 工程地质条件

（1）0 + 000 ~ 0 + 510 段。该段表层为 Q_3^{eol} 壤土，呈浅土黄色，硬塑—坚硬状态；下部为 E_{3q} 砂质泥岩夹泥质砂岩，呈橘红色间橘黄色，岩层因泥质砂岩裂隙发育不均一，压水试验结果也随之变化。上部岩体透水率为 24 ~ 81 Lu，属中等透水，需做处理；下部岩体透水率为 0 ~ 5.1 Lu，属弱—微—极微透水，可作为相对隔水层。

（2）0 + 510 ~ 1 + 100 段。该段与一级阶地后缘相接，表层为 Q_4^{lal} 壤土，浅土黄色，硬塑—坚硬状态；下层为 E_{3q} 砂质泥岩，橘红色间橘黄色。上部岩体强风化层和中等风化层属中等透水，下部岩体属微透水，可作为相对隔水层。坝基开挖后，在坝体上游 0 + 570 ~ 0 + 725 m，下游 0 + 570 ~ 0 + 620 m 和 0 + 670 ~ 0 + 750 m 断续分布 I 级非自重湿陷性黄土，采用 2 000 kN·m 强夯进行处理。

（3）1 + 100 ~ 1 + 245 段。该段为河床，上部为（Q_4^{2al}）粗砂，灰色、松散，砾石含量约 15%，粒径 2 ~ 5 mm，成分为砂岩，呈棱角状；下部为 E_{3q} 砂质泥岩，橘红色间橘黄色。上部岩体强风化层和中等风化层属中等透水，下部岩体属微—极微透水，可作为相对隔水层。

（4）1+245～2+410 段。该段表层为 Q_3^{eol} 壤土，浅土黄色，硬塑—坚硬状态；中部为碎石或碎石夹壤土薄层，灰色、稍密，主要成分为砂岩；下部为 E_{3q} 砂质泥岩夹泥质砂岩，橘红色间橘黄色，坚硬状态，夹有泥质砂岩层，含有石膏脉。上部岩体强风化层和中等风化层属中等透水，下部岩体属微—极微透水，可作为相对隔水层。

综述大坝地质情况较好，库盆范围内底部岩体为微—极微透水砂质泥岩层，水库渗漏问题得到解决。坝基范围内强风化层和中等风化层在坝基开挖与施工中予以清除、处理，局部断续分布的湿陷性黄土采用强夯法进行处理，残余湿陷性黄土未得到彻底处理，导致上游坝坡局部出现裂缝。

3. 坝体裂缝成因分析

1）裂缝描述

鸭子荡水库从 2003 年 12 月 26 日正式开工，2004 年 6 月 6 日开始坝体填筑，2005 年 4 月 6 日完成坝体填筑，填筑总量 171.35 万 m^3。2005 年 6 月 7 日至 9 日进行第一次水库蓄水，水库蓄水 212.5 万 m^3，水位由 1 229.00 m 上升至 1 236.41 m；2005 年 8 月 1 日至 16 日进行第二次水库蓄水，水库蓄水 811.35 万 m^3，水位由 1 235.88 上升至 1 243.70 m，最大水深 14 m。

在水库第二次蓄水期间，8 月 7 日当水库水位蓄至 1 240.35 m 时，现场巡视人员在上游坝坡 0+375～0+563 m 范围、1 251.8 m 高程发现纵向水平裂缝，至 8 月 10 日裂缝拓展明显，8 月 12 日后裂缝扩展缓慢，趋向稳定，缝宽 1～12 mm；8 月 15 日，现场巡视人员在上游坝坡 1+874～1+900 范围、1 249 m 高程发现 2 道裂缝，至 16 日裂缝迅速发展扩张，20 日裂缝扩展缓慢，趋向稳定，缝宽 1～11 mm。

2）裂缝成因

鸭子荡水库上游坝坡局部出现裂缝后，建设单位邀请中国设计大师林昭等区内外专家和各参建单位召开鸭子荡水库坝体上游面局部裂缝专题研讨会。会议期间建设单位组织与会人员到水库对大坝进行仔细全面检查，重点对左右岸发生裂缝的区段进行了认真检测和分析，并对各单位提供的相关资料进行了认真细致地研究和讨论。

在相关地质资料和施工资料中反映，在桩号 0+530～0+570 和 1+874～1+950 范围内施工时清基不彻底，残留了部分 I 级非自重湿陷性黄土，一般厚度 0.4～1.2 m。同时，左右坝肩均在坝基建基面以下存有 2～3 层连续性较好的石膏夹层，设计、施工时虽然采用截渗槽切断了湿陷性黄土和石膏，但仍留部分在截水槽以外的坝基内。

从裂缝发生的时间、蓄水情况、裂缝发展速率和裂缝形态分析，发生裂缝的原因主要是坝基基础土体的湿陷变形。石膏溶蚀的影响将是长期的、缓慢的，不是形成大坝上游裂缝的主要原因。

3）裂缝处理

根据专家建议，建设单位随后邀请中水北方天津勘测设计研究院运用先进的综合物探方法进一步查清了裂缝的分布、深度等情况。综合以上意见提出了鸭子荡水库上游坝面裂缝的处理原则：

（1）浅窄表面裂缝。对于裂缝表面张开度 3～5 mm 的分散性裂缝，顺裂缝开挖 0.5～0.8 m 的土槽，采用黏土分层夯实回填。

（2）中等深度和宽度裂缝。对于裂缝开展宽度在 5～15 mm 的中等深度宽裂缝，可追随裂缝至裂缝宽度不大于 3 mm 深度为止，开挖上大下小的梯形槽，用黏性土回填，压实度可略降低，控制在 0.96 左右，含水量可略高于最优含水量以增加回填土的柔性。

（3）宽深裂缝。对于裂缝宽度大于 15 mm、深度大于 2～3 m 的裂缝，先追随裂缝开挖上大下小梯形槽，深度达 2～3 m，至槽底缝宽在 3～5 mm 为止，采用上述第（2）条办法，用柔性黏性土回填，并预埋灌浆管进行灌浆处理，有关浆液的配合比和灌浆压力等参数均通过试验确定。

4. 充填式灌浆

1）灌浆试验

灌浆试验的目的是确定灌浆材料、灌浆压力、浆液配合比、吃浆量等技术参数，为正式灌浆施工提供技术参数。2005 年 10 月 5 日，施工单位在上游坝坡 1＋918～1＋924 段进行现场灌浆试验。该段长 6 m，布置单排灌浆孔，孔距 2 m，共 4 个孔，其中Ⅰ序孔 2 个、Ⅱ序孔 2 个。现场采用人工打入钢管造孔，插入 PPR 管作为灌浆管，用砂浆泵低压分序灌入膨润土与黏性土制备的混合浆液，满足《土坝坝体灌浆技术规范》（SD266—88）规定和设计单位提出的设计要求。经过现场灌浆试验，确定了以下技术参数：

（1）造孔：大致顺裂缝走向，采用人工向坝坡内打入 Φ48 mm 钢管造孔，拔出钢管后插入 Φ40 mmPPR 管作为灌浆管，灌浆管底部设花管。

（2）灌浆设备：采用 100/15 型砂浆泵，在砂浆泵出浆口处设压力表，压力表最大压力 0.5 MPa。

（3）灌浆材料：在现场选取风化成细末状黏性土，过网眼尺寸 3 mm×3 mm 的细筛，按膨润土与黏性土质量比 1∶1 制备灌浆材料，按水与灌浆材料质量比 0.45∶1 的配合比配置浆液。

（4）灌浆压力：起始灌浆压力不大于 0.05 MPa，先用稀浆冲孔 3～5 min，灌浆压力不大于 0.2 MPa。

（5）灌浆量：每米孔深灌浆量控制在 0.3～0.5 m³。

2）灌浆施工

（1）灌浆土料。现场选用风化呈细末的黏性土与膨润土按照质量比 1∶1，制备灌浆土料，送宁夏地矿局中心试验室做相关试验，试验结果：塑性指数 11.5%，黏粒含量 29.6%，粉粒含量 56.4%，有机质含量 0.03%，可溶盐 1.392%，均满足《土坝坝体灌浆技术规范》的规定。

（2）灌浆浆液。灌浆浆液满足《土坝坝体灌浆技术规范》的规定。将水与灌浆土料按照质量比 0.45∶1 的配合比配置浆液，按规范规定现场用比重计测定浆液容重为 1.3～1.5 t/m³，平均值为 1.45 t/m³。

3）人工造孔

根据《土坝坝体灌浆技术规范》规定，充填式灌浆孔一般布置在隐患处或附近，按多排梅花孔布孔。按照设计单位通知要求，灌浆孔沿裂缝布置为单排，分 2 序布置，Ⅰ序孔和Ⅱ序孔间距为 4 m，孔间距为 2 m。但是对于裂缝的走向、深度仍不明确，根据水利部天津勘测设计研究院岩土工程技术中心提供的裂缝检测成果，大致判定裂缝的走向、深度后确定钻孔的深度等施工参数。

施工期间待梯形槽开挖成形后，用人工在槽底采用外径 50 mm、内径 43 mm 的钢管打孔，人工打孔深度依据水利部天津勘测设计研究院岩土工程技术中心提供的裂缝深度确定，并保证超过裂缝深度 0.5~1.0 m；考虑到裂缝并不一定会是垂直地面发展延伸，现场人工打孔时可大致分析裂缝的走向打斜孔，倾斜角约在 10° 范围内，保证打孔穿越裂缝。人工打孔结束后，立即在钢管内下外径为 40 mm 的 PVC 灌浆管，然后缓慢抽出钢管。考虑到裂缝向下发展的不确定性因素，在 PVC 管管壁上打梅花形孔，打孔间距 20 mm × 20 mm（管长方向 × 管径方向），孔直径 5 mm，这样可以保证 PVC 灌浆管穿越裂缝，PVC 灌浆管内的浆液通过裂缝处的小孔灌入裂缝。

4）灌　浆

充填式灌浆是利用浆液自重将浆液注入坝体隐患处，以堵塞裂缝，现场采用灌浆试验确定的起始灌浆压力和正常灌浆压力。

（1）选土。在大坝周围选用适宜的土料，送样检验合格后，拉运至现场，人工过筛备用。

（2）制浆。现场配备一个敞口水罐作为泥浆池，将灌浆土料提前浸泡数小时搅拌成浆，然后用水泵抽到砂浆泵上部的搅拌斗中搅拌配置，灌浆前再通过 35 孔/cm² 过滤筛。

（3）灌浆。现场各项工作就绪后，打开砂浆泵搅拌斗料口放浆，按照灌浆设计确定的施工顺序进行灌浆，开始先用稀一点（密度小一点）的浆液起灌，达到疏通管道和坝体裂缝通道的目的，同时也可以先使细小裂缝填充稀浆，经过 3~5 min 后再加大泥浆容重按照设计配比正常灌浆。灌浆采取从下至上分段灌注的方式，考虑到目前坝体 0+530~0+589 m、1+861~1+958 m 段需灌浆部位裂缝长度为 59 m、97 m，现场每 10 m 划分为 1 个灌浆段。

灌浆时先对第Ⅰ序孔进行轮灌，采用"少灌多复"（一次灌浆量要少，重复灌浆次数要多）的方法。待第Ⅰ序孔灌浆结束后，再进行第Ⅱ序孔的灌浆。对于每一个灌浆孔，需要多次灌浆才能完成，每次灌浆量控制在 0.3~0.5 m³，具体每孔的灌浆次数通过现场灌浆试验确定，一般为 5~10 次，每次灌浆间隔时间不少于 5 d。

灌浆过程中，每 1 h 测定浆液容重和灌浆量，并做好记录。每 10 d 测定一次浆液的稳定性和自由析水率。如果浆液发生变化，要随时加测。

（4）封孔。当浆液升至灌浆孔口，经连续复灌 3 次不再吃浆时，即认为裂缝已经灌饱、灌满、灌实，可以停止灌浆。当每孔灌完后，待孔周围泥浆不再流动时，将孔内泥浆取出，扫孔到底，向孔内灌注稠浆或含水量适中的制浆土料捣实。

5．结　论

（1）充填式灌浆实践证明在技术上可行。施工单位严格按照专家和设计单位的处理原则，采取充填式灌浆适时对鸭子荡水库上游坝坡局部裂缝进行了处理，消除了隐患。通过几年来连续观测，灌浆部位坝坡再未出现新裂缝和其他异常情况，鸭子荡水库安全可靠运行。

（2）充填式灌浆技术得到运用。目前宁夏已经成功建设了鸭子荡水库、刘家沟水库、同心豫海水库和正在建设的南坪水库，以后还会陆续建设更多的碾压式均质土坝。这些水库在运行过程中，可能会出现类似鸭子荡水库上游坝坡裂缝的状况，充填式灌浆作为一种有效处理坝基渗漏、坝下建筑物渗水、坝坡裂缝的施工技术，已经在鸭子荡水库工程中得到成功运用，为今后的应用进行了有益的尝试，积累了施工经验。

二、土石坝滑坡的处理

（一）滑坡处理方法

滑坡的处理应尽量争取在发现滑坡象征的初期进行，此时，滑坡体尚未受到严重扰动破坏，故不必将滑坡土体大量翻筑，处理的工程量与滑坡后的工程量比较大为减小。

滑坡处理前，应严格防止雨水渗入裂缝内，可用塑料薄膜等覆盖封闭滑坡裂缝，同时在裂缝上方开挖截水沟，拦截和引走坝面的雨水。如受客观条件限制，对滑坡不能及时彻底处理，则应采取一些临时性的、局部的、紧急的处理措施，增加坝体稳定性，防止滑坡继续发展。常用的临时处理措施有：控制水库蓄水位，以防渗水对滑坡的不利影响；对由于排水失效使浸润线抬高或因雨水饱和而引起的滑坡，可在下游开挖导渗沟，降低浸润线，避免渗水在滑坡体内存在；对已蓄水的均质坝或心墙坝，可用透水性较大的砂石料压住坝脚，增加滑坡体的稳定性；对已蓄水的黏土斜墙坝，有防渗要求的可向水中大量抛土，以增加坝坡稳定和防渗能力。待滑坡产生原因查明，库水位降低后，再针对滑坡的具体原因，采用相应的措施进行彻底处理。

处理滑坡的原则是设法减少滑动力，增加抗滑力。坝坡的治理方法主要采取开挖回填、坝坡培厚或削坡放缓，坡脚压重阻滑法，局部加固法，增设防渗、排水设施等。

1. 开挖回填

对因施工质量差引起的滑坡，彻底的处理方法是开挖回填。开挖回填应彻底挖除滑坡体上部已松动的土体，再按设计坝坡线分层回填夯实。若滑坡体方量很大，不能全部挖除时，可将滑弧上部能利用的松动土体移做下部回填土方，回填时由下至上分层回填夯实。如坝体内部有软弱土层，最好将其同时清除回填。开挖回填后，要做好坝趾排水设施。

2. 堆石（或抛石）固脚

在滑坡坡脚增设堆石体加固坡脚，是防止滑动的有效方法。适用于滑坡体底部滑出坝脚的情况。

滑坡堆石（或抛石）的部位应在图 7.17 中滑弧中心垂线 OM 左边，靠近滑弧下端部分，而不应将堆石放在滑弧的腰部，即垂线 OM 与 NP 之间，更不能放在垂线 NP 以右的坝顶部分。因为放在垂线 OM 左边对增加抗滑力最为有效；放在腰部，虽然增加了抗滑力，但也加大了滑动力，堆石的效果较微；而放在顶部，则主要增加了滑动力，对坝坡的稳定反而不利。如果忽略黏结力 C 的影响，根据土条沿弧面的切向分力 $T = G \sin \alpha$ 等于土条产生的阻止滑动的力 $N \tan \varphi = G \cos \alpha \tan \varphi$，$\varphi$ 为土壤内摩擦角；很容易求得 $\angle NOM = \alpha = \varphi$，这样就定出 N 点的位置，如图 7.17 所示。

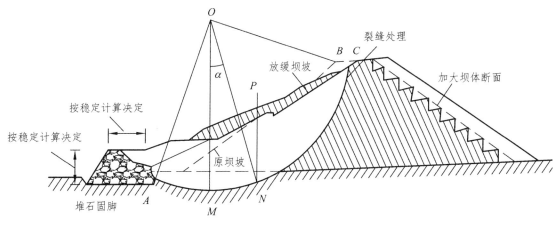

图 7.17　堆石固脚

当水库有条件放空时，最好在放水后采取堆石的办法，而在坝脚处堆成石埂，效果更好。当水库不能放空时，可在库岸上用经纬仪定位，用船向水中抛石固脚。

上游坝坡滑坡时，原护坡的石块常大量散堆在滑坡体上，可结合清理工作，把这部分石料作为堆石固脚的一部分。

对因坝基有淤泥层或软弱土层引起的滑坡，可在坝脚将淤泥或软弱土层全部清除。如淤泥或软弱土层分布较广不易全部清除时，可将坝脚部分清除，再开挖导渗排水沟排水，以降低淤泥或软弱土层的含水量，加速淤泥层固结，增加其抗剪强度，同时在坝脚用砂石料作平衡台压重固脚，增加抗滑能力，以保持坝体稳定，如图 7.18 所示。

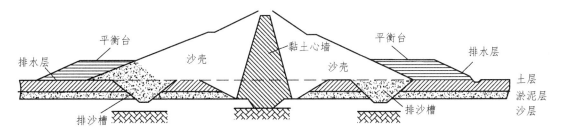

图 7.18　淤泥地基处理示意图

3. 坝坡培厚放缓

坝坡培厚放缓应符合下列要求：适用于坝身单薄、坝坡过陡引起的滑坡。应按坝坡稳定分析确定放缓坝坡的坡比。修理时，应将滑动土体上部进行削坡，按放缓的坝坡加大断面，分层回填夯实。回填前，应先将坝趾排水设施向外延伸或接通新的排水体。回填后，应恢复和接长坡面排水设施和护坡。

1）上游坝坡培厚放缓加固

当上游坝坡抗滑稳定不满足要求时，可采用上游面培土放缓坝坡的方法。由于在上游培厚中需降低库水位，因此该方法适用于放空条件的水库，可干地分层碾压填筑施工，以保证加固坝坡填筑的密实性。如水库无法放空，应尽量降低上游库水位，水上部分采用分层碾压填筑坝料，而水下培厚部分由于无法碾压密实，则可采用水下堆石（或抛石）固脚。

安徽卢村水库大坝采用上游坝坡水下部分抛填块石料，水上部分碾压填筑砂砾石料的培厚方案，及下游坝坡采用"格构式结构"加固，于 2007 年 6 月完工，经过几年运行和观测，大坝边坡变形小，稳定性比较好。

山东平邑县吴家庄水库上游坝坡抗滑稳定不满足要求，上游坝坡压实度偏低，干砌乱石护坡受坝体沉陷及风浪淘刷的影响，坝坡高低起伏，局部隆起、塌陷、松动现象很严重。为确保大坝安全，对大坝上游坝坡采用培厚放缓的方案进行加固处理。在放缓坝坡前对上游坝坡厚度 1.0 m 范围进行翻压，加固后的上游坝坡在高程 192.0 m 处设戗台，顶宽 2.0 m，戗台以上坝坡为 1∶2.5，以下坝坡为 1∶3.0。

2）下游坝坡培厚放缓加固

由于下游坝坡具备干地施工条件，下游坝坡稳定加固一般采用培厚放缓加固法。坝坡培厚部分土体可采用比原坝坡透水性大的材料（如块石料、砂砾料及砂土等），有利于排水降低坝浸润线。如果当地无透水性好的材料也可采用黏土填筑，并分层设置排水层（如砂砾层或碎石层）进行培坡。

四川眉山杨水碾水库，主坝为均质土坝，经检查复核发现主坝下游坝坡抗滑稳定存在隐患，上下游护坡不完整且破坏严重，主坝坝体渗漏明显。针对大坝的主要问题提出了整治设计方案：上游削坡放缓，下游石渣培厚、增高排水棱体，坝顶增设防浪墙。湖南中方县山羊头水库除险加固工程中采用大坝上游坝坡削坡放缓，下游坝坡培厚放缓，上游采用预制砼块护坡。下游坝坡进行草皮护坡，完善坝坡排水沟等加固处理方案。

4. 削坡放缓

坝坡陡于土体稳定边坡所引起的滑坡，如果坝顶较宽，可适当削坡放缓坝坡。具体做法是将滑动土体全部或下部被挤出隆起部分挖除，或适当加大坝体断面。放缓后的坝坡，必须建好坝趾排水设施。

坝顶部分的土条，其弧边的弦与水平线的夹角 α 较大，因此这部分土条沿弧面的切向分力 $T = G\sin\alpha$ 也较大，而阻止滑动的力 $N\tan\varphi = G\cos\alpha\tan\varphi$ 却较小。因此，放缓坝坡时，除将坝坡滑动土体下部被挤出的隆起部分挖除放缓外，应同时削掉坝顶陡峻部分坝坡，借以减少滑动力矩，稳定滑动土体。显然，如图 7.17 所示，在垂线 NP 以上部分放缓坝坡、削坡减载，效果将最好。放缓坝坡后，如果要求维持坝顶原有宽度，则应适当加厚下游坝体断面。

因放缓坝坡而加大坝体断面时，应先将原坡面挖成阶梯，回填时再削成斜面，用与原坝体相同的土料分层夯实，如图 7.17 所示。

江西省赣州市峰山应急水源土坝加固工程，通过在上游采用透水性较强材料、新加坝体放缓坝坡和在新旧坝体之间设复合土工膜防渗降低原坝体浸润线的方法，解决应急供水水位骤降时土坝的稳定问题。下游坝体 169.00 m 高程以上进行削坡，削坡后下游坝坡比 1∶2.1。169.00 m 高程设 2 m 宽的马道，马道以下用风化料进行压坡，压坡后下游坝坡比为 1∶3。下游坝脚加设排水棱体，棱体顶高程 160.00 m，宽 3 m，棱体下游坡比 1∶1.5。

5. 局部加固法

对上部局部坝坡偏陡，表层局部坝坡稳定不满足要求，而整体坝坡是稳定的土石坝，可采用表面格构护坡或浆砌石衬护加固的措施。

　　安徽卢村水库大坝下游坝坡高程 82.0 m 以上坡比 1：1.8 的坝坡浅表层稳定性较差，因此确定对高程 82.0 m 以上坝坡采用浆砌块石格构预制混凝土六方块护面加固。高程 82.0 m 到高程 72.0 m 的坡比 1：2.2 坝坡采用预制混凝土六方块护面。高程 72.0 m 以下坡比 1：2.2 坝坡采用草皮护坡。

6. 增设防渗、排水设施

　　水库蓄水后，在高水头作用下，坝体渗漏导致浸润线太高，引起下游坝坡不稳产生滑坡，可结合坝体防渗加固处理措施，降低坝体浸润线，修复或增设排水设施，提高坝坡稳定性。或者，由于水位骤降，引起上游滑坡，使防渗体遭到破坏。

　　对于渗漏引起的下游坡滑坡，当采用压重固脚时，在新旧土体以及新土体与地基间的结合面应设置反滤排水层，并与原排水体相连接。对因排水体失效导致坝坡土体饱和而引起的滑坡，处理时应重新翻修原排水体，恢复排水作用。

7. 滑坡裂缝处理

　　处理滑坡裂缝时，应将裂缝挖开，特别要将其中的稀泥挖除，再以与原坝体相同土料回填，并分层夯实，达到原设计要求的干容重。对滑坡裂缝一般不宜采用灌浆法处理。但是，当裂缝的宽度和深度较大，全部开挖回填比较困难，工程量太大时，可采用开挖回填与灌浆相结合的方法，即在坝体表层沿裂缝开挖深槽，回填黏土形成阻浆盖，如图 7.19 所示，然后以黏土浆或水泥黏土混合浆灌入。在灌浆前应先作好堆石固脚或压坡工作，并经核算坝坡确属稳定后才能灌浆。灌浆过程中，应严格控制灌浆压力，并有专人经常检查滑坡体及其邻近部位有无漏浆、冒浆、开裂或隆起等现象；在处理的滑坡段内要经常进行变形观测。当发现不利情况时应及时研究处理，必要时要停灌观测，切不可因灌浆而使裂缝宽度加大，破坏坝体稳度，加速坝坡滑动。

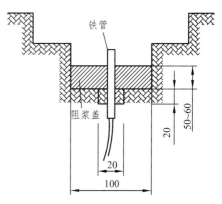

图 7.19　滑坡裂缝处理示意图

　　在滑坡处理时，有三种做法是错误的：

　　（1）沿滑坡体表面均匀抛石阻止滑坡。在坝腰部位效果很小，而在坝顶部位，反而有不利影响，将加速滑坡滑动。所以只能堆石（或抛石）固脚，而不应沿滑坡体表面均匀抛石。

　　（2）对滑坡裂缝未进行稳定分析和加固措施即采用灌浆处理方法。这种做法是不安全的。滑坡裂缝最好采用开挖回填处理，如必须采用灌浆法处理时，应在加固以后并经核算坝坡确属安全时方能进行。

　　（3）在滑坡体上打桩阻止滑动也是错误的。因为打桩不但不能抵抗巨大推力，反而会将土体震松，加速滑坡滑动。

（二）滑坡处理工程实例

1. 河北省岳城水库土坝滑坡的加固处理

岳城水库为碾压均质土坝，坝高 51.5 m。1974 年 6 月，随着库水位的下降，陆续发现主坝南北两岸黄土台地上游铺盖有严重的塌沟、塌坑、洞穴和裂缝。1974 年 8 月下旬，又发现主坝上游坡有两段明显裂缝，一段位于桩号 1 + 464 ~ 1 + 723 m，高程 136 ~ 140 m 处，护坡块石最大缝宽 33 cm；另一段位于桩号 2 + 170 ~ 2 + 380 m，高程 129 ~ 137 m 处，共有主要裂缝 4 条，护坡块石最大缝宽 16 cm。经挖试坑检查，发现土体有下滑错动，根据变形观测，滑动坝段的坝坡在高程 130 ~ 142 m 范围内有明显凹陷现象，高程 130 m 以下有局部隆起（主要在高程 125 m 以下）。除上述两段坝坡裂缝外，其他坝段护坡的不平整现象也较普遍，一般都在高程 130 ~ 140 m 区间沉陷，高程 130 m 以下为不规则的局部隆起，故判定坝坡局部滑动。

加固处理措施包括以下几个方面：

（1）两个裂缝滑坡段的上游坡，采用红土砾石压坡固脚至 125 m 高程；同时对两段之间的坝坡也一并处理，以保安全。

（2）处理坝坡裂缝。

（3）加固两岸上游铺盖。

（4）勘探试验，对坝坡进行全面检查。

加固处理工程量共计土石方 81.5 万 m³。压坡工程的地基为 4 ~ 5 m 的淤泥，采取底部铺垫卵石措施，用卵石挤淤，随着卵石铺垫的进展，促使淤泥向前挤，并用压力水将卵石前端拥高的泥头冲走，随铺随冲。卵石铺垫厚度由 1.2 m 渐增至上游坝脚为 1.5 ~ 2.0 m。

由于原坝坡的护坡块石未全部拆出，为了使原坝坡排水有出路，故在压坡体内高程 120 m 处设卵石排水暗沟，沟深 0.7 m，宽 1.0 m，垂直于坝轴线布设，间距 30 m，暗沟与原坝坡的卵石、砂砾层相接。压坡工程的剖面如图 7.20 所示。

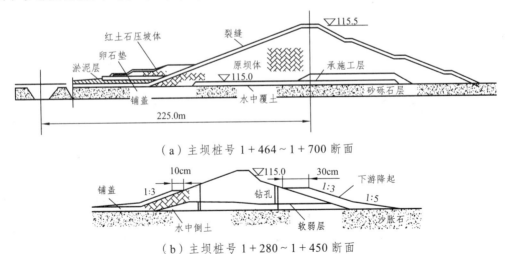

（a）主坝桩号 1 + 464 ~ 1 + 700 断面

（b）主坝桩号 1 + 280 ~ 1 + 450 断面

图 7.20　岳城水库滑坡处理示意图

对裂缝采用开挖回填方法处理，开挖深度 1 ~ 2 m，护坡及垫层按 1:1 的边坡开挖清理；土体按 1:0.5 的边坡开挖。经全面检查，缝宽仅 1 mm 左右，不需要灌浆。

1960 年 5 月施工期间，在桩号 1＋200～1＋650 m 的主坝临时断面下游坡也曾发生过滑坡。临时断面坝顶上游产生一条裂缝，裂缝从顶部到 138 m 高程处基本是垂直的，缝宽随深度逐渐减小。在 138 m 高程以下，裂缝走向偏向下游。在裂缝附近形成张力区，土体破坏严重，破碎带宽达 2～3 m。此外，坝坡的上下坝面上，在裂缝附近还有许多张力裂缝。同时临时坝顶下沉 0.8 m，下游坡面 108.5～116.0 m 高程之间有明显的隆起现象。

根据钻探和试验发现：滑坡段内，在水中填土的顶部，高程为 112～116 m，有一层含水量较高、碾压不实的软弱层。水中填土和软弱层构成了坝体底部厚达 10 m 多的软弱带。计算和分析证明，这是造成滑坡的主要原因。

根据核算结果，确定在下游 130 m 高程加一顶宽 30 m，边坡 1∶3 的土体，压坡固脚。在上游坡 125 m 高程上，加一顶宽 10 m，边坡 1∶3 的临时马道，方满足了临时断面抗滑稳定的要求，如图 7.20（b）所示。

2. 广东省瀑布水库土坝滑坡成因及其处理

瀑布水库是广东省南雄市的一宗以灌溉、发电为主，兼顾防洪的中型工程。水库拦河坝为均质土坝，坝高 51 m。1983 年 3 月 28 日凌晨 2∶00 发现大坝左侧背水坡滑坡，滑坡最高点为 347.2 m，最低点为 326 m，而当时库水位仅达 342.9 m，比正常蓄水位低 3.1 m，比校核洪水位低 5.5 m。滑坡面积达 2 912 m²，滑坡最大深度达 8 m，总滑动土方达 11 648 m³，滑坡最宽处达 60 m，约占坝顶长度的三分之一，且滑坡最深处的原山坡地基发现有泉水外冒。

左坝肩土坝产生滑坡的主要原因是：

（1）左坝段背水坡 120 多米长的山沟没有设排水反滤设施，致使山体裂隙水、山坑泉水、绕坝渗漏水、坝基渗水没能及时排除而滞留坝内而形成了隐患。

（2）左坝肩山坡原有两股泉水，土坝施工只用环氧树脂堵塞泉眼和部分岩石裂缝，填土直接填在上面，没作导渗处理。而裂隙水是无孔不入的，当时暴露的泉眼堵住了，水又可能另找出路，从其他的岩缝中渗出而注入坝体，在土坝中留下了又一隐患。

（3）坝后坡左坝脚冲沟湖洋田软基础在施工中没有彻底清除。

由于在土坝左侧存在着这些隐患，当连续降雨时，左坝段坝体处于十分不利的状态：降雨雨水从坝面下渗，山体裂隙水从山上沿岩石裂缝渗入坝体，库内渗水浸润坝体、左侧山坑来水绕坝渗漏水流入坝体，坝体来水强度大大高于坝体排水强度，而冲沟处的软基不透水层又成了坝体水下渗的屏障，当来水不能及时排除而滞留在坝体内，坝内土体逐渐浸润而趋于饱和，土体的 C、φ 值降低，削弱了填土的抗剪强度，这是土坝滑坡的内因所在；而山坡泉水的渗透压力，库水的渗透压力作用于坝体，冲沟坝脚存在的承压水头作用于坝踵处软基底部，联合组成了将坝体向下游推，向上拱托的作用力，增加了坝体的滑动力矩，成为滑坡产生的的外因。

针对左坝段产生滑坡的原因，必须采取切实可行的措施，从根本上处理土坝滑坡，以期达到排水增强、消除隐患的目的。最初提出在左坝段做 3～4 个直径为 1.2 m 的减压井，以穿过湖洋田基础为准。但沉井导渗减压作用范围太小，且施工较困难，井内渗水也不易排除，导渗管沟埋置不深，不能有效排除井内渗水，若埋置过深，开挖深度太大，施工困难。经方案比较，最后决定采用沿着冲沟走向布置堆石、浆砌石廊道排水体，导、引、截、排相结合的处理方案。具体做法如下：

（1）清除左坝段背水坡坡脚冲沟的湖洋田软弱层，沿着冲沟沟底走向设置沙、碎石、堆石、浆砌石廊道排水体。浆砌石廊道置于内层，廊道两边侧墙每隔 2 m 布置上中下 3 排排水孔，呈梅花形布置；外围布设块石、碎石、河沙排水导渗体，在廊道靠土坝一侧每隔 10 m 左右在原坝坡开挖一条沟，沟内填河沙—碎石—河沙，组成导渗沟，主要是为了将坝体渗水通过导渗沟排入排水体，然后迅速排入廊道，集中排往下游河床。为防止集于廊道基础底部的水形成集中渗流而冲刷基础，每隔 15 m 左右浇筑一道厚 40 cm 的砼截水墙，截水墙上游侧填置长约 1 m 的沙石反滤导渗沟，以便渗水能从此流入排水廊道内；设置廊道不仅可加快排水，还可通过廊道观察排水效果。

（2）用直径 80 mm 的铁管将左坝肩山坡处的两股山泉水导引入排水廊道。

（3）在冲沟上游的公路上侧浇筑 40 cm 厚的砼截水墙，拦截公路以上的山坑来水，待水集中后导出至公路排水沟排走；在廊道最上端的进口处也浇筑一道厚 40 cm 的砼截水墙，将山坡渗水、绕坝渗漏水截住后导入排水廊道排走。为了减少库水的渗漏，在坝顶坝轴线偏下游侧每隔 3 m 布置灌浆孔，灌黏土浆，加强土坝防渗。

（4）土坝原坝体断面经取坝体的土样做了土工试验，用土工试验所得数据对土坝进行稳定分析，将原后坡断面坡比由原来的 112.5、112.5、112 相应修改为 112.75、112.75、112.5，前坡则保持不变。经广东省水电勘测设计院计算，其抗滑稳定均满足规范要求。

采取这些措施后，左坝段背水坡形成了导、引、截、排相结合的排水体系，山坑来水不能渗入坝内，地表水、地下渗水、库内渗漏水、绕坝渗水都能够迅速地排除，还减少了地基承压水头，降低了浸润线，达到了排水增强、消除隐患的目的。

瀑布水库土坝滑坡处理主要有以下几个特点：

（1）找准了滑坡的成因，抓住了处理的主要矛盾，采取截、引导、排相结合的技术措施处理土坝滑坡，从根本上消除滑坡隐患。

（2）首次将排水廊道应用于土坝工程中，以往排水廊道只应用于混凝土坝和浆砌石坝中作为排水和观测之用。瀑布水库在土坝中设置排水廊道作排水和观测之用，实为一个创举。而该工程经竣工后观察，效果很好，能将渗入土坝内的水迅速排除。进入廊道内观测，可见水从廊道壁上的导渗沙涵和截水墙上侧的导渗沙石体内排出，廊道总排水量通过量水堰实测，最大可达 1 036.8 m³/昼夜。排水廊道排水体在瀑布水库土坝滑坡处理工程中的成功运用，为类似工程提供了一个导渗、减压又利于观察排水效果的好途径。

三、土石坝渗漏的处理方法

（一）坝体与坝基以及绕坝渗漏的处理方法

土石坝渗漏现象是不可避免的，但对于引起土体渗透破坏或渗漏量过大的异常渗漏，必须及早发现并及时处理，以防止形成不可弥补的重大事故。

土坝渗漏一是产生管涌、流土、大面积散浸及接触冲刷等形成的渗透破坏，二是渗透压力降低坝坡和坝基的稳定性。因此，要对坝基及坝体与坝基接触面采取防渗处理措施。一般应遵照"上铺中截下排，反滤料出口保护"的原则进行修理。在上游坝坡采取防渗措施，堵截渗漏途径，提高坝身坝基抗渗透破坏的能力；在下游坝坡采取导渗排水措施，将坝体内的渗水导出，降低渗流破坏能力。

具体措施有大坝上游面斜墙与水平防渗，中部垂直防渗和下游导渗排水三种实施方案。其中以在大坝中部建立垂直防渗体较多。垂直防渗主要有黏土截水槽、混凝土防渗墙、冲抓套井回填黏土防渗、高压喷射灌浆防渗、劈裂灌浆防渗、帷幕灌浆、膏状稳定浆液灌浆及土工合成材料防渗等。水平防渗有上游黏土铺盖结合下排开挖导渗沟、减压井和水平盖重压渗等。

1. 黏土斜墙法

对于均质坝、黏土斜墙坝的坝身渗漏，可在迎水面用黏土斜墙做截渗处理。黏土斜墙系用黏土做防渗材料，在原坝上游面分层铺筑，人工夯实或机械碾压成斜墙，以拦截坝身渗漏通道。在大坝上游新增的防渗黏土斜墙，可加固坝体，提高大坝防渗性能。该方法适用于坝体施工质量差，坝身普遍渗漏，浸润线和出逸点抬高，坝体出现管涌塌坑或原有防渗斜墙被渗流击穿等情况。

修建防渗斜墙时，一般应降低库水位，揭开块石护坡，铲去表土，然后选用黏性土料（黏土或黏壤土），分层夯实。对防渗斜墙的要求有以下几方面：

（1）施工时要降低水位，使施工面全部露出水面。

（2）施工时应对原坝体进行清理。

（3）黏土斜墙的土料应满足防渗要求。斜墙所用土料，其渗透系数应为坝身土料渗透系数的百分之一以下。

$$k_s \leqslant \frac{1}{100} k_d$$

式中　　k_s——斜墙土料的渗透系数；

　　　　k_d——坝身土料的渗透系数。

（4）斜墙顶部厚度（垂直于斜墙上游面）应不小于 2.0 m。斜墙底部厚度应根据土料容许水力坡降而定。但斜墙底部最小厚度大于等于作用水头的 1/8，壤土为大于等于作用水头的 1/5。

（5）斜墙上游面应铺设保护层，用砂砾或非黏性土壤自坝底铺到坝顶；斜墙下游面通常应按反滤要求铺设反滤层。斜墙底部应修建截水槽，深入坝基至相对不透水层。

（6）若坝身土料渗透系数较小，渗透不稳定现象不太严重，而且主要是由于施工质量较差引起的，则可不必另筑斜墙，只需将原坝上游坡土料翻筑夯实即可。

（7）对于坝身局部严重渗漏，甚至形成集中渗漏，经检查上游坡已形成塌坑或漏水喇叭口，但其他坝段质量尚好时，则可采用局部填塞处理。

当水库不能放空，无法补做斜墙时，可采用水中抛土法处理坝身渗漏。即用船载运黏土至漏水处，从水面均匀倒下，使黏土自由沉落在上游坝坡上，堵塞渗漏孔道，但效果没有斜墙法好。

云南昆明北大村乡天生关新闸水库为库容为 30 余万立方米的小（二）型水库，由于地处典型的岩溶地区，水库渗漏严重，每年栽插时节，库水只有 10 余万立方米，严重制约该村经济的发展。2002 年对水库进行黏土斜墙（上覆土工膜）处理，通过以上工程措施，水库防渗效果明显，运行状况正常，达到预期目的。

2. 土工合成材料防渗排水法

土工合成材料包括土工织物、土工膜、土工复合材料、土工特殊材料。它在水利水电工程中的应用包括：

（1）防渗。利用土工膜或复合土工膜防渗性强的特点，进行土坝、堤防、池塘等工程的防渗。

（2）反滤、排水。利用土工布透水性好、孔隙小的特点，作为土石坝、水闸、堤防、挡土墙等工程的排水和反滤体。

（3）护岸护底工程。利用土工布做成软体排铺设在防冲的边坡上，防止水流冲刷渠道和海岸等土岸坡。

（4）防汛抢险方面。利用填满土石料的土工编织袋，快速加高加固堤坝，在迎水面上利用土工布制成的软体卷材快速铺设，及时堵住渗漏通道，有效控制管涌、流土，防止渗透破坏。

土工合成材料在土石坝加固中得到广泛的应用，利用土工膜或复合土工膜代替防渗体，利用土工织物代替反滤料，效果良好。土工膜是一种由高聚合物制成的透水性极小的土工合成材料，具有透水性小、适应变形能力强、施工方便、工期短、造价低等优点。工程上常用的是复合土工膜材料，复合土工膜是用土工织物与土工膜复合而成的不透水材料，可分为一布一膜、二布一膜、一布二膜、二布二膜等。承受高应力的防渗结构应采用加筋土工膜。为增加其面层摩擦系数可采用复合土工膜或表面加糙的土工膜。

坝心墙斜墙、坝水平铺盖、坝地基垂直防渗墙等部位可考虑应用土工膜防渗。在 20 世纪 80 年代中期，我国先后在云南省李家菁和福建省犁壁桥水库土坝采用土工膜代替原来防渗性差的黏土心墙和斜墙，防渗效果明显。云南省李家菁水库的黏土心墙坝高 35 m，坝体渗漏严重，下游排水失效，在上游坝面铺设复合土工膜，下游坝面铺设土工织物反滤层，解决了坝体的防渗安全问题。福建省壁桥水库土坝高 38.3 m，大坝背水坡出现大面积湿润现象，曾经采用修建黏土斜墙和灌浆等措施进行防渗，效果不佳，1988 年在大坝上游面铺设复合土工膜后，防渗效果显著。

防渗土工膜应在其上面设防护层上垫层，在其下面设下垫层，防渗结构示意图如图 7.21 所示。为防止土工膜受水、气顶托破坏，应该采取排水排气措施。

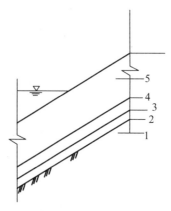

图 7.21　防渗面层结构示意图

1—坝体；2—支持层；3—下垫层；4—土工膜层；5—上垫层和防护层

3. 劈裂式灌浆法

劈裂式灌浆法是在土坝沿坝轴线布置竖向钻孔，利用一定压力将坝体沿轴线方向（坝体内小主应力面）劈裂，并灌入黏土泥浆，形成 10～15 cm 厚的连续泥墙，达到防渗目的，同时也使与泥墙连通的其他裂缝、洞穴、软弱夹层等坝体隐患，得到浆液的充填和挤压密实，使坝体加固。劈裂式灌浆技术施工成本较低，操作方便易行且效果显著。

本方法目前适用于高度为 70 m 以下的均质土坝、黏土心墙坝和堤坝浅层软土透水地基的防渗灌浆。当坝体质量普遍较差，坝体有裂缝、塌陷、浸润线出逸点过高、坝后坡出现大面积散浸，坝体有明显渗漏或坝体内部有较多隐患，可按劈裂式灌浆设计。坝体劈裂灌浆，一般应选在水库低水位和旱季进行，以确保灌浆施工期的大坝安全和灌浆质量。

云南省马龙县自 1984 年首次引入土坝劈裂灌浆技术进行水库渗漏处理以来，先后为该县王家庄镇永发水库、马鸣乡小古坝水库、稗子冲水库、沿口水库、新田水库等病险水库进行了防漏处理，涉及砂砾石坝、疏松均质坝、黏土窄心墙土等不同土质构造的坝肩及坝基的渗漏处理，均获得了成功。

劈裂式和充填式灌浆的联系和区别：

（1）劈裂式灌浆和充填式灌浆是坝体灌浆的两种主要形式。主要是针对土坝坝体碾压不实，密实度差；坝体内有渗漏通道、软弱层，坝后坡浸润线出逸点过高，发生散浸或渗透破坏（管涌、流土）现象；坝体由于不均匀沉陷而产生的裂缝（不包括滑坡裂缝）；土坝填筑施工时分段分层结合部位质量差；坝体和其他建筑物（如放水洞、闸墙）结合不好，存在空隙和接触冲刷；浅层软土透水地基防渗和加固；坝体内存在生物洞穴，如蚁穴、鼠洞、獾洞及腐烂树根等病险情况进行处理。

（2）两者区别主要表现在施工对象和施工工艺的不同。劈裂式灌浆适用于处理范围较大，问题性质和部位不能完全确定的隐患；充填式灌浆适用于处理性质和范围都已确定的局部隐患。因此，劈裂式灌浆法多应用于坝体渗漏部位较多，缝隙孔穴分布范围较广，坝体存在较多隐患，整体质量存在问题的坝体修复工程中；而充填式灌浆法则常用于坝体渗漏现象不严重，局部存在一定的裂缝或孔穴，且渗漏部位能够确定的坝体修复工程。

在具体的坝体施工中，要结合实际情况，仔细勘察坝体的渗漏状态，选用合适的灌浆技术。

4. 防渗墙法

防渗墙是修建在挡水建筑物和透水地层中以满足于防渗、承重或挡土功能的地下连续墙体，它具有结构可靠、防渗效果好，能适应各种不同地层条件等优点。

1）混凝土防渗墙

（1）概念：

混凝土防渗墙是利用钻孔、挖槽机械，在松散透水地基或坝（堰）体中以泥浆固壁，挖掘槽形孔或连锁桩柱孔，在槽（孔）内浇筑混凝土，或回填其他防渗材料筑成的具有防渗等功能的地下连续墙。防渗墙可建在坝体部分，也可深入到基岩以下一定深度，以截断坝体和坝基的渗漏通道。较浅的透水地基用黏土截水槽，下游设反滤层；较深的透水地基用槽孔型和桩柱体防渗墙，槽孔型防渗墙由一段段槽孔套接而成，桩柱体防渗墙由一个个桩柱套接而成。

防渗墙法比压力灌浆可靠，是处理坝身坝基渗漏较为彻底的方法。混凝土防渗墙加固的优点是：能适应各种复杂地质条件，既可加固坝体，又可加固坝基；可在水库不放空的条件下进行施工；防渗体采用置换方法，施工质量相对其他隐蔽工程施工方法比较容易监控，防渗可靠性高。缺点是：施工时需要较宽的工作平台，大坝坝顶需要下挖一定的高度后再回填至设计高度，施工工期要长一些，工程费用也略高。

我国水利水电工程采用混凝土防渗墙技术始于 20 世纪 50 年代。防渗墙技术首先在坝基防渗处理中应用。1958 年湖北省明山水库创造了预制连锁管柱桩防渗墙。同年在山东省青岛月子口水库用这种办法在砂砾石地基中首次建成了深 20 m、有效厚度 43 cm 的桩柱式混凝土防渗墙。1959 年在北京市密云水库砂砾石地基中创造出一套用钻劈法建造深 44 m、厚 80 cm 的槽孔型混凝土防渗墙的新方法，取得了巨大成功。

之后，防渗墙的形式、规模和适用范围发展很快，进而将此技术应用到病险坝加固、围堰堰体防渗、砂卵石地基修建混凝土面板堆石坝，以及在有特殊要求的工程中作为防冲、挡土、承重墙等。1967 年，四川省大渡河上的龚嘴水电站，首次将防渗墙用作大型土石围堰的防渗设施。这一工程的顺利建成为我国水电施工找到了一种多快好省的围堰防渗结构。1965 年在甘肃金川峡水库大坝加固中，穿透坝体黏土心墙建成了我国第一道坝体内的防渗墙，使混凝土防渗墙作为坝体防渗体系，其作用和功效又向前推进了一步。其后，澄碧河、拓林、海子、黄羊河、邱庄等多座水库大坝均建成了同类型心墙加固混凝土防渗墙。早期防渗墙主要采用乌卡斯钻机施工，施工速度较慢，费用较高。随着施工技术的发展，特别是液压抓斗的使用，使得成墙速度提高，费用降低。1981 年葛洲坝水利枢纽大江围堰防渗墙施工首次引进了日本液压导板抓斗挖槽机，首次进行了用拔管法施工防渗墙接头的试验。

1974 年建成的广西壮族自治区百色澄碧河水库大坝防渗墙，为首次用于病险土石坝处理的防渗墙。混凝土防渗墙坝现已广泛应用于病险水库加固中。如安徽花凉亭水库，大坝为黏土心墙加上游铺盖砂壳坝，由于心墙和铺盖黏土填筑质量差，大坝渗流出现异常，故采用混凝土防渗墙进行加固处理，即沿大坝黏土心墙部位布置一道混凝土防渗墙，防渗墙穿过坝基砂层，入岩深度 1 m，防渗墙轴线长 540 m，面积 25 470 m²，最大墙深 66.4 m，墙厚 0.8 m。防渗墙为黏土混凝土，要求其抗压强度不低于 15 MPa，弹性模量小于 18 000 MPa，抗渗等级 W8，允许比降不小于 80。防渗墙施工以抓斗施工为主，钻机为辅，充分利用抓斗造孔功效高的优势，造孔施工采用上部"纯抓法"与基岩冲击钻成槽的方法。2009 年 12 月开始，4 个月即完工，经 2010 年汛期高水位检验，大坝渗流达到正常指标，防渗墙加固效果较好。

目前混凝土防渗墙已是覆盖层地基和土石坝（围堰）工程的主要防渗措施。

（2）类型：

混凝土防渗墙可按墙体结构形式、墙体材料和成槽方法分类。按墙体结构形式分为桩柱型、槽孔型和混合型防渗墙三类（见图 7.22），其中槽孔型防渗墙使用更为广泛。按材料分，主要有刚性材料（普通混凝土防渗墙、钢筋混凝土防渗墙、黏土混凝土防渗墙）和柔性材料（塑性混凝土防渗墙和灰浆防渗墙）两大类。按成槽方法分，主要有钻挖成槽防渗墙、射水成槽防渗墙、链斗成槽防渗墙和锯槽防渗墙。

（a）槽孔型防渗墙

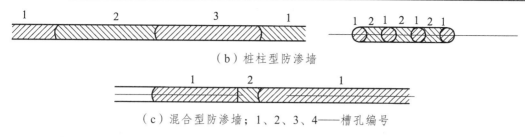

（b）桩柱型防渗墙

（c）混合型防渗墙；1、2、3、4——槽孔编号

图 7.22　混凝土防渗墙结构形式

2）冲抓套井回填黏土防渗墙

冲抓套井回填黏土防渗墙是利用冲抓式打井机具，在土坝渗漏范围的防渗体中造孔，用黏土料分层回填夯实，形成连续的套接黏土防渗墙。通过防渗墙截断渗流，同时在夯锤夯击回填黏土时对井壁的土层产生挤压，使其周围土体密实，从而起到防渗和加固的目的。

冲抓套井回填防渗墙技术先后在浙江、江西、四川、湖南等地得到了广泛应用。实践证明，它是处理土坝渗漏的一项很好的措施。它具有机械设备简单、施工快、工程量小、造价低、防渗效果好等优点。另外，在施工中能下井观察整个施工过程，也是对大坝坝身质量的一次最好的检查。江西省大源河水库均质土坝高 31 m，为了处理险情及坝基和坝身的严重渗漏，利用冲抓钻在砂砾石层坝基中成功地建造了混凝土防渗墙，达到了防渗除漏的目的。

3）倒挂井混凝土防渗墙

倒挂井混凝土防渗墙是在坝顶开挖明槽，槽内浇筑直槽开口的混凝土锁梁，梁下修建混凝土倒挂井，即先逐层向下开挖、立模、浇筑混凝土倒挂井壁，挖至基岩（或不透水层），清除风化岩石、凿毛清洗干净后，由下向上逐层回填浇筑防渗墙混凝土或黏土，形成整体混凝土或黏土防渗墙。

倒挂井防渗墙一般布置在坝轴线或坝轴线上游 1 m 处，从平面上看，沿轴线按一定尺寸分成若干槽段。每个槽段由 4 个连续的拱圆井组成（图 7.23）。槽段间设置塑料止水，距基岩 1～2 m 处设置水平铰接缝。

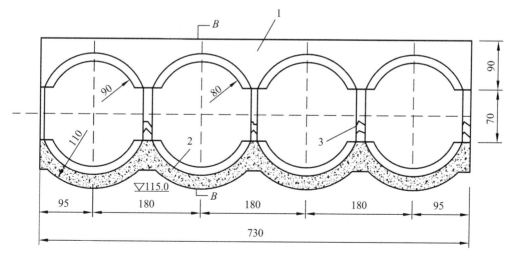

图 7.23　倒挂井平面图（单位：cm）

1—井口锁梁；2—混凝土；3—支撑圆木

此项技术优点为人工开挖，技术简单，不需要大型机械设备和专业施工力量，施工方便质量好、造价低、基础处理彻底不留隐患，组井之间设置了垂直变形缝，深井又设置了水平滑移缝，能适应抗震的要求；此外，还可检查坝体填筑质量，是一种有效的土坝防渗加固技术。缺点是用工多，安全性差，工期较长。

倒挂井法修建防渗墙在陕西石头河水库首先使用，目前在我国得到广泛应用，并积累了宝贵经验。湖北省丹江口水库总库容 209 亿 m^3，土坝心墙防渗处理时，采用组井开挖（4 个单井为 1 组，长 9.2 m），分序施工，先开挖单号井组，后开挖双号井组，形成整体混凝土防渗墙，深度达 22 m。江西省莘村水库最大井深达到 40 m，4 个井组开挖长度 7.2 m。上述技术，防渗效果很好。

4）搅拌桩防渗墙

深层搅拌桩防渗墙是利用水泥（石灰）等材料作为固化剂，通过深层搅拌桩机在地基深处就地将天然土和固化剂强制拌和，使被加固土体硬结，具有整体性、稳定性、不透水性，并具有一定强度的水泥土桩，多桩相切搭接形成连续密实的水泥土防渗墙。通过封闭完整的防渗连续桩墙来截断渗流通道，防止地基渗透变形。

河南省吴堂水库为均质土坝，坝体填筑质量差，渗透系数较大，下游坡散浸，局部坝脚沼泽化，有可能发生渗透破坏，已影响到工程的正常运用。在除险加固中上游坝坡采用混凝土衬砌，坝体设置深层水泥土搅拌桩防渗墙的加固方案，解决了坝体渗漏安全问题。湖南永顺县青坪水库除险加固工程坝体防渗原设计为冲抓套井回填，因施工时值雨季，为确保防渗施工质量和进度，设计修改采用深层水泥搅拌桩防渗墙代替冲抓套井回填方案，取得了很好效果。工期大幅缩短，造价略有降低，各项技术指标均满足设计要求。

5）振动沉模防渗墙

振动沉模防渗墙（双模板法）技术于 1999 年研制成功，主要应用于堤、坝垂直防渗加固工程。

振动沉模防渗墙是利用振动锤将空腹钢模板沉入地层，然后向空腹模板内灌注防渗材料而形成的防渗墙。该项技术适宜于砂性土、流沙、黏性土、淤泥质土及小粒径薄层砾卵石地层施工，对卵石含量高的地层沉入困难，不能沉入基岩和大块石中。目前造墙深度可达 22 m，适宜墙厚 8～20 cm。具有技术先进、质量可靠、施工功效高等优点。但在实际工程中也发生了不少问题，如槽孔之间的接缝难处理、施工设备庞大、施工效率低、造价高等。

施工工序流程见图 7.24。

（1）沉模就位。先铺设桩机轨道，再将桩机调平、稳固，使起吊沉模立柱垂直，再将 A 沉模对准孔位，检测调整沉模的垂直度符合规范要求。

（2）沉模振动下沉。启动沉模上端的振锤，将 A 沉模沿施工轴线沉入地层，达到设计深度。A 沉模作为先导模板，起到定位和导向作用，故其垂直度要求小于 1‰，以确保成墙连续。再将 B 沉模沿施工轴线紧靠 A 的导槽前沿沉入地层中，达到设计深度。B 沉模为前接模板，起到延长板墙长度的作用。

（3）灌浆拔模。向 A 沉模腹内灌注浆液，然后按两者确定的相对速度，边振动拔升沉模、边灌注浆液，直到将 A 沉模拔出地面，浆液留在地下槽孔内，形成密实的单板墙体。

（4）A、B沉模交替沉拔连续成墙。当A模灌浆拔升至地面后，移至B沉模前沿进行再次沉模。这时B沉模就起到定位、导向作用。此时，A沉模为前接模，起到延长板墙的作用，A、B两沉模相互轮流作为定位导向作用。重复①～④工序，即可形成一道整体连续的砼板墙。

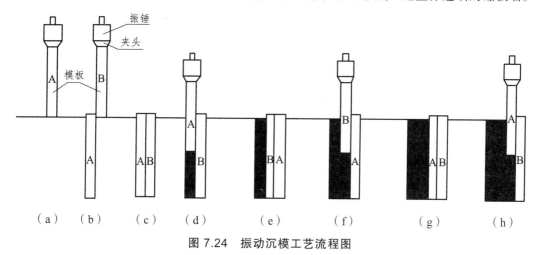

图7.24　振动沉模工艺流程图

a—A就位；b—A沉下、B就位；c—B沉下；d—A灌注；e—A沉下；
f—B灌注；g—B沉下；h—A灌注提拔

振动沉模超薄防渗墙技术，利用双模板不分序连续灌注，实现了无接缝造墙新工艺。自1999年该项技术发明以来，已经在全国11个省、自治区完成了振模超薄防渗墙工程。如福建省活盘水库土坝存在的坝体渗透破坏较严重、坝基接触带存在渗漏问题，在采用单一方法进行病险处理可能达不到理想效果的情况下，采取振动沉模防渗板墙和高压喷射灌浆相结合的综合防渗技术进行除险加固。亚湖水库为均质土坝，最大坝高36.6 m，通过第一期的劈裂灌浆，调整了坝体内不同土区不同的应力状况，使土区的变形稳定问题得到了解决，坝体内部形成了封闭的防渗帷幕，确保了大坝的变形和渗透稳定。在劈裂灌浆工法结束后，即采用振动沉模混凝土超薄防渗板墙作为大坝防渗加固的第二期工程，成功解决坝身渗漏问题。

6）射水造孔浇筑混凝土防渗墙

射水造孔浇筑混凝土防渗墙是利用水泵或成型器中射流的冲击力破坏土层结构，水土混合回流泥沙溢出地面；同时利用卷扬机操纵成型器不断上下冲动，进一步破坏土层，切割修整孔壁，造成规则槽孔，用泥浆固壁，采用常规水下混凝土浇筑，造成混凝土或钢筋混凝土防渗墙。

射水法成槽造墙施工工艺流程为测量放线、先导孔施工→槽段划分、射水造墙机安装就位→造一期槽孔→清孔验收→泥浆下混凝土浇筑。待一期槽孔内混凝土全部浇筑完毕后，再进行二期槽孔的施工，施工工艺流程与一期槽孔相同。射水法造墙的应用，大幅度地提高了混凝土防渗墙的施工速度和工效，且防渗墙防渗效果和耐久性好，工程质量可靠。此项技术，在江西省新干县夏园水库均质土中成功应用，经检查，墙体厚度达到0.22 m，深度达到27.98 m，墙体混凝土强度大于20 MPa，渗透系数（K）小于1×10^{-6} cm/s。

5. 高压喷射灌浆防渗

高压喷射灌浆技术是采用钻孔，将有喷嘴的注浆管下到预定位置，然后用高压水泵或高压泥浆泵（20～40 MPa）将水或浆液通过喷嘴喷射出来，冲击破坏土体，使土粒与浆液搅拌混合，并按一定的浆土比例和质量大小，有规律地重新排列。待浆液凝固以后，在土内就形成一定形状的凝结体。土石坝的高压喷射灌浆防渗加固，就是沿坝轴线方向布置钻孔，逐孔进行高压喷射灌浆，各高压喷射灌浆凝结体相互搭接形成连续的防渗墙，从而达到防渗加固的目的。

目前，该技术已广泛应用于土、沙、细颗粒砂砾石层以及透水性较强的砂卵砾石、砂卵漂石和堆石渣层地基的防渗处理，其深度可达 40 多米。对含有较多漂石或块石的地层，应慎重使用。

高压喷射灌浆的基本方法有单管法、二管法和三管法等，如图 7.25 所示。

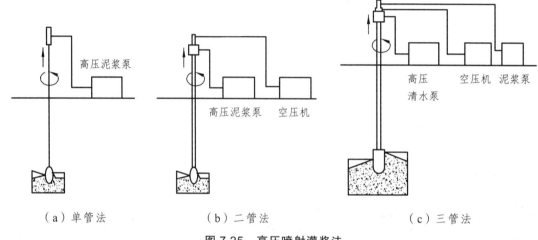

（a）单管法　　　（b）二管法　　　（c）三管法

图 7.25　高压喷射灌浆法

（1）单管法。单管法是用高压泥浆泵以 20～25 MPa 或更高的压力，从喷嘴中喷射出水泥浆液射流，冲击破坏土体，同时提升或旋转喷射管，使浆液与土体上剥落下来的土石掺搅混合，经一定时间后凝固，在土中形成凝结体。这种方法形成凝结体的范围（桩径或延伸长度）较小。其加固质量好，施工速度快，成本低。

（2）二管法。二管法是用高压泥浆泵等高压发生装置产生 20～25 MPa 或更高压力的浆液，用压缩空气机产生 0.7～0.8 MPa 压力的压缩空气。浆液和压缩空气通过具有两个通道的喷射管，在喷射管底部侧面的同轴双重喷嘴中同时喷射出高压浆液和空气两种射流，冲击破坏土体，其直径达 0.8～1.5 m。

（3）三管法。三管法是使用能输送水、气、浆的三个通道的喷射管，从内喷嘴中喷射出压力为 30～50 MPa 的超高压水流，水流周围环绕着从外喷嘴中喷射出一般压力为 0.7～0.8 MPa 的圆状气流，同轴喷射的水流与气流冲击破坏土体。其形成的凝结体直径较单管法、二管法大。这种方式目前应用广泛。

高喷灌浆的施工应按照布孔→钻孔→安设喷射装置→制浆→喷射→定向→摆动→提升→成板墙→冲洗→静压灌浆→拔套管→封孔的工艺流程进行。

采用高压喷射技术进行大坝防渗处理，在设计和施工中应注意以下几个问题：① 应根据工程的土质及地下水情况选择适当的高压喷灌浆方法，包括单管法、二管法及三管法等。② 应根据工程的重要程度、地质条件及技术经济状况选择适当的高压喷灌浆形式及连接方式。高压喷灌浆形式主要包括旋喷、摆喷和定喷；连接方式主要包括旋喷套接、旋摆连接、摆喷折线连接和定喷折线连接。③ 施工前应做好高压喷灌浆试验，以确定高压喷灌浆的各项施工技术参数。④ 施工过程中应做好施工质量检查。

海南三亚市半岭水库为三类均质土坝，最大坝高为 28.20 m，大坝存在的主要问题是渗漏严重，坝体填土层渗透系数为 $K = 3.50 \times 10^{-4}$ cm/s；坝基基岩层上部强风化岩层渗透系数为 $K = 1.65 \times 10^{-2}$ cm/s，该层厚度一般为 3.0 ~ 5.0 m，是大坝渗漏的主要通道。在防渗加固中对强风化岩层采用高压摆喷灌浆进行防渗处理，高压摆喷防渗墙深度要求穿过强风化岩层，并深入基岩 1.0 m。坝体填土采用劈裂灌浆进行防渗处理。高压摆喷防渗墙顶插入土坝坝体长度为土坝设计水头的 1/5 ~ 1/10。防渗体结构如图 7.26 所示。根据渗漏量观测资料，大坝防渗处理前的最大渗漏量为 139.5 L/min，防渗处理后的渗漏量为 11.3 L/min，防渗效果较好。

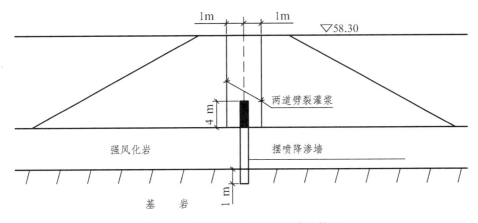

图 7.26　半岭水库大坝防渗体结构图

广西壮族自治区钦州市京塘水库是一座以灌溉为主，兼顾防洪、发电等综合利用的中型水库，主坝为均质土坝，坝顶高程 58.2 m，坝高 24.0 m，京塘水库除险加固工程 2009 年 12 月开工建设，2011 年 12 月基本完工。主坝坝体采用了高压旋喷灌浆的防渗措施，孔距 0.8m，分二序施工。高压旋喷灌浆防渗墙的设计技术指标如下：① 墙体渗透系数 ≤ 9×10^{-6} cm/s；② 墙体 28 d 抗压强度 ≥ 0.5 MPa；③ 墙体深至坝基全风化下限以下 1.0 m。通过围井注水试验、钻孔检测、现场开挖等几种常规检测方法对其进行质量检测，结果显示防渗墙体渗透系数、抗压强度均能满足设计要求。

6. 基础防渗帷幕灌浆

若坝基透水层过深，修建防渗墙困难，或坝基透水层中有较大的漂砾、孤石，或仅需要对坝基局部进行渗漏处理时，可采用灌浆帷幕方法。帷幕灌浆是在一定压力下，把按要求配制好的浆液灌注于坝基透水层，使之充填土体裂隙、孔隙，胶结形成防渗帷幕。帷幕灌浆的目的是：减少基础渗漏量；降低基础扬压力，提高大坝结构安全性和渗流安全性；防止集中渗流，防止基础发生冲刷、管涌等渗透破坏。

帷幕灌浆按灌注材料分为水泥灌浆、水泥黏土灌浆、水泥砂浆灌浆、化学灌浆等。水泥灌浆使用范围很广，如大坝岩石基础帷幕、固结及接触灌浆，坝体接缝灌浆，隧洞回填和固结灌浆，水工建筑物混凝土补强灌浆等。水泥黏土灌浆多用于砂砾石灌浆。水泥砂浆灌浆多用于空隙、溶洞等浆流量大的地段及隧洞回填灌浆。化学灌浆价格相对较高，主要用于大坝基础水泥灌浆效果较差部位的防渗，大坝加固和水工建筑的混凝土裂缝处理等。

帷幕灌浆施工工艺主要包括：钻孔、钻孔冲洗、压水试验、灌浆和灌浆的质量检查等。

采用灌浆帷幕防渗时，应符合：① 灌浆帷幕的位置应与坝内防渗体紧密连接。均质土坝的防渗帷幕宜设在离上游坝脚 1/3 ~ 1/2 坝底宽处。② 帷幕深度应根据地质条件和防渗要求而定，一般应深入相对不透水层不小于 5 m。

广西藤县大任水库主坝为黏土心墙土坝，最大坝高 56.00 m，坝顶长度 250 m，宽度 7.50 m；副坝位于主坝左端，为均质土坝，最大坝高 13.00 m，坝顶长度 150 m，宽度 7.50 m。因为大坝存在坝基渗漏，所以在坝基防渗处理中主要采用帷幕灌浆防渗。大任水库坝基帷幕灌浆从 2009 年 10 月开始到 2010 年 2 月结束，从灌浆检测数据来看灌浆防渗效果良好。

浙江宁波市横溪水库大坝为含砾粉质黏土心墙砂壳坝，坝顶全长 640 m，因砂砾石坝基存在渗漏的问题，根据现场实际条件布设二排帷幕进行封闭式水泥灌浆，并采用硫铝硅酸盐地勘水泥、525# 普通硅酸盐水泥和普通硅酸盐磨细水泥等灌浆材料。经实际工程运行后，坝基防渗取得良好的效果。

帷幕灌浆在岩溶地区具有很强的适用性。如云南石林县长湖水库、高石哨水库、团结水库溢洪道、保家哨小围、坝塘河水库、威黑水库等工程均采用帷幕灌浆措施处理，防渗效果非常好。

7. 膏状稳定浆液灌浆

膏状稳定浆液灌浆是在粗粒料坝体或坝基中进行钻孔，并采用螺旋泵灌入具有较大黏度和稳定性的膏状浆液的防渗帷幕灌浆技术。膏状稳定浆液是在水泥浆中掺入一定比例的粉煤灰、黏土、膨润土等。该灌浆技术能在孔隙率较大和有一定地下水流速的堆石体或砂卵石中形成防渗帷幕。

贵州清镇市红枫电站，大坝为木面板堆石坝，最大坝高 52.5 m，坝顶长 416 m，堆石体孔隙率高达 38%。因为面板木材腐烂，漏水严重，需要整治。故通过在坝体中采用 4 排孔进行水泥粉煤灰黏土赤泥混合膏状浆液灌浆，形成坝体防渗帷幕，帷幕上部厚度 4 m，下部厚度 14 m，通过钻孔压水检查和地震波穿透检测结果表明，帷幕体是连续的、完整的、密实的，压水合格率达 98.3%，岩芯采取率达 89.3%，经多年高水位考验和原型观测显示，防渗体工作正常。

云南昆明市封过水库大坝坝高 31.75 m，坝顶长 68.3 m，坝型为堆石坝，平均孔隙率达 27.8%（最大值 31%）。由于工程存在渗漏、变形等病害，长期控制蓄水运行，实际灌溉面积远小于原设计灌溉面积。水库除险加固设计时，对多种防渗方案进行比选后，最终采用膏状稳定浆液灌浆技术对堆石坝体进行防渗处理。处理后，大坝最大渗漏量由加固前的 20 ~ 120 L/s 减小为 5.4 L/s，经检测，压水试验透水率均小于设计标准 5 Lu，合格率为 100%，防渗效果满足设计要求。

8. 黏土截水槽

黏土截水槽墙是在土坝上游坝脚附近，用开槽回填黏土的方法，将地基透水层截断，以达到防止渗漏的目的。截水槽法是一种在土石坝坝基垂直防渗中应用很普遍的防渗技术。

截水槽通常开挖成梯形断面，深度直达不透水层表面或基岩面，切断砂砾石层。在坝基不透水层上建筑垂直防渗墙，是堵截坝基渗漏的有效措施，但如果不透水层较浅，可优先考虑黏土截水槽来处理坝基渗漏，通过把截水槽开挖在上游坝脚附近处来减少工程量。

截水槽法防渗技术工艺简单，不需要大型施工设备，是一种经济适用的土石坝坝基防渗方案，缺点主要是由于一般坝基承受的水头压力较大，而坝基的防渗体采用的是黏土，其防渗效果比较差，耐久性也比较差。

截水槽施工的主要程序是基坑排水、开挖、基岩面结合处理、岩面渗水处理、黏土回填。

黏土截水槽的设计、施工要求如下：

（1）砂砾石层深度在 20 m 以内时，宜采用明挖回填黏土截水槽。超过 20 m 时经技术经济比较，也可采用截水槽。

砂砾石层深度在 80 m 以内时，可采用混凝土防渗墙。超过 20 m 时，经论证也可采用混凝土防渗墙。

（2）截水槽的底宽应按回填土料允许渗透坡降和与基岩接触面的允许坡降确定。土料和基岩接触面的允许坡降，一般砂壤土取 3，壤土取 3~5，黏土取 5~10。在河北、山东、河南等大型工程中，坝高为 40~60 m 时，槽底宽为 6~10 m，中低坝一般取 4~6 m，折合水力坡降 4~10 m。槽底最小宽度不小于 3 m。

（3）截水槽的边坡应等于或大于坝基土的稳定边坡，保证填土与坝基土的结合，通常不应陡于 1∶1~1∶1.5。

（4）截水槽对坝基进行明挖时要求：① 截水槽一定要处于无水状态，以防止边坡坍塌，这就需要在截渗槽的上游渗流附近开挖基本排水井或在上游临时建立截水墙；② 截水槽要求嵌入基岩或不透水层，一般不少于 0.5 m，截水槽底部的宽度应该大于 3 m，以防止黏土防渗体埋深不够或厚度不够而引起渗漏。

（5）截水槽内的回填土应分层填筑，碾压密实。土料应与坝体防渗体相同，其压实度不应小于坝体同类土料。

（6）均质土坝或黏土斜墙坝采用截水槽处理坝基渗漏时，截水槽只能布置在上游的适当位置，此时，应注意使坝身或斜墙与截水槽可靠地连接起来，如图 7.27 所示。

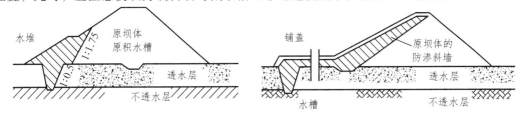

图 7.27　截水槽与坝身和斜墙的连接

（7）截水槽底部与基岩（或不透水层）结合良好，是保证截水槽质量的关键。所以必须在开挖基坑后，认真进行渗水处理，清理岩面，并经验收合格后方能回填。截水槽在嵌入不透水层中须将所有强风化岩面清除干净，这是因为截水槽切断了透水坝基，几乎全部水头差集中在槽底附近的基岩中，截水槽底后部有很大的逸出比降，会把风化碎屑携入透水层，形成机械冲刷。槽底基岩接触面，必要时可设混凝土盖板或表面灌浆。

当坝基为较厚的多层结构地基，利用其中的黏土层作为隔水层而与截水槽相接时，应注意黏土隔水层的完整性。

当坝基透水层较薄，虽然截水槽能与基岩连接，但应仔细研究基岩的透水性。如基岩中裂隙发育或岩溶发育，蓄水后在基岩中仍将产生渗漏，并引起截水槽下游冲积层的渗透变形。此时，应对基岩进行帷幕灌浆。

云南房后水库是一个渗漏较为严重的病险水库，坝后可常年挖坑浇地。对该水库进行除险加固选取的方案就是在前坝坡开挖截水槽辅以黏土斜墙的工程措施，工程运行情况良好。

新疆供水工程"500"水库，大坝为建在粉质壤土地基上的碾压式均质土坝，水库大坝采用坝体作为防渗体，坝基采用截水槽防渗（图7.28），坝体内部设"L"形排水体与下游坡脚排水棱体相接（图7.29）。坝基截水槽设在坝轴线上游侧，深度随坝基土渗透系数为 10^{-5} cm/s 的防渗线而定，防渗深度一般为 4~12 m；截水槽碾压后渗透系数为 $n \times 10^{-5}$ cm/s（$n < 10$），截水槽达到或接近地下水位高程。渗流监测结果显示坝体的防渗效果明显，起到了很好的阻渗作用，有效地降低了渗压水头；渗水清晰，说明反滤与排水系统运行正常，坝基和截水槽部位的渗流是稳定的，不会产生渗透破坏现象，说明"500"水库运行正常。

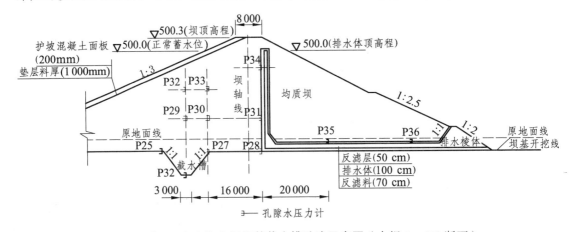

图 7.28 "500 水库"土坝坝基截水槽防渗示意图（中坝 3 + 600 断面）

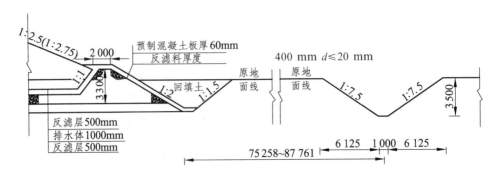

图 7.29 "500"水库大坝下游排水棱体与排水沟链接段剖面

9. 水平黏土铺盖

黏土铺盖是一种水平防渗措施，是利用黏性土在坝上游地面分层填筑碾压而成，如图7.30所示。

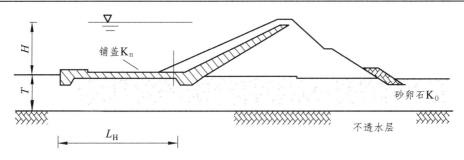

图 7.30　黏土铺盖示意图

上游铺盖并不能截断坝基渗流，但可增加渗径减小比降和渗流量，减小坝趾处出逸比降，与下游排水反滤设施联合作用可以防止渗透破坏的发生。

对于已成土坝的坝基渗漏，一般做垂直防渗墙比较困难，特别是当不透水层较深情况下，则采用黏土铺盖，施工比较方便，并有一定的效果。

黏土铺盖主要优点是施工简单，不需要降低地下水位，可以抢修，造价低，易于修复，所以与黏土截水槽一样，也是在坝基渗漏处理中被广泛采用的措施之一。当土坝质量较好，不透水层很深，开挖截水槽困难时，采用铺盖防渗是特别适合。如河南省鸭河口黏土心墙坝，坝高 32 m，采用铺盖防渗。1961 年，当库水位为 169.59 m 高程时，实测坝基渗流量为 645 L/s，11 年后，在 1972 年相似库水位为 169.49 m 高程时，实测坝基渗流量为 283 L/s，渗流量减少了 56%。但是，也应指出，采用铺盖防渗虽然可以防止坝基土壤的渗透变形并减少渗透流量，但却不能完全杜绝渗漏。

国内不少工程成功利用铺盖做坝基防渗，如四川的太平驿水电站利用铺盖和齿墙联合作用控制了 80 m 深多层强透水层的地基渗流。但是也有失败的，如河北王快、龙门、黄壁庄水库、十三陵等水库，由于铺盖发生裂缝及下游不断发生管涌等问题，不得不先后重新做了混凝土防渗墙才彻底解决了水库防渗问题。失败的主要原因之一是覆盖层地层复杂及砂砾石渗透系数较大，铺盖各部位承受渗透压力不同，因此容易遭受破坏。渗透系数太大的坝基渗流已不符合达西定律，而类似于管道的压力流，此时，渗流途径已不起作用，因此只有做垂直防渗才能防止渗透破坏。

铺盖设计、施工要求如下：

（1）铺盖宜与下游排水设施联合作用。对高中坝、复杂地层、渗透系数大和防渗要求高的工程应慎重选用。

（2）铺盖一般采用黏土填筑，对中低坝也可采用土工膜做铺盖。

（3）黏土铺盖设计应确定铺盖的长度、断面和压实标准，使坝基的渗透坡降和渗流量不大于容许值，并保证铺盖本身不发生裂缝和穿洞等问题。为此应遵循下列原则：

① 长度和厚度应根据水头、透水层厚度以及铺盖和坝基土的渗透系数通过试验或计算确定。

② 铺盖应由上游向下游逐渐加厚，铺盖前缘的最小厚度可取 0.5 ~ 1.0 m，末端与坝身防渗体连接处厚度由渗流计算确定，且应满足构造和施工要求。

③ 铺盖与基础接触面应平整、压实。当铺盖和基土之间不满足反滤料设计原则时，应设反滤层。

④ 铺盖应采用相对不透水土料填筑，其渗透系数宜小于坝基砂砾石层的 1/100，并应小于 1×10^{-5} cm/s。应在等于或略高于最优含水率下压实。

⑤ 铺盖宜进行保护，避免发生干裂、冰冻和水流淘刷等。

（4）在水库运用期间，如不允许放空水库后设置铺盖时，也可采用水中抛土法形成铺盖。

10. 导渗法

导渗法为"下排"措施，当原有的排水设施不能满足坝体渗透稳定要求，使下游坝坡发生散浸等现象时，通过改善和加强坝体排渗能力，使渗水顺利排向下游，以保护坝体和坝基的土粒不被渗水带走，并保持坝面干燥。

1）导渗沟法

当坝体散浸不严重，不至于引起坝坡失稳时，可在下游坝坡采用导渗沟法处理。导渗沟的形状可采用"Y""W""I"等形状，但不允许采用平行于坝轴线的纵向沟。

导渗沟的顶部高程应高于渗水出逸点，长度以坝坡渗水出逸点至排水设施为准，深度为 0.8~1.0 m，宽度为 0.5~0.8 m，间距视渗漏情况而定，一般为 3~5 m。沟内按滤层要求回填砂砾石料，填筑顺序按粒径由小到大、由周边到内部，填成封闭的棱柱体，不同粒径的滤料要严格分层填筑，不许混淆；也可用无纺布包裹砾石或砂卵石料，填成封闭的棱柱体。导渗沟的顶面应铺砌块石或回填黏土保护层，厚度为 0.2~0.3 m。如导渗沟做成暗沟形式，而上部仍用黏性土回填时，则在黏土的底部也应加反滤层，防止雨水下渗所挟土粒堵死导渗沟。

2）导渗培厚法（下游贴坡加固）

当坝身渗漏严重，散浸面积大，渗水在排水设施以上逸出，且坝身单薄，坝坡较陡，可采用导渗培厚法。在下游坡加筑透水后戗，或在原坝面上填筑一层排水砂层，培厚坝身断面，如图 7.31 所示。应特别注意使新老排水设施相连接，才能起到导渗作用，否则非但没有作用，反而会引起不良后果。

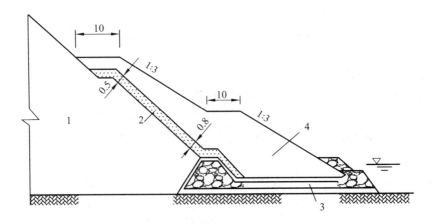

图 7.31 导渗培厚法示意图

1—原坝坡；2—砂壳；3—排水设施；4—培厚坝体

3）导渗砂槽法

当坝身渗漏、散浸严重，但坝坡较缓，采用导渗沟法不能解决问题时可用导渗砂槽法。在渗漏严重的坝坡上，用钻机钻成并列的排孔，排孔的下端应与排水设备相接，以达到导渗目的，如图 7.32 所示。

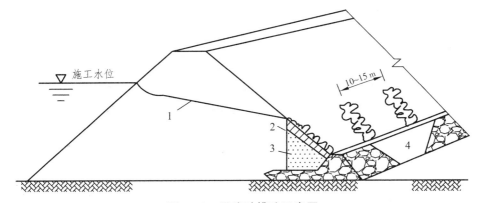

图 7.32　导渗砂槽法示意图

1—浸润线；2—填土；3—砂；4—滤水体

11. 排渗沟

在坝下游修建排渗沟的目的有：一方面是有计划地收集坝身和坝基的渗水，排向下游，以免下游坡脚积水；另一方面当下游有不厚的弱透水层时，尚可利用排水沟作为排水减压措施，如图 7.33 所示。

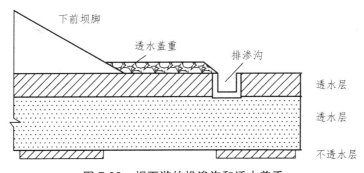

图 7.33　坝下游的排渗沟和透水盖重

坝基排水设施形式可在水平排水层、反滤排水沟、排水减压井、透水盖重层，或各种混合型式中选择。

（1）透水性均匀的单层结构坝基以及上层渗透系数大于下层的双层结构坝基，可采用水平排水垫层，也可在坝脚处结合贴坡式排水体做反滤排水沟。

（2）双层结构透水坝基，当表层为不太厚的弱透水层，且其下的透水层较浅，渗透性较均匀时，宜将坝底表层挖穿做反滤排水暗沟，并与坝底的水平排水垫层相连，将水导出。此外也可在下游坝脚处做反滤排水沟。

（3）对于表层弱透水层太厚，或透水层成层性较显著时，宜采用减压井深入强透水层，如表层不太厚，可结合减压井开挖反滤排水沟。

坝基排渗沟应设在下游坝脚附近。对一般均质透水层，排渗沟只须深入坝基 1~1.5 m。对双层结构地基，如表层弱透水层较薄，则应挖穿弱水层，将排渗沟放在透水层内，以引走渗流并降低剩余水头。但是当透水层较深时，这种排渗沟仅能引走一小部分渗流，剩余的渗流将绕过排渗沟，故作为导渗减压的控制渗流措施就不适宜了。

排渗沟内应设反滤保护，以防止渗流破坏。排渗沟一般采用明式以利检查，有时为了防止地表水流入沟内造成淤塞，也可采用暗式。由于暗式排渗沟工程较大，一般只宜用于排水量较小的情况。

12. 岩溶地区（喀斯特地区）地基渗漏处理

岩溶也称喀斯特（karst），是指以碳酸盐为主的可溶性岩石（石灰岩、白云岩、石膏、岩盐）地区，由于地表径流和地下水流对岩石的溶蚀作用和机械破坏作用，在岩体中形成洞穴，或在岩层的表面形成奇峰异石等独特的地质现象。石灰岩地区岩溶、裂隙发育，水库渗漏严重是一种普遍现象，因此岩溶渗漏是石灰岩地区水利建设必须首先解决的问题。

在喀斯特地区防渗，可根据以下方法处理：

大面积溶蚀未形成溶洞的可做铺盖防渗。

浅层的溶洞宜挖除或只挖除洞内的破碎岩石和填充物，用浆砌石或混凝土堵塞。

深层的溶洞可采用灌浆方法处理，或做混凝土防渗墙。

防渗体下游宜做排水设施。

库岸边处可做防渗措施隔离。

有高流速地下水时，宜采用模袋灌浆技术。

也可采用以上数项措施综合处理。

（1）土工模袋灌浆技术。对渗漏基础进行灌浆处理是工程中常用的办法，但通常使用的灌浆材料在动水条件下易被水流冲走，浪费大、效率低。对大流量、高流速溶洞地层漏水采用土工模袋进行灌浆堵漏，可以取得比较满意的效果。如广西拔贡水电站坝基岩溶渗漏量达 27.4 m³/s，在坝基岩溶渗漏处理中采用了以模袋灌浆技术为主的堵漏手段，结果表明这种措施对大孔隙动水条件下坝基溶洞渗漏灌浆处理是可行的。

土工模袋是由上下两层土工织物制成的大面积连续袋状材料，袋内充填混凝土或水泥砂浆等填充料。按加工工艺可分为机织模袋和简易模袋；按填充材料不同分为水泥砂浆型模袋和混凝土型模袋。由于土工模袋灌浆具有整体性，保证了灌浆充填料不被水流冲走，能有效封堵较大流量、较高流速溶洞涌水。

（2）岩溶地区抛投反滤料帷幕灌浆技术。岩溶地基渗透流速较大，常规的水泥灌浆难以取得预期效果。山东省岸堤水库的均质土坝，采取向钻孔内抛填 4 级级配砂砾石料，堵塞漏水通道，减少渗流的流速，形成反滤体后进行灌浆。4 级配料一般为 2~5 mm，5~10 mm，10~20 mm，20~40 mm。抛投时，先细后粗，缓慢投入，不能速度过快，以免堵塞钻孔。若不能达到封堵目的时，则需要扩大钻孔，改抛粒径为 40~80 mm，80~100 mm 的粗砾石、卵石。当粗级配料抛投不进去时，可由粗变细反向抛填，直至抛填到钻孔水量减至 200 L/min 时可进行水泥灌浆，水泥浆液由稀到稠，按比重分为 4 级，即比重为 1.1，1.2，1.3，1.4，依照常规灌浆技术要求进行灌浆，形成防渗帷幕，解决岩溶地基的严重渗漏问题。

（二）渗漏处理工程实例

1. 吉林省新立城水库坝基防渗

新立城水库位于吉林省伊通河中上游，距长春市区 16 km，是一座向长春市供水为主、兼顾防洪、养鱼的大型水库。水库始建于 1958 年，1962 年竣工。新立城水库大坝为黏土均质土坝，坝基是双层地基，由于水平成层性的影响，渗透水流的水头损失较小，下游又不能自由渲泄，故在不透水层底面形成一定的承压水头，在表层土较薄处，就有顶穿产生流土的危险。1964 年和 1973 年坝后出现管涌翻砂和流土现象。1975 年河南 75.8 大水后，新立城水库被鉴定为全国重点险库之一，于 1983—1988 年进行以防御可能最大洪水标准的保坝工程建设，对水库土坝渗流采取了减压井和坝后水平铺盖的方式，新打 101 眼减压井，坝后水平铺盖位于大坝桩号 0 + 918 ~ 2 + 428 m，从坝脚起至距坝轴线 150 m 范围内。从近些年的观测资料分析，坝后承压水头逐年抬升，减压井的出流量逐年减少，渗流呈恶化的趋势，尤以中西部坝段为剧。由于坝基透水层渗漏和坝下较高的地下水水头，出现的浸没现象已经严重影响靠近坝址下游的村庄和农田，需采取防渗措施。

新立城水库土坝坝基属于双层地基，即表层为黏性土层，下面为沙砾石层。坝基表层为砂质黏土覆盖层，厚度 2 ~ 5 m 不等，渗透系数 $k = 10^{-7}$ cm/s，其下有部分淤泥质的砂质黏土，厚度 3 ~ 7 m，再以下为砂层和砂砾石层，厚度 3 ~ 6 m，再以下为红色页岩和砾质岩层。坝基下砾质粗砂和细砾为强透水层，连续分布，渗透系数 $k = 0.038 ~ 0.083$ cm/s。

采用正常蓄水位 219.63 m，下游无水。经估算渗漏量，水库每年总渗流量约为 $Q = 154 \times 10^4$ m³。虽然坝体和坝基均不存在渗稳问题，坝肩也无绕坝渗漏，但从观测资料来看，坝后承压水头逐年升高，加大了下游的浸没程度，需采取防渗措施。

新立城水库已采用的防渗措施有坝前水平防渗，坝后水平防渗即减压井和人工盖重，垂直防渗处理进行静压灌浆、高压定喷灌浆试验。

（1）坝前水平防渗。

1958 年建库时，对坝基采用水平防渗处理方案，设计提出要求在桩号 1 + 700 ~ 2 + 650 m 之间加人工铺盖，铺盖长度 60 ~ 270 m 不等，其余坝段视为天然铺盖。施工中发现其余坝段黏性土层厚度不等，为保证坝前 100 m 范围内黏土层厚度不小于 2.5 m，自桩号 1 + 000 m 至坝西端均填筑了一层人工铺盖，但填土质量不佳，一些草皮土、出渣土作为铺盖土进行回填，也未进行有效的质量控制，河床回填更是失控，大部分没有起到坝前铺盖作用。

（2）坝后水平防渗。

保坝工程设计时考虑利用溢洪道开挖土料用于坝后盖重，施工简单易行、灵活，不需要很多材料，投资也很省，可以基本解决防渗问题，选择水平防渗方案，即设置人工盖重及减压井。下游 101 眼减压井经二十多年的运行，现减压井大部分已淤堵、失效，致使坝后承压水头逐年升高。

（3）静压灌浆（试验）。

1979—1980 年先后进行了两次五个孔的静压灌浆试验，但是 1981 年打孔时没有见到防渗帷幕也没见到水泥结构，分析原因是在水头压力下，地下水流速快，灌入的水泥浆没有凝固就被水带走，试验说明在新立城水库砂砾石层用静压灌浆措施是不可行的。

（4）高压定喷灌浆（试验）。

1983年结合新立城水库坝基砂砾石层防渗处理，进行了高压定向喷射灌浆试验研究。在位于坝中段桩号 2+315～2+585 m 和 1+545～1+645 m 为试验段，采用高压定喷灌浆以构造防渗墙。试验完毕后开挖表明，运用高压定向喷射灌浆，在黏土层中和砂砾石层中完全能形成水泥结石板墙。在黏土层中板墙厚 5～15 cm，在砂砾石层中板墙厚 20～35 cm，有效长度 2.6～3.4 m。但是由于试验段比较短，因此从这几年运行的情况来看，效果也不明显。

新的坝基防渗方案分别对塑性混凝土防渗墙、高压喷射灌浆和导渗沟方案进行了比较，见表7-11。

（1）塑性混凝土防渗墙方案：防渗墙位于坝轴线上，最大槽孔深度 20.0 m，混凝土防渗墙底部嵌入岩面线以下 1.0 m，防渗槽顶至 223.95 m，混凝土防渗墙顶至 219.63 m，墙厚为 30 cm。

（2）高压喷射灌浆方案：高压喷射灌浆位于坝轴线上，采用摆喷，孔距 1.2 m，最大孔深 20.0 m，钻孔深入岩面线以下 1.0 m，顶部灌到 208.00 m，采用黏土球封孔。

（3）新增导渗沟方案：布置在坝下游和防汛路间，靠近防汛路一侧，导渗沟挖深在原地面线以下 2.0 m，底坡 1:2 000，从坝右侧开始将水导入左侧原电站尾渠；导渗沟采用暗排混凝土花管结构，外包无纺布及砂砾石，上覆回填土。

表 7-11　坝基防渗工程优缺点比较表

序号	方案	造价/万元	优　点	缺　点
1	塑性混凝土防渗墙	1 643	可有效解决坝体、坝基渗漏问题，且具有施工速度快、工程造价低、防渗效果好、可靠性高等特点	但考虑本工程需要防渗的透水层不厚（仅2～5 m），而防渗墙则要打到正常蓄水位，则浪费了大部分的防渗墙工程量，明显不经济
2	高压喷射灌浆	852	可有效解决坝基渗漏问题，所用机械设备简单，工效高，工艺简单，成本经济，投资省	与基岩结合不易控制，一旦发生较大孔斜，便难以形成封闭的防渗工程，并且缺少快速可靠的检测方法
3	导渗沟	984	可降低出逸坡降，保证大坝安全	坝后导渗沟方案由于坝后压重较高，则要开挖和回填大量的土方，因此也不经济。不能解决渗漏问题，时间长容易发生淤堵

从减少水量损失，确保水库安全等方面考虑，有必要优先考虑垂直防渗的方案。垂直防渗方案中，高压喷射灌浆虽然不如混凝土防渗墙防渗效果稳妥可靠，但考虑本工程需要防渗的透水层不厚（仅2～5 m），投资比混凝土防渗墙少791万元，因此，高压喷射灌浆方案经济可行。

2. 大源河水库利用冲抓钻建造坝身黏土套井防渗墙

江西省大源河水库始建于1958年，为均质土坝，坝顶高程 91.00 m，最大坝高 31.00 m，坝顶长度 214 m，是一座以灌溉为主，结合防洪、发电、养殖等综合利用的中型水库，由于大坝填筑质量差，坝身、坝基渗漏均较严重，有必要进行防渗处理。根据施工方案比较，择优选用了黏土套井防渗墙的施工方法对大坝渗漏进行防渗处理。

黏土套井防渗墙的施工，是利用 8ZJ-95 型冲抓式打井机在大坝渗漏区域按设计要求进行造孔，然后回填黏土并按压实要求分层夯实，孔孔相套，使之形成一条连续的、具有一定厚度和防渗能力的黏土防渗心墙，从而达到防渗除漏的目的。施工程序可分为设备定位、冲抓造孔、孔底清渣、检查记录、回填夯实、取样试验六大中心环节。

大源河水库大坝套井黏土防渗墙的具体布置是：两岸台地的非砂砾石层段采用一排黏土套井；中部砂砾石层段采用三排黏土套井，其下部的砂砾层范围内采用一排砼套井（见图 7.34）。第一施工年度主要是建造坝身黏土套井防渗墙，第二施工年度主要是建造坝基砼套井防渗墙。共完成大坝防渗处理长度 176 m，总孔数 655 孔，总进尺 10 882 m。台班工效 10 m 左右。

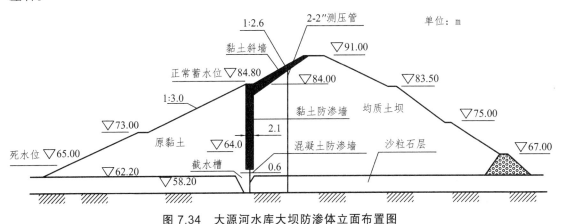

图 7.34　大源河水库大坝防渗体立面布置图

3. 福建省活盘水库采用振动沉模防渗板墙和高压喷射灌浆相结合的防渗技术

福建省活盘水库大坝坝体为均质土坝，大坝坝顶高程 65.24 m，最大坝高 28.15 m，坝顶长 94 m，宽 5 m。坝体表层 0 ~ 0.65 m 填筑土成分比较复杂，以砂质黏土为主，下部坝体填筑土为褐红色、浅灰色、灰黄色等杂色砂质黏土、粉质黏土，局部含有 5 ~ 7 cm 的碎块石，坝体中间局部还杂有少量草根。坝基接触带为强风化花岗闪长岩，断层节理发育，岩体完整性差，但坝基的整体强度能够满足土石坝的承载力要求，坝基稳定。

（1）存在问题：

① 经过地质勘探、地表测绘，发现迎水坡表部有局部沉陷，导致第一坡面与第二坡面接触带出现平行于坝轴线的裂缝，长约 40 m、宽 10 ~ 20 cm。

② 大坝背水坡有漏水及湿坡现象，其中背水坡左侧（高程 4 919 m）与山坡交接处的一处漏水量达 12 t/d，且随库水位的升高而增加；背水坡 51 ~ 53 m 高程处有 8 ~ 12 m^2 的湿坡；右侧高程 41.3 m 处有两处湿坡，渗漏量为 60 ~ 80 t/d。

③ 通过勘探孔现场注水试验，测得坝体填筑土的渗透系数 K 的最大值为 8.55 × 10^{-4} cm/s，最小值为 6.8 × 10^{-6} cm/s，说明大坝坝体局部渗流量较大。

④ 经勘察揭露，坝基与填筑土接触部位现场注水试验的渗透系数 K 为 8.55 × 10^{-4} ~

1.9×10^{-5} cm/s，属于弱透水-中等透水性，坝体填筑土与坝基存在接触渗漏。

⑤ 溢洪道边墩与坝体填筑土接触部位存在接触渗漏，渗漏量较大。

分析原因认为：大坝填筑时，填筑质量较差，碾压不实，土体疏松，造成坝体内部土区抗渗坡降降低，坝体内部产生渗透破坏比较严重。另外，坝基接触带处理不好，造成坝基接触带存在渗漏问题。

（2）防渗设计：设计采用振动沉模防渗板墙及高喷灌浆的综合防渗方案进行除险加固。

① 振动沉模防渗板墙解决坝体上部（坝顶至坝基处）渗透破坏的问题。利用高频振动的振锤（频率 1 050 次/min）将空腹钢模板沉入地层的过程中，模板周围的土体得到挤密，范围可达 2～3.5 倍的模板厚度。向空腹模板中自下而上灌浆能够保证灌浆的质量，通过振捣，浆液更加均匀密实。在连续施工的情况下能够保证墙体连续、平整、无接缝、无开叉，从而形成一道连续的防渗帷幕墙。

② 高喷灌浆解决大坝岸坡渗透问题和接触带的冲刷问题，要求按相关规范进行设计施工。高压喷射灌浆借助高压射流冲切搅拌地层，使浆液在高压射流的范围内与土体搅拌混合、扩散、充填。射流束的末端对周围土体产生侧向挤压力，在浆液的重力作用下，射流冲切的范围以外得到渗透，尤其是在接触带处形成一道防渗帷幕，通过浆液充填，其周围一定的范围内得到密实，从而解决坝基接触带的渗漏问题。高喷板墙上部与振动板墙底部旋喷搭接，双排旋喷直径达 1.05 m，能够有效地与振动板墙连接并起到一定的托付作用，保证了大坝自坝顶到坝基形成一道连续的防渗帷幕。高压旋喷桩采用单管法施工，桩径 600 mm，双排布置，排距 0.45 m，桩端进入坝基开挖线以下深度不小于 2 m。高压旋喷浆液的水灰比为 0.8～1.5，浆液配方应根据旋喷桩的物理力学指标要求及地质地层情况确定。单管法的高压水泥浆压力应大于 20 MPa。施工时旋喷桩桩顶高程应高于振动沉模板墙底端 1.0 m。

根据两种工艺的施工特点，大坝先施工振动沉模防渗板墙，后采用单管高压旋喷灌浆进行搭接。搭接位置为振动沉模防渗板墙两侧及底部，搭接示意图见图 7.35。

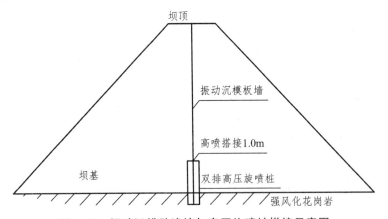

图 7.35　振动沉模防渗墙与高压旋喷桩搭接示意图

活盘水库在采用单一方法进行病险处理可能达不到理想效果的情况下，采取振动沉模防渗板墙和高压喷射灌浆相结合的综合防渗技术进行除险加固。检测结果表明，综合防渗技术满足规范及设计要求，能有效解决病险水库存在的问题，可供类似病险水库的除险加固参考。

四、土石坝护坡加固与改造

护坡破坏的修理可分为临时性紧急抢护和永久性加固修理。当护坡遭受风浪或冰凌破坏时，为防止破坏范围扩大和险情不断恶化，应采取临时性紧急抢护措施。经过认真分析研究护坡破坏的原因后，再采取永久性加固修理措施。

（一）临时性紧急抢护

1. 砂袋压盖抢护

适用于风浪不大，局部护坡松动脱落，但垫层未被淘刷的情况。用砂袋压盖护坡破坏部分，压盖范围应超出破坏边缘 0.5～1.0 m，厚度应不少于两层，并纵横互叠。如垫层和坝体已被淘刷，在压盖前，应先抛填 0.3～0.5 m 厚卵石或碎石，然后用砂袋压盖。

2. 抛石压盖抢护

适用于风浪较大，局部护坡已有冲失坍塌的情况。先抛填一层厚度为 0.3～0.5 m 卵石或碎石垫层，然后再抛块石压盖。石块大小应足以抵抗风浪的冲击和淘刷，石层越厚，块石越大，抛石体越稳定。抛石越集中，越迅速越好。

3. 石笼压盖抢护

适用于风浪很大，护坡破坏较严重，非上述抢护方法所能抗御的情况。块石可就地装入竹笼或铅丝笼，然后移至破坏部位压盖；如破坏面积较大，可并列数个石笼，笼间用铅丝扎牢，并填塞块石，防止滚动。

（二）永久性加固修理

护坡破坏经临时紧急抢护而趋于稳定后，必须抓紧时机，创造条件及时进行永久性的加固修理，以免遭受更严重的破坏。

土石坝护坡根据其损坏情况，确定采用维修、加固与重做等措施。一般情况下，应首先考虑在现有基础上填补翻修。上游护坡主要采用砌石护坡或混凝土护坡；下游护坡可采用草皮护坡、格构草皮护坡、砌石护坡、混凝土护坡等。

南方地区，没有冰灾、冻融破坏的要求，大坝上游多采用混凝土护坡；相反，北方地区则多采用砌石护坡。混凝土护坡分为现浇混凝土护坡和预制混凝土块护坡，对于具有旅游功能的水库，其上游坡可选用具有美化作用的预制混凝土块护坡。砌石护坡分浆砌石和干砌石护坡，砌石护坡优点在于消浪、适应变形、抗冻融破坏等，易于修补，缺点是没有混凝土护坡美观。

下游坝坡最常见的是草皮护坡，环保美观，当下游坡为透水性强的砂砾石、碎石等，坝坡不适合草皮生长，可选择砌石护坡、混凝土护坡等。其中，预制混凝土块护坡外形美观，能够及时引排地表雨水，保护坝坡免受雨水冲刷。

1. 局部填补翻修

由于护坡原材料质量不好，施工质量差而引起的局部脱落、塌陷、崩塌和滑动等破坏现象，可采取填补翻修的办法处理。首先把紧急抢护时所压盖的物料全部清除，并按设计要求先填筑土料和滤水料垫层，然后再按原护坡类型，进行翻修护砌。

（1）干砌块石护坡。及时填补、楔紧个别脱落或松动的护坡石料；及时更换风化或冻毁的块石，并嵌砌紧密；块石塌陷、垫层被淘刷时，应先翻出块石，恢复坝体和垫层后，应自下而上地进行砌筑，务使块石嵌砌紧密。如安徽红旗水库上游干砌块石护坡，运行多年出现了风化、局部塌陷等损坏，因此采用局部填补翻砌，对塌陷部位回填碎石，铺砌块石护坡，对严重风化块石进行更换。

（2）浆砌石块护坡。修补前应将松动的块石拆除，并将块石灌浆缝内杂物清洗干净。所用块石形状以近似方形为准，不可用有尖锐的棱角及风化软弱的块石，并应根据砌筑位置的形状，用手锤进行修整，经试砌大小适合以后，再搬开石块，座浆砌筑（即先铺砂浆，再砌片石）。个别不满浆的缝隙，再由缝口填浆，并予捣固，务使砂浆饱满。对较大的三角缝隙，可用手锤楔入小碎石，做到稳、紧、满。缝口可用高一级的水泥砂浆勾缝。

采用浆砌块石措施加固的护坡，为防止护坡局部破坏淘空后导致上部护坡的整体滑动坍塌，可在护坡底部沿坝坡每隔 3~5 m，增设平行坝轴线的一道嵌入坝体内的阻滑齿墙，如图7.36 所示。

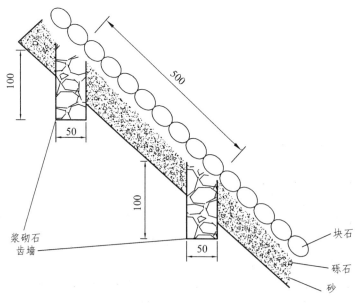

图 7.36　浆砌石齿墙护坡示意图

（3）草皮护坡。如护坡已淘刷成陡坎，应先用土料回填夯实，然后再重铺草皮。对于砂壳坝，在铺草皮前应在坝坡上先铺设一层厚约 10~30 cm 的腐殖土。铺植草皮时，最好成块移植，铺满修补部位。

（4）混凝土护坡。如原来为就地浇筑的混凝土护坡，为使新旧混凝土接合紧密，应将原混凝土护坡破坏部位，凿毛清洗干净，然后浇筑混凝土填铺，混凝土强度等级可采用与原护坡相同或高一级的。如原来为预制混凝土护坡，当预制混凝土板破裂较少而厚度较大时，可将原预制混凝土板座浆砌筑；当破坏严重时，可更换新预制混凝土板。

由于接缝处理不善，垫层遭受淘刷，致使护坡破坏的，修补前应按设计将垫层铺设好。由于原混凝土护坡局部施工质量较差，而被风浪淘刷剥蚀损坏的，可将表层松散部位凿除，冲洗干净，然后用 M7.5 以上的水泥砂浆填补。

为适应混凝土的温度变形，避免产生裂缝，对于现浇混凝土护坡，分块面积以不超过 25 ~ 30 m 为宜，预留的伸缩缝要处理好。

2. 细石混凝土或砂浆灌注

对于护坡石块较小、不能抗御风浪冲刷、需要加固的干砌石护坡和框格砌石护坡，可用砂浆或细石混凝土等灌注缝隙，将块石胶结连成较大的整体，增强其抗御风浪冲刷和冰推的能力。对于护坡垫层厚度和级配符合要求，但块石普遍偏小，或块石大小符合要求，但垫层厚度和级配不合规定，经常遭遇风浪或冰冻，破坏了护坡，如果更换块石或垫层，工程量都很大，可考虑采用这种措施加固护坡。该方法适合于北方寒冷地区护坡工程的加固处理，施工工艺简单，并且可以同时大面积施工，以提高工期，投资少，加固效果好。

具体施工方法是：先将破坏严重及坡面局部平整度差的部位，拆除干砌石，对垫层进行重新铺筑及重新砌筑干砌石；其次，对砌筑好的坡面用高压水冲洗块石表面及缝隙，清除杂物及污泥，保证块石与混凝土或水泥浆结合牢固；最后对干砌石缝隙灌注混凝土。为排除护坡内渗水，一般在一定的面积内应留细缝或小孔作为渗水排除通道。灌缝混凝土应选用适合石缝大小的细石作骨料，如遇石缝较小，可改用砂浆灌入。

内蒙古自治区察尔森水库大坝为黏土心墙坝，多年运行致使上游护坡多处出现凹陷、隆起或局部严重破坏，特别是 1998 年的特大洪水，水库高水位运行时间较长，加重了迎水坡的破坏。为此，对大坝干砌石护坡采取灌注混凝土措施，以加固大坝。Ⅰ区（高程 371.2 ~ 367 m）：此段处于正常高水位以上，不受风浪和冰推力作用，主要是施工原因产生的不均匀沉降，致使坝面起伏差较大。因此，本段护坡不需采取特殊措施，以整平为主，局部地区翻修找平后，采用水泥砂浆勾缝。Ⅱ区（高程 367.0 ~ 354.50 m）：此段位于水位频繁变动区，受风浪、冰推力作用，破坏严重，是加固的重点区域。加固方法是首先将破坏严重及坡面上局部平整度差，严重影响坝面美观地段的护坡全部拆除，垫层重新修整，使之达到设计要求，然后向块石缝隙中填注强度等级为 C20 的一级配混凝土。Ⅲ区（高程 354.50 m 以下部分）：此区段长期处于水下，受风浪及冰冻作用机会很少，破坏较轻微，只需对不密实部分翻修填实即可。

3. 混凝土盖面加固

对于原来砌块尺寸太小，厚度不足，强度不够，而风浪较大，需要加固的干砌石护坡和浆砌石护坡等，可在原砌体上部浇筑混凝土盖面，以增强其抗冲能力。首先将原砌体缝隙及护坡表面刷洗干净，然后自下而上在原护坡面上浇筑 C10 ~ C15 混凝土盖面，一般混凝土厚 5 ~ 7 cm。浇筑混凝土时，每隔 3 ~ 5 m 用沥青木板分缝。我国沿海地区的几座土坝，采取混凝土盖面加固后，经十级台风考验，没有发现护坡损坏，改变了过去年年抢护维修的被动局面。

4. 框格护坡

适用于石块较小及砌筑质量差的干砌石护坡的修理加固。按框格所用材料不同可分为以下两种：

1）浆砌石框格

框格是用原干砌块石护坡中尺寸较小的块石浆砌而成。

由于河、库面较宽，风程较大，或因严寒地区结冰的推力，护坡大面积破坏，需全部进行翻砌，仍解决不了浪击冰堆破坏时，可利用原护坡较小的块石浆砌框格，起到固架作用，中间再砌较大块石。框格型式可筑成正方形或菱形。框格大小，视风浪和冰情而定。如风浪淘刷或冰凌撞击破坏较严重，可将框格网缩小，或将框格带适当加宽。反之，可以将框格放大，以减少工程量和水泥的消耗。在采用框格网加固护坡时，为避免框格带受坝体不均匀沉陷裂缝，应留伸缩缝。在严寒地区，框格带的深度应大于当地最大冻层的厚度，以免土体冻胀，框格带产生裂缝，破坏框架作用。如图 7.37 所示。

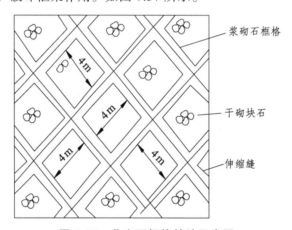

图 7.37　浆砌石框格护坡示意图

2）混凝土框格

框格是用混凝土筑成，有现场浇筑和预制两种。

框格砌石护坡的优点是利用框格增强整体性，如护坡遭到破坏，也局限在个别框格以内，避免引起范围较大的崩塌和整体滑动，且防浪效能较高，整齐美观。

5. 全面浆砌块石

当采用混凝土或砂浆灌注石缝加固，不能抗御风浪淘刷和结冰挤压时，可将原块石护坡改为浆砌石护坡，即利用原有护坡的块石进行全面浆砌。在砌筑前，将原有的块石洗干净，以利于块石与砂浆紧密结合。砌筑块石时，必须保护好垫层不被破坏。为适应土坝边坡不均匀沉陷和有利于维修工作，应分块砌筑，并设置伸缩缝，并应留一个排水孔或排水缝以利于排除土体内渗水。

6. 混凝土护坡

与传统的干砌石护坡比，混凝土护坡具有强度高、整体性好、防风浪效果好、抗冲刷能力强、耐久性好等优点。混凝土护坡主要分预制混凝土护坡和现浇混凝土护坡两大类。

现浇混凝土护坡相对于预制混凝土块护坡，具有整体性好，防洪能力、抗风浪能力强，施工单价较低等优点，多用于吹程长、风速高的地段护坡。从设计角度分析，同等外在条件下，使用现浇混凝土护坡，其设计厚度可低于预制混凝土护坡，节省混凝土工程量。但从目前已施工的现浇混凝土护坡看，存在质量不容易控制，施工难度大，要求高，外观质量不佳等问题。现浇混凝土护坡设计厚度不宜小于 10 cm。若护坡厚度偏小，则质量更难控制，且易出现裂缝。

目前国内土石坝上游采用混凝土护坡的工程比较多，如：安徽的龙须湖水库、钓鱼台水库；湖北青山水库、陆水水库；江西的潘桥水库、油罗口水库；广东黄泥坑水库；黑龙江石龙山水库等。

黄泥坑水库土坝上游坡面无护坡，坡面被波浪淘刷及被顺水流冲刷严重，多处坝段出现水流冲槽，已严重危及坝体安全。经比较干砌石护坡和现浇砼护坡，合理确定大坝护坡加固方案为现浇砼护坡。上游坝坡碾压是先静压两遍以稳定坡面，然后振动碾压 8 遍。混凝土面板采用无轨式滑模施工。低温时混凝土采用塑料薄膜遮盖，再加草袋或篷布后进行保护，有利于降低混凝土面板表面裂缝。

7. 沥青渣油混凝土护坡

沥青渣油混凝土既具有塑性又具有弹性，是护坡的新型材料。当护坡损坏严重，缺乏其他刚性护坡材料，而又容易解决沥青渣油材料，且较经济时，可采用这种材料护坡。沥青渣油混凝土护坡，能适应坝坡的变形。当坝坡有轻度变形时，不致使护坡产生裂缝。这种护坡整体性强，有足够的抗冲能力。一般纯沥青渣油混凝土的抗剪强度低于冰盖的抗剪强度，与冰盖相接处，易因冰盖升降而引起剪切破坏。在有冰害的地区，以采用沥青渣油块石护坡或沥青渣油预制混凝土板护坡为宜。沥青渣油混凝土护坡对材料的要求严格，施工工艺较复杂，需要有一定的专用施工设备。

（三）护坡处理工程实例

1. 石龙山水库大坝护坡除险加固

石龙山水库位于黑龙江省七台河市茄子河区铁山乡境内，大坝为均质土坝，最大坝高 91.4 m，护坡原为干砌石护坡结构，上层为 40 cm 厚块石，下设 30 cm 碎石及 50 cm 风化料。上游坝坡受风浪陶刷坍塌严重，输水洞附近坍塌 0.4 m，近 100 m²，上游块石护坡质量较差，石料为风化岩石，破坏严重，现上游坡只有少部分石块，大都滑移至坡底，需要翻建。

护坡设计采用干砌块石护坡与混凝土板护坡两种方案进行比选。两种护坡方案比选见表 7.12。

（1）干砌块石护坡方案：干砌块石护坡范围从死水位（高程 214.90 m）护至坝顶（高程 222.01 m），上铺 30 cm 块石，下铺 20 cm 碎石、20 cm 粗砂，土工布一层、10 cm 粗砂，在与护坡连接处做干砌固脚。需块石 3 470 m³，碎石垫层 2 313 m³，粗砂垫层 2 313 m³，土工布 11 565 m²。投资 137 163 万元。

（2）混凝土板护坡方案：混凝土板护坡范围从死水位（高程 214.90 m）护至坝顶（高程 222.01 m），其中从死水位（高程 214.90 m）护至兴利水位加 1m（高程 219.4 m），混凝土板厚度取 0.2 m，从兴利水位加 1 m（高程 219.4 m）护至坝顶高程，混凝土板厚度取 0.1 m，混凝土板下铺土工布一层、20 cm 粗砂。为防止护坡混凝土板下滑、坝脚被水流冲刷，与块石护坡连接处做干砌石固脚，断面形式为梯形，顶宽 2.0 m，高 1 m，底宽 1.0 m。经计算，需混凝土 2 026 m³，粗砂垫层 2 313 m³，土工布 11 565 m²。共需投资 143 168 万元。

表 7.12　护坡方案比较表

方　案	优　点	缺　点
块石护坡	投资较少，适应变形能力强	施工比混凝土板难
混凝土板护坡	施工方便；外型整齐、美观、易维修管理	一次投资比块石护坡大 6.05 万元

根据表 7.12 可以看出，两种方案各有利弊。通过周边环境调查，石龙山水库上游有一处国家级原始森林，空气清新，景色优美，生态环境和谐，东侧有一处寺庙，有助于今后发展旅游业。经方案比较，尽管混凝土板护坡一次性投资比块石护坡投资大，但从长远考虑出发，本次设计采用混凝土板护坡。

2. 寒区爱国水库土坝混凝土护坡工程

水库为蓄水工程，汛期过后均要正常蓄水，以保证第二年春季农业生产用水，一般水位较高，寒区水库冬季水结冰，体积膨胀，冰推力对土坝破坏十分严重。受冰推力影响，土坝迎水坡冬季都隆起一道冰土混合的峰脉；春季解冻期，冰排未融之际，若遇大风，冰排对土坝冲击更为严重，每块冰排撞击土坝，都会切入坝体很深；汛期若遇特大洪水，水库高水位运行，水流冲刷坝坡亦很严重。长此以往，循环往复，土坝破坏越来越重，土坝迎水坡均会形成一道 3~4 m 高的陡坎，若不采取措施，就会有溃坝的危险，因此，寒区水库土坝均需要加固护砌。

爱国水库土坝护坡工程 1995 年正式列项，1996 年开始施工，1999 年竣工，工程总投资844 万元。其护坡结构形式采用 20 cm 厚现浇大板块混凝土，下铺无纺布反滤层及 10 cm 厚砂垫层。

由于此结构形式的护坡存在着很多问题，总结归纳为 3 个难点问题需要克服解决：
① 护坡混凝土板块尺寸大小问题即稳定性问题。
② 现浇斜坡混凝土表面密实度问题即强度问题。
③ 混凝土表面光滑度问题即引滑问题。

这 3 个问题归结为一起，也就是如何增加抵抗或缓解冰推力破坏的问题。针对这 3 个难点问题，在爱国水库护坡工程中，我们采取了相应的解决办法，并付诸实施。

（1）护坡混凝土板块尺寸大小的确定。

小块混凝土护坡形式，实际运行破坏严重，冰冻胀、冰排上爬，护坡混凝土块被推走，冰爬效果不好。而板块过大，冻胀、沉陷，板块又出现多处裂缝，从而导致混凝土表面破坏，因此，土坝护坡混凝土板块尺寸既不能过小，也不宜太大，即找出既不能推坏，又不能出现裂缝的临界状态下板块的尺寸。经过反复研究对比，分析各种因素，最后采取 4.1 m×2.0 m尺寸大小的板块，顺坡分布，以利于抵抗冰冻胀力和便于盖模施工。

（2）混凝土表面密实度即强度问题的解决。

采用大板块护坡，需现场浇筑混凝土，而在斜坡上浇筑，由于陡坡且混凝土具有一定的坍落度，流动性较大，再加之混凝土的浇筑需振捣，这就增加了施工难度，自然浇筑斜坡混凝土表面的密实度很难达到，其强度也就达不到设计标准。在爱国水库护坡工程施工中，经过多次试验，成功地使用了钢模板作为盖模施工的方法，即用 5 mm 钢板，加纵横梁肋制作而成，为便于施工，分块组装，分块拆卸，上面施加重物，防止胀模。通过这种施工工艺，所浇筑的斜坡混凝土表面的表面密度即强度达到设计标准，效果良好。

（3）混凝土表面光滑度问题的解决。

护坡混凝土应起到引滑作用，如果表面粗糙，则增加了冰排与混凝土表面间的摩擦阻力，冰排上爬困难，甚至会把混凝土表面推坏，或是把混凝土板块推走，而且给工程管理带来了难度，增加管理费用，小块护坡水库需采取塑料布引滑措施。为克服这一难题，我们在爱国水库护坡施工中，盖模拆除后，先用靠尺刮平，对混凝土表面抹面、压面，然后到初凝期前再进行压光等工序，从而保证了护坡混凝土表面的光滑度，保证了冰排的上爬，工程运行效果良好。

从爱国水库护坡工程来看，还有两点值得注意的问题：

（1）混凝土板块分布问题。

板块顺坡分布，上、下变形不均，但抵抗冰推力效果较好，若横坡分布可增加板块截面抵抗弯矩，上、下变形较为均匀，因为在同一高程线上，板上部推力和板下部胀力基本相同，从上、下变形均匀程度效果上看，横坡分布要好于顺坡分布。顺坡分布板块过大，出现裂缝的可能性就大，横坡分布出现裂缝的可能性就小。

（2）砂垫层铺设厚度问题。

这种结构护坡形式砂垫层不宜过厚，因为砂层过厚，一般护坡坡度较陡，无法采用水沉砂来铺垫层，只能踩一踩、夯一夯，垫层很难像水沉那样实。到工程正常运行时，水位上升，垫层自然水沉，可能造成上疏下实现象，故板块上、下沉陷变形不均，垫层越厚，则上下变形越不均匀，尤其是在施工期间，因护坡工程一般不筑围堰，自然降雨或汛期若遇洪水，已浇筑完板块下面垫层两侧易被水冲空或淘空，造成沉陷不均，严重的会倾斜。即使不冲空淘空，也会造成上疏下实问题，上下沉陷变形不均，越厚越严重。因此，土坝护坡砂垫层厚度问题还有待于进一步研究探讨。但在实际施工过程中，我们体会到，垫层不易过厚。爱国水库护坡工程，我们采用 10 cm 厚砂垫层，不均匀变形虽有但却不大。

爱国水库土坝护坡工程经过几年的运行，效果非常理想：

① 稳定性情况。由于采用适当的板块尺寸，避免了冰推力推动或推走现象，位移现象虽有但却不明显，效果良好。

② 裂缝情况。由于局部位置回填土不实，个别板块有裂缝现象，但由于我们采取斜坡现浇混凝土上加盖模施工，表面强度达到了设计标准，表面裂缝没有开展，相当于多分一道缝而已，通过运行可以确定裂缝不是板块尺寸造成的，只是回填土不实，不均匀沉陷造成的。

③ 引滑情况。爱国水库护坡工程经过多年的运行，我们对冰爬坡情况进行了多次实测，1998 年冬—1999 年春的实测结果，在无任何引滑的情况下，冰自然爬高最大达 40 多厘米，爬长 100 多厘米，1999 年冬—2000 年春的实测结果，冰自然爬高最大为 100 多厘米，爬长 200 多厘米，可见引滑效果良好。正因为我们技术上采取了相应的措施，解决了上述几个难点问题，才使爱国水库土坝混凝土护坡结构形式取得这样好的效果。

第三节　震损水工建筑物应急处理与修复技术

近年来，我国频发破坏性地震，如 2008 年 5·12 汶川地震、2010 年 4·14 玉树地震、2013 年 4·20 芦山地震。地震发生后的水工建筑物在经过紧急的安全检测与评估过后，应尽快地进行修复加固，以免本已脆弱的建筑物在余震中加剧破坏。本节将简要介绍震后水工建筑物的及时补救措施及修复技术。

一、土石坝震害与修复处理措施

土坝震害的类型有裂缝、滑坡、渗漏、坝顶下沉、防浪墙损坏和护坡块石滑动等，其中以大坝裂缝、坝坡滑塌、渗漏为主。

（一）裂缝处理

坝体裂缝是土坝震害中极为普遍的现象。裂缝包括横向裂缝（垂直坝轴线）和纵向裂缝（平行坝轴线）。从裂缝统计看，纵向裂缝数量远多于横向裂缝；从裂缝危害看，横向裂缝的危害要远高于纵向裂缝。图 7.38 为 2011 年 8 月 11 日新疆阿图什、伽师交界 5.8 级地震造成大坝延坝体纵轴出现明显裂缝。

土坝裂缝抢险，首先要通过表面测量，开挖探坑、探槽以查明裂缝的部位、宽度、长度、深度、错距及发展情况等进行险情判别，分析其严重程度。再根据量测资料，结合土坝的设计施工情况，分析裂缝的成因，针对不同性质的裂缝，采取不同的处理措施。

对于裂缝处理，应坚持以下原则：

横向裂缝的处理：横向裂缝如果贯穿坝体上下游，渗水冲刷，危害极大，因此如果有贯穿上下游的横向裂缝，必须对水库进行降低水位的处理。同时，还应对裂缝进行尽可能的封闭处理，原则是在上游裂缝进口灌注

图 7.38　2011 年 8 月新疆南部地震造成大坝出现纵向裂缝

与筑坝材料一致的泥浆，或填筑黏性土，目的是阻断渗漏水通过。但应慎用压力灌浆，避免造成裂缝扩展，加剧大坝险情。坝体下游裂缝出口处宜挖开回填，做好反滤。

纵向裂缝的处理：对于缝宽较小的裂缝，可直接用塑料薄膜等防水材料沿缝铺盖，以免雨水侵入冲蚀，引起裂缝扩展，加大大坝安全隐患，待灾后进一步彻底处理。对于较宽裂缝，铺膜易因雨水聚集而落入裂缝中，因此，需首先进行裂缝补填，然后再铺膜防雨。宽缝补填应根据现场情况，选择黏土材料充填，如条件不具备，也可用坝顶两侧的土体应急补填，但应保证坝顶高度不变。

1．裂缝处理措施

当地震造成坝体出现较大的裂缝后，大坝整体性遭到破坏，库水通过裂缝渗入坝体，不仅增大了大坝内部的渗透压力，而且降低了土体的抗剪强度，使得坝坡出现滑坡等险情；若已经产生滑坡，坝体断面变小，稳定性有所降低，当库水位在较高的情况下，易产生溃坝险情。因此，应急抢险第一项措施就是尽可能迅速降低库水位。

针对裂缝具体的应急抢险技术一般有开挖回填、封堵缝口、横墙隔断等。开挖回填适用于经过观察和检查已经稳定，缝宽大于 1 cm，深度大于 1 m 且不超过 5 m 的非滑坡（或坍塌崩岸）性纵向裂缝。封堵缝口包括灌堵缝口和裂缝灌浆两种形式，前者适用于裂缝宽度小于 1 cm、深度小于 1 m、不甚严重的纵向裂缝，后者适用于缝宽较大、深度较大的横向裂缝。横墙隔断适用于横向裂缝。

1）开挖回填

开挖回填法是裂缝处理比较彻底的一种方法。对于裂缝深度不超过 5 m 的，可采用开挖回填的方法处理，特别是贯穿斜墙或心墙的横向裂缝，应首先考虑采用开挖回填的方案。裂缝开挖回填，应在库水位降低的情况下进行。

（1）纵向裂缝的处理：由不均匀沉陷产生的纵向裂缝，如宽度和深度较小，对坝身安全无较大威胁，可只封闭缝口，防止雨水渗入；或先封闭缝口，待沉陷趋于稳定后再进行处理。如纵向裂缝宽度和深度较大，则应开挖回填处理。

（2）横向裂缝的处理：横向裂缝因产生顺缝漏水，可能导致坝体穿孔，故对大小横缝均要开挖回填，彻底处理。

开挖回填施工工艺包括开挖和回填。沿裂缝开挖一条梯形沟槽，挖到裂缝以下 0.3～0.5 m 深，底宽 0.5～1.0 m，过窄不利于施工，沟槽两端应超过裂缝 1 m，如图 7.39 所示。槽壁坡度应满足边坡稳定及新旧填土能紧密结合的要求，开挖坡度一般用 1：0.5～1：1.0，如裂缝较深，为了开挖方便和安全，两侧边坡可开挖成阶梯形，回填时再逐级削去台阶，然后逐层回填压实。为了查明裂缝深度，可在开挖前向缝内灌注石灰水，开挖时沿白灰浆痕迹向下挖槽。开挖出来的土料不应堆在坑边，以免影响边坡稳定。不同土料应分别堆放。

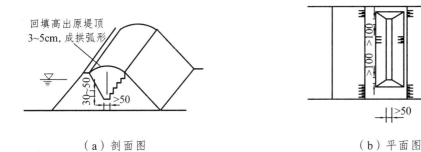

（a）剖面图　　　　　　　　　　　（b）平面图

图 7.39　开挖回填处理裂缝示意图（尺寸单位：cm）

对于横缝，除沿裂缝开挖梯形槽外，还须开挖纵向的几个结合槽。开挖深度应比裂缝尽头深 0.3～0.5 m，开挖长度应比裂缝尽头扩展 2 m 左右，槽底宽应大于 1 m，以便于人工下槽施工，如图 7.40 所示。

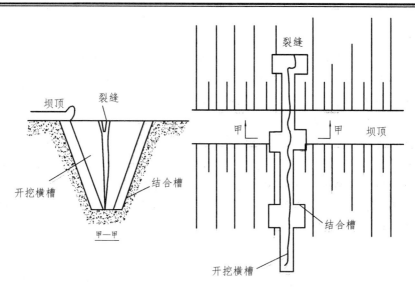

图 7.40　土坝裂缝处理示意图

回填土料要与原筑坝土料相同，填筑时土的含水量要略大于最优含水量。回填前应检查坑槽周围土体的含水量。如偏干则应在表面洒水湿润。如表面过湿或冻结，应清除后再进行回填。回填应分层回填人工夯实，要严格控制质量，并用洒水、刨毛等措施保证新老填土结合紧密。每层厚度约 20 cm，顶部高出堤面 3 ~ 5 cm，并做成拱弧形，以防雨水入浸。

需要强调的是，已经趋于稳定并不伴随有坍塌崩岸、滑坡等险情的裂缝，才能用上述方法进行处理。当发现伴随有坍塌崩岸、滑坡险情的裂缝，应先抢护坍塌、滑坡险情，待脱险并裂缝趋于稳定后，再按上述方法处理裂缝本身。

2）灌浆处理

当土坝裂缝很深或很多，开挖困难或会危及坝坡稳定时，则以采用灌浆法处理为宜。对坝体内部裂缝，应采用灌浆法处理。

缝宽较大、深度较小的裂缝，可以用自流灌浆法处理。即在缝顶开宽、深各 0.2 m 的沟槽，先用清水灌下，再灌水土重量比为 1∶0.15 的稀泥浆，然后再灌水土重量比为 1∶0.25 的稠泥浆，灌满后封堵沟槽。

对于较深的裂缝和内部裂缝，可采用压力灌浆或上部开挖回填而下部灌浆的方法处理。先开挖回填裂缝上部，并用回填黏土形成阻浆盖，然后以黏土浆液灌浆处理。裂缝灌浆一方面可使浆液充填裂缝，另一方面还可在容许的灌浆压力下，挤密裂缝周围的坝体填土，达到堵塞裂缝加固坝体的目的。对于纵缝灌浆，应注意控制灌浆压力，防止因灌浆压力过大而产生滑坡。

裂缝灌浆的浆液，可用纯黏土浆或水泥黏土浆。纯黏土浆与坝体填土的性能适应性较好，但掺水泥可以加快浆液凝固和减少浆液体积收缩。水泥黏土浆的重量配合比一般采用 1∶（3 ~ 4）（即 1 kg 水泥配 3 ~ 4 kg 黏土）。浆液的稠度为 1.3 ~ 1.1（即每公升浆液重 1.3 ~ 1.1 kg）。为保证细小裂缝能够灌入浆液，并减少体积收缩，灌浆时遵循由稀到稠的原则，即先灌稀浆后灌浓浆，以提高灌浆质量。

3）横墙隔断

横墙隔断施工工艺：沿裂缝方向，每隔 3～5 m 开挖一条与裂缝垂直的沟槽，并重新回填夯实，形成梯形横墙，截断裂缝。墙体底边长度可按 2.5～3.0 m 掌握，墙体厚度以便利施工为度，但不应小于 50 cm。开挖和回填的其他要求与开挖回填法相同，如图 7.41 所示。

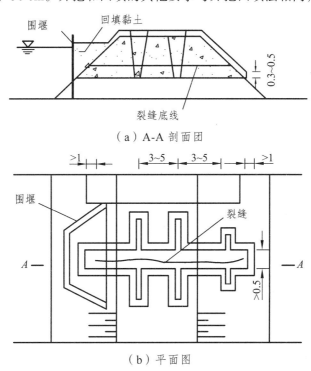

（a）A-A 剖面团

（b）平面图

图 7.41　横墙隔断处理裂缝示意图（尺寸单位：m）

2. 裂缝处理的实例

1）云南通海县甸苴坝水库

位于通海地震 8 度区的甸苴水库土坝（坝高 28 m），地震后，检查发现纵横裂缝共 10 条，主要的有坝顶和上游坡面的纵向裂缝 3 条，横向裂缝 1 条，缝宽 2～4 cm，缝深有的达 5 m 以上。

处理措施采用了开挖回填和灌浆相结合的方案，即沿裂缝挖槽，挖深 2～3 m，槽底的裂缝插入长 3～4 m 的钢管，管径 2.5 cm，埋管距离 2～4 m。钢管埋好后，即分层回填坝土，人工夯压密实，待槽土填平至原坝面后，用灌浆机沿钢管灌注黏土浆液。浆液稠度是先稀后浓，压力采用每平方厘米 1～2 kg，一直灌到黏土浆液沿缝冒出时停止。灌浆结束后，将管子拔出，管孔仍用黏土回填。这项处理工程共埋入钢管 38 根。处理结束后，立即关闸蓄水，几年来未发生渗水等异常现象。

2）云南东洱河水库

2007 年 6 月 3 日宁洱城区发生 6.4 级地震，震后东洱河水库工程产生裂缝 16 条，坝体裂缝 13 条，其中横裂缝 2 条，裂缝宽度 3～5 cm，局部下沉 0.5 cm；纵向裂缝 11 条，方向大致与坝轴线平行，主要分布于防浪墙至坝顶以下第一级戗台（上游坝坡）之间。最长的裂缝长 210.4 m，共有 2 条，分布在防浪墙两侧，最宽 6 cm，并伴随有沉陷。其次在启闭塔左侧码道下级坡也有裂缝产生，最宽 3 cm。

处理措施采用充填灌浆法对裂缝进行处理，灌浆施工采用自上而下孔口封闭分段灌浆法和灌浆工艺。裂缝充填灌浆孔均布置在裂缝上，采用单排孔布置，孔距均为 2.0 m。同一排灌浆分 3 个次序施工：即Ⅰ序孔→Ⅱ序孔→Ⅲ序孔。裂缝充填灌浆浆液采用水泥、黏土混合浆。采用较稠浆液起灌，即采用 1∶5（水泥∶黏土）配比。浆液配比为 1∶5∶4（水泥∶黏土∶水）、1∶5∶3、1∶5∶2、1∶5∶1 共 4 个级别。经过充填灌浆处理后，裂缝内形成了坚实、连续、有效的水泥黏土混合浆体，提高了坝体的密实度，增强了坝体抗变形的能力。

3）四川都江堰团结水库

2008 年汶川大地震后对水库进行了现场检查，地震造成大坝高程 690.00 m 以上上游坝坡、坝顶及下游坝坡上部发生多条宽 5～10 cm、长度不等的纵向裂缝，左右两坝肩出现多条宽 10～40 cm、贯穿坝体的横向裂缝，大坝震损病害严重；且水库无溢洪道，通过涵卧管放水，放水流量过小，不能安全度汛。因此，应急抢险方案为在大坝主河槽部位抢挖一条临时泄洪渠，渠底高程为 690.00 m，在 695.00 m 高程处设置 1 m 宽的马道，马道以下断面采用条石压土工膜进行衬护。由于高程 690.00 m 以下坝体受地震影响不大，大坝重建时拟保留利用，高程 690.00 m 以上坝体裂缝较多，拟全部开挖后重新填筑碾压。大坝附近黏土料充足，选用原坝体开挖黏土料，不足部分采用水库左岸台地的黏土料。上游坝坡高程 686.00 m 以下维持原坡度不变（1∶2.32），高程 686.00～690.00 m 局部削坡，坡度为 1∶2.30，高程 690.00 m 至坝顶，坡度为 1∶2.00；下游坝坡坝顶至高程 690.00 m 坡度为 1∶1.8，高程 690.00～688.00 m 局部削坡为 1∶2.0，高程 688.00 m 以下设置块石排水体，外坡坡度 1∶1.5。

（二）坝体滑坡处理

1. 滑坡处理的措施

对于地震造成的土坝滑坡，紧急抢险措施主要是"降低库水位，放缓边坡，上部减载，下部压重，先固脚，后削坡"。如因渗流作用而增加滑动力时，必须采取"前堵后排"的措施。"上部减载"是在滑坡体上部的裂缝上侧陡坝部分进行削坡，上部减轻重量。"下部压重，先固脚，后削坡"是指下部增压坡脚，放缓下部坝坡，在滑坡体下部做压坡体等。降低水库运行水位，并排除地表水和地下水。地震发生后如遇降雨，也要及时排除地表水流，避免流入滑坡裂缝加剧险情。当滑坡稳定后，应当及时进行滑坡处理。具体措施如下：

（1）控制水库水位。如上游坡面有滑坡迹象时，水库应停止放水，避免水位骤降导致滑坡；若下游坡面有滑坡迹象时，则应适当放水降低库水位，使浸润线下降，减小渗透压力，防止滑坡发展。

（2）放缓坝坡。当滑坡是因边坡过陡所引起时则应放缓坝坡。即将滑动土体全部或下部被挤出隆起部分挖除，或适当加大未滑动面的坝体断面。放缓后的坝坡，必须建好坝趾排水设施。

（3）压重固脚。坝体发生严重滑坡时，滑坡体底部往往滑出坝趾以外。这种情况下需要在滑坡段下部采取压重固脚的措施，以增加抗滑力。一般采用镇压台（如同时起排水作用的称为压浸台）。下游坡脚增加压重一般采用透水性材料，如砂砾、卵石、块石等。若在上游水下坡脚压重，则要先测定坝脚位置，再用木船或竹筏向水下投放砂砾，待滑坡趋于稳定后，结合生产用水逐步将水库放空后再进行处理和铺整。已发生下陷的滑坡，除增压坡脚外，对上部未滑动的陡坎段也要翻挖和削除，以防止连续下滑。

（4）开挖回填。已发生滑动的滑坡体，在非防洪蓄水季节，有计划地组织力量，彻底翻挖填筑。滑坡体内夹层中的稀泥、软土要全部清除，回填的土料要分层碾压密实，并与原坝体紧密结合。对于受滑坡影响在上部坝体出现的裂缝，浅的可以翻挖回填，深的要在坝坡补强工作完成后，做灌注泥浆处理。

（5）清淤排水。对于坝基存在淤泥层或软弱土层因地震引起的滑坡，彻底处理的办法是将淤泥或软弱土层全部清除。如淤泥或软弱土层分布较广不易全部清除时，可将坝脚部分清除，再开挖导渗排水沟排水，以降低淤泥或软弱土层的含水量，同时在坝脚用砂石料作压重固脚，增加抗滑能力。

（6）开沟导渗、滤水还坡。对因排水体失效，浸润线抬高，以致坝坡土体饱和而引起的滑坡，可采用开沟导渗、滤水还坡的办法处理。先将滑体挖除，再从开始脱坡的顶点到坝脚开挖导渗沟，沟中埋入砂石等导渗料，然后将陡坎以上土体削成斜坡，换填砂石土壤，其余部分仍还原土并层层夯实，恢复后的坝坡不陡于原坡面。必要时，再在坝脚加做堆石固脚。

（7）对于边坡偏陡土坝，也可考虑采用加筋土的方法进行处理，即将滑动松动的边坡开挖清除，然后在坝体内一定高度加入土工织物条，回填与原土相近的土，并碾压夯实。

总之，针对滑坡采取的具体应急抢险技术应根据震损出现的滑坡情况而定。一种情况是：震损出现的滑坡常伴随严重裂缝，采取的措施可以有：放缓上下游坝坡；上下游坝坡压重固脚，防止新的滑动；开挖回填，固结灌浆，桩基加固滑动面或滑动带，增加抗滑能力等。另一种情况是滑坡主要是由于渗漏所致，可按渗漏抢险的措施进行处理，如挖导渗沟、铺设反滤等。

2. 滑坡处理的实例

1）云南通海县台家山水库

1970年1月5日通海发生7.8级大地震，震后检查发现土坝坝顶和上游坡面有裂缝出现，较大的裂缝有8条，最长的82 m。由于春耕要放水灌田，震后水库放水，水位降低，引起上游坡面的两条纵缝继续发展，长度伸延，形成向下的弧裂，长度为52 m及64 m，裂缝宽2～5 cm，上下有错距。很明显地可以看出，坝坡面有向下滑动的趋势。当时，立即决定：停止放水，增压坝脚，以防止继续滑动，并集中了30多支木船，按测定的方位，向水下抛掷石料。20多天共抛石3 042 m³，稳定了滑坡土体。2个月后，结合春耕放水将水库腾空，把滑坡体全部翻挖，土方量达11 200 m³，翻挖出来的土料，大部堆置在两岸山坡上，然后从坡脚起，分层铺筑，层层压实。新老坝体结合部分和边脚部分，用石碾以人工夯实，翻挖压实工程及铺设护坡块石工程共36天全部完成，保证了当年蓄水，使水库正常运用，至今未出现问题。

2）四川广元红旗水库

5·12汶川地震后，红旗水库被水利部列为高危水库，根据现场检查情况发现大坝上游坝坡原滑弧段未处理彻底，滑弧清晰可见，且坝坡表面存在变形，另外下游坝坡右侧坡面存在散浸现象，坝体存在渗漏现象，放水涵卧管漏水加大等震害。因此，采取了以下措施对大坝上游进行整治：① 上游坝坡放缓培厚，以使上游坝坡满足抗滑稳定要求。利用已有放水设施，将库水位放至死水位 771.0 m，死水位以下按设计边坡抛填块石，抛至水面以上第一级马道 773.6 m 开始碾压，形成宽 3 m 的马道。堆石体以上，先将原坝面水平向内清挖 0.5 m 深，再分别按 1∶3.5、1∶3、1∶2.75 的坡度用石渣培厚至坝顶，分层用 13.5T 振动碾压机碾压夯实，分层碾压厚度 0.8 m；大坝上游坝坡的护坡，考虑水流淘刷与白蚁活动频繁，高程 773.6 m 以上采用 10 cm 厚混凝土预制块护坡，下设 0.3 m 厚砂砾石垫层，以下采用抛石固脚护坡。② 由于 1993 年在水位降落时，上游坝坡发生滑坡，滑坡范围区长 49.4 m，宽 14.9 m，原裂缝宽 0.14 m，当时只是沿滑弧线开挖齿槽并进行了回填处理，并未处理彻底，滑弧面仍清晰可见，本次地震加重了坝坡滑塌。因此，对滑弧段进行了整体开挖换填，边坡放缓至 1∶2.75 后按①中未发生滑坡坝段处理。

（三）渗漏和管涌处理

当渗漏对大坝安全造成较大影响时需要及时进行抢险，主要有以下几种类型：

① 存在漏洞，集中渗漏量较大，类似于管涌。

② 较大范围的集中渗漏区，可见明显细颗粒被带出。

③ 大面积的散浸区；管涌或流土。

④ 有渗漏，坝坡较陡，存在滑坡的可能性。

⑤ 坝下涵管破损，引发较大的接触渗漏。地震后，发现有危险性渗漏或渗流量增大时，要加强观测，查明原因，及时处理。

进行渗漏应急抢险首要的就是降低库水位，不仅可以直接减少大坝的渗漏量，还可以减轻大坝内部的渗透压力，防止渗透破坏。采取的措施可以是拓宽溢洪道、挖深溢洪道、坝下涵管（泄洪洞）放水、抽水。对泄洪能力不足的水库，根据具体情况采取打开非常溢洪道、降低堰顶高程等措施，少量震损严重、不具备正常挡水能力的大坝可开挖临时泄洪缺口，并进行口门及下泄通道的临时防护。若险情发展迅速，已来不及等水位下降时，可先实施抢险，待险情稳定后降低水位。必须要注意的是，当放水涵洞存在严重的渗漏对大坝稳定有较大威胁时，须控制放水，注意观察水流状态。

土坝渗漏按其部位分为坝身渗漏、坝基渗漏、绕坝渗漏三种。土坝渗漏的处理原则是："上截下排"。"上截"就是在坝上游（坝轴线以上）封堵渗漏入口，截断渗漏途径，防止和减少渗漏水量渗入坝体和坝基，提高防渗能力；"下排"是在坝下游采用导渗和滤水措施，使渗入坝体、坝基的渗水在不带走土颗粒的前提下安全通畅地排向下游，以达到渗透稳定。

1. 坝身渗漏处理

1）上游坝坡渗漏处理

（1）对于均质坝和斜墙坝，上游坝坡可采用复合土工膜截渗，如图 7.42 所示。

（2）斜墙法。上游坝坡防渗处理措施主要是修筑防渗斜墙，当水库放空后，揭开防浪护坡块石和砂砾料垫层，选用黏性大的土料，在原有坝坡上贴坡修建，如图 7.43 所示。斜墙底部应与相对不透水层连接，斜墙新填土要与坝体老土紧密结合。如果原坝体筑坝土料能够满足防渗要求，仅因部分土体碾压不密实或其他原因发生裂缝而渗漏，则可将原来坝坡另行开挖翻压，作为防渗斜墙。施工程序是先将坡脚坝体翻挖出来，放置坡脚外，然后将上一级坝体的土翻挖到下面，层层压实，逐级翻修，如图 7.44 所示。若系坝头山岩结合部分发生绕坝渗漏，则应将防渗斜墙铺盖延伸到坝头山岩部分，将斜墙铺盖扩大面积贴靠山坡铺设，其厚度最少为 1 ~ 2 m，仍需层层碾压密实。绕坝渗漏严重时，还应采用灌浆处理。

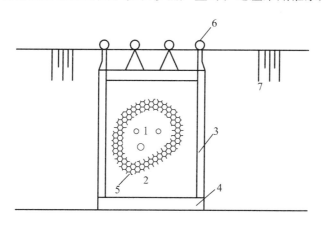

图 7.42　复合土工膜排体盖堵漏洞进口

1—多个漏洞进口；2—复合土工膜排体；3—纵向土袋枕；4—横向土袋枕；
5—正在填压的土袋；6—木桩；7—临水堤坡

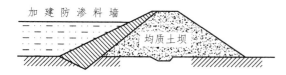

图 7.43　贴坡修建的黏土斜墙示意图

图 7.44　逐级翻修压实的斜墙示意图

2）下游坝坡反滤导渗处理

（1）反滤沟导渗。当下游坝坡大面积渗水，而在上游侧迅速做截渗有困难时，只要背水面无脱坡或渗水变浑情况，可在渗漏部位开挖导渗沟，排走背水坡表面土体中的渗水，降低浸润线高度，恢复土体的抗剪强度，防止下游坝坡滑坡。采用导渗沟处理是一种较为有效且施工简便的方法。

（2）贴坡反滤导渗。适用于坝身透水性较强，在高水位下浸泡时间长久，导致下游坡面渗流出逸点以下土体软化，开挖反滤导渗沟难以成形的情况。在抢护前，先将渗水边坡的杂草、杂物及松软的表土清除干净；然后按要求铺设反滤料。根据使用反滤料的不同，贴坡反滤导渗可以分为三种：土工织物反滤层、沙石反滤层、梢料反滤层，如图 7.45 所示。

地震后，如发现下游坝坡渗水面积扩大或漏水量增多，甚至冒浑水时，为了防止发生管涌和流土危险，应用反滤料压坡。例如和林格尔地震 5 度区的坝沟水库，地震后下游左侧坝坡发生大量流土，在采用草袋砂包反滤导渗和压坡等紧急措施后，方使流土停止，险情缓和。

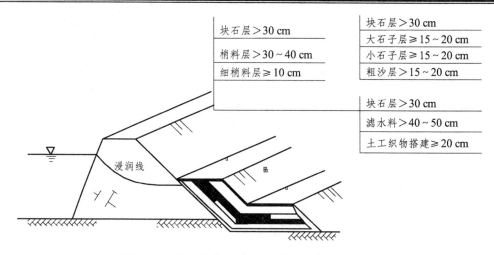

图 7.45　土工织物、沙石、梢料反滤层示意图

（3）透水压渗平台。对坝身渗漏比较严重，散浸面积大，浸润线逸出点明显高于排水设施，且坝身明显单薄，可在下游坡加筑透水后戗，或在原坝坡上填筑一层排水垫层，培厚坝身断面，以满足渗透稳定要求。透水压渗平台根据使用材料不同，有沙土压渗平台和梢土压渗平台两种方法。当填筑砂砾压渗平台缺乏足够料物时，可采用梢土代替沙砾，筑成梢土压浸平台。如图 7.46、7.47。

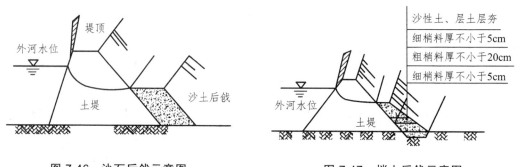

图 7.46　沙石后戗示意图　　　　　　图 7.47　梢土后戗示意图

（4）导渗砂槽法。对坝身渗漏、散浸严重，但坝坡较缓，采用导渗沟法也不能解决，可采用导渗砂槽法处理。其做法是在渗漏严重的坝坡部位，用钻机钻成一些并列的排孔，开成一条条导渗砂槽。

3）坝体渗漏处理

（1）灌浆法。对均质土坝、心墙坝需要进行防渗处理的深度较大，采用黏土斜墙处理施工比较困难时，可对坝体采用钻孔灌浆以形成帷幕或堵塞渗漏孔隙达到防渗目的，此法称为灌浆法。

（2）防渗墙法。防渗墙法是处理坝身渗漏较为彻底的方法。即在坝身上打一些直径 0.5～0.8 m 圆孔，将若干圆孔连成一段槽孔，再在槽孔内灌注混凝土，最后将各段槽孔连接成插入坝身密实土体部位的混凝土防渗墙。

4）坝基渗水处理

坝基渗透破坏的处理措施要根据地基的地质情况和施工条件来决定。一般措施有上游截水槽、水平防渗铺盖、帷幕灌浆和下游排水反滤压重等办法。前两种处理办法需在库水放空时才能施工。

（1）黏土截水槽。截水槽防渗是在上游坡脚开挖截水槽，挖到相对不透水层，然后回填黏土，并与坝身或斜墙可靠地连接起来，如图 7.48 所示。对不透水层较浅，土坝质量较好，主要是因为坝基或原防渗墙未能与不透水层相连接而产生的坝基渗漏，宜采用黏土截水槽处理。

这种措施防渗效果可靠，但一般开挖截水槽的部位均有淤积的稀泥，截水槽在开挖时易于坍塌，故施工时应加强基坑排水，分段开挖，分段回填。截水槽底部要与基岩或不透水层结合好。如发现基岩有裂缝或岩熔发育，应先对基岩做帷幕灌浆处理。

（2）黏土铺盖。黏土铺盖法是一种水平防渗措施，它利用黏土在坝上游坡面和库底分层填筑碾压，形成一种覆盖层，如图 7.49 所示。对土坝质量较好，地基不透水层的坝基渗漏，开挖截水槽比较困难时，可采用黏土铺盖法处理。它具有覆盖渗漏部位，延长渗径，降低渗透压力，减少通过坝基的渗漏量，保证坝基渗透稳定的作用。但是，水平防渗铺盖工程量大，抗震效能低（地震时容易开裂）。

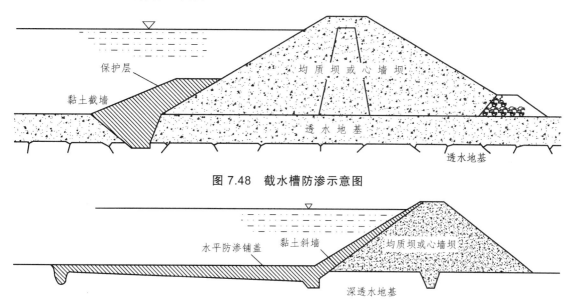

图 7.48　截水槽防渗示意图

图 7.49　水平防渗铺盖示意图

如在洪汛期发生地震，库水无法放空，可在上游水面抛撒黏性土，使土粒沉淀于水下的坡面和坡脚，形成一片防渗土层。实践证明，如能正确判断漏水部位，准确投放土料，对防渗会起有效作用。待水库放空后，再予平整和填筑，以形成永久性铺盖。

（3）灌浆帷幕。对于由坝基透水层过深，修建防渗墙处理坝基渗漏困难，或坝基透水层中有较大的漂砾、孤石，造孔效率甚低。或仅需要对坝基局部进行渗漏处理时，可采用灌浆帷幕方法。该方法在一定压力下，把按要求配制好的浆液灌注于坝基透水层，使之充填土体孔隙，胶结成防渗帷幕。但在施工前必须通过地质勘探摸清地基情况，做好孔距、孔深、浆液材料及配合比等的设计和试验。如绵阳市鲁班水库在汶川大地震中受损严重，除险加固时，对主坝、副坝坝基和坝肩渗漏都采取了防渗帷幕补强灌浆。

（4）坝后导渗。对因坝基渗漏，造成坝后长期积水，形成淤泥或沼泽地，以致影响坝坡稳定时，可采用坝后导渗法处理。坝后导渗是利用水平砂池、排水沟等将坝基渗水汇集至下游。

（5）压渗台。适用于坝基渗漏严重，坝后发生翻水冒沙、管涌或流土现象的处理。有石料压渗台和土料压渗台两种形式。它是根据反滤原则利用自身重量以平衡渗透压力，增加地基的渗透稳定性，防止地基渗透破坏所常用的方法之一。

坝身与岸坡的结合部位或坝身与刚性建筑物的连接部位的漏水处理，也可根据具体情况分别在上游面做防渗铺盖或防渗截水槽，同时在下游坡面铺筑反滤层。严重的应翻挖作加固回填处理。海城地震 9 度区王家坎水库土坝地基未做截水槽，地震后坝下游坡脚渗漏量增多，并冒浑水，坝坡浸润线亦有所升高，为了保护坝脚稳定，采用了反滤压盖处理，制止地基泥沙流失，稳定险情。反滤层压盖必须用透水性好的材料，切忌使用不透水材料。

（6）减压井。减压井是利用钻机在土坝下游地基上每隔一定距离钻孔穿过弱透水层、强渗水层，把地基深层的承压水导出地面，以降低浸润线和防止坝基土渗透变形，是处理坝基渗透破坏的较好方法之一。这种措施只有在承压水头不高的情况下，才可能起到预期的减压作用。

（7）振冲加固技术。振冲法分为振冲密实法和振冲置换法。振冲密实法是利用振冲器置放在疏松的中细砂层中，使用高压水冲，并给予振动，使砂层处于液化状态，以致沙粒重新挤紧，增加砂层紧密度，达到加固地基或坝体的目的。振冲置换桩法是振冲成孔后，向孔内回填砂砾石或碎石等，成为挤密桩。不加填料的振冲密实法适用于处理砂类土，从粉细砂到含砾粗砂，只要小于 0.005 mm 的黏粒不超过 10%，都可得到显著的挤密效果。振冲置换桩法适用于处理不排水抗剪强度不小于 20 kPa 的黏性土、粉土、饱和黄土和人工填土等地基。

振冲法加固土石坝效果可靠、施工简便、工期短，能提高坝体及坝基的强度和抗滑稳定性，且往振冲孔中回填砂砾料或碎石料能形成良好的排水通道，有助于坝体排水。

我国是多地震的国家，在1961年以来数十次 6 级以上地震中，约有 300 多座土石坝遭到不同程度的破坏，其主要原因是由于沙层地震液化造成坝体或地基严重破坏。这种加固技术，在我国首创于官厅水库大坝及其地基的加固设计和施工，之后在云南省松花坝水库土石坝加固中也得到了成功应用和发展。

云南下口坝水库，坝型为均质土坝，坝顶宽 4 m，坝顶长 137.5 m。自建成以来，受水库放水及受地震影响，上游坝坡多次发生滑坡，坝体产生裂缝。在坝轴线上游 20～25 m 有一条平行坝轴线的裂缝，为滑坡的后缘裂缝。虽采用削坡减重、抛石压脚等措施处理，但效果甚微，坝体仍存在病险。于是改用振冲法加固方案，在上游坝坡距坝轴线 22～72 m 处，坝体稳定最不利的范围内（加固范围的典型剖面如图 7.50 所示），对坝体土及坝基淤泥质土、砂砾石层，采用振冲碎石桩置换处理至基岩面，以提高坝基、坝体力学指标，增加坝坡的稳定性。振冲后坝体、坝基强度指标均有较大提高，说明下口坝水库坝体、坝基采用振冲加固效果明显。

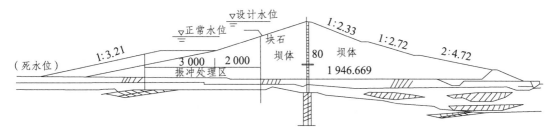

图 7.50　云南下口坝水库大坝振冲加固典型断面（尺寸单位：cm）

5）绕坝渗漏处理

绕坝渗漏是沿着坝岸结合面或沿着坝端山坡土体的内部向下游渗水，甚至集中渗流，它能引起坝端部分的坝体内浸润线抬高，岸坡出现阴湿、软化甚至产生滑坡。常用以下方法处理：

（1）截水墙。对岸坡有强透水层产生的绕坝渗漏，可在岸坡开挖深槽穿过强透水层，再在槽中回填黏土，形成一道截水墙防止渗漏。

（2）防渗斜墙。对因岸坡岩石破碎造成的大面积渗漏，可采用沿岸坡做黏土斜墙处理。斜墙下端应作截水槽嵌入不透水层中，或以黏土铺盖向上游延伸。斜墙顶部以上应沿山腰开截水沟，将雨水引向别处排泄。如岸坡是由砂砾料堆积而成，黏土斜墙下面还应铺反滤层。

（3）黏土铺盖。对坝肩岩石节理裂隙细小，风化较轻的绕坝渗漏，如山坡较缓，可贴山坡作黏土铺盖，其防渗效果亦较好。

（4）衬砌。对坝肩岩石节理裂隙细小，风化较轻，但山坡较陡，不宜作黏土铺盖时，可采用衬砌方法处理。在水位变化较少部位，用砂浆抹面；水位变化较频繁和裂缝较大部位，用混凝土、钢筋混凝土或浆砌块石结合护坡，做衬砌防渗。

（5）灌浆帷幕。对因坝端岩石裂隙发育，产生严重绕渗时，可用灌浆帷幕处理。使坝肩与坝基的帷幕连接为一整体，形成一个完整的防渗帷幕。

（6）堵塞回填。对因岸坡岩石裂缝产生的绕坝渗漏，可采用堵塞回填法处理。先将岸坡清理干净，再用砂浆填塞裂缝，上面再用黏土回填夯实。如岸坡内有洞穴与水库相通，应按反滤要求堵塞洞穴，上游面再用黏土回填夯实，如洞穴不与水库相通，则可用排水沟或排水管把泉水引到坝下排泄。

（7）导渗排水。在下游采用导渗排水，可以保护坝体土料不致流失，防止管涌。对下游岸坡岩石渗水较小的绕渗，可沿渗水坡面以及下游坝坡与山坡结合处铺设滤层，导出渗水，如果下游岸坡岩石地下水位较高，渗水严重，可沿岸边山坡脚处，打基岩排水孔，引出渗水；如下游岸坡岩石裂隙发育密集，可在坝脚山坡岩石中打排水平孔，将裂缝切穿，集中排出渗水。

6）坝身管涌的处理

地震后，如土坝下游渗漏水逐渐增大，且有泥砂带出，出现管涌险情时，应立即抢救。首先在上游侧找到漏洞进水口，及时堵塞，截断漏水来源。在临近水面的洞口，水面上往往可以看到漩涡。水深大的洞口，一般不易观察到，这时人不能轻易下水探查，以免被水流吸入而发生危险，可采用线绳探索法探查。线绳探索法是用线绳系以棉球，中间裹以重物，使棉球能沉入水中为度，人持绳之尾端，立于坝坡上牵绳左右移动，当棉球受洞口水流的吸力时，线绳上便有张力感，所指位置即为落洞进口位置。有时落洞进口会有多处，必须一一探明。

在下游漏洞出水口采用反滤和围井，降低洞内水流流速，延缓并制止土料流失，防止险情扩大，切忌在漏洞出口处用不透水料强塞硬堵，以免造成更大险情。

坝身漏洞抢护常见方法有三种：

（1）塞堵法：用软性材料塞堵，如针刺无纺布、棉被、棉絮、草包、编织袋包、网包、棉衣及草把等。

（2）盖堵法：用复合土工膜排体或篷布盖堵等当地材料盖堵。

（3）戗堤法：当上游坝坡漏洞口多而小，且范围又较大时，在黏土料充足的情况下，可采用抛黏土填筑前戗或上游筑月堤的办法进行抢堵，如图 7.51、图 7.52 所示。

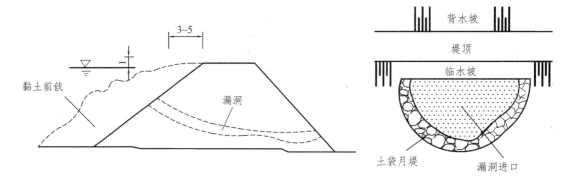

图 7.51　黏土前戗截渗示意图　　　　图 7.52　上游月堤堵漏示意图

封堵坝身漏洞可向洞口投放麻布袋软包（麻布袋装土不过饱，留有变形余地，袋口要平缝，不要用绳索扎袋口）。待涌水量减小，估计洞口已堵住时，再在上面抛投散土。如洞口一时无法找到，亦可在坝面或上游坝脚附近大量抛填散土，可收到一定效果。

7）坝身塌坑的处理

塌坑的发生，一般是渗流水带出坝体或坝基土粒，内部成空洞，当发展到一定程度时，坝顶或坝坡就会突然下陷，如图 7.53 所示。如不及时抢救，很可能在几分钟内酿成溃坝事故。因此，出现塌坑时，必须立即填塞。如塌坑内有水流流动时，应先填麻布袋软包，然后填土。措施必须及时迅速，勿使塌坑扩大。待险情排除后，再放空水库把渗漏通道全线挖开，然后回填与周围相同的土料，并确保夯压质量。

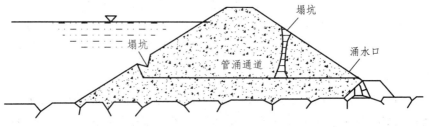

图 7.53　土坝的塌坑示意图

和林格尔地震 5 度区的陈梨窑水库，土坝左岸是近期沉积的粉砂状黄土台地，厚约 10～15 m，溢洪道在此台地左侧，溢洪道顶筑有临时土堰，地震时库水位高出溢洪道顶板 2.5 m，浆砌石右边墙与台地结合部位地震后发生管涌，水流从边墙砌石体射出，流量很大，出水量约在数十秒公升以上，并出现四五处塌坑，口径宽达 2～3 m，管涌通道最大直径达 4 m，当时查明了管涌的进口位置，立即用席包堵住洞口，并于其上填土，沿边墙出现的塌坑，分别投放席包散土，同时放水降低库水位，使水库安全脱险。

二、震损水工混凝土建筑物快速修补与补强加固技术

（一）水库大坝混凝土柔性防渗及抗冲磨快速修复技术——喷涂聚脲弹性体防渗抗冲磨技术

喷涂聚脲弹性体技术是一种新型无溶剂、无污染的绿色施工技术。它具有优越的抗冲磨，防渗和抗腐蚀性，可以较好解决混凝土防渗及表面抗冲磨问题，并且施工简便、迅速。该技术已具备了在我国水利水电工程领域大规模使用的条件。

（1）适用对象：水库大坝上游面混凝土防渗，溢流面混凝土防渗性和抗冲磨性，水工隧洞混凝土防渗性和抗冲磨性，水工钢结构防腐等。

（2）应用案例：该项技术 2004 年在尼尔基水电站蜗壳防渗、北京三家店拦河闸工作桥、广东鹤山拦河闸闸墩、山西龙口水电站泄洪洞、北京怀柔水库西溢洪道、北京黄松峪水库溢洪道、新安江水电站溢洪道反弧段及尾水隧洞、富春江水电站船闸闸室、小湾水电站高拱坝上游面及景洪水电站厂房顶及发电洞进水口等工程得到应用，取得了显著效果。

（二）水库大坝混凝土裂缝表面柔性封闭材料——涂刷单组分聚脲材料

聚脲材料分为双组分喷涂聚脲和单组分手刮聚脲，这两种材料均具有较高的抗冲耐磨性、良好的防渗效果、耐腐蚀性强及优异的物理力学性能等。双组分喷涂聚脲宜用于水工混凝土建筑物的迎水面防渗、流速小于 5 m/s 的过水面保护及表面耐久性防护。单组分手刮聚脲宜用于水工混凝土建筑物的迎水面防渗、裂缝和伸缩缝表层防渗，以及流速小于 30 m/s 的过流面的抗冲磨防护与表面耐久性防护；为了防止水工混凝土中活动缝漏水，可以采用单组分聚脲对裂缝表面进行封闭。

（1）适用对象：水工混凝土表面裂缝处理。

（2）应用案例：该技术已在龙羊峡水电站溢洪道、李家峡水电站左中孔泄洪道、小湾水电站上游坝面、小浪底水电站 2# 泄洪洞等工程的裂缝处理中得到应用。

（三）混凝土裂缝修补防渗补强灌浆技术

混凝土裂缝内部修补采用化学灌浆技术，根据不同的混凝土裂缝，可以选用低压灌浆工艺及高压灌浆工艺。化学灌浆材料采用改性环氧树脂浆液或聚氨酯浆液。

（1）适用对象：水工混凝土深层及表面裂缝的防渗补强处理。可分为水工混凝土裂缝的补强灌浆、水工混凝土漏水或渗水裂缝处理。

（2）应用案例：该项技术已在十三陵抽水蓄能电站尾水隧洞及上库混凝土面板、大坳水电站混凝土面板、李家峡泄洪道底板、龙羊峡中孔泄洪道底板及边墙、白山水电站发电洞、北京三家店拦河闸等数百个水利水电工程的混凝土裂缝进行了成功应用，取得了较好的效果。

（四）水工混凝土补强加固技术

（1）适用对象：水工混凝土结构，提高结构的强度与刚度。可分为：粘贴碳纤维补强加固、粘贴钢板补强加固、预应力加固技术。

粘贴碳纤维复合材料补强加固法是采用层压方式将浸透了树脂胶的碳纤维布黏贴在混凝土或钢筋混凝土结构表面，并使其与混凝土或钢筋混凝土结构结合为一整体，从而达到加强混凝土或钢筋混凝土结构的目的。碳纤维复合材料加固技术因耐久性好，施工简便，不增大截面，不增加重量，不改变外形等优点，已开始广泛用于混凝土结构抗震、抗弯和抗剪加固。

混凝土结构外表面粘贴钢板技术是使钢板通过黏结力强大的黏结剂与结构紧密结合为一体，共同承担荷载，对结构的抗拉、抗弯、抗剪等能力进行补强，可显著提高结构的强度和韧性，恢复承载能力。

预应力锚固技术可提高水工大坝坝基抗滑稳定，加固补强坝体裂缝或局部损坏，抵抗上浮力，削减坝踵拉应力，提高整体稳定性等。预应力技术的优点是通过施加预应力，使抗拉能力薄弱的岩石或混凝土始终处于受压状态，因此结构始终处于弹性工作状态，改善了其使用性能，防止出现开裂、渗漏、锈蚀等问题。水工建筑物补强加固时，采用预应力技术，由于施工占地小，无需大量开挖或浇筑混凝土，基本上不影响原有建筑物运行，是其特殊的优点。总之，预应力技术在已建成的大坝加高或加固时有较广泛的应用前景。

（2）应用案例：该项技术在河北岗南水库泄洪道闸墩、北京秦屯泄洪闸闸墩及启闭机大梁、峰山口泄水闸闸墩、怀柔水库溢洪道闸墩、天津海河闸公路桥、桓仁水库混凝土支墩、大花水电站输水隧洞、富春江水电站厂房大梁及闸墩混凝土裂缝、新疆喀腊塑克混凝土裂缝、铁岭发电厂输水桥、太平哨水电站闸墩、引黄入晋渡槽等修补项目等工程的补强加固处理中应用，取得了显著效果。

（五）水工混凝土剥蚀处理技术

（1）适用对象：混凝土剥蚀采用聚合物水泥混凝土或聚合物水泥砂浆进行回填，恢复混凝土整体性，提高新老混凝土之间的黏结强度和抗剪强度。

（2）应用案例：在桓仁水库溢流坝、五强溪水电站溢流坝、河北大黑汀水库溢流坝、北京京密引水渠建筑物（约 40 座）、四川柳洪水电站输水隧洞、广东鹤山水闸等工程中采用了这种该项修补技术与配套材料，效果很好。

（六）兴西湖水库大坝除险加固

兴西湖水库是贵州省兴义市的一座中型水库，于 20 世纪 50 年代建成，其大坝为均质土坝，当时的坝高为 30 m，其后经 2 次加高到 41.5 m。但大坝加高以后在运行中出现了多次险情：① 1975 年 2 月 27 日，坝后棱体排出浑水，下游坝坡左侧出现塌坑，上游坝坡发现直径 1.26 m 的管涌进口，漏水流量由 22 L/s 渐增至 49 L/s；② 1978 年 5 月 10 日，上游坝坡原塌坑附近又出现纵向裂缝，逐渐发展出现滑坡，滑坡体下滑 2.5 m，滑坡体积约 1 万 m³；③ 2001 年 11 月 16 日，坝后排水沟出现浑浊水流，并于 2002 年 1 月 27 日在下游左坝坡原 1975 年的塌坑附近又出现 1 个新塌坑。长期以来，坝后排水沟所测得的渗漏量在 $0.1 \sim 0.2 \ \mathrm{m^3/s}$。所以，该坝在安全鉴定时被定为三类坝，需要进行除险加固。

大坝险情的原因分析：

（1）1992 年和 2002 年两次对坝体进行取土试验，结果表明后两次加高坝体的填筑质量均比老坝体差，后两次加高部分坝体的干密度仅为老坝的 90%，压实度不到 0.9。对坝体所作的电法勘探成果也表明，加高部分坝体填土的碾压密实度也是不均匀的，存在成片的低电阻区。

（2）查阅老坝施工记录及钻孔资料，还揭露出第一次加高坝体时没有将老坝体下游侧坝壳 $1 \sim 2$ 厚的砂壤土（施工资料表明是一种掺了山砂的黏土）挖掉，也没有针对性地采取有效的反滤措施，这就使得新老坝体的结合面上出现一个渗透系数相对较大的渗水层。

（3）大坝老坝的坝基虽然绝大部分已清理至基岩，但对基坑内泉眼仅采用堵塞法处理，对坝基岩体未作帷幕灌浆。经钻孔压水检查，坝基表层岩体的透水率一般为 $5 \sim 10$ Lu，局部大于 10 Lu。至于扩建施工时如何进行坝基的开挖和处理，至今没有查找到任何技术资料，但通过钻孔揭露，岸坡段坝基为全风化的碎石土层，说明对河床坝段清基工作做得较差。

（4）一期建成的坝底放水涵管及闸阀存在严重漏水现象，后期加高坝体而形成的坝内涵管式溢洪道不仅泄洪能力不足，而且基础也有渗漏。

通过上述分析，水库大坝的渗漏有以下几个途径：① 新老坝体结合面及新坝基是主要的渗漏带，1975 年发生的管涌及 2001 年出现漏水和随之在下游坝坡出现塌坑都与该结合部有直接关系；② 新坝体不仅压实度差，而且还发现筑坝土料中存在有不允许用于筑坝的有机质土；③ 是坝基的浅表层岩体；④ 是与土坝结合为一体的浆砌石涵管和溢洪道。

大坝除险加固方案的选定：为根治兴西湖水库大坝的险情，必须彻底解决坝体（含坝基）、放水涵管及坝内溢洪道的渗漏问题。经过多个除险加固方案比选后，决定采用废弃坝内浆砌石涵管和溢洪道、在坝体内建造一道完整的塑性混凝土防渗心墙的实施方案。

塑性混凝土是大量减少水泥用量、增加黏土和膨润土用量的黏土混凝土。本除险加固工程之所以选择塑性混凝土防渗心墙，主要是因为它具有以下工程特性：

（1）具有初始弹性模量低（ $E = 200 \sim 800$ MPa）、极限应变大和能适应较大变形的特点，有利于改善防渗心墙墙体的应力状态。

（2）具有很低的渗透系数，实验资料表明其数值一般在 $5.7 \times 10^{-9} \sim 6.4 \times 10^{-8}$ cm/s，能满足各种土石坝坝体及基础防渗的要求。

（3）具有较好的耐久性，据有关试验资料知其水力坡降可高达 500 或更大，允许渗透比降可用到 $100 \sim 200$。

因此，塑性混凝土心墙是坝体和基础防渗处理的一种有效措施，同时我国已有多座土石坝采用这种技术成功地解决了渗漏安全问题。

（1）塑性混凝土心墙的平面布置。塑性混凝土心墙原设计是沿坝体中轴线布置，后根据施工需要改为沿防浪墙轴线布置。根据心墙轴线的工程地质条件及坝身渗漏情况，将塑性混凝土心墙的右端点（ 0 + 000 桩号 ）选在原溢洪道右侧 29.0 m 处，心墙左端点确定在左坝端以外 10.0 m 处。左右两端点外侧的地基由灌浆帷幕防渗。由于新老坝轴线在平面上相差 25.4 m，故防渗墙的大部份墙体是建造在Ⅱ期和Ⅲ期坝体内，只有防渗墙下部从Ⅰ期坝体的下游坝坡穿过。

（2）塑性混凝土心墙底界的选择。心墙所进入的地基属新加坝体地基，通过较密的钻孔查明了心墙的地基条件，知心墙轴线上地基的均匀性很差，故设计将心墙底部嵌入到基岩内。心墙嵌入基岩的深度从防渗和结构两个方面的要求综合考虑，根据国内的工程经验，一般认为防渗心墙嵌入新鲜基岩 0.3～1.2 m 较好，这是因为过大的嵌入虽然有利于防渗，但会造成施工困难和增加基岩对墙体的约束而加大墙体应力。本工程坝基的岩性为砂岩和泥质砂岩、强风化厚度较大，若防渗心墙要嵌入新鲜基岩，则其入岩深度要达 20 m 以上，工期和投资都不允许，故设计根据基岩的透水性及墙底的整体性要求，将心墙底界嵌入基岩的深度确定为 3～5 m，但左岸因岩体较破碎，最大嵌入深度则定为 11.0 m，同时对心墙底下部透水性较大的基岩段采用帷幕灌浆处理。按照上述确定的心墙的嵌入深度，本工程塑性混凝土心墙的最大高度为 43 m，墙底以下基岩的帷幕灌浆深度为 6.5～11.0 m。

（3）塑性混凝土心墙厚度的确定。塑性混凝土心墙厚度的确定一般考虑两个因素，即需满足水力梯度和施工条件的要求。国内一些工程已建的黏土混凝土防渗墙的最大水力梯度为 80～90，国外一些已建工程塑性混凝土防渗墙的水力梯度为 32～95。本工程取水力坡度 75 计算，墙体厚度可取 0.6 m，但考虑到本工程坝轴线有一处折线，而新加高的坝体填土质量也不够好，故设计考虑适当加大厚度，将墙体厚度加厚为 0.8 m，其最大水力梯度为 57。同时，可用于 0.8 m 厚墙体的施工机械也为国内许多施工单位所拥有，便于对施工单位的选择。

（4）墙体与涵管和溢洪道的连接设计。兴西湖水库除险加固所选定的实施方案是要废弃坝内原有的涵管和溢洪道，在坝体内建造塑性混凝土心墙，所以心墙将穿过这两个建筑物。由于心墙施工是用机械从坝顶向下造孔，在造孔过程中采用泥浆护壁技术，为防止泥浆大量流失，设计要求先将涵管内铺设的供水管道撤除至心墙轴线上游 4.0 m 处，再在心墙轴线涵管位置的上下游侧用浆砌石砌筑堵头，堵头的长度要满足抗滑稳定和一定的防渗要求，经计算确定为 6.0 m。之所以对堵头要提出防渗要求，是考虑当造孔冲击钻凿穿涵管浆砌石壁时，使护壁泥浆不会顺涵洞方向流失，避免槽孔壁垮塌，并确保心墙混凝土的浇筑质量。心墙穿过溢洪道闸室段处，因位置较高，可先用人工拆除顶板混凝土、两侧墙浆砌石，再砌筑上下游侧的浆砌石堵体，然后在堵体间浇筑心墙塑性混凝土，与两侧已经先期施工完成的心墙混凝土连成一体。

（5）塑性混凝土防渗墙的施工。由于将塑性混凝土防渗墙用于已成土坝的坝身防渗在贵州省尚属首次，故设计提出了实施心墙的施工工艺和必要的质量保证措施；施工单位进场后也根据其施工经验和采用的施工设备，进一步完善施组织设计。设计的槽孔段长度为 9.0 m，施工时采用"两钻一抓"方式成槽、分段跳槽开挖。槽孔验收合格以后，利用导管从槽孔底逐渐向上进行心墙混凝土浇筑，监测仪器也同时进行埋设。两槽孔塑性混凝土连接方法为：新槽孔开挖时，先冲掉已浇筑的槽孔端头一部分混凝土，用钢丝刷刷去松渣、清孔后再进行新槽孔内混凝土浇筑，以保证两期混凝土之间能很好地结合。

为确保水库大坝的安全，此次除险加固设计采用在坝体内建造塑性混凝土防渗墙并废除原设置在坝身的溢洪道和放水涵管的措施，使大坝的安全隐患得到彻底处理。工程已于 2003 年月正式开始施工，2004 年 4 月基本结束，从施工期及目前水库蓄水的情况来看，大坝及地基的渗漏已基本消除，防渗墙的工作状况良好。

（摘自成雄的《兴西湖水库大坝除险加固设计与施工》）

·········· 课外知识 ··········

一、混凝土抗渗漏、抗溶蚀技术措施在三峡大坝混凝土工程中的应用

长江三峡水利枢纽工程，不仅是我国最大最重要的基建工程，也是当今世界上最大的水利枢纽工程。三峡大坝位于湖北宜昌市三斗坪镇，最大坝高 183 m，全长 2 309.5 m，为混凝土重力坝。三峡水库总库容 393 亿 m^3，水电站装机 26 台，单机容重 700 MW，总装机容量 18 200 MW，混凝土总工程量为 2941 万 m^3，总工期 17 年（从 1993 年至 2009 年）。三峡大坝工程对混凝土耐久性有非常高的要求，而大坝混凝土的抗渗等级是最基本最主要的设计指标之一，大坝不同部位混凝土的抗渗设计等级见表 1。

表 1　三峡大坝不同部位混凝土的抗渗设计等级

部　位	混凝土强度等级	混凝土级配	抗渗等级	最大水胶比
基　础	C20	四	W10	0.55
内　部	C15	四	W8	0.60
外部（水上水下）	C20	三、四	W10	0.50
外部（水位变化区）	C25	三、四	W10	0.45

为了达到三峡大坝混凝土高抗渗、高耐久的要求，采用了抗渗漏、抗溶蚀的技术措施，即在三峡大坝混凝土中掺入了一级粉煤灰和引气剂，同时也掺用了高效减水剂。采用的水泥有石门和荆门的 525 号中热硅酸盐水泥，同时还有荆门 425 号低热硅酸盐水泥，共进行了 13 组粉煤灰引气大坝混凝土的抗渗试验，试验结果列于表 2。

表 2　三峡粉煤灰引气混凝土抗渗试验结果

部位	设计要求	水泥品种	水胶比 $W/(C+F)$	胶凝材料总量	粉煤灰掺量/%	引气剂 DH9S/‰	抗渗等级	渗水高度/cm
基础	W10	荆 525	0.50	166.0	30	0.065	>W10	1.26
		荆 425	0.50	178.0	15	0.060	>W10	2.00
		荆 525	0.50	164.0	35	0.070	>W10	1.60
		石 525	0.50	164.0	30	0.065	>W10	1.60
内部	W8	荆 525	0.50	160.0	40	0.070	>W10	1.80
		荆 425	0.50	170.0	25	0.070	>W10	3.10
		荆 525	0.55	150.9	35	0.068	>W10	1.20
		荆 525	0.50	158.0	45	0.070	>W10	1.00
		石 525	0.50	160.0	40	0.070	>W10	2.50
水位变化区	W10	荆 525	0.50	172.0	20	0.060	>W10	2.50
		荆 525	0.45	182.2	30	0.065	>W10	1.40
		荆 525	0.45	188.9	20	0.060	>W10	1.10

注：以上各配比中均还掺有 ZB-1A 高效减水剂 0.7%。

由表 2 的试验结果可以看出：

（1）大坝基础混凝土，当采用 525 号中热硅酸盐水泥时，无论是荆门或石门水泥，粉煤灰掺量 30%～35%、引气剂掺量 0.06‰～0.07‰（含气量 5%±0.5%）、水胶比 0.50、胶凝材料总用量 164～166 kg/m³ 时，混凝土的抗渗等级大于 W10，在 1MPa 水压下混凝土的渗水高度小于 1.6 cm，完全能满足大坝基础混凝土 W10 的抗渗要求。当采用 425 号低热水泥、粉煤灰掺量 15%、引气剂掺量 0.06‰（含气量 5.2%）、水胶比 0.50、总胶凝材料用量 178 kg/m³ 时，混凝土的抗渗等级也能满足 W10 的要求，且渗水高度仅 2.0 cm，完全能满足大坝基础混凝土的设计抗渗要求。

（2）大坝内部混凝土，无论采用荆门 525 号或石门 525 号中热硅酸盐水泥或荆门 425 号低热水泥，当粉煤灰掺量 25%～45%（25% 适用于 425 号低热水泥）、引气剂掺量 0.068‰～0.070‰（含气量 5%±0.5%）情况下，混凝土抗渗等级均大于 W10，渗水高度仅 1.0～3.1 cm，完全能满足大坝内部混凝土 W8 的抗渗要求。

（3）大坝外部水位变化区混凝土，当采用 525 号中热硅酸盐水泥、水胶比 0.45～0.50、粉煤灰掺量 20%～30%、引气剂掺量 0.06‰～0.065‰（含气量 5%～5.5%）时，混凝土的抗渗等级均大于 W10，渗水高度仅 1.1～2.5 cm，也完全能满足该部位大坝混凝土抗渗的设计要求。

采用混凝土本体材料的改性措施和混凝土表面防护涂层，均可以提高混凝土的抗渗漏、抗溶蚀能力，其中掺用优质粉煤灰和掺用优质引气剂（含气量 5%±0.5%），以及采用复合 EVA 涂层的措施较为有效。抗渗漏溶蚀技术措施的研究成果，为三峡大坝不同部位混凝土的抗渗性配合比设计提供了依据，引气粉煤灰混凝土已经在大坝二期混凝土工程中得到了实施应用，为工程建设创造了良好的效益。

二、土坝纵向裂缝可能是大坝滑坡的前兆

（一）土坝纵向裂缝可能是大坝滑坡的前兆

1. 滑裂面首先在顶部拉开

土坝滑坡在坝体表面能观测到的现象，首先是在滑裂面顶部拉开，然后在两端向下弯曲、扩展，形成完整的滑裂面，滑坡体下部局部隆起，最后滑坡体下滑、坍塌（见图 7.54 和图 7.55）。

滑坡是四川小 I 型土坝的主要病险问题之一，纵向裂缝、裂缝两端向下弯曲、滑坡坍塌等几种形态都见到过。正因为滑裂面首先是在顶部拉开的，所以在土坝上发现严重的纵向裂缝时，要特别警惕坝体滑坡的可能性。从江油 4 座土坝的资料看（见表 3），纵向裂缝严重，最大缝宽 15 cm；且已发现 3 座有滑坡危险：圆门土坝外坡有"下沉现象"；新墁河土坝坝体"已经下滑约 10 cm"；歧山土坝已出现"坝内滑坡"；这些现象可能是进一步滑坡的前兆。

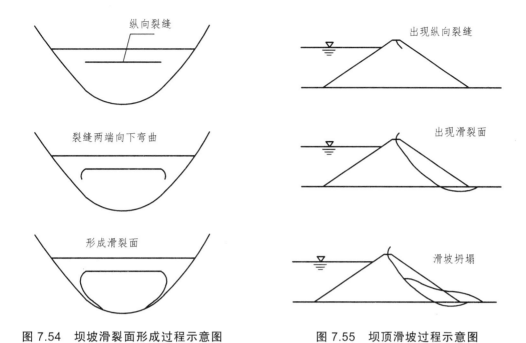

图 7.54　坝坡滑裂面形成过程示意图　　　　图 7.55　坝顶滑坡过程示意图

表 3　江油县 4 座病险库（摘自华商网《江油 25 座水库出现重大险情》）

水库名称	坝址	类型	坝高 /m	库容 /万 m³	蓄水量 /万 m³	上下游水 位差/m	病险情况
圆门水库	方水乡	均质 土坝	16	115	92.5	10.3	该坝形成贯穿整个坝体的纵向裂缝，右坝肩有 3 条裂缝，外坝有下沉现象
新埝河水库	义新乡	均质 土坝	14.8	95	62	10.2	中部出现 1 条纵向裂缝，现裂缝前坝体已经下滑约 10 cm，右坝距坝肩 40 m 处有 1 条裂缝
岐山水库	龙凤镇	均质 土坝	21	126	103	16	坝内滑坡，左侧附近有 1 条纵缝，坝体中部附近有 6 条纵缝，2 条横缝，2 条横缝缝宽 2 cm
联合水库	东安乡	均质 土坝	15.5	12	8.5	—	目前水位已经平溢洪道，该水库大坝纵向裂缝，大坝左边裂缝，缝宽达 2～15 cm，有溃堤危险

2. 滑坡后的土坝破坏形式

在坝坡上的纵向裂缝，如果高程较低、缝长较短，只会引起坝体局部坍塌，不会对土坝整体安全造成太大影响。

高程较高、尤其是坝顶出现的规模较大的纵向裂缝，危害很大，有的纵向裂缝几乎延伸至全坝长的 2/3 以上，缝宽达 20 cm 左右。张开的纵向裂缝，降低了土坝的防渗能力，加上流入的雨水，可能抬高浸润线，进一步降低可能滑裂面的抗滑能力。

滑坡体下滑、坍塌后，坝体结构受损，坝体未滑动部分剖面变薄，渗径缩短，渗透坡降加大，容易引起渗透破坏，最后导致坝体溃决。最严重的情况是滑裂面贯穿了上下游（包括了坝顶），造成坝顶局部塌陷，防洪标准下降，汛期洪水可能漫坝、引起坝体溃决，此时必须考虑降低水位、甚至放空水库。

（二）主要应急工程措施——压坡

常见的应急抢险措施：

（1）降低水位。

（2）建立监测预警系统，如有溃坝危险，及时组织下游群众撤离。

（3）对裂缝局部开挖、黏土回填，下雨时用塑料薄膜覆盖，防止雨水进入裂缝等。

以上措施是必要的，但是并没有解决大坝滑坡隐患带来的安全问题，汛期大水入库，大坝仍然存在溃决的风险。灌浆可能对滑坡造成不利影响，泥浆及析出的水可能降低坝体材料力学指标 C、ϕ 值。尤其是压力灌浆，反而增加了滑动力，更应避免。发现严重的纵向裂缝后，要密切监测坝体的位移变化；裂缝长度、宽度的发展；裂缝形态的变化。

对于出现滑坡前兆的险坝，建议的主要应急工程措施：石砟压坡，即在有滑坡危险一侧的坝脚，用石砟堆一个戗台，以增加抗滑力。如来不及做滑弧稳定分析，对于坝高 10 m 左右的小型土坝，戗台尺寸暂时可按宽 5～8 m、高 3～5 m 考虑，如图 7.56 所示。

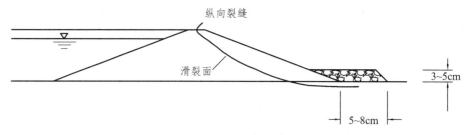

图 7.56   石砟压坡

（三）修复加固设计

产生滑坡的原因，可能是原筑坝材料力学指标偏低、施工质量差、设计坡度过陡等。对于已经滑动或有滑动危险的土坝，应重新进行加固设计，放缓坝坡、挖除滑坡体、重新填筑。

（四）C、ϕ 值反分析

已产生滑裂面或已经滑动的工程资料是十分宝贵的，要仔细地进行调查研究，包括：滑裂面的纵剖面、横剖面；坝体材料的 C、ϕ 值；发生滑动时的水位、浸润线等。

通常通过土工试验准确测定坝体材料的 C、ϕ 值是很不容易的，但借助土坝的病险情况做反分析是一有效途径。对于出现严重纵向裂缝、有滑坡危险的土坝，可以认为处于极限平衡状态，抗滑安全系数 $K=1$，设若干组 C、ϕ 值，进行滑弧计算，满足以下两个条件：最小安全系数接近 1，且计算滑裂面接近实际滑裂面的 C、ϕ 值，应该是比较接近实际情况的，再进行坝坡设计、滑弧计算，使安全系数 K 满足规范要求。

摘自"中国水利水电科学研究院《科研简报》特刊（第 11 期）"。

三、紫坪铺水库大坝震损及应急修复

2008 年 5 月 12 日汶川发生里氏 8.0 级特大地震，由于此次地震震中位置离枢纽工程仅有 17 km，相距较近，地震烈度大，导致紫坪铺枢纽工程各重大建筑物和设备发生不同程度的破坏。

（一）砼面板堆石坝损毁情况

1. 水平施工缝错台

5#～23#、35#～38#混凝土面板在二、三期施工缝高程（845.00 m）出现错台，最大错台达 17 cm，该部位混凝土被剪断，如图 7.57 所示。

2. 面板脱空及开裂

地震导致 845.00 m 高程以上 1#～23#面板均有脱空，24#～49#面板在面板顶板有部分面板脱空；高程 845.00 m 以上面板表面均出现大小不一的表面裂缝。

3. 垂直缝及周边缝挤压破

地震导致 5#～6#（图 7.58）、23#～24#等垂直缝挤压破坏（图 7.59）；水平周边缝及止水损毁严重（图 7.60）；23#～24#面板水下部分面板间垂直缝挤压破坏至 790 m 高程。

图 7.57　震后大坝面板施工缝错台（845.0 m 处）

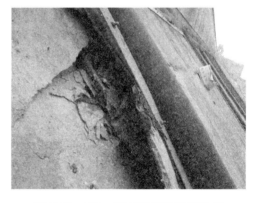

图 7.58　5#、6#面板纵缝挤压破坏

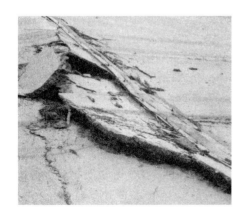

图 7.59　23#、24#面板纵缝破坏

图 7.60　面板与防浪墙接缝破坏

4. 防浪墙与面板结合处发生变形破坏

地震导致坝顶防浪墙基础下陷，使防浪墙与面板结合处发生较大变形，造成该部位水平止水破坏。

5. 其 他

坝顶公路整体沉降；青石栏杆大部分损坏；后坝坡干砌石护坡下部分隆起滚动；坝体沉降造成大坝内观仪器和强震仪部分损坏；大坝地震台网损毁严重。

（二）大坝面板应急修复

1. 面板脱空处理

根据脱空检查情况，面板脱空区主要分布在高程 845.00 m 以上的左侧各块面板（面板 23#以左），对面板脱空区（高程 845～880 m）采用水泥粉煤灰稳定浆液注浆法进行处理。钻孔后注浆，原则由孔口自流注入，不起压，防止注浆时面板变形抬起。浆液采用重量比为水泥：粉煤灰：水为 1：9：（5～10）。每块面板沿坡向布置钻孔 10 排，每排 4 个孔，从面板脱空下部开始往上逐级注浆，下排孔注浆时上排孔须打完。

2. 面板 845.00 m 高程的水平错台缝处理

在相应块段的面板脱空处理结束后，再进行该块段的面板 845 m 高程水平错台缝的处理。处理方法如下：

面板 5#～12#和面板 14#～23#采取在高程 845.00 m 错台缝以下凿除混凝土 80 cm，其上凿除混凝土 100 cm；面板 35#～38#采取在高程 845.00 m 错台缝以下凿除混凝土 60 cm，其上凿除混凝土 80 cm；并在此范围外清除所有破损混凝土。将变形为"Z"字型的钢筋采用氧焊割除，并用 Φ16（Ⅱ级）钢筋错缝焊接，恢复为原设计配筋型式，再将上下层钢筋用 Φ8@250 竖向钢筋进行连接，形成钢筋网。然后浇筑 R28 天 C25 混凝土（原面板混凝土标准）。新浇筑混凝土达到龄期后，将上部新老混凝土结合施工缝用 10 cm 宽、12 mm 厚的三元乙丙复合橡胶板黏盖。材料、技术要求按面板原设计施工要求执行。

3. 面板垂直缝处理

面板垂直缝处理可以和面板 845 m 高程的水平错台缝同时处理。

面板 5#与 6#板间及面板 23#与 24#板间挤压破坏的垂直缝处理：先打开表面止水设施，在面板垂直缝两边各 40 cm 开口，按 1：0.1 的坡比凿除混凝土（见图 7.61，并在此范围外清除所有破损混凝土；若其下紫铜片止水损坏，修复止水后浇筑 R28 天 C25 砼（原面板混凝土标准）；缝顶不留"V"型槽。材料、技术要求按面板原设计施工要求执行。面板 5#与 6#之间垂直缝用 12mm 三元乙丙复合橡胶板嵌填，面板 23#与 24#之间垂直缝用 24mm 三元乙丙复合橡胶板嵌填。表面止水按原施工图设计实施。

4. 面板上裂缝处理

（1）对于缝宽小于 0.2 mm 的浅表裂缝，直接在表面涂刷增韧环氧涂料。

（2）对于缝宽大于 0.2 mm、小于 0.5 mm 的非贯穿性裂缝，首先对裂缝化灌处理，然后进行表面处理。

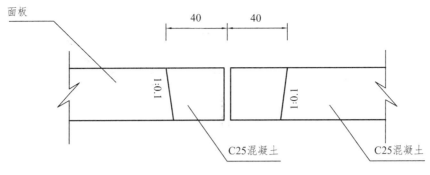

图 7.61　面板垂直缝处理图

（3）对于缝宽大于 0.5 mm 的裂缝，首先化灌处理，然后沿缝面凿槽，嵌填柔性止水材料，最后进行缝面封闭处理。

5. 面板与防浪墙接的水平缝处理

打开表面止水设施，在面板顶部凿除 50 cm 宽的面板混凝土，并凿除防浪墙保护层混凝土，露出钢筋，修复底层紫铜片止水，浇筑 R28 天 C25 砼（原面板混凝土标准），材料、技术要求面板原设计施工要求执行。表面止水按原施工图设计实施。

以上各部位原混凝土打开后，视需要对垫层表面进行夯实并修面。需处理的板间垂直缝及面板与防浪墙接缝可先清除表面止水及破损的混凝土，通过进一步检查对处理方案进行调整，开槽浇筑混凝土部位两侧已破损表面混凝土清除后再采用环氧砂浆修复。

6. 面板水下部分的处理

对水位以下面板及接缝震损情况进行了全面检查，对 23#～24# 面板间挤压破坏部位原则上与水上部分同步处理。

（摘自宋彦刚的《紫坪铺水库大坝震损及应急修复综述》）

课后思考题

1. 论述水工混凝土裂缝有哪些预防措施。
2. 水工混凝土裂缝的修补方法有哪些？它们的适用范围分别是什么？
3. 简要介绍环氧树脂砂浆嵌补法的施工工艺。
4. 论述水工混凝土冲磨与空蚀破坏预防措施。
5. 土坝渗漏的处理措施有哪些？它们的适用范围分别是什么？
6. 导渗法有哪三种方法？它们的适用条件是什么？
7. 土坝裂缝险情的抢护方法主要有哪些？它们的适用范围分别是什么？
8. 震后如何对土坝滑坡进行处理？
9. 绕坝渗漏处理方法有哪些？

参考文献

[1] 冯广志. 灌区建筑物老化病害检测与评估[M]. 北京：中国水利水电出版社，2004.

[2] 李金玉. 水工混凝土耐久性的研究和应用[M]. 北京：中国电力出版社，2004.

[3] 孙志恒. 水工混凝土建筑物的检测、评估与缺陷修补工程应用[M]. 北京：中国水利水电出版社，2003.

[4] 严祖文. 病险水库除险加固风险决策[M]. 北京：中国水利水电出版社，2011.

[5] 谭界雄. 水库大坝加固技术[M]. 北京：中国水利水电出版社，2011.

[6] 王辉，刘日波. 水工混凝土的常见病害及预防对策[J]. 混凝土，2006，8：83-84.

[7] 邓东升. 合成纤维对水工混凝土抗裂性能和抗碳化性能的影响[J]. 混凝土，2005，10：44-47.

[8] 全国一级建造师执业资格考试用书编写委员会. 水利水电工程管理与实务[M]. 3 版. 北京：中国建筑工业出版社，2011.

[9] 鲁少林，高小玲. 水工大体积混凝土裂缝产生的原因与预防措施[J]. 水电站设计，2008，24（3）：28-30.

[10] 水工预应力锚固设计规范 SL212—2012. 中华人民共和国水利部，2012.

[11] 常万军，田建海，吕洪飞. 云峰大坝混凝土坝面加固设计[A]/2005 年大坝安全与堤坝隐患探测国际学术研讨会[C]. 2005.

[12] 龙虎，赵伽，赵杏杏. 丹江口混凝土坝水下裂缝检查与处理[J]，湖北水力发电，2008，5：22-23.

[13] 水工建筑物抗冲磨防空蚀混凝土技术规范 DL/T5207—2005. 中华人民共和国国家发展和改革委员会，2005.

[14] 张磊. 水工泄水结构的抗磨防蚀设计探讨[J]，水利水电工程设计，2011，30（1）：44-47.

[15] 水工建筑物抗冰冻设计规范 GB/T50662—2011. 中华人民共和国住房和城乡建设部，2011.

[16] 王文龙. 水工混凝土冻融破坏的机理及防治[J]. 中国农村水利水电，2006，5：84-86.

[17] 王鸿志，袁卫清，高化刚. 库尔滨水电站尾水闸墩冻融破坏的防治措施[J]. 黑龙江水利科技，2008，6：189.

[18] 贺传卿，李永贵，高建新，等. 新疆"635"引水工程混凝土碱骨料反应及预防措施[J]. 水力发电，2002，7：38-39.

[19] 曹欣春. 水库大坝安全事故防范与除险加固技术标准手册[M]. 北京：北京中软电子出版社，2003.

[20] 谭界雄. 水库大坝加固技术[M]. 北京：中国水利水电出版社，2011.

[21] 申明平. 充填式灌浆法在处理均质土坝裂缝中的应用[J]. 宁夏工程技术，2009，8（4）：412-415.

[22] 胡荣辉，张五禄. 水工建筑物[M]. 北京：中国水利水电出版社，2005.

[23] 赵朝云. 水工建筑物的运行与维护[M]. 北京：中国水利水电出版社，2005.

[24] 李继业. 水库坝体滑坡与防治措施[M]. 北京：化学工业出版社，2013.

[25] 幸江云. 峰山应急水源土坝的加固设计[J]. 江西水利科技，2013，39（4）：257-260.

[26] 邓发如，周小勇. 射水法造混凝土防渗墙在小型水库大坝除险加固工程中的应用[J]. 山西水利科技，2011，5：41-44.

[27] 林宏强. 浅谈大任水库大坝帷幕灌浆防渗质量控制[J]. 内蒙古水利，2010，6：130-131.

[28] 碾压式土石坝设计规范 DL/T 5395—2007. 中华人民共和国国家发展和改革委员会，2007.

第八章
震后水工建筑物

第一节　地震知识

一、地震的形成

地球可分为三层：中心层是地核；中间是地幔；外层是地壳。地震一般发生在地壳之中地壳内部在不停地变化，由此而产生力的作用，使地壳岩层变形、断裂、错动，于是便发生地震。

地震是地球内部介质局部发生急剧的破裂，产生地震波，从而在一定范围内引起地面振动的现象。地震就是地球表层的快速振动，在古代又称为地动。它就像刮风、下雨、闪电一样，是地球上经常发生的一种自然现象。大地震动是地震最直观、最普遍的表现。在海底或滨海地区发生的强烈地震，能引起巨大的波浪，称为海啸。地震是极其频繁的，全球每年发生地震约 500 万次。

地震波发源的地方，叫作震源。震源在地面上的垂直投影，地面上离震源最近的一点称为震中。它是接受振动最早的部位。震中到震源的深度叫作震源深度。通常将震源深度小于 70 km 的叫浅源地震，深度在 70～300 km 的叫中源地震，深度大于 300 km 的叫深源地震。对于同样大小的地震，由于震源深度不一样，对地面造成的破坏程度也不一样。震源越浅，破坏越大，但波及范围也越小，反之亦然。

破坏性地震一般是浅源地震。如 1976 年的唐山地震的震源深度为 12 km。破坏性地震的地面振动最烈处称为极震区，极震区往往也就是震中所在的地区。

某地与震中的距离叫震中距。震中距小于 100 km 的地震称为地方震，在 100～1 000 km 之间的地震称为近震，大于 1 000 km 的地震称为远震，其中，震中距越远的地方受到的影响和破坏越小。

地震所引起的地面振动是一种复杂的运动，它是由纵波和横波共同作用的结果。在震中区，纵波使地面上下颠动。横波使地面水平晃动。由于纵波传播速度较快，衰减也较快，横波传播速度较慢，衰减也较慢，因此离震中较远的地方，往往感觉不到上下跳动，但能感到水平晃动。

当某地发生一个较大的地震时，在一段时间内，往往会发生一系列的地震，其中最大的一个地震叫作主震，主震之前发生的地震叫前震，主震之后发生的地震叫余震。

地震具有一定的时空分布规律。

从时间上看，地震有活跃期和平静期交替出现的周期性现象。

从空间上看，地震的分布呈一定的带状，称地震带，主要集中在环太平洋和地中海—喜马拉雅两大地震带。太平洋地震带几乎集中了全世界 80% 以上的浅源地震（0 km ~ 70 km），全部的中源（70 km ~ 300 km）和深源地震，所释放的地震能量约占全部能量的 80%。

二、地震震级

震级是指地震的大小，是表征地震强弱的量度，是以地震仪测定的每次地震活动释放的能量多少来确定的。震级通常用字母 M 表示。我国目前使用的震级标准，是国际上通用的里氏分级表，共分 9 个等级。通常把小于 2.5 级的地震叫小地震，2.5 ~ 4.7 级地震叫有感地震，大于 4.7 级地震称为破坏性地震。震级每相差 1.0 级，能量相差大约 30 倍；每相差 2.0 级，能量相差约 900 多倍。比如说，一个 6 级地震释放的能量相当于美国投掷在日本广岛的原子弹所具有的能量。一个 7 级地震相当于 32 个 6 级地震，或相当于 1 000 个 5 级地震。

按震级大小可把地震划分为以下几类：

弱震震级小于 3 级。有感地震震级等于或大于 3 级、小于或等于 4.5 级。

中强震震级大于 4.5 级、小于 6 级。强震震级等于或大于 6 级。其中震级大于等于 8 级的又称为巨大地震。

三、地震烈度

同样大小的地震，造成的破坏不一定相同；同一次地震，在不同的地方造成的破坏也不一样。为了衡量地震的破坏程度，科学家又"制作"了另一把"尺子"——地震烈度。在中国地震烈度表上，对人的感觉、一般房屋震害程度和其他现象作了描述，可以作为确定烈度的基本依据。影响烈度的因素有震级、震源深度、距震源的远近、地面状况和地层构造等。

一般情况下仅就烈度和震源、震级间的关系来说，震级越大震源越浅、烈度也越大。一般来讲，一次地震发生后，震中区的破坏最重，烈度最高；这个烈度称为震中烈度。从震中向四周扩展，地震烈度逐渐减小。所以，一次地震只有一个震级，但它所造成的破坏，在不同的地区是不同的。也就是说，一次地震，可以划分出好几个烈度不同的地区。这与一颗炸弹爆后，近处与远处破坏程度不同道理一样。炸弹的炸药量，好比是震级；炸弹对不同地点的破坏程度，好比是烈度。

例如，1990 年 2 月 10 日，常熟—太仓发生了 5.1 级地震，有人说在苏州是 4 级，在无锡是 3 级，这是错的。无论在何处，只能说常熟—太仓发生了 5.1 级地震，但这次地震，在太仓的沙溪镇地震烈度是 6 度，在苏州地震烈度是 4 度，在无锡地震烈度是 3 度。

在世界各国使用的有几种不同的烈度表。西方国家比较通行的是改进的麦加利烈度表，

简称 M. M. 烈度表，从 1 度到 12 度共分 12 个烈度等级。日本将无感定为 0 度，有感则分为
Ⅰ 至 Ⅶ度，共 8 个等级。苏联和中国均按 12 个烈度等级划分烈度表。中国 1980 年重新编订
了地震烈度表（见表 8-1）。

表 8-1　中国地震烈度表

地震烈度	震感或损毁情况	备　　注
1 度	无　感	仅仪器能记录到
2 度	微有感	个特别敏感的人在完全静止中有感
3 度	少有感	室内少数人在静止中有感，悬挂物轻微摆动
4 度	多有感	室内大多数人，室外少数人有感，悬挂物摆动，不稳器皿作响
5 度	惊醒	室外大多数人有感，家畜不宁，门窗作响，墙壁表面出现裂纹
6 度	惊慌	人站立不稳，家畜外逃，器皿翻落，简陋棚舍损坏，陡坎滑坡
7 度	房屋损坏	房屋轻微损坏，牌坊，烟囱损坏，地表出现裂缝及喷沙冒水
8 度	建筑物破坏	房屋多有损坏，少数破坏路基塌方，地下管道破裂
9 度	建筑物普遍破坏	房屋大多数破坏，少数倾倒，牌坊，烟囱等崩塌，铁轨弯曲
10 度	建筑物普遍摧毁	房屋倾倒，道路毁坏，山石大量崩塌，水面大浪扑岸
11 度	毁　灭	房屋大量倒塌，路基堤岸大段崩毁，地表产生很大变化
12 度	山川易景	一切建筑物普遍毁坏，地形剧烈变化动植物遭毁灭

四、地震类型

地震分为天然地震和人工地震两大类。此外，在某些特殊情况下也会产生地震，如大陨
石冲击地面（陨石冲击地震）等。引起地球表层振动的原因很多，根据地震的成因，可以把
地震分为以下几种：

1. 构造地震

由于地下深处岩石破裂、错动把长期积累起来的能量急剧释放出来，以地震波的形式向
四面八方传播出去，到地面引起的房摇地动称为构造地震。这类地震发生的次数最多，破坏
力也最大，约占全世界地震的 90% 以上。

2. 火山地震

由于火山作用，如岩浆活动、气体爆炸等引起的地震称为火山地震。只有在火山活动区
才可能发生火山地震，这类地震只占全世界地震的 7% 左右。

3．塌陷地震

由于地下岩洞或矿井顶部塌陷而引起的地震称为塌陷地震。这类地震的规模比较小，次数也很少，即使有，也往往发生在溶洞密布的石灰岩地区或大规模地下开采的矿区。

4．诱发地震

由于水库蓄水、油田注水等活动而引发的地震称为诱发地震。这类地震仅仅在某些特定的水库库区或油田地区发生。

5．人工地震

地下核爆炸、炸药爆破等人为引起的地面振动称为人工地震。人工地震是由人为活动引起的地震。如：工业爆破、地下核爆炸造成的振动；在深井中进行高压注水以及大水库蓄水后增加了地壳的压力，有时也会诱发地震。

第二节　地震对水工建筑物的影响

据历史不完全记载，我国曾发生 7.8 级以上大地震 25 次，给人民生命财产造成重大损失。不仅如此，强地震还会造成震区大量水利工程震损。1976 年 7 月 28 日发生的唐山 7.8 级大地震，就使各类水利工程遭到严重破坏：地震区 58 座库容在 100 万 m^3 以上各型水库，除 15 座无明显震害外，其余 43 座均遭受不同程度的震害，尤以陡河、密云两座大型水库遭受的破坏最为严重；180 多座大中型水闸、40 余座 10 立方米每秒以上大型排灌站遭受不同程度的震害；800 多千米长的河道堤防、7 万多眼机井遭受震害。而水库诱发地震对库区及邻近地区居民点的影响则更为常见，强震和中强震会给库区造成人员伤亡，带来重大物质损失。即使一般的弱震微震，也会对震中区造成一定危害，影响当地居民的正常生产和生活，是库区主要的环境地质问题之一。

我国迄今已报道出现水库诱发地震的工程有 25 例，其中得到公认的有 17 例（见表 8-2），是世界上水库地震最多的国家之一。值得注意的是，高坝大库中出现诱发地震的比例明显偏高。我国已建成的百米以上大坝 32 座，出现了水库诱发地震的有 10 座，发震比例超过 31%；其中 1979 年以后蓄水的 17 座百米以上大坝中有 8 座发生水库地震，发震比例高达 47%，远远高于世界平均水平。

从水库诱发地震的强度来看，全球发生 6.0 级以上强烈地震的仅占 3%，5.9 ~ 4.5 级中等强度的占 27%，发生 4.4 ~ 3.0 级弱震和 3.0 级以下微震的占到 70%（分别为 32% 和 38%）。在我国这一比例相应为 4%、16% 和 80%。但是水库诱发地震往往出现在历史地震较平静的地区，强烈和中强水库地震在大多数情况下都超过了当地历史记载的最大地震，许多发生弱震和有感微震的情况，也是当地居民记忆中未曾有过的重大事件。

表 8-2 中国水库诱发地震震例基本情况一览表

序号	水库名称	省区	河流	坝高	总库容	开始蓄水时间	最大地震震级（烈度）
1	新丰江	广东	新丰江	105	139	1959-10	6.1（Ⅷ）
2	南冲	湖南	新泽河	45	0.135	1967-04	2.8（Ⅵ）
3	南水	广东	南水	81.3	12.18	1969-02	3.0（Ⅴ）
4	丹江口	湖北	汉江	97	209	1967-11	4.7（Ⅶ）
5	前进	湖北	黄畈河	50	0.168	1970-05	3.0（Ⅵ）
6	柘林	江西	修水	62	71.7	1972-01	3.2（Ⅴ）
7	曾文	台湾	曾文溪	136.5	8.9	1973-02	减弱型 有争议
8	参窝	辽宁	太子河	50	5	1972-11	4.8（Ⅵ）有争议
9	佛子岭	安徽	淠河	74	4.7	1954-06	4.5 有争议
10	黄石	湖南	白洋河	40.5	6.12	1969-04	2.3（Ⅴ）
11	石泉	陕西	汉江	65	4.7	1972-10	4.2（Ⅴ）有争议
12	新店	四川		26.5	0.29	1974-03	4.2（Ⅵ）有争议
13	乌溪江	浙江	乌溪江	129	20.6	1979-01	2.8（Ⅴ）
14	乌江渡	贵州	乌江	165	23.0	1979-11	3.5
15	邓家桥	湖北		12	0.004	1979-12	2.2（Ⅵ-）
16	盛家峡	青海	湟水河	33	0.045	1980-11	3.6（Ⅵ+）
17	龙羊峡	青海	黄河	178	247.0	1986-10	2.4 有争议
18	大化	广西	红水河	74.5	4.19	1982-05	1.6 4.5（Ⅶ）有争议
19	冯村	陕西	清浴河	30.75	0.113	1982-07	2.2 有争议
20	东江	湖南	耒水	157	81.2	1986-08	3
21	鲁布革	云南	黄泥河	103	1.11	1988-11	2.4（Ⅵ）
22	岩滩	广西	红水河	111	24.3	1992-03	2.9 有争议
23	铜街子	四川	大渡河	82	2	1992-04	2.9（Ⅴ）
24	隔河岩	湖北	清江	151	34	1993-04	2.6
25	水口	福建	闽江	100	23.4	1993-05	3.8

第三节 震后水工建筑物应急处理技术

　　震后的水工建筑物在经过紧急的安全检测与评估过后，应尽快地进行修复加固，以免本已脆弱的建筑物在余震中加剧破坏。5·12 汶川大地震过后，涌现了许多新的震后应急新技术，使震后的水工建筑物安全又有了新的保证。本节将简单介绍一下这些应急处理新技术。

一、土坝震害与修复处理措施

（一）震害表现

通过对地震区水工建筑物的调查，土坝震害的主要类型有：滑坡、裂缝、渗漏、坝顶下沉、防浪墙损坏和护坡块石滑动等。

（二）震害处理与修复

一些中小型土坝工程地震后出现的震害，只要采取有效措施，及时抢修处理，仍能发挥土坝原有的拦洪、蓄水、灌溉效益。震区人民通过实践，总结出了一些土坝震害的修复和处理办法。

1.　滑坡处理

紧急的抢救措施主要是：放缓边坡，上部减轻重量，下部增压坡脚。并排除地表水和地下水。当地震发生后，有时会接着降雨，这时要及时排除地表水流，不要使地表水流入滑坡裂缝，加剧险情。上游坡面有滑坡迹象时，水库应停止放水，从避免水位骤降而导致滑坡。若下游坡面有滑坡迹象时，则应适当放水降低库水位，使浸润线下降，减小渗透压力，防止滑坡发展。下游坡脚增加压重要采用透水性材料（如砂砾、卵石、块石等），有计划地压在坝脚上。若在上游水下坡脚压重，要先测定坝脚位置，然后用木船或竹筏向水下投放砂砾，等滑坡趋于稳定后，结合生产用水逐步将水库放空后再进行处理和铺整。已发生下陷的滑坡，除增压坡脚外，对上部未滑动的陡坎段也要翻挖和削除，以防止连续下滑。对已发生滑动的滑坡体，在非防洪蓄水季节，有计划地组织力量，彻底翻挖填筑。滑坡体内夹层中的稀泥、软土要全部清除，回填的土料要分层碾压密实，并与原坝体紧密结合。对于受滑坡影响在上部坝体出现的裂缝，浅的可以翻挖回填，深的要在坝坡补强工作完成后，做灌注泥浆处理。

通海地震 8 度区的台家山水库，地震后进行检查，发现土坝坝顶和上游坡面有裂缝出现，较大的裂缝有 8 条，最长的 82 m，由于春耕要放水灌田，震后水库放水，水位降低，引起上游坡面的两条纵缝继续发展，长度伸延，形成向下的弧裂，长度为 52 m 及 64 m，裂缝宽 2～5 cm，上下有错距，很明显地可以看出，坝坡面有向下滑动的趋势。当时，立即决定：停止放水，增压坝脚，以防止继续滑动，并集中了 30 多支木船，按测定的方位，向水下抛掷石料。20 多天共抛石 3 042 m³，稳定了滑坡土体。两个月后，结合春耕放水将水库腾空，把滑坡体全部翻挖，土方量达 11 200 m³，翻挖出来的土料，大部堆置在两岸山坡上，然后从坡脚起，分层铺筑，层层压实。新老坝体结合部分和边脚部分，用石碴以人工夯实，翻挖压实工程及铺设护坡块石工程共 36 天全部完成，保证了当年蓄水，使水库正常运用，至今未出现问题。

和林格尔地震 5 度区的海子沟水库，是一座坝高 13 m 的由极细砂和轻砂壤土填筑的均质坝，无坝后反滤体，地震后下游坝坡有两段向下滑动，右侧滑动体宽 18.5 m，左侧滑动体宽 39 m。滑坡出现后，采取紧急措施，用草袋、木桩和砂土料压盖滑坡坝脚，同时，放水降低库水位 2 m，滑坡不再发展，稳定了坝坡。

2. 裂缝处理

裂缝是土坝震害中极为普遍的现象。土坝产生裂缝后，要通过表面测量，开挖探坑、探槽以查明裂缝的部位、宽度、长度、深度、错距及发展情况等，根据量测资料，结合土坝的设计施工情况，分析裂缝的成因，针对不同性质的裂缝，采取不同的处理措施。处理裂缝的主要措施有：开挖回填和裂缝灌浆。

1）开挖回填

裂缝开挖回填，应在库水位降低的情况下进行。对于裂缝深度不超过 5 m 的，可采用开挖回填的方法处理，特别是对于贯穿斜墙或心墙的横向裂缝，应首先考虑采用开挖回填的方案，因为开挖回填的处理措施，比较可靠。开挖时应采用梯形断面，使回填土与原坝体得到很好的结合。如裂缝较深，为了开挖方便和安全，可挖成阶梯形坑槽，在回填前再逐级削去台阶，仍成一整体的梯形断面，然后逐层回填压实。对于横缝，除沿裂缝开挖梯形槽外，还须开挖纵向的几个结合槽。开挖深度应比裂缝尽头深 0.3～0.5 m，开挖长度应比裂缝尽头扩展 2 m 左右，槽底宽应大于 1 m，以便于人工下槽施工。

为了查明裂缝深度，可在开挖前向缝内灌注石灰水，开挖时沿白灰浆痕迹向下挖槽。槽壁坡度应满足边坡稳定及新老土结合的要求，开挖坡度一般用 1：0.5～1：1.0。在开挖时，尽量避免烈日蒸晒雨淋、冰冻等，最好有计划地画好开挖灰线，分段开挖，挖完一段立即回填一段。

回填土料要与原筑坝土料相同，填筑时土的含水量要略大于最优含水量，分层用人工夯实，并要严格控制质量，用洒水刨毛槽坡措施，保证新老填土得到很好的结合。

2）裂缝灌浆

对于较深的裂缝和内部裂缝，采用灌浆或上部开挖回填而下部灌浆的方法处理。裂缝灌浆一方面可使浆液充填裂缝，另一方面还可在容许的灌浆压力下，挤密裂缝周围的坝体填土，达到堵塞裂缝加固坝体的目的。裂缝灌浆的浆液，可用纯黏土浆或黏土水泥浆，纯黏土浆与坝体填土的性能较适应，黏土水泥浆可以加快浆液凝固时间，可以减小浆液的体积收缩。黏土水泥浆的重量配合比一般采用 1：3～4（即 1 kg 水泥配 3～4 kg 黏土）。浆液的稠度为 1.3～1.1（即每公升浆液重 1.3～1.1 kg），为保证细小裂缝能够灌入浆液，并减少体积收缩，应先灌稀浆后灌浓浆，以提高灌浆质量。

3）几项裂缝处理的实例

海城地震 9 度区王家坎水库土坝的裂缝都采取了灌浆处理措施。坝顶横缝深度 1.0～1.5 m，采用灌注壤土泥浆封堵。上游坡的纵缝，水上部分灌注纯泥浆，水下部分在泥浆中加 10%～15% 的水泥。下游坡的纵缝一般较深，深部采用压力灌浆，其压力由小到大，通过试验逐步增加，力求达到较好的效果。采取这些措施后，经过两个汛期，库水位超过了历史出现过的最高水位，水库运行正常，至今未发现异常现象。

通海地震 8 度区的迴龙水库土坝，坝高 18 m，1970 年 1 月 5 日地震后，两端坝头出现横向裂缝 3 条，均由坝顶向上游坡面开展，缝长 20 余 m，最大缝深 9 m。采用沿裂缝开挖"吊井"，回填黏土，结合灌浆的方法处理。即当库水位降低后，沿横缝开挖 3～5 个"吊井"，井口宽 2 m，长 7～8 m，井深随裂缝深度而变，井壁边坡 1：0.5，井底细缝用人工灌注黏土浆处理，待灌浆完成后，将"吊井"分层回填夯实。几个"吊井"中间的裂缝，用铁橇杆撬开，灌入黏土稠浆，表层再予回填压实。处理后，水库满蓄，运用正常。这种处理措施的优点在于不需要用机械设备，每个"吊井"可以由 2～3 人下井施工，处理速度较快，缺点是库水位必须降到开挖高程以下，才能施工。

通海地震 8 度区的甸苴水库土坝，坝高 28 m，1970 年 1 月 5 日地震时，水库水深 24.5 m，地震后，发现纵横裂缝共 10 条，主要的有坝顶和上游坡面的纵向裂缝 3 条，横向裂缝 1 条，缝宽 2～4 cm，缝深有的达 5 m 以上。处理措施采用了开挖回填和灌浆相结合的方案，即沿裂缝挖槽，挖深 2～3 m，槽底的裂缝插入长 3～4 m 的钢管，管径 2.5 cm，埋管距离 2～4 m，钢管埋好后，即分层回填坝土，人工夯压密实，待槽土填平至原坝面后，用灌浆机沿钢管灌注黏土浆液，浆液稠度是先稀后浓，压力采用每平方厘米 1～2 kg，一直灌到黏土浆液沿缝冒出时停止。灌浆结束后，将管子拔出，管孔仍用黏土回填。这项处理工程共埋入钢管 38 根。处理结束后，立即关闸蓄水，几年来未发生渗水等异常现象。

3．渗漏和管涌处理

地震后，如发现有危险性渗漏或渗流量增大时，要加强观测，查明原因，及时处理。处理的原则是：上堵下排。即在上游坡面加防渗斜墙及铺盖，下游坡脚做好反滤排水。若是下游坡面渗漏，可采用导渗沟和贴坡反滤排水等临时处理措施。

1）上游坝坡防渗处理

上游坝坡防渗处理须放空水库才能施工，这与水库蓄水和防洪有矛盾。一般须在春耕水库放水后，洪汛到来前的短促时间来内抓紧施工。上游坝坡防渗处理措施主要是修筑防渗斜墙，当水库放空后，揭开防浪护坡块石和砂砾料垫层，选用黏性大的土料，在原有坝坡上贴坡修建。斜墙底部应与相对不透水层连接，斜墙新填土要与坝体老土紧密结合。如果原坝体筑坝土料能够满足防渗要求，仅因部分土体碾压不密实或其他原因发生裂缝而渗漏，则可将原来坝坡另行开挖翻压，作为防渗斜墙。施工程序是先将坡脚坝体翻挖出来，放置坡脚外，然后将上一级坝体的土翻挖到下面，层层压实，逐级翻修。若系坝头山岩结合部分发生绕坝渗漏，则应将防渗斜墙铺盖延伸到坝头山岩部分，将斜墙铺盖扩大面积贴靠山坡铺设，其厚度最少为 1～2 m，仍需层层碾压密实。绕坝渗漏严重时，还应采用灌浆处理。

2）下游坝坡反滤导渗处理

地震后，如发现下游坝坡渗水面积扩大或漏水量增多，甚至冒浑水时，为了防止发生管涌和流土危险，应用反滤料压坡。例如和林格尔地震 5 度区的坝沟水库，地震后下游左侧坝坡发生大量流土，在采用草袋砂包反滤导渗和压坡等紧急措施后，方使流土停止，险情缓和。下游排水反滤体的作用是避免渗透水从土坡表面自由逸出，并堵拦土粒不随水带出，有时也用以降低坝体浸润线。如果反滤体砂石料的颗粒级配不良，或砂石料中合有泥土，或尺寸设置不当，有可能发生上层细粒移动填塞下层粗粒孔隙，致使排水不畅，浸润线抬高，引起下游坡渗水面积扩大的问题，对抗震不利。若原有反滤体有堵塞情况时，应重新翻修，使砂石颗粒从小到大分级，按设计要求分层铺筑。翻修工作应在水库低水位时进行，若在坝体浸润线较高时施工，在处理过程中有加速管涌和滑坡的危险。另一种情况是：土坝防渗体或结合部分产生内部裂缝，造成渗漏水集中，逐渐浸透冲刷，漏水量增大，引起管涌破坏。出现管涌的紧急抢险处理措施一般是在渗水出露部位铺填反滤料，使之排出清水，并用透水砂石料填压坡脚，以防止滑坡。上游坡面还应进行水中抛土，以堵塞渗流。

　　.3）坝基渗水处理

　　坝基渗透破坏的处理措施要根据地基的地质情况和施工条件来决定。一般措施有上游截水槽、水平防渗铺盖、帷幕灌浆和下游排水反滤压重等办法。前两种处理办法需在库水放空时才能施工。截水槽防渗是在上游坡脚开挖截水槽，挖到相对不透水层，然后回填黏土，这种措施是在透水层深度不大的情况下采用的。这种措施防渗效果可靠，但一般开挖截水槽的部位均有淤积的稀泥，截水槽在开挖时易于坍塌，故施工时应加强基坑排水，分段开挖，分段回填。回填土料的质量和压实标准与防渗斜墙的要求相同，截水槽开挖边坡坡度决定于施工安全的要求，一般不小于 1∶1。水平防渗铺盖是在上游坡面和库底做黏土铺盖，以延长渗径，降低渗透压力，减少通过坝基的渗漏量。这种处理措施适用于地基透水层深度较大，截水墙不易开挖到底的情况。修建水平防渗铺盖可在平面铺筑，设施简易，但是铺筑工程量大，抗震效能低（地震时容易开裂）。水平防渗铺盖的长度要根据地基土质条件决定，一般为坝高的 2～5 倍，铺盖厚度应不致因受水压力作用而破坏，一般铺盖厚度为 1～3 m。如在洪汛期发生地震，库水无法放空，可在上游水面抛撒黏性土，使土粒沉淀于水下的坡面和坡脚，形成一片防渗土层。实践证明，如能正确判断漏水部位，准确投放土料，对防渗会起有效作用。待水库放空后，再予平整和填筑，以形成永久性铺盖。对于岩石地基漏水，在有钻孔灌浆机械设备的条件下，可以采用帷幕灌浆的处理方法，但在施工前必须通过地质勘探摸清地基情况，做好孔距、孔深、浆液材料及配合比等的设计和试验。坝身与岸坡的结合部位或坝身与刚性建筑物的连接部位的漏水处理，也可根据具体情况分别在上游面做防渗铺盖或防渗截水槽，同时在下游坡面铺筑反滤层。严重的应翻挖作加固回填处理。

　　海城地震 9 度区王家坎水库土坝地基未做截水槽，地震后坝下游坡脚渗漏量增多，并冒浑水，坝坡浸润线亦有所升高，为了保护坝脚稳定，采用了反滤压盖处理。

　　4）坝身管涌、塌坑的处理

　　地震后，如土坝下游渗漏水逐渐增大，且有泥砂带出，出现管涌险情时，应立即抢救。首先要设法找出上游集中渗漏所形成的通道洞口，予以堵塞。在临近水面的洞口，水面上往往可以看到漩涡。水深大的洞口，一般不易观察到，这时人不能轻易下水探查，以免被水流吸入而发生危险。有时落洞进口会有多处，必须一一探明。封堵洞口可向洞口投放麻布袋软包（麻布袋装土不过饱，留有变形余地，袋口要平缝，不要用绳索扎袋口）。待涌水量减小，估计洞口已堵住时，再在上面抛投散土。如洞口一时无法找到，亦可在坝面或上游坝脚附近大量抛填散土，可收到一定效果。塌坑的发生，一般是渗流水带出坝体或坝基土粒，内部成空洞，当发展到一定程度时，坝顶或坝坡就会突然下陷，如不及时抢救，很可能在几分钟内酿成溃坝事故。因此，出现塌坑时，必须立即填塞。如塌坑内有水流流动时，应先填麻布袋软包，然后填土。措施必须及时迅速，勿使塌坑扩大。待险情排除后，再放空水库把渗漏通道全线挖开，然后回填与周围相同的土料，并确保夯压质量。和林格尔地震 5 度区的陈梨窑水库，土坝左岸是近期沉积的粉砂状黄土台地，厚约 10 ~ 15 m，溢洪道在此台地左侧，溢洪道顶筑有临时土堰，地震时库水位高出溢洪道顶板 2.5 m，浆砌石右边墙与台地结合部位地震后发生管涌，水流从边墙砌石体射出，流量很大，出水量约在数十秒公升以上，并出现四、五处塌坑，口径宽达 2 ~ 3 m，管涌通道最大直径达 4 m，当时查明了管涌的进口位置，立即用席包堵住洞口，并于其上填土，沿边墙出现的塌坑，分别投放席包散土，同时放水降低库水位，使水库安全脱险。

二、震灾区受损水工混凝土建筑物快速修补与补强加固技术

1. 水库大坝混凝土柔性防渗及抗冲磨快速修复技术——喷涂聚脲弹性体防渗抗冲磨技术

喷涂聚脲弹性体技术是国外近 10 年来，为适应环保需求而研制开发的一种新型无溶剂、无污染的绿色施工技术。本技术材料具有较好的防渗性和抗冲磨性、耐久性和耐候性，它具有施工简便及迅速等特点。该技术为水利部 948 项目引进新技术的深化与应用。

处理对象：水库大坝上游面混凝土防渗，溢流面混凝土防渗性和抗冲磨性，水工隧洞混凝土防渗性和抗冲磨性，水工钢结构防腐等。

应用案例：该项技术 2004 年在尼尔基水电站蜗壳防渗、北京三家店拦河闸工作桥、广东鹤山拦河闸闸墩、山西龙口水电站泄洪洞、怀柔水库西溢洪道、北京黄松峪水库溢洪道、新安江水电站溢洪道反弧段、富春江水电站船闸闸室、小湾水电站高拱坝上游面及景洪水电站厂房顶及发电洞进水口等工程得到应用，取得了显著效果。

2. 水库大坝混凝土裂缝表面柔性封闭材料——涂刷单组分聚脲材料

为了防止水工混凝土中活动缝漏水，可以采用单组分聚脲对裂缝表面进行封闭。

适用于：水工混凝土表面裂缝处理。

应用案例：该技术已在龙羊峡水电站溢洪道、李家峡水电站左中孔泄洪道、小湾水电站上游坝面、小浪底水电站 2# 泄洪洞等工程的裂缝处理中得到应用。

3. 混凝土裂缝修补防渗补强灌浆技术

混凝土裂缝内部修补采用化学灌浆技术，根据不同的混凝土裂缝，可以选用低压灌浆工艺及高压灌浆工艺。化学灌浆材料采用改性环氧树脂浆液或聚氨酯浆液。

适用于：水工混凝土深层及表面裂缝的防渗补强处理。可分为：水工混凝土裂缝的补强灌浆；水工混凝土漏水或渗水裂缝处理。

应用案例：该项技术已在十三陵抽水蓄能电站尾水隧洞及上库混凝土面板、大坳水电站混凝土面板、李家峡泄洪道底板、龙羊峡中孔泄洪道底板及边墙、白山水电站发电洞、北京三家店拦河闸等数百个水利水电工程的混凝土裂缝进行了成功应用，取得了较好的效果，积累了丰富的经验。

4. 水工混凝土补强加固技术

适用于：水工混凝土结构，提高结构的强度与刚度。可分为：

（1）粘贴碳纤维补强加固。

（2）粘贴钢板补强加固。

（3）预应力加固技术。

粘贴碳纤维复合材料补强加固法是采用层压方式将浸透了树脂胶的碳纤维布粘贴在混凝土或钢筋混凝土结构表面，并使其与混凝土或钢筋混凝土结构结合为一整体，从而达到加强混凝土或钢筋混凝土结构的目的。

混凝土结构外表面粘贴钢板技术是使钢板通过黏结力强大的粘结剂与结构紧密结合为一体，共同承担荷载，对结构的抗拉、抗弯、抗剪等能力进行补强，可显著提高结构的强度和韧性，恢复承载能力。

应用案例：该项技术在河北岗南水库泄洪道闸墩、北京秦屯泄洪闸闸墩及启闭机大梁、峰山口泄水闸闸墩、怀柔水库溢洪道闸墩、天津海河闸公路桥、桓仁水库混凝土支墩、大花水电站输水隧洞、富春江水电站厂房大梁及闸墩混凝土裂缝、新疆喀腊塑克混凝土裂缝、铁岭发电厂输水桥、太平哨水电站闸墩、引黄入晋渡槽等修补项目等工程的补强加固处理中应用，取得了显著效果。在北京斋塘水库溢流坝闸墩加固、铁岭发电场输水管大桥的加固中采用了预应力技术，取得了很好的效果，并获得了专利。

5. 水工混凝土剥蚀处理技术

混凝土剥蚀采用聚合物水泥混凝土或聚合物水泥砂浆进行回填，恢复混凝土整体性，提高新老混凝土之间的黏结强度和抗剪强度。

应用案例：在桓仁水库溢流坝、五强溪水电站溢流坝、河北大黑汀水库溢流坝、北京京密引水渠建筑物（约40座）、四川柳洪水电站输水隧洞、广东鹤山水闸等工程中采用了这种修补技术与配套材料，效果很好。

上述技术已在70多个工程中成功获得应用。

在5·12大地震过后，各种新技术得到认可并得推广，逐渐形成了一个体系，更加系统化、规范化。其他的新技术在此就不一一赘述了。

·········· 课外知识 ··········

汶川大地震

时间：2008年5月12日14时28分04.0秒

纬度：31.0°N

经度：103.4°E

深度：（18.66±0.49）km

震级：里氏8.0级

最大烈度：11 度

震中位置：四川省汶川县映秀镇

都江堰市西 21 km（267°）崇州市西北 48 km（327°）

大邑县西北 48 km（346°）成都西北 75 km（302°）

地震成因：

一是印度洋板块向欧亚板块俯冲，造成青藏高原抬升。

二是浅源地震。汶川地震不属于深板块边界的效应，发生在地壳脆—韧性转换带，震源深度为 10～20 km，因此破坏性巨大。

地震类型：

汶川大地震为逆冲、右旋、挤压型断层地震。

震源深度：

汶川大地震是浅源地震，震源深度为 10～20 km，因此破坏性巨大。

影响范围：

包括震中 50 km 范围内的县城和 200 km 范围内的大中城市。北京、上海、天津、宁夏、甘肃、青海、陕西、山西、山东、河北、河南、安徽、湖北、湖南、重庆、贵州、云南、内蒙古、广西、西藏、江苏、浙江、辽宁、福建、台湾等地全国多个省区市有明显震感。中国除黑龙江、吉林、新疆外均有不同程度的震感。其中以陕甘川三省震情最为严重。甚至泰国首都曼谷，越南首都河内，菲律宾、日本等地均有震感。

国务院宣布：5 月 19 日至 21 日为全国哀悼日

国务院公告

为表达全国各族人民对四川汶川大地震遇难同胞的深切哀悼，国务院决定，2008 年 5 月 19 日至 21 日为全国哀悼日。在此期间，全国和各驻外机构下半旗志哀，停止公共娱乐活动，外交部和我国驻外使领馆设立吊唁簿。5 月 19 日 14 时 28 分起，全国人民默哀 3 分钟，届时汽车、火车、舰船鸣笛，防空警报鸣响。

在 5 月 19 日至 21 日全国哀悼日期间，北京奥运会火炬将暂停传递。

20 世纪以来全球最强地震

1. 智利大地震（1960 年 5 月 22 日）：里氏 8.9 级（又有报为 9.5 级）。发生在智利中部海域，并引发海啸及火山爆发。此次地震共导致 5 000 人死亡，200 万人无家可归。此次地震为历史上震级最高的一次地震。

2. 美国阿拉斯加大地震（1964 年 3 月 28 日）：里氏 8.8 级。此次引发海啸，导致 125 人死亡，财产损失达 3.11 亿美元。阿拉斯加州大部分地区、加拿大育空地区及哥伦比亚等地都有强烈震感。

3. 美国阿拉斯加大地震（1957 年 3 月 9 日）：里氏 8.7 级，发生在美国阿拉斯加州安德里亚岛及乌那克岛附近海域。地震导致休眠长达 200 年的维塞维朵夫火山喷发，并引发 15 米高的大海啸，影响远至夏威夷岛。

4. 印度尼西亚大地震（2004 年 12 月 26 日）：里氏 8.7 级，发生在位于印度尼西亚苏门答腊岛上的亚齐省。地震引发的海啸席卷斯里兰卡、泰国、印度尼西亚及印度等国，导致约

30万人失踪或死亡。

5. 俄罗斯大地震（1952年11月4日）：里氏8.7级。此次地震引发的海啸波及夏威夷群岛，但没有造成人员伤亡。

6. 厄瓜多尔大地震（1906年1月31日）：里氏8.8级，发生在厄瓜多尔及哥伦比亚沿岸。地震引发强烈海啸，导致1 000多人死亡。中美洲沿岸、圣-费朗西斯科及日本等地都有震感。

7. 印度尼西亚大地震（2005年3月28日）：里氏8.7级，震中位于印度尼西亚苏门答腊岛以北海域，离三个月前发生9.0级地震位置不远。目前已经造成1 000人死亡，但并未引发海啸。

8. 美国阿拉斯加大地震（1965年2月4日）：里氏8.7级。地震引发高达10.7米的海啸，席卷了整个舒曼雅岛。

9. 中国西藏大地震（1950年8月15日）：里氏8.6级。2 000余座房屋及寺庙被毁。印度雅鲁藏布江损失最为惨重，至少有1 500人死亡。

10. 俄罗斯大地震（1923年2月3日）：里氏8.5级，发生在俄罗斯堪察加半岛。

11. 印度尼西亚大地震（1938年2月3日）：里氏8.5级，发生在印度尼西亚班达附近海域。地震引发海啸及火山喷发，人员及财产损失惨重。

12. 俄罗斯千岛群岛大地震（1963年10月13日）：里氏8.5级，并波及日本及俄罗斯等地。

13. 中国四川汶川大地震（2008年5月12日）：里氏8级，震中位于阿坝州汶川县，并波及大半个中国及海外等地。人员及财产伤亡惨重。

中国十大地震

1556年中国陕西华县8级地震，死亡人数高达83万人。

1920年12月16日20时5分53秒，中国宁夏海原县发生震级为8.5级的强烈地震。死亡24万人，毁城四座，数十座县城遭受破坏。

1927年5月23日6时32分47秒，中国甘肃古浪发生震级为8级的强烈地震。死亡4万余人。地震发生时，土地开裂，冒出发绿的黑水，硫磺毒气横溢，熏死饥民无数。

1932年12月25日10时4分27秒，中国甘肃昌马堡发生震级为7.6级的大地震。死亡7万人。地震发生时，有黄风白光在黄土墙头"扑来扑去"；山岩乱蹦冒出灰尘，中国著名古迹嘉峪关城楼被震坍一角；疏勒河南岸雪峰崩塌；千佛洞落石滚滚……余震频频，持续竟达半年。

1933年8月25日15时50分30秒，中国四川茂县叠溪镇发生震级为7.5级的大地震。地震发生时，地吐黄雾，城郭无存，有一个牧童竟然飞越了两重山岭。巨大山崩使岷江断流，壅坝成湖。

1950年8月15日22时9分34秒，中国西藏察隅县发生震级为8.6级的强烈地震。喜马拉雅山几十万平方公里大地瞬间面目全非：雅鲁藏布江在山崩中被截成四段；整座村庄被抛到江对岸。

邢台地震由两个大地震组成：1966年3月8日5时29分14秒，河北省邢台专区隆尧县发生震级为6.8级的大地震，1966年3月22日16时19分46秒，河北省邢台专区宁晋县发生震级为7.2级的大地震，共死亡8 064人，伤38 000人，经济损失10亿元。

1970年1月5日1时0分34秒，中国云南省通海县发生震级为7.7级的大地震。死亡15 621人，伤残32 431人。为中国1949年以来继1954年长江大水后第二个死亡万人以上的重灾。

1975年2月4日19时36分6秒，中国辽宁省海城县发生震级为7.3级的大地震。此次地震被成功预测预报预防，使更为巨大和惨重的损失得以避免，它因此被称为20世纪地球科学史和世界科技史上的奇迹。

1976年7月28日3时42分54点2秒，中国河北省唐山市发生震级为7.8级的大地震。死亡24.2万人，重伤16万人，一座重工业城市毁于一旦，直接经济损失100亿元以上，为20世纪世界上人员伤亡最大的地震。

1988年11月6日21时3分、21时16分，中国云南省澜沧、耿马发生震级为7.6级（澜沧）、7.2级（耿马）的两次大地震。相距120公里的两次地震，时间仅相隔13分钟，两座县城被夷为平地，伤4 105人，死亡743人，经济损失25.11亿元。

2008年5月12日14时28分，四川汶川县（31.0°N，103.4°E），发生震级为8.0级地震，直接严重受灾地区达10万平方公里。截至7月4日12时，四川汶川地震已造成遇难：69 195人遇难，374 159人受伤，失踪18 624人。紧急转移安置1 500.634 1万人，累计受灾人数4 561.276 5万人。

课后思考题

1. 地震是如何形成的？地震震级是怎么确定的？
2. 地震烈度指什么？它与地震震级有何关系？
3. 根据地震成因，可将地震分为哪几种类型？
4. 地震中决定房屋损毁的因素究竟有哪些？
5. 土石坝震害的类型主要有哪些？
6. 土石坝震害中，对于滑坡处理及裂缝处理分别有哪些措施？

参考文献

[1] http://baike.baidu.com.cn.
[2] 中国水科学院. 四川汶川抗震救灾科技快报（三十三）. 2008.
[3] 中国水科学院. 四川汶川抗震救灾科技快报（三十九）. 2008.